W. Herzberg

Papierprüfung

Eine Anleitung zum Untersuchen von Papier

Siebente, verbesserte Auflage

Bearbeitet von

Prof. Dr. **R. Korn**
Ständiges Mitglied des staatl. Materialprüfungsamtes in Berlin-Dahlem

und

Dr. **B. Schulze**
Wissenschaftl. Hilfsarbeiter am staatl. Materialprüfungsamt in Berlin-Dahlem

Mit 160 Textabbildungen, 28 einfarbigen und 3 mehrfarbigen Tafeln

Springer-Verlag Berlin Heidelberg GmbH 1932

ISBN 978-3-662-31933-8 ISBN 978-3-662-32760-9 (eBook)
DOI 10.1007/978-3-662-32760-9

Ursprünglich erschienen bei Julius Springer in Berlin 1932
Softcover reprint of the hardcover 7th edition 1932

Aus den Vorworten zu den ersten sechs Auflagen.

Der stetig wachsende Papierverbrauch, eine natürliche Folge der fortschreitenden Zivilisation, führte bald zu der Erkenntnis, daß das Rohmaterial, aus welchem unsere Vorfahren allein ihr Papier herstellten, die Lumpen, sich nicht in dem Maße vermehrte, um dem gesteigerten Papierbedarf zu genügen. Bei dem Forschen nach Lumpenersatzstoffen erkannte man bald, daß Holz und Stroh in unserem Vaterlande die einzigen Materialien seien, die mit Vorteil in der Papierfabrikation in großem Maßstabe Verwendung finden können, weil nur sie in sehr großen Mengen vorhanden sind und auf verhältnismäßig leichte und billige Weise zu Papier verarbeitet werden können.

Erklärlicherweise stellten sich Papiere mit diesen Ersatzstoffen versetzt oder ganz aus ihnen bereitet, billiger als Lumpenpapiere, wurden deshalb auch mehr verlangt und bald in großen Mengen hergestellt. Und da der Fortschritt in der Technik gute Herstellungsweise immer mehr gestattete, so wurde gerade auf diese viel verlangten Papiere besondere Aufmerksamkeit verwendet, indem man eifrig bestrebt war, ihnen schöne Gleichmäßigkeit und hohe Glätte zu geben. Sie gewannen demgemäß den Lumpenpapieren gegenüber ein bestechendes Aussehen, und allmählich gewöhnte sich das kaufende Publikum daran, alle Papiere nach dem Aussehen abzuschätzen. Daher legte man auch in Fabrikantenkreisen immer mehr Wert auf die äußere Erscheinung; man bleichte kräftig, um sehr weißes Papier zu erzielen; man satinierte stark, um ein recht glattes Papier zu erhalten; man zerkleinerte die Rohstoffe im Holländer bis zur äußersten Feinheit, um eine schöne und gleichmäßige Durchsicht beim Papier zu erzielen, — kurz, man tat alles, um der Neigung des Käufers entgegenzukommen, und ertötete sehr bald nicht bloß bei diesem, sondern auch teilweise in den fabrizierenden Kreisen das Gefühl für die wahre Güte des Papiers. Die Folgen dieses Vorgehens stellten sich nur zu bald ein.

Das Aktenmaterial der Behörden, um hier nur von diesem zu sprechen, geriet mehr und mehr in einen kläglichen Zustand, welcher das Schlimmste befürchten ließ; es sind in der amtlichen Prüfungsanstalt im Laufe des Jahres 1884 Papiere untersucht worden, die zum größten Teil aus Holzschliff mit einem Füllstoffgehalt bis zu 20% hergestellt waren, bei deren Anblick man sich fragen mußte, wie es überhaupt möglich war, auf einem solchen Machwerk Notizen von dauerndem Wert niederzuschreiben.

Wie diese Verhältnisse den Staat dazu drängten, sich ernstlich mit der Papierprüfungsfrage zu befassen, und wie aus den zu diesem Zweck gepflogenen Verhandlungen am 1. Mai 1884 die „Abteilung für Papierprüfung" an der Königlichen mechanisch-technischen

Versuchsanstalt zu Charlottenburg entstand, dürfte zur Genüge bekannt sein[1].

Die Vorschriften nun, welche die preußische Regierung bezüglich des Papierverbrauches erlassen hat und welche am Schluß dieses Werkchens zu finden sind, drängen sowohl den Fabrikanten als auch den Händler immer mehr dazu, sich mit den Methoden der Papierprüfung möglichst vertraut zu machen, um im Notfall selbst eine Untersuchung vornehmen zu können. Denn nicht immer wird Zeit genug vorhanden sein, das Urteil eines Sachverständigen einzuholen, und deshalb werden alle Papierinteressenten, welche mit Behörden in Geschäftsverbindung stehen, schon von selbst dazu gedrängt, sich dem Studium der Papierprüfung zu widmen, soweit es eben angeht.

Es liegt selbstverständlich im Interesse des Prüfenden, sich bei seinen Arbeiten so eng wie möglich an die Arbeitsweise der amtlichen Anstalt anzuschließen, dieselben Apparate zu gebrauchen und dieselben Methoden innezuhalten; nur so darf er hoffen, übereinstimmende Resultate zu erzielen. Das vorliegende Buch schildert die Versuchsverfahren so wie sie zur Zeit in der Anstalt angewendet werden. Es ist hierbei manches Veraltete, das allenfalls noch historisches Interesse hat, fortgefallen und nur das Material zusammengestellt, auf dem die heutige Papierprüfung beruht (1888).

Seit dem Erscheinen der ersten Auflage der „Papierprüfung" ist an vielen Stellen für die Vervollkommnung und Ausgestaltung der Versuchsverfahren mit Erfolg gearbeitet worden. Die Fachpresse hat über die jeweiligen Fortschritte berichtet, in der vorliegenden zweiten Auflage sollen sie den Fachkreisen im Zusammenhang unterbreitet werden. Bei der Bearbeitung handelt es sich nicht um eine bloße Ergänzung der einzelnen Abschnitte der ersten Auflage, die meisten Abschnitte mußten vielmehr gänzlich umgearbeitet, neue hinzugefügt werden.

Unmittelbar nach dem Erscheinen der ersten Auflage des vorliegenden Werkes wurde diese ins Englische, Französische und Italienische übersetzt, ein Beweis, daß auch das Ausland die Bedeutung dieses Sondergebietes der Materialprüfung anerkannte und seine Entwicklung auf der von Hartig[2] und Hoyer[3] geschaffenen Grundlage mit Interesse verfolgte.

Die Einrichtung verschiedener Papierprüfungsstellen im In- und Auslande ist ein weiteres Zeugnis für das Bestreben, das auf diesem Gebiete Geschaffene für die beteiligten Kreise nutzbringend zu gestalten.

Über den Wert der Papierprüfung hat sich der Verein Deutscher Papierfabrikanten im Jahre 1900 in einem an das preußische Kultusministerium gerichteten Schreiben wie folgt geäußert.

„Die Deutsche Papier-Industrie hat seit Errichtung der Königlichen mechanisch-technischen Versuchsanstalt in Charlottenburg den Arbeiten derselben das

[1] Siehe auch Klemm: Papierkunde 3. Aufl. S. 202: Entwickelung der Papierprüfung.

[2] Qualitätsnormen für Papiersorten. Civilingenieur 1881, S. 223 und P.Z. 1881 S. 543.

[3] Papierprüfungen. P.Z. 1881, S. 768. Das Papier, seine Beschaffenheit und Prüfung 1882.

lebhafteste Interesse entgegengebracht. War es ihr auch im Anfang nicht immer bequem, in der zu gleicher Zeit geschaffenen Abteilung für Papierprüfung einen strengen Richter über sich zu haben, so hat sie doch nie mit dem Bekenntnis zurückgehalten, daß sie in dieser Papierprüfung einen mächtigen Faktor für die Förderung ihrer Bedeutung, ihres Wohles und ihres Ruhmes gegenüber dem Auslande sieht" (1902).

Die Erkenntnis von der Bedeutung der Papierprüfung gewinnt sowohl in Erzeuger- wie in Handels- und Verbraucherkreisen von Jahr zu Jahr mehr an Boden. Zuerst als Eindringling von den Fachkreisen teilweise nicht besonders sympathisch aufgenommen, teilweise sogar scheel angesehen und bekämpft, gilt sie heute der Papierindustrie als treue Bundesgenossin in dem Streben, die Güte ihrer Erzeugnisse stetig zu verbessern, Arbeitsverfahren auf ihre Zweckmäßigkeit zu prüfen und die Kenntnisse und Erfahrungen des Papiermachers zu vertiefen. Die Ausgestaltung der Papierprüfungsverfahren von ihren einfachen Grundlagen zu Anfang der 80er Jahre des vorigen Jahrhunderts an bis zu ihrer heutigen Vielseitigkeit hat wesentlich mit zur Verbesserung der Erzeugnisse unserer Papierindustrie beigetragen und letztere in dem Wettbewerb auf dem Weltmarkt erfolgreich unterstützt, eine Tatsache, die heute von unseren Papierindustriellen rückhaltlos anerkannt wird.

Die Vorteile, die die Papierfachkreise aus dieser jungen Hilfswissenschaft ziehen, werden in dem Maße wachsen, wie sie weiter ausgebaut allen Sondererzeugnissen der Papierindustrie angepaßt wird. In wissenschaftlichen und praktischen Arbeitsstätten wird hieran ständig gearbeitet, und die Fachschriften bringen in jedem Jahre Beweise von dem Fortschritt dieser Arbeiten. Die Ergebnisse sind bei Abfassung der vorliegenden vierten Auflage selbstverständlich nach Möglichkeit berücksichtigt worden, und demgemäß stellt diese Auflage eine wesentliche Erweiterung der dritten dar (1915).

Wie auf fast allen Gebieten wissenschaftlicher Forschung der Krieg in hohem Maße hemmend gewirkt hat, so auch auf dem Sonderfeld der Materialprüfung; angefangene Arbeiten mußten unterbrochen werden, die verfügbaren Kräfte wurden in den Dienst des Krieges gestellt, Material für Versuchsarbeiten wurde von Jahr zu Jahr knapper und war schwieriger zu beschaffen, und so wurden die Bedingungen für die Ausführung von Arbeiten zur Vertiefung unserer Erfahrungen in der Materialprüfung immer ungünstiger.

Die Papierprüfung insbesondere hat seit dem Erscheinen der vierten Auflage des vorliegenden Werkes nur an wenigen Stellen einen Ausbau erfahren, im großen und ganzen ist die Prüfungstechnik unverändert geblieben.

Im Hinblick darauf, daß die Kosten für die Herausgabe von Büchern eine früher nicht gekannte Höhe erreicht haben und wie es scheint, noch weiter steigen, habe ich mich bemüht, den Umfang des Werkes gegen früher nicht nur nicht zu erhöhen, sondern nach Möglichkeit zu vermindern, um damit der unvermeidlichen Erhöhung des Preises für das Buch etwas entgegenzuwirken. Mitteilungen, Beschreibungen,

Versuchseinrichtungen und Verfahren, die an sich wertvoll, zum Teil aber heute wesentlich ein historisches Interesse haben, sind gekürzt oder auch mit Beschränkung auf Quellenangaben ganz ausgeschieden worden. Das Wesentliche der heutigen Papierprüfung ist indessen dadurch nicht berührt worden (1921).

Die neue Auflage bringt Ergänzungen verschiedener Abschnitte und einige neue; nicht alle seit dem Erscheinen der fünften Auflage veröffentlichten Vorschläge für papiertechnische Prüfungen konnten berücksichtigt werden, weil ihre Zweckmäßigkeit nicht ohne weiteres überzeugend erschien. Bei der Sichtung des vorliegenden Stoffes, der ziemlich umfangreich ist, mußte auch darauf Bedacht genommen werden, das Buch nicht zu überlasten. Einige wertvolle Arbeiten konnten leider nicht mehr berücksichtigt werden, weil bei ihrem Erscheinen die Drucklegung des Buches schon zu weit vorgeschritten war (1927).

Vorwort zur siebenten Auflage.

Der Aufforderung des in den Ruhestand getretenen Geheimrates Prof. Herzberg, die Bearbeitung der siebenten Auflage seines Werkes „Papierprüfung" zu übernehmen, sind wir gern nachgekommen. Bei der Erfüllung dieser Aufgabe waren wir bestrebt, das Werk im Sinne des Altmeisters fortzuführen, der es in Anlehnung an die amtliche Prüfung seit dem Jahre 1888 zum Standardwerk für das Papierfach ausgebaut hat.

Trotz der seit Erscheinen der letzten Auflage in immer größerem Maße anwachsenden Wirtschaftsnot hat die Papierprüfung in ihrem weiteren Ausbau nicht Halt gemacht. Der Konkurrenzkampf im In- und Ausland führte zu dem Bestreben, die Qualität der Fabrikate zu verbessern und neue Verwendungsgebiete für Papier und Pappe zu erschließen. Im Zusammenhang hiermit erfuhr die Papierprüfung manche Erweiterung; neue Methoden wurden ausgearbeitet und neue Apparate ersonnen. Die vorliegende Neuauflage versucht dieser Entwicklung Rechnung zu tragen, wobei auch die Prüftechnik des Auslandes mehr als bisher Berücksichtigung gefunden hat. Verschiedene Abschnitte sind umgearbeitet und ergänzt worden, neue sind hinzugekommen; zahlreiche neue Abbildungen wurden beigegeben. Um jedoch den Umfang des Buches nicht zu stark zu erweitern, mußten, wie es sich schon in früheren Auflagen als notwendig erwiesen hatte, entsprechende Kürzungen vorgenommen werden, vor allem dann, wenn es sich um veraltete Methoden handelte.

Seit dem Erscheinen der letzten Auflage ist die Zellstoffprüfung wesentlich erweitert worden. Von einem Ausbau des Werkes in dieser Richtung wurde, soweit es sich um die chemische Prüfung handelt, abgesehen, da hierdurch der Rahmen des Buches weit überschritten worden wäre und weil dieses Gebiet in dem bekannten, im gleichen Verlag erschienenen Werk von Schwalbe-Sieber: „Die chemische Betriebskontrolle in der Zellstoff- und Papierindustrie" ausführlich behandelt wird.

Zur Erhöhung der Übersichtlichkeit wurden einzelne Abschnitte umgruppiert, das Sachregister erweitert und ein Namenverzeichnis beigefügt.

Berlin-Dahlem, im Sommer 1932.

R. Korn, B. Schulze.

Inhaltsverzeichnis.

Physikalischer Teil.

Mikroskopischer Teil.

Chemischer Teil.

Verschiedenes.

Anhang.

Physikalischer Teil[1].

Regelung der Luftfeuchtigkeit im Prüfraum.

Papier ist ein hygroskopischer Körper, seine physikalischen Eigenschaften ändern sich daher mit dem wechselnden Feuchtigkeitsgehalt der Luft. Aus diesem Grunde ist es erforderlich, daß die physikalischen, insbesondere die Festigkeitsprüfungen bei einer bestimmten Luftfeuchtigkeit ausgeführt werden, nachdem die Proben zuvor so lange bei der gleichen Luftfeuchtigkeit ausgelegen haben, bis Anpassung erfolgt ist. Man muß daher im Versuchsraum Vorkehrungen treffen, um die Prüfungen bei stets gleichem Feuchtigkeitsgehalt der Luft ausführen zu können. Als normale Luftfeuchtigkeit ist in den ersten Jahren nach der Gründung der damaligen Königl. mechanisch-technischen Versuchsanstalt in Charlottenburg eine relative Luftfeuchtigkeit[2] von 65% gewählt worden.

Die Luftfeuchtigkeit ist während des größten Teiles des Jahres, namentlich im Winter, geringer als 65%; man hat jedoch diesen Grad gewählt, weil es im allgemeinen leichter ist, eine bestehende Luftfeuchtigkeit zu erhöhen, als zu erniedrigen. Diese „normale Luftfeuchtigkeit" von 65% für den Prüfraum ist inzwischen von fast allen Stellen, die sich mit Papierprüfung befassen, übernommen worden. Im Staatlichen Materialprüfungsamt sind Körtingsche Wasserzerstäuber aufgestellt, welche es ermöglichen, bei trockener Luft den Feuchtigkeitsgehalt in kurzer Zeit auf die gewünschte Höhe zu bringen. Den mit geringeren Hilfsmitteln ausgestatteten Versuchsräumen der Praxis kann die fehlende Feuchtigkeit am einfachsten durch Sprengen des Fußbodens, Aufhängen nasser Tücher, Kochen von Wasser usw. zugeführt werden.

[1] Abkürzungen für die häufiger als Quellen zu erwähnenden Fachschriften:

Mitt. = Mitteilungen aus dem Staatlichen Materialprüfungsamt Berlin-Dahlem. (Berlin: Julius Springer.)
P.F. = Papierfabrikant. (Berlin: Otto Elsner.)
P.Z. = Papier-Zeitung. (Berlin: Carl Hofmann.)
W.B. = Wochenblatt für Papierfabrikation. (Biberach [Württemberg]: Güntter-Staib.)
T. u. C. = Technologie und Chemie der Papier- und Zellstoffabrikation. (Biberach [Württemberg]: Güntter-Staib.)
Z. u. P. = Zellstoff und Papier. (Berlin: Carl Hofmann.)
Z. = Zentralblatt für die österreichisch-ungarische Papierindustrie. (Wien.)
P. T. J. = Paper Trade Journal. (NewYork: Lockwood Trade Journal Co.)
P. T. M. = Paper Testing Methods. (NewYork: Lockwood Trade Journal Co.)

[2] Unter „relativer Luftfeuchtigkeit" versteht man das Verhältnis des tatsächlich vorhandenen Wassergehaltes in 1 m³ Luft, zu dem bei der jeweiligen Temperatur möglichen Höchstgehalt in 1 m³ Luft, ausgedrückt in Prozenten des möglichen Höchstgehaltes.

Ist der Feuchtigkeitsgehalt der Luft größer als 65%, so kann man ihn durch Heizen des Raumes etwas herabdrücken; man darf aber die Temperatur nicht zu sehr steigern, da sich sonst die physikalischen Eigenschaften des Papiers ändern. Über 25° C sollte man die Zimmerwärme nicht erhöhen. An feuchtwarmen, schwülen und nebligen Tagen steigt die Luftfeuchtigkeit zuweilen auf 90% und mehr; dann ist es meist nicht möglich, die Feuchtigkeit im Versuchsraum auf 65% herabzudrücken. Man muß dann entweder alle Festigkeitsprüfungen aussetzen, oder, wenn geprüft werden muß, wie z. B. während der Fabrikation, die erhaltenen Werte unter Benutzung von Koeffizienten (s. S. 12) umrechnen.

Abb. 1. Schoppers Hygrostat nach Dr. Schreiber.

In kleineren, abgeschlossenen Räumen, z. B. unter einer Glasglocke, kann man bestimmte Feuchtigkeitsstufen mit Hilfe verdünnter Salzlösungen herstellen. So bewirkt eine Lösung von 50 g Chlorkalzium in 100 g Wasser, daß die Luft unter der Glocke etwa 65% Feuchtigkeit enthält. Obermiller[1] empfiehlt die Verwendung einer gesättigten Ammoniumnitratlösung mit Bodenkörper.

Um größere Mengen von Probematerial bei einer Feuchtigkeit von 65% auslegen zu können, wenn der Prüfraum, wie z. B. über Nacht, diesen Gehalt nicht aufweist, werden im Amt doppelwandige, luftdicht schließende Glaskästen verwendet, in denen die Luftfeuchtigkeit wie oben beschrieben geregelt und eine Durchmischung der Luft mit Hilfe eines Ventilators erreicht wird[2]. Dem gleichen Zweck dient der von Dr. Schreiber konstruierte „Hygrostat“[3] (Abb. 1), bei dem die Erhöhung der Luftfeuchtigkeit durch einen angefeuchteten Filz, die Herabsetzung durch trockenes Chlorkalzium bewirkt wird. Filz und Chlorkalzium liegen in durch Schieber nach Bedarf abdeckbaren Kästen. — Neuerdings kommen auch sog. „automatische Klimaanlagen“ zum Konstanthalten der Feuchtigkeit und der Temperatur der Luft zur Anwendung. Die Wirkungsweise dieser Anlagen beruht darauf, daß mit Hilfe einer Ventilationsanlage die Luft des Prüfraumes möglichst vollständig durch

[1] Obermiller: Die technisch durchführbare Einstellung eines beliebigen Luftfeuchtigkeitsgehaltes. Z. angew. Chem. 1924 Nr. 46 S. 904.

[2] Diese Kästen eignen sich auch für die Herstellung einer von der des Versuchsraumes abweichenden bestimmten Feuchtigkeit, falls Sonderversuche dies erfordern.

[3] Zu beziehen durch die Firma Schopper-Leipzig.

sog. „Luftbehandlungskammern“ geführt wird. In diesen Kammern erfolgt je nach Bedarf das Befeuchten oder Entfeuchten, das Kühlen oder Erwärmen der Luft in der Weise, daß die austretende Luft den gewünschten Feuchtigkeitsgehalt und die gewünschte Temperatur aufweist[1]. Da sich diese Anlagen in Anschaffung und Betrieb sehr teuer stellen, haben Carson[2] und Jonas[3] Vorschläge für die Einrichtung kleinerer Klimaräume gemacht.

Messung der Luftfeuchtigkeit.

Zur Messung der Luftfeuchtigkeit werden gewöhnlich Koppe-Saussuresche und Lambrechtsche Prozenthaarhygrometer mit Einstellvorrichtung benutzt. Die Wirkungsweise beider Hygrometer beruht auf der Eigenschaft der Haare, sich bei zunehmender Feuchtigkeit zu verlängern, bei abnehmender zu verkürzen. — Koppe verwendet ein gut entfettetes Haar, das am oberen Ende befestigt und am unteren um eine kleine Rolle geschlungen ist, deren Achse einen Zeiger trägt (Abb. 2). Durch ein unten angehängtes Gewichtchen von 0,5 g wird das Haar gespannt. Verkürzt es sich, so dreht es den Zeiger nach links, wird es länger, so bewirkt das Gewicht eine Bewegung des Zeigers nach rechts. Bei vollkommener Sättigung der Luft mit Wasserdampf muß der Zeiger auf den Punkt 100 rücken und stehen bleiben.

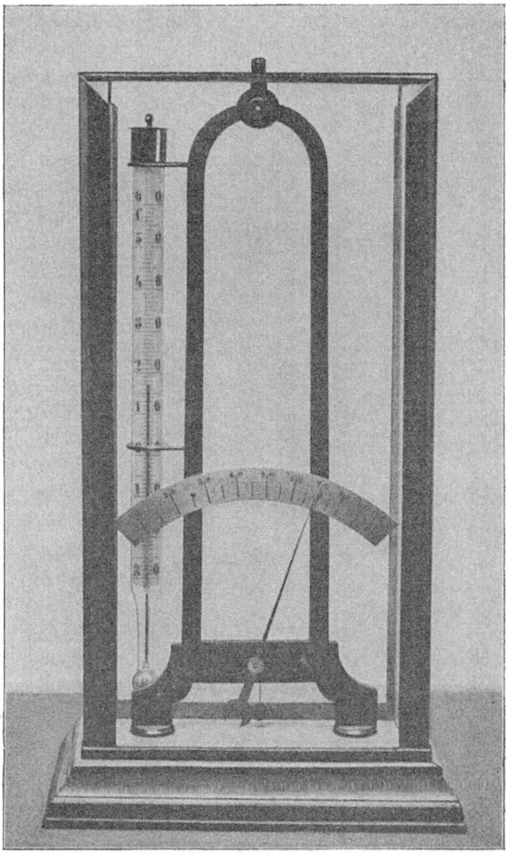

Abb. 2. Haarhygrometer.

Um den Feuchtigkeitsmesser auf die Richtigkeit seiner Angabe zu prüfen, wird das dem Apparat beigegebene, mit Baumwollstoff über-

[1] Nähere Angaben unter Aufzählung von Lieferfirmen finden sich in der P.Z. 1930 Nr. 103 S. 2828 u. 1931 Nr. 4 S. 86; ferner in P.F. 1931 H. 51/52 S. 916.
[2] Carson: P. T. J. Bd. 93 (1931) Nr. 18 S. 71.
[3] Jonas: P.F. 1932 H. 13 S. 171.

zogene Rähmchen in Wasser getaucht und auf der Rückseite des Instrumentes in eine hierfür angebrachte Nute geschoben. Hierauf wird der Apparat vorn durch eine Glasscheibe, hinten durch den Schieber geschlossen. Der abgeschlossene Raum füllt sich in verhältnismäßig kurzer Zeit mit Feuchtigkeit, das Haar sättigt sich, und der Zeiger rückt auf 100 vor.

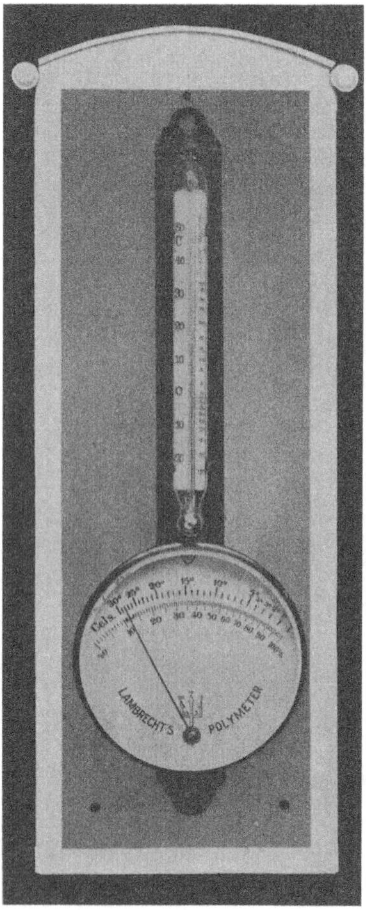

Abb. 3. Polymeter nach Lambrecht.

Sollte dies infolge von Veränderungen des Instrumentes durch äußere Einflüsse nicht der Fall sein, so hat man nur den Schlüssel durch das oben in der Glasscheibe befindliche Loch auf den Vierkant zu setzen und durch Drehen den Zeiger genau auf 100 einzustellen. Dabei ist es zweckmäßig, etwas auf das Kästchen zu klopfen, um die Reibung des Zeigers zu überwinden.

Nun ist das Instrument eingestellt und zeigt, nachdem Schieber, Rähmchen und Glas entfernt sind, etwa 24 Stunden später die relative Feuchtigkeit des Versuchsraumes richtig an. Unmittelbar nach der Prüfung darf es nicht benutzt werden, da dann die Feuchtigkeit der Luft zu gering angegeben wird.

Lambrecht (Abb. 3) benutzt einen Strang von mehreren Haaren, der unten nicht über eine Rolle geführt, sondern an einem mit einem Gewicht versehenen Hebel befestigt ist. Dies ist ein Vorzug gegenüber dem vorgenannten Instrument, bei dem das Haar infolge der Rollenführung durch Umbiegen und Strecken stark beansprucht wird.

Prüfungsanstalten sollten sich mit einer Prüfung der Hygrometer in absolut feuchter Luft nicht begnügen, sondern die Instrumente auch bei 65% relativer Luftfeuchtigkeit mit Hilfe des Aspirations-Psychrometers, wenigstens wöchentlich einmal, kontrollieren; sie sollten ferner nicht mit der Aufstellung eines einzigen Hygrometers zufrieden sein, sondern deren mehrere gleichzeitig benutzen, damit sie von Zufälligkeiten, die gelegentlich die Angaben eines Instrumentes beeinflussen können, unabhängig sind.

Es sei noch besonders bemerkt, daß das Hygrometer am besten in der Nähe der Prüfapparate aufgestellt wird, und daß das Probematerial neben dem Hygrometer zur Aufnahme der nötigen Feuchtigkeit ausgelegt wird, da die Feuchtigkeit der Luft an verschiedenen Stellen des Versuchsraumes, namentlich in verschiedenen Höhenlagen, verschieden ist.

Die Firma Hartmann & Braun in Frankfurt a. M. stellt elektrische Feuchtigkeitsmesser her, bei denen die beiden Thermometer des Augustschen Psychrometers durch eine Thermobatterie ersetzt sind, deren obere Lötstellenreihe der Raumtemperatur ausgesetzt ist, während die untere Lötstelle mit einem Saugstrumpf aus Musselin überzogen ist, der naß gehalten wird. Mit der Batterie ist ein Galvanometer verbunden, das für jede Raumtemperatur den relativen Luftfeuchtigkeitsgehalt angibt[1].

Siemens und Halske[2] benutzen elektrische Quarzglas-Widerstandsthermometer.

Einfluß von Wärme und Feuchtigkeit.

Der Einfluß wechselnder Zimmerwärme auf die Eigenschaften von Papier hat innerhalb der Grenzen, mit denen wir rechnen müssen, also etwa von 18 bis 23° C, keine praktische Bedeutung, kann daher bei Prüfungen gewöhnlicher Art vernachlässigt werden. Daß wesentlich höhere Temperaturen nachteilig einwirken, ist allgemein bekannt.

Im nachfolgenden sind die bei der Prüfung von vier verschiedenen Papieren, welche längere Zeit (teils 622 Stunden, teils 862 Stunden) der Einwirkung einer Temperatur von etwa 98° C ausgesetzt waren, ermittelten Zugfestigkeits- und Dehnungswerte wiedergegeben[3]. Stoffzusammensetzung, Art der Leimung und Menge der Füllstoffe sind aus der Tabelle ersichtlich. Die Versuchsausführung war folgende: Von jedem Papier wurde aus beiden Richtungen eine Anzahl Versuchsstreifen entnommen, ein Teil sofort geprüft (je fünf Streifen jeder Richtung) und die übrigen in einem Trockenapparat täglich sechs Stunden auf etwa 98° C erhitzt. Von Zeit zu Zeit wurden wieder Streifen entnommen, mehrere Stunden bei 65% Luftfeuchtigkeit ausgelegt und dann geprüft. Die ermittelten Ergebnisse sind nachstehend zusammengestellt.

---

[1] Eingehend beschrieben unter Beigabe von Abbildungen von J. Cartus in der Z. VDI 1921 S. 767.

[2] Siemens-Z. 1930 H. 11 S. 584—591.

[3] Vgl. auch die von Lenz in der P.Z. 1895 Nr. 54/55 mitgeteilte Beobachtung: „Einfluß von Temperatur und trockener Erwärmung auf Festigkeit und Dehnung von Papier“ und die Diplomarbeit von Flaskämpfer: „Einfluß höherer Temperaturen auf die Festigkeitseigenschaften verschiedener Papierqualitäten.“ W.B. 1915 S. 425.

Einfluß des Trocknens bei 98° C auf die Festigkeitseigenschaften von Papier.

Zustand	Längsrichtung		Querrichtung		Mittel				Feuchtigkeit des Papiers
	Reißlänge[1] km	Dehnung %	Reißlänge km	Dehnung %	Reißlänge km	Verhältniszahl	Dehnung %	Verhältniszahl	%
I. Tierisch geleimtes Urkundenpapier aus dem Jahre 1839 (Stoff: Leinen, Zusatz Baumwolle; Asche 4,0%)									
Vor dem Trocknen	3,84	4,2	2,57	4,2	3,21	100,00	4,2	100,00	6,5
12 Stunden getrocknet	3,54	4,0	2,56	4,3	3,05	95,01	4,2	100,00	6,1
24 „ „	3,69	3,7	2,69	4,6	3,19	99,37	4,2	100,00	6,5
48 „ „	4,01	3,7	2,63	4,1	3,32	103,42	3,9	92,85	5,2
96 „ „	3,73	3,7	2,56	4,1	3,15	98,13	3,9	92,85	6,1
142 „ „	3,97	3,4	2,56	3,8	3,27	101,86	3,6	85,71	5,6
262 „ „	3,41	3,3	2,39	3,4	2,90	90,34	3,4	80,95	4,9
382 „ „	2,51	1,4	2,47	3,2	2,49	77,57	2,3	54,76	4,5
502 „ „	2,69	1,8	1,59	1,5	2,14	66,66	1,7	40,47	4,5
622 „ „	2,06	1,0	1,59	1,3	1,83	57,00	1,2	28,57	4,2
862 „ „	1,79	0,7	1,36	0,8	1,58	49,22	0,8	19,04	4,0
II. Harzgeleimtes Kanzleipapier (Stoff: Leinen, Baumwolle, Holzzellstoff; Asche 10,3%)									
Vor dem Trocknen	5,20	2,5	3,92	5,2	4,56	100,00	3,9	100,00	6,1
12 Stunden getrocknet	5,00	2,2	3,77	4,3	4,39	96,27	3,3	84,61	5,8
24 „ „	4,96	2,1	3,52	4,3	4,24	92,98	3,2	82,05	6,2
48 „ „	4,75	1,9	3,57	3,5	4,16	91,22	2,7	69,23	5,1
96 „ „	4,15	1,6	3,29	3,3	3,72	81,57	2,5	64,10	5,8
142 „ „	4,13	1,3	3,26	2,2	3,70	81,14	1,8	46,15	5,2
262 „ „	3,39	1,0	2,64	1,5	3,02	66,22	1,3	33,33	4,7
382 „ „	3,17	0,8	2,39	1,2	2,78	60,96	1,0	25,64	4,5
502 „ „	2,60	0,7	2,05	0,9	2,33	51,09	0,8	20,51	4,3
622 „ „	2,41	0,6	1,99	0,7	2,20	48,24	0,7	17,94	3,8
862 „ „	2,03	0,3	1,73	0,5	1,88	41,22	0,4	10,25	3,3
III. Harzgeleimtes Konzeptpapier (Stoff: Holzzellstoff; Asche 3,3%)									
Vor dem Trocknen	7,24	1,6	4,50	5,1	5,87	100,00	3,4	100,00	6,9
12 Stunden getrocknet	6,26	1,4	4,01	4,1	5,64	96,08	2,8	82,35	7,0
24 „ „	6,81	1,5	3,78	3,3	5,30	90,28	2,4	70,58	6,9
48 „ „	6,23	1,3	3,26	3,0	4,76	81,09	2,2	64,70	6,8
96 „ „	5,82	1,1	2,99	1,7	4,41	75,12	1,4	41,17	5,6
142 „ „	4,50	0,9	3,00	1,5	3,75	63,71	1,2	35,29	5,2
262 „ „	4,11	0,6	2,38	0,9	3,25	55,36	0,8	23,52	6,7
382 „ „	3,92	0,5	2,88	0,7	3,40	57,92	0,6	17,64	5,0
502 „ „	3,42	0,5	2,05	0,6	2,74	46,67	0,6	17,64	6,2
622 „ „	3,38	0,4	2,32	0,6	2,85	48,55	0,5	14,70	6,1

[1] Erklärung des Begriffes „Reißlänge“ S. 43.

Zustand	Längsrichtung		Querrichtung		Mittel				Feuchtigkeit des Papiers
	Reißlänge[1] km	Dehnung %	Reißlänge km	Dehnung %	Reißlänge km	Verhältniszahl	Dehnung %	Verhältniszahl	%
IV. Kupferdruckpapier (ungeleimt) (Stoff: Leinen, Baumwolle, Holz- und Strohzellstoff; Asche 17,0%)									
Vor dem Trocknen	2,42	1,6	1,64	3,0	2,03	100,00	2,3	100,00	5,0
12 Stunden getrocknet	2,32	2,0	1,65	2,9	1,99	98,02	2,5	108,69	4,7
24 „ „	2,41	1,7	1,67	2,6	2,04	100,49	2,2	95,65	4,4
48 „ „	2,31	1,4	1,55	2,1	1,93	95,07	1,8	78,26	4,9
96 „ „	2,08	1,2	1,43	1,6	1,76	86,69	1,4	60,86	4,1
142 „ „	1,71	0,9	1,26	1,2	1,49	73,39	1,1	47,82	3,8
262 „ „	1,44	0,7	1,03	0,7	1,24	61,08	0,7	30,43	4,7
382 „ „	1,40	0,5	1,01	0,9	1,21	59,60	0,7	30,43	3,1
502 „ „	1,08	0,4	0,87	0,4	0,98	48,57	0,4	17,39	4,1
622 „ „	1,25	0,4	0,81	0,5	1,03	50,73	0,5	21,73	4,3

Aus diesen Werten, welche nachstehend zur leichteren Übersicht auch graphisch aufgetragen sind, geht deutlich hervor, daß bei allen vier Papiersorten die Festigkeit und Dehnung infolge der andauernden Erwärmung abgenommen hat; nach einer 622stündigen Einwirkung haben die Papiere rund 50% ihrer Festigkeit und 70—80% ihrer Dehnung eingebüßt[2]. (Abb. 4.)

Am günstigsten hat sich das tierisch geleimte Papier I verhalten; nach 142stündiger Erwärmung hatte seine Festigkeit noch nicht abgenommen, während die der übrigen drei Papiere schon deutlich zurückgegangen war.

Am ungünstigsten erwies sich das harzgeleimte, aus Holzzellstoff hergestellte Papier III, welches schon nach kurzer Zeit eine deutliche Abnahme der Festigkeit und Dehnung zeigt. Zwischen beiden liegen die Papiere II und IV, von denen sich das letztere, ungeleimte günstiger verhalten hat als die beiden harzgeleimten Sorten II und III.

Die letzte Spalte der Zusammenstellung bestätigt die bereits anderweitig gemachte Beobachtung, daß ausgetrocknete Faserstoffe nicht wieder so viel Feuchtigkeit aus der Luft aufnehmen, wie sie im ursprünglichen Zustand gehabt haben. Bei allen vier Papieren zeigt sich eine stetige Abnahme des Feuchtigkeitsgehaltes bei zunehmender Trocknungsdauer.

Diese wenigen Versuche verbieten naturgemäß weitgehende allgemeine Schlußfolgerungen; sie können nur als Material betrachtet werden, welches in Verbindung mit weiter zu machenden Beobachtungen mit zur Beantwortung der Frage herangezogen werden kann, ob sich bei höherer Wärme Lumpenfasern günstiger verhalten als solche aus Zellstoffen,

[1] Erklärung des Begriffes „Reißlänge" S. 43.

[2] In gleicher Richtung bewegen sich die Beobachtungen, die Bartsch beim Erhitzen von Pergament-, Pergamentersatz- und Pergamynpapieren auf 60 bzw. 100° C gemacht hat (Mitt. 1907 S. 237). Alle Papiere zeigten starke Abnahme der Festigkeitseigenschaften.

und ob hierbei tierisch geleimte Papiere widerstandsfähiger sind als harzgeleimte.

Ein abweichendes Verhalten von den oben genannten Papieren zeigten Sackpapiere [1], die allerdings kürzere Zeit getrocknet wurden.

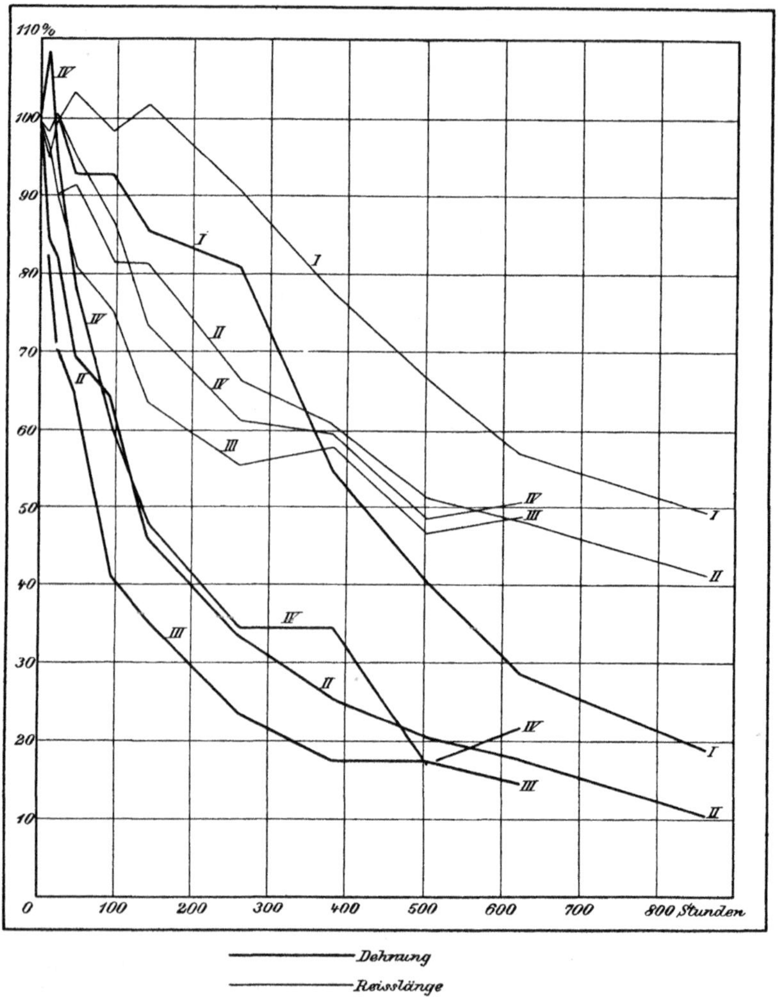

Abb. 4. Einfluß höherer Wärmegrade auf die Festigkeitseigenschaften von Papier.

Bei diesen Papieren war die Reißlänge durch 24stündiges Erhitzen bei 80° C bei Natronpapieren im Mittel um rund 22%, bei Sulfitpapieren um rund 10% erhöht worden. Diese Erhöhung war aber nur vorübergehend, nach 48stündigem Lagern an der Luft zeigten alle Papiere

[1] Herzberg: Einfluß höherer Wärmegrade auf die Festigkeitseigenschaften von Sackpapier. Mitt. dtsch. Mat.-Prüf.-Anst. 1929 Sonder-H. 6 S. 4.

annähernd wieder ihre ursprüngliche Festigkeit. Die Dehnung war durch das Erhitzen im Mittel auf etwa die Hälfte herabgedrückt worden; auch diese Wirkung war nur vorübergehend, nach 48stündigem Lagern war die ursprüngliche Dehnung bei den meisten Papieren annähernd wieder vorhanden.

Der Falzwiderstand wurde durch das Erhitzen sehr ungünstig beeinflußt, wobei sich ein Unterschied in dem Verhalten der N- und S-Papiere zeigte, im Mittel wurde der Falzwiderstand herabgedrückt bei den N-Papieren auf 15%, bei den S-Papieren auf 2%. Nach 48stündigem Lagern hatte der Falzwiderstand wieder zugenommen, die Natronpapiere hatten sich im Mittel wieder bis auf 71% erholt, die Sulfitpapiere bis auf 57%. Die untersuchten Säcke wurden auch mit dem Mullenprüfer auf Berstdruck geprüft. Durch das Erhitzen war der Berstdruck im Mittel um 10% gesunken und zwar sowohl bei den Natron- als auch bei den Sulfitpapieren; nach 48stündigem Lagern bei Zimmerwärme zeigten die meisten Papiere wieder ihren ursprünglichen Berstdruck.

Der Einfluß der Feuchtigkeit auf Papier äußert sich in verschiedener Weise. Einmal nimmt Papier, je nach dem Feuchtigkeitsgehalt der Luft, verschiedene Mengen Wasser auf und ändert hierdurch sein Gewicht[1]; ferner tritt eine Änderung des Quellungszustandes der Fasern ein, die die Dicke und Porosität des Papiers beeinflußt und schließlich übt das aufgenommene Wasser auf die Festigkeitseigenschaften[2], die Dehnbarkeit und die Leimfestigkeit des Papiers einen mehr oder minder starken Einfluß aus.

Bei Untersuchungen, die im Dresdener technologischen Institut ausgeführt worden sind[3], zeigten lufttrockene, im losen Zustand aufbewahrte Halbstoffe bei verschiedener Luftfeuchtigkeit folgenden Feuchtigkeitsgehalt[4].

Feuchtigkeit der Luft	Feuchtigkeitsgehalt				
	Baumwollhalbzeug	Leinenhalbzeug	Natronzellstoff	Braunholzschliff	Holzschliff (weißer)
%	%	%	%	%	%
40	4,9	5,3	5,8	6,4	8,0
50	5,4	6,0	6,6	7,2	8,8
60	5,7	6,3	7,4	8,0	9,4
70	6,1	6,8	8,4	8,8	10,0
80	6,8	7,7	9,6	9,9	10,6
90	8,0	9,5	11,3	11,5	12,0

Den Feuchtigkeitsgehalt einzelner Papiersorten bei 65% Luftfeuchtigkeit zeigt die nachstehende Tabelle, die auf Grund amtlicher Prüfungsergebnisse aufgestellt worden ist:

[1] Vgl. E. Müller: Über die Abhängigkeit des Wassergehaltes der Faserstoffe von der Luftfeuchtigkeit. Civ.-Ing. 1882, S. 157.

[2] Die in der Praxis ab und zu auftauchende Anschauung (s. z. B. P.Z. 17 S. 126), daß die Abnahme der Reißlänge bei zunehmender Luftfeuchtigkeit lediglich eine Folge des wachsenden Streifengewichtes sei, trifft somit nicht zu.

[3] Müller-Haußner: Die Herstellung und Prüfung des Papiers, S. 1642.

[4] Vgl. auch Fay: Wasseraufnahme der verschiedenen Faserstoffe bei verschiedener Luftfeuchtigkeit. Z. u. P. 1926 Nr. 5 S. 20.

Feuchtigkeitsgehalt der Luft 65%			
Papiersorte	Stoffzusammensetzung	Feuchtigkeitsgehalt der Papiere	
		Grenzwerte	Mittelwerte
Normal 1	Hadern	5,4— 7,5	6,6
„ 2	Hadern	5,3— 7,4	6,6
„ 3	Zellstoff	5,4— 7,8	6,8
„ 4	Zellstoff	5,2—10,3	7,0
„ 5	holzhaltig	6,1— 9,0	8,0
„ 6	holzhaltig	6,8—10,0	8,4
Echt Manilapapier . . .	Manila	8,4—10,0	9,1
Zeitungsdruck.	stark holzhaltig	8,3—10,3	9,3

Aus den Mittelwerten der Tabelle geht hervor, daß bei 65% Luftfeuchtigkeit im allgemeinen Hadernpapiere den geringsten, stark holzschliffhaltige Papiere den höchsten Wassergehalt aufweisen, während die aus Zellstoff hergestellten Papiere in der Mitte stehen. Dieselbe Abstufung findet man in der obigen Tabelle der Halbstoffe.

In wie hohem Maße Festigkeit und Dehnung durch die Luftfeuchtigkeit beeinflußt werden, mögen die nachfolgenden Versuchsergebnisse, welche bei der Prüfung eines aus Lumpen hergestellten, mit Harz geleimten, guten Schreibpapiers bei verschiedener Luftfeuchtigkeit gewonnen wurden, zeigen.

Feuchtigkeit der Luft	Feuchtigkeitsgehalt der zerrissenen Streifen	Bruchbelastung			Bruchdehnung			Reißlänge		
		Längsrichtung	Querrichtung	Mittel	Längsrichtung	Querrichtung	Mittel	Längsrichtung	Querrichtung	Mittel
%	%	kg	kg	kg	%	%	%	km	km	km
100	15,2	2,34	1,75	2,05	3,5	6,3	4,8	1,68	1,23	1,46
90	11,3	3,41	2,30	2,86	2,8	5,8	4 3	2,40	1,64	2,02
80	6 5	5,57	4,03	4,30	2,5	4,7	3,6	4,06	3,00	3,53
70	6,2	5,74	4,14	4,94	2,1	4,3	3,2	4,25	3,09	3,67
60	5,5	6,15	4,49	5,52	1,9	3,9	2,9	4,50	3,33	3,92
50	4,6	6,59	4,71	5,65	1,7	3,4	2,6	4,76	3,43	4,20
40	3,8	6,74	4,93	5,84	1,6	3,3	2,5	4,91	3,61	4,26
30	2,3	7,21	5,05	6,13	1,5	2,6	2,1	5,39	3,80	4,60

Wie die Zusammenstellung zeigt, wächst die Festigkeit (Bruchlast, Reißlänge) des Papiers mit abnehmender Feuchtigkeit, während die Dehnung abnimmt.

Beim Falzversuch wurde im Amt bei harten und brüchigen Papieren mit zunehmender Feuchtigkeit eine Zunahme, bei weichen hingegen eine Abnahme der Falzzahl festgestellt. Der Einfluß verschiedener Luftfeuchtigkeit auf die Berstfestigkeit wurde im Amt[1] an 13 Papieren (Normal 1—4, Pack-, Sack-, Pergament-, Pergamyn- und Löschpapier) bei Abstufung der Luftfeuchtigkeit von 40%, 65% und 90% geprüft. Dabei ergab sich, daß bei allen Papieren bei 90% Luftfeuchtigkeit ein

[1] Boerner: Einfluß der Luftfeuchtigkeit auf die Berstfestigkeit von Papier. P.F. 1928 Nr. 34 S. 521.

geringerer Berstdruck ermittelt wurde als bei 65%. Zwischen 40 und 65% zeigten 4 Sackpapiere einen geringen Anstieg der Berstfestigkeit, während die anderen geprüften Papiere auch in diesem Kurvenabschnitt einen Abfall des Berstdruckes aufwiesen. Der Einfluß der Feuchtigkeit auf die Festigkeitseigenschaften, sowie auf Dicke, Raumgewicht und Flächenänderung von Papier ist auch im Bureau of Standards[1] eingehend geprüft worden, wobei 13 verschiedene Papiersorten und Abstufungen der Luftfeuchtigkeit von 15—83% verwendet wurden. Die nebenstehende graphische Zusammenfassung veranschaulicht die Ergebnisse: Nach diesen Versuchen steigen Falzwiderstand, Dehnung und Einreißwiderstand mit zunehmender Luftfeuchtigkeit in beträchtlichem Maße, Zug- und Berstfestigkeit dagegen bei zunehmendem Luftfeuchtigkeitsgehalt nur bis zu etwa 35—40%, um dann zu fallen. Raumgewicht und Dicke wachsen mit zunehmender Luftfeuchtigkeit nur relativ wenig, in noch geringerem Maße die Flächenabmessungen. Hervorzuheben ist, daß nach diesen Versuchen eine Zunahme der Zug- und Berstfestigkeit beim Wachsen des Luftfeuchtigkeitsgehaltes bis zu 35—40% ermittelt wurde. Dieses Verhalten ist nach Carson[2] folgendermaßen zu erklären: Mit zunehmender Feuchtigkeit wächst die Festigkeit und Biegsamkeit der Einzelfasern, aber die Reibung der Fasern gegeneinander läßt nach und von einer Luftfeuchtigkeit von etwa 35% an überwiegt das Gleiten der Fasern.

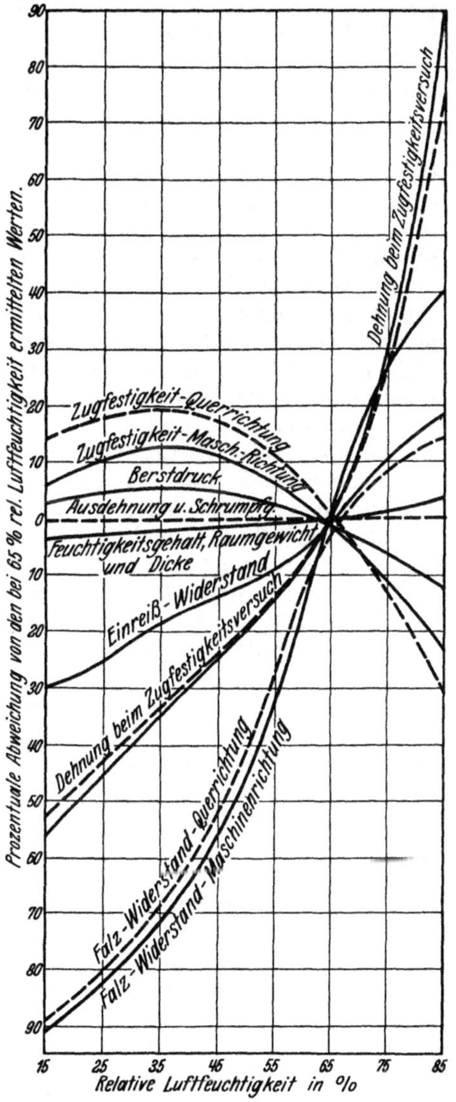

Abb. 5.
Einfluß der Luftfeuchtigkeit auf verschiedene physikalische Eigenschaften von Papier. (Nach Houston, Carson und Kirkwood.)

---

[1] Houston, Carson u. Kirkwood: The Effect of Atmospheric Humidity in the Physical Testing of Paper. P. T. J. 13. April 1923.

[2] Carson: An Analysis of the Strength of Paper. P. T. J. 20. März 1924.

— Zu beachten ist, daß die Kurven der Abb. 5 Mittel aus den Ergebnissen von 13 verschiedenen Papieren sind und daß die einzelnen Papiersorten in ihrem Verhalten nach den Angaben der Autoren erhebliche Abweichungen gezeigt haben. Bei den im Amt (s. oben) ausgeführten Untersuchungen auf Zugfestigkeit und Berstdruck bei verschiedener Luftfeuchtigkeit ist ein Gehalt von 40% nicht unterschritten worden. Aus diesem Grunde konnte der anfängliche Anstieg der Kurven nicht beobachtet werden.

Praktisch dürfte dieser Kurvenabschnitt weniger Bedeutung haben, da im allgemeinen ein so niedriger Luftfeuchtigkeitsgehalt in unseren klimatischen Verhältnissen nur selten auftritt. Die in Amerika beobachtete allgemeine Zunahme der Falzzahl mit steigender Luftfeuchtigkeit steht in der Hinsicht im Widerspruch mit den im Amt gemachten Erfahrungen, daß, wie oben erwähnt, weiche Papiere sich hier entgegengesetzt verhalten haben wie harte. Aus der genannten amerikanischen Arbeit geht nicht hervor, ob weiche Papiere zur Prüfung mit herangezogen worden sind. In bezug auf Berstdruck herrscht in den beiderseitigen Arbeiten insofern Übereinstimmung, als bei Erhöhung der Luftfeuchtigkeit über 65% bei allen Papieren ein Abfall der Werte beobachtet wurde. Zwischen 40 und 65% hingegen wurde im Amt, im Gegensatz zu den amerikanischen Ergebnissen, nicht bei allen Papieren ein Ansteigen des Berstdruckes mit Zunahme der Luftfeuchtigkeit ermittelt. Die Ursache dieser Verschiedenheit dürfte wahrscheinlich darin zu suchen sein, daß beide Stellen nicht die gleichen Papiersorten geprüft haben. — Zusammenfassend ist zu sagen, daß von den genannten Festigkeitseigenschaften der Falzwiderstand am stärksten, die Berstfestigkeit am geringsten beeinflußt wird, Dehnung, Zugfestigkeit und Einreißwiderstand nehmen eine mittlere Stellung ein.

Umrechnungsfaktoren.

In der Praxis ist es nicht immer möglich, die Prüfungen bei 65% Luftfeuchtigkeit vorzunehmen; man ist oft gezwungen, die Versuche bei anderer Feuchtigkeit auszuführen, wodurch die Ergebnisse, wie vorher gezeigt, mehr oder weniger von den maßgebenden (bei 65% gewonnenen) abweichen.

Durch eingehende Versuche hat Dalén für Reißlänge und Dehnung Faktoren ermittelt, mit Hilfe deren man in der Lage ist, die bei zu hoher oder zu niedriger Feuchtigkeit ermittelten Werte umzurechnen[1]. Die Fehler, die man hierbei zu befürchten hat, sind um so größer, je mehr die Luftfeuchtigkeit von 65% abweicht. Aus diesem Grunde dürfte es, damit die berechneten Werte einigermaßen zuverlässig werden, angebracht sein, die Umrechnungen auf den zwischen 40% und 80% Luftfeuchtigkeit liegenden Spielraum zu beschränken.

In nachstehender Tabelle sind innerhalb dieser Grenzen die Faktoren zusammengestellt, mit denen man die für Reißlänge und Dehnung gefundenen Werte multiplizieren muß, um annähernd Werte zu erhalten, die einer Luftfeuchtigkeit von 65% entsprechen würden.

[1] Dalén: Der Einfluß der Luftfeuchtigkeit auf die Festigkeitseigenschaften des Papiers (Mitt. 1900 S. 133).

Die Werte sind Mittel aus zahlreichen Einzelwerten, die bei der Prüfung von Papieren verschiedenster Art (Schreib-, Zeichen-, Druck-, Pack- usw. Papier) gewonnen wurden. Beim weiteren Ausbau dieses Teilgebietes der Papierprüfung wird man darauf ausgehen müssen, für jede Art von Sonderpapieren besondere Verhältniszahlen zu schaffen; dies wird sich besonders für diejenigen Stellen empfehlen, die sich laufend mit der Herstellung oder Prüfung von Sonderpapieren befassen. Im W.B. 1918, S. 95, sind für Spinnpapier derartige Werte angegeben, nämlich für die Reißlänge bei 80% Luftfeuchtigkeit 1,238 und bei 45% 0,924, für die Dehnung bei 80% Luftfeuchtigkeit 0,706 und bei 45% 1,333.

Luftfeuchtigkeit im Versuchsraum in %	Faktor für Reißlänge	Faktor für Dehnung
80	1,18	0,80
75	1,11	0,87
70	1,04	0,93
60	0,97	1,08
55	0,94	1,16
50	0,92	1,25
45	0,90	1,36
40	0,88	1,47

Für Schreib- und Druckpapiere hat Sotowa[1] die nachstehenden Koeffizienten sowohl für Reißfestigkeit und Dehnung, als auch für die Falzzahl ermittelt:

Relative Luftfeuchtigkeit %	Mittlere Koeffizienten				
	Schreibpapiere			Druckpapiere	
	Reißfestigkeit	Dehnung	Falzzahl	Reißfestigkeit	Dehnung
70	1,032	0,962	0,954	1,040	0,949
75	1,054	0,899	0,840	1,069	0,808
80	1,088	0,831	0,802	1,148	0,787
85	1,111	0,770	0,772	1,196	0,730
90	1,136	0,731	0,701	1,234	0,703
95	1,180	0,677	0,665	1,284	0,592

Für Druckpapiere können nach Angabe des Autors die gleichen Falzkoeffizienten wie die bei Schreibpapieren bestimmten benutzt werden, da nennenswerte Unterschiede nicht gefunden wurden.

Mit Recht bemerkt Dalén am Schluß seiner Abhandlung, daß man die Benutzung der von ihm aufgestellten Faktoren nur als Notbehelf ansehen soll, wenn es ganz unmöglich ist, die Versuche bei 65% auszuführen; dies dürfte auch für den Gebrauch der Koeffizienten von Sotowa zutreffen.

Einfluß der Luftfeuchtigkeit auf die Leimfestigkeit von Papier.

Auch die Ergebnisse der Leimfestigkeitsprüfung werden von dem mehr oder minder hohen Feuchtigkeitsgehalt der Luft beeinflußt. Der Verbraucher kann aber mit Recht verlangen, daß sich sein Papier nicht nur bei trockener, sondern auch bei feuchter Luft einwandfrei

[1] Sotowa: Bumaschnaja Promischlennost 1928 Nr. 7 S. 459. Referat P.F. 1929 Nr. 7 S. 107.

beschreiben läßt, und bei gut geleimten Papieren ist dies auch der Fall; bei weniger gut geleimten indessen kann man beobachten, daß sie sich bei der Prüfung in trockener Luft noch als leimfest erweisen, nicht aber in feuchter.

Dieses Verhalten ist vorzugsweise bei denjenigen Prüfungsverfahren zu beobachten, bei denen die auf das Papier gebrachte Flüssigkeit ganz zum Eintrocknen kommt, also insbesondere bei dem praktischen Schreibversuch.

In diesem Falle hängt die Trocknungsdauer der Schrift oder der Linien und somit die Einwirkungsdauer der Tinte auf das Papier wesentlich von dem Feuchtigkeitsgehalt der Luft ab. Ist er klein, so verdunstet die Flüssigkeit schnell, die Tinte kann dann weniger tief in das Papier dringen als bei feuchter Luft, in der der Verdunstungsprozeß nur langsam vonstatten geht.

Man wird daher darauf achten müssen, daß man die Versuche nicht bei trockener Luft ausführt, was namentlich im Winter vorkommen kann. Im Materialprüfungsamt werden sie stets bei 65% Luftfeuchtigkeit vorgenommen, also in einer Luft, die feuchter ist als die, mit der wir während des allergrößten Teiles des Jahres zu rechnen haben[1].

Flächenveränderung von Papier unter dem Einfluß von Feuchtigkeit.

Bei der Beurteilung von Druckpapier ist es wichtig, den Einfluß zu kennen, den die Feuchtigkeit auf die Abmessungen des Papiers hat. Bei der Aufnahme von Feuchtigkeit dehnt sich Papier, und umgekehrt schrumpft es bei der Trocknung. Dieses Verhalten spielt eine große Rolle in Druckereien, die sich mit Buntbuchdruck, Steindruck oder Gummidruck befassen. Es wird verlangt, daß Papier, das zu solchem Zweck Verwendung finden soll, nur möglichst kleine Flächenänderung bei Aufnahme oder Abgabe von Feuchtigkeit aufweist. Wenn das Flächenveränderungsvermögen groß ist, gibt es bedeutende Schwierigkeiten beim Drucken, die sog. Paßdifferenzen. Die Ursache der Dimensionsänderungen ist in der Quellfähigkeit der Fasern begründet. Diese Quellfähigkeit kann durch die Wahl der Rohstoffe, durch Art der Mahlung und Leimung und besonders durch die Arbeit auf der Papiermaschine reduziert, jedoch niemals ganz aufgehoben werden.

Zur Bestimmung des Einflusses von Feuchtigkeit auf die Abmessungen von Papier hat Schopper nach den Angaben des Dipl.-Ing. Fenchel einen Apparat (Abb. 6) gebaut. Zur Ausführung des Versuchs[2] wird ein Streifen von 100 mm Länge und 15 mm Breite zwischen zwei Klemmen, von denen die untere fest mit dem Stativ verbunden ist,

---

[1] Albrecht hat die Leimfestigkeit von Papier unter Verwendung eines von ihm konstruierten Apparates (s. S. 88) bei verschiedener Luftfeuchtigkeit in den Grenzen von nahezu 0 bis 100% untersucht. Er kommt zu dem Ergebnis, daß die Leimfestigkeit von 0% Luftfeuchtigkeit an zunächst von einem Minimalwert aus ansteigt, dann bei Zunahme der Feuchtigkeit von 30 bis 70% abfällt, um bei noch höherer Feuchtigkeit wieder anzusteigen. (Papp. och trävarutidskr. för Finland 1926 Nr. 10. Referat W.B. 1926 Nr. 30 S. 833.)

[2] Siehe auch Fenchel: P.F. 1926, Festheft, S. 98.

gespannt. Die obere Klemme ist durch ein Gegengewicht ausgeglichen und beweglich mit dem Anzeigewerk verbunden. Der auf einen Teller aufgesetzte Wasserbehälter wird hochgehoben, so daß der Streifen in das Wasser eintaucht. Der Streifen dehnt sich und der Größtwert der Dehnung wird in Prozenten an der Skala abgelesen. Um eine Wellung des Streifens zu verhüten, wird zu dem Ausgleichsgewicht der oberen Klemme, entsprechend der Stärke des Papiers, noch ein kleines

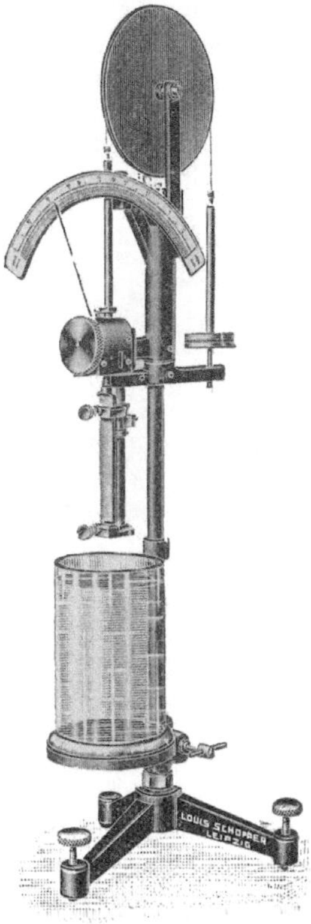

Abb. 6.

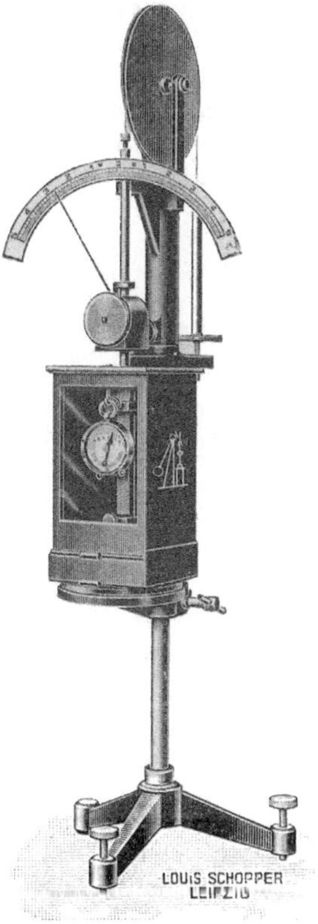

Abb. 7.

Abb. 6 u. 7. Fenchels Apparat zur Bestimmung der Paßfähigkeit von Papier.

Übergewicht gelegt. Das Gewicht wird jedoch so klein gewählt, daß der Streifen dadurch keine elastische oder gar bleibende Dehnung erfährt[1]. In gleicher Weise kann die Schrumpfung gemessen werden, wenn nach dem Herablassen des Wasserbehälters der Streifen wieder trocknet.

Soll das Verhalten von Papier in feuchter Luft untersucht werden, so wird zu dem Apparat ein Kupferblechgefäß geliefert, das die Einstellung einer bestimmten Luftfeuchtigkeit gestattet (Abb. 7). Im Unter-

[1] Schwierig ist es, die Auswahl der Gewichte so zu treffen, daß eine Überbelastung sicher vermieden wird.

teil des Gefäßes befindet sich ein ausziehbarer Kasten, in dem eine Wasserschale untergebracht ist. Dicht über dem Kasten ist ein Schieber angeordnet, der eine völlige oder teilweise Abdeckung der Glasschale und auf diese Weise eine Regulierung der Wasserverdunstung gestattet. Ein in das Blechgefäß gehängtes Hygrometer zeigt die jeweils vorhandene Luftfeuchtigkeit an.

Eine Verbesserung des Fenchelapparates bringt die Anordnung von Riesenfeld und Hamburger[1], bei der durch den geschlossenen Prüfraum nacheinander Luft von verschiedener, jedoch mit Hilfe von gesättigten Salzlösungen genau eingestellter, Luftfeuchtigkeit gesaugt wird[2].

Ein Apparat englischer Konstruktion[3] ist nachstehend abgebildet (Abb. 8). In einem Metallkasten mit abnehmbarem Glasdeckel werden $^1/_2$ cm breite und 10 cm lange Streifen an einem Ende an einem festen

Abb. 8. Englischer Apparat zur Bestimmung der Paßfähigkeit. (Cambridge Instrument Co., Ltd. England.)

Bügel, am anderen Ende an einem Winkelhebel angeklemmt. Durch ein kleines bewegliches Gewicht am anderen Ende des Winkelhebels werden die Streifen gespannt. Die Spannung kann zweckentsprechend geregelt werden. Durch einen außen am Kasten angebrachten Hebel können Nadeln, die sich unter den Streifen befinden, gehoben oder gesenkt werden. Bei Beginn der Prüfung wird ein trockener Luftstrom mit Hilfe eines Ventilators durch den Kasten geblasen, der die Streifen vollkommen trocknet. Dann werden die Nadeln in die Höhe getrieben, wodurch jeder Streifen gelocht wird. Die Mitte der Lochung bildet den Merkpunkt. Ein über der Glasplatte in der Längs- und Querrichtung beweglich angebrachtes Mikroskop wird nacheinander auf diese Punkte an jedem Streifen eingestellt und die „Nullage" bestimmt. Nun wird Luft von dem gewünschten Feuchtigkeitsgehalt durch den Kasten geblasen und das Mikroskop wieder auf die Merkpunkte eingestellt, so daß erneute Ablesungen die Ausdehnung der Muster unter den jeweiligen Bedingungen ergeben. Die verschiedenen Feuchtigkeitswerte der durchgeschickten Luft können mittels eines Haarhygrometers bestimmt werden. Die Versuche müssen jeweils für die Längs- und Querrichtung des Papiers ausgeführt werden.

[1] T. Hamburger: P.F. 1931 H. 44 S. 693.
[2] Der Apparat wird von der Firma Fuess, Berlin-Steglitz, gebaut.
[3] Z. u. P. 1930 Nr. 1 S. 40.

Ohne besondere Apparatur kann man sich ein Urteil über das Dehnen oder Schrumpfen von Papier unter dem Einfluß wechselnder Luftfeuchtigkeit in folgender Weise verschaffen. Auf drei Abschnitten des zu prüfenden Papiers, die mehrere Tage bei 65% Luftfeuchtigkeit ausgelegen haben, werden in der Längs- und Querrichtung rund 200 mm voneinander entfernte Marken angebracht und der Abstand auf $^1/_{10}$ mm genau gemessen. Darauf werden die Bogen wiederum mehrere Tage bei etwa 40%, 80% und zur Feststellung, ob sie ihren ursprünglichen Zustand wieder voll erreichen, auch nochmals bei 65% Luftfeuchtigkeit ausgelegt. Nach jedem Ausliegen erfolgt Messung der Markenabstände. Aus den Meßwerten der drei Blätter werden dann die Mittel gebildet. Die Messung, die am besten mit dem Abbe - Zeißschen Komparator ausgeführt wird, ist mit Schwierigkeiten verknüpft, wenn das Papier zum Wellen neigt. Bei den vorher beschriebenen Apparaten wird versucht, diesen Übelstand durch leichtes Spannen der Papierstreifen zu vermeiden. Hierbei kommt jedoch wieder die Schwierigkeit der richtigen Auswahl des Gewichtes in Betracht.

Trockengehalts- (Feuchtigkeitsgehalts-) Bestimmung[1].

Zur Bestimmung des absoluten Trockengewichtes von Papier, Zellstoff, Strohstoff, Holzschliff, Halbstoff usw. kann man sich, wenn nur kleine Proben vorliegen, der in Laboratorien üblichen Trockenschränke bedienen. Man bringt das Material in ein Trockenglas, wägt und stellt das Ganze mit abgenommenem Stöpsel in den Trockenschrank, nicht auf den Boden des Schrankes, da hier leicht Überhitzung eintritt, sondern auf eines der eingeschobenen Bleche. Das Thermometer wird so eingesetzt, daß sich die Quecksilberkugel unmittelbar neben dem unteren Teile des Glases befindet. Die Heizung regelt man so, daß die Temperatur dauernd zwischen 100 und 105° C liegt. Die Trocknung ist beendet, wenn zwei aufeinanderfolgende Wägungen dasselbe Ergebnis liefern oder wenn eine Wägung ein höheres Gewicht ergibt, als die vorhergehende. In diesem Fall ist die vorhergehende Wägung als Endergebnis zu betrachten. Vor den Wägungen wird der Deckel des Glases im Trockenkasten auf das Glas gesetzt und letzteres bis zur völligen Abkühlung in einen Exsikkator gestellt; erst dann kommt es auf die Waage. Der Trockengehalt wird in Prozent, bezogen auf die Einwaage, angegeben.

Zur Schnellbestimmung des Wassergehaltes sind verschiedene Methoden vorgeschlagen worden: Schwalbe extrahiert mit Petroleum[2], Schlumberger[3] mit Tetrachloräthan, Riesenfeld und Hamburger[4] extrahieren ebenfalls mit Tetrachloräthan, verwenden aber den Wasserbestimmungsapparat nach Pritzker und Jungkunz. Jonas[5] trocknet

[1] Siehe auch über die Trockengehaltsbestimmung von Zellstoffen: Hägglund und Hottenroth. Schriften des Vereins der Zellstoff- und Papierchemiker Bd. 13 (1920) S. 1—6.
[2] Schwalbe: P.F. 1908 S. 551.
[3] Schlumberger: P.F. 1926 Nr. 24 S. 783.
[4] Riesenfeld u. Hamburger: P.F. 1930 Nr. 17 S. 288.
[5] Jonas: P.F. 1930, Sondernummer, S. 111.

durch Überleiten von trockener Luft bei 65°. Die genannten Methoden sollen auch eine vollständigere Austreibung des Wassers bewirken, als dies bei der Trocknung im Wägeglas bei 100—105° möglich ist. Auch Feuchtigkeitsmessungen mit Hilfe des elektrischen Stromes sind in Vorschlag gebracht worden[1], die auf der Messung der Dielektrizitätskonstante beruhen. Weitere Methoden sind von Knopff[2] im Wochenblatt für Papierfabrikation besprochen worden.

Für die Trocknung größerer Mengen, wie sie in der Praxis bei der Abnahme von ganzen Ladungen vorgenommen werden, sind besondere

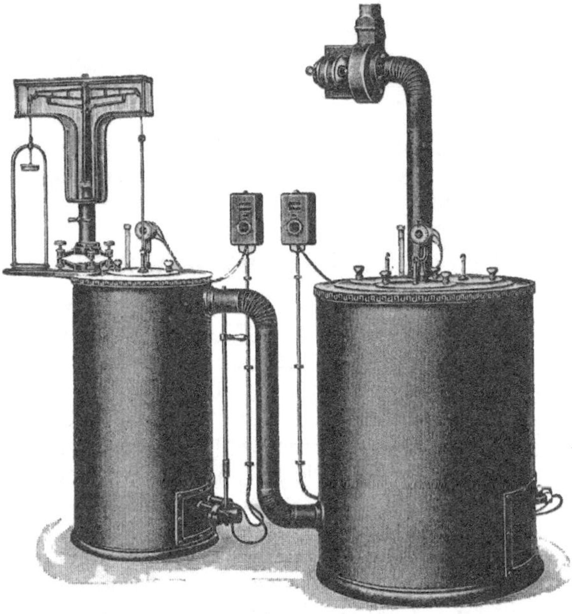

Abb. 9. Schoppers Trockenapparat für Zellstoff, Holzstoff usw. mit Vortrockner.

Trockengehaltsprüfer gebaut worden. Die neueren sind meist so eingerichtet, daß dem zu trocknenden Material ununterbrochen große Mengen heißer, trockener Luft zugeführt werden, so daß die Trocknung schnell vor sich geht. Die Heizung erfolgt auf elektrischem Wege unter automatischer Temperaturreglung.

Das Trockengut wird in Körbe aus Drahtgeflecht gelegt und dann in die Trockenkammer gebracht; die Heizung muß so geregelt werden, daß das Thermometer nicht unter 100° C sinkt und nicht über 105° steigt. Das Wägen im Trockenraum selbst erfolgt nach dem Anhängen des Korbes an den Waagebalken.

Abb. 9 zeigt einen von der Firma L. Schopper für das Materialprüfungsamt gebauten Trockenprüfer mit Vortrockner. Er ist mit einem Ventilator zum Durchdrücken von Luft durch das Trockengut versehen;

[1] P.F. 1927 Nr. 25 S. 81.
[2] Knopff: W.B. 1930 Nr. 13 S. 417 u. 1931 Nr. 8 S. 178.

inzwischen sind noch Trockenöfen in verschiedenen Bauarten zur Ausführung gelangt, über die man Näheres bei den Herstellern derartiger Apparate erfragen wolle.

Vorschriften[1] für die Entnahme und das Trocknen der Proben sind in Deutschland bisher nur für Holzschliff festgelegt worden; diese lauten wie folgt:

Anweisung zur Ermittlung des Trockengehaltes von Holzstoff (Holzschliff).

(Vereinbart vom Verein Deutscher Holzstoff-Fabrikanten mit dem Verein Deutscher Papierfabrikanten e. V., Ausgabe 1928.)

1. Zur Probenahme heranzuziehender Anteil der Lieferung. Der zur Probenahme heranzuziehende Anteil der Lieferung soll in allen Fällen mindestens 2 v. H. des Gewichtes betragen, und zwar müssen aus je 15000 kg Naßgewicht zur Probeentnahme herangezogen werden:

a) bei loser Verladung (Eisenbahnwagen oder Achsfuhrwerk) von zusammengelegten Paketen oder unverpackten Rollen nicht weniger als 10 solcher Packungseinheiten;

b) bei Lieferung in verschnürten Päcken oder verschnürten Rollen im Gewicht von je 100 kg und darüber (Eisenbahnwagen oder Schiffsladungen) nicht weniger als 5 solcher Packungseinheiten.

Bei Schiffsladungen, welche aus mehreren einzeln berechneten Eisenbahnwagenladungen zusammengesetzt sind, müssen die Packungseinheiten aus den einzelnen Wagenladungen gezeichnet und numeriert werden.

Die zur Probenahme heranzuziehenden Packungseinheiten müssen tunlichst gleichmäßig von verschiedenen Stellen der aufgestapelten Lieferung entnommen werden. Auszuschließen sind solche, bei denen die Gefahr des Austrocknens bestanden hat, also insbesondere die an der Oberfläche gelegenen. Es empfiehlt sich zur Vermeidung von Verwechslungen, die zur Probenahme herangezogenen Packungseinheiten (Ballen, Päcke, Wickel) mit dem Datum des Frachtbriefes oder der Wagennummer zu bezeichnen.

Bei Schabstoff oder Brockenstoff in Säcken sind die Proben sackweise entsprechend zu ziehen.

2. Probenahme. Die Entnahme von Trockenproben aus den zur Probenahme herangezogenen Packungseinheiten geschieht in der Regel durch Stanzen, Bohren oder in Streifen.

Gestanzt wird feuchter Stoff in Paketen und Ballen. Bei Paketen ist durch alle Lagen zu stanzen, bei Ballen mindestens 8 cm tief. Das Ausbohren erfolgt bei Trockenstoff in Ballen usw. am zweckmäßigsten 5 cm tief.

Als Stanze ist ein unten von außen geschärftes Stahlrohr von mindestens 5 cm lichter Weite und als Bohrer ein ebensolches Rohr mit gezahntem und gestauchtem Rand zu benutzen.

Bei Probenahme in Streifen sind die Tafeln aus oberen, mittleren und unteren Lagen zu wählen. Ein 6—8 cm breiter Streifen aus der Mitte des Bogens wird von der ganzen Breite der Tafeln am zweckmäßigsten über die Kante einer Holzleiste abgebrochen.

3. Probebehandlung. Es ist zu empfehlen, insgesamt eine Probemenge von etwa 2000 g in 4 Teilen von je etwa 500 g zu entnehmen. Die Wägung hat unmittelbar nach der Probenahme auf einer genügend empfindlichen Waage zu erfolgen.

Eine der 4 Teilproben dient zur erstmaligen Bestimmung des Trockengehaltes, die übrigen werden zu etwa notwendig werdenden Überprüfungen bei Beanstandungen, mit genauer Angabe des Feuchtgewichtes bei der Probenahme, gesondert eingeschlagen und sorgfältig aufbewahrt.

Luftdichte Aufbewahrung ist (auch in Streitfällen) nicht nötig, wenn die Wägung des feuchten Stoffes vor vertrauenswerten Zeugen stattgefunden hat. Von den drei zurückgelegten Teilproben ist eine für eine etwaige Nachprüfung durch die

[1] Z. u. P. 1928 S. 297.

beteiligten Firmen, die beiden übrigen sind für die Schiedsprüfung im Streitfall bestimmt.

Werden Proben zur Nachprüfung an eine Prüfungsstelle gesandt, so ist bei zuverlässiger Feststellung des Feuchtgewichts unmittelbar bei der Probenahme eine vor Verdunstung schützende Verpackung nicht nötig; nur wenn das Feuchtgewicht bei der Probenahme nicht zuverlässig festgestellt worden ist, muß die Versendung in luftdicht verschlossenen Gefäßen erfolgen, am besten im Blechgefäß mit Gummidichtung und Schraubverschluß. Einschlagen in Ölpapier oder feuchten Stoff derselben Sendung kann nur als mangelhafter Notbehelf gelten.

4. Trocknung. Die Trocknung soll in einem geeigneten Apparat bei 100 bis 105° C vorgenommen und bis zum gleichbleibenden Gewicht durchgeführt werden. Erreichung der Gewichtsbeständigkeit ist anzunehmen, wenn die Gewichtsabnahme zwischen den letzten beiden Wägungen nicht mehr als 0,1 vH beträgt. Zwischen den letzten beiden Wägungen muß, wenn das Trockengut zur Wägung aus dem Trockner herausgenommen wird, eine Zeitspanne von mindestens 30 Minuten liegen; bei Trocknern in Verbindung mit einer Waage genügen 15 Minuten zur Erkennung der Gewichtsbeständigkeit.

5. Wägen. Am empfehlenswertesten sind Trockner, die das Wägen ohne Entnahme aus dem Apparat erlauben. Bei Wägung nach Entnahme der Proben aus dem Trockner ist das Absoluttrockengewicht nur annäherungsweise bestimmbar, weil der sich abkühlende Stoff begierig Feuchtigkeit aus der Luft aufsaugt.

6. Berechnung des Lufttrockengehaltes. Das gefundene absolute Trockengewicht ist in dem Verhältnis von 88 : 100 auf das Lufttrockengewicht umzurechnen, wobei die Dezimalstellen auf ganze Zehntel nach unten abzurunden sind. Beispiel:

Feuchtigkeitsgehalt der Probe . . . 500 g
Absolutes Trockengewicht . . . . . 153,5 g

$$\text{Lufttrockengehalt: } \frac{153{,}5 \cdot 100 \cdot 100}{500 \cdot 88} = 34{,}88 \text{ vH}$$

abgerundet 34,8 vH.

Trotz erdenklichster Sorgfalt weichen erfahrungsgemäß mehrere Ermittlungen, die neben oder nacheinander oder von verschiedenen Stellen vorgenommen werden, fast stets etwas voneinander ab. Weicht die Prozentzahl nicht mehr als 1 nach oben oder unten ab, gilt die Ermittlung des Verkäufers als zutreffend.

Werden vom Empfänger größere Abweichungen gemeldet, wird zunächst zur Feststellung des Trockengehaltes einer zweiten der zurückgelegten Teilproben geschritten. Ergeben auch diese Ermittlungen keine Übereinstimmung, so ist nach Ziffer 4 Abs. 4 der „Verkaufsbedingungen" des Vereins Deutscher Holzstoff-Fabrikanten zu verfahren.

Im Ausland sind Vereinbarungen getroffen worden zwischen dem britischen Holzstoffverein und dem Verein englischer Papierfabrikanten (P.Z. 1908 S. 74).

Der skandinavische Holzstoffverein hat auf Grund der Vorschläge von Schmelck-Christiania und Alén-Gotenburg Vorschriften für die Entnahme aufgestellt (P.Z. 1911 S. 1761).

Die Vereine amerikanischer Papierstoff-Einfuhrhäuser, Papier- und Papierstoffabrikanten und die Vereine skandinavischer Papierfabrikanten haben gemeinsam Vorschriften über die Probeentnahme von Zellstoff und Holzschliff vereinbart. Die Einzelheiten wolle man aus der P.Z. 1916 S. 234, und dem Paper Trade Journal 1926 Nr. 11 Vol. 82, ersehen. Ein aus Vertretern der amerikanischen Zellstoff- und Papierindustrie gebildeter Ausschuß hat Vorschläge für Probeentnahme, Gewichtsbestimmung und Prüfung von Zellstoff gemacht und in einem kleinen Leitfaden bekannt gegeben: „Official Rules for Weighing,

Sampling and Testing Wood-Pulp. Proposed bei Joint Commitee of American Paper and Pulp-Association[1]".

Auch die finnländische Papieringenieur-Vereinigung hat Normen für die „Bestimmung des Trockengehaltes für feuchten und trockenen Holzstoff, Sulfit- und Sulfatzellstoff" aufgestellt (P.F. 1919 S. 445).

Quadratmetergewicht.

Die Behörden stellen gemäß erlassener Vorschriften das Gewicht des gelieferten Papiers durch Auswiegen von Riespaketen fest, wobei das zum Umhüllen verwendete Umschlagpapier, aber nur dieses, nicht auch das zum Schutz mitverwendete Packmaterial

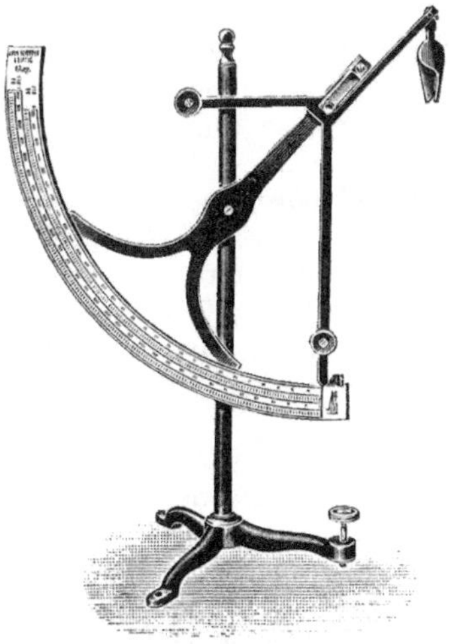

Abb. 10. Waage zur Bestimmung des Quadratmetergewichtes mit Hilfe von 5 Bogen.

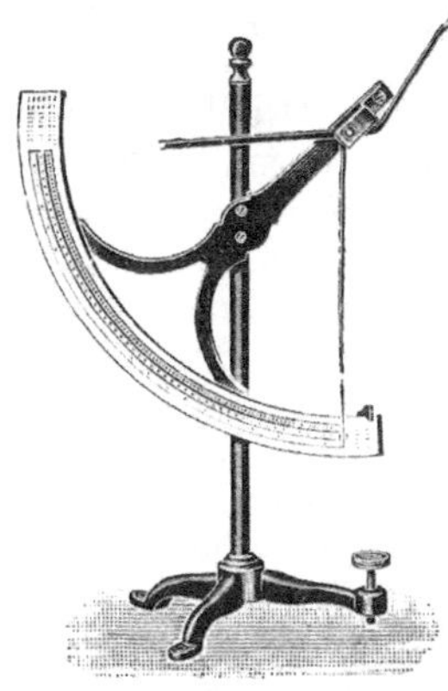

Abb. 11. Waage zur Bestimmung des Quadratmetergewichtes bei einem Handmuster.

usw. mitgewogen wird. Bei der jetzt am meisten verwendeten Bogengröße 297 × 420 mm (Dinformat A 3) ist dann das durch Auswiegen eines Paketes von 1000 Bogen in Gramm ermittelte Gewicht durch 124,74 zu dividieren, um das Quadratmetergewicht in Gramm zu erhalten. Papierlieferanten für Behörden werden gut tun, die Gewichtsbestimmung in gleicher Weise vorzunehmen.

Als Gewichtsspielraum nach oben und unten sind bei Behördenlieferungen zugelassen für

Schreib- und Druckpapiere	2,5%
Aktendeckel, Briefumschlag- und Packpapiere	4,0%

Stehen Riespakete nicht zur Verfügung, mindestens aber fünf Bogen des zu prüfenden Papiers, so kann die Bestimmung leicht mit einer Waage erfolgen, wie sie nach Angaben des Materialprüfungsamtes von der Firma Schopper gebaut worden ist (Abb. 10). Bei dieser werden fünf Bogen zusammen in eine Klemmvorrichtung gebracht, und man liest dann an einer Bogenteilung das Quadratmetergewicht direkt ab.

[1] P.F. 1926 Nr. 33.

Bei weniger Probematerial muß man mit Hilfe einer Schablone 1 dm^2 ausschneiden, auswiegen und aus dem Gewicht das Quadratmetergewicht berechnen. Auch für diesen Fall hat man Waagen gebaut, welche die direkte Ablesung des Quadratmetergewichtes gestatten, wenn man an den einen Arm ein Papierstück der genannten Größe hängt (Abb. 11). Selbstverständlich ist der so ermittelte Wert erheblich ungenauer als der durch Auswiegen von 5 oder 1000 Bogen gefundene, da ein Ausgleich der unvermeidlichen Ungleichmäßigkeiten des Papiers nicht stattfinden kann.

Dicke.

Für die Messung der Dicke von Papier stehen verschiedene Dickenmesser zur Verfügung; bequeme Handhabung und genaue Ablesung gestattet der Schoppersche, dessen Wirkungsweise aus Abb. 12 zu ersehen ist.

Durch einen Druck auf den Daumenhebel H wird das Gestänge G mit dem am unteren Ende angebrachten oberen Taster P angehoben, wobei gleichzeitig der Zeiger Z aus seiner Nullstellung nach rechts bewegt wird. Das zu messende Papier Pa legt man auf den unteren mit dem Gestell fest verbundenen Meßtaster P_1 und läßt dann das Gestänge G durch Freigeben des Daumenhebels H nach unten gehen[1], bis der obere Taster P auf dem Papier aufliegt.

Der Zeiger gibt dann auf der Skala die absolute Dicke der Papierprobe mit einer Genauigkeit von $^1/_{100}$ mm an, mit Hilfe des am Zeiger befestigten Nonius kann man noch $^1/_{1000}$ mm ablesen. Die Meßtaster haben eine Fläche von 2 cm^2, durch das Gewicht G_1 am Gestänge wirkt der Taster mit einem Druck von 2 kg auf die Probe. Die Messungen werden daher stets bei einem spezifischen Tasterdruck von 1 kg/cm^2 vorgenommen. Eine Korrektur der Nullstellung des Zeigers Z kann nötigenfalls mit Hilfe der Einstellmutter S erfolgen. Der Apparat wird für Meßbereiche von 0—1 und für 0—2 mm geliefert.

Der Taschendickenmesser derselben Firma (Abb. 13) arbeitet nach dem gleichen Prinzip. Er ermöglicht ebenfalls, Dickenmessungen auf $^1/_{100}$ mm genau vorzunehmen. Die Einstellung des Nullpunktes erfolgt bei diesem Gerät durch Drehen der Skala.

Die Genauigkeit der genannten Apparate, deren Empfindlichkeit der Beanspruchung im Betriebe angepaßt ist, reicht im allgemeinen aus. Für einige Spezialpapiere (Kabel- und Isolierpapiere) werden jedoch höhere Ansprüche an die Meßgenauigkeit gestellt. Um diesen zu genügen, hat die Firma Zeiß ein Feinmeßgerät (Abb. 14) gebaut.

Dieser Dickenmesser besteht aus einem Ständer mit Auflagetisch. An der Säule des Ständers ist eine Hebelübersetzung 1 : 10 angebracht, die den Meßdruck auf die Meßuhr überträgt. Am Zifferblatt der Meßuhr bedeutet 1 Teilstrich 0,001 mm, eine Umdrehung des Zeigers 0,1 mm. Weitere Umdrehungen werden an einer zweiten Skala angezeigt. Der

---

[1] Nach einer Schopperschen Vorschrift soll der obere Taster dem Papier auf $^2/_{10}$ bis $^3/_{10}$ mm genähert und dann durch Loslassen des Daumenhebels schnell aufgesetzt werden.

Meßbereich beträgt 1 mm. Der Auflagetisch ist mit Hilfe einer Schraube senkrecht verstellbar, um die Meßuhr auf Null einstellen zu können. Der Meßdruck beträgt normalerweise 1 kg/cm². Er kann jedoch geändert werden, indem die Zugfeder gespannt oder gelockert wird. — Beim Messen hebt der Beobachter den Ausheber und damit den Taster um 1 mm, schiebt das zu messende Papier unter und läßt darauf den Ausheber los; die Uhr zeigt dann die Dicke des Papiers an. Damit der Taster stets mit der gleichen Geschwindigkeit auf das Papier aufgesetzt wird, ist der Apparat mit einer Luftdruckbremse ausgerüstet. Die Fläche des Tasters beträgt 2 cm².

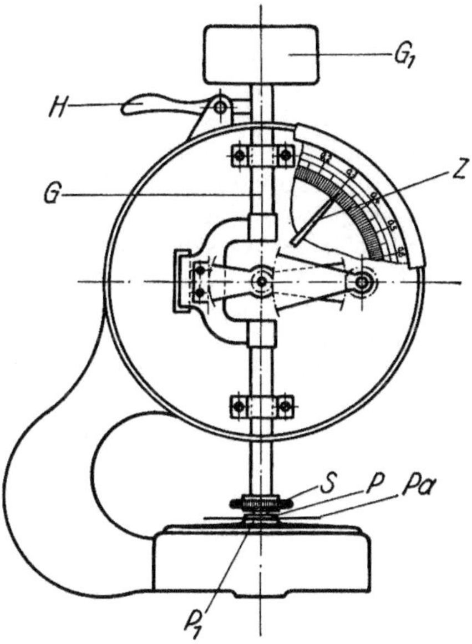

Abb. 12. Schoppers Dickenmesser.

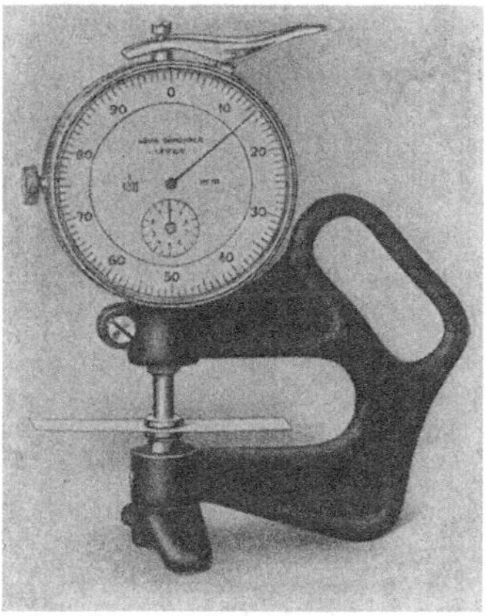

Abb. 13. Schoppers Taschendickenmesser.

Bei der Bestimmung der Dicke werden im Materialprüfungsamt je 10 Messungen von zwei Beobachtern ausgeführt, wenn möglich an 10 verschiedenen Bogen; steht nur ein Blatt zur Verfügung, so werden ebensoviel Messungen an verschiedenen Stellen des Blattes ausgeführt. Auf diese Weise werden die Ungleichmäßigkeiten des Papierblattes und die unvermeidlichen Versuchsfehler genügend ausgeglichen. Für die Eichung der Dickenmesser sind genaue Meßlehren erforderlich, nötigenfalls kann man sich hierzu auch einer Anzahl mikroskopischer Deckgläschen bedienen; ihre Dicke ist sehr gleichmäßig und kann leicht und sicher mit einer Schublehre festgestellt werden; man mißt erst ein Glas, dann zwei usw. und erhält so eine Versuchsreihe zur Beurteilung der Zuverlässigkeit des Dickenmessers.

Zur Dickenmessung von Papier werden auch Mikrometer-Schraubenlehren benutzt, wie z. B. der Schoppersche Dickenmesser mit Trommelteilung und Fühlschraube (Abb. 15), der einen Meßbereich von 0—10 mm und eine Teilung von $^1/_{100}$ zu $^1/_{100}$ mm besitzt. Die Meßvorrichtung ist leicht aus dem Gestell zu entfernen und kann dann als Taschenapparat benutzt werden. Ein Dickenmesser, der sich jedoch wenig eingebürgert hat, ist von Teclu[1] gebaut worden. Ein horizontal gelagerter Hebelarm, der eine Libelle trägt, wird an einem Ende durch Unterlegen des Papiers aus seiner horizontalen Lage gebracht. Durch Drehen der am unteren Ende des Apparates befindlichen Mikrometerschraube wird dann die horizontale Lage wieder hergestellt und das Maß der Dicke abgelesen. Dieses gibt die Unterlage zur Berechnung der Papierdicke.

Abb. 14. Zeiß-Dickenmesser.

Ferner schlägt Teclu[2] vor, die Dicke des Papiers mit Hilfe des Mikroskopes zu messen. Er hat hierzu ein Mikroskop mit besonderer Vorrichtung zum Aufrechtstellen des Papierstückes versehen lassen und liest die Dicke mit Hilfe eines Okularmikrometers ab.

Der mikroskopischen Methode hat sich neuerdings auch Günther[3] bedient, um genaue Dickenmessungen ausführen zu können. Er benutzt ein Zeiß-Objektiv C 20×, Numer. Apert. 0,4 und Okular 5× und mißt das Profil von Papierstreifen, die er mittels einer auf dem Objektträger aufklemmbaren Vorrichtung durch die Mitte des Gesichtsfeldes hindurchführt.

Hat man keinen Dickenmesser zur Hand, so kann man sich im Notfalle auch so helfen, daß man eine Lage Papier von etwa 100 Bogen mit einer gewöhnlichen Schublehre mißt und den Meßwert durch 100 dividiert, oder einen Stoß von etwa 500 Bogen mit einem Brett und Gewicht mäßig belastet, die Höhe des Stapels mit einem Millimetermaß mißt und den Wert durch 500 teilt. Liegen die Bogen doppelt, so muß die Teilung des abgelesenen Wertes natürlich durch 200 bzw. 1000 erfolgen.

Abb. 15. Mikrometer-Schraubenlehre.

[1] Teclu: Z. 1907 S. 198.
[2] Dingler: 1895 S. 187 und Valenta: Das Papier, 1904 S. 180.
[3] Günther: Dissertation Dresden 1930; siehe auch Herzog: „Kunstseide" 1929 Nr. 10 S. 383.

Raumgewicht.

Das wahre spezifische Gewicht von Papier interessiert im allgemeinen in der Papierprüfung nur wenig, da der Unterschied des spezifischen Gewichtes der verschiedenen Faserarten, die den Hauptbestandteil der Papiere ausmachen, nur gering ist. Von weit größerer Bedeutung ist das Raumgewicht (auch als scheinbares spezifisches Gewicht bezeichnet), das das Verhältnis des Gewichtes zur Dicke des Papiers angibt, mit anderen Worten Aufschluß darüber gibt, ob ein Papier stark auftragend, oder dicht gearbeitet ist[1]. Als Raumeinheit wählt man zweckmäßig $1\ dm^3 = 1$ Liter und gibt das Gewicht in Kilogramm an. Zur Feststellung des Raumgewichtes R mißt man die Dicke D des Papiers in Millimetern und bestimmt das Quadratmetergewicht Qu in Gramm. Dann ist

$$\text{Raumgewicht} = \frac{Qu}{D \cdot 1000}\ \text{kg}.$$

Die Werte für das Liter-Raumgewicht unbeschwerter Papiere schwanken von etwa 0,33 kg bei sehr lockeren Papieren (Löschpapier) bis zu etwa 1,35 kg bei sehr dichten Sorten (Pergaminpapier). Das deutsche Banknotenpapier hat das Raumgewicht von annähernd 0,75.

Stotz[2] weist darauf hin, daß in der Praxis eine gewisse Abneigung gegen die Anwendung des Raumgewichtes besteht, da Papier nicht als Körper, sondern als Fläche behandelt und bewertet wird. Er schlägt deshalb einen neuen Begriff für die relative Dicke vor, den er mit 100 g-Dicke bezeichnet. Diese besagt, welche Dicke des zu prüfenden Papiers derjenigen des gleichen Papiers von 100 g/m² entspricht. Die Formel für die Berechnung der 100 g-Dicke ist folgende:

$$100\ \text{g-Dicke} = \frac{\text{Bogendicke} \cdot 100}{\text{Quadratmetergewicht}}.$$

Als Vergleich für die Bewertung der 100 g-Dicke wird von dem Autor darauf hingewiesen, daß satiniertes Papier von 100 g/m² im Durchschnitt eine Dicke von 0,10 mm aufweist.

Bestimmung der Längs- und Querrichtung.

Bei der später zu besprechenden Bestimmung der Festigkeitswerte von Papier wird Längsrichtung und Querrichtung gesondert geprüft und aus den erhaltenen Werten das Mittel gebildet. Dieses ist für die Beurteilung des Papiers, bei Normalpapieren für die Einreihung in eine der sechs Festigkeitsklassen[3] maßgebend.

Da die Maschinenpapiere im allgemeinen parallel und senkrecht zum Maschinenlauf geschnitten werden, so entnimmt man die Probestreifen

[1] Diese Eigenschaft wird in Amerika durch den Bulk-Wert gekennzeichnet. Die Definition des Begriffes „Bulk" und die Bestimmungsmethode sind jedoch bisher nicht einheitlich festgelegt. Vielfach wird unter Bulk die Dicke einer bestimmten Anzahl Bogen unter einem bestimmten Druck verstanden, mitunter auch das Verhältnis der Dicke zum Quadratmetergewicht u. a. m. Vgl. Carson: P. T. J. Bd. 89, Nr. 15, S. 55 (1929) und Paper Maker Monthly Journ. Bd. 66, Nr. 2, S. 75. Refer.: P.F. 1929, Nr. 19.

[2] Stotz: Die relative Dickenbestimmung des Papiers auf Grund der 100 g-Dicke. W.B. 1928 Nr. 46 S. 1303.

[3] Siehe Anhang. „Vorschriften für die Lieferung von Papier an preußische Staatsbehörden" vom 10. 1. 1926.

in der später zu besprechenden Anzahl und Art zunächst parallel zu einer beliebigen Kante des Bogens und darauf parallel zu der hierauf senkrecht stehenden. Welches dann die Längsrichtung und welches die Querrichtung ist, ergibt sich aus den ermittelten Werten ohne weiteres.

Beim Handpapier verfährt man in derselben Weise.

Hat man Veranlassung, die Längsrichtung vorher zu bestimmen, entweder weil man nur diese prüfen will, oder weil die beiden Richtungen nicht mit Sicherheit zu erkennen sind, so verfährt man in folgender Weise[1].

Man schneidet aus dem Papier ein kreisförmiges Stück von ungefähr 10 cm Durchmesser und läßt es wenige Sekunden auf Wasser schwimmen; nimmt man es dann heraus und legt es vorsichtig auf die flache Hand, wobei man verhindert, daß es sich fest an die Handfläche schmiegt, so krümmen sich die Ränder nach oben (Abb. 16), und zwar schließlich so stark, daß sie übereinandergreifen.

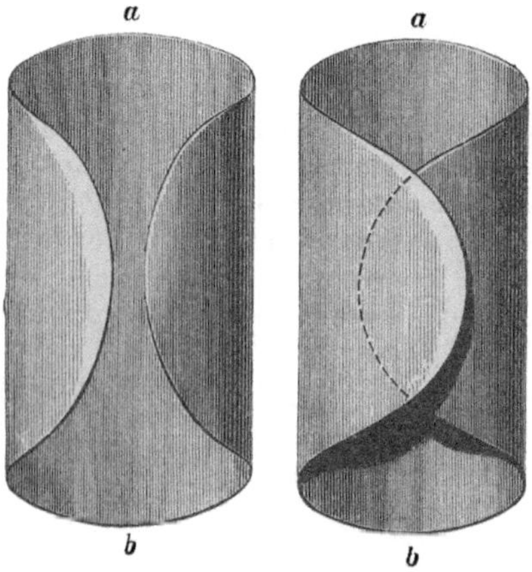

Abb. 16. Bestimmung der Längsrichtung.

Der nicht gekrümmte Durchmesser *a b* liegt in der Längsrichtung; die Richtung senkrecht zu *a b* ist die Querrichtung.

Zur Erklärung des Krümmens diene folgendes.

Die untere Seite des Papiers saugt, während sie mit dem Wasser in Berührung ist, Feuchtigkeit auf, die Fasern quellen; nun legen sich die Fasern, wie schon erwähnt, auf dem Siebe vorzugsweise parallel zur Richtung des Maschinenlaufes, und da die einzelne Faser quer zu ihrer Längsachse die größte Quellungsfähigkeit besitzt, so wird das Bestreben der nassen Faserschicht, sich auszudehnen, quer zur Längsrichtung mehr zum Ausdruck kommen als in der Längsrichtung selbst.

Ungeleimte Papiere kann man auf diese Weise nicht prüfen, da sie vom Wasser sofort durchdrungen werden. In solchen Fällen muß man zu dem nachstehend geschilderten Verfahren greifen, das sich natürlich auch bei geleimten Papieren anwenden läßt.

Man legt nach Nickel zwei Papierstreifen von gleichen Abmessungen aus den beiden Hauptrichtungen so aufeinander, daß sie sich decken. Faßt man sie dann an dem einen Ende mit Daumen und Zeigefinger und läßt das andere Ende frei herunterhängen, so werden die Streifen entweder aufeinanderliegen (Abb. 17 a) oder auseinanderklaffen (Abb. 17 b). Im ersten Fall ist der untere, im zweiten der obere Streifen aus der Längsrichtung.

[1] Zuweilen kann man schon ohne besondere Prüfung die Längsrichtung erkennen. Betrachtet man das Papier im schräg auffallenden Licht, so sieht man oft schon ohne weiteres die Parallellagerung der Fasern in der Längsrichtung. Bei Papieren mit deutlicher Siebmarkierung geben die rhombischen Siebeindrücke einen Anhalt; die spitzen Winkel zeigen die Laufrichtung, die stumpfen die Querrichtung an.

Die Erklärung dieses Verhaltens ist auch hier durch die Lagerung der Fasern gegeben. Beim Längsstreifen liegen erheblich mehr Fasern der Länge nach in der Streifenrichtung als beim Querstreifen; die Folge davon ist, daß sich ersterer beim Überhängen weniger durchbiegt als letzterer.

Ein weiteres, ebenfalls sehr einfaches Verfahren zur Bestimmung der Längsrichtung rührt von Rèsz her[1]; es hat überdies den Vorteil, daß das zu prüfende Material durch Herausschneiden von Probestücken nicht beschädigt wird. Man taucht irgendeine Seite des Bogens kurze Zeit (bei dicken und stark geleimten Papieren etwas länger als bei dünnen und weniger geleimten) so in Wasser, daß die untere Kante etwa 1 cm unter dem Wasserspiegel ist; bleibt der nasse Streifen nach dem Herausnehmen des Papiers glatt, so liegt er in der Längsrichtung, wird er wellig, in der Querrichtung.

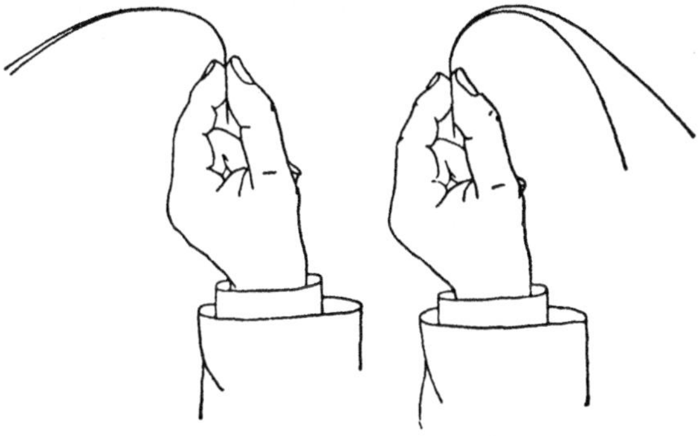

Abb. 17. Bestimmung der Längsrichtung im Papier nach Nickel.

Das verschiedene Verhalten der beiden Richtungen ist auch hier auf die verschiedene Lagerung der Fasern und die verschiedene Quellbarkeit in beiden Richtungen (Querrichtung quellfähiger als Längsrichtung) zurückzuführen.

Die Frage der bequemen Bestimmung der Längsrichtung kann außer in den oben erwähnten Fällen noch verschiedentlich von praktischer Bedeutung sein. Beim Kniffen von Aktendeckeln, Kartons usw. ist es nicht gleichgültig, ob der Kniff in der Längsrichtung oder Querrichtung liegt; bei der Herstellung von Büchern, besonders von großen und dicken Geschäftsbüchern, ist es von Wert zu wissen, ob alle Lagen in gleicher Weise gefalzt sind, weil sich sonst infolge verschiedener Dehnung, als Folge wechselnder Luftfeuchtigkeit, unscharfe Ränder zeigen. Beim Schneiden von Zigarettenpapier muß man darauf achten, daß die lange Kante des Blattes in der Richtung des Maschinenlaufes liegt, da man sonst die Zigarette nicht oder nur mangelhaft schließen kann. Diesen Umständen schenkt man vielfach nicht die nötige Beachtung.

Sieb- und Oberseite.

Die Unterscheidung der Sieb- und Oberseite von Papier ist nicht in allen Fällen möglich. Bei maschinenglatten Papieren ist oft die vom Sieb herrührende Markierung so deutlich zu erkennen, daß sie als Merkmal für die Siebseite dienen kann. Beim Satinieren der Papiere hingegen wird die Siebmarkierung mehr oder minder zum Verschwinden

[1] Rèsz: Z. 1909 S. 213.

gebracht. In solchen Fällen soll man nach amerikanischem Vorschlag[1] oft noch zum Ziele kommen, wenn man die Proben einen Augenblick in Wasser taucht und das überschüssige Wasser abtropfen läßt oder abtrocknet. Vielfach soll hierbei infolge Quellung die Siebmarkierung wieder sichtbar werden. Krais[2] geht folgendermaßen vor: Zwei gleichgroße Stücke des zu prüfenden Papiers werden in eine etwa 50° warme Netzmittellösung (z. B. 5 g Nekal B X der I. G. Farben im Liter) so eingetaucht, daß je eine Seite nach oben liegt. Beobachtet man die Oberflächen nach etwa 10—30 Sekunden mit einer Lupe, so wird auf der Siebseite der Abdruck der Siebstruktur deutlich, während die Oberseite glatt bleibt. Den Umstand, daß die meisten Papiere auf der Siebseite weniger Füllstoffe enthalten, als auf der Oberseite[3], benutzten Riesenfeld und Hamburger[4], um mit Hilfe der Analysen-Quarzlampe die beiden Seiten zu unterscheiden. Nach ihren Untersuchungen fluoresziert die füllstoffärmere Siebseite unter der Lampe stärker als die Oberseite. Da jedoch auch Fälle beobachtet wurden, bei denen die Unterseite mehr Füllstoff enthielt als die Oberseite, so ist auch diese Unterscheidung nicht immer zuverlässig. Voraussetzung für diese Methode ist ferner, daß die zu prüfende Probe nicht einseitig dem Tages- oder Sonnenlicht ausgesetzt gewesen ist, da hierdurch Abschwächung der Fluoreszenz hervorgerufen wird.

Festigkeitseigenschaften.

Die Festigkeit eines Papiers, z. B. seine Zugfestigkeit und Dehnbarkeit, sein Widerstand gegen Falzen, Knittern, Reiben, Druck u. dgl. wird bei seiner Benutzung mitunter nur zum kleinen Teil in Anspruch genommen. Trotzdem muß man von einem Papier, das lange aufbewahrt und viel benutzt werden soll, nicht zu geringe Festigkeitseigenschaften verlangen. Einmal zeigt jeder organische Körper im Laufe der Zeit eine Abnahme seiner Festigkeit usw., und ferner gewährleisten hohe Festigkeitseigenschaften sorgfältige Herstellung des Papiers und Verwendung guter Rohstoffe.

Von diesem Gesichtspunkt aus betrachtet, wird man die Forderung hoher Festigkeitswerte für Papiere, die wichtigen Zwecken dienen sollen, als gerechtfertigt anerkennen und den oft erhobenen Einwand fallen lassen müssen, „Papier sei kein Strick", brauche daher nicht besonders fest zu sein.

Der Widerstand, den ein Papier dem Zerreißen entgegensetzt, seine Zugfestigkeit, gibt nun an sich noch kein Mittel an die Hand, die Güte des Papiers ohne weiteres zu beurteilen, da sie abhängt von dessen Dicke und der Breite des Probestreifens; mit zunehmender Dicke des Papiers oder Breite des Probestreifens wächst auch die Bruchlast, d. h. die Kraft,

---

[1] P. T. M. 1928 S. 45.

[2] Krais: W.B. 1931 Nr. 24 S. 573.

[3] Schilde: Füllstofflagerung im Papier. P.F. 1930 Nr. 25 S. 409; Nr. 26 S. 423; Nr. 27 S. 439.

[4] Riesenfeld u. Hamburger: Über die Zweiseitigkeit von Druckpapieren. P.F. 1929 Nr. 34 S. 528.

die zum Zerreißen des Versuchsstreifens erforderlich ist; wir erhalten somit schwankende Werte, die uns kein klares Bild von der eigentlichen Festigkeit des Papiers geben; wir werden jedoch später sehen, wie die Festigkeitswerte unabhängig von diesen beiden Einflüssen zur Beurteilung der Güte von Papier herangezogen werden; nämlich durch Berechnung der Reißlänge (S. 42). Direkt sind die Werte für die Bruchlast nur vergleichbar bei Streifen von gleicher Breite und Dicke.

Verschiedene Zugfestigkeit und Dehnung in den beiden Hauptrichtungen des Papiers.

Die Festigkeit eines Papiers ist nicht nach allen Richtungen gleich groß. Maschinenpapier hat in der Richtung des Maschinenlaufes (Längsrichtung) seine größte, in der Richtung senkrecht hierzu (Querrichtung) seine geringste Festigkeit. Dieser Unterschied findet seine Erklärung in der überwiegenden Lagerung der Fasern in der Richtung des Maschinenlaufes und in der Beeinflussung der Festigkeitswerte durch die Arbeit auf der Papiermaschine. Das Verhältnis der kleinsten Festigkeit zur größten schwankt zwar, hält sich aber meist zwischen den Grenzen 60 : 100 bis 75 : 100; jedoch kommen auch Fälle vor, in denen die Werte wesentlich mehr, und andere, in denen sie wesentlich weniger voneinander abweichen. Bei der Dehnung liegen die Verhältnisse umgekehrt. Die Längsrichtung hat die kleinste, die Querrichtung die größte Dehnung. Nachstehend einige Beispiele für das Gesagte.

Laufende Nr.	Art des Papiers	Reißlänge[1]		Verhältnis der Querrichtung zur Längsrichtung	Bruchdehnung		Verhältnis der Querrichtung zur Längsrichtung
		Querrichtung km	Längsrichtung km		Querrichtung %	Längsrichtung %	
1	Schreibpapier	1,57	4,73	33 : 100	1,7	1,5	113 : 100
2	„	2,21	5,46	39 : 100	2,4	1,9	126 : 100
3	Packpapier	3,76	9,76	39 : 100	4,6	2,1	219 : 100
4	„	4,25	9,06	47 : 100	6,7	2,8	239 : 100
5	Konzeptpapier	3,57	7,01	51 : 100	4,1	1,4	293 : 100
6	Schreibpapier	4,06	4,79	85 : 100	4,5	3,3	136 : 100
7	„	4,22	4,80	88 : 100	3,2	2,0	160 : 100
8	Urkundenpapier	6,05	6,76	90 : 100	6,4	4,9	131 : 100
9	Schreibpapier	4,22	4,69	90 : 100	3,0	2,0	150 : 100
10	Kanzleipapier	4,05	4,44	91 : 100	4,6	3,2	144 : 100
11	Schreibpapier	4,37	4,60	95 : 100	6,3	3,3	191 : 100
12	„	4,11	4,17	99 : 100	4,1	2,4	171 : 100

Bei der Prüfung einiger Sorten Manilapackpapier zeigten sich noch stärkere Abweichungen[2]. Das Verhältnis der Festigkeitswerte ging herunter bis auf 18 : 100 und das der Dehnungswerte herauf bis zu 435 : 100. Fünf Papiere waren in der Längsrichtung rund fünfmal so fest wie in der Querrichtung, und bei zwei Proben war die Dehnung quer zum Maschinenlauf mehr als viermal so groß wie längs.

[1] Erklärung des Begriffes „Reißlänge" S. 43.
[2] Herzberg: Mitt. 1909 S. 172.

Mit Verschiedenheiten in der Festigkeit und Dehnung ist ferner zu rechnen bei Streifen, die an den beiden Seiten und aus der Mitte der Papierbahn entnommen sind. Schubert fand, daß die Mittelbahn etwas größere Festigkeit besitzt als die beiden Seitenbahnen, aber geringere Dehnung als diese[1].

Diese Beobachtungen hat Fotieff bei der Untersuchung von zehn Papieren, teils aus Holzzellstoff allein, teils unter Zusatz von Holzschliff auf verschiedenen Maschinen hergestellt, bestätigt[2].

Auch bei geschöpftem Papier (Handpapier, Büttenpapier) treten, wenn auch nicht in dem Maße wie beim Maschinenpapier, Verschiedenheiten in der Festigkeit und Dehnung in verschiedenen Richtungen auf[3]. Da die Ansicht, daß beim Handpapier Festigkeit und Dehnung nach allen Richtungen gleich groß sind, immer noch ziemlich verbreitet ist und merkwürdigerweise immer von neuem wieder auftaucht, so mag nachfolgend eine Zusammenstellung einiger bei der Prüfung von geschöpften Papieren gewonnener Ergebnisse folgen.

Laufende Nr.	Art des Papiers	Reißlänge[4] Schwache Richtung km	Reißlänge[4] Starke Richtung km	Verhältnis der schwachen Richtung zur starken	Bruchdehnung Schwache Richtung %	Bruchdehnung Starke Richtung %	Verhältnis der schwachen Richtung zur starken
1	Urkundenpapier (handgeschöpft)	3,68	4,93	74 : 100	4,6	3,8	121 : 100
2		3,81	4,97	77 : 100	4,2	3,5	120 : 100
3		4,20	5,30	79 : 100	4,4	3,9	113 : 100
4		4,28	5,45	79 : 100	5,9	4,7	125 : 100
5		3,89	4,64	84 : 100	4,4	4,2	105 : 100
6		3,26	3,63	90 : 100	4,3	3,4	126 : 100
7	Aktendeckel (handgeschöpft)	2,82	4,12	68 : 100	4,6	4,2	110 : 100
8		2,62	3,84	70 : 100	4,0	3,7	108 : 100
9		2,16	2,98	72 : 100	4,8	4,1	117 : 100
10		2,61	3,53	74 : 100	3,9	3,4	114 : 100
11		2,74	3,04	90 : 100	3,7	3,6	101 : 100
12		2,56	2,84	90 : 100	4,0	3,0	133 : 100

In verschiedenen Papierfabriken sind Versuche gemacht worden, um auf der Langsiebmaschine Papier zu erzeugen, das in beiden Richtungen annähernd gleiche Festigkeit hat; sie waren zum Teil von Erfolg begleitet, und im Materialprüfungsamt wurden wiederholt Papiere geprüft, die in der Festigkeit der beiden Hauptrichtungen nicht nennenswert voneinander abwichen[5]. Von besonderem Wert wäre dieser Festigkeitsausgleich bei Sackpapier, weil dann eine gleichmäßige Widerstandsfähigkeit der Säcke gegen Platzen erzielt würde.

[1] Schubert: Die Praxis der Papierfabrikation 1898 S. 220.

[2] Fotieff: Verschiedenheiten in der Festigkeit und Dehnung des Papiers in der Breite der Bahn. W.B. 1910 S. 4521.

[3] Hoyer hat schon in seinem 1882 erschienenen Werk „Das Papier" hierauf hingewiesen.

[4] Erklärung des Begriffes „Reißlänge" S. 43.

[5] B.E. teilt im P.F. 1926 Heft 40 S. 613 mit, daß es mit Hilfe des Zentrifugalsortierers sogar möglich ist, Papiere herzustellen, die quer eine größere Festigkeit besitzen als längs.

Länge und Breite der Probestreifen.

Nachdem man die beiden Hauptrichtungen im Papier, nach welchen die Entnahme der Probestreifen erfolgt (s. S. 25), bestimmt hat, fragt es sich, wie lang und wie breit diese zu wählen sind.

Martens hat sich mit dieser Frage eingehend beschäftigt und nachgewiesen, daß die Breite des Probestreifens auf das Ergebnis für Reißlänge und Bruchdehnung keinen nennenswerten Einfluß ausübt[1]; die Bequemlichkeit und Sicherheit des Arbeitens sowie der mit zunehmender Breite wachsende Widerstand gegen Zerreißen legt aber bei der Wahl der Abmessungen eine Beschränkung auf. Die Breite von 15 mm hat sich als praktisch erwiesen, und sie wird im Materialprüfungsamt und wohl auch an allen anderen Papierprüfungsstellen angewendet, wenn nicht etwa das zu prüfende Material, wie es beispielsweise bei den in der Telegraphie, der Kabelfabrikation usw. benutzten Papierstreifen vorkommt, schon an und für sich schmaler ist als 15 mm*.

In der Praxis wird man auch in den Fällen schmalere Streifen verwenden müssen, in denen die zur Verfügung stehenden Festigkeitsprüfer zum Zerreißen eines 15 mm breiten Streifens nicht ausreichen, wie es z. B. beim Prüfen von Quittungskarten-Kartons, Preßspänen, Aktendeckeln, Pappen usw. vorkommen kann.

Bedenken hiergegen liegen nicht vor, da man auch bei Verwendung schmalerer Streifen zuverlässige Werte erhält, wie nachstehend an einem Beispiel gezeigt werden soll.

Von einem Packpapier mit sehr stark wolkiger Durchsicht wurden Streifen von 50, 15 und 5 mm Breite zerrissen, je 5 von jeder Breite und Richtung, und hierbei folgende Ergebnisse erzielt.

Streifenbreite	Längsrichtung			Querrichtung			Mittel	
	Dehnung %	Bruchlast kg	Reißlänge m	Dehnung %	Bruchlast kg	Reißlänge m	Dehnung %	Reißlänge m
50 mm	1,6	51,85	7400	6,8	29,68	3750	**4,2**	**5575**
15 „	1,8	16,07	7750	6,0	8,48	3650	**3,9**	**5700**
5 „	1,7	5,35	7600	5,0	2,65	3350	**3,8**	**5575**

Vergleicht man die Mittelwerte, so ist ohne weiteres ersichtlich, daß im Hinblick auf die große Ungleichmäßigkeit des Papiers wesentliche, durch die verschiedene Breite bedingte Unterschiede nicht vorhanden sind.

Bei der Länge der Probestreifen liegen die Verhältnisse, soweit es sich um die Dehnung, ausgedrückt in Prozenten der ursprünglichen Länge handelt, anders; die Dehnungsprozente sind nahezu dieselben bei Streifenlängen von 180 mm an aufwärts; mit abnehmender Länge aber

[1] Martens: Mitt. 1885 S. 3, 47 u. 103.

* Die amerikanische Vereinigung der Zellstoff- und Papiertechniker hat in ihren „allgemein gültigen Papierprüfungsmethoden“ folgende Abmessungen festgesetzt. Probestreifenlänge mindestens 140 mm, Breite mindestens 12,7 mm, höchstens 25,4 mm. Das Verhältnis der Einspannlänge zur Einspannbreite soll mindestens 5,1, höchstens 12,1 betragen (W.B. 1926 S. 1390).

wächst die Dehnung. Deshalb ist aus praktischen Gründen die Länge von 180 mm als Normallänge angenommen worden; dies geschah namentlich auch deshalb, weil diese Länge in beiden Richtungen aus dem einmal geknifften Bogen des Dinformates 297 × 420 mm, das bei Behörden am meisten Verwendung findet, bequem entnommen werden kann. Es kann im Interesse der Einheitlichkeit und der Vergleichbarkeit der Versuchsergebnisse nur geraten werden, diese Länge allgemein zugrunde zu legen. Soweit bekannt geworden, ist dies auch an den meisten Stellen, welche sich in größerem Maßstabe mit Papieruntersuchungen befassen, geschehen.

Stehen von dem zu prüfenden Material nur kleine Bogen zur Verfügung, aus denen die Normalstreifen nicht entnommen werden können, so darf man nicht außer acht lassen, daß bei kurzen Streifen die Dehnungsprozente etwas höher ausfallen als bei solchen von 180 mm Länge.

Begründet liegt dies in folgendem:

Die Dehnung des Streifens beim Versuch setzt sich zusammen aus der annähernd gleichmäßigen Verlängerung, die er in seiner ganzen Ausdehnung als Folge der Zugspannung erfährt, und aus der besonderen Streckung einer kleinen Stelle im Augenblick des Zerreißens des Streifens. Diese lokale Dehnung ist bei kurzen und langen Streifen nahezu gleich groß; bei der Berechnung der Gesamtdehnung in Prozenten bewirkt sie aber bei kurzen Streifen naturgemäß höhere Werte als bei langen; bei sehr kurzen Streifen, z. B. 3 cm langen, kann der Unterschied recht beträchtlich werden.

Auf die Festigkeit ist die geringere Länge der Probestreifen nicht von erheblichem Einfluß, wenn nicht gar zu kurze Streifen angewendet werden.

Mit der Verringerung der Streifenlänge steigen die Festigkeitswerte etwas[1].

Entnahme der Probestreifen.

Das Ergebnis der Prüfung wird um so wertvoller sein, je mehr Streifen beim Versuch Verwendung gefunden haben; nimmt man fünf Streifen aus jeder Richtung, so kann man sicher sein, gute Durchschnittswerte zu erhalten, wenn man bei der Probeentnahme zweckmäßig zu Werke geht[2].

Bei Prüfung eines größeren Postens Papier tut man gut, 5 Bogen aus verschiedenen Paketen zu entnehmen und dann aus jedem Bogen je einen Längs- und Querstreifen.

Steht nur wenig Material zur Verfügung, so verfolge man doch immer den Grundsatz, die Streifen an verschiedenen Stellen zu entnehmen und unmittelbar nebeneinander nur dann, wenn es anders nicht möglich ist.

[1] Nach der Arbeit von Martens (Mitt. 1885 S. 3, 47 u. 103) beträgt die Zunahme der Werte bei einer Verkürzung der Streifenlänge von 180 auf 50 mm etwa 1,25% im Mittel.

[2] Die S. 31 erwähnte amerikanische Vereinigung schreibt 10 Streifen aus jeder der beiden Hauptrichtungen des Papiers vor (W.B. 1926 S. 1391).

Die Entnahme geschieht bei den Prüfungen des Materialprüfungsamtes im Auftrage von Behörden in folgender Weise. Von den 10 eingeschickten Probebogen werden zunächst 5 für die Festigkeitsprüfung ausgewählt, welche äußerlich keine fehlerhaften Stellen zeigen. Jeder dieser 5 Bogen wird im Falz aufgeschnitten und aus der einen Hälfte je ein Streifen aus der Längs- und Querrichtung entnommen, wie es Abb. 18 veranschaulicht. Der Vorteil dieser Art der Probeentnahme liegt, abgesehen davon, daß sie ein gutes Durchschnittsmaterial liefert, noch in folgendem:

Abb. 18. Entnahme der Probestreifen.

Zerreißt beim Versuch ein Streifen an der Einspannstelle oder liefert er Werte, die von denen der anderen in auffälliger Weise abweichen, so daß ein Irrtum beim Ablesen oder eine lokale schwache Stelle im Papier vermutet werden kann, so kann man unmittelbar daneben noch Ersatzstreifen zur weiteren Prüfung und Klarstellung entnehmen.

Zu achten ist bei der Streifenentnahme auf etwa vorhandene Wasserzeichen; diese können die Festigkeitseigenschaften beeinflussen und dürfen daher in den Probestreifen nicht vorhanden sein. Eine Ausnahme besteht bei der Prüfung von Wertzeichenpapieren mit durchgehendem Wasserzeichen nach den Normen der Zulassungsstelle an der Börse zu Berlin vom 13. April 1927 (vgl. Anhang S. 316). Diese Stelle verlangt, daß die Wertzeichenpapiere mit Einschluß des Wasserzeichens geprüft werden.

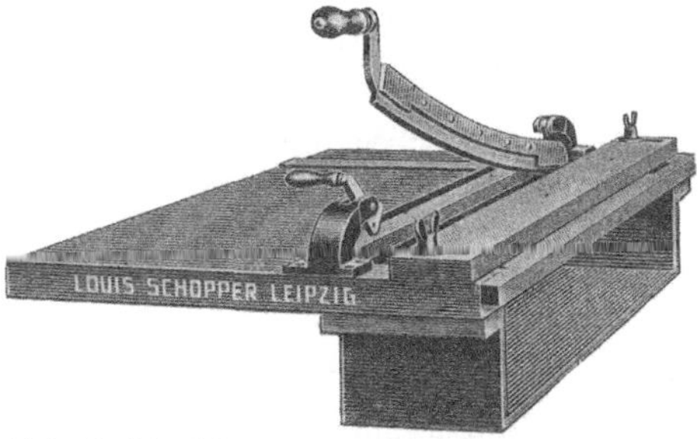

Abb. 19. Vorrichtung zum Schneiden der Streifen.

Auf das Schneiden der Streifen ist Sorgfalt zu verwenden, da die geringste Beschädigung, namentlich an den Rändern, den Versuch ungünstig beeinflussen kann. Abb. 19 zeigt eine der im Amt in Gebrauch befindlichen, für diesen Zweck gebauten Scheren, die sich gut bewährt haben[1].

Bevor man die Streifen in Gebrauch nimmt, überzeugt man sich, ob ihre Ränder glatt sind und parallel verlaufen, indem man die beiden Enden aufeinanderlegt; die zwei Hälften müssen sich dann decken.

[1] Solche Schneidevorrichtungen sowie alle übrigen Apparate, Instrumente, Faserproben, Lösungen usw. für die Zwecke der Papierprüfung können von der Fabrik wissenschaftlich-technischer Apparate von Louis Schopper in Leipzig, Bayrische Straße 77, bezogen werden.

Auslegen der Versuchsstreifen.

Die Versuchsstreifen brauchen, um sich dem Feuchtigkeitszustand von 65% anzupassen[1], mindestens zwei Stunden, dicke Papiere, Kartons usw. läßt man zweckmäßig noch länger liegen. Damit sie der Luft möglichst viel Oberfläche darbieten, bedient man sich zweckmäßig eines Rahmens, wie ihn Abb. 20 darstellt. In diesem Rahmen stehen die Streifen schwach gekrümmt auf der hohen Kante, gestatten somit der Luft ungehindert Zutritt und sind außerdem durch ihre geringe Anspannung gegen das Fortwehen durch Zugluft geschützt.

Haben die Papiere vorher sehr feucht oder sehr trocken gelagert, so tut man gut, die feuchten erst eine Stunde bei 60%, die trocknen erst eine Stunde bei 70% auszulegen und dann noch zwei Stunden bei 65%. Bei diesem Vorgehen vollzieht sich die Anpassung an die Feuchtigkeitsstufe 65% schneller als beim bloßen Ausliegen bei 65%.

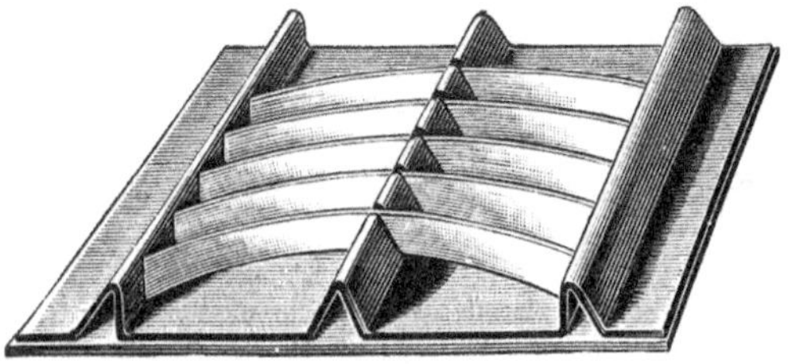

Abb. 20.
Vorrichtung zum Auslegen der Versuchsstreifen.

Zu bemerken ist hierzu noch, daß eine völlige Anpassung der Papiere an den Feuchtigkeitsgehalt der Luft von 65% in dieser Zeit auch nach diesem Vorgehen noch nicht erfolgt, wohl aber in einem für die Ausführung von Versuchen, die praktischen Zwecken dienen, ausreichenden Maße. Für die gänzliche Anpassung an einen bestimmten Feuchtigkeitsgehalt sind, wie Versuche gezeigt haben, oft mehrere Tage erforderlich.

Papiere aus schmierig gemahlenem Stoff nehmen nach Klemm die Feuchtigkeit schneller auf als solche aus röschem Material[2]. Die Art der Leimung hat nach seinen Versuchen keinen ausgesprochenen Einfluß auf die Schnelligkeit der Feuchtigkeitsaufnahme und ungeleimte Papiere verhalten sich nicht wesentlich anders wie geleimte.

Zum Zerreißen der Streifen bedient man sich jetzt fast ausschließlich der Schopperschen Zugfestigkeitsprüfer[3].

Schoppers Zugfestigkeitsprüfer.

Die Kraftmessung erfolgt durch eine Neigungswaage. Die Wirkungsweise des Apparates ist aus Abb. 21 ersichtlich.

Der Belastungshebel *A* bewegt sich zwischen zwei Kreissegmenten, von denen das vordere *B* mit einer Teilung versehen ist, deren Bezifferung die Kraftleistung in Kilogramm angibt. Das hintere Segment ist

[1] Über den Einfluß der Feuchtigkeit auf die Festigkeitseigenschaften s. S. 10.
[2] Klemm: W.B. 1911 S. 2105.
[3] Die nach den Vorschlägen von Wendler, Hartig, Reusch und Leuner gebauten Apparate, die mit Schraubenfedern arbeiten, dürften heute nur noch selten in der Praxis benutzt werden und nur noch historischen Wert haben. Eine Beschreibung der Apparate ist in den vorhergehenden Auflagen enthalten.

gezahnt und dient zur Aufnahme der Sperrklinken, die nach dem Bruch des Streifens das Zurückfallen des Hebels A verhindern.

Statt des zweiten Armes des Krafthebels ist ein Bogensegment C angebracht, über welches eine Kette D läuft, die am unteren Ende die eine Einspannklemme E_1 trägt. Um die Einspannung des Streifens zu erleichtern, kann diese Klemme während des Einspannens durch einen Haken F (oder einen Stift) an dem Segment C festgelegt werden.

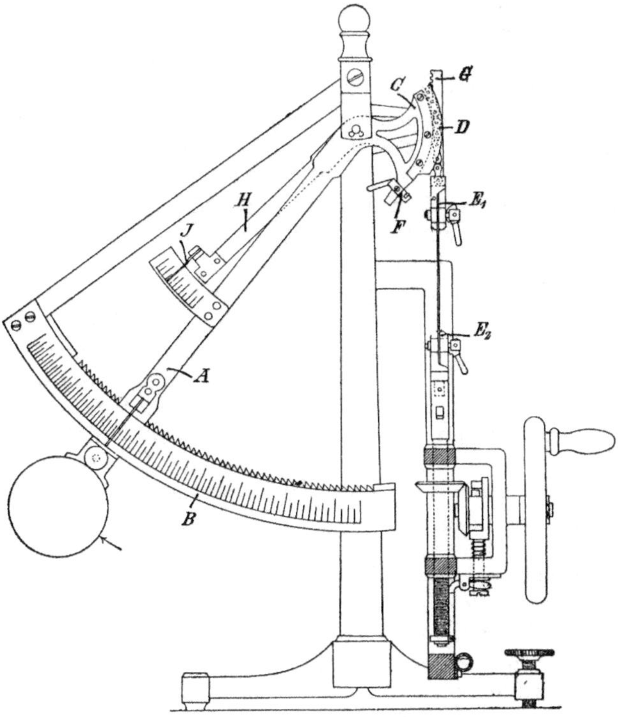

Abb. 21. Schoppers Festigkeitsprüfer für Papier mit Handantrieb.

Durch die Kette D wird erreicht, daß die obere Klemme sich immer senkrecht über der unteren E_2 befindet, eine zwanglose Beweglichkeit während des Versuches behält, und daß der Angriffshebel stets die gleiche Länge hat.

Die Messung der Dehnung erfolgt durch die Feststellung der gegenseitigen Verschiebung der beiden Einspannklemmen E_1 und E_2. Um diese Verschiebung zu bestimmen, wird die Bewegung der unteren Klemme mittels der Zahnstange G auf den Dehnungshebel H übertragen, der statt des oberen Armes ein Zahnsegment trägt. An diesem Hebel H, welcher sich um den Zapfen des Gewichtshebels A drehen kann, ist ein Zeiger J angebracht, welcher sich über zwei am Krafthebel befindliche Bogenteilungen bewegt. Die eine dieser Teilungen gibt die Verlängerung des Streifens, welche mit der Verschiebung der Klemmen gegeneinander gleichbedeutend ist, in Millimetern an, die andere gibt sie, bei einer Streifenlänge von 180 mm, direkt in Prozenten an.

Das untere Ende der Zahnstange *G* ist an einer Hülse befestigt, welche sich auf einer mit der Antriebspindel parallelen Gleitstange bewegen kann und während des Versuches von einem an der Antriebspindel befestigten Mitnehmer bewegt wird.

Diese Zahnstange, welche sich in einer festen Führung bewegt, wird durch eine Bremsfeder fest gegen das gezahnte Segment des Dehnungshebels gedrückt, so daß toter Gang ausgeschlossen ist. Die hierdurch entstehende Zahnreibung wird vom Antrieb aufgenommen, ist daher auf die Kraftmessung ohne Einfluß.

An den Einspannklemmen sind Exzenterhebel zum Zusammendrücken der Backen angebracht, wodurch einfache, bequeme und sichere Einspannung des Streifens ermöglicht wird.

An der Antriebvorrichtung befindet sich eine Sperrvorrichtung, welche für eine bestimmte Streifenlänge das richtige Einstellen der unteren Klemme in der Nullage sichert.

Die Versuchsausführung geht in folgender Weise vor sich.

Nachdem man den Belastungshebel mit einem Stift in der Nullage festgestellt hat, legt man die obere Einspannklemme mit Hilfe des hierzu angebrachten Hakens fest; dann wird die Antriebspindel durch Drehen des Handrades in die Höchstlage gebracht, die untere Klemme angehoben und mit der unter dem Nasenhebel befindlichen Schraube festgestellt. Durch völliges Hochschieben der Zugstangenhülse bringt man den Dehnungshebel in seine Nullstellung.

Nach erfolgter Einspannung des Streifens befreit man die obere Klemme aus dem Haken, löst den Gewichtshebel durch Entfernung des Haltestiftes, legt die Sperrklinken ein und setzt den Apparat durch Drehen des Handrades in Tätigkeit.

Sobald der Streifen mit etwa $^1/_2$ kg belastet ist, löst man, ohne mit dem Drehen aufzuhören, die Schraube, welche die untere Klemme hochhält, damit letztere beim Reißen des Streifens herunterfallen und den Dehnungshebel auslösen kann. Man achte darauf, daß die Belastungszunahme beim Versuch immer möglichst gleichmäßig erfolgt, weder besonders schnell noch besonders langsam, da bei sehr schnellem Gang eine Zunahme, bei sehr langsamem eine Abnahme der Werte eintritt. Im Materialprüfungsamt wird sie bei Papier und ähnlichen Materialien mit wenig Dehnung so geregelt, daß das Anwachsen der Belastung in einer Minute annähernd 30 kg beträgt; die untere Klemme des Apparates legt hierbei einen Weg von etwa 8 cm zurück[1].

---

[1] Im schwedischen Materialprüfungsamt wird ebenfalls eine Geschwindigkeit der unteren Klemme von 8 cm eingehalten. (Köhler und Hall: Stat. Provn.-Anst. Stockh. Medd. 1925 Nr. 28 S. 81.) Nach amerikanischen Vorschriften soll jedoch die untere Klemme 12 Zoll = 30,5 cm zurücklegen. (P. T. M. 1928 S. 67.)

Bisher hat man sich also bei technischen Prüfungen mit der Einhaltung einer bestimmten Klemmen- oder Belastungsgeschwindigkeit begnügt. Martens weist jedoch in den Mitt. 1885 S. 49 bereits darauf hin, daß der Einfluß der Zeit bei Festigkeitsversuchen mit Papier in Rechnung zu ziehen ist. Im Materialprüfungs-

Nach dem Reißen stehen, auch bei fortgesetztem Drehen des Handrades, die Hebel für Belastung und Dehnung still und gestatten so eine ruhige und sichere Ablesung.

Abb. 22 zeigt den Apparat mit mechanischem Antrieb.

Zur Ausführung wissenschaftlicher Versuche können die Schopperschen Festigkeitsprüfer mit einem selbsttätigen Schaulinienzeichner[1] versehen werden, so daß man nach dem Zerreißen der Streifen ein Bild über den ganzen Verlauf des Versuches hat. Abb. 23 zeigt einen solchen Apparat, gebaut für Wasserantrieb.

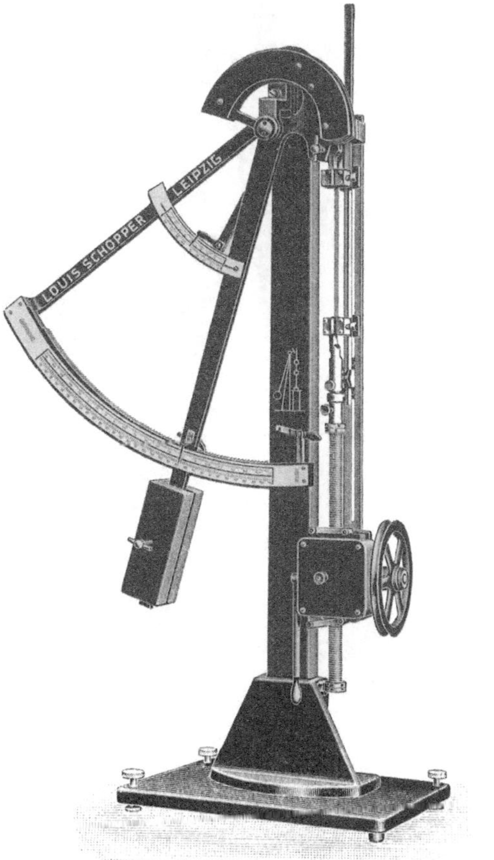

Abb. 22. Schoppers Festigkeitsprüfer für Papier mit mechanischem Antrieb.

Je nach dem Verwendungszweck werden die Schopperschen Prüfer mehr oder weniger stark gebaut und mit einem mehr oder minder schweren Belastungsgewicht versehen. Der für Papierprüfungen meist verwendete Apparat ist für 30 kg höchste Kraftleistung bestimmt (Abb. 22). Für schwache Papiere bedient man sich zweckmäßiger eines Apparates von 10 kg Höchstleistung, weil sonst der Ausschlag des Belastungshebels zu klein sein würde. Handelt es sich um die Prüfung von Papieren mit sehr geringer Festigkeit, wie Seiden-, Kopier-, Zigarettenpapier usw., so entfernt man das Belastungsgewicht vom Krafthebel; hierdurch wird die Empfindlichkeit des Prüfers erhöht und der Ausschlag des Hebels größer. Natürlich muß man für solche Fälle den Wert der Teilung des Kraftmaßstabes durch direkte Belastung des Hebels besonders feststellen, falls nicht eine entsprechende Teilung schon vorgesehen ist.

amt ist von Dr. Böhringer die Frage einer einheitlichen Regelung der Zerreißgeschwindigkeit erneut aufgeworfen worden. Bei seinen bisher hauptsächlich mit Textilien ausgeführten Versuchen kommt er zu dem Ergebnis, daß für eine zweckmäßige Regelung der Zerreißgeschwindigkeit allein die Zerreißdauer maßgeblich ist. („Der Deutsche Leinenindustrielle“ 1931 Nr. 7 S. 89.)

[1] Eingehend unter Beigabe von Abbildungen beschrieben von Dalén in den Mitt. 1909 S. 33.

Für Fabriken, die nur Papiere mit sehr geringer Festigkeit herstellen, empfiehlt sich von vornherein die Beschaffung eines Prüfers, der speziell zum Prüfen von Seiden-, Zigaretten-, Kopierpapier usw. gebaut ist (Höchstzugkraft 2000 bis 3000 g).

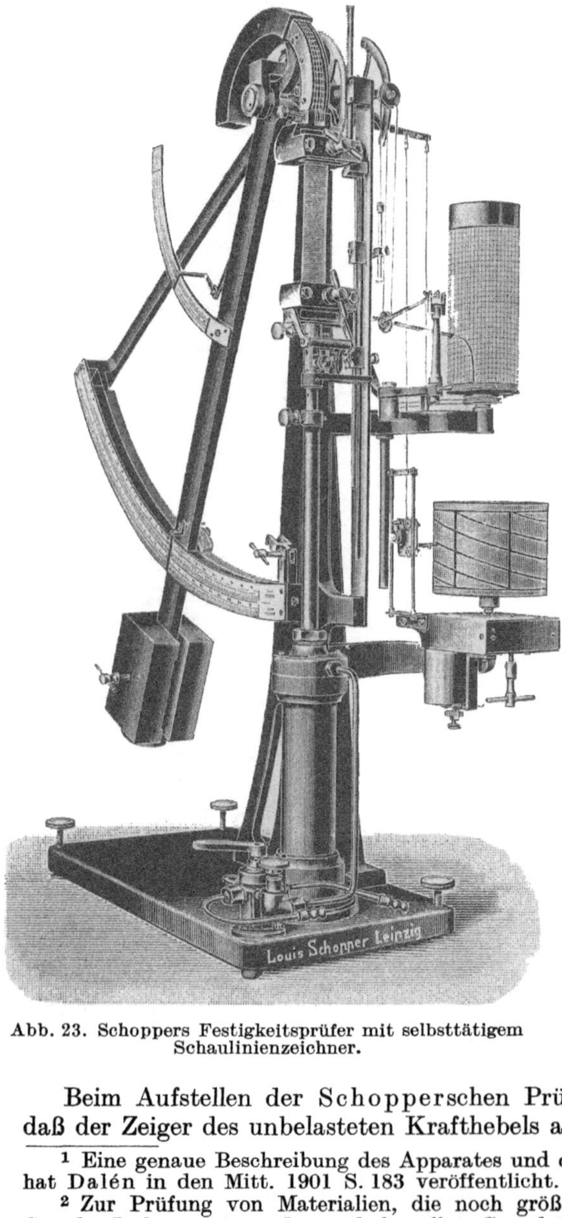

Abb. 23. Schoppers Festigkeitsprüfer mit selbsttätigem Schaulinienzeichner.

Für sehr genaue Messungen der Festigkeit schwacher Körper (Woll- und Baumwollfasern, Bastbündel usw.) hat Schopper einen Apparat gebaut (Abb. 24), bei dem der Krafthebel und die obere Klemme auf Schneiden gelagert sind; hierdurch ist eine sehr große Empfindlichkeit gewährleistet[1]).

Zur Prüfung von Pappe, starken Aktendeckeln usw. dient ein Apparat bis zu 100 kg Kraftleistung[2]. Bei diesem Apparat sind für die Kraftmessung zwei Teilungen vorgesehen, eine für das Arbeiten mit dem Hebel ohne Gewicht (Kraftleistung bis 50 kg) und die zweite für den mit dem Gewicht belasteten Hebel (Kraftleistung bis 100 kg). Die Klemmen sind 50 mm breit. Im übrigen ist der Prüfer ebenso gebaut wie der oben beschriebene.

Der Antrieb der Apparate erfolgt entweder von Hand, mit Wasser (Leitungsdruck 3—4 Atm.) oder elektrisch.

Beim Aufstellen der Schopperschen Prüfer ist darauf zu achten, daß der Zeiger des unbelasteten Krafthebels auf Null und die Luftblase

[1] Eine genaue Beschreibung des Apparates und die Ergebnisse seiner Prüfung hat Dalén in den Mitt. 1901 S. 183 veröffentlicht.

[2] Zur Prüfung von Materialien, die noch größere Kräfte erfordern (starke Gewebe, Leder usw.), werden nach denselben Grundsätzen noch stärkere Maschinen (bis zu 500 kg Kraftleistung) gebaut.

der am Gestell angebrachten Wasserwaage in der Mitte einspielt. Die Reibung des Krafthebels in der Nähe des Nullpunktes ist unbedeutend, das Einspielen auf Null daher sehr befriedigend.

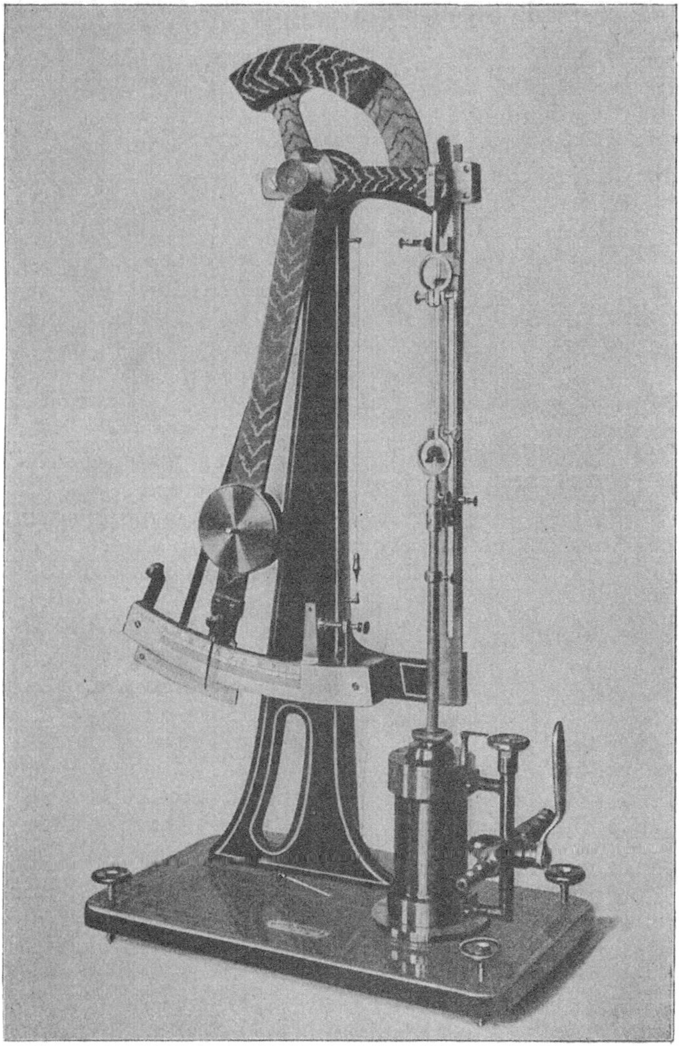

Abb. 24. Schoppers Festigkeitsprüfer für Pflanzen- und Tierhaare, Elementarfasern, Bastbündel usw.

Die Gesamtreibung im Apparat ist sehr gering. Im Materialprüfungsamt ist bereits eine ganze Anzahl von Apparaten geprüft worden, der Reibungsfehler war selbst im ungünstigsten Falle kleiner als 1% der Gesamtbelastung. Der Fehler verschwindet aber noch zum größten Teil, weil sich der Apparat während des Versuches niemals in absoluter Ruhe befindet, er ist daher für praktische Versuche ohne wesentliche Bedeutung.

Die Vorteile, die der Apparat gegenüber anderen hat, liegen, abgesehen von der sorgfältigen und kräftigen Ausführung, in dem Vermeiden von Schraubenfedern, in der leichten und genauen Ablesung von Bruchlast und Bruchdehnung infolge der großen Maßstäbe und in der senkrechten Anordnung.

Die Prüfung der Festigkeitsprüfer ist verhältnismäßig einfach und kann in jeder Fabrik ausgeführt werden, sobald ein geeichter Gewichtssatz vorhanden ist. Mit Hilfe einer geeigneten Aufhängevorrichtung wird der Hebel stufenweise belastet und die Kraftangabe des Zeigers mit den verwendeten Gewichten verglichen.

Durch das Vermeiden von Schraubenfedern ist eine wiederholte Prüfung des Apparates auf die Zuverlässigkeit seiner Angaben nur selten erforderlich; ist er vor der Benutzung geprüft und dann gut aufgestellt, so hat man nur darauf zu achten, daß er nicht durch Stoß oder Schlag beschädigt und daß er stets in sauberem Zustande gehalten wird.

Diese Umstände machen den Apparat für praktische Bedürfnisse besonders geeignet und haben dazu geführt, daß er zur Zeit fast alle anderen Festigkeitsprüfer verdrängt hat. Im Materialprüfungsamt werden zur Bestimmung der Festigkeitseigenschaften von Papier, Pappe, Garn, Gewebe usw. fast ausschließlich Schoppersche Apparate benutzt.

Handapparat zur Bestimmung der Festigkeit und Dehnung.

Dieser kleine von der Firma Schopper gebaute Apparat, den man bequem mit sich führen kann, füllt eine früher im Papierhandel vielfach empfundene Lücke in der Papierprüfungsapparatur aus; unter der Bezeichnung Schnell-Papierprüfer in den Handel gebracht, ist er, um auch die Prüfung oft sehr kleiner Handmuster zu ermöglichen, für 50 mm lange und 10 mm breite Streifen eingerichtet.

Zum Messen der Kraftleistung dient eine in der Hülse befindliche Schraubenfeder, die mit der einen Einspannklemme verbunden ist; die zweite Einspannklemme ist am Gestell fest angebracht. Beansprucht wird der eingespannte Streifen durch die Anspannung der Feder, welche durch einfache Umlegung des Antriebhebels von links nach rechts erfolgt. Abb. 25 zeigt den Apparat nach beendigtem Versuch.

Genauere Angaben über den Bau des Apparates unter Beigabe von Konstruktionszeichnungen hat Dalén in den Mitt. 1911, Ergänzungsheft 2, S. 9, veröffentlicht.

Zum Schneiden der Versuchsstreifen ist dem Apparat eine kleine, handliche Vorrichtung beigegeben, die aus einem Untermesser N und zwei Obermessern O besteht (Abb. 26).

Da die beim Schnellprüfer verwendeten Streifen nur 10 mm breit sind, beim Normalapparat 15 mm, so sind die mit beiden Apparaten erhaltenen Kilogrammwerte für die Bruchlast nicht ohne weiteres vergleichbar. Um vergleichbare Werte zu erhalten, müßten die Werte des Schnellprüfers mit 1,5 multipliziert werden. Diese Umrechnung ist aber

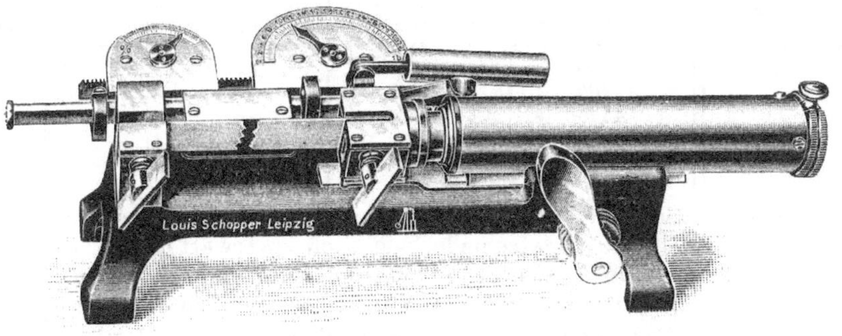

Abb. 25. Schoppers Schnell-Papierprüfer.

nicht erforderlich, wenn das Prüfungsergebnis wie üblich durch die Reißlänge ausgedrückt wird.

Da von vornherein feststand, daß die mit dem „Schnell-Papierprüfer" erhaltenen Ergebnisse für die Dehnung, wegen der geringen Einspannlänge des Probestreifens, merkbare Abweichungen von den mit den

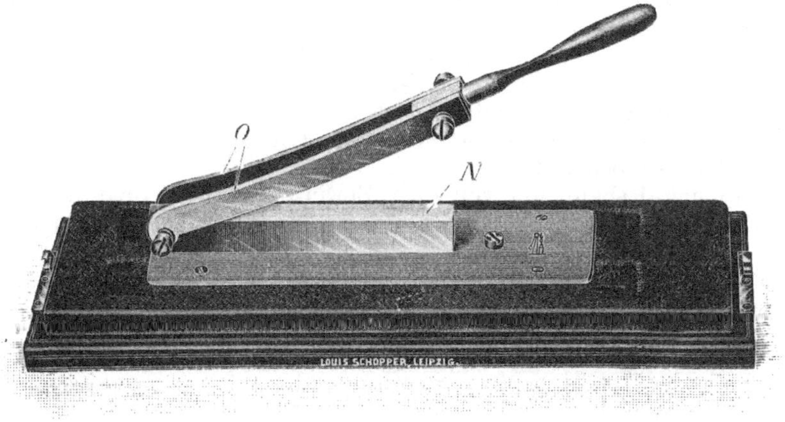

Abb. 26. Vorrichtung zum Schneiden der Versuchsstreifen für den Schnell-Papierprüfer.

gebräuchlichen Apparaten (180 mm Einspannlänge) gewonnenen ergeben würden, so wurden von Dalén, um Beispiele hierfür zu geben, drei Papiere sowohl mit dem Schnellprüfer als auch mit einem 30-kg-Apparat geprüft. Die nachstehend zusammengestellten Ergebnisse zeigen, daß die Werte für die Reißlänge annähernd übereinstimmen, die Werte für die Dehnung dagegen bei dem Schnellprüfer höher ausfallen als bei dem 30-kg-Apparat. Auf die Ursache dieser Erscheinung ist bereits S. 32 hingewiesen.

Ergebnisse der Prüfung von 3 Papieren mit dem großen und kleinen Schopperschen Prüfer.

Papier	Reißlänge in m		Dehnung in %	
	30-kg-Apparat	Schnellprüfer	30-kg-Apparat	Schnellprüfer
I	3800	4125	2,9	3,6
	100	*109*	*100*	*124*
II	4175	4225	3,8	4,5
	100	*101*	*100*	*118*
III	5625	5400	4,1	4,5
	100	*96*	*100*	*110*

Da nun, wie die in der Tabelle enthaltenen Verhältniszahlen für die Dehnung zeigen, die Unterschiede, wie auch zu erwarten war, nicht bei allen Papieren relativ gleich groß sind, eine Umrechnung der Dehnungswerte auf solche für 180 mm lange Versuchsstreifen somit nicht möglich ist, so muß man, wenn es auf genaue Werte ankommt, den großen Festigkeitsprüfer verwenden.

Zur Ermittlung der Reißlänge dient eine dem Apparat beigegebene Tabelle; aus dieser wird sie unter Benutzung des Quadratmetergewichtes und des vom Apparat angezeigten Festigkeitswertes ohne besondere Rechnung abgelesen.

Berechnung der Reißlänge.

Während die beim Zerreißen von Papier gefundene Bruchdehnung unmittelbar zur Beurteilung herangezogen werden kann, ist dies bei der Bruchlast ausgeschlossen, da sie, wie schon S. 48 erwähnt, mit der Breite und Dicke des Probestreifens wechselt. Eine Umrechnung der Bruchlast auf den Querschnitt, wie sie z. B. bei der Prüfung von Metallen, Baumaterialien usw. vorgenommen wird, würde beim Papier mit ziemlichen Fehlern behaftet sein.

Man hat deshalb, um von dem Einfluß der Breite und Dicke des Streifens unabhängig zu werden[1], nach Hartigs Vorschlag den von

[1] Für die Dicke gilt dies nur in beschränktem Maße, denn bei Papieren verschiedener Dicke, aber gleicher Stoffmischung und Arbeitsweise nimmt nach Untersuchungen von Herzberg die Reißlänge bei steigender Dicke etwas ab, die Dehnung zu. Einige Werte, ermittelt bei Prüfung einer Schreibpapier- und einer Packpapiersorte, beide in verschiedenen Gewichten ausgearbeitet, mögen dies erläutern.

Art des Papiers	Gewicht g/m²	Reißlänge in km			Dehnung in %		
		längs	quer	Mittel	längs	quer	Mittel
Schreibpapier	89	4,85	3,48	4,17	2,0	3,4	2,7
	117	4,58	3,23	3,91	2,2	4,4	3,3
Packpapier	55	7,23	4,13	5,68	1,4	2,8	2,1
	90	6,96	4,02	5,49	1,8	4,1	3,0
	170	6,24	4,10	5,17	1,9	5,4	3,7

(Vgl. Über den Einfluß der Dicke auf die Festigkeitseigenschaften von Papier Herzberg: Mitt. 1890 S. 92.) An mit einem Blattbildungsapparat hergestellten Papieren gleichen Stoffes aber verschiedener Dicke hat Grund eine Zunahme der Reißlänge mit wachsendem Quadratmetergewicht bis zu einem Maximum, das bei etwa 80 g/m² liegt, gefunden. Bei weiterer Zunahme des Quadratmetergewichtes wurde eine Abnahme der Reißlänge festgestellt. P.F. 1930 Nr. 20 S. 329.

Reuleaux geschaffenen Begriff der Reißlänge eingeführt[1]. Man versteht unter Reißlänge diejenige Länge eines Papierstreifens von beliebiger (aber gleichbleibender) Breite und Dicke, bei welcher er, an einem Ende aufgehängt gedacht, infolge seines Eigengewichtes am Aufhängepunkt abreißen würde. Diese Länge kann aus der ermittelten Bruchlast, d. h. der zum Zerreißen des Streifens erforderlich gewesenen Kraft, und dem Gewicht des Papiers (Streifengewicht oder Quadratmetergewicht) abgeleitet werden. Ist z. B. G das Gewicht eines 0,18 m langen Streifens in Gramm, welcher bei einer Belastung von p Kilogramm zerriß, so ist zu berechnen, wie lang der Streifen sein müßte, um p Kilogramm schwer zu sein; d. h., wenn man diese Länge mit x bezeichnet,

$$\frac{0,18}{G} = \frac{x}{p} \text{ oder } x = \frac{0,18}{G} \cdot p \text{ km}.$$

Die schließliche Angabe der Reißlänge erfolgt dann meist in Meter.

Aus dieser Hartigschen Formel ist ohne weiteres ersichtlich, daß die Breite des Streifens keinen Einfluß auf die Reißlänge ausüben kann; bei Verdoppelung der Breite z. B. würde zwar eine Verdoppelung von p eintreten, aber auch gleichzeitig eine solche von G, so daß das Verhältnis wieder dasselbe wäre.

Die Hoyersche Formel zur Berechnung der Reißlänge lautet:

$$R = \frac{p}{gb} 1000 \text{ km}.$$

(R = Reißlänge in km, p = Bruchlast in kg, b = Breite des zerrissenen Streifens in mm, g = Gewicht eines Quadratmeters des untersuchten Papiers in g.) Diese Formel zu benutzen, wird sich besonders in Fabriken empfehlen, da hier das Quadratmetergewicht des Papiers bekannt ist; man kann das Auswiegen der Streifen sparen.

Der weiteren Besprechung über die Berechnung der Reißlänge mögen die nachstehenden bei der Prüfung eines Normalpapiers 3 bei 65% Luftfeuchtigkeit ermittelten Werte zugrunde gelegt werden.

Ergebnisse der Prüfung eines Normalpapiers 3 auf Festigkeit und Dehnung.

Längsrichtung				Querrichtung			
Streifen aus dem Bogen Nr.	Bruchlast kg	Bruchdehnung %	Gewicht der lufttrockenen fünf Streifen g	Streifen aus dem Bogen Nr.	Bruchlast kg	Bruchdehnung %	Gewicht der lufttrockenen fünf Streifen g
1	7,46	2,4		1	3,85	5,4	
2	6,84	2,3		2	3,80	5,3	
3	7,38	2,4		3	4,04	4,5	
4	6,49	2,4		4	4,20	5,0	
5	6,31	2,5		5	3,97	5,1	
Summe	34,48	12,0	1,220	Summe	19,86	25,3	1,233
Mittel	6,90	2,4	0,244	Mittel	3,97	5,1	0,247

[1] Reuleaux führte den Begriff der Reißlänge in seinem „Constructeur" (Braunschweig 1861), S. 304, zur Beurteilung der Festigkeit von Seilen ein.

Nach der S. 43 angeführten Formel ergibt sich für die Längsrichtung die Reißlänge 5100 m, für die Querrichtung 2900 m, im Mittel also 4000 m.

Als mittlere Bruchdehnung ergibt sich aus obenstehenden Werten ohne weiteres 3,8%.

Da Papier bei verschiedener Luftfeuchtigkeit ungleiche Mengen hygroskopischen Wassers enthält, so wurde, weil während der ersten Zeit nach Einführung der amtlichen Papierprüfung eine bestimmte Luftfeuchtigkeit bei Ausführung der Versuche nicht innegehalten wurde, das Gewicht des absolut trockenen Papiers verwendet. Dieses Vorgehen hatte sich, als man zur Prüfung bei einer bestimmten Luftfeuchtigkeit überging, eingebürgert und war besonders auch für die Prüfung der Normalpapiere maßgebend geworden. Da die Reißlänge praktisch nie in Anspruch genommen, sondern nur als Maß für die Güte des Papiers betrachtet wird, so ist es gleichgültig, ob man sie so oder so berechnet, wenn nur die Berechnungsart feststeht. Bequemer ist es, mit dem Gewicht der Streifen bei 65% zu rechnen, weil dann die Trocknung der Streifen wegfällt und somit Zeit gespart wird. In den neuen Papiernormalien (s. Anhang: Vorschriften für die Lieferung von Papier an preußische Staatsbehörden vom 10. 1. 1926) ist diesem Umstand Rechnung getragen und bestimmt worden, daß die Reißlänge nunmehr unter Zugrundelegung des Papiergewichtes bei 65% Luftfeuchtigkeit berechnet wird. Seit dieser Zeit wird im Materialprüfungsamt in gleicher Weise bei der Prüfung aller Papiere verfahren; es ist anzunehmen, daß sich dieses Verfahren allgemein eingeführt hat.

Die mittlere Reißlänge der meisten Papiere liegt zwischen 2000 und 6000 m. Als Beispiele seien erwähnt Rotationsdruck, dessen Reißlänge

Festigkeitswerte von Faserstoffen im Vergleich mit denen von Eisen und Stahl.

Material	Reißlänge km	Spezifisches Gewicht	Absolute Festigkeit kg/mm²
Baumwolle,			
beste Sorten	26—28	1,47—1,50	39—42
mittlere Sorten	24,5	—	36,5
Flachs, je nach Röste	24—52	1,47 gebl.	35—76
	—	1,50	—
Hanf, beste Sorten	55	1,48	83
Jute	34	1,44	49
Ramie	26—33	1,51	39—50
Manilahanf	32—79	—	—
Zellstoffaser von Nadelholz (Mitscherlich)			
ungebleicht	30	1,5	45
$^1/_2$ gebleicht	35,46	—	53
Gußeisen	(1,7— 4,4) [1]	7,25	12—32
Schweißeisen (Sehnenrichtung)	(4,2— 5,1)	7,80	33—40
Flußstahl	(6,4—25,4)	7,86	50—200

[1] Die Beurteilung der Festigkeit auf Grund der Reißlänge ist nur bei Faserstoffen üblich und hier nur des Vergleichs wegen angeführt.

Tabelle zur Bestimmung der Feinheitsnummer.

Die starkgedruckten Zahlen beziehen sich auf das Gewicht eines Streifens von 0,18 m Länge, die darunter stehenden schwachgedruckten geben die zugehörigen Feinheitsnummern an.

,100	0,120	0,140	0,160	0,180	0,200	0,220	0,240	0,260	0,280	0,300	0,320	0,340	0,360	0,380	0,400
,800	1,500	1,286	1,125	1,000	0,900	0,818	0,750	0,692	0,643	0,600	0,563	0,529	0,500	0,474	0,450
,101	0,121	0,141	0,161	0,181	0,201	0,221	0,241	0,261	0,281	0,301	0,321	0,341	0,361	0,381	0,401
,782	1,488	1,277	1,118	0,994	0,896	0,814	0,747	0,690	0,641	0,598	0,561	0,528	0,499	0,472	0,449
,102	0,122	0,142	0,162	0,182	0,202	0,222	0,242	0,262	0,282	0,302	0,322	0,342	0,362	0,382	0,402
,765	1,475	1,268	1,111	0,989	0,891	0,811	0,744	0,687	0,638	0,596	0,559	0,526	0,497	0,471	0,448
,103	0,123	0,143	0,163	0,183	0,203	0 223	0,243	0,263	0,283	0,303	0,323	0,343	0,363	0,383	0,403
,748	1,463	1,259	1,104	0,984	0,887	0,807	0,741	0,684	0,636	0,594	0,557	0,525	0,496	0,470	0,447
,104	0,124	0,144	0,164	0,184	0,204	0,224	0,244	0,264	0,284	0,304	0,324	0,344	0,364	0,384	0,404
,731	1,452	1,250	1,098	0,978	0,882	0,804	0,738	0,682	0,634	0,592	0,556	0,523	0,495	0,469	0,446
,105	0,125	0,145	0,165	0,185	0,205	0,225	0,245	0,265	0,285	0,305	0,325	0,345	0,365	0,385	0,405
,714	1,440	1,241	1,091	0,973	0,878	0,800	0,735	0,679	0,632	0,590	0,554	0,522	0,493	0,468	0,444
,106	0,126	0,146	0,166	0,186	0,206	0,226	0,246	0,266	0,286	0,306	0,326	0,346	0,366	0,386	0,406
,698	1,429	1,233	1,084	0,968	0,874	0,796	0,732	0,677	0,629	0,588	0,552	0,520	0,492	0,466	0,443
,107	0,127	0,147	0,167	0,187	0,207	0,227	0,247	0,267	0,287	0,307	0,327	0,347	0,367	0,387	0,407
,682	1,417	1,224	1,078	0,963	0,870	0,793	0,729	0,674	0,627	0,586	0,550	0,519	0,490	0,465	0,442
,108	0,128	0,148	0,168	0,188	0,208	0,228	0,248	0,268	0,288	0,308	0,328	0,348	0,368	0,388	0,408
,667	1,406	1,216	1,071	0,957	0,865	0,789	0,726	0,672	0,625	0,584	0,549	0,517	0,489	0,464	0,441
,109	0,129	0,149	0,169	0,189	0,209	0,229	0,249	0,269	0,289	0,309	0,329	0,349	0,369	0,389	0,409
,651	1,395	1,208	1,065	0,952	0,861	0,786	0,723	0,669	0,623	0,583	0,547	0,516	0,488	0,463	0,440
,110	0,130	0,150	0,170	0,190	0,210	0,230	0,250	0,270	0,290	0,310	0,330	0,350	0,370	0,390	0,410
,636	1,385	1,200	1,059	0,947	0,857	0,783	0,720	0,667	0,621	0,581	0,545	0,514	0,486	0,462	0,439
,111	0,131	0,151	0,171	0,191	0,211	0,231	0,251	0,271	0,291	0,311	0,331	0,351	0,371	0,391	0,411
,622	1,374	1,192	1,053	0,942	0,853	0,779	0,717	0,664	0,619	0,579	0,544	0,513	0,485	0,460	0,438
,112	0,132	0,152	0,172	0,192	0,212	0,232	0,252	0,272	0,292	0,312	0,332	0,352	0,372	0,392	0,412
,607	1,364	1,184	1,047	0,937	0,849	0,776	0,714	0,662	0,616	0,577	0,542	0,511	0,484	0,459	0,437
,113	0,133	0,153	0,173	0,193	0,213	0,233	0,253	0,273	0,293	0,313	0,333	0,353	0,373	0,393	0,413
,593	1,353	1,176	1,040	0,933	0,845	0,773	0,711	0,659	0,614	0,575	0,541	0,510	0,483	0,458	0,436
,114	0,134	0,154	0,174	0,194	0,214	0,234	0,254	0,274	0,294	0,314	0,334	0,354	0,374	0,394	0,414
,579	1,343	1,169	1,034	0,928	0,841	0,769	0,709	0,657	0,612	0,573	0,539	0,508	0,481	0,457	0,435
,115	0,135	0,155	0,175	0,195	0,215	0,235	0,255	0,275	0,295	0,315	0,335	0,355	0,375	0,395	0,415
,565	1,333	1,161	1,029	0,923	0,837	0,766	0,706	0,655	0,610	0,571	0,537	0,507	0,480	0,456	0,434
,116	0,136	0,156	0,176	0,196	0,216	0,236	0,256	0,176	0,296	0,316	0,336	0,356	0,376	0,396	0,416
,552	1,324	1,154	1,023	0,918	0,833	0,763	0,703	0,652	0,608	0,570	0,536	0,506	0,479	0,455	0,433
,117	0,137	0,157	0,177	0,197	0,217	0,237	0,257	0,277	0,297	0,317	0,337	0,357	0,377	0,397	0,417
,538	1,314	1,146	1,017	0,914	0,829	0,759	0,700	0,650	0,606	0,568	0,534	0,504	0,477	0,453	0,432
,118	0,108	0,158	0,178	0,198	0,218	0,238	0,258	0,278	0,298	0,318	0,338	0,358	0,378	0,398	0,418
,525	1,304	1,139	1,011	0,909	0,826	0,756	0,698	0,647	0,604	0,566	0,533	0,503	0,476	0,452	0,431
,119	0,139	0,159	0,179	0,199	0,219	0,239	0,259	0,279	0,299	0,319	0,339	0,359	0,379	0,399	0,419
,513	1,295	1,132	1,006	0,905	0,822	0,753	0,695	0,645	0,602	0,564	0,531	0,501	0,475	0,451	0,430

sich der unteren Grenze mehr oder weniger nähert[1], mittlere Schreibpapiere mit etwa 3000 m, bessere mit 4000 m, Urkundenpapiere mit etwa 5000 m und Papiere aus ganz besonders festen Rohstoffen mit 6000 m Reißlänge und mehr.

Die höchsten bisher überhaupt festgestellten Reißlängenwerte ergaben japanische Papiere mit 10 800 m mittlerer Reißlänge (Mittel aus 14 900 m und 6700 m)[2].

[1] Vgl. Herzberg: Zeitungsdruckpapiere. Mitt. 1898 S. 87 (Ergebnisse der Prüfung von 17 Zeitungsdruckpapieren auf Festigkeit und Stoffmischung) und: Einige Versuche mit dem Mullenprüfer. Mitt. 1922 S. 234.

[2] Martens: Untersuchung japanischer Papiere. Mitt. 1888. Ergänzungsheft IV, S. 3.

Die Festigkeit der Papierfasern an sich, verglichen mit anderen Materialien, ist sehr bedeutend, wie vorstehende Tabelle[1] (S. 44) zeigt:

Den Bruch: Länge durch Gewicht des Streifens, mit welchem man die durch den Versuch gefundene Bruchlast multiplizieren muß, um die Reißlänge zu erhalten, nennt man die Feinheitsnummer des Papiers. Da sich diese bei gleicher Länge der Probestreifen für unsere gewöhnlichen Schreib- und Druckpapiere innerhalb gewisser Grenzen bewegt, so ist eine Tabelle aufgestellt worden, welche bei einer Streifenlänge von 0,18 m für die am meisten vorkommenden Gewichte (0,100—0,419 g) die direkte Ablesung der Feinheitsnummer gestattet (S. 45).

Mit Hilfe dieser Tabelle vereinfacht sich die Berechnung der Reißlänge bedeutend, indem man nur die unter dem Wert für das Gewicht eines Streifens (Mittelwert aus den 5 geprüften Streifen) stehende Zahl mit der mittleren Bruchbelastung in Kilogramm und mit 1000 zu multiplizieren hat, um die Reißlänge in Metern zu erhalten.

Für diese Multiplikation bedient man sich, wenn es nicht auf besonders große Genauigkeit ankommt, zweckmäßig eines Rechenschiebers oder bei genaueren Arbeiten einer Rechentafel, z. B. der von Crelle (Multiplikation und Division aller Zahlen unter 1000).

Eine Erleichterung für die Berechnung der Reißlänge mit Hilfe der Hoyerschen Formel (S. 43) bietet die nachstehende

Tabelle zur Bestimmung der Reißlänge nach Hoyer bei Verwendung von 180 mm langen und 15 mm breiten Probestreifen.

Bruch-last	Quadratmetergewicht in g																
	50	55	60	65	70	75	80	85	90	95	100	105	110	115	120	125	13(0)
1	1333	1212	1111	1026	952	889	833	784	741	702	666	635	606	579	555	533	51
2	2666	2424	2222	2051	1905	1778	1667	1568	1481	1403	1333	1296	1212	1159	1111	1066	102
3	4000	3636	3333	3077	2857	2667	2500	2353	2222	2105	2000	1903	1818	1739	1666	1599	153
4	5334	4848	4444	4103	3809	3556	3334	3137	2963	2807	2667	2539	2424	2318	2222	2133	205
5	6666	6060	5555	5128	4762	4444	4167	3921	3704	3509	3333	3174	3030	2898	2777	2666	256
6	—	—	6666	6154	5714	5333	5000	4706	4444	4211	4000	3809	3636	3478	3333	3199	307
7	—	—	—	—	6667	6222	5834	5490	5185	4912	4667	4444	4243	4058	3888	3733	359
8	—	—	—	—	—	—	6667	6274	5926	5614	5334	5079	4849	4637	4444	4266	410
9	—	—	—	—	—	—	—	—	6667	6316	6000	5714	5455	5217	4999	4799	461
10	—	—	—	—	—	—	—	—	—	—	6667	6349	6061	5797	5555	5333	512
11	—	—	—	—	—	—	—	—	—	—	—	—	6667	6376	6111	5866	564
12	—	—	—	—	—	—	—	—	—	—	—	—	—	—	6667	6399	615

Die an den Kreuzungsstellen für Bruchlast und Quadratmetergewicht stehenden Zahlen bedeuten die Reißlängen in Metern.

Bei Bruchlasten mit Dezimalen, z. B. 4,7 kg, entnimmt man zuerst die Reißlänge für die ganze Zahl, also für 4 z. B. 5334 m bei 50 g schwerem Papier und addiert hierzu das Produkt aus 0,7 $\times$ der Reißlänge für 1 kg (1333), also: $5334 + 0{,}7 \cdot 1333 = 6267$ m.

Bei Quadratmetergewichten, die nicht wie die in der Tabelle aufgeführten durch 5 teilbar sind, z. B. 87, entnimmt man zunächst die

[1] Technik und Praxis der Papierfabrikation Bd. 1, 1. Teil, S. 95. Berlin: Otto Elsner 1929.

Reißlänge für die nächst untere Gewichtszahl, also für 85 (z. B. 5490 m für die Bruchlast 7 kg), und zieht hiervon ab das Produkt aus der Reißlängendifferenz für die nächst höhere und nächst untere Gewichtszahl, also für 90 g und 85 g (5490—5185 = 305) mit $\frac{2}{5}$*, also $5490 - \frac{2}{5} \cdot 305 = 5368$ m.

Der Arbeitsmodul gibt die Arbeit an, die nötig ist, um die Gewichts- oder Flächeneinheit eines Papiers zu zerreißen. Er ist von Professor Hartig[1] zur Gesamtbeurteilung der Festigkeitseigenschaften faseriger Gebilde (Papier, Gewebe usw.) in Vorschlag gebracht worden und ergibt sich aus dem Flächeninhalt des beim Zerreißen mit Registrierapparaten aufgezeichneten Spannungsdiagrammes. Als Annäherungswert kann er aus Reißlänge (R) und Dehnung (D) des Papiers nach folgender Formel berechnet werden.

$$A \text{ (Arbeitsmodul)} = \frac{2}{3} \cdot \frac{100}{D} \cdot R.$$

In der Papierprüfung hat sich der Arbeitsmodul nicht eingebürgert.

Elastizität.

Die Bestimmung der Elastizität hat in der Papierprüfung bisher nur wenig Beachtung gefunden, obgleich diese Eigenschaft bei der praktischen Beanspruchung mancher Papiere von wesentlicher Bedeutung sein dürfte.

Hartig[2] hat das elastische Verhalten von Papier beim Zerreißversuch untersucht. Er benutzte dazu den Reuschschen Zugfestigkeitsprüfer mit automatischer Diagrammaufzeichnung. Die Versuchsstreifen werden im Verlaufe des Versuches und vor Erreichung der Bruchgrenze wiederholt langsam entlastet und ebenso wieder angespannt. Aus dem dabei entstehenden Diagramm kann für jede Belastungsstufe die zugehörige elastische, bleibende und Gesamtdehnung ermittelt werden. Als Größe der Elastizität gilt das Verhältnis der Summe aller elastischen Dehnungen zur Summe aller Gesamtdehnungen.

Da die Dehnung von Papier im allgemeinen nur gering ist, müssen bei diesen Versuchen zur Erlangung zuverlässiger Ergebnisse verhältnismäßig lange Streifen verwendet werden; Hartig benutzte Streifen von 30 mm Breite und 890 mm Länge. Hierfür sind jedoch die für Prüfung von Papier allgemein gebräuchlichen Schopperschen Zugfestigkeitsprüfer nicht eingerichtet.

Um auf einfachem Wege die Elastizität von Papier beurteilen zu können, ist von Schopper neuerdings ein Apparat (Abb. 27) in Anlehnung an den Elastizitätsprüfer für Gummi nach A. Schob gebaut worden. Er besteht aus einem einfachen Pendel mit einem Stoßgewicht von 40 g sowie einem als Klemmenhalter ausgebildeten Amboßkörper. Um ein erschütterungsfreies Arbeiten zu gewährleisten, ist das Pendel-

* Bei 86 wäre mit $^1/_5$, bei 88 mit $^2/_5$ und bei 89 mit $^4/_5$ zu multiplizieren, desgleichen bei 81 mit $^1/_5$, 82 mit $^2/_5$, 83 mit $^3/_5$ und 84 mit $^4/_5$.

[1] P.Z. 1880 S. 204. Vgl. auch Hoyer, Entstehung und Bedeutung der Papiernormalien. 1888 S. 13.

[2] Hartig: P.Z. 1882 Nr. 22 S. 598.

lager durch einen kräftigen Arm mit dem Amboß zu einem geschlossenen Ganzen verbunden. Die größte Fallhöhe des Pendels ist zu 25 cm gewählt, die größte Fallarbeit zu 1 cmkg. Um mit verschiedenen Fallhöhen bzw. Fallarbeiten des Pendels arbeiten zu können, kann die Arretierklinke in 10 verschiedenen Fallhöhen von $^1/_{10}$ zu $^1/_{10}$ der größten Fallhöhe steigend an einem Kreisbogen befestigt werden. Nach Lösen der Arretierung fällt das Pendel und nimmt nach dem Auftreffen auf die Papierprobe, die zwischen zwei senkrecht übereinander angeordneten Klemmen eingespannt wird[1], einen kurz vor dem Nullpunkt in einem Anschlag ruhenden Schleppzeiger bis zu der vom Pendel infolge des Rückpralls erreichten Höchstlage mit, wo er die Rückprallhöhe an einer Teilung in Prozent der Höchstfallhöhe anzeigt. Diese Anzeige ergibt unmittelbar das Verhältnis der zurückgewonnenen Fallarbeit zur aufgewandten, also den „elastischen Wirkungsgrad η". Ist man gezwungen, wegen der Reißfestigkeit der Proben eine kleinere Fallarbeit zu verwenden, beispielsweise 0,4 der Fallhöhe, so ist der auf der Skala abgelesene Wirkungsgrad durch 0,4 zu dividieren. Die Teilung der Skala ist rein rechnerisch erfolgt; die in der Praxis auftretenden Verluste durch Reibung und Luftwiderstand sind hierbei nicht berücksichtigt und müssen bei der Verwertung der Versuchsergebnisse mit konstant etwa 2% in Rechnung gestellt werden.

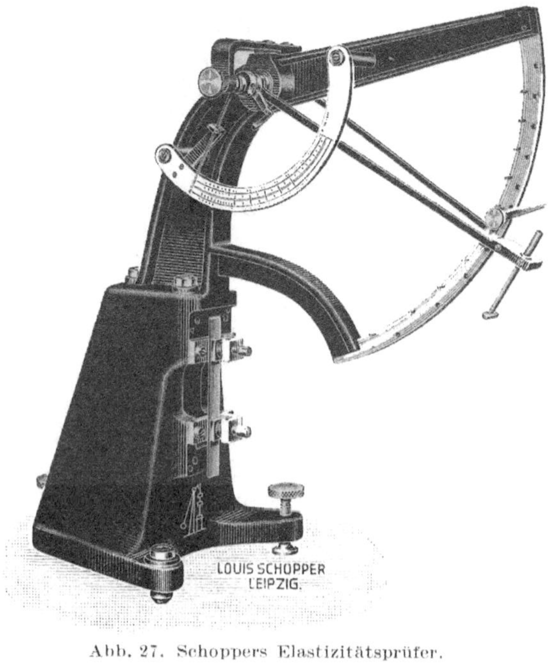

Abb. 27. Schoppers Elastizitätsprüfer.

Vielleicht trägt dieser, in seiner Handhabung sehr einfache Apparat dazu bei, daß der Prüfung der Elastizität von Papier mehr Interesse entgegengebracht wird als bisher[2].

[1] Zur gleichmäßigen Einspannung der Proben sollen diese, bevor die untere Klemme geschlossen wird, mit einem kleinen, noch näher zu bestimmenden Gewicht belastet werden.

[2] Mandl prüft die Elastizität von Zigarettenmundstückpapier nach folgender Arbeitsweise: Ein Streifen Papier von bestimmter Länge wird auf einen drehbar gelagerten Dorn fest aufgewickelt. Der Streifen wird an seinem nicht aufgewickelten Teil festgehalten. Die unvollkommene Rückdrehung bei seiner Freigabe dient als Maßstab für die Elastizität des Papiers. Z. 1931 Nr. 6 (Ref. P.Z. 1931 Nr. 29 S. 802); siehe auch Schacht: P.Z. 1925 Nr. 50 S. 3941.

Schoppers Pendelschlagwerk.

Zur Beurteilung von Papieren, bei denen eine besondere Beanspruchung durch Schlag oder Stoß in Frage kommt, hat Schopper ein Pendelschlagwerk konstruiert, das die zahlenmäßige Ermittlung des Widerstandes gegen dynamische Beanspruchung ermöglicht.

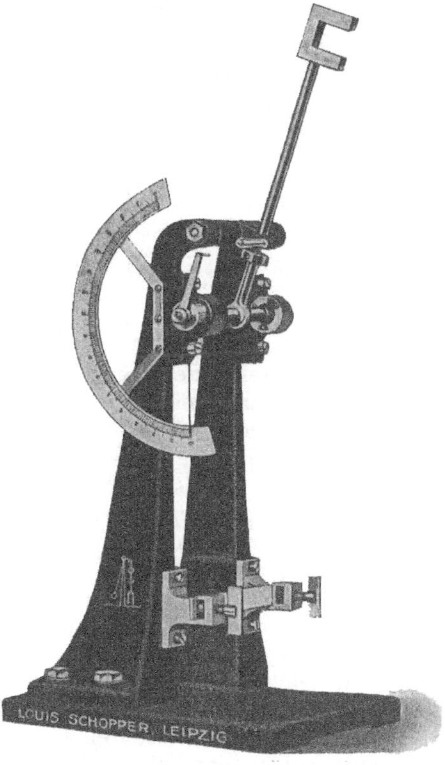

Abb. 28. Schoppers Pendelschlagwerk.

Der Apparat (Abb. 28) besteht aus dem Gerüst, der Einspannvorrichtung mit den beiden Einspannklemmen, dem Pendelhammer, dessen Achse sich in Kugellagern bewegt, dem Skalenbogen, der von 0—160° geteilt ist, und dem Schleppzeiger. Das Pendel hat einen Arbeitsinhalt von 5 bzw. 10 cmkg, wenn es aus seiner Ausgangsstellung frei fällt und einen Winkel von 160° mit seiner tiefsten Stellung bildet. In seiner tiefsten Stellung, d. h. wenn sich der Schwerpunkt genau unter dem Aufhängepunkt befindet, trifft das Pendel auf die Probe und schwingt, nachdem es diese durchschlagen hat, nach der anderen Seite durch. Die Größe der Durchschwingung (Steighöhe) wird durch den Schleppzeiger, der durch den an der Pendelachse angebrachten Mitnehmer bewegt wird, auf der Bogenskala angezeigt. Aus der Steighöhe wird der nach dem Durchschlagen des Papiers im Pendel noch vorhandene Arbeitsinhalt berechnet. Die von der Probe aufgenommene, d. h. die zum Durchschlagen verbrauchte Schlagarbeit, ergibt sich dann aus dem Unterschied des Arbeitsinhalts des Pendels vor und nach dem Schlag. Die Schlagarbeit wird als Mittelwert aus je fünf Schlagzerreißversuchen in der Längs- und Querrichtung des zu prüfenden Papiers ermittelt. Die aufgenommene Arbeit ist abhängig von der Breite und dem Quadratmetergewicht des Versuchspapiers. Zur Verwendung kommen Streifen von 15 mm Breite. Einen brauchbaren Vergleichswert für die aufgenommene Arbeit verschiedener Papiere gibt nach Possanner v. Ehrenthal[1] der Quotient: $\frac{\text{Arbeitsinhalt (cmg)}}{\frac{\text{g}}{\text{m}^2}\cdot\text{Breite (cm)}} = \text{m}^2$ Arbeitsfläche; er wird als spezifische Arbeitsfläche bezeichnet.

Professor Possanner v. Ehrenthal hat mit Papieren verschiedener Zusammensetzung und Dicke vergleichende statische und dynamische Versuche mit dem Schopperschen Zugfestigkeitsprüfer und dem Pendelschlagwerk ausgeführt. Unter Hinweis auf diese Arbeit[1] werden einige mit dem Pendelschlagwerk erhaltene Werte verschiedener Papiersorten nachstehend aufgeführt.

Sorte	Quadratmetergewicht	Schlagarbeit in cmg	
		Längsrichtung	Querrichtung
Einseitig glattes Pergamentersatzpapier	44,5—72	220—610	120—460
Vegetabilisches Pergament	42—135	300—2370	340—4250
Druckpapier	55—119	210—560	210—1500
Kraftpapier	41—122	570—2790	550—2240
Sackpapier	69—160	1110—4180	660—4540
Kreppapier[2]	265—345	5100—9400	1110—3380
Kreppapier, ungekreppt	220—255	2400—3240	580—1810

Einreißfestigkeit.

Um den Einreißwiderstand, der in der Praxis oft nach Handversuchen beurteilt wird, zahlenmäßig festzustellen, hat Elmendorf[3] ein einfaches Instrument erfunden (Abb. 29), das in Amerika häufig verwendet wird, in Deutschland jedoch bisher wenig Verbreitung gefunden hat[4]. Das als Segment einer Kreisscheibe ausgebildete Pendel *A* schwingt in deren Mittelpunkt mittels Kugellager um einen Zapfen, der mit dem Gestell *D* fest verbunden ist. An dem Gestellfuß ist eine feststehende Einspannklemme *N* angebracht, eine zweite an dem beweglichen Pendel. Um die zu prüfenden Muster einzuklemmen, wird das Pendel in seiner Anfangsstellung nach links so weit gehoben, daß es von der Feder *H* gehalten wird. Der Zeiger *K*, welchen das Segment durch Reibung mitnimmt, wird so gestellt, daß er senkrecht steht und der Feder *E* anliegt. Die Proben werden in die Klemmen eingespannt und durch Druck auf einen Hebel angeschnitten. Durch einen leichten Druck auf die Feder *H* wird das Pendel gelöst; der Zeiger wird jedoch durch *E* zurückgehalten. Erst wenn das Pendel wieder zurückschwingt, nimmt es den Zeiger mit. Da ein Teil der Pendelenergie durch das Zerreißen der Probe verbraucht wird, steigt der Zeiger um so weniger hoch, je größer die Arbeit des Einreißens war. Durch eine geeignete Einteilung auf dem Segment, welche die Reibungsverluste berücksichtigt, kann der Einreißwert

[1] Possanner v. Ehrenthal: Vergleichende statische und dynamische Festigkeitsversuche. W.P. 1927 Nr. 24 A S. 97 u. 1927 Nr. 27 S. 830.

[2] Die höheren Werte des gekreppten im Vergleich mit ungekrepptem Papier erklären sich daraus, daß für die Dehnung der Kreppung ein beträchtlicher Arbeitsaufwand erforderlich ist.

[3] Elmendorf: Tearing Strength Test for Paper; Paper Bd. 26 (1920) S. 302. Houston: P. T. J. Bd, 74 (1922) Nr. 10 S. 43. Nagl: Beitrag zur Feststellung der Wirkungsweise des Elmendorfapparates; P.F. 1929 Nr. 27 S. 421.

[4] In Deutschland wird der Apparat von der Firma Poller, Leipzig, gebaut und vertrieben.

abgelesen werden. Nach den Vorschriften der Technical Association of the Pulp and Paper Industry[1] soll man gleichzeitig so viel Blätter reißen, daß die Ablesung auf der Skala nicht weniger als 20 und nicht mehr als 40 beträgt. In jeder der beiden Hauptrichtungen sind mindestens 5 Versuche auszuführen; der Einreißwert wird in Gramm pro Papierblatt umgerechnet, indem die Ablesung mit 16 multipliziert und durch die Anzahl der gleichzeitig geprüften Blätter dividiert wird. Bei gleichzeitigem Einspannen von 16 Blatt würde die Skala die Einreißfestigkeit in Gramm anzeigen[2]. Die Proben sollen genau parallel in den Hauptrichtungen des Papiers geschnitten werden, mindestens 6,3 cm (2,5 Zoll) lang[3] und von solcher Breite sein, daß die Entfernung vom Ende des Schlitzes bis zum Rande der Probe genau 4,3 cm beträgt. Die Probe soll beim Versuch in der Richtung des Anfangschlitzes weiterreißen[4].

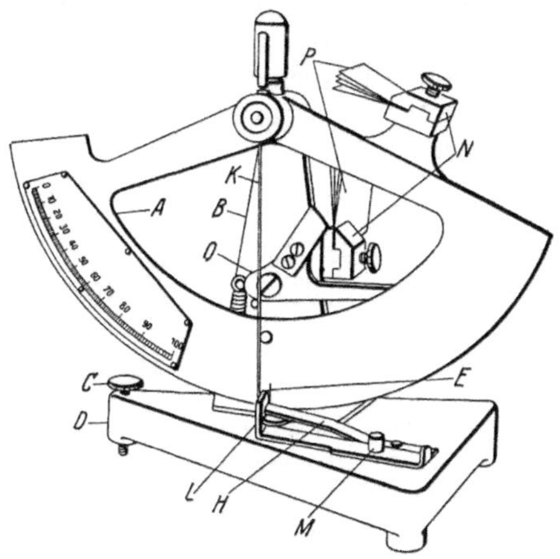

Abb. 29. Elmendorf-Prüfer der Firma Poller, Leipzig.

Bei einer englischen Ausführungsform des Apparates[5] ist die Klemmenanordnung etwas anders und die Probe wird vor dem Versuch an zwei Stellen eingeschnitten, so daß auch das Papier gleichzeitig an zwei Stellen eingerissen wird. — Um Einreißversuche auch mit dem Zugfestigkeitsprüfer ausführen zu können, liefert Schopper eine Einspannklemme (Abb. 30), die mit der unteren Klemme dieses Apparates ausgewechselt wird. Ein Papierstreifen von 30 mm Breite wird von einer kurzen Seite her mit 2 parallelen Einschnitten versehen, die 15 mm voneinander Abstand haben. Die entstandene 15 mm breite

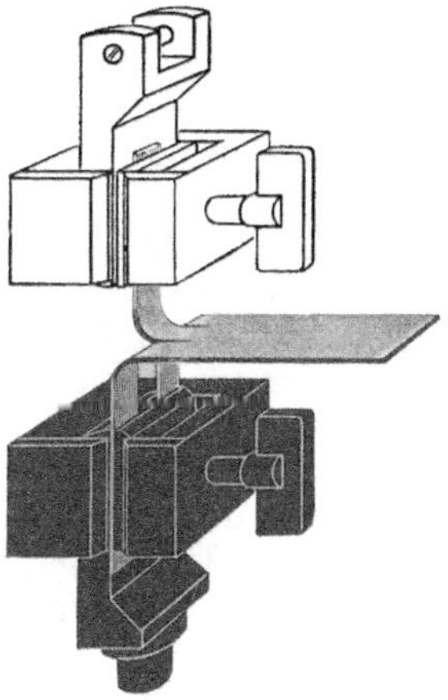

Abb. 30. Einspannklemme für Einreißversuche (Firma Schopper).

[1] P. T. J. Bd. 83 (1926) Nr. 11 S. 51.

[2] Zum Vergleich der Einreißwerte von Papieren verschiedenen Quadratmetergewichts schlägt Bergman die Benutzung der „Einreißfläche“ vor (P.F. 1932 H. 11 S. 124).

$$\text{Einreißfläche} = \frac{\text{Einreißwiderstand in g}}{\text{m}^2\text{-Gewicht in g}} \times \text{m}^2.$$

[3] Dem Apparat wird eine Vorrichtung zum Schneiden der Proben in der Länge von 6,5 cm beigegeben.

[4] Nach der amerikanischen Vorschrift sind die erhaltenen Werte ungültig, „wenn bei der Prüfung die Richtung des Risses um mehr als 6,3 mm (0,25 Zoll) von der des Anfangschlitzes abweicht“.

[5] Siehe auch Tschudi: Der Zerreißapparat Elmendorf. W.B. 1926 Nr. 35 S. 964.

Zunge wird in die obere Einspannklemme eines Schopperschen Zugfestigkeitsprüfers eingespannt, während die beiden äußeren Streifenenden in der unteren Einspannklemme genau parallel zur Zugachse festgemacht werden. Der so eingespannte Streifen wird so lange einer Zugbeanspruchung ausgesetzt, bis das Papier einreißt. Die vom Kraftmesser des Festigkeitsprüfers angegebene Zugkraft ist durch die Anzahl der Einreißstellen zu dividieren. Es ist dann

$$\frac{P}{2} = \text{Einreißfestigkeit.}$$

Bei diesem Versuch werden also, wie bei Verwendung des englischen Elmendorf-Prüfers, 2 Einreißstellen gerissen.

Berstfestigkeit.

Die lange Reihe der verschiedenen Apparate, die zum Zwecke der Berstdruckprüfung ersonnen wurden, eröffnet eigentlich der Rhesesche

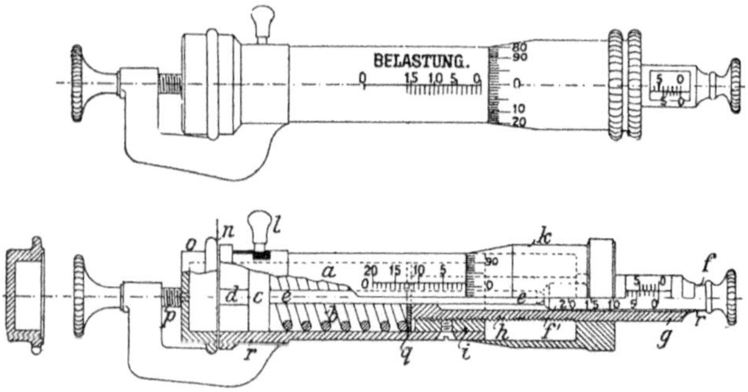

Abb. 31. Rheses Papierprüfer.

Papierprüfer, den Martens[1] bereits 1887 unter Mitteilung von Versuchsergebnissen ausführlich beschrieb (Abb. 31). Denn im Gegensatz zu den bis dahin allein benutzten Festigkeitsprüfern, durch die Streifen der zu prüfenden Papiere zerrissen werden, bringt schon der Rhesesche Apparat durch einen von Federkraft betätigten Stempel ein festgespanntes Papier zum Bersten.

Dieser kleine Apparat, der auch eine Ablesung des Durchbiegungsgrades von Papier gestattet, ist beim schnellen Vergleich verschiedener Papiersorten, z. B. im Papierlager, vielleicht oft mit Vorteil zu verwenden.

Nachdem das Papier, welches man am besten in Blättchen von 3 cm² schneidet, bei *n* eingespannt ist und beide Millimeterteilungen auf Null eingestellt sind, wird durch Hülse *k* die Schraubenspindel *h* vorwärts geschraubt, wodurch auf die Feder *b* ein Druck ausgeübt wird. Der Druck der Feder überträgt sich nun auf die mit dem Stempel versehene Scheibe *c*, und der Stempel dehnt das Papier, bis die Federspannung der Kraft, welche zum Durchdrücken des Papiers erforderlich ist, entspricht. Der Stift *f* wird von der Führung *g* mitgenommen;

[1] Martens: Mitt. 1887, Ergänzungsheft II.

er ist an der Drehung in der Hülse durch die Nute und Feder *r* verhindert und gibt, da er mit *e* in steter Berührung bleibt, in seiner Verschiebung gegen *g* die Bruchbelastung an, während die Ablesung an der Hülse *a* die Summe von Bruchbelastung und Dehnung anzeigt.

Zieht man also von der an der Hülse *a* abgelesenen Größe die an dem Stift *g* abgelesene ab, so ergibt sich eine Größe, welche der Durchbiegung des Papiers entspricht.

Man muß aber sehr darauf achten, daß die Blättchen Papier immer möglichst gleich fest eingespannt werden und die Hülse *k* stets mit möglichst gleicher Geschwindigkeit gedreht wird; läßt man dies außer acht, spannt man namentlich einmal fest und dann wieder lose ein, ergeben sich stark voneinander abweichende Werte[1].

Eine einfache Vorrichtung für Durchdrückversuche (Abb. 32) liefert Schopper auf Wunsch als Zusatzgerät zu seinen Zugfestigkeitsprüfern. Die Prüfung wird so ausgeführt, daß eine Kugel von bestimmtem Durchmesser (10, 15 und 20 mm) gegen das Versuchsmaterial bis zu dessen Bersten gedrückt wird. Die zum Durchdrücken erforderliche Kraft wird an der Skala des Zugfestigkeitsprüfers abgelesen. Die eingespannte Prüffläche ist eine Kreisscheibe von 25 bzw. 80 mm Durchmesser.

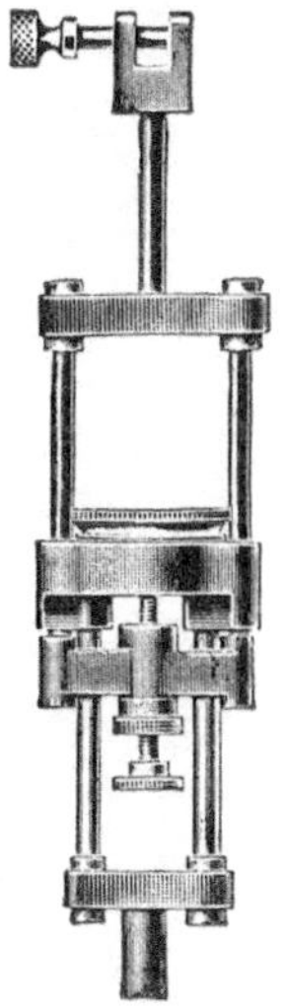

Abb. 32. Schoppers Vorrichtung für Durchdrückversuche.

Vielgestaltige Ausbildung und große Verbreitung haben die Berstdruckprüfer vor allem in Amerika gefunden (Morrison, Southworth, Ashcroft, Eddy, District of Columbia und Mullen). Diese verschiedenen Typen beruhen alle darauf, daß die zwischen einer ringförmigen Einspannvorrichtung freibleibende Prüffläche des Papiers durch steigende Druckbelastung zerplatzt wird. Wesentliche Unterschiede bestehen nur in der Art und Weise, wie der für das Bersten erforderliche Druck erzeugt und auf das Papier übertragen wird. Bei der einen Gruppe drückt ein von Federkraft getriebener Stempel, bei der anderen eine Gummimembrane unter Flüssigkeitsdruck gegen das Papier.

Douty[2] hat Vergleichsversuche unter Verwendung von 4 verschiedenen Apparaten ausgeführt (Morrison, Southworth, Mullen, District of Columbia). Die erhaltenen Werte zeigten keine Übereinstimmung und standen auch nicht in einem bestimmten Verhältnis zueinander.

Mullen-Prüfer.

Von den vorgenannten Apparaten ist der mit Flüssigkeitsdruck arbeitende Mullen-Prüfer (Abb. 33) am bekanntesten[3].

[1] Harris hat einen Taschen-Papierprüfer konstruiert, der ähnlich wie der Rhesesche Apparat die Kraft mißt, die nötig ist, um ein planeingespanntes Papier durchzudrücken. (P.Z. 1907 S. 1750.)

[2] Douty: P. T. J. 1910 S. 259—261.

[3] Eine deutsche Nachkonstruktion liefert die Firma Barthel-Chemnitz.

Die Skizze (Abb. 34) zeigt den Bau des Apparates. Durch Drehen des rechts befindlichen Handrades wird ein Stempel gegen die Glyzerinfüllung gepreßt, der Druck überträgt sich auf das links befindliche Manometer und auf die den Glyzerinbehälter oben abschließende Gummimembran mit dem darüber liegenden fest eingespannten Papier. Die Gummimembran wird nach außen gepreßt und hierdurch das kreisförmige Papier-Versuchsstück zum Platzen gebracht; der erforderlich gewesene Druck wird am Manometer in kg/cm² oder in englischen Pfunden auf den Quadratzoll abgelesen. Das Endergebnis wird in Amerika[1] in „Punkten“ angegeben: 1 Pfund pro Quadratzoll = 1 Punkt.

Abb. 33. Mullen-Prüfer.

Nach den früheren Angaben der Literatur[2] sollte die von der oberen Einspannglocke freigelassene Prüffläche des Mullen-Prüfers 1,25 Zoll = 31,75 mm Durchmesser oder 1,22 Quadratzoll = 7,91 cm² Flächengröße aufweisen. Die freie Prüffläche des Apparates war an der oberen Einspannglocke durch einen Gummiring begrenzt, der die Papierprobe elastisch gegen die Grundplatte drückte. Beim Festspannen des Papiers verkleinerte sich der Durchmesser des Gummiringes und die für den Berstdruck maßgebenden, oben genannten Abmessungen der Einspannfläche wurden nicht erreicht. Die Verwendung des Gummiringes ließ außerdem bei festen Papieren ein Gleiten innerhalb der Einspannvorrichtung zu, was zu falschen, und zwar zu hohen Berstdruckzahlen[3] führte. Die genannten Übelstände veranlaßten das Bureau of Standards in Washington[4] zur Aufgabe des Gummiringes und zur Einführung einer Einspannglocke, deren Öffnung, entsprechend der Öffnung

[1] In Amerika soll ein Kraftpapier soviele Pfund pro Quadratzoll aushalten, als 480 Bogen des betreffenden Papiers im Format 24 × 36″ englische Pfunde schwer sind. Ein Papier, von dem 480 Bogen im Format 24 × 36″ 40 lbs wiegen, soll also einen Berstdruck von mindestens 40 Punkten haben; wenn es 50 lbs schwer ist, 50 Punkte. Ein Papier, das diese Eigenschaften hat, wird hinsichtlich Berstdruck als 100%ig bezeichnet. Zeigt ein Papier unter den vorgenannten Umständen 55 statt 50 Punkte, so gilt es als 110%ig.

[2] Houston: Relationship between Breaking Strength and Bursting Strength of Paper. P. T. J. 1923, 13. April.

[3] Synder: A Study of the Mullen Paper-Tester. P. T. J. 1927, 4. August.

[4] Research Paper Nr. 278.

des früher verwandten Gummiringes beim Druck der Klemmen, 1,2 Zoll = 30,48 mm beträgt. Die freie Einspannfläche des Mullen-Prüfers nach der Standardisierung ist also 1,13 Quadratzoll = 7,293 cm². In dem Bestreben, die Vergleichbarkeit der mit dem ursprünglichen und dem abgeänderten Mullen-Prüfer erhaltenen Werte nicht zu gefährden, hat das Bureau of Standards von einer entsprechenden Änderung der Grundplatte, deren Öffnung 1,24 Zoll beträgt, abgesehen. Bei der Prüfung

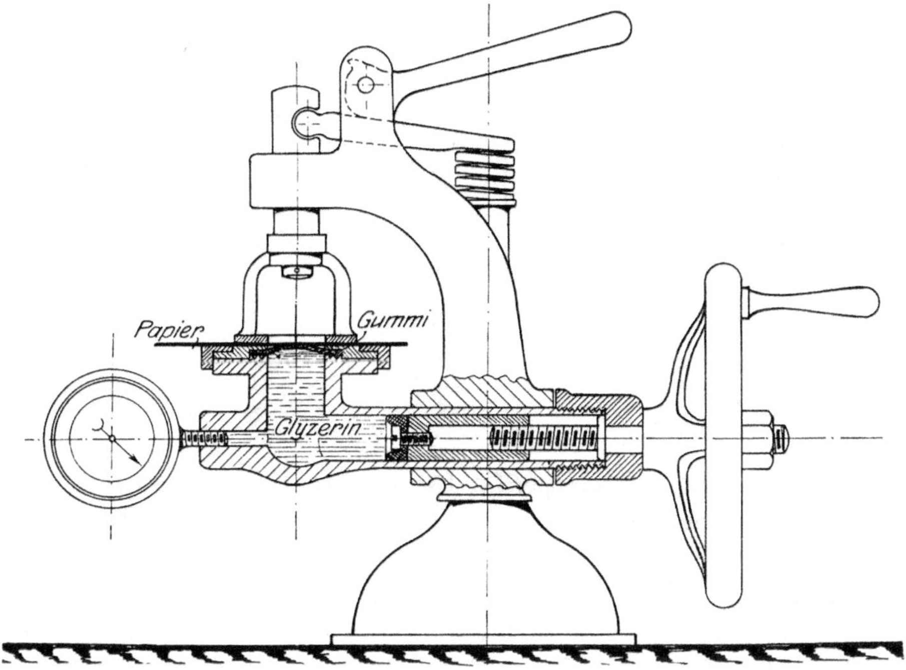

Abb. 34. Darstellung der wirksamen Teile des Mullen-Prüfers.

von 24 Zeitungsdruckpapieren (Berliner Tageszeitungen) wurde u. a. auch der Berstdruck nach Mullen bestimmt; nachstehend die

Zusammenstellung der Mittel-, Mindest- und Höchstwerte[1].

Eigenschaften	Mindestwerte	Höchstwerte	Mittelwerte
Quadratmetergewicht in g	46	67	52
Aschengehalt in %	4,4	18,7	11,0
Feuchtigkeitsgehalt bei 65% Luftfeuchtigkeit in %	8,3	10,9	9,4
Reißlänge in m	2300	3625	2900
Dehnung in %	1,2	1,8	1,5
Falzwiderstand (Falzzahl)	1,8	10	5
Bruchlast in kg	1,57	2,71	2,05
Berstdruck nach Mullen in kg/cm²	0,36	0,84	0,56
Holzzellstoff in %	15	50	28
Holzschliff in %	50	85	71

[1] Die Einzelwerte sind veröffentlicht Mitt. 1922 S. 234 (Herzberg). P.Z. 1923 Nr. 22. W.B. 1923 Nr. 11. P.F. 1923 Nr. 11.

Dem mittleren Berstdruck 0,56 kg/cm² entspricht annähernd der Druck von 8 Pfund auf 1 Quadratzoll.

Ferner seien noch die Ergebnisse der Prüfung von 16 verschiedenen Papiersorten auf Berstdruck wiedergegeben, und zwar die mit dem Mullen-Prüfer und die mit dem nachstehend beschriebenen Schopperschen Apparat erhaltenen Werte.

Nr.	Papiersorte	Berstdruck in kg/cm² nach Mullen Prüffläche 7,3 cm²	Berstdruck in kg/cm² nach Schopper Prüffläche 10 cm²	Wölbhöhe in mm nach Schopper
1	Normal 2a	2,73	2,08	3,29
2	Normal 3	2,06	1,53	2,61
3	Holzfrei Illustrationsdruck	0,85	0,58	2,47
4	Holzhaltig Autotypiedruck	0,58	0,36	2,08
5	Zeichenpapier	8,02	5,60	3,62
6	Holzhaltig Löschpapier	0,93	0,65	2,26
7	Holzfrei Löschpapier	1,07	0,69	3,87
8	Briefumschlagpapier	1,42	0,99	2,80
9	Sat. Packstoff	2,16	1,60	2,42
10	Bastpack	2,23	1,69	2,90
11	Sulfitkraftpack	1,57	1,28	3,34
12	Kraftpapier	2,60	2,01	3,06
13	Zellulosepapier	1,08	0,86	2,66
14	Sulfitseiden	0,55	0,42	3,55
15	Natronseiden	0,57	0,34	2,97
16	Echt Pergament	2,80	2,24	3,66

Schoppers Berstdruckprüfer für Papier, Karton und Pappe[1].

Der von der Firma Schopper im Verein mit Prof. Dalén konstruierte Berstdruckprüfer arbeitet mit komprimierter Luft. Die Verwendung von Druckluft ermöglicht ein sauberes Arbeiten (beim etwaigen Platzen der Membran) und vor allem eine subtile und stoßfreie Regelung der Belastungsgeschwindigkeit. Infolge der kräftigen Konstruktion der Einspannvorrichtung ist das beim Mullen-Prüfer bisweilen beobachtete Gleiten des Papiers ausgeschaltet. Der Apparat gestattet die Verwendung verschiedener Einspannflächen (Prüfflächen) im schnellen Wechsel und ebenso einen schnellen Ersatz der Gummimembran. Endlich ist er mit einer Vorrichtung zur Messung der Wölb- oder Kuppenhöhe versehen.

Die Abb. 35 und 36 zeigen den Bau des Apparates.

Die in eine Grundplatte *B* eingelassene Tragsäule *A* dient zugleich als Luftbehälter; mittels einer Handpumpe kann sie durch den Stutzen *K* mit Luft bis zu einem Druck von 10 Atmosphären gefüllt werden. Der in der Säule vorhandene Druck kann an dem kleinen Manometer *H* abgelesen werden. Der Innenraum der Säule steht durch ein Rohr mit dem Lufteinlaßventil *J* in Verbindung, durch das die Luft am Grunde der Aufspannplatte *C* unter die Gummimembran der Einspannvorrichtung geleitet wird. Eine sichere Einspannung der Proben wird durch

[1] Mit der Prüfung von Wellpappe hat sich Clemens eingehend befaßt; vgl. P.F. 1931 Nr. 7, 9, 10, 11, 12 u. 13.

folgende Maßnahmen gewährleistet: Um Auffederungen zu vermeiden, sind die Wände der Einspannglocke *D* nicht durchbrochen worden. Die Glocke wird in der sicheren Führung des von 2 Säulen getragenen Spannbügels *E* durch eine Spindel mit Handrad *F* in vertikaler Richtung auf- oder abwärts bewegt. Die denselben Durchmesser wie

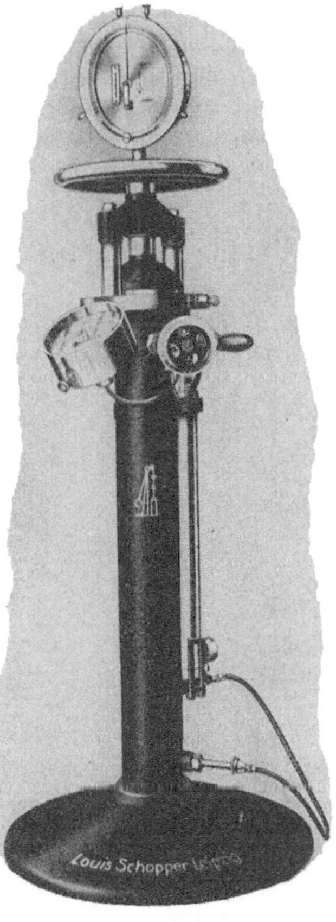

Abb. 35.
Berstdruckprüfer Schopper-Dalén.

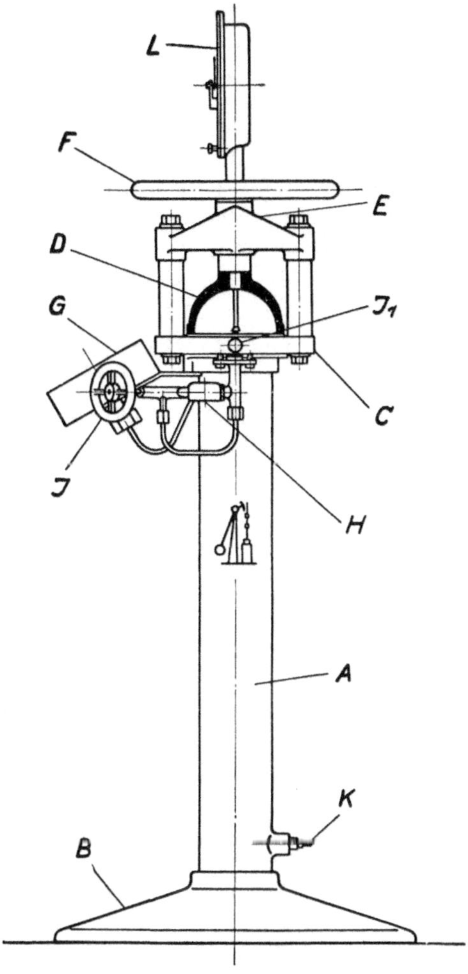

Abb. 36.
Aufbau des Schopperschen Berstdruckprüfers.

die Einspannglocke aufweisende untere Auflageplatte des Apparates ruht auf einer Gummiunterlage. Diese bewirkt eine gleichmäßige Verteilung des durch die Einspannglocke auf die Papierprobe ausgeübten Druckes. Im Gegensatz zum Mullen-Prüfer ist die Gummimembran nicht tiefer, sondern in gleicher Höhe mit der unteren Auflageplatte angebracht; eine ungleichmäßige Beanspruchung der Papierfläche von der Mitte her wird dadurch vermieden. Nach dem Zerbersten der Probe wird der benötigte

Druck an dem mit Schleppzeiger versehenen Manometer G in kg/cm² abgelesen und Manometer und Gummimembran durch das Ablaßventil J_1 entlastet. Die Vorrichtung L zum Messen der Wölbhöhe arbeitet in folgender Weise: Ein die Mitte der eingespannten Probe leicht berührender Taster wird bei der Aufwölbung des Papiers mit emporgehoben und betätigt durch diese Bewegung einen vor einer Skala mit einem Meßbereich von 0—30 mm angebrachten Zeiger. Der die Wölbhöhe registrierende Zeiger muß im Augenblick arretiert werden. Diese Arretierung kommt dadurch zustande, daß ein beim Bersten der Probe auftretender Luftstoß durch Heben einer mit der Arretiervorrichtung verbundenen Klappe die Bewegung des Zeigers zum Stillstand bringt. Im Materialprüfungsamt wird der Berstdruckprüfer der Einfachheit halber mit einer Vorratsflasche mit komprimierter Luft verbunden. Der hohe Druck der Flasche läßt sich nach Bedarf durch ein Reduzierventil auf 10—15 Atmosphären vermindern.

Schoppers Berstdruckprüfer für Pappe, Hartpappe und Preßspan.

Für die Bestimmung der Berstfestigkeit von besonders festen Erzeugnissen: Hartpappen, Preßspan usw. hat Schopper einen besonderen

Abb. 37. Berstdruckprüfer Schopper-Dalén für Hartpappen, Preßspan usw.

Apparat gebaut, der für Drucke bis 30 kg/cm² anwendbar ist. Von dem vorher beschriebenen unterscheidet er sich, wie die Abb. 37 zeigt, durch den Wegfall der Vorratssäule (die erforderliche Preßluft wird Flaschen von 5—6 m³ Inhalt entnommen), durch die kräftigere Ausführung der Aufspannplatte, und vor allem durch die Anbringung eines zweiten Handrades, das in Verbindung mit Schnecke und Schneckenrad eine unbedingt feste Einspannung der Probe ermöglicht.

Verschiedene den Berstdruck beeinflussende Faktoren[1].

Über den Einfluß wechselnder Luftfeuchtigkeit auf den Berstdruck ist schon berichtet worden (S. 10).

Einfluß der Versuchsgeschwindigkeit. Houston[2] gibt als Versuchsgeschwindigkeit für den Mullen-Prüfer 120 Umdrehungen des Handrades an. Carson[3] weist darauf hin, daß bei beschleunigter Drehung des Handrades ein höherer Berstwert erhalten wird und die Dehnung mit der Zunahme der Geschwindigkeit ebenfalls wächst. Die im Amt ausgeführten Versuche[1] mit dem Schopper-Dalénschen Apparat ergaben auch eine Zunahme der Berst- und Wölbhöhenwerte bei steigender Versuchsgeschwindigkeit. Bei der Festsetzung einer „normalen" Geschwindigkeit ist zu beachten, daß einerseits kein Dauerversuch durch zu langsames Arbeiten und anderseits keine dynamische, stoßartige Einwirkung zustande kommt. Als geeignet erwies sich eine Belastungszunahme von 0,2 kg in 1 Sekunde; die bei dieser Versuchsgeschwindigkeit erhaltenen Werte stellen das annähernde Mittel zwischen den Extremen dar. Diese Geschwindigkeit ist während der Prüfung durch Regelung des Ventiles einzuhalten.

Anzahl der Versuche. Um zu einem brauchbaren Mittelwert zu kommen, genügen im allgemeinen 10 Einzelversuche, und zwar je 5 von jeder Seite der Probe. Die Berücksichtigung beider Seiten ist vor allem bei der Prüfung von Pappe erforderlich, da hierbei meistens verschiedene Werte von Sieb- und Oberseite erhalten werden.

Einfluß der Größe der Prüffläche. Das Ergebnis des Berstdruckversuches ist von der Größe der Prüffläche abhängig, und zwar nehmen die Berstdruckwerte mit steigender Flächengröße ab, die Wölbhöhenwerte aber zu. Es ist deshalb unbedingt erforderlich, daß bei jedem Berstdruckwert angegeben wird, für welche Prüffläche er gilt. Der Grund für die Abnahme des Berstdruckes beim Übergang auf größere Einspannflächen liegt in der Gesetzmäßigkeit, die durch den Einfluß des Spannungs- und Durchbiegungsmomentes gegeben ist. Ferner kommt noch folgendes hinzu: Da das Papier stets an seiner schwächsten Stelle platzt (parallel zur Querrichtung des Papiers, also senkrecht zu der Richtung, die die geringste Dehnung aufweist), ist die Wahrscheinlichkeit größer, daß die schwächste Stelle einer kleinen Prüffläche fester ist als die einer großen.

---

[1] Berstdruckprüfung von Papier. Schulze: W.B. 1930 Nr. 9 u. 24; P.F. 1930 Nr. 16 u. 23; Z. u. P. 1930 Nr. 4 u. 6.

[2] Houston: Relationship between Breaking Strength and Bursting Strength of Paper. P. T. J. 1923, 13. April.

[3] Carson: An Analysis of the Strength of Paper. P. T. J. 1924, 20. März.

Welche Prüffläche soll als Norm gelten? Die Einspannfläche 7,3 (Mullenmaß) erscheint für deutsche Verhältnisse sowie für alle Länder mit metrischem System unzweckmäßig. Papiere (und Kartons), die einen Berstdruck von 6 kg/cm² bei einer Prüffläche von 10 cm² nicht überschreiten, werden im Materialprüfungsamt im allgemeinen unter Verwendung einer Einspannfläche von 10 cm² geprüft. Bei höherer Berstfestigkeit wird mit 100 cm² Prüffläche gearbeitet.

Vorschläge für eine vom Quadratmetergewicht unabhängige Auswertung der Berstzahl.

Um die an Papieren mit verschiedenem Quadratmetergewicht erhaltenen Berstwerte miteinander vergleichen zu können, sind außer der von Bergman vorgeschlagenen Berstfläche (siehe unten) noch die Berstblattzahl[1] und endlich der „relative Berstdruck“[2] vorgeschlagen worden. Unter der Berstblattzahl ist diejenige Zahl von Papierblättchen gleicher Flächengröße zu verstehen, die, übereinandergelegt, das unterste zum Bersten bringt. Fenchel rechnet den am Apparat abgelesenen „absoluten“ Berstdruck auf ein Einheitsgewicht von 100 g/m² um und bezeichnet diesen Wert als den „relativen Berstdruck“. Er veröffentlicht auch eine Tabelle, welche die Ablesung des relativen Berstdruckes für jedes in Frage kommende Quadratmetergewicht zu dem am Apparat festgestellten absoluten Berstdruck gestattet.

Diese Vorschläge gehen alle von der Annahme aus, daß das Ansteigen des Berstdruckes mit der Zunahme des Quadratmetergewichtes proportional verläuft. Fenchel[2] überzeugte sich von der Richtigkeit dieser Annahme dadurch, daß er 1, 2, 4 und 8 Blätter desselben Papiers zusammennahm und prüfte. Der erhaltene Berstdruck war dann ungefähr proportional der Blattzahl, also bei 8 Blättern ungefähr 8mal so groß wie bei einem Blatt. Ein weiterer Nachweis wurde im Materialprüfungsamt[3] in der Weise versucht, daß geschöpfte Bogen von gleichem Stoff und gleicher Mahlung, aber verschiedenem Quadratmetergewicht, auf Berstdruck geprüft wurden. Die graphische Darstellung der erhaltenen Werte zeigte eine kontinuierlich mit dem zunehmenden Quadratmetergewicht ansteigende Gerade. Bisher hat sich jedoch noch keiner der genannten Vorschläge allgemein eingeführt.

Kann die Bruchlast bzw. Reißlänge und die absolute Dehnung aus den mit dem Berstdruckprüfer gefundenen Werten errechnet werden?

Bergman[4] (s. auch Sieber[5]) bejaht die Frage unter Einführung des Begriffes der Berstfläche, die er aus dem mit dem Mullen-Prüfer erhaltenen Berstdruck errechnet.

$$\text{Berstfläche in m}^2 = 1000 \times \frac{\text{Berstdruck in kg/cm}^2}{\text{Quadratmetergewicht in g}}.$$

[1] Teschner u. Pawletta: T. u. C. 1929 Nr. 11 S. 180.
[2] Fenchel: P.F. 1926 H. 20 S. 294. [3] Schulze: l. c.
[4] Bergman: Einige Erfahrungen bei der Festigkeitsbestimmung von Zellstoffen. Svensk Pappers Tidn. 1924 S. 218. [5] Sieber: P.F. 1925 H. 39 S. 617.

Annäherungswerte für die Reißlänge soll dann folgende Formel ergeben: Reißlänge in m = 1000 × $\sqrt{\text{Berstfläche}}$. Untersuchungen, die im Amt an 29 Sackpapieren angestellt wurden[1], haben aber so beträchtliche Abweichungen der errechneten von der ermittelten Reißlänge ergeben, daß dieser Weg nicht gangbar erscheint. Da der Berstdruck ein Produkt aus Festigkeit und Dehnung darstellt, versprach von vornherein eine Umrechnung unter Heranziehung der Wölbhöhe mehr Erfolg. Unter der Annahme, daß die Prüffläche beim Belasten eine Kugelkalotte bildet, hat Dalén eine Berechnung der Bruchlast und Flächendehnung nach folgenden Formeln[2] ausgeführt:

$$P' = Q\frac{r + h^2}{4h}, \text{ und } D = \frac{h^2}{r^2}\cdot 100 \; (r = \text{Radius der Prüffläche}).$$

Tabelle 1.

Art des Papiers	Beanspruchte Richtung des Papiers	A: P Bruchlast kg/cm	A: Dehnung %	A: Reiß-länge km	A: Mittlere Falzzahl	B: Prüf-fläche cm²	B: Q kg/cm²	B: Kuppen-höhe h mm	B: P' Bruchlast kg/cm	B: D Flächen-zunahme %	C: $P'-M$ kg	C: $P'-M$ %
Normal 2a						10	2,180	3,82	4,76	4,58	+0,23	+5,1
	=	5,34	3,5			25	1,300	5,76	4,69	4,16	+0,16	+3,5
	∟	3,71	5,7			50	0,900	7,92	4,70	3,94	+0,17	+3,8
g/m² = 98	Mittel	4,53	4,6	5,08	1300	75	0,715	9,50	4,67	3,78	+0,14	+3,1
Normal 3a						10	1,660	3,61	3,81	4,09	+0,01	+0,3
	=	4,77	2,8			25	0,970	5,26	3,81	3,47	+0,01	+0,3
	∟	2,84	4,8			50	0,660	7,18	3,78	3,24	—0,02	—0,5
g/m² = 95,5	Mittel	3,80	3,8	4,31	210	75	0,530	8,62	3,78	3,11	—0,02	—0,5
Normal 3b						10	1,333	3,34	3,29	3,50	—0,02	—0,6
	=	4,13	2,5			25	0,792	5,02	3,25	3,16	—0,06	—1,8
	∟	2,48	4,5			50	0,550	6,85	3,29	2,95	—0,02	—0,6
g/m² = 95,5	Mittel	3,31	3,5	3,69	79	75	0,417	8,23	3,11	2,84	—0,02	—0,6
Packpapier						10	2,850	3,35	7,01	3,52	+0,18	+2,6
50% Manila	=	8,54	2,2			25	1,700	5,17	6,78	3,35	—0,05	—0,7
50% Holzzellstoff	∟	5,13	4,4			50	1,117	7,01	6,54	3,09	—0,29	—4,2
g/m² = 115	Mittel	6,83	3,3	6,69	2050	75	0,917	8,60	6,55	2,68	—0,28	4,1
Druckpapier 8a						10	1,536	3,87	3,31	4,71	+0,06	+1,8
	=	3,93	3,0			25	0,878	5,84	3,13	4,27	—0,12	—3,7
	∟	2,56	5,4			50	0,600	7,92	3,11	4,00	—0,14	—4,3
g/m² = 104	Mittel	3,25	4,2	3,30	67	75	0,473	9,48	3,09	3,77	—0,16	—4,9
Holzhaltig Druck						10	0,453	2,28	1,54	1,63	—0,02	—1,3
Holzzellstoff 55%	=	2,01	1,1			25	0,263	3,50	1,52	1,53	—0,04	—2,6
Holzschliff 45%	∟	1,11	2,7			50	0,190	4,78	1,60	1,44	+0,04	+2,6
g/m² = 80	Mittel	1,56	1,9	2,08	2	75	0,150	5,87	1,55	1,44	—0,01	—0,6
Hartpostpapier						10	2,172	4,10	4,44	5,28	+0,33	+8,0
Lumpenfasern 65%	=	5,36	3,5			25	1,203	6,02	4,17	4,54	+0,06	+1,5
Strohzellstoff 35%	∟	2,86	6,9			50	0,843	8,46	4,14	4,49	+0,03	+0,7
g/m² = 80	Mittel	4,11	5,2	5,78	450	75	0,645	10,10	3,97	4,27	—0,14	—3,4

= Längsrichtung; ∟ Querrichtung.

[1] Herzberg: Papierprüfung, 6. Aufl. S. 41.

[2] r und h sind in Zentimeter einzusetzen.

In Tabelle 1 sind die von Dalén erhaltenen Werte zusammengestellt; die senkrechten Reihen A enthalten die Werte für Bruchlast, Dehnung, Reißlänge und Falzzahl, die Reihen B die mit dem Schopperschen Berstdruckprüfer gefundenen Werte: Q = am Manometer abgelesener Druck, h = Kuppenhöhe in Millimeter, P' = die aus den Werten für Q und h berechnete Bruchlast und D = die beim Platzen eingetretene Flächenzunahme des Versuchsstückes in Prozent der Prüffläche[1]. In den Reihen C sind die in Kilogramm und Prozent ausgedrückten Abweichungen der berechneten Bruchlasten P' von M, dem Mittel aus den Bruchlasten P enthalten.

Tabelle 2.

Größe der freien Prüffläche in cm²	10	25	50	75
P' = Bruchlast kg/cm . .	4,02	3,91	3,88	3,82
D = Flächen-Dehnung %	3,90	3,50	3,31	3,13

Den Einfluß der Größe der geprüften Fläche auf Bruchlast und Flächendehnung zeigt Tabelle 2 an den bei der Prüfung der 7 Papiere erhaltenen Mittelwerten.

Die auf Grund der Prüfung von 7 ausgesucht gleichmäßigen Papieren erhaltenen Werte zeigen in den errechneten Bruchlasten nur geringe Abweichungen von den mit dem Zugfestigkeitsprüfer gefundenen mittleren Bruchlasten.

Bei weiteren an einem größeren Prüfmaterial im Materialprüfungsamt ausgeführten Versuchen[2] traten jedoch teilweise sehr beträchtliche Abweichungen auf; bei Packpapieren kam P' nicht der mittleren, sondern eher der Bruchlast aus der Maschinenrichtung nahe. Die Unstimmigkeiten dürften auf die Eigenart des Prüfmaterials und der damit verbundenen Abweichung der belasteten Prüffläche von der Kugelform zurückzuführen sein. Nach den bisherigen Ergebnissen muß die Möglichkeit einer sicheren Berechnung der Bruchlast und Reißlänge aus den mit dem Berstdruckprüfer gefundenen Werten bezweifelt werden[3].

Die Berechnung der absoluten Dehnung aus den Wölbhöhenwerten kann nach Dalén gemäß folgender Formel erfolgen[4].

$$D\,\% = \frac{\left(\frac{r^2+h^2}{h}\cdot\frac{\pi}{360}\cdot\alpha - r\right)\cdot 100}{r}$$

α ergibt sich aus der Beziehung $\operatorname{tg}\frac{\alpha}{2} = \frac{h}{r}$.

[1] r und h sind in Zentimeter einzusetzen. [2] Schulze: l. c.

[3] Im Gegensatz hierzu vertreten Carson und Worthington (A Study of the Bursting Strength Test, P. T. J. 1930, 3. April) die Ansicht, daß, wenn von den Werten Bruchlast in der Maschinenrichtung, Berstdruck- und Wölbhöhe zwei Werte bekannt sind, der dritte auf Grund der bekannten (auch von Dalén benutzten) Formel sich leicht berechnen läßt. Vergleicht man aber die von ihnen an 7 Papieren gefundenen Werte für die Bruchlast mit den aus Berstdruck und Wölbhöhe errechneten, so findet man Abweichungen bis zu etwa 11%.

[4] Houston in Relationship between Breaking Strength and Bursting Strength, P. T. J. 1923, 13. April, benutzt eine etwas andere zum gleichen Ergebnis führende Formel:

$$D\,\% = \frac{\left[\operatorname{tg}\frac{h}{r}\left(\frac{r^2\pi}{h\cdot 90} + \frac{\pi h}{90}\right) - 2r\right]100}{2r}.$$

Das Schaubild (Abb. 38) ermöglicht die Ablesung der Dehnung in Prozent (Zunahme der Bogenlänge) für Wölbhöhenwerte bis zu 20 mm bei 100 und bis zu 6 mm bei 10 cm² Prüffläche.

Lassen sich die bei einer bestimmten Prüffläche gefundenen Berstdrucke auf die anderer Prüfflächen umrechnen?

In der auf S. 62 genannten Arbeit von Carson und Worthington, wie auch von Wilke[1] wird angegeben, daß man für einen Vergleich der mit verschiedenen Einspannflächen erhaltenen Berstwerte die Annahme machen könne, daß die Berstdrucke sich umgekehrt verhalten wie die Durchmesser der Prüfflächen. Die offenbar von den genannten Autoren übernommene, nach der Elastizitätstheorie für kreisförmige Häute mit gleichmäßiger Belastung geltende Beziehung, nach der sich die Berstdrucke bei verschiedenen Prüfflächen unter sonst gleichen Verhältnissen, umgekehrt wie die Durchmesser der Flächen oder umgekehrt wie die Quadratwurzel der Flächen, also

$$\frac{p_m}{p_n} = \frac{d_n}{d_m} = \frac{\sqrt{f_n}}{\sqrt{f_m}} = \sqrt{\frac{f_n}{f_m}}$$

verhalten, setzt homogene, isotrope Stoffe voraus. Bei der Ungleichmäßigkeit des Prüfmaterials Papier mußte von vornherein mit Abweichungen gerechnet werden. Die im Amt von Bierett und Schulze[2] vorgenommene Auswertung von Berstdruckversuchen mit 21 verschiedenen Papieren ergab, daß obengenannte Beziehung nicht erfüllt, daß aber eine ähnliche in der Form $\frac{p_m}{p_n} = \sqrt[x]{\frac{f_n}{f_m}}$ geeignet ist, bei zweckmäßiger Bestimmung des Exponenten x, die Abhängigkeit des Berstdruckes von der Prüffläche auszudrücken. X wurde als zwischen 1,6—1,8, also bei rund 1,7 liegend, bestimmt. Nicht anwendbar ist die Formel bei Papieren mit sehr niedriger Berstfestigkeit (bei 10 cm² Prüffläche etwa unter 0,6 kg/cm²), da deren Berstwerte für die Bestimmung von x zu hohe Versuchsfehler aufweisen. Da ferner der Exponent x für ein Papier mit dem Berstdruck 5,6 kg/cm² auffallend groß ermittelt wurde, ist es möglich, daß der Exponent sich mit zunehmender Papierfestigkeit dem Wert 2 nähert, doch läßt sich darüber noch nichts Sicheres aussagen, da Papiere mit einem Berstdruck zwischen 3,02 und 5,60 kg/cm² nicht unter den geprüften Papieren waren.

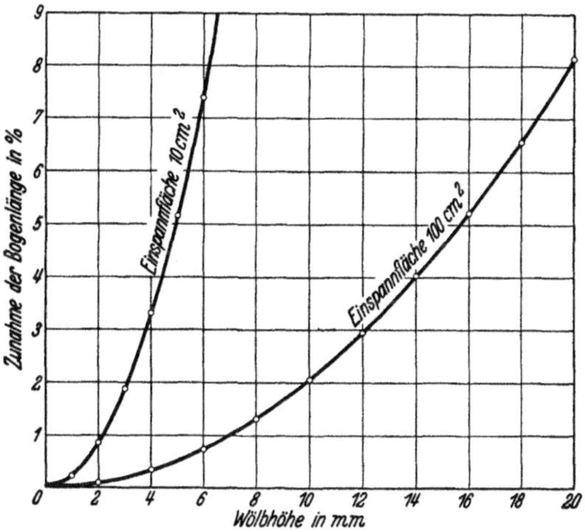

Abb. 38. Schaubild nach Dalén zur Ablesung der den Wölbhöhenwerten entsprechenden Zahlen für die absolute Dehnung.

[1] Wilke: Sonderheft 6 der Mitt. der deutschen Materialprüfungsanstalten S. 6.
[2] Bierett u. Schulze: W.B. 1930 Nr. 51 S. 1652.

Immerhin wird man auch bei Erweiterung und Ergänzung der genannten Arbeit die vorgenannte Umrechnung nur als Annäherung auffassen dürfen, da mit verhältnismäßig großen Streuungen gerechnet werden muß.

Widerstand gegen Zerknittern und Falzen.

Bei der praktischen Verwendung des Papiers spielt oft der Widerstand, den das Blatt dem Biegen, Falzen, Zusammendrücken und Knittern entgegensetzt, eine große Rolle.

Im großen und ganzen verläuft der Knitterwiderstand allerdings parallel den durch Reißlänge und Dehnung zum Ausdruck gebrachten Eigenschaften, d. h. bei hohen Werten für Reißlänge und Dehnung zeigt das Papier meist auch hohen Widerstand gegen Reiben und Knittern.

Aber nicht immer trifft dies zu; es gibt auch Papiere, die bei hohen Werten für Reißlänge und Dehnung mechanischen Einwirkungen nur wenig Widerstand entgegensetzen und daher für praktische Verwendungszwecke, namentlich für viel gebrauchte Schriftstücke, Karten, Druckwerke usw. nicht geeignet sind. Dieser Umstand gab seinerzeit Veranlassung zur Einführung des Hand-Knitterversuches in die amtliche Papierprüfung (die Ausführung des Versuches ist auf S. 290 geschildert).

Alle Versuche, die eigenartige Beanspruchung, die das Papier bei der Handknitterung erfährt, auf mechanischem Wege zu erzielen, sind gescheitert. Bei der Eigenart des Versuches konnte man den Bestrebungen genannter Art einen Erfolg auch kaum in Aussicht stellen. Aussichtsvoller erschien der Weg, neue Prüfverfahren zu suchen, deren Ergebnisse eine ähnliche Abstufung der Papiere gestatten wie die verschiedenen Widerstandsstufen.

Erreicht ist dieses Ziel durch den von Schopper gebauten Apparat, mit dem an Stelle des Handknitterwiderstandes der Falzwiderstand bestimmt wird.

Schoppers Falzer.

Ein 15 mm breiter Papierstreifen wird in ein geschlitztes, hin und her zu bewegendes Blech gelegt und an beiden Enden festgeklemmt; dann ermittelt man die Anzahl Doppelfalzungen, die der Streifen bei bestimmter Zugspannung bis zum Bruch aushält.

Der Falzer (Abb. 39—41) hat ein 0,5 mm dickes, zur Aufnahme des Probestreifens mit einem Schlitz versehenes Stahlblech (Schieber), das sich zwischen zwei Paaren leicht drehbarer Rollen bewegt. Die Rollenpaare sind in den Lagerstücken *12* angebracht und werden durch Klemmschrauben in bestimmter Entfernung von dem Schieberblech festgehalten; die an den Lagerstücken befindlichen Spiralfedern haben nur den Zweck, das genaue Einstellen der Rollenpaare zu erleichtern. Senkrecht zu dem Stahlblech befinden sich die Einspannklemmen *7*, die mit ihren pyramidenförmig zugespitzten Verlängerungen in die entsprechend geformten Öffnungen der Hülsen *3* hineinragen. In diesen Hülsen befinden sich die zum Spannen des Probestreifens dienenden Schraubenfedern. Durch

Anziehen der Schrauben *4* kann die Spannung der Federn erhöht werden. Die jeweilige Spannung wird durch den Stand eines kleinen Stiftes über einer auf der Hülse *3* vorhandenen Teilung angegeben.

Abb. 39. Schoppers Falzer.

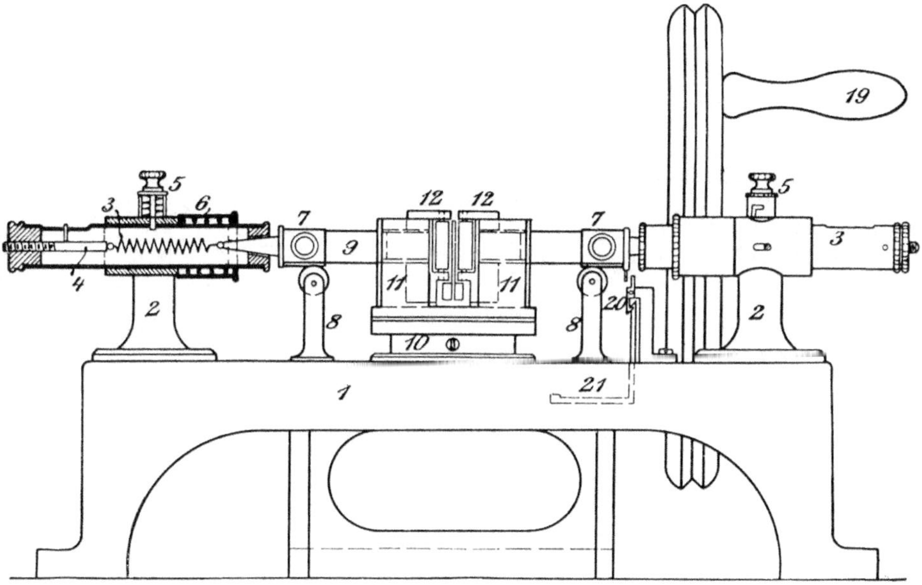

Abb. 40. Vorderansicht des Schopperschen Falzers.

Die Hülsen *3* sind in den Haltern *2* beweglich angeordnet und werden, wenn die Stifte *5* gehoben sind, mittels der Schraubenfedern *6* so weit gegeneinander geführt, daß die Einspannlänge richtig wird. Nach dem Einspannen des Probestreifens wird durch Herausziehen der Hülsen *3* bis zum Einschnappen der Stifte *5* dem Probestreifen eine kleine Spannung erteilt und die freie Beweglichkeit der Klemmen bewirkt. Um während des Versuches das Heruntersinken der Klemmen zu verhindern, werden letztere durch Rollen *8* gestützt.

Die Anzahl der Hin- und Herfalzungen wird vom Zählrad *18* angezeigt. Das Zählrad ist durch den Hebel *21* mit dem Drücker *20*

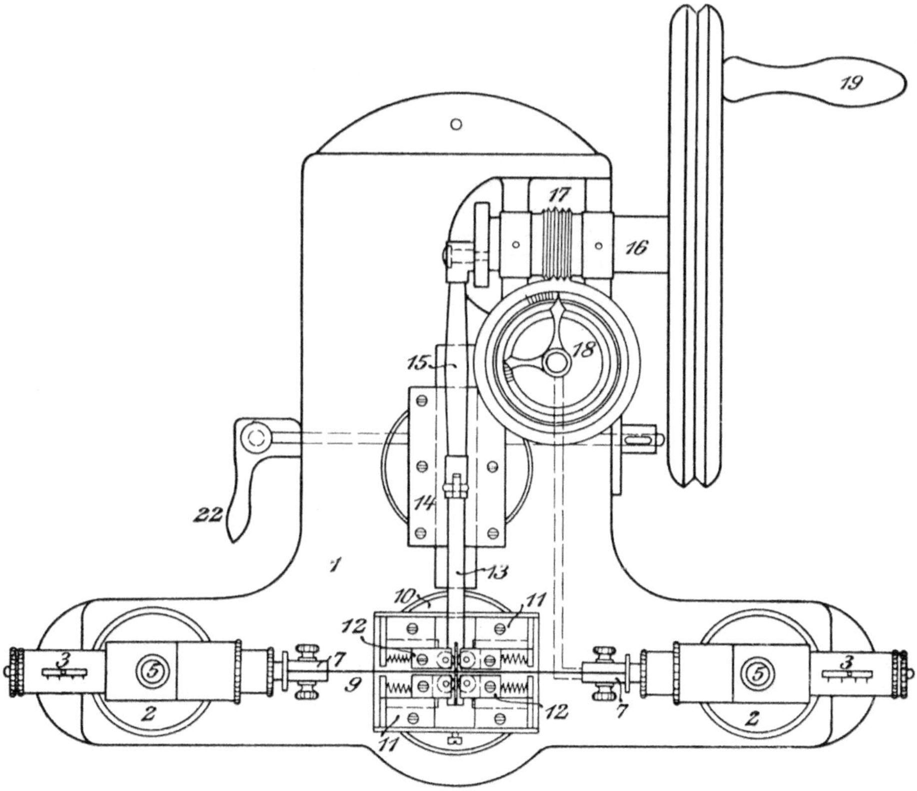

Abb. 41. Grundriß des Schopperschen Falzers.

verbunden und wird beim Reißen des Streifens durch das Zurückprallen der rechten Klemme selbsttätig ausgelöst.

Die Nullage des Schiebers für das Einspannen des Streifens wird beim Umlegen des Hebels *22* durch das Einschnappen des Hebelstiftes in ein auf dem Antriebrad befindliches Loch gegeben.

Abb. 42 zeigt die Wirkungsweise des Falzers.

Die Spannung der Federn ist so gewählt, daß ihr Höchstzug 1000 g beträgt. Papiere, die eine Bruchlast von weniger als 1000 g haben, können somit mit dem Falzer nicht geprüft werden, weil der Streifen sofort durch die Federspannung allein zerreißen würde. Bei Einführung des Falzers in die amtliche Papierprüfung handelte es sich zunächst lediglich darum, eine Federspannung zu wählen, die für die Prüfung der Normalpapiere geeignet ist; hierfür hat sich die von 1000 g als zweckmäßig und ausreichend erwiesen. Wäre man höher gegangen, so wären die Grenzen der unteren Klassen zu sehr aneinandergerückt; bei geringerer Spannung hätte man andererseits zu hohe Zahlenwerte für die oberen Klassen erhalten.

Die Prüfung mit dem Falzer wird in folgender Weise ausgeführt:

1. Der Fanghebel *22* wird zurückgeschlagen und das Antriebsrad gedreht, bis der Stift einschnappt.

2. Die Fangstifte *5* werden gehoben, wodurch die Klemmen die für das Einspannen bestimmte Lage einnehmen.

3. Der Probestreifen wird in den Schlitz und in die Klemmenöffnungen gelegt, die Klemmschrauben werden fest angezogen.

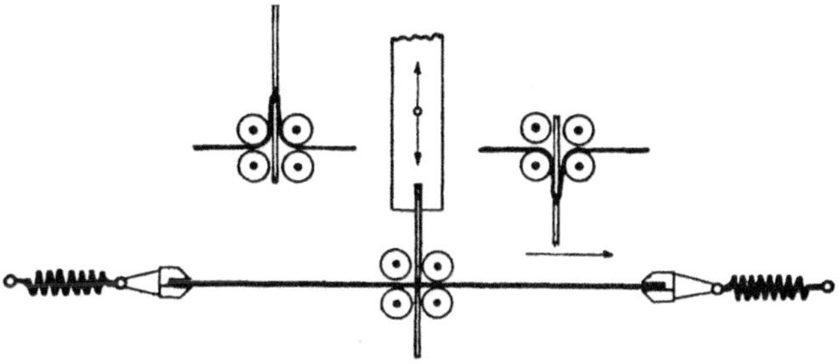

Abb. 42. Skizze zur Veranschaulichung der Wirkungsweise des Schopperschen Falzers.

4. Die Hülsen *3* werden so weit nach außen gezogen, bis die Stifte *5* einschnappen.

5. Das Zählrad *18* wird auf 0 eingestellt und eingerückt.

6. Das Antriebsrad wird durch Anziehen des Hebels *22* ausgelöst und dann gleichmäßig mit 100—120 Umdrehungen in der Minute so lange gedreht, bis der Bruch des Streifens eintritt.

7. Die Anzahl der Falzungen wird auf dem Zählrad abgelesen.

Der Widerstand gegen Falzen ist in den beiden Hauptrichtungen des Papiers oft sehr verschieden; meist ist er in der Längsrichtung größer als in der Querrichtung, es kommen aber auch Fälle vor, in denen das Papier in der Querrichtung den größeren Falzwiderstand zeigt. Zur Erläuterung seien nachstehend (S. 68) einige Prüfungsbefunde mitgeteilt.

Auffallend sind besonders die Werte der Gruppe 2, in der bei teilweise recht beträchtlichen Unterschieden in der Reißlänge und Dehnung beider Richtungen die Falzzahlen trotzdem nahezu gleich sind.

Bei Prüfung von drei Schopperschen Falzern unter Benutzung eines Versuchsmaterials von fast 1000 Papieren[1] hat sich gezeigt, daß

[1] Der umfangreiche Bericht hierüber ist in den Mitt. 1901 S. 161f. (Herzberg) veröffentlicht worden. Er enthält u. a. nähere Angaben über den Einfluß verschiedener Federspannung, verschiedener Entfernung der Rollen vom Falzblech und verschiedener Arbeitsgeschwindigkeit auf das Versuchsergebnis.

Bei abnehmender Spannung steigen die Falzwerte sehr schnell; die Änderung der Falzzahl in der Nähe der Spannungsstufe 1000 g beträgt etwa 1% für jedes

Art des Papiers	Richtung	Reißlänge m	Dehnung %	Anzahl der Doppelfalzungen
1. Falzzahl in der Längsrichtung größer als in der Querrichtung.				
Normal 4a	Längs	5050	1,8	239
	Quer	2600	4,0	46
„ 3b	Längs	5700	2,5	249
	Quer	2800	5,0	65
„ 4b	Längs	6050	1,8	275
	Quer	3200	4,3	89
„ 3a	Längs	5600	2,6	733
	Quer	3050	5,7	88
„ 4b	Längs	5750	2,0	537
	Quer	3150	4,6	102
„ 3a (Schreibmaschinen-Durchschlagpapier)	Längs	6500	2,8	180
	Quer	3100	3,3	25
2. Falzzahl in beiden Richtungen annähernd gleich.				
Normal 3a	Längs	5750	2,8	475
	Quer	4550	4,8	472
„ 2b	Längs	5000	2,5	67
	Quer	3450	3,9	62
„ 2b	Längs	5950	3,1	580
	Quer	3750	5,8	554
„ 3b	Längs	4700	2,6	81
	Quer	3250	5,2	81
„ 4a	Längs	6300	1,8	54
	Quer	3050	5,2	54
„ 4a	Längs	5700	2,3	136
	Quer	3150	5,8	134
3. Falzzahl in der Querrichtung größer als in der Längsrichtung.				
Normal 3b	Längs	4950	2,5	43
	Quer	3200	4,1	78
„ 4a	Längs	4500	2,0	15
	Quer	3200	5,0	23
„ 3b	Längs	5350	2,6	69
	Quer	3400	5,2	110
„ 3a	Längs	5500	2,5	91
	Quer	3700	6,1	135
„ 4b	Längs	6250	2,6	349
	Quer	3850	7,5	395
„ 4a	Längs	5900	2,0	40
	Quer	3550	4,0	45
„ 3a	Längs	5700	3,3	35
	Quer	4250	5,5	210

man die Papiere mit Hilfe des Falzers im großen und ganzen in ähnlicher Weise abstufen kann wie mit der Handknitterung (vgl. S. 290).

Auf Grund dieser Ergebnisse hat der Verein Deutscher Papierfabrikanten s. Z. den Antrag gestellt, bei der Kontrolle der Normal-

Gramm Spannungsänderung. $^1/_{100}$ mm Abweichung von der vorgeschriebenen Entfernung der Rollenpaare vom Schieber verändert die Falzzahl um etwa 1,5%. Bei einer Überschreitung der „normalen“ Geschwindigkeit von 100—120 Umdrehungen findet eine allmähliche Abnahme der Falzzahl statt, im umgekehrten Falle eine Zunahme.

papiere die Handknitterung fallen zu lassen und an ihre Stelle die Bestimmung des Widerstandes gegen Falzen mit Hilfe des Schopperschen Falzers zu setzen. Der Antrag wurde vom Staatsministerium angenommen und der 1. Januar 1905 als Zeitpunkt für die Einführung des Falzers festgesetzt.

Für die Anzahl der Streifen, die man zur Bestimmung des Falzwiderstandes benutzt, gilt auch hier das S. 32 für die Bestimmung der Festigkeit und Dehnung Gesagte, um so mehr, als die Einzelwerte für die Falzzahl zuweilen sehr erhebliche Abweichungen zeigen, wie dies angesichts der Wirkungsweise des Falzers und der Inanspruchnahme des Papiers nicht anders zu erwarten ist. Namentlich beobachtet man zuweilen einzelne ungewöhnlich hohe Einzelwerte, deren Auftreten dann wohl darauf zurückzuführen ist, daß an der Falzstelle besonders viel Fasern quer über den Falzkniff verlaufen. Auch mangelhaftes Einspannen kann derartig hohe Werte verursachen, da der Streifen sich dann etwas aus der Klemme ziehen kann und das Falzblech nicht immer an derselben Stelle angreift.

Wieviel Streifen man in jedem einzelnen Falle aus der Längs- und Querrichtung prüft, hängt wesentlich von der Art des Papiers ab; eine für alle Fälle gültige Zahl läßt sich nicht angeben.

Je größer die Streuung der Werte ist, um so mehr Einzelversuche müssen ausgeführt werden.

Im Materialprüfungsamt sind in den ersten Jahren nach Einführung des Falzers bei Prüfung von Normalpapieren fast ausschließlich 10 Streifen aus jeder Richtung gefalzt worden. Sobald genügendes Beobachtungsmaterial vorlag, wurden die aus den ersten 5 Streifen erhaltenen Mittel denen aus allen 10 Streifen gegenübergestellt[1], und es zeigte sich, daß die Werte verhältnismäßig wenig voneinander abwichen.

Das Gesamtergebnis dieser Prüfung kann man dahin zusammenfassen, daß es bei Normalpapieren ausreichen wird, wenn aus jeder Richtung des Papiers 5 Streifen gefalzt werden. Genügt die so ermittelte Falzzahl den Vorschriften nicht, so wird man guttun, noch weitere je 5 Streifen zu falzen und aus allen Werten das Mittel zu bilden. Bei anderen Papieren, bei denen es nicht nur auf die Feststellung einer bestimmten Falzklasse ankommt und insbesondere bei Papieren mit sehr hohem Falzwiderstand ist es jedoch angebracht, mindestens 10 Streifen aus jeder Richtung zu prüfen.

Maximal-, Minimal- und Mittelwerte der Falzzahlen bei den verschiedenen Verwendungsklassen.

Nachstehend sind noch die Maximal-, Minimal- und Mittelwerte der bei den verschiedenen Verwendungsklassen gelegentlich der oben erwähnten Prüfung überhaupt beobachteten Falzzahlen zusammengestellt. Bei der großen Anzahl der untersuchten Papiere (925) gibt die Zusammenstellung einen wertvollen Überblick über die Grenzen, innerhalb deren die Falzzahlen schwanken.

[1] Herzberg: Mitt. 1907 S. 106 und 4. Aufl. des vorliegenden Werkes S. 59.

Verwendungsklasse	Maschinen-Richtung			Quer-Richtung			Mittel aus beiden Richtungen		
	Max.	Min.	Mittel	Max.	Min.	Mittel	Max.	Min.	Gesamtmittel
1	1745	146	**817**[1]	1573	113	**669**	1475	185	**743**
2a	3201	66	**722**	1503	74	**438**	2051	120	**580**
2b	1091	29	**221**	373	39	**133**	714	36	**177**
3a	401	54	**180**	430	38	**105**	345	50	**143**
3b	285	38	**112**	130	21	**57**	208	36	**85**
4a	640	29	**174**	196	22	**67**	418	36	**121**
4b	515	6	**188**	284	8	**73**	366	7	**131**
5a	2890	44	**812**	2325	26	**405**	2012	61	**609**
5b	2308	9	**354**	1434	5	**158**	1745	7	**256**
6	577	4	**62**	231	1	**24**	404	3	**43**
8a	151	13	**58**	234	10	**40**	193	12	**49**
8b	348	2	**70**	231	2	**42**	296	2	**56**
8c	21	2	**6**	11	0	**3**	10	1	**5**

Die Entnahme der Probestreifen erfolgt zweckmäßig, wie S. 33 angegeben, aus verschiedenen Bogen.

Die Streifen werden auch hier in Rahmen auf die hohe Kante gestellt und vor dem Versuch einige Stunden in dem Versuchsraum bei 65% Luftfeuchtigkeit ausgelegt [2]. Erforderlich sind, bei freier Einspannlänge von 90 mm, Streifen von etwa 97 mm Länge und 15 mm Breite.

Beim Schneiden der Streifen ist auf die Innehaltung der richtigen Breite ganz besonders achtzugeben, da die Falzzahl bei gleichbleibender Federspannung mit zunehmender Breite des Streifens wächst, wie nachstehende Beispiele zeigen.

Art des Papiers	Mittlere Falzzahl bei einer Streifenbreite von		
	14 mm	15 mm	16 mm
Normal 8a	25	34	42
„ 3a	61	93	104
„ 2a	245	301	366

Die Erfahrungen, die seit der Einführung des Falzers in die amtliche Papierprüfung im Materialprüfungsamt gemacht wurden, sind den Fachkreisen in zwei ausführlichen Berichten zugänglich gemacht worden [3]. Sie lassen sich kurz dahin zusammenfassen, daß die Einführung des Falzers an Stelle der Handknitterung einen wesentlichen Fortschritt in der Papierprüfung darstellt.

Bei sachgemäßer Behandlung und sorgfältiger Versuchsausführung liefert der Falzer zuverlässige Ergebnisse. Ergeben sich bei den Einzel-

[1] Bei einer weiteren für Normal 1 vorgenommenen Zusammenstellung ergaben sich für den Zeitraum 1908—1913 bei insgesamt 55 Papieren als Mittel folgende Werte:

Längsrichtung	Querrichtung	Gesamtmittel
2028	1067	1548

[2] Über den Einfluß der Feuchtigkeit auf den Falzwiderstand s. S. 10.

[3] Herzberg: Mitt. 1905 u. 1907; P.Z. 1905 Nr. 101 u. 1907 Nr. 27; W.B. 1905 Nr. 52 u. 1907 Nr. 20.

prüfungen große Abweichungen, so ist hieran nicht der Falzer schuld, sondern die Ungleichmäßigkeit des Papierblattes, die er wie kein anderes Prüfungsmittel zum Ausdruck bringt.

Beim Falzen wird nämlich nur ein ganz kleiner Teil des Streifens, lediglich die schmale vom Schieberblech gefaßte Stelle, stark beansprucht, und an dieser Stelle muß der Bruch erfolgen. Je nachdem nun zufällig eine schwache oder starke Stelle des Streifens gefaßt wird, können sich ziemlich weit auseinanderliegende Werte ergeben, und wenn gar Faserbündel quer zum Schlitz liegen, so erhöhen diese den Falzwiderstand an der betreffenden Stelle beträchtlich, und es können sich dann Werte ergeben, die um mehrere 100 Prozent emporschnellen[1].

Selbst bei der Prüfung von unmittelbar nebeneinander aus einem Bogen entnommenen Streifen zeigt die Falzzahl große Unterschiede[2].

So ergaben sich bei drei Normalpapieren (2a, 3, 4a), bei denen je zehn Streifen längs und quer unmittelbar nebeneinander entnommen wurden, in der Reihenfolge der Entnahme der Streifen folgende Falzwerte:

Normal 2a,	längs:	487,	642,	228,	367,	234,	439,	400,	442,	323,	352.
	quer:	300,	272,	219,	278,	417,	384,	267,	268,	354,	313.
Normal 3,	längs:	165,	244,	256,	232,	123,	185,	252,	132,	90,	152.
	quer:	107,	94,	93,	215,	166,	110,	157,	143,	162,	124.
Normal 4a,	längs:	97,	124,	88,	92,	108,	81,	72,	127,	185,	202.
	quer:	36,	32,	33,	39,	42,	40,	51,	60,	43,	46.

Der Falzer bringt eben die Ungleichmäßigkeit des Papiers, wie schon erwähnt, in einer Weise zum Ausdruck, wie kein zweiter Apparat. Man könnte ihm vielleicht daraus einen Vorwurf machen und im Hinblick auf den Zweck, den er erfüllen soll, zu große Empfindlichkeit vorwerfen. Diese Empfindlichkeit gibt indessen zu Beunruhigungen keinen Anlaß, da die großen Unterschiede in den Einzelwerten, die bei der Art der Beanspruchung des Versuchsstreifens zu erwarten waren, sich bei Ausführung einer genügenden Anzahl von Versuchen in der Längs- und Querrichtung ausgleichen. Man lasse sich also durch die Abweichungen der Einzelwerte nicht beirren und rechne nur mit dem Gesamtmittel.

Als Beweis, wie zuverlässig der Falzer arbeitet, seien nachstehend die bei der Prüfung eines sehr gleichmäßig gearbeiteten Papiers ermittelten Werte mitgeteilt. Es lagen von dem geprüften Papier 27 Streifen aus der Längsrichtung und 30 Streifen aus der Querrichtung vor. Aus jedem dieser 57 Abschnitte wurden zwei Streifen der betreffenden Richtung entnommen, beide gefalzt und aus den erhaltenen Werten die Mittel gebildet. Die Ergebnisse sind umstehend zusammengestellt.

Wie die Zusammenstellung zeigt, beträgt selbst bei den Einzelwerten der Unterschied fast durchweg nur eine Doppelfalzung. Bei den Mittelwerten tritt diese Abweichung bei den 27 Werten für die Längsrichtung nur einmal und bei den 30 Werten für die Querrichtung nur zweimal

[1] Bei der Bestimmung der Bruchlast und Bruchdehnung tritt diese Erscheinung nicht auf; hier wird der ganze Streifen beansprucht, und der Bruch tritt immer an der schwächsten Stelle ein. Stärkere Stellen oder solche, an denen Faserbündel abgelagert sind, sind auf das Versuchsergebnis ohne Einfluß.

[2] Herzberg, Erfahrungen mit dem Schopperschen Falzer. Mitt. 1905 S. 83.

Papier-abschnitt	Anzahl der Doppelfalzungen						Papier-abschnitt	Anzahl der Doppelfalzungen					
	Längsrichtung			Querrichtung				Längsrichtung			Querrichtung		
	Streifen		Mittel	Streifen		Mittel		Streifen		Mittel	Streifen		Mittel
Nr.	1	2		1	2		Nr.	1	2		1	2	
1	—	—	—	5	5	5	16	8	8	8	5	4	5
2	—	—	—	5	5	5	17	8	8	8	4	5	5
3	—	—	—	5	4	5	18	7	8	8	5	4	5
4	8	8	8	5	5	5	19	8	8	8	5	5	5
5	8	8	8	5	4	5	20	8	7	8	5	5	5
6	7	8	8	4	5	5	21	8	8	8	4	5	5
7	8	7	8	5	5	5	22	8	8	8	4	5	5
8	8	8	8	5	5	5	23	8	8	8	4	4	4
9	8	7	8	4	5	5	24	7	8	8	4	5	5
10	7	8	8	5	4	5	25	8	8	8	4	4	4
11	8	8	8	4	5	5	26	9	7	8	4	4	5
12	8	7	8	4	5	5	27	8	7	8	4	5	5
13	8	7	8	5	4	5	28	8	7	8	4	5	5
14	8	8	8	4	5	5	29	8	8	8	5	4	5
15	7	7	7	5	5	5	30	8	8	8	5	4	5

auf. Derartige Übereinstimmungen kann man natürlich nur bei sehr gleichmäßig gearbeiteten Papieren von geringer Festigkeit erwarten.

Der normale Falzer soll nur für Papiere bis zu 0,25 mm Dicke benutzt werden, da der Rollenabstand vom Schieberblech nur 0,30 mm beträgt und der Falzer für dickere Sorten nicht gebaut ist. Für stärkere Papiersorten von über 0,25—1,40 mm Dicke hat die Firma Schopper einen Falzer mit größerem Rollenabstand gebaut, den sie als Kartonfalzer in den Handel bringt. (Rollenabstand vom Schieberblech 2,0 mm, Höchstfederspannung 1,3 kg.)

Kartons von über 1,4 mm Dicke können mit dem Falzapparat überhaupt nicht geprüft werden, da eine zu starke Beanspruchung der wirksamen Teile erfolgen würde. — Für die Prüfung von Seiden- und Zigarettenpapier, die in den meisten Fällen eine Zugbeanspruchung von 1000 g nicht aushalten, vertreibt die Firma Schopper einen Falzer (Höchstfederspannung 500 g), der diesen schwachen Papiersorten angepaßt worden ist. — Da bei den drei genannten Falzern mit verschiedener Federspannung gearbeitet wird und die Abmessungen der wirksamen Teile voneinander abweichen, können die mit den drei Falzern erhaltenen Werte nicht miteinander verglichen werden.

Prüfung des Schopperschen Falzers.

Da die wirksamen Teile des Falzers empfindlich sind, ist eine sorgfältige Überwachung der Apparate notwendig. Infolge geringer Veränderungen, die die Falzer bei starker Beanspruchung durch Abnutzung erfahren, können sich Abweichungen in den Prüfungsergebnissen zeigen. Die Abweichungen können herrühren von einer geringen Schiefstellung einer Rolle, von einer geringen Veränderung der Schieberblechabrundung usw. Im Materialprüfungsamt werden deshalb die Falzer, von denen stets mindestens 5 gleichzeitig benutzt werden, in kurzen Zeitabständen gründlich gereinigt und mit einem nur hierfür zu verwendenden Normalfalzer bei Benutzung eines möglichst gleichmäßig gearbeiteten Papiers verglichen. Zeigen sich hierbei Abweichungen der Mittelwerte um mehr als etwa 5%, so werden die Falzer an die Firma Schopper zur Überholung eingeschickt. Besondere Pflege, rechtzeitige Reinigung und Kontrolle müssen die Falzer erfahren, die zum Falzen von gestrichenen Papieren benutzt werden, da hierbei mit verstärkter Verschmutzung und Abnutzung zu rechnen ist.

Die Prüfung des Falzers ist nicht auf einfache Weise auszuführen. Sie muß sich erstrecken auf die Bestimmung der

1. Spannung der Federn für die Einspannklemmen,
2. Abmessungen der wirksamen Teile (Durchmesser der Rollen, Entfernung der Rollen im Rollenpaar, Hub der Einspannklemmen, Gewicht der Klemmen, freie Einspannlänge, Hub des Schiebers, Breite der Schlitzöffnung),
3. Parallelität der Schlitzränder und Rollen[1].

Die sorgfältige Ausführung einer solchen Prüfung bereitet in der Praxis Schwierigkeiten, und wenn sie sich als notwendig herausstellt, überträgt man sie besser dem Verfertiger des Falzers. Um aber wenigstens die Möglichkeit einer Prüfung der Spannfedern zu geben, sei sie im nachfolgenden kurz beschrieben.

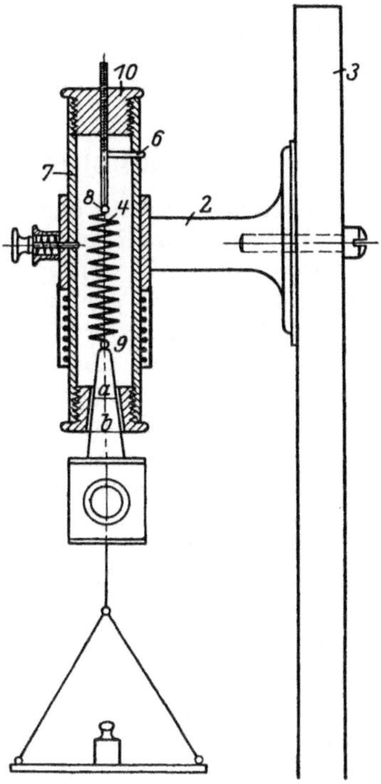

Abb. 43. Skizze zur Veranschaulichung der Prüfung der Klemmen des Schopper-Falzers.

Bestimmung der Spannung der Federn für die Einspannklemmen.

Auf der pyramidenförmigen Verlängerung der Einspannklemme sind die Marken *a* und *b* angebracht. Die Marke *a* entspricht der Stellung der Klemme, bei der der Streifen nach einer Seite gefalzt ist und der Schieber eine Totlage einnimmt. Die Marke *b* schneidet mit der Federhülse *7* ab, wenn der Streifen gerade eingespannt ist.

Um die Belastung ermitteln zu können, bei der diese Marken sichtbar werden, wird der Hülsenhalter *2* von der Grundplatte entfernt und an einem Ständer *3* in senkrechter Lage angebracht, so daß die Feder *4* durch Anhängen von Gewichten belastet werden kann. Es ist dabei darauf zu achten, daß der pyramidenförmige Klemmenteil frei in der Führung spielt. Die Marke *a* befindet sich 13 mm vom Rande der

[1] In den Mitt. 1901 S. 161 f. (Herzberg) sind die Ergebnisse einer derartigen eingehenden Prüfung, ausgeführt an drei Falzern, mitgeteilt.

Klemme entfernt und soll einer Federspannung von 1000 g entsprechen, während die Marke *b* mit dem Rande der Federhülse *7* bei einer Belastung von 770 g abschneiden soll. Das Eigengewicht der Klemme beträgt 45 g, so daß an Gewichten nur 955 bzw. 725 g anzuhängen sind. Wenn bei dieser Belastung, die zur Kontrolle 3—4mal wiederholt wird, die angegebenen Marken nicht stimmen, weil sich die Feder etwas gedehnt oder an den beweglichen Befestigungsstellen *8* und *9* etwas abgenutzt hat, dann werden diese Fehler durch Drehen an der Stellschraube *10* ausgeglichen. Die neue Zeigerstellung *6* wird dann auf dem Maßstab an der Federhülse *7* angemerkt. Die Eichung ist damit beendet und der Hülsenhalter kann wieder auf der Falzergrundplatte befestigt werden.

Instandhalten von Papierprüfungsapparaten.

Zuverlässige Prüfungsergebnisse sind nur dann zu erwarten, wenn die Apparate an einem geeigneten Ort aufgestellt und dauernd in gutem Zustand erhalten werden. Der Papiermaschinensaal z. B. ist für die Aufstellung nicht geeignet, weil der hohe Feuchtigkeitsgehalt der Luft sehr bald Rosten der Eisenteile herbeiführt. Das gleiche gilt für Laboratorien, in denen chemische Arbeiten ausgeführt werden, weil die hier nicht zu vermeidenden Säuredämpfe zerstörend auf die nicht geschützten Metallteile einwirken.

Wenn kein besonderes Laboratorium zur Verfügung steht, wird sich ein zu Schreibzwecken benutzter Raum zur Aufstellung der Festigkeitsprüfer usw. eignen, weil hier schädliche Einflüsse am wenigsten zu erwarten sind.

Ist den Anforderungen an einen geeigneten Aufstellungsort entsprochen, dann versäume man nicht, der ständigen Pflege der Apparate seine Aufmerksamkeit zu widmen; am besten werden die Instrumente stets mit einem Kasten oder Tuch überdeckt und nur für die Dauer der Versuchsausführung freigelegt, damit übermäßiges Verstauben verhindert wird. Trotz dieser Vorsichtsmaßregeln ist natürlich von Zeit zu Zeit gründliche Reinigung erforderlich. Staub und dick gewordenes Fett werden entfernt, die blanken Metallteile mit einem Fettläppchen abgerieben, und die Teile, die starker Reibung ausgesetzt sind, vorsichtig mit gutem Schmieröl geschmiert.

Pflegt man die Apparate in dieser Weise, so wird man seine Freude an ihnen haben, und der Versuchsausführende wird bestrebt sein, seine Arbeit dem Zustande der Werkzeuge anzupassen. Leider trägt man den geschilderten Gesichtspunkten nicht überall genügend Rechnung, und es erscheint daher angebracht, durch Erwähnung einiger Fälle dringend zur Sorgfalt bei der Instandhaltung von Prüfungsvorrichtungen zu ermahnen.

Ein dem Amte zur Prüfung eingesandter Schopperscher Festigkeitsprüfer (30 kg) lieferte nach Angabe des Antragstellers Ergebnisse, die wesentlich von denen der amtlichen Prüfung abwichen, und dies gab Veranlassung, den Apparat zur Prüfung einzusenden; er befand sich in einem sehr bedenklichen Zustande, und es ist erstaunlich, daß man ihn überhaupt noch zum Prüfen von Papier benutzt hatte. Die Eisenteile waren durchweg mit einer Rostschicht bedeckt, und Schmutz, Staub und Fett hatten sich an verschiedenen Stellen zu dicken Krusten angehäuft. Zeugte dieser Zustand schon von wenig sorgfältiger Pflege des Apparates, so bewiesen einige Beschädigungen, daß er auch unsachgemäß behandelt worden war.

Die Lasche, die das Belastungsgewicht mit dem Gewichtshebel verbindet, war verbogen, vermutlich durch plötzliches Herunterfallen des Hebels infolge Versagens der Sperrklinken; letztere konnten nicht sicher wirken, weil sie durch Fett, Staub usw. am leichten, zwanglosen Herunterfallen verhindert wurden. Die Verbindung zwischen dem Hebel und dem Gewicht war infolge der verbogenen Lasche so mangelhaft, daß sich das Gewicht in ziemlich weitem Spielraum bewegen konnte. Bei Belastungen unter 4 kg konnten auf diese Weise Fehler von 10—40% auftreten.

Der Stift, der die richtige Entfernung der Einspannklemmen beim Beginn des Versuches festlegt, war so stark abgenutzt, daß der Anschlag nicht mehr sicher geführt wurde; es war somit keine Gewähr dafür gegeben, daß die freie Einspannlänge des Probestreifens genau 180 mm war.

Die Führung der Zahnstange des Dehnungshebels war ausgeleiert, und die Feder, welche diese Zahnstange gegen das Zahnsegment drücken soll, fehlte gänzlich.

Ein Falzer lieferte in einer Papierfabrik ständig kleinere Werte als die Falzer des Amtes bei Vergleichsprüfungen mit denselben Papieren. Äußerlich erkennbare Mängel zeigte der Apparat nicht. Nach dem Auseinandernehmen ergab sich, daß das Schieberblech und die Rollenpaare durch verharztes, mit Papierfasern durchsetztes Öl schwach überzogen waren, so daß die Streifen nach dem Falzen vielfach Fettflecke zeigten. Die Rollen liefen wegen des Überzuges mit verharztem Öl etwas träge in ihren Lagern. Diese geringfügige Verunreinigung war aber, wie direkte Versuche mit dem Apparat vor und nach der Reinigung ergaben, nicht die Ursache der abweichenden Werte. Trotzdem sei aber auch hier wieder darauf hingewiesen, daß Verschmutzung der wirksamen Teile des Falzers sehr leicht Anlaß zu fehlerhaften Ergebnissen geben kann, und daß daher öftere Reinigung vorzunehmen ist.

Bei weiterer Untersuchung der wirksamen Teile des Falzers zeigte sich dann, daß die Rollen in beiden Lagerstücken nicht ganz parallel standen, und hierauf waren wohl die Abweichungen in den Werten zurückzuführen. Hervorgerufen war die schiefe Stellung der Rollen vermutlich dadurch, daß mit dem Apparat sehr dickes Papier oder schwacher Karton gefalzt worden war; hierfür ist der Falzer nicht gebaut (siehe S. 72).

Naß-Reibeprüfer.

Das amerikanische Prüfungsamt (Bureau of Standards, Washington[1]) hat eine Vorrichtung zum Prüfen von nassem Papier gegen Reiben

[1] P. T. M. 1928 S. 72; Z. u. P. 1930 Nr. 5 S. 331.

ausgearbeitet, um die Widerstandsfähigkeit von Papiergeld und anderen Papieren zu prüfen, bei denen Abnutzung von der Fläche aus in Betracht kommt. Aus der Abb. 44 ist die Wirkungsweise des Apparates ersichtlich. Auf einer mit der Papierprobe bespannten Metallfläche wird ein Klotz A mittels Kurbelantrieb hin- und herbewegt. Der mit dem Gewicht C belastete Klotz besitzt einen durchgehenden Gummipflock, der auf dem Papier reibt, während dieses von dem Wasserbehälter E aus ständig befeuchtet wird. Jede Doppelreibung wird bei F auf einem Zähl-Instrument angezeigt. Um den Apparat nach Durchreiben des Papiers automatisch außer Tätigkeit zu setzen, ist folgende Vorrichtung angebracht: Am vorderen Ende des Reibeklotzes A ist ein drehbares Metallrädchen befestigt, das in einen Stromkreis einbezogen ist. Das Rädchen kommt mit der Metallprüfunterlage in Berührung, wenn das Papier durchrieben ist. Hierdurch schließt sich der Stromkreis, und der Apparat wird ausgeschaltet, wobei ein Klingelzeichen ertönt.

Abb. 44. Amerikanischer Naß-Reibeprüfer.

Biegefestigkeit von Pappe.

Für die Beurteilung der Eigenschaften und der Verwendbarkeit von Pappe für bestimmte Zwecke liefern wohl Zugfestigkeits-, Dehnungs- und Berstdruckwerte wertvolle Anhaltspunkte, aber da die bei der Verarbeitung von Pappe oft in Anspruch genommene Biegefestigkeit sich nach diesen Werten nicht genügend beurteilen läßt und der Falzer zum Biegen der oft sehr dicken Pappen nicht geeignet ist, so ist zur Ermittlung dieser Eigenschaft ein besonderer Apparat gebaut worden. Professor Kirchner hatte bereits im Jahre 1915[1] einen Apparat zur Feststellung der Biegefestigkeit vorgeschlagen und ausgeführt, der aber wegen verschiedener Mängel nicht weiter gebaut und verwendet wurde. Bei dem Bau des im nachstehenden beschriebenen Naumann-Schopperschen Pappenbiegeprüfers (Abb. 45) sind diese Fehler vermieden. Mit diesem Apparat ermittelt man denjenigen Biegewinkel, um den eine Pappe scharf gebogen werden kann, bis die äußere Schicht bricht, und bestimmt die Biegekraft P in Kilogramm, welche hierzu nötig ist.

Für den Versuch wird ein Pappstreifen von 50 mm Breite an beiden Enden fest eingespannt (s. Abb. 46) und um die Achse a scharf gebogen. Die Klemmbacken Ba und Fa sind gegen die Backen Bi und Fi in einem

[1] Kirchner: W.B. 1915 S. 1492 u. 1919 S. 1051 u. 1361.

Winkel von 45° verschiebbar. Hierdurch wird erreicht, daß die obere freie Einspannlänge stets in einem bestimmten Verhältnis zur Dicke der Pappe steht, und zwar ist die Länge E gleich der doppelten Pappendicke. Die Einspannlänge der inneren, hier unteren neutralen Faserschicht ist gleich Null, so daß alle Faserschichten beim Biegen der Pappe nach unten nur auf Zug, oder bei umgekehrter Drehrichtung nur auf Druck beansprucht werden. Der Widerstand, den die Pappe dem Biegen entgegensetzt, wird durch ein Kraftpendel gemessen. Biegekraft und Biegewinkel können entweder von den Maßstäben unmittelbar abgelesen oder aus dem Schaubild des Biegediagramms ermittelt werden. Auf die Einzelheiten des Apparates kann an dieser Stelle nicht näher eingegangen werden, es muß auf die jedem Apparat beigegebene ausführliche Beschreibung und Gebrauchsanweisung, sowie auf die Veröffentlichung von Professor Dr. Naumann[1] verwiesen werden.

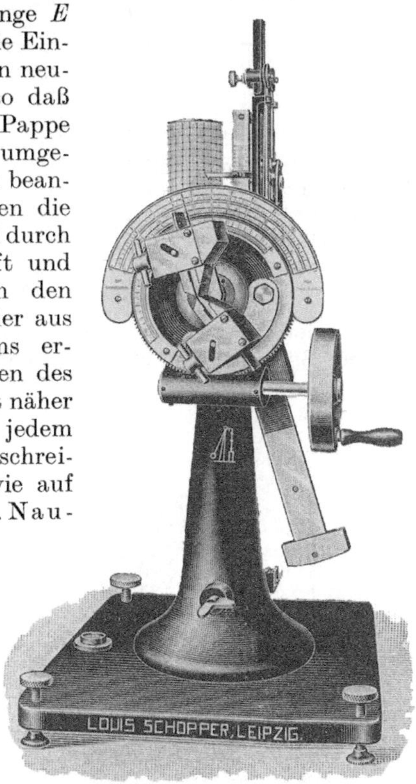

Abb. 45. Pappenbiegeprüfer Naumann-Schopper.

Einige mit dem Apparat bei der Prüfung verschiedener Pappsorten gewonnene Zahlenwerte sind in umstehender Tabelle zusammengestellt.

Spalte 3 enthält die am Apparat abgelesenen Biegebruchkräfte; da diese stark abhängig sind von der Pappendicke, ist es notwendig, bei der Beurteilung der Güte verschieden dicker Pappen die Dicke zu berücksichtigen. Durch die Berechnung der Biegespannung Kb in kg/mm², die sich für diesen Apparat durch die Beziehung $Kb = 3 \frac{P}{d^2}$ ergibt, werden auf einfache Weise vergleichbare Werte gewonnen.

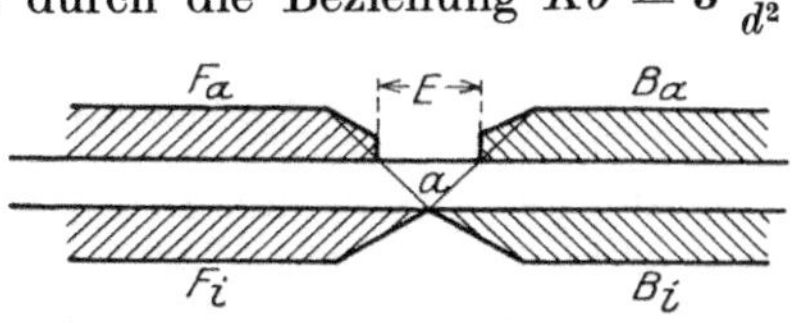

Abb. 46. Skizze zur Veranschaulichung der Wirkungsweise des Pappenbiegeprüfers.

Die in der letzten Spalte eingetragenen und vom Apparat direkt angezeigten Biegewinkel geben wertvolle Anhaltspunkte für die Verarbeitung der Pappen zu bestimmten Zwecken. Da der Einfluß der Dicke hier nicht wie bei der Biegespannung durch eine gesetzmäßige Proportion ausgeschaltet werden kann, ist ein Vergleich der für verschiedene Pappen gewonnenen Biegewinkelwerte nicht möglich.

[1] Naumann: W.B. 1924 S. 2073.

Art der Pappe	Dicke (d) in mm	Biegekraft P in kg	Biegespannung $Kb = 3 \cdot \frac{P}{d^2}$ in kg/mm²	Biegebruchwinkel $\varphi \sphericalangle°$
Holzpappe	1,064	0,320	0,849	32
Strohpappe	0,973	0,269	0,852	39
Kunstleder	3,480	5,389	1,335	27
Lederpappe	1,396	0,912	1,404	50
Pappe aus Banknotenstoff	0,787	0,361	1,750	73
Graupappe	1,510	1,500	1,970	47
Schuhpappe	3,398	16,115	4,182	30
Hartpappe	1,030	1,689	4,775	42

Rillfähigkeit von Pappe und Karton.

Bei der Herstellung von Faltschachteln, Schnellheftern u. dgl. ist es von Bedeutung, Aufschluß darüber zu erhalten, ob und inwieweit das Material durch die erforderliche Anbringung von Rillen geschwächt wird. Die Prüfung erfolgt in der Weise, daß mit Hilfe des abgebildeten Schopperschen Apparates (Abb. 47) 50 mm breite Probestreifen mit einer quer zur Längsachse des Streifens verlaufenen Rille versehen und dann auf Zugfestigkeit geprüft werden.

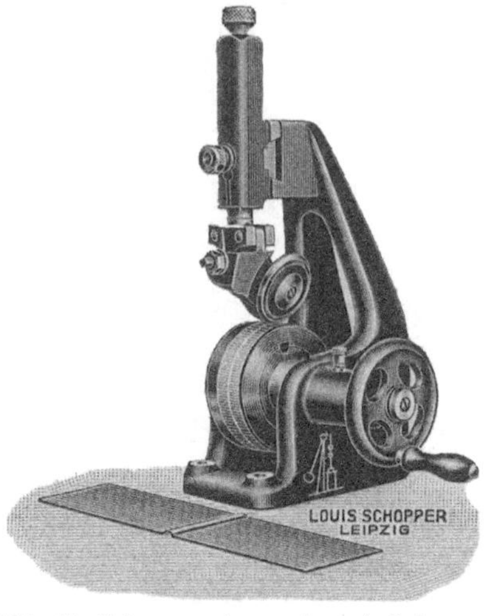

Abb. 47. Schoppers Apparat zur Anbringung von Rillen.

Die Festigkeitsabnahme, die der Streifen gegenüber einem ungerillten Streifen erfahren hat, ist kennzeichnend für das Verhalten des Materials gegenüber dieser Beanspruchung. Es ist möglich, verschiedene Rilltiefen und -breiten einzustellen, so daß auch die günstigsten Arbeitsbedingungen für die Verarbeitung ermittelt werden können.

Härtebestimmung von Pappen.

Mit der nachstehend beschriebenen Schopperschen Druckpresse zur Bestimmung der Zusammendrückbarkeit und Härte von Pappen ist eine Lücke in der Pappenprüfung ausgefüllt worden, die sich insbesondere bei der Prüfung von Hartpappen, wie Kofferpappen, Preßspan, Vulkanfiber u. dgl. fühlbar gemacht hat.

Die Bestimmung der Zusammendrückbarkeit erfolgt in der Weise, daß ein Druckstempel von 1 cm² Fläche mit einer Druckkraft von 250 kg gegen die auf eine feste Unterlage gelegte Probe gedrückt und die Zusammendrückung nach einer Belastungszeit von 1 Minute auf $^1/_{100}$ mm genau gemessen wird. Für Härteprüfungen sind Kugeln von

2½, 5 und 10 mm Durchmesser als Druckkörper vorgesehen, die je nach der Probendicke mit einer Belastung von 15,625 kg, 50 kg, 62,5 kg oder 187,5 kg in die Probe eingedrückt werden[1]. Auch bei diesem Versuch soll die Belastungszeit 1 Minute betragen. Als Vergleichswert gilt ebenfalls die Eindrucktiefe, die der Härte umgekehrt proportional ist.

Der Apparat besitzt ein nach vorn ausladendes Gestell *St* (Abb. 48 und 49). Als Druckgeber dient ein zwischen den Seitenwänden des

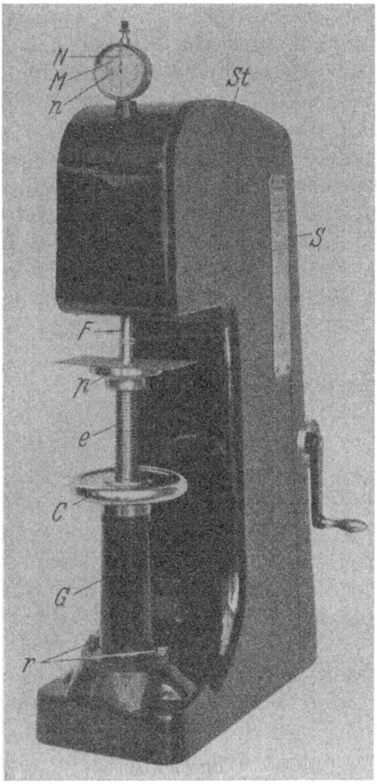

Abb. 48.

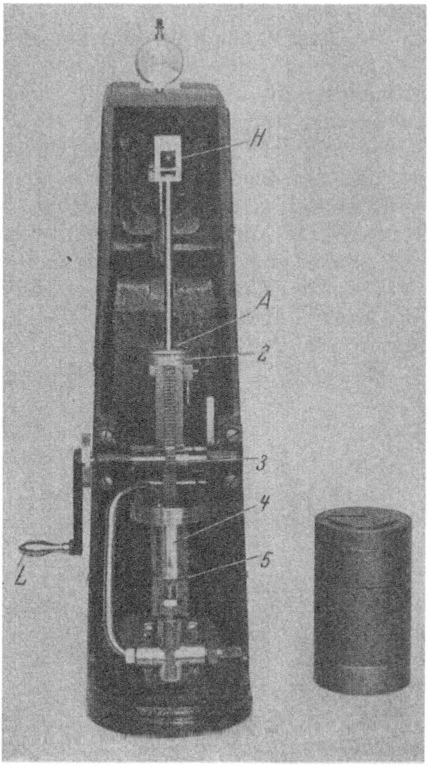

Abb. 49.

Schoppers Druckpresse zur Bestimmung der Zusammendrückbarkeit und Härte von Pappen.

Gestellkopfes liegender Belastungsbalken *H*. Die im Querhaupt des Balkens befestigten Schneiden lagern in Pfannen, welche in den Seitenwänden des Gestellkopfes liegen. Die mittlere Schneide des Balkens drückt auf den Druckstempel *F*, auf dessen unteres Ende die auswechselbaren Fassungen mit dem Druckstempel oder mit den Druckkugeln gesteckt werden. Auf der hinteren Schneide des Balkens sitzt das Gehänge *A* mit den Belastungsgewichten *B* bis *E*. Die Gewichte werden

[1] Die Belastungsstufen sind den Normalien für die Bestimmung der Härte von Metallen entnommen.

auf das Gehänge aufgelegt, nachdem man die Schutzkappe *S* abgenommen hat.

Durch den mit der Stützplatte *2* in Verbindung stehenden Kolben *3*, der sich in dem mit Öl gefüllten Zylinder *4* bewegt[1] (Ölbremsvorrichtung), wird eine stoßfreie Einwirkung der Druckkräfte auf den Probekörper erzielt. Die Geschwindigkeit, mit der die Druckkraft auf die Probe einwirkt, ist mittels der Ventilschraube *5* regulier- und einstellbar. Zur Aufnahme der Probe dient der Spindelbock *G* mit der durch das Handrad *C* verstellbaren Spindel *e*.

Bei der Versuchsausführung stellt man zunächst die Kurbel *L* auf „Entlastung" und legt die der gewählten Belastung entsprechenden Gewichte auf das Gehänge *A*. Die Probe wird auf die Auflageplatte gelegt und durch Drehen des Handrades *C* aufwärts bewegt, bis nach Berührung der Probe mit dem Druckstempel *F* dieser so weit hochgehoben ist, daß der Zeiger *n* des Eindrucktiefenmessers *M* auf seinem Nullpunkt und der Zeiger *N* senkrecht steht. Dann wird der Nullpunkt der drehbaren Skala auf den Zeiger *N* eingestellt. Darauf wird die Kurbel *L* auf „Belastung" gestellt und nach Verlauf einer Minute die Eindrucktiefe an der Skala des Tiefenmessers *M* abgelesen, wobei die Stellung des kleinen Zeigers *n* ganze Millimeter und die des großen Zeigers *N* hundertstel Millimeter angibt.

Einheitliche Versuchsbedingungen sind noch festzusetzen[2].

Steife.

Für die Prüfung der Steife von Papier sind verschiedene Vorschläge gemacht worden, von denen jedoch keiner bisher zu einem allgemein anwendbaren Verfahren geführt hat. Die ersten Anregungen gingen von Schacht[3] aus, der von der Firma Schopper den nachstehend beschriebenen Apparat (Abb. 50) bauen ließ. Der Apparat besteht aus einer senkrecht angeordneten, halbkreisförmigen Skala, einer Einspannklemme und einem Stativ.

Die Skala ist in Polarkoordinaten geteilt, und zwar die Winkel von 10 zu 10° und die Radien zwischen 30 und 180 mm von 10 zu 10 mm.

Die Einspannklemme ist so angeordnet, daß die Vorderkanten der Spannbacken mit dem Koordinatenanfangspunkt zusammenfallen.

[1] Die Füllung des Zylinders mit gutem Knochenöl erfolgt bei höchster Stellung der Stützplatte *2* und bei geöffnetem Ventil (Schraube *5*). Es wird soviel Öl eingegossen, daß der Ölspiegel die Schraubenköpfe des Zylinderdeckels bedeckt. Beim Füllen ist der Kolben mittelst Kurbel *L* mehrmals auf- und abzubewegen.

[2] Nach den deutschen Vorschriften für die Prüfung elektrischer Isolierstoffe, gültig ab 1. 10. 24, wird die Kugeldruckhärte an Isoliermaterialien dadurch bestimmt, daß eine Stahlkugel von 5 mm Durchmesser ($D = 0{,}5$ cm) mit einer konstanten Kraft von $P = 50$ kg in die Probe stoßfrei eingedrückt wird. Gemessen wird die Eindrucktiefe h nach 10 und 60 Sekunden. Der Härtegrad wird in kg/cm² nach der Formel berechnet: $H = \frac{P}{\pi \cdot D \cdot h} = \frac{C}{h}$ (kg/cm²). Der Probekörper soll vor der Prüfung längere Zeit (8 Tage) bei einer Temperatur von 18° C und einer relativen Luftfeuchtigkeit von 65% ausgelegt werden.

[3] Schacht: P.Z. 1925 Nr. 104 S. 3942; s. auch Crolard: Moniteur de la Papeterie Française 1925 S. 250; Ref. Z. u. P. 1926 Nr. 2 S. 77.

Der Versuch wird in der Weise ausgeführt, daß ein 15 mm breiter Streifen des zu untersuchenden Papiers in die Einspannklemme eingespannt wird, wobei dieser auf einem waagerecht angeordneten Lineal aufliegt. Die freie Länge des aus der Klemme herausragenden Streifenendes kann zwischen 30 und 180 mm gewählt werden. Das Einstellen der Streifenlänge ermöglicht die Ringteilung der Skala. Nach dem Einspannen der Probe wird das Lineal langsam nach unten geschwenkt, bis der Streifen frei durchhängt. Die Größe des Durchhanges wird an dem Gradnetz abgelesen und ist ein Maß für die Steifigkeit.

Es werden Streifen aus der Längs- und Querrichtung geprüft und mit jedem Streifen 2 Versuche vorgenommen, und zwar wird bei einem Versuch die Oberseite, beim zweiten Versuch die Siebseite nach oben gelegt.

Die Einspannklemme kann um 90^0 gedreht werden, so daß der Streifen zu Beginn des Versuchs nach oben gerichtet ist und von dieser Ausgangsstellung aus der Durchhang bestimmt wird[1].

Da der Durchbiegungswinkel nicht nur von der Steife, sondern auch vom Gewicht des Papiers abhängt, lassen sich mit diesem Apparat nur Papiere von annähernd gleichem Quadratmetergewicht vergleichen.

Abb. 50. Steifeprüfer nach Schacht.

Einen anderen Weg schlägt Ewald[2] bei dem von den Askania-Werken gebauten Apparat ein (Abb. 51). Ein 2 cm breiter, bis zu 15 cm langer Streifen wird an einem Ende zwischen 2 Klemmbacken, die durch Teile von Zylinderflächen begrenzt werden, so in senkrechter Richtung festgeklemmt, daß er ebenfalls zylindrisch durchgebogen wird. Gegen die Innenseite des gewölbten Streifens drückt ein Hebel mit bestimmter Belastung, der, von der Einspannstelle beginnend, entlang des Streifens nach unten geführt wird, bis dieser durchknickt. Die Steife wird nach der Knicklänge, d. h. dem Abstand von der Einspann- bis zur Knickstelle beurteilt, sie ist an einer Skala mit Hilfe

[1] Einen im Prinzip gleichen Apparat verwenden Riesenfeld und Hamburger (P.F. 1929 H. 46 S. 709).

[2] Ewald: Z. u. P. 1927 Nr. 3 S. 112 u. P.F. 1927 Nr 20 S. 301.

eines Nonius bis auf Zehntelmillimeter genau ablesbar. Nach Riesenfeld und Hamburger (l. c.) bewährt sich dieser Apparat für die Prüfung von photographischem Papier, Kunstdruck und anderen steifen Papierarten, während seine Empfindlichkeit zur Prüfung von weniger steifen Sorten wie Illustrations- und Zeitungsdruckpapier nicht ausreicht.

Um sich bei Pappen in einfacher Weise ein Urteil über die Steife zu bilden, kann man wie folgt verfahren: Streifen von 15 mm Breite werden in horizontaler Lage flachliegend eingespannt und am freitragenden Ende in einer Entfernung von 100 mm von der Einspannstelle bis zu einer Durchbiegung von 50 mm belastet. Die für die angegebene Durchbiegung erforderliche Belastung dient als Kriterium für die Steife. Voraussetzung für die Richtigkeit der hierbei gefundenen Werte ist, daß die Elastizitätsgrenze während des Versuches nicht überschritten wird. Diesem Erfordernis wird bei der von Heritage, Schafer und Carpenter[1] vorgeschlagenen Methode Rechnung getragen. Ein 1,5 Zoll breiter und 8—12 Zoll langer, frei auf zwei Stützen waagerecht aufliegender Streifen der zu prüfenden Pappe wird in der Mitte einer stetig wachsenden Belastung (454 g/Min.) ausgesetzt. Die gleichmäßige Zunahme der Belastung wird durch einen gleichbleibenden Zufluß von Wasser erreicht. Die Durchbiegung des Streifens kann mittels eines Zeigers an einer Skala abgelesen werden. Die erhaltenen Belastungs- und Durchbiegungswerte werden in einem Koordinatensystem festgelegt und die Elastizitätsgrenze bestimmt. Bis zur Erreichung der Elastizitätsgrenze ist die Belastung direkt proportional der Durchbiegung; bei Überschreitung der Grenze nimmt die Durchbiegung im stärkeren Maße zu als die Belastung. Die Elastizitätsgrenze stellt demnach den Punkt dar, an dem

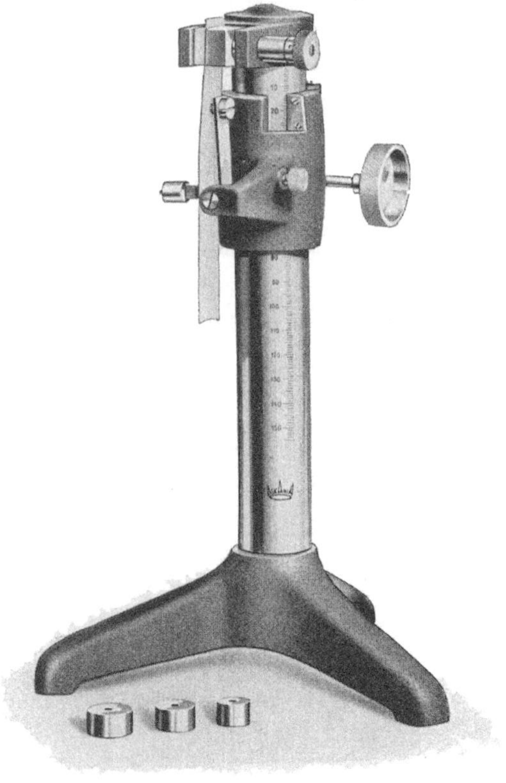

Abb. 51. Ewald-Steifeprüfer der Askania-Werke.

[1] Heritage, Schafer, Carpenter: Measurement of Strength and Stiffness of Fiber Boards by Means of Static Bending; P. T. J. 1929 Nr. 17 S. 50, 24. Okt.

die Kurve von der anfänglichen Geraden abweicht. Als Maß für die Steife dient das Verhältnis zwischen Belastung und Durchbiegung an irgendeinem Punkt innerhalb der Elastizitätsgrenze unter Berücksichtigung der Abmessungen der Probe und des Abstandes der Stützen. Die Ausführung der Bestimmung ist an der angezeigten Stelle näher beschrieben.

Leimfestigkeit[1].

Von einem Schreibpapier verlangt man, daß es leimfest (tintenfest) ist, d. h. daß gewöhnliche Tintenschrift weder ausläuft noch durchschlägt. Die Forderung, daß die Schriftzüge nicht auslaufen, ist ohne jede Einschränkung zu stellen; ob das Papier dick oder dünn ist, die Schriftzeichen müssen scharfe Ränder zeigen, wenn es als leimfest gelten soll.

Bei der Beurteilung des Widerstandes des Papiers gegen das Durchdringen der Tinte muß man seine Ansprüche mit der Dicke des Materials in Einklang bringen, da naturgemäß unter sonst gleichen Umständen dickeres Papier stärkere Schrift zu halten imstande ist als dünneres.

Für die Bestimmung der Leimfestigkeit sind sehr zahlreiche[2] Vorschläge gemacht worden, von denen nur die wichtigsten hier genannt werden können.

Nach Leonhardi[3] werden auf dem zu untersuchenden Papier mittels einer Ziehfeder 1 mm breite Striche mit einer neutralen Eisenchloridlösung, deren Eisengehalt 1,531% beträgt, gezogen. Nach dem Eintrocknen wird auf die Rückseite des Papiers eine geringe Menge ätherischer Tanninlösung gegossen.

Ist das Papier nicht leimfest, so ist Eisenlösung durch das Blatt gedrungen, und diese Stelle färbt sich dann bei dem Aufgießen der Tanninlösung mehr oder weniger schwarz.

Post läßt aus einer Pipette einen Tropfen von 0,03 g der genannten Eisenchloridlösung aus 10 cm Höhe auf das zu prüfende Papier fallen.

Den Tropfen läßt man so viele Sekunden auf dem Papier, wie dieses Gramm pro Quadratmeter schwer ist. Nach Verlauf dieser Zeit nimmt man den Rest des Tropfens mit Filtrierpapier auf.

Hat man auf diese Weise 4—5 Flecke erzeugt, so behandelt man nach völligem Trocknen die Rückseite des Papiers mit Tanninlösung, wie vorher angegeben.

Von der Anwendung der ätherischen Tanninlösung sollte man indessen Abstand nehmen und statt dessen eine wässerige Auflösung benutzen, weil der Äther ein Lösungsmittel für Harz ist und deshalb trotz seiner schnellen Verdunstung in das Papier eindringen und so das

---

[1] Leimfestigkeitsprüfungen sind bei 65% Luftfeuchtigkeit auszuführen; über den Einfluß der Feuchtigkeit auf die Leimfestigkeit s. S. 13. Über die Veränderung der Leimung unter dem Einfluß von Sonnenlicht berichtet Herzberg in den Mitt. 1896 S. 309.

[2] Carson bespricht in Technol. Pap. Bur. Stand. Bd. 20 Nr. 326 (Ref. P.F. 1928 Nr. 39 S. 609) 38 Methoden.

[3] Leonhardi: P.Z. 1884 S. 625.

Tannin in das Innere des Blattes führen kann; man hat deshalb, wenn ein schwarzer Niederschlag entsteht, nicht die Gewißheit, daß er auf der Rückseite entstanden ist; er kann sich auch im Innern des Papierblattes gebildet haben.

Um dem vorzubeugen, befeuchtet man einen Flock Baumwolle mit wässeriger Tanninlösung und fährt hiermit über die Rückseite des zu prüfenden Papiers; das auf diese Weise schwach angefeuchtete Papier wird sofort mit Fließpapier nachgetrocknet, so daß Eindringen von Feuchtigkeit in das Papier von der Rückseite her nicht zu befürchten ist.

Schluttig und Neumann haben die Ausführung der Prüfung mit Eisenchlorid noch anders gestaltet[1]. Das Papier wird auf einem dachartigen Gestell befestigt, dessen Seitenwände mit der Tischplatte einen Winkel von 60^0 bilden. Aus einem Glasröhrchen, das gegen das Papier um 45^0 geneigt ist, läßt man eine stets gleiche Menge Eisenchloridlösung, die in 100 Gewichtsteilen 1 g Eisen (als Eisenchlorid), 1 g Gummi arabicum und 0,2 g Phenol enthält, ausfließen. In dieser Weise erzeugt man nach jedesmaligem Verschieben des Röhrchens um 3 cm noch zwei Streifen. 15 Minuten nach Bildung des dritten Streifens wird das Blatt umgedreht und auf der Rückseite in gleicher Weise mit wässeriger Tanninlösung (1%ige Lösung mit 0,2 g Phenol) so behandelt, daß sich die Streifen im rechten Winkel mit den auf der anderen Seite entstandenen kreuzen.

Bei nicht leimfesten Papieren färben sich die neun Kreuzungspunkte der Streifen wenige Sekunden nach dem Herunterlaufen der Tanninlösung schwarz. Ein Papier gilt als leimfest, wenn erst nach Verlauf einiger Minuten Farbreaktionen auftreten, beginnend bei 1/6, so daß die vier inneren Kreuzungspunkte 1/6, 2/6, 1/5 und 2/5, deutlich grau bis schwarz, wohl auch einige der äußeren grau gefärbt sind.

Zeigen die inneren Kreuzungspunkte nach 24 Stunden nur ganz schwache graue Färbung, so gilt das Papier als sehr leimfest; zeigen sich nach dieser Zeit an keinem der Kreuzungspunkte Färbungen, so ist das Papier außerordentlich leimfest.

Kollmann[2] behandelt das Papier auf der einen Seite mit Phenolphthaleinlösung, auf der anderen mit Natronlauge; die Lösungen dringen in das Papier ein, und so bald sie aufeinandertreffen, entsteht eine Rotfärbung. Die Zeit zwischen dem Aufbringen der Flüssigkeiten und dem Auftreten der Färbung wird in Sekunden bestimmt, so daß die Widerstandsfähigkeit des Papiers gegen das Durchdringen der Lösungen zahlenmäßig zum Ausdruck kommt.

Die vorgeschlagene Versuchsausführung ist an der unten angegebenen Stelle ausführlich geschildert.

Stöckigt[3] benutzt die Rhodaneisenreaktion zur Bestimmung der Leimfestigkeit und verfährt folgendermaßen: Ein durch Hochbiegen der Ränder aus dem zu prüfenden Papier hergestelltes Schiffchen von etwa 25 cm^2 Fläche läßt man auf eine 20%ige Rhodanammoniumlösung fallen,

---

[1] P.Z. 1891 S. 1532.
[2] Kollmann: Z. 1906 S. 681. [3] Stöckigt: W.B. 1920 Nr. 1 S. 39.

wobei man gleichzeitig eine Stoppuhr in Gang setzt. Während das Schiffchen auf der Lösung schwimmt, betüpfelt man das Papier unter Verwendung eines Pinsels mit einer 1%igen Eisenchloridlösung, bis Rotfärbung eintritt, wobei die Uhr gestoppt wird. Das Papier ist als durchdrungen zu betrachten, sobald sich auch nur einzelne rote Pünktchen zeigen. Die Zahl der Sekunden gibt die absolute Leimfestigkeit an. Dividiert man durch das Quadratmetergewicht, so erhält man die relative Leimfestigkeit.

Ebenfalls ein Schwimmverfahren benutzt das Bureau of Standards in Washington, genannt Dry-Indicator-Method[1]. Auf Papierschiffchen, wie sie Stöckigt benutzt, wird eine Mischung von Puderzucker mit wasserlöslichem Farbstoff im Verhältnis von 50 zu 1 aufgebracht, das Schiffchen auf Wasser gesetzt und die für das Vordringen des Wassers bis zum Farbstoff-Zuckergemisch erforderliche Zeit bestimmt. Als Farbstoffe werden Methylgrün, Scharlachrot und Gelb vorgeschlagen. Der Endpunkt ist dadurch gekennzeichnet, daß das fast farblose Gemisch von Zucker und Farbstoff sich bei Aufnahme von Wasser durch die Lösung der Farbstoffteilchen intensiv färbt. Um die Bestimmung des Endpunktes zu erleichtern, wird empfohlen, außer der wasserlöslichen Farbstoffmischung noch eine Mischung von Zucker und einem wasserunlöslichen Pigment von gleichem Farbton zum Vergleich zu benutzen. Zur Aufbringung der Farbstoff-Zuckergemische wird ein Siebkästchen (80er Papiermaschinensieb), das 3 Abteilungen enthält, von etwas kleinerer Abmessung als das Schiffchen benutzt. In das mittelste Fach kommt das Gemisch mit dem löslichen Farbstoff, rechts und links das mit dem Pigment. Dann läßt man das Sieb aus einer Höhe von etwa ½ cm in das Schiffchen fallen, so daß auf dem Boden des Schiffchens 3 Streifen der Farbstoffmischungen entstehen. Nach Entfernung des Siebes wird das Schiffchen auf das Wasser gesetzt.

Ferner wird in Amerika zur Bestimmung des Leimungsgrades die Curlmethode[2] verwendet, die mit Hilfe des von Carson konstruierten

---

[1] P.T.M. 1928 S. 79. Zur Beseitigung von Fehlerquellen empfiehlt der Obmann der Wasserdichtigkeitskommission der „Tappi“, P. W. Codwise, folgende Versuchsanordnung. Pulverisierter Rohrzucker, lösliche Stärke und eine kleine Menge Aniline von Methylviolett (entweder Du Pont N.E. Methylviolett oder National Methylviolett 2 B.P. werden getrennt durch ein 100-Maschensieb gesiebt und im Exsikkator über Chlorkalzium getrocknet. Danach werden 45 g pulverisierter Rohrzucker, 5 g lösliche Stärke und 1 g Methylviolett dadurch gründlich gemischt, daß die Mischung mehrfach durch ein 60-Maschensieb gegeben wird. Das Indikatorgemisch wird auf die 7 × 7 cm große Papierprobe mittels eines Streuers (70-Maschensieb) in dünner Schicht aufgebracht. Die Probe wird dann auf einen kurzen Glaszylinder (5 cm lang, Durchmesser 42—47 mm) gelegt, der in einer Schale steht, die soweit mit Wasser gefüllt ist, daß der obere Rand des Zylinders sich gerade unter der Oberfläche des Wassers befindet. Auf das Prüfblatt, das vorher bei 65% Luftfeuchtigkeit ausgelegen hatte, wird ein 100 cm³-Becherglas mit etwas gewölbtem Boden gesetzt. Gleichzeitig werden zwei Stoppuhren eingeschaltet, von denen die erste gestoppt wird, wenn 25%, die zweite wenn 75% der Prüffläche verfärbt sind. Aus beiden Ablesungen wird das Mittel genommen. Im ganzen werden 10 Versuche ausgeführt, von jeder Seite 5. Die Temperatur des Wassers soll 21° C betragen [P. T. J. Bd. 92 (1931) H. 10 S. 55].

[2] Technol. Pap. Bur. Stand. Nr. 326. P.T.M. 1928 S. 78; P.T.J. 1924, 23. Okt.

Apparates ausgeführt wird. Das Verfahren beruht auf folgender Beobachtung: Wird ein diagonal zur Maschinenrichtung geschnittener Papierstreifen von unten befeuchtet, so rollt er sich infolge der durch die Faserquellung bedingten Ausdehnung der Unterseite schneckenförmig zusammen. Wenn das Wasser weiter eindringt und die Mittelebene des Papiers überschritten hat, beginnt die Oberseite sich ebenfalls auszudehnen und damit der Streifen sich wieder zu strecken. Das Eindringen des Wassers wird um so langsamer vor sich gehen, je stärker das Papier geleimt ist. Maßgebend für den Grad der Leimung ist deshalb die Zeit von der Berührung des Papiers mit dem Wasser bis zu dem Augenblick, in dem sich die Probe zu entrollen beginnt.

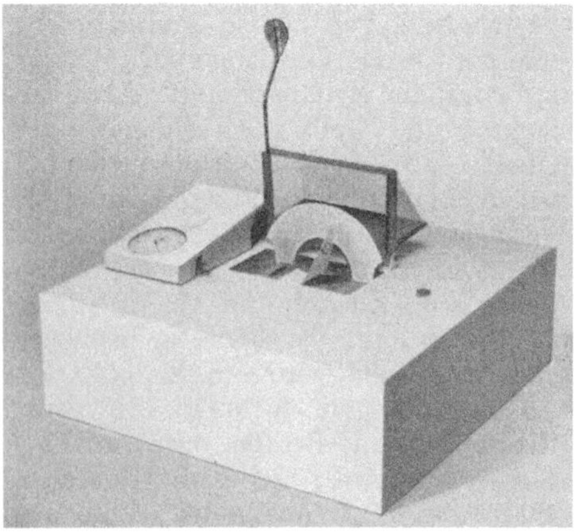

Abb. 52. Apparat zur Prüfung der Leimfestigkeit nach der „Curl"-Methode.

Abb. 52 zeigt die Einrichtung des Apparates.

Von amerikanischer Seite[1] ist auch der Versuch gemacht worden, die Leimfestigkeit auf elektrischem Wege zu bestimmen, und zwar durch Messung der Leitfähigkeit von Papier beim Eindringen von Elektrolyten. Diese Verfahren haben sich jedoch als unbrauchbar erwiesen, da sie mit erheblichen Fehlerquellen belastet sind.

Sofern es sich um die Prüfung der Leimfestigkeit von Schreibpapier handelt, ist allen vorgenannten Verfahren der Nachteil gemeinsam, daß sie ohne Verwendung von Tinte ausgeführt werden. Daß jedoch zur Beurteilung der Leimfestigkeit unbedingt auch Versuche unter Verwendung von Tinte ausgeführt werden müssen, haben im Materialprüfungsamt vorgenommene Nachprüfungen der Methoden von Post, Schluttig-Neumann und Kollmann im Vergleich mit Schreibversuchen mit verschiedenen Tinten ergeben. Besonders stark waren die Abweichungen bei dem Verfahren nach Kollmann. Bei der Prüfung von 200 Papieren hätten nach Kollmann 44% wegen mangelhafter Leimung als zum Beschreiben ungeeignet beanstandet werden müssen, während nach dem Tintenversuch nur 7% nicht genügten[2]. Versuche unter Verwendung von Tinte sind auch deshalb erforderlich, um festzustellen, ob die Schrift scharfe Ränder gibt.

---

[1] Okell: P. T. M. 1928 S. 76. Stephens: Paper 1924 S. 1142.

[2] Der hierüber verfaßte umfangreiche Bericht (Herzberg) ist in den Mitt. 1911 Sonder-H. 2 abgedruckt.

Leimfestigkeitsprüfung mit Tinte.

Man wählt zweckmäßig mehrere gute Handelstinten verschiedener Zusammensetzung aus, die man gut verschlossen aufbewahrt. Im Amt werden hierfür folgende 4 Tintensorten benutzt: Alizarintinte und Eisengallustinte von Leonhardi-Dresden, Normaltinte von Beyer-Chemnitz und Pelikantinte 4001 von Wagner-Hannover. Für den Versuch entnimmt man jedesmal kleine Mengen aus den Vorratsflaschen.

Der Versuch selbst wird nach Herzberg am besten mit einer Ziehfeder ausgeführt. Man zieht Striche von verschiedener Breite und achtet auf möglichst gleichmäßige Ausführung. Zunächst werden die Spitzen der Feder für die gewünschte Strichbreite eingestellt, dann wird Tinte bis zu einer gewissen Marke eingefüllt und schließlich die Feder an einem Lineal entlang geführt, soweit es angeht, stets mit gleicher Geschwindigkeit und in derselben Neigung zum Papierblatt. Vor jedem neuen Strich wird die Feder wieder gefüllt. Die Striche werden untereinandergezogen und Kreuzungen vermieden.

In der Praxis ist die Beurteilung der Leimfestigkeit nach dem Verhalten gekreuzter Striche sehr verbreitet; sie ist aber nicht einwandfrei. Die zuerst gezogenen Linien erweichen das Papier; beim Kreuzen dieser Stellen kann die Feder das Papier leicht beschädigen, und die Tinte dringt dann hier naturgemäß stärker durch als an unbeschädigten Stellen. Da übrigens Kreuzungen von Strichen in der beim Prüfen meist angewandten kräftigen Ausführungsart beim gewöhnlichen Beschreiben von Papier nicht oder doch nur selten vorkommen, so sollte man auch aus diesem Grund davon absehen, sie der Beurteilung von Papier auf Leimfestigkeit zugrunde zu legen.

Will man über den Grad der Leimfestigkeit ein Urteil abgeben, so steigert man die Strichbreite, etwa von ½ mm anfangend, von Versuch zu Versuch um ¼ mm, bis die Tinte durchschlägt. Man kann dann sein Urteil dahin zusammenfassen, daß man das Papier als „Leimfest für Strichbreiten bis zu ... mm" erklärt. Dieses Urteil gibt ein klares Bild über die Beschreibbarkeit des vorliegenden Materials, klarer als die Angaben leimfest, sehr leimfest usw. Die Strichbreite, bis zu welcher die Tinte vom Papier gehalten wird, könnte als „kritische Strichbreite" bezeichnet werden.

Gewöhnliche Schreibpapiere, wie Kanzlei- und Konzeptpapiere von etwa 80—100 g Quadratmetergewicht, wird man als genügend geleimt ansehen können, wenn ¾ mm dicke Striche weder auslaufen noch durchschlagen.

Hat man das Papier mit der Ziehfeder behandelt, so beschreibe man es auch in gewöhnlicher Weise, wobei man gut tut, stets den gleichen Wortlaut, z. B. Namen und Wohnort, anzuwenden, da hierdurch größere Gleichmäßigkeit in der Ausführung gesichert wird als bei stets wechselnden Worten.

Bei Papieren, die nur auf einer Seite beschrieben werden, wie Briefumschlagpapier, kann man sich mit der Forderung begnügen, daß die Schriftzüge scharfe Ränder aufweisen; ob sie Neigung zum

Durchschlagen zeigen, kommt praktisch nicht in Betracht. Bei Wechselpapieren kann schwache Leimung sogar von besonderem Wert sein, da durch das tiefe Eindringen der Tinte Fälschungen erschwert werden.

Eine wertvolle Ergänzung der Schreibversuche, bei denen doch insgesamt immer nur eine verhältnismäßig kleine Fläche des Papiers der Einwirkung der Tinte unterliegt, bildet das Bepinseln einer größeren Papierfläche mit Tinte. Dieser Versuch liefert einen Anhalt zur Beurteilung der Gleichmäßigkeit der Leimung und läßt diejenigen Papiere leicht und schnell erkennen, die die Tinte punktförmig durchlassen, sonst aber leimfest sind. Auf das Vorkommen derartiger Fälle ist in der Fachliteratur wiederholt hingewiesen[1]. Sie treten auf, wenn das Papier Bestandteile enthält, die das Leimen an der betreffenden Stelle verhindern (Chlorkalkteile, Füllstoffklümpchen usw.).

Die Stellen, an denen die Tinte durchdringt, sind im Papier vorher nicht zu erkennen; sie zeigen sich aber sofort als helle und durchscheinende Stellen, wenn man es einige Sekunden in Wasser taucht. Nach dem Trocknen des Bogens sind sie wieder unsichtbar. Infolge des punktförmigen Durchdringens der Tinte ist das Papier für beiderseitiges Beschreiben meist ungeeignet, und es erfolgt dann häufig Beanstandung.

Abb. 53 zeigt die Art dieses Durchdringens an der Rückseite von drei Papierabschnitten, die auf der Vorderseite teils beschrieben (die obere größere Probe), teils mit Tinte bepinselt wurden (die zwei kleineren unteren Proben).

Gegen die Ausführung der Versuche mit Tinte lassen sich naturgemäß eine Reihe von Einwänden erheben. Einmal ist man abhängig von der Beschaffenheit der Tinte[2], die auch in den besten Fabriken nicht immer von gleicher Zusammensetzung hergestellt werden kann, ferner ist die Art und Weise des Auftragens nicht immer gleich, es wird nicht immer die gleiche Menge Tinte auf eine bestimmte Strichlänge kommen u. a. m.

Man kann aber die Versuche mit Tinte, wie schon erwähnt, nicht entbehren und man muß sich mit den Mängeln, so gut es geht, abfinden, bis das Verfahren weiter ausgearbeitet ist. Vielleicht gelingt es, eine Vorrichtung zu schaffen, mit Hilfe deren man die Tinte in stets gleicher Weise auf das Papier bringen kann (gleiche Geschwindigkeit beim Ziehen mit der Feder, gleiche Neigung der Feder zum Blatt, gleiche Tintenmenge für die Längeneinheit, gleicher Druck der Feder usw.)[3].

Albrecht[4] benutzt zur Bestimmung der Leimfestigkeit mit Tinte den nachstehend beschriebenen Apparat (Abb. 54). Die eine von zwei

[1] Herzberg: Mitt. 1897 S. 85 u. 1906 S. 217.

[2] Die Tinten des Handels sind zwar recht verschieden, aber die Erfahrung hat doch gezeigt, daß man auf gut geleimten Papieren fast mit allen Handelstinten schreiben kann, ohne Auslaufen oder Durchschlagen der Schrift befürchten zu müssen.

[3] Ein Vorschlag dieser Art ist erwähnt im Technol. Pap. Bur. Stand. Bd. 20 Nr. 326.

[4] Albrecht: Pappers och Trävarutitskrift för Finland 1926 Nr. 10. Ref. W.B. 1926 Nr. 30 S. 833.

übereinander angeordneten Glaskugeln dient zur Aufnahme der Tinte, in die andere ragt von oben ein Glasrohr hinein, das an seinem oberen Ende mit dem zu untersuchenden Papier verschlossen wird. Dreht man den Apparat um seine waagerechte Achse, so fließt die Tinte in die nunmehr unten befindliche Kugel mit dem Papierverschluß, wobei sich das eingesetzte Glasrohr füllt. Es wirkt also ein stets gleichbleibender Druck auf das Papier. Das Durchschlagen der Tinte wird an einem unter dem Apparat angebrachten Spiegel beobachtet. Der Versuch gilt als

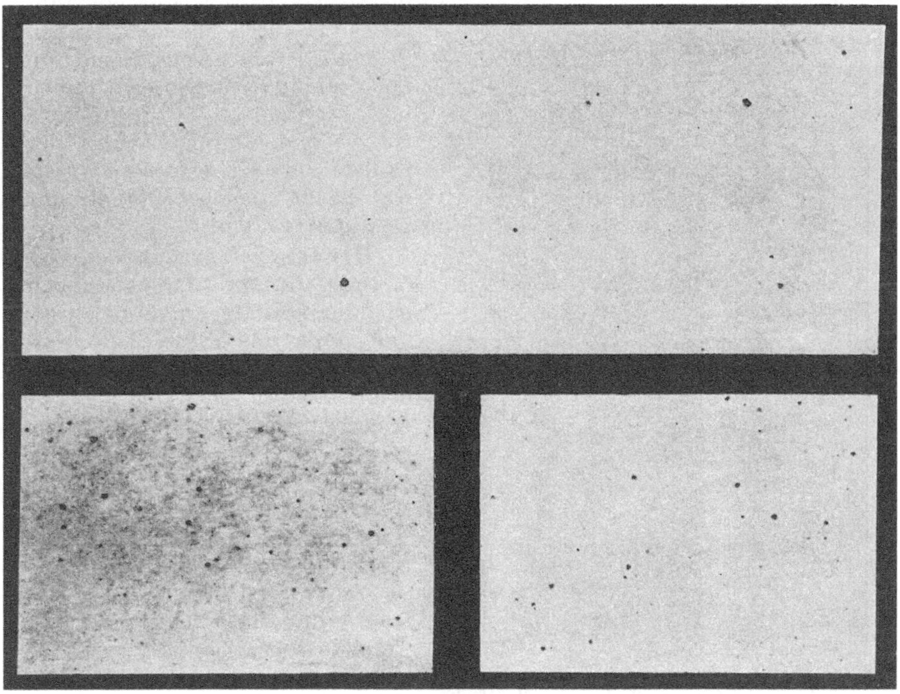

Abb. 53. Papier mit durchlässigen Stellen.

beendet, wenn das Papierblatt infolge des Durchschlagens der Tinte ein „marmorartiges Bild“ gibt.

Zur Verbreiterung der Grundlagen für die Beurteilung der Leimfestigkeit von Papier hat Klemm[1] den Vorschlag gemacht, nicht bloß die Widerstandsfähigkeit des Papiers gegen das Eindringen von Tinte, gemeinhin Leimfestigkeit genannt, sondern auch die gegen andere Flüssigkeiten, z. B. Öl, alkalische Lösungen usw. zu bestimmen. Klemm unterscheidet somit nicht nur Leimfestigkeitsgrade, sondern auch Leimfestigkeitsarten (Tinten-, Öl-, Wasser-, Lack- usw. Festigkeit).

Er läßt Stücke des zu prüfenden Papiers verschiedene Zeit lang (2, 5, 10, 20 usw. Minuten) auf der in Frage kommenden Flüssigkeit

[1] Klemm: Papierkunde 1923 S. 217 u. 218.

schwimmen, streicht beim Herausnehmen der Blätter den größten Teil der anhaftenden Lösung am Rande des Gefäßes ab und drückt dann die Abschnitte zwischen Löschpapier ab. Das Probestück, bei dem das erste Durchdringen beobachtet worden ist, und die weiteren Stücke bis zum völligen Durchtreten geben dann ein Bild von der Widerstandskraft des Papiers gegen das Durchdringen der Prüfungsflüssigkeit.

Zur Prüfung auf Widerstand gegen das Eindringen von Druckerschwärze empfiehlt die amerikanische Staatsdruckerei[1] ein ähnliches Verfahren. Man läßt Proben in einer Größe von 2 Zoll im Quadrat auf Rizinusöl schwimmen und bestimmt die Zeit, die bis zur völligen Durchdringung der Proben mit Öl erforderlich ist, wobei Sieb- und Oberseite getrennt bestimmt werden.

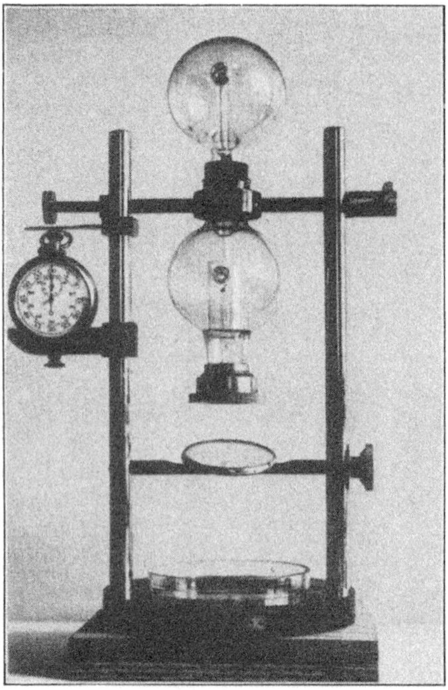

Abb. 54. Albrechtscher Apparat zur Bestimmung der Leimfestigkeit der Firma Hugo Keyl, Dresden-A.

Drechsel[2] beurteilt den Leimungsgrad von Druckpapieren nach der Zeit, die Leinöl benötigt, um durch das Papier hindurchzudringen. Er benutzt hierzu den oben beschriebenen Albrechtschen Apparat.

Bei den Prüfungen auf Leimfestigkeit mit Hilfe von Tinte wird das Ergebnis auch von der Widerstandsfähigkeit des Papiers gegen mechanische Einflüsse, wie sie durch den Druck der Zieh- oder Schreibfeder hervorgerufen werden, mit beeinflußt, und es gibt Papiere, die in dieser Hinsicht, wie Klemm[3] festgestellt hat, sehr empfindlich sind. Ferner kommen bei der Beurteilung des Papiers als Schreibpapier etwaige chemische Nachwirkungen zwischen den Bestandteilen der Tinte und denen des Papiers in Frage, die nicht sogleich zu erkennen sind, sondern erst allmählich, namentlich beim Vorhandensein genügender Feuchtigkeit, eintreten und nachträglich weiteres Eindringen der Tinte in den Papierkörper bewirken können. Auf diese Nachwirkungen prüft Klemm in der Weise, daß er den Schwimmversuch nach einigen Tagen mit einer neuen Probe wiederholt. Zeigt dann die Rückseite des zweiten Blattes anderes Aussehen als die des ersten, so hat man mit Nachwirkungen zu rechnen.

[1] P.F. 1930 Nr. 24 S. 393. [2] Drechsel: P.F. 1931 Nr. 23A S. 97.
[3] Klemm: Papierkunde 1923 S. 217 u. 218.

Um das Verhalten des Papiers gegen den Druck der Feder gesondert beurteilen zu können, empfiehlt Klemm, auf dem Papier zunächst mit trockener Feder Linien zu ziehen und Worte zu schreiben, die natürlich unsichtbar sind. Das Blatt läßt man dann 10 Minuten auf Tinte schwimmen, die trocken beschriebene Seite der Tinte zugekehrt. Ist das Papier gegen Federdruck unempfindlich, so bleiben die Schriftzüge auch nach Einwirkung der Tinte unsichtbar, ist das Papier etwas empfindlich, so erscheinen die Schriftzüge in Form von dunklen Doppellinien, aber nur auf der mit der Tinte in Berührung gewesenen Seite; ist es sehr empfindlich, so können die Schriftzüge selbst auf der Rückseite sichtbar werden.

Bemerkenswert ist, daß der Widerstand des Papiers gegen Federdruck nicht parallel verläuft mit dem gegen das Eindringen von Tinte; es gibt Papiere, die an sich sehr widerstandsfähig gegen Tinte sind, durch die Wirkung der Feder aber sehr an Widerstandsfähigkeit verlieren. Die Ursachen dieser eigenartigen Erscheinung sind noch nicht aufgeklärt. Vermutlich handelt es sich hierbei um dieselbe Erscheinung, wie sie beim Einpressen künstlicher Wasserzeichen eintritt; auch hier wird durch den Druck die Leimfestigkeit ungünstig beeinflußt[1].

Leimfestigkeit bedruckter Schreibpapiere.

Bei der Prüfung von Schreibpapieren, die mit Aufdruck versehen sind, wie Geschäftsbücherpapiere, Standesamtsregister, Rechnungsvordrucke, Briefumschläge usw. berücksichtige man, daß zuweilen die Leimfestigkeit an den vom Druck getroffenen Stellen zerstört wird, wie nachstehend an zwei Beispielen gezeigt werden soll.

Briefumschläge werden im Innern zur Verhinderung des Durchscheinens vielfach mit einem Farbaufdruck versehen; durch diesen Farbaufdruck, vermutlich durch den Firnis der Farbe, werden die Umschläge an den bedruckten Stellen in der Leimung zuweilen so geschwächt, daß die Tinte durchschlägt.

Abb. 55 zeigt die Innenseite eines derartig bedruckten Briefumschlages, der auf der Vorderseite mit Linien von etwa ¾ mm Breite bezogen wurde. Die Tinte ist an den nicht bedruckten Stellen nicht durchgeschlagen, wohl aber mehr oder weniger an den bedruckten.

Namentlich an den Stellen, wo die Linien über die Verschlußklappe des Umschlages laufen, sieht man an den vielen Unterbrechungen den Einfluß der Farbe recht deutlich. Nennenswerte praktische Bedeutung hat dieses Durchschlagen nicht, weil es nur auf der Innenseite des Umschlages in Erscheinung tritt.

Ein Bücherpapier erwies sich in der Fabrik bei wiederholt ausgeführter Prüfung als leimfest. Nach dem Bedrucken mit Kopfdruck und roten, blauen und schwarzen Linien wurde es wegen mangelhafter Leimung beanstandet. Der Empfänger hatte zur Prüfung der Leimfestigkeit eine Anzahl sich kreuzender Striche mit Tinte gezogen, und

[1] Herzberg: Zerstörung der Leimfestigkeit von Papier beim Einpressen künstlicher Wasserzeichen. Mitt. 1901 S. 178.

an einigen Kreuzungsstellen war die Tinte stark durch das Papier gedrungen. Da diese Stellen aber zusammenfielen mit Stellen, an denen das Papier mit den Wiederholungszeichen ,, bedruckt war, so lag die Vermutung nahe, daß der Druck die Leimung des Papiers ungünstig beeinflußt hatte. Die weitere Prüfung des Materials bestätigte diese Annahme.

Das Papier war an den Stellen, an denen es nicht bedruckt war, leimfest, an den bedruckten Stellen indessen, und zwar namentlich an den mit Schwarzdruck versehenen, schlug die Tinte durch.

Abb. 55.

Auch in diesem Falle ist die Beeinträchtigung der Leimung wohl nur auf die Wirkung des Firnisses zurückzuführen.

Abb. 56a–b, Vorderseite und Rückseite eines Abschnittes des Papiers, veranschaulicht das Gesagte. Die sieben mit Tinte gezogenen Querstriche sind überall, wo sie die dreifache schwarze Längslinie des Druckes kreuzen, ausgelaufen und durchgeschlagen, ebenso die starke, mit Tinte gezogene Längslinie an denjenigen Stellen, an denen sie über die Wiederholungszeichen gegangen ist.

Bei der Begutachtung der Leimfestigkeit bedruckter Papiere hat man also, falls sich mangelhafte Leimung zeigt, festzustellen, ob das Papier an sich ungenügend geleimt ist oder nur an den vom Druck getroffenen Stellen, da nur so entschieden werden kann, ob das Papier oder das Bedrucken schuld an dem Übelstand ist.

Leimfestigkeit einseitig glatter Papiere.

Bei der Prüfung von einseitig glatten Pack- und Briefumschlagpapieren auf Leimfestigkeit zeigt sich oft die Erscheinung, daß die

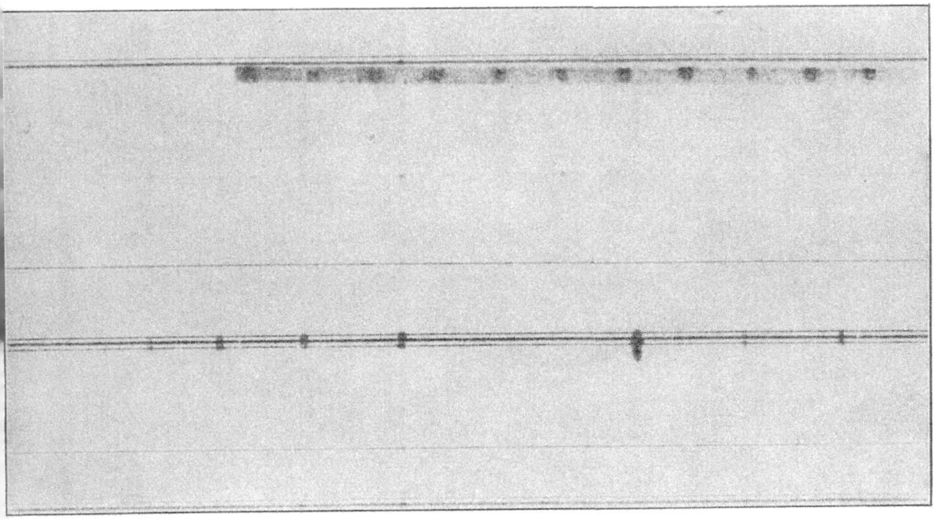

Abb. 56b. Rückseite.

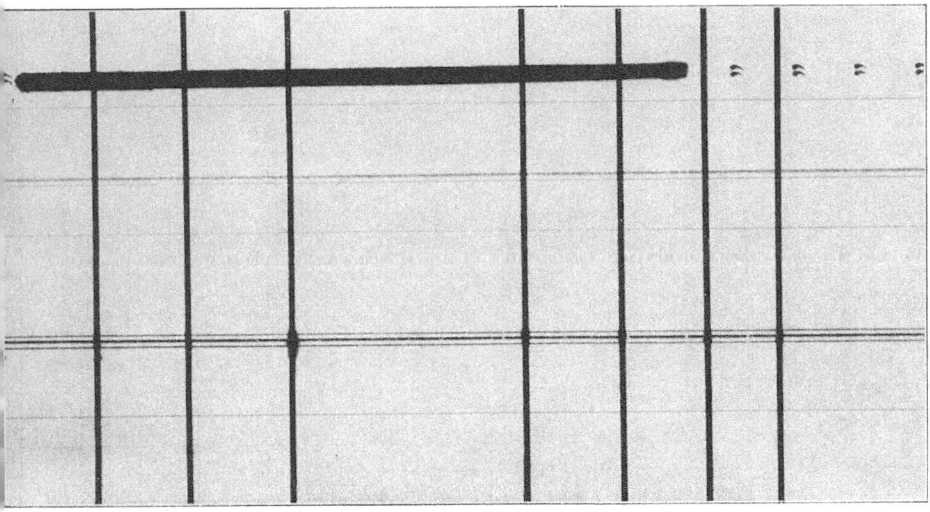

Abb. 56a. Vorderseite.

beiden Seiten des Papiers sich Tinten gegenüber verschieden verhalten. Ist dies der Fall, so ist die glatte Seite meist weniger leimfest als die rauhe. Abb. 57 zeigt diese Verschiedenheiten bei einem einseitig glatten Zellstoffpackpapier von etwa 70 g Quadratmetergewicht.

Die Tinte ist auf der glatten Seite stark ausgelaufen, auf der rauhen nicht oder nur an vereinzelten Stellen ganz schwach. Die Rückseite

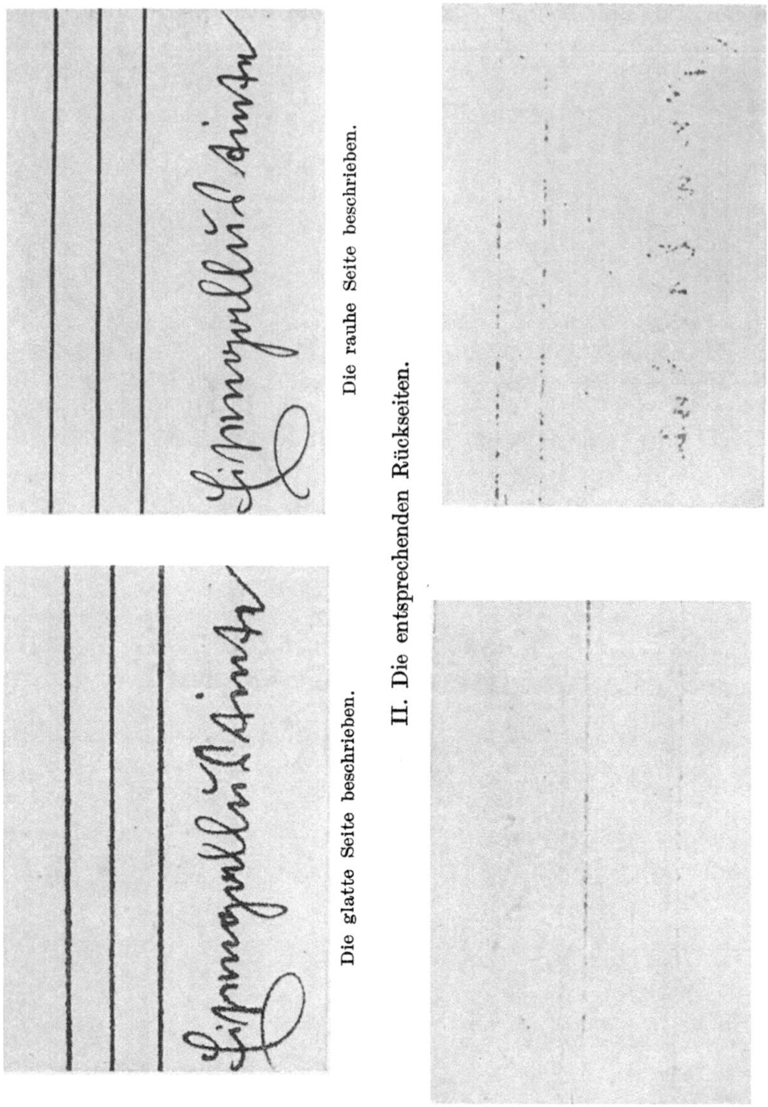

I. Beschriebene Seite.

Die rauhe Seite beschrieben.

Die glatte Seite beschrieben.

II. Die entsprechenden Rückseiten.

Abb. 57. Verhalten von Schrift auf einseitig glattem Packpapier.

des Papiers zeigt, daß auch das Durchdringen der Tinte etwas verschieden ist, je nachdem die glatte oder die rauhe Seite beschrieben wurde, und zwar sowohl in dem Grad des Durchschlagens als auch in der Art und Weise. Wie die Abbildung zeigt, schlägt die Tinte von der glatten nach der rauhen Seite etwas weniger stark durch als umgekehrt, und das Durchdringen erfolgt gleichmäßiger und nicht so stellenweise wie von der rauhen nach der glatten Seite.

Über die Ursachen dieser Erscheinung sind die Ansichten noch sehr verschieden; sie werden von verschiedenen Seiten auf den Einfluß der Zylinderwärme, den Harzverlust der Siebseite des Papiers infolge der Wirkung der Sauger, die Wirkung des Wasserdampfes beim Trocknen, die Stoffmahlung, die Papiermaschinenarbeit u. a. m. zurückgeführt[1].

Radierbarkeit.

Von einem guten Schreibpapier verlangt man, daß es sich auch noch auf radierten und wieder geglätteten Stellen beschreiben läßt, ohne daß diese Stellen nachher besonders auffallen. Diese Eigenschaft kann nur durch geeignete Mahlung des Stoffes und sorgfältige Leimung der Papiermasse erzielt werden. Papiere, die nur im Bogen mit Tierleim geleimt sind, zeigen diese Eigenschaft nicht, da sie im Innern eine nicht oder nicht voll geleimte Schicht haben. Radiert man auf derartigen Papieren und beschreibt die radierten Stellen nach dem Glätten wieder, so dringt die Tinte in den ungeleimten Teil des Blattes und verläuft hier. Um diesen Übelstand zu beseitigen, leimt man daher vielfach im Stoff mit Harzleim und im Bogen oder in der Bahn mit Tierleim. Derartige Papiere zeichnen sich dann durch besonders große Leimfestigkeit aus.

Bei harzgeleimten Papieren ist bei richtiger Durchführung des Leimprozesses die ganze Masse des Blattes geleimt und demgemäß letzteres auch noch an den Stellen beschreibbar, an denen durch Radieren eine mehr oder weniger dicke Schicht entfernt worden ist.

Der beste Weg, sich über die Radierbarkeit eines Papiers zu unterrichten, ist der, es zu beschreiben, Teile nach dem Trocknen durch Rasur zu entfernen und die radierten Stellen wieder zu beschreiben, nachdem man sie wieder geglättet hat. Meist wird dann das Beschreiben ohne Auslaufen der Schrift möglich sein; es gibt aber auch im Stoff geleimte Papiere, die im ursprünglichen Zustande gute und scharfe Schriftzüge geben und die Tinte nicht durchlassen, auf den radierten Stellen aber fließen.

Zur schnellen Feststellung der Radierfähigkeit schlägt Klemm[2] vor, das Papier flach so anzureißen, daß an der Rißstelle ein breites Abschälen stattfindet. Man zieht dann Tintenstriche bis auf den durch das schräge Abschälen bloßgelegten inneren Teil des Blattes. Bei gut geleimten Papieren läuft die Tinte hierbei weder aus, noch schlägt sie durch. Solche Papiere werden sich meist gut radieren lassen, vorausgesetzt, daß die Papieroberfläche beim Radieren nicht aufrauht, was ja durch den Versuch nicht zum Ausdruck kommt.

Besonders hohe Ansprüche hinsichtlich Radierbarkeit und Tuschfähigkeit werden an Zeichenpapiere gestellt.

---

[1] Ausführlicher ist hierüber in den Mitt. 1906 S. 214, der P.Z. 1906 Nr. 97, dem W.B. 1906 Nr. 48 (Herzberg) berichtet.

[2] Klemm: Handbuch der Papierkunde 1923 S. 311.

Bei der Prüfung auf Radierbarkeit verfährt man hierbei am besten folgendermaßen: unter Verwendung von schwarzer Ausziehtusche werden mit der Ziehfeder ¼, ½ und ¾ mm breite Striche gezogen und diese nach dem Trocknen zu einem Teil mit hartem Gummi, zum anderen mit einem Radiermesser wegradiert. Darauf werden die radierten Stellen, nachdem man sie in üblicher Weise wieder geglättet hat, erneut mit Strichen wie vorher bezogen. Papiere von guter Radierfähigkeit lassen die Tusche auch bei ¾ mm breiten Strichen nicht auslaufen.

Zur Beurteilung der Tuschfähigkeit werden Flächen gleicher Größe (etwa 4×7 cm) mit den beim technischen Zeichnen gebräuchlichen Wasserfarben angelegt. Die angelegten Farben müssen sich durch Radieren oder Waschen fast vollständig entfernen und die behandelten Flächen von neuem ohne starke Fleckenbildung wieder anlegen lassen.

Fettdichtigkeit.

Zum Verpacken von Nahrungsmitteln wird Pergament-, Pergamentersatz- und Pergaminpapier in großen Mengen verwendet. Verlangt wird von diesen Papieren, falls sie zum Einwickeln von Butter, Schmalz, Speck usw. dienen sollen, daß sie fettdicht sind.

Zur Feststellung der Fettdichtigkeit wird in der Praxis meist die sog. Blasenprobe angewendet. Wenn man eine Bunsenflamme, Spiritusflamme o. ä. kurze Zeit auf Papier der erwähnten Art wirken läßt, so entstehen mit knisterndem Geräusch Blasen von der Größe eines Stecknadelkopfes bis zu der einer Bohne und darüber. Am besten verfährt man so, daß man mit einem handgroßen Stück Papier die Flamme von oben her mit kurzem Ruck auf die Hälfte herunterdrückt, das Papier einen Augenblick stillhält und dann aus der Flamme entfernt, bevor es sich entzündet. Hierbei entsteht im Innern des Papiers Dampfentwicklung, und da die Dämpfe wegen der dichten Oberfläche des Papiers nur schwer entweichen können, treten blasige Auftreibungen des Papierblattes auf. Je dichter die Oberfläche, um so stärker die Blasenbildung.

In der Praxis nimmt man bei Vornahme der Blasenbildung vielfach ein brennendes Streichholz, eine Kerze, ein Benzinfeuerzeug o. ä. In den meisten Fällen werden auch diese Flammen genügen, aber nicht immer; es sind dem Materialprüfungsamt wiederholt Pergamentersatzpapiere vorgelegt worden, die vom Abnehmer beanstandet wurden, weil sie beim Erhitzen keine Blasen warfen. Wie die Belegstücke zeigten, waren die Versuche mit stark blakenden Flammen ausgeführt worden; beim Erhitzen über der nicht blakenden Bunsenflamme trat sofort Blasenbildung ein. Entweder war also die von den Abnehmern benutzte Flamme nicht heiß genug oder vom Papier zu weit entfernt oder der Ruß verhinderte als guter Wärmeleiter die kräftige Einwirkung der Flamme auf eine räumlich begrenzte Stelle. Man wird also gut tun, leuchtende Flammen nach Möglichkeit zu vermeiden und mit nicht leuchtenden zu arbeiten.

Abb. 58 zeigt die Blasenbildung bei 3 verschiedenen Pergamentersatzpapieren.

Die Erfahrung hat nun gezeigt, daß Papiere, die in der Flamme Blasen bilden, in den meisten Fällen auch fettdicht sind. Es kommen

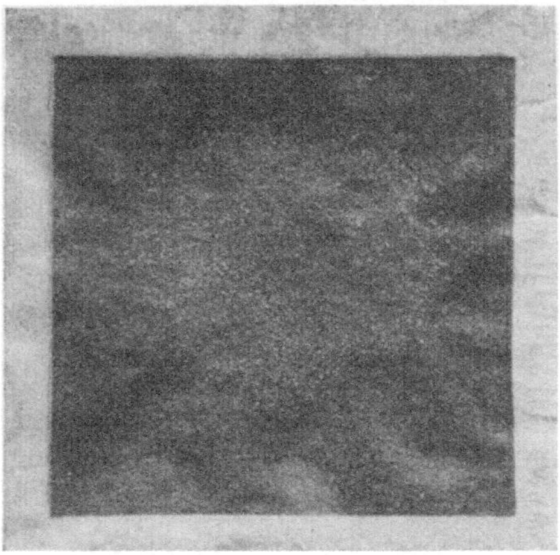

Sehr geringe Blasenbildung.

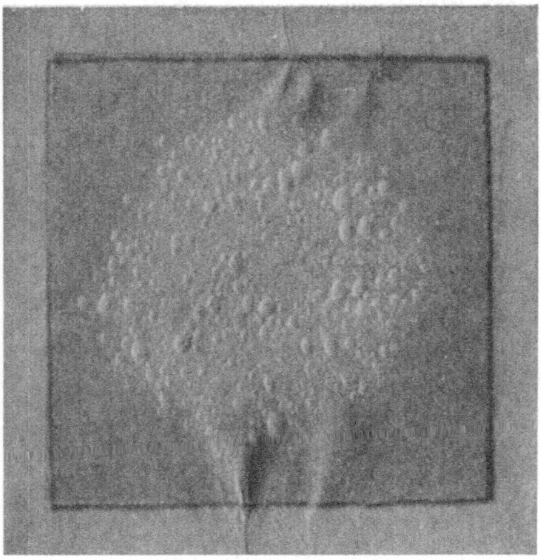

Mittlere Blasenbildung.

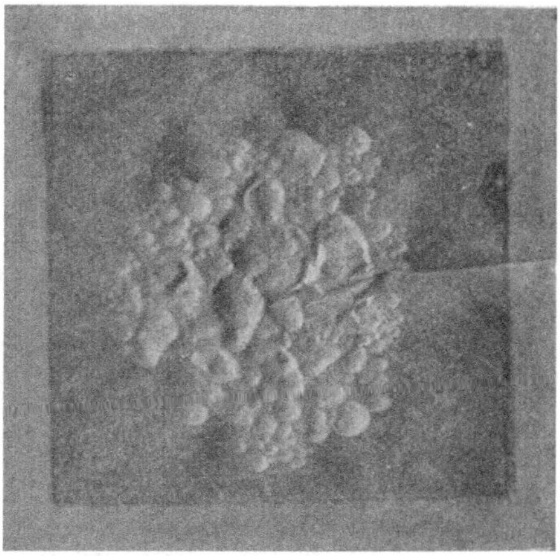

Starke Blasenbildung.

Abb. 58. Blasenprobe.

aber auch Ausnahmen vor; es gibt Papiere der genannten Art, die keine Blasen bilden und dennoch fettdicht sind, und andererseits solche, die trotz (dann allerdings meist sehr schwacher) Blasenbildung nicht völlig fettdicht sind.

Es ist daher nötig, sich nicht auf die Blasenprobe allein zu stützen, sondern das Papier auch noch direkt mit Fettstoffen zu prüfen.

Im Materialprüfungsamt wird hierbei wie folgt verfahren:

2 g Schweineschmalz werden unter Benutzung einer Schablone in etwa 1 mm dicker Schicht auf 5×5 cm² des zu prüfenden Papiers ausgebreitet und mit einem zweiten Blatt des Papiers bedeckt. Diese Packung wird auf eine Glasscheibe gelegt und mit einer zweiten, einschließlich eines aufgesetzten Gewichtes, etwa 100 g schweren Scheibe belastet, nachdem man vorher zwischen Glas und Packung Schreibpapier gelegt hat. Man kann so die Wirkung des Fettes von beiden Seiten durch die Glasscheibe sehr bequem beobachten.

Gut fettdichte Papiere lassen hierbei das Fett selbst nach mehreren Stunden noch nicht durch. Bei längerer Einwirkung zeigt dann aber das Schreibpapier Fettflecke, denn absolut fettdichte Papiere gibt es nicht, wenigstens nicht unter den Pergamentersatz- und Pergaminpapieren.

Zeigt bei dem geschilderten Versuch das Schreibpapier nur ganz vereinzelte kleine Fettflecke, so sollte man das geprüfte Material nicht beanstanden, denn derartige vereinzelte schwache Stellen sind bei der praktischen Verwendung des Papiers ohne Bedeutung.

Zur raschen Orientierung dient die Terpentinölprobe, nach der 0,2 cm³ Terpentinöl 30 Sekunden lang auf 1 dm² Papierfläche mit dem Finger verrieben werden. Untergelegtes Schreibpapier zeigt an, ob hierbei Öl durch die zu prüfende Probe gegangen ist oder nicht. Gut fettdichte Papiere lassen bei diesem Versuch das Öl nicht durch; bei nicht fettdichten dringt es sofort mehr oder weniger durch das Papier.

Sowohl die Blasenprobe wie die Terpentinölprobe haben als Schnellversuche den Vorteil, daß sie das Versuchsergebnis sofort erkennen lassen. Da sie jedoch nicht in allen Fällen mit dem beschriebenen Dauerversuch übereinstimmen, ist im Amt für die Beurteilung der Fettdichtigkeit von Papier der Dauerversuch mit Schweineschmalz maßgebend[1].

Echte Pergamentpapiere sind infolge der Art ihrer Herstellung (Behandlung ungeleimten Papiers mit Schwefelsäure von bestimmter Stärke und Temperatur) fast immer fettdicht; da Pergamentersatzpapiere äußerlich den echten Pergamentpapieren oft so ähnlich sind, daß man sie durch Auge und Hand nicht immer ohne weiteres als solche erkennen kann, so seien nachfolgend einige Anhaltspunkte zu ihrer Unterscheidung gegeben.

Unterscheidung zwischen echtem und unechtem Pergamentpapier[2].

Das einfachste Mittel ist die „Kauprobe“. Kann man sich entschließen, das Papier gründlich durchzukauen, so entscheidet die „Kauprobe“ einwandfrei, ob es sich um pergamentiertes Material handelt

[1] Eingehend unter Beigabe von Abbildungen sind die beiden Versuchsverfahren geschildert von Dr. Bartsch in den Mitt. 15 S. 441, und 17 S. 52.

[2] Bezüglich der mikroskopischen Untersuchung von Pergamentpapieren s. S. 149.

oder nicht. Nicht pergamentiertes Papier verliert bald seinen Zusammenhang und bildet einen klumpigen Faserbrei, den man leicht zerpflücken kann, Pergamentpapier bleibt unverändert und kann nicht zu Brei gekaut werden.

Man kocht ein handgroßes Stück tüchtig in verdünnter (2—3%iger) Natronlauge und rührt hierbei kräftig um. Nicht pergamentiertes Papier zerfällt hierbei und liefert einen mehr oder weniger feinen Faserbrei; echtes Pergamentpapier behält seine Form, gibt keine Fasern ab und kann aus der Lauge so wieder herausgenommen werden, wie es hineingelegt wurde.

Der Verband deutscher Pergamentpapierfabriken hat für die Unterscheidung der beiden Papierarten folgende Anweisung gegeben[1]:

„Der Unterschied beider Arten läßt sich am sichersten dadurch ermitteln, daß man die Papiere in heißem Wasser einweicht; beim Herausnehmen aus diesem zeigt sich, daß das echte, mit Schwefelsäure behandelte Papier fest, zäh und dehnbar bleibt, erst bei kräftigem Ziehen reißt und dann an der Reißstelle, wenn es gut pergamentiert wurde, keine oder, wenn es weniger stark pergamentiert wurde, nur wenige und kurze Fasern zeigt. Das imitierte oder unechte Pergamentpapier (im Handel auch Pergamentersatz, fettdichtes Pergamentpapier, fettdichtes Butterpapier usw. genannt), welches direkt von der Papiermaschine kommt, verliert durch das Einweichen in heißem Wasser vollständig seine Festigkeit, läßt sich in feuchtem Zustande auseinanderziehen und zeigt an der beim langsamen Ziehen meist heller werdenden Stelle bzw. Reißfläche ganz deutlich die längeren und zahlreichen Fasern, aus denen das Papier zusammengesetzt ist. Bei nur ganz geringer Übung dieser Versuche wird man stets sofort feststellen können, ob man es mit echtem oder unechtem (imitiertem) Pergamentpapier zu tun hat."

Bei der Beurteilung des mehr oder weniger faserigen Risses der Papiere ist Vorsicht geboten. Der Riß ist bei Pergamentpapier nur dann faserfrei, wenn das Rohpapier völlig durchpergamentiert wurde, wie es ja wohl meist der Fall ist. Hat aber die Pergamentierflüssigkeit nur oberflächlich eingewirkt, sei es, daß der Prozeß absichtlich so geleitet wurde, sei es, daß es sich um ein Versehen handelt, so bleibt in der Mitte des Blattes eine Schicht erhaltener Fasern, die an den Rißstellen einen deutlichen Faserrand geben. Derartige Risse können dann fälschlicherweise zu der Annahme führen, daß das Papier nicht pergamentiert ist.

Dicke Pergamentpapiere werden meist durch Zusammenpressen mehrerer Lagen in naßem Zustand hergestellt. Man erkennt nach Klemm[2] an Querschnitten unter dem Mikroskop, ob dies der Fall ist. Die verschiedenen Schichten lassen sich in Chlorzinkjodlösung meist deutlich unterscheiden.

---

[1] Unterscheidungsmerkmale für echtes und imitiertes Pergamentpapier. W.B. 1910 S. 3568.

[2] Klemm: Papierkunde 1923 S. 320.

Die englischen Zollbehörden stellen an Pergamentpapier folgende Anforderungen: „Echtes vegetabilisches Pergament wird aus ungeleimtem Papier durch Behandlung mit Schwefelsäure oder anderen geeigneten Chemikalien hergestellt. Pergamentpapier darf nicht auseinanderfallen, wenn man es 15 Minuten in einer 10%igen Ätznatronlösung kocht und dann 1 Minute lang das Kochgefäß mit dem Inhalt kräftig schüttelt. Bei der Berstdruckprüfung (auf einem der bekannten Apparate von Mullen, Ashcroft u. a.) soll nasses Pergamentpapier mindestens 0,3 des am trockenen ermittelten Wertes ergeben. Das Nässen erfolgt durch 15 Minuten langes Einlegen der Probestücke in Wasser von etwa 80° C. Geprüft werden 10 trockene und 10 nasse Abschnitte; die Mittelwerte entscheiden. (Beispiel: Berstdruck trocken 51, naß 29 engl. Pfund/Quadratzoll. Verhältnis 29 : 51 = 0,57, also größer als 0,3.) Das Papier darf weder Leim, noch Appretur, noch Mineralöl, noch verseifbare Stoffe, noch Wachs oder Harz enthalten. Geringe Mengen Glyzerin oder Zucker zum Geschmeidigmachen des Pergamentpapiers sind zulässig. Im nassen Zustand muß das Papier nach dem Einreißen einen verhältnismäßig glatten, scharfen Rand zeigen; doch ist es belanglos, wenn gelegentlich einzelne Fasern im Riß auftreten.“ Die Charakterisierung des Pergamentpapiers ist also im wesentlichen dieselbe wie bei uns: Art der Herstellung, Verhalten beim Kochen mit schwacher Natronlauge, faserloser Riß. Darüber hinaus verlangen die englischen Zollbehörden eine gewisse Mindestfestigkeit des nassen Pergamentpapiers gegenüber dem lufttrockenen und messen zu diesem Zweck die Berstdrucke in beiden Zuständen. Vermutlich soll dadurch ein gewisser Mindestgrad der Pergamentierung erkannt und zu schwach pergamentiertes Papier aus der zolltechnischen Gruppe der Pergamentpapiere ausgeschieden werden. Je geringer die Pergamentierung ist, um so kleiner wird der Quotient $\frac{\text{Berstdruck naß}}{\text{Berstdruck trocken}}$ sein. Weshalb das englische Zollgesetz 0,3 als untere Grenze für den Quotienten festgesetzt hat, geht aus der Verfügung nicht hervor.

Zu erwähnen ist an dieser Stelle noch das „Neupergament“, eine Papiersorte, die man vielleicht als Zwischenstufe zwischen Pergamentpapier und Pergamentersatzpapier ansehen kann; sie wird hergestellt durch Tränken der geleimten oder ungeleimten Papierbahn mit sehr verdünnten anorganischen oder organischen Säuren unter Zusatz von Formaldehyd und Erhitzen der Bahn auf 100°[1]. Das Papier hat danach ähnliche Eigenschaften wie das Pergamentpapier und verhält sich auch wie dieses beim Kochen mit verdünnter Natronlauge. Von dem so gekochten Papier läßt sich aber Faserbrei von der Oberfläche abschaben, der, unter dem Mikroskop betrachtet, aus ziemlich gut erhaltenen, deutlich erkennbaren Fasern besteht, während bei echtem Pergamentpapier sich die typischen Zerstörungserscheinungen zeigen. Hierdurch ist die Möglichkeit der Unterscheidung beider Papierarten gegeben.

---

[1] DRP. 251159 Dr. E. Fries-Hanau.

Saugfähigkeit.

Diejenige Eigenschaft der Löschpapiere, auf die es bei Beurteilung ihrer Brauchbarkeit in erster Linie ankommt, ist die Saugfähigkeit, also die Fähigkeit, Flüssigkeiten, insbesondere Tinte, aufzusaugen. Als Maß für diese Eigenschaft hat man bisher fast allgemein die Höhe angenommen, bis zu welcher Wasser in 10 Minuten in dem Papier aufsteigt.

Abb. 59. Löschpapierprüfer nach Dr. Klemm.

Zur Bestimmung der Saugfähigkeit bedient man sich zweckmäßig eines von Klemm vorgeschlagenen Apparates, dessen Bau aus Abb. 59 zu ersehen ist.

An dem in senkrechter Richtung verschiebbaren und in jeder Lage durch eine Schraube festzulegenden Querbalken befinden sich vier Maßstäbe mit Millimeterteilung und daneben vier Klemmen zum Festhalten des Papiers. In dem unteren Teil des Gestells befindet sich eine Schale aus Zinkblech, in die so viel Wasser gegossen wird, daß die Maßstäbe beim tiefsten Stand des Querbalkens die Oberfläche eben berühren.

Zum Versuch entnimmt man Streifen von etwa 15 mm Breite (die Breite der Streifen ist ohne Einfluß auf das Ergebnis) und 250 mm Länge, je 5 aus der Längs- und Querrichtung. Diese bringt man bei hochgehobenem Querbalken in die Klemmen, wie es Abb. 59 zeigt, so daß sie neben den Maßstäben, und von diesen 1—2 mm entfernt, herunterhängen. Die untere Kante der Streifen muß die Maßstäbe um 5—10 mm überragen. Bringt man nun den Querbalken in seine tiefste Lage, so tauchen sämtliche Streifen in Wasser, und letzteres steigt im Papier auf, zuerst schneller, dann immer langsamer. Die Schnelligkeit des Aufsteigens hängt von der Saugfähigkeit des Papiers ab. Als Maß für die Beurteilung hat sich die Saughöhe nach 10 Minuten allgemein eingebürgert.

Da die Saughöhe in der Längsrichtung meist etwas größer ist als in der Querrichtung, so prüft man 5 Streifen jeder Richtung und bildet aus den abgelesenen 10 Werten das Mittel.

Die Saughöhen der im Handel vorkommenden Löschpapiere sind sehr verschieden; die schlechtesten zeigen Saughöhen herunter bis zu 15 mm. Bei mittlerer Handelsware findet man Saughöhen von etwa 40—60 mm, bei den besten Erzeugnissen solche von über 100 mm herauf bis 150 mm und mehr.

Bei 205 aus dem Handel aufgekauften und auf Saughöhe geprüften Löschpapieren ergaben sich die nachstehend in Gruppen geordneten Werte.

	Saughöhe nach 10 Minuten in mm															
	0—10	11—20	21—30	31—40	41—50	51—60	61—70	71—80	81—90	91—100	101—110	111—120	121—130	131—140	141—150	151—160
Anzahl der Papiere	—	4	27	**47**	15	17	18	29	15	15	18	3	1	2	2	1
Prozente (rund)	—	2	13	**22**	7	8	8	14	7	7	8	1	0,5	1	1	0,5

Klemm[1] hat für die Abstufung der Löschpapiere nach ihrer Saughöhe folgende Einteilung in Vorschlag gebracht, die sich nach jahrelangen Erfahrungen als zweckmäßig erwiesen und demgemäß eingebürgert hat.

Stufe 0: weniger als 20 mm Saughöhe . ungenügend
„ 1: 20—40 mm . . . . schwach
„ 2: 41—60 mm . . . . mittel
„ 3: 61—90 mm . . . . groß
„ 4: 91—120 mm . . . . sehr groß
„ 5: mehr als 120 mm . . . . . . außerordentlich groß.

Bei Isolierpapieren interessiert vielfach die Aufnahmefähigkeit für Öl. Man verwendet hierbei zur Prüfung je nach dem Verwendungszweck der Papiere Rizinusöl oder Transformatorenöl. Die Saughöhe für Transformatorenöl wird gewöhnlich bei Zimmertemperatur, die für Rizinusöl bei 100° ermittelt. Im letzteren Falle wird ein mit Rizinusöl gefülltes Gefäß in ein Ölbad gehängt und das Bad auf 100° erhitzt. Als Halter für die Papierstreifen benutzt man zweckmäßig den Oberteil des Klemmschen Löschpapierprüfers, der an einem Stativ befestigt wird (Abb. 60). Die Saughöhe wird an je 5 Streifen aus der Längs- und Querrichtung

[1] Klemm: Handbuch der Papierkunde 1923 S. 313.

bestimmt; maßgebend ist das Mittel aus den 10 Einzelwerten. Die nachstehende Tabelle gibt die Ergebnisse einiger im Amt geprüfter Papiere wieder.

Papiere Bezeichnung	Anzahl	Saughöhe in mm für			
		Rizinusöl	von 100°	Transformatorenöl von 19° (Viskosität 7,75 nach Engler)	
		nach 10 Min.	nach 1 Std.	nach 10 Min.	nach 1 Std.
Kabelpapier, nicht komprimiert	1	7,9	13	—	—
Kabelpapier, komprimiert . . .	1	5,4	8,3	—	—
Starkstromkabelpapier	6	4,7—6	9,2—10	—	—
Isolierpapier	7	6,7—8	9,8—14	—	—
Isolierkarton, saugfähig . . .	2	—	—	6	—
Natron-Zellulosepapier	3	—	—	5—6	9—11

Einen Vorschlag zur Beurteilung der Löschfähigkeit von Papier, der die Saughöhenbestimmung ergänzen soll, haben Beadle und Stevens[1] gemacht. Er bezweckt, festzustellen, wie sich Löschpapier bei wiederholtem Ablöschen von Tinte verhält. Nach jedesmaligem Ablöschen nimmt das Papier etwas von den festen Bestandteilen der Tinte auf, die getroffenen Stellen werden bei weiterem Ablöschen weniger saugen als vorher, und allmählich wird es so weit kommen, daß die Schrift ausgedrückt wird.

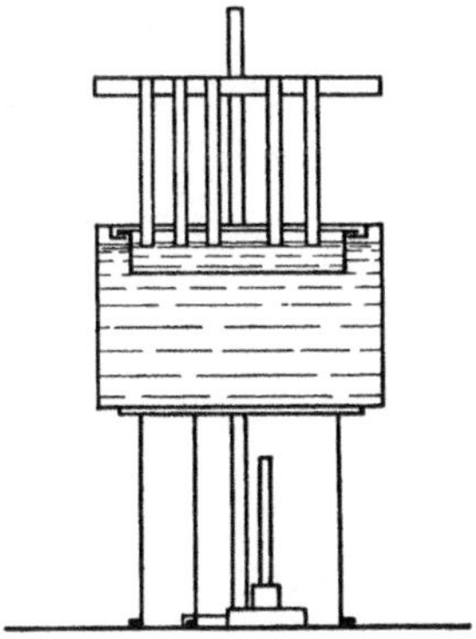

Abb. 60. Versuchsanordnung zur Bestimmung der Saughöhe von Papier für Öl.

Läßt man auf Löschpapier einen Tintenklecks eintrocknen und zieht dann quer über den Rand weg Tintenstriche, so wird die Tinte des Striches in der Mitte des Kleckses noch gut aufgesaugt, am Rande aber nicht mehr (Abb. 61).

In einer gewissen Randzone, die bei verschiedenen Papieren verschieden breit ist, hat das Papier die Fähigkeit, Tinte aufzusaugen, verloren. Je breiter diese Randzone ist, um so weniger wird das Papier für wiederholtes Ablöschen geeignet sein. Als Maß schlagen Beadle und Stevens die Breite dieser nicht löschenden Randzone bei einem Klecks vor, der durch Aufbringen von 1 cm^3 Tinte auf das Löschpapier erzeugt worden ist; ausgedrückt wird die Zonenbreite in Prozenten, bezogen auf den Durchmesser des Kleckses. Bei ihren Versuchen ermittelten die genannten Autoren bei Klecksdurchmessern von 76—90 mm nicht löschende Randzonen von 1,7—10%.

Nach der Größe der Randzone beurteilt, wären also die Löschpapiere mit kleiner Zone am längsten gebrauchsfähig, die mit großer Randzone weniger. Nun hat sich aber bei vergleichenden Versuchen

[1] Beadle u. Stevens: Pulp & Paper 1904; P.Z. 1904 Nr. 104; W.B. 1905 Nr. 3.

im Materialprüfungsamt[1] gezeigt, daß man vielfach bei besonders saugfähigen Papieren große und bei schlecht saugenden Papieren kleine Randzonen beobachtet.

Ferner wurden bei Verwendung verschiedener Tinten bei dem gleichen Papier erhebliche Unterschiede in der Größe der Randzone gefunden.

Der vollkommenste Apparat zur Bestimmung der Brauchbarkeit von Löschpapier dürfte zur Zeit der von Dalén konstruierte sein (Abb. 62),

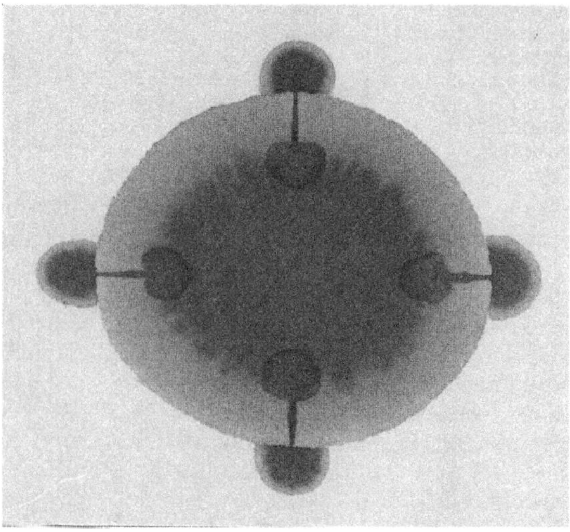

Abb. 61. Randzone bei Tintenklecksen.

dessen Wirkungsweise der praktischen Anwendung des Löschpapiers entspricht.

Bei der alleinigen Beurteilung der Löschpapiere nach der Saughöhe hat sich herausgestellt, daß sich ab und zu Löschpapiere, obwohl sie eine große Saughöhe aufweisen, beim praktischen Gebrauch nicht bewähren, weil sie auch bei vorsichtig und langsam vorgenommenem Ablöschen der Schrift die Tinte nicht aufsaugen, sondern auf dem Schreibpapier verschmieren. Dieser Fehler beruht auf verzögerter Aufnahme der Tinte von der Oberfläche des Löschpapiers aus, d. h. auf ungenügender „Benetzbarkeit". Bei der Bestimmung der Saughöhe ist hin und wieder eine kleine Verzögerung im Aufstieg des Wassers beim Einsenken des Versuchsstreifens beobachtet worden, aber sie ist meist von viel zu kurzer Dauer, um gemessen werden zu können und daher für die Prüfung und Beurteilung nicht verwendbar.

Daß zur Beurteilung der Verwendbarkeit von Löschpapier die Saughöhe nicht voll genügt, geht aus den von verschiedenen Seiten gemachten Vorschlägen für neue oder ergänzende Prüfungsarten hervor, von

[1] Herzberg: Mitt. 1909 S. 46.

denen jedoch keine allgemeine Verwendung gefunden hat. Die wichtigsten dieser Vorschläge sind in der 5. Auflage der „Papierprüfung", S. 183, beschrieben und kritisch besprochen worden.

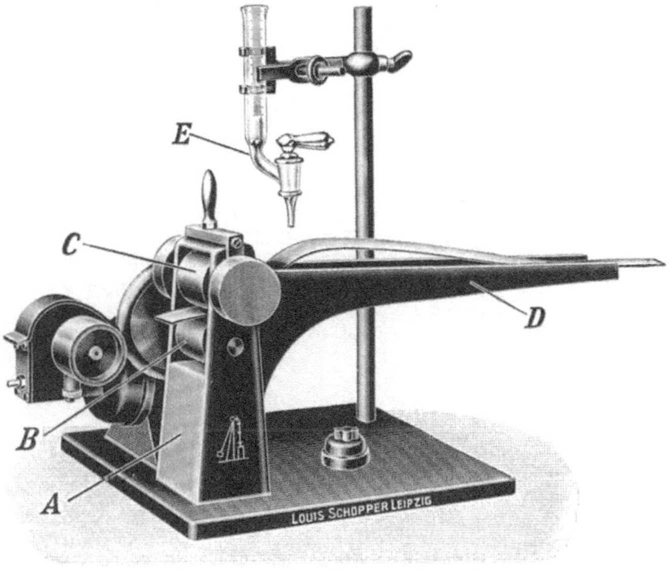

Abb. 62. Daléns Löschpapierprüfer.

Da große Saughöhe wenig Wert hat, wenn sie infolge ungenügender Benetzbarkeit der Oberfläche erst zur Geltung kommt, nachdem beim Ablöschen Tinte auf dem Schreibpapier ausgequetscht worden ist, so ist bei der Beurteilung vor allem auf gute Benetzbarkeit zu achten; die durch die Saughöhe bedingte Saugfähigkeit braucht nur so groß zu sein, daß sie die von der Oberfläche des Löschpapiers aufgenommene Tinte genügend schnell in die Tiefe und zur Seite weiterleitet.

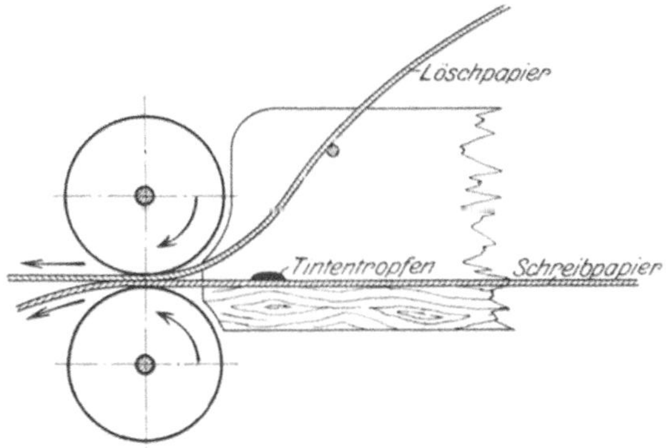

Abb. 63.

Bei der Benutzung von Löschpapier auf einem gewöhnlichen bogenförmigen Löscher kann man schon eine recht brauchbare Vorstellung von der Benetzbarkeit erhalten[1]. Mit einem gut benetzbaren Papier

[1] Holwech [Papir-J. Jg. 17 (1929) S. 273] benutzt einen Löscher, der bei konstanter Belastung eine wiegende Bewegung mit konstanter Geschwindigkeit ausführt.

kann man Tintenkleckse und breite Tintenstriche auch bei ziemlich schneller Bewegung des Löschers scharf ablöschen, mit einem schlecht benetzbaren läßt sich die Tinte dagegen auch bei sehr langsamem und vorsichtigem Arbeiten nicht ablöschen, ohne daß sie auf dem Schreibpapier ausgedrückt wird. Ein Weg für die Feststellung der Benetzbarkeit ist hiermit gegeben und es handelt sich nur darum, die Versuche so anzuordnen, daß zahlenmäßige Angaben erhalten werden. Diese Angaben können in zweierlei Weise erfolgen; entweder gibt man an, mit welcher größten Geschwindigkeit abgelöscht werden kann, ohne daß Ausquetschen stattfindet, oder man bestimmt bei gleichbleibender Löschgeschwindigkeit die Größe des Ausquetschens. Prof. Dalén wählte den zweiten Weg und konstruierte einen Apparat, der die Bestimmung der Saugfähigkeit von der Fläche aus gestattet (Abbildung 62)[1].

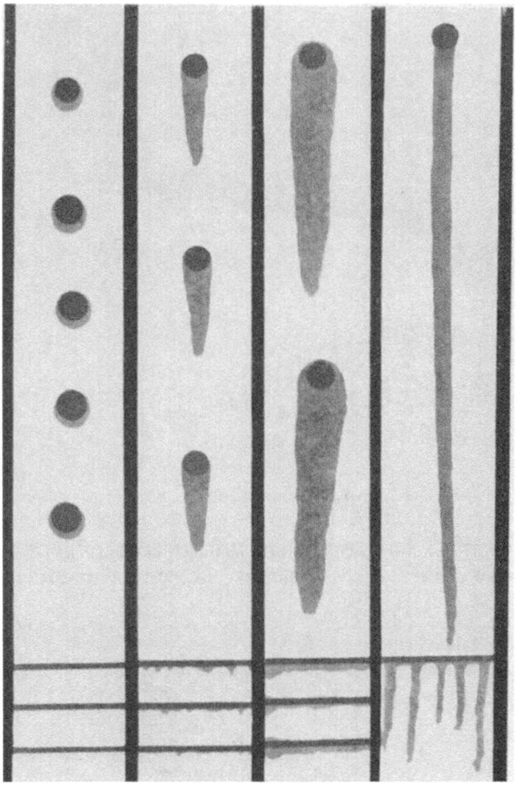

a b c d

Abb. 64.

Ein Tintentropfen von bestimmter Größe wird aus einer Bürette auf einen Schreibpapierstreifen gebracht, der dann zusammen mit einem Löschpapierstreifen durch ein Walzenpaar mit gleichförmiger Geschwindigkeit gewalzt wird (s. Skizze Abb. 63).

Ein kleiner Elektromotor treibt die in einem Bock A gelagerte Walze B mit gleichmäßiger Geschwindigkeit an. Über diese Walze ist die Druckwalze C gelagert, die, um den Papierstreifen leicht einführen zu können, angehoben werden kann. Der Streifen erhält eine sichere Führung durch eine an den Bock angebaute Rinne D. Der Löschpapierstreifen wird von oben aufgelegt, nachdem der Tintentropfen auf das Schreibpapier gebracht worden ist. Der Tintentropfen wird je nach der Saugfähigkeit des Löschpapiers mehr oder weniger lang gewalzt und es ergeben sich Ablöschbilder, die für die Güte des Papiers

[1] Prüfung des Löschpapiers von der Oberfläche aus. Dalén: Mitt. 1922 S. 238.

kennzeichnend sind: Gute Löschpapiere geben kurze Ablöschlängen, schlechte Sorten sind an einer langen Tintenbahn kenntlich. Gemessen wird die Länge der ausgewalzten Tintenbahn unter Ausschluß des Klecksdurchmessers.

Abb. 64 zeigt in halber Größe die Ablöschfiguren der Tropfen von 4 verschiedenen Löschpapieren: a von einem gut benetzbaren, b und c von mittelgut und d von einem schlecht benetzbaren. Das Ablöschbild c weicht durch seine Breite von den übrigen ab. Diese Breite des Ablöschbildes ist charakteristisch für alle sehr dünnen Löschpapiere und sie nimmt auch nicht bei Verwendung von mehreren aufeinandergelegten Blättern ab. Für die Beurteilung müßte demnach nicht nur die Länge, sondern auch die Breite bzw. die Fläche des Ablöschbildes berücksichtigt werden; um aber das Verfahren so einfach wie möglich zu gestalten, hat Dalén von der Bestimmung der Fläche zunächst abgesehen. Zum Vergleich zeigt Abb. 64 auch die Einwirkung der 4 Papiere auf etwa 2 mm breite mit der Ziehfeder gezogene Tintenstriche.

Die Auslaufbilder sind unmittelbar nach dem Versuch auf dem Lösch- und Schreibpapier gleich, aber beim Liegen läuft die Tinte im Löschpapier etwas aus und aus diesem Grunde sind zum Ausmessen die Schreibpapierstreifen zu benutzen.

Einige Versuchsergebnisse.

Mit 38 Löschpapieren, guten, mittleren und geringen Sorten, wurden Saughöhe und Länge der Ablöschstreifen bestimmt und ferner praktische Löschversuche vorgenommen.

Diese wurden in der Weise angestellt, daß auf Schreibpapier gezogene, 1½ mm breite Tintenstriche schnell abgelöscht wurden. Nach dem Aussehen der abgelöschten Linien wurden die Löschpapiere dann in 4 Gruppen geteilt. Gruppe I enthält die Papiere, welche auch bei sehr schnellem Ablöschen die Tinte nicht ausquetschen; Gruppe II die, welche ein schwaches, Gruppe III die, welche ein deutliches und Gruppe IV die, welche ein starkes Ausquetschen der Tinte verursachen. Wie aus nachstehender Zusammenstellung ersichtlich, ist die Übereinstimmung zwischen den Ergebnissen bei Beurteilung nach der Länge der Ablöschstreifen und den praktischen Versuchen recht gut. Der Vergleich der praktischen Befunde mit der Saughöhe zeigt dagegen, daß wohl in der Regel gute Löschpapiere hohe Saughöhenwerte haben, aber auch, daß von dieser Regel Ausnahmen vorkommen, die eine Beurteilung nach der Saughöhe allein unsicher machen.

Gruppe	Anzahl der Papiere	Länge der Ablöschstreifen mm	Saughöhe mm
I	10	3— 7	85—129
II	13	9— 41	42—166
III	9	48—135	26— 66
IV	6	131—257	23— 46

Für die zahlenmäßige Feststellung der Güte eines Löschpapiers liefert jedenfalls die Prüfung von der Oberfläche aus durch Bestimmung der Benetzbarkeit zuverlässigere und mit der praktischen Verwendung besser übereinstimmende Werte als die Saughöhe.

Die Länge der Ablöschstreifen ist bei den meisten Löschpapieren etwas verschieden in der Maschinen- und Querrichtung und auf der Sieb- und Oberseite, aber der Unterschied ist nur gering und außerdem ist keine Seite oder Richtung bevorzugt. Da es immerhin möglich wäre, daß bei einem Papier sich die beiden Seiten verschieden verhalten, so ist es zweckmäßig, beide Seiten zu prüfen.

Abgesehen von äußeren Eigenschaften hat man bisher an Löschpapiere andere Anforderungen als solche auf Saugfähigkeit nicht gestellt; man hat z. B. weder besonderen Wert auf ein Mindestmaß an Festigkeit, noch auf bestimmte Stoffzusammensetzung o. a. gelegt, und so ist es denn gekommen, daß bei dem Bestreben, immer bessere Löschpapiere zu machen, nur die Erlangung möglichst großer Saughöhen das Ziel war. In dieser Hinsicht sind denn auch gute Erfolge erzielt worden. Bei den im Materialprüfungsamt zur Prüfung vorgelegten Proben haben die höchsten Werte

ein österreichisches Erzeugnis mit 189 mm Saughöhe
„ deutsches „ „ 199 mm „
„ „ „ „ 202 mm „

erreicht; es hat sich aber gezeigt, daß die praktische Verwendbarkeit derartiger Papiere für gewöhnliche Löschzwecke wegen ihrer überaus geringen Festigkeit und des losen Zusammenhanges des Fasermaterials sehr begrenzt ist.

Von einem brauchbaren Löschblatt muß man außer guter Saugfähigkeit auch gewisse Festigkeit verlangen, damit man die gute Löschfähigkeit praktisch ausnutzen kann; es darf daher nicht übermäßig leicht einreißen und abbrechen und muß ferner so viel Zusammenhang besitzen, daß es nicht abfasert.

Ergebnisse der Prüfung von 12 Löschpapieren auf Festigkeit und Saughöhe.

Laufende Nummer	Mittlere Reißlänge m	Mittlere Dehnung %	Saughöhe nach 10 Min. mm
1	275	1,1	199
2	300	1,2	202
3	325	0,5	189
4	525	0,7	132
5	550	1,0	131
6	625	1,2	85
7	725	0,6	52
8	825	0,6	68
9	1025	1,7	59
10	1350	0,9	44
11	1825	1,1	34
12	2250	2,2	89

Praktische Versuche mit den drei oben erwähnten Papieren haben gezeigt, daß sie diesen Ansprüchen nicht genügen. Ihre Festigkeit ist so gering, daß die Blätter schon nach kurzem Gebrauch einreißen und zerbrechen. Das Papierblatt, auf dem mit diesen Blättern abgelöscht wird, zeigt nach dem Abdrücken der Schrift vielfach Fasern, die dann beim Weiterschreiben die Feder verschmutzen.

Diese unangenehmen Erscheinungen sind die Folge des Arbeitens nach so hohen Saughöhen und sie zeigen, daß es notwendig ist, sich in dieser Hinsicht Beschränkungen aufzuerlegen.

Im allgemeinen nimmt mit zunehmender Saughöhe die Festigkeit ab. Vorstehende Werte, die bei der Prüfung von 12 Löschpapieren auf Festigkeit und Saughöhe im Materialprüfungsamt ermittelt wurden, geben Beispiele hierfür.

Die Werte zeigen zunächst, daß bei der Mehrzahl der untersuchten Papiere die Saughöhe mit zunehmender Festigkeit abnimmt; sie zeigen ferner, daß sich das Papier Nr. 12 dem Verhalten der übrigen nicht anpaßt. Bei einer Saughöhe von 89 mm hätte man nach der Ausgleichslinie die Reißlänge von etwa 600 m erwarten sollen; statt dessen zeigt es eine solche von 2250 m.

Das Papier machte den Eindruck eines kernigen, griffigen Packpapiers. Im praktischen Gebrauch hat es sich sehr gut bewährt; es nahm die Tinte leicht auf, und auch nach langer Verwendung, als es von beiden Seiten schon so oft benutzt war, daß nur noch wenig unbenutzte Stellen vorhanden waren, zeigte es keine Risse und Brüche und faserte nicht ab.

Filtriergeschwindigkeit und Scheidefähigkeit.

Bei der Beurteilung von Filtrierpapier spielt die Geschwindigkeit, mit der Flüssigkeiten durchlaufen, eine hervorragende Rolle; unter sonst gleichen Umständen wird ein Papier um so wertvoller sein, je schneller das Durchlaufen erfolgt. Diese Eigenschaft kann man zahlenmäßig zum Ausdruck bringen, indem man die Zeit bestimmt, die eine bestimmte Menge Wasser braucht, um unter einem bestimmten Druck durch eine bestimmte Papierfläche hindurchzulaufen.

Hierzu dient der unter Zugrundelegung des Mariotteschen Prinzips gebaute Herzbergsche Filtrierpapierprüfer (Abb. 65).

Ein oben und unten offenes Glasrohr G ist unten in eine Messinghülse M eingekittet. Oben ist eine mit zwei Bohrungen versehene Messingkappe N luftdicht aufgebracht; durch die eine Öffnung geht ein Trichterrohr T, durch die andere ein mit einem Hahn H versehenes Glasrohr.

Das so durch das Glasrohr G gebildete Gefäß steht durch das mit einem Dreiwegehahn D versehene Rohr R mit dem aus Messing gefertigten Filtrierzylinder F in Verbindung; der obere, abnehmbare und mit der Ablaufrinne A versehene Teil E des Zylinders kann durch Schrauben mit dem unteren Teil verbunden werden. Zwischen F und E wird das zu prüfende Papier eingelegt; das aus E und durch die Ablaufrinne A ablaufende Wasser wird in dem Kolben K aufgefangen und gemessen.

Aus dem zu prüfenden Papier werden zunächst kreisrunde Stücke von etwa 5 cm Durchmesser, wenn möglich je eines aus 10 verschiedenen Bogen, entnommen. Man entfernt dann E von F, stellt D so, daß durch R kein Wasser abfließen kann, öffnet H und gießt durch T destilliertes, vor dem Gebrauch stark ausgekochtes Wasser von etwa 20° C in G; nach beendigter Füllung wird H wieder geschlossen.

Dann wird D so gestellt, daß langsam Wasser in den unteren Teil des Filtrierzylinders tritt; ist dieser gefüllt, und zwar so weit, daß die Wasserkuppe über den oberen Rand von F hervorragt, so stellt man den Wasserzufluß bei D ab und legt eines der 10 Blätter auf den abgeflachten Rand von F; hierauf wird E aufgesetzt, fest auf F geschraubt und dann durch Drehen von D die Verbindung von G mit F wiederhergestellt. Das Wasser dringt nun durch das Papier, füllt E und läuft durch A in den Kolben K. Man kann dann bestimmen, innerhalb welcher Zeit eine bestimmte Menge Wasser (z. B. 100 cm³) durch das Papier hindurchgeht.

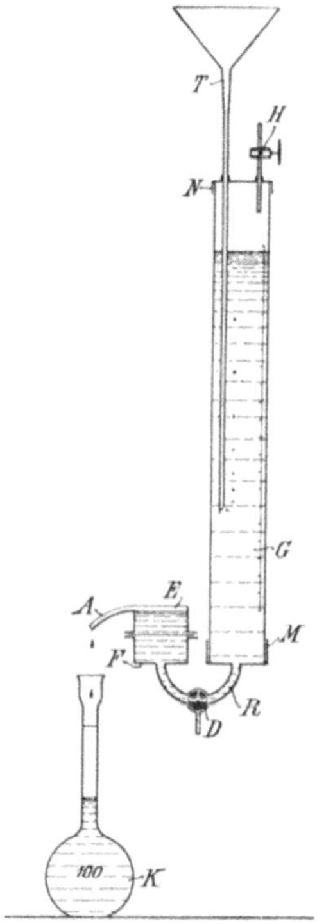

Abb. 65. Herzbergs Filtrierpapierprüfer der Firma Schopper.

Der Druck, unter dem das Ausfließen erfolgt, wird bedingt durch die Entfernung der unteren Öffnung des Trichters T von dem Wasserspiegel in E; durch Verschieben von T kann man also den Druck beliebig einstellen.

Im Materialprüfungsamt wird stets mit einer Druckhöhe von 50 mm gearbeitet; die Abmessungen des Filtrierzylinders sind so gewählt, daß bei dem Filtrierpapier eine wirksame Fläche von 10 cm² abgegrenzt wird. Die Durchlaufzeit von 100 cm³ wird in Sekunden bestimmt; als Endergebnis wird diejenige Wassermenge angegeben, die in einer Minute bei einem Wasserdruck von 50 mm und einer Wasserwärme von 20° C durch 100 cm² Papier läuft.

Mit Hilfe des Filtrierapparates kann man auch die Festigkeit des Filtrierpapieres im nassen Zustande feststellen, indem man durch Höherziehen des Trichterrohres T den Wasserdruck so lange steigert, bis das eingespannte Papier durchreißt.

Um einen Überblick über die Filtriergeschwindigkeit der im Handel vorkommenden Filtrierpapiersorten für analytische Zwecke zu gewinnen, wurden 30 verschiedene Proben aufgekauft und in geschilderter Weise geprüft. Die in der Minute durchgelaufene Wassermenge schwankte von 23—760 cm³; die Verteilung innerhalb dieser Grenzen zeigt die nachfolgende Zusammenstellung:

0–100 cm³	101–200 cm³	201–300 cm³	301–400 cm³	401–500 cm³	501–600 cm³	601–700 cm³	701–800 cm³
4 Papiere	3 Papiere	7 Papiere	4 Papiere	3 Papiere	3 Papiere	4 Papiere	2 Papiere

Eine zweite wichtige Eigenschaft der Filtrierpapiere ist ihre Scheidungsfähigkeit; man versteht hierunter die Fähigkeit, feste, in Flüssigkeiten schwebende Körper, wie Niederschläge usw., beim Filtrieren mehr oder weniger vollkommen zurückzuhalten. Um sich in dieser Hinsicht ein Bild von der Brauchbarkeit eines Filtrierpapiers für chemische Arbeiten zu verschaffen, prüft man es zweckmäßig mit einem Bariumsulfatniederschlag in folgender Weise.

Gleiche Raumteile einer Bariumchloridlösung (122 g Salz in 1 Liter Wasser) und Kaliumsulfatlösung (87 g Salz in 1 Liter Wasser) werden einmal heiß und einmal kalt miteinander vermischt. Die heiße Fällung wird heiß, die kalte in kaltem Zustande filtriert. Aus dem zu prüfenden Papier wird ein Rundfilter von etwa 10 cm Durchmesser geschnitten, in gewöhnlicher Weise in den Trichter glatt eingelegt und mit Wasser angefeuchtet.

Papiere mit hervorragender Scheidungsfähigkeit ergeben selbst bei kalt gefälltem und kalt filtriertem Bariumsulfat klare Filtrate; andere lassen bei kalter Fällung die Flüssigkeit trübe durchlaufen, liefern aber bei heiß gefälltem und heiß filtriertem Niederschlag eine klare Lösung; noch andere zeigen in beiden Fällen trübe durchlaufende Flüssigkeiten.

Zu achten ist bei den Versuchen auf möglichst gleichmäßige Behandlung der Bariumniederschläge; durch starkes Schütteln z. B. kann sich der Niederschlag so verändern, daß er weniger stark durch das Filter geht als vorher.

Handelt es sich um Filtrierpapiere für gewerbliche Zwecke oder um solche des Haushaltes, so wird man naturgemäß bei der Prüfung den Verwendungszweck berücksichtigen und nicht etwa die Brauchbarkeit eines Kaffeefiltrierpapiers nach seinem Verhalten zu einer Bariumsulfatfällung beurteilen.

Die Prüfung eines Filtrierpapiers auf Fettstoffe und Eisen geschieht in bekannter Weise durch Ausziehen mit Äther, bzw. durch Behandeln mit Kaliumeisencyanür (oder Untersuchung der Asche). Über die Art des zur Herstellung verwendeten Rohmaterials gibt die mikroskopische Untersuchung, über den Gehalt an unverbrennlichen Bestandteilen die Veraschung des Papiers Aufschluß (siehe S. 224).

Wasserdichtigkeit.

Wie man sich am zweckmäßigsten ein Urteil bildet über den Widerstand, den Papier der Aufnahme, dem Eindringen und Durchdringen von Wasser entgegensetzt, eine Eigenschaft, die für verschiedene Verwendungszwecke Bedeutung hat, ist zur Zeit noch eine offene Frage. Nachstehend einige Verfahren, die teils für Papier vorgeschlagen worden sind, teils zur Prüfung der Wasserdichtigkeit von Geweben benutzt werden und auch für Papier Anwendung finden können.

1. Trichterversuch. Man faltet aus dem Papier in üblicher Weise ein Filter, setzt es in einen Trichter und füllt Wasser ein, dessen Menge bei allen Versuchen gleich sein muß; den Trichter setzt man auf ein Meßgefäß und beobachtet von Zeit zu Zeit, ob Wasser durchgedrungen

ist und wieviel. Normen für die Wasserhöhe und Beobachtungszeit bestehen nicht.

2. Muldenversuch. In einen Holzrahmen (Abb. 66) wird das Papier in Form einer Mulde eingehängt und an den vier Ecken in geeigneter Weise befestigt (Reißzwecken, Holzklammern mit Schnüren o. ä.); in die Mulde wird Wasser gegossen und die Wasserhöhe an der tiefsten Stelle der Mulde gemessen; sie muß bei allen Versuchen gleich sein. Unter die Mulde kommt eine Schale zum Auffangen des etwa durchgehenden Wassers. Im Notfall, wenn man einen Holzrahmen nicht zur Hand hat, kann man den Versuch auch mit einem umgekehrten Stuhl oder Hocker ausführen.

Will man feststellen, wie sich Kniffstellen im Papier gegen das Wasser verhalten, wird der Bogen vor dem Einhängen in mehreren Richtungen geknifft; will man die Prüfung noch mehr verschärfen, so unterwirft man das Versuchsstück zunächst einer milden Handknitterung. Ein Papier, das auch dann noch kein Wasser durchläßt, dürfte wohl als in besonders hohem Grade wasserdicht zu beurteilen sein.

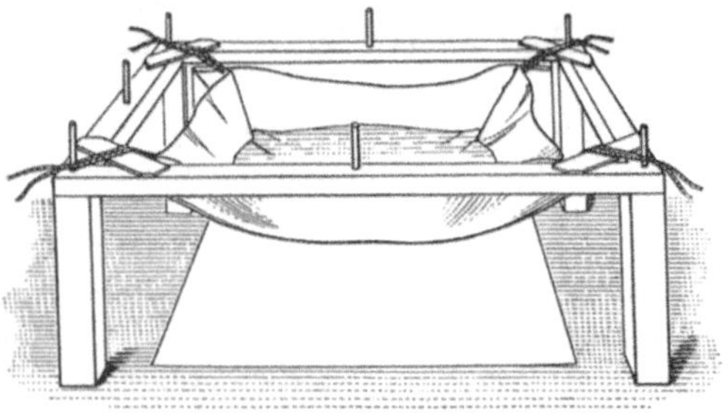

Abb. 66. Muldenversuch.

Normen für die Wassertiefe und Beobachtungszeit bestehen auch für diese Versuchsart noch nicht.

3. Wasserdruckversuch. Eine für diesen Zweck geeignete Apparatur, wie sie im Materialprüfungsamt im Gebrauch ist, zeigt Abb. 67.

Vor Beginn des Versuches wird das Gefäß *b* in die Nullage gebracht (Zeiger *f* über dem Nullpunkt des Maßstabes *e*) und so weit mit Wasser gefüllt, daß es, geleitet durch den Gummischlauch *c*, den Trichter *a* bis zum Rande bei abgenommener Deckscheibe füllt; dann liegen die Wasserspiegel *a* und *b* in derselben Ebene. Nun wird die Papierprobe auf den Trichter gelegt und die Deckscheibe durch Schrauben fest angepreßt. Wird jetzt *b* mit Hilfe von *g* angehoben, so steht das Papier unter dem Druck einer Wassersäule, deren Höhe *h* gleich der Entfernung der beiden Wasserspiegel ist.

Bei der Prüfung kann so vorgegangen werden, daß man den Druck allmählich steigert und beobachtet, bei welcher Druckhöhe sich das Aussehen des Papiers infolge etwaigen Eindringens von Wasser ändert, bzw. die ersten Wassertropfen hindurchdringen; oder man stellt fest, nach welcher Zeit bei einem bestimmten Druck das Wasser das Papier zu durchschlagen beginnt; die vom Wasser benetzte Fläche des Papiers ist 100 cm^2 groß; sie kann aber durch Einlegen von Ringen verkleinert werden.

Für die geschilderten Druckversuche kann auch der von Schopper gebaute Apparat zur Prüfung von Geweben auf Wasserdurchlässigkeit

(Abb. 68) benutzt werden. Durch allmähliches Heben des mit Wasser gefüllten Gefäßes G (Mariottesche Flasche) wird festgestellt, bei welchem am Manometer Ma abgelesenen Druck die ersten Wassertropfen durch die bei E eingespannte Probe hindurchdringen. Der Apparat gestattet auch die Ermittlung der bei einem bestimmten Druck in der Zeiteinheit durch die Probe durchgegangenen Wassermenge. Einen neueren, ebenfalls von der Firma Schopper gebauten Apparat gibt die Abb. 69 wieder.

Die Versuchseinrichtung besteht aus einer Einspannvorrichtung mit einer freien Prüffläche von 100 cm², einer Handschraubenpumpe, die durch eine Rohrleitung mit der Einspannvorrichtung in Verbindung steht und einem Manometer.

Nachdem die Handpumpe und das Einspanngefäß mit Wasser gefüllt sind, wird die Probe auf den Wasserspiegel im Einspanngefäß gelegt und festgespannt. Der Spannring ist so durchbrochen, daß die Probenoberfläche gut beobachtet werden kann. Durch langsames Drehen am Handrad der Schraubenpumpe wird nun der Druck gleichmäßig gesteigert, wobei die Probenoberfläche zu beobachten ist. Sobald auf dieser der erste Wassertropfen erscheint, wird das Handrad stillgesetzt und der erreichte Höchstdruck, der durch einen Schleppzeiger am Manometer angezeigt wird, abgelesen. Das Manometer ermöglicht Drucke bis zu 6 kg/cm² zu messen.

Vom Bureau of Standards wird die sog. „Mattglas-Methode“[1] empfohlen (Abbildung 70). Der Glaszylinder C wird mit seinem unteren Rande in Paraffin getaucht und auf das Papier P gesetzt. Das Ganze steht auf der Mattglasscheibe G, unter der sich eine schwarze Unterlage befindet. Der Zylinder wird bis zu einer Höhe von 1 oder 2 Zoll mit Wasser

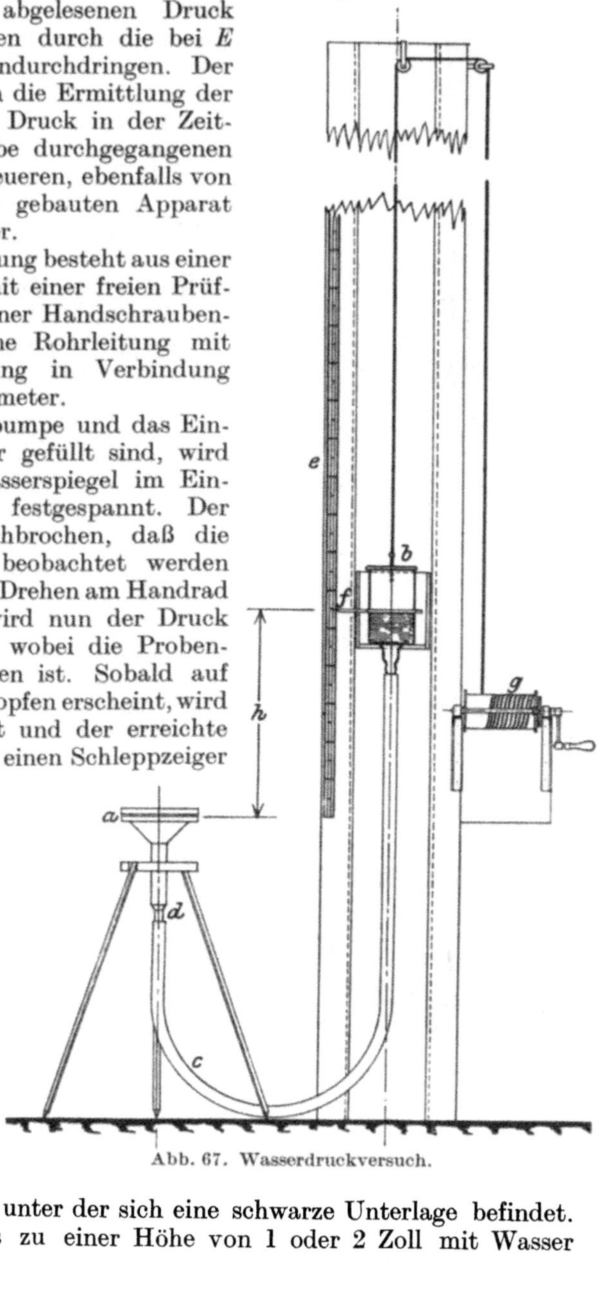

Abb. 67. Wasserdruckversuch.

[1] P. T. M. 1928 S. 82.

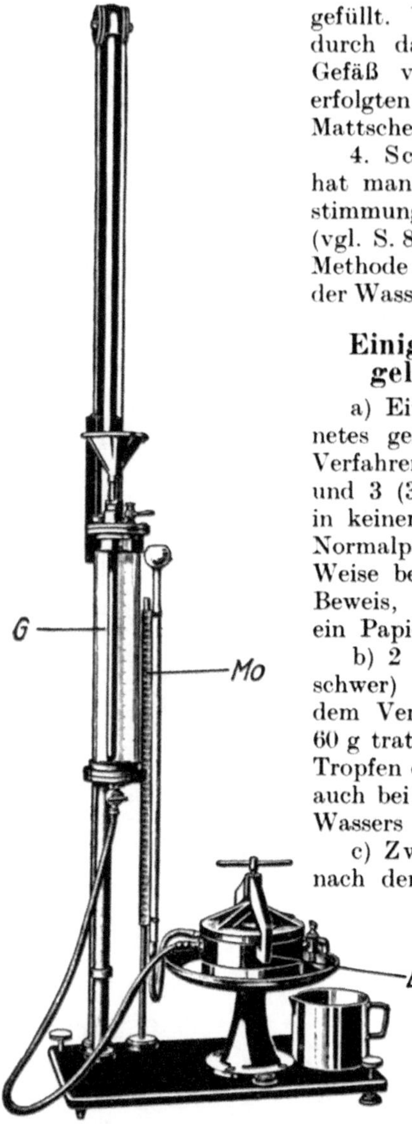

Abb. 68. Wasserdurchlässigkeitsprüfer für Gewebe und Papier.

gefüllt. Um festzustellen, wann das Wasser durch das Papier gedrungen ist, wird das Gefäß von Zeit zu Zeit gehoben. Beim erfolgten Durchtritt von Wasser zeigt die Mattscheibe dunkle Flecken.

4. Schwimmverfahren. In Amerika hat man das Stöckigt-Verfahren zur Bestimmung des Leimungsgrades von Papier (vgl. S. 84) und die sog. Trocken-Indikator-Methode (vgl. S. 85) auch zur Ermittlung der Wasserdichtigkeit in Vorschlag gebracht[1].

Einige Versuchsergebnisse aus gelegentlicher Beobachtung.

a) Ein als besonders wasserdicht bezeichnetes gelbes Packpapier wurde nach dem Verfahren 1 (10 cm Wasserhöhe), 2 (8 cm) und 3 (35 cm) geprüft; nach 4 Tagen war in keinem Fall Wasser durchgedrungen; ein Normalpapier 4b, zum Vergleich in gleicher Weise beansprucht, verhielt sich ebenso, ein Beweis, daß die Harzleimung allein schon ein Papier sehr wasserdicht machen kann.

b) 2 Pergamentpapiere (60 und 80 g/m²) schwer) verhielten sich beim Prüfen nach dem Verfahren 3 wie folgt. Beim Papier 60 g traten bei 25 cm Wasserdruck die ersten Tropfen durchs Papier, beim Papier 80 g war auch bei 50 cm noch kein Durchdringen des Wassers zu beobachten.

c) Zwei Sackpapiere (A und B) wurden nach dem Verfahren 3 einem Wasserdruck von 5 cm ausgesetzt. Papier A zeigte nach 3 Minuten zahlreiche dunkle Flecke, nach 15 Minuten war es dunkel in der ganzen Versuchsfläche, und es zeigten sich die ersten Wassertröpfchen. Das Papier B zeigte unter den gleichen Bedingungen weder Feuchtwerden, noch ließ es Wasser durch.

d) Ein Pergamentpapier wurde nach Verfahren 1 geprüft; 6 Filter, deren Rand vor dem Einlegen in den Trichter mit Paraffin getränkt wurden, hatten nach 24stündigem Druck von 10 cm Wasser folgende Wassermengen durchgelassen: 3,5, 3,5, 3,7, 4,1, 15,9 und 35,0 cm³.

[1] P. T. M. 1924 S. 30.

Bei den Schwimm- und Druckverfahren beruht die Hauptschwierigkeit auf der Bestimmung des Endpunktes der Versuche, der oft von einer subjektiven Beurteilung abhängig gemacht werden muß. Diese Schwierigkeit wird ausgeschaltet bei Absorptionsversuchen, bei denen die Menge

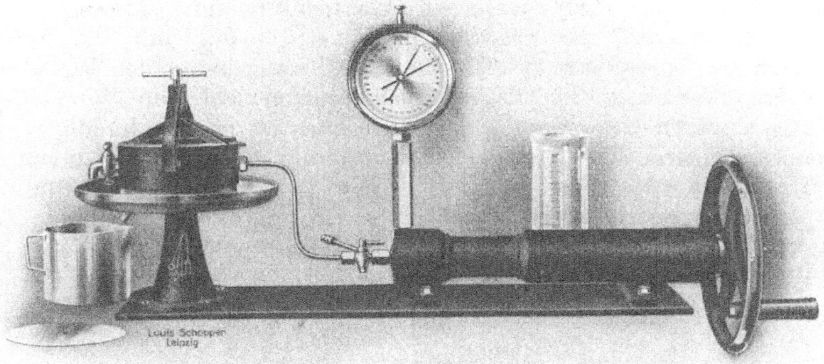

Abb. 69. Schoppers Wasserdruckprüfer.

des aufgenommenen Wassers durch Wägung der Probe vor und nach dem Eintauchen in Wasser bestimmt wird. Diese Methode eignet sich für die Prüfung von Papier weniger als für die von Pappen (siehe S. 320 R. A. L. Nr. 478 A, Prüfung von Kofferhartplatten).

Abb. 70. Versuchsanordnung für die „Mattglas-Methode“

Die vorstehende Aufzählung der Prüfungsverfahren macht keinen Anspruch auf Vollständigkeit; es mögen in der Fachliteratur noch weitere Vorschläge gemacht worden sein; aber schon die Verschiedenartigkeit der hier geschilderten Versuchsarten, die durchaus nicht alle einwandfrei sind, sollte Veranlassung sein, daß sich die interessierten Kreise für ein bestimmtes Verfahren entscheiden. Im Vordergrund wird hierbei die Frage stehen müssen, ob man die Verfahren, die mit Wasserdruck arbeiten, für zweckmäßig hält oder die, bei denen die Saugwirkung des Papiers allein in Frage kommt; die Saugverfahren kommen der Beanspruchung des Papiers beim Gebrauch wohl näher als die Druckverfahren, denn Fälle, in denen ein Papier eine Wassersäule auch nur von geringer Höhe zu tragen hat, dürften wohl nur selten vorkommen.

Wasserfestigkeit.

Bei den im vorstehenden Abschnitt beschriebenen Druckversuchen wird unter dem Druck des Wassers auch die Festigkeit des Papiers beansprucht. Würde man den Druck nicht nur bis zum Durchtritt des Wassers, sondern bis zum Zerplatzen des Papiers steigern, so stellte dieser Versuch eine Art Wasserfestigkeitsprüfung dar. Abgesehen von Schwierigkeiten bei der praktischen Durchführung mit den vorher beschriebenen Apparaten, würde die Einwirkungsdauer des Wassers je nach der Festigkeit des Papiers verschieden sein; die Versuchsbedingungen wären also nicht gleich. Deshalb ist es zweckmäßiger, die Anfeuchtung und die Festigkeitsbestimmung getrennt vorzunehmen. Die Proben werden eine bestimmte Zeit in Wasser von bestimmter Temperatur belassen und darauf einer Prüfung auf Festigkeit (Zugfestigkeit, Falzwiderstand oder Berstdruck) unterzogen. Als Maß für die Wasserfestigkeit dient der Unterschied der Festigkeitswerte, die vor und nach der Wasserbehandlung des Papiers ermittelt wurden.

Luftdurchlässigkeit.

Die Bestimmung der Luftdurchlässigkeit ist bei manchen Papiersorten von Wichtigkeit. Von Papieren, die zum Umhüllen gewisser Nahrungs- und Genußmittel (Kakao, Tee usw.) dienen, wird eine geringe, von Sackpapieren hingegen eine große Luftdurchlässigkeit verlangt. Eine sehr einfache Apparatur für die Bestimmung der Luftdurchlässigkeit hat Winkler-Karstens[1] vorgeschlagen:

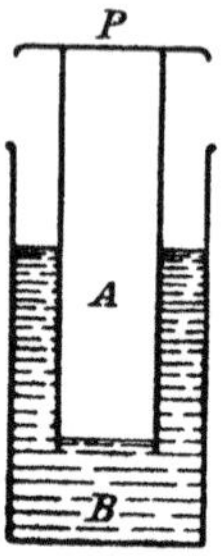

Abb. 71. Winkler-Karstens Luftdurchlässigkeitsprüfer.

Ein an beiden Enden offener Glaszylinder *A* (Abb. 71) wird oben durch geeignete Vorrichtungen mit dem zu prüfenden Papier abgedichtet und dann so weit in ein Gefäß *B* mit Wasser getaucht, daß das Wasser in *B* 10 cm höher steht als in *A*. Die Luft in *A* steht nun unter Druck, entweicht allmählich durch *P*, und sobald der Wasserspiegel in *A* sich mit dem von *B* in gleicher Höhe befindet, ist der Versuch beendet.

Auf dem gleichen Prinzip beruht das in Amerika viel benutzte Gurley-Densometer (Abb. 72)[2]. Die Zylinder sind in diesem Fall aus Metall gefertigt. Zur Messung wird der äußere Zylinder bis zu einer bestimmten Marke mit destilliertem Wasser gefüllt, der innere bis zur eingravierten Nullinie eingetaucht und dann losgelassen. Die Zeit, die der innere Zylinder braucht, um von der Linie 0 bis zur Linie 100 zu sinken, entspricht der Zeit, in der 100 cm³ Luft durch die Poren des zu untersuchenden Papiers gehen, sie ist maßgebend für die Beurteilung der Luftdurchlässigkeit.

Beide Verfahren haben den Nachteil, daß der Druck, unter dem die Luft durch das Papier entweicht, während des Versuches ständig

[1] Winkler-Karstens: Papieruntersuchung 1902 S. 41.
[2] Carson: Das Densometer. Z. u. P. 1930 Nr. 3 S. 193.

abnimmt, in der Zeiteinheit also eine immer kleinere Luftmenge durchgedrückt wird.

Ein weiterer Übelstand liegt darin, daß die durch das Papier entweichende Luft sehr feucht ist, während des Versuches immer feuchter wird und daher den physikalischen Zustand des Papierblattes bis zum Ausgleich ständig ändert. Die Fasern quellen und verengen die Kanäle, durch die die Luft entweicht.

Beide Übelstände werden bei der von Dalén zusammengestellten Apparatur vermieden (Abb. 73), die im wesentlichen aus der Vorrichtung zum Einspannen des Papiers, einem Gasmesser und einer Luftpumpe besteht.

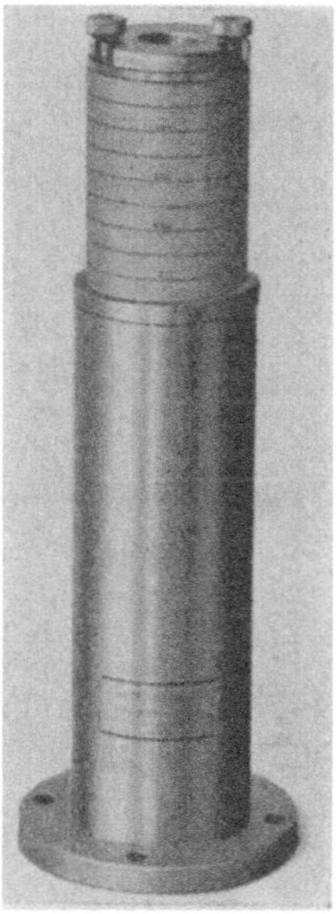
Abb. 72. Gurley-Densometer.

Das zu prüfende Papier wird bei *c* zwischen den beiden Teilen *a* und *b* der Einspannvorrichtung, deren unteres Ende luftdicht abgedichtet in die Flasche w_2 hineinragt, eingespannt; durch eine zweite Öffnung dieser Flasche ist das Rohr des Wassermanometers m_3 geführt, und durch die dritte geht das Verbindungsrohr zum Gasmesser *d*, der über einen Druckregler *f* hinweg mit einer Luftpumpe in Verbindung steht. Wirkt letztere, so entsteht von ihr aus bis zur Papierscheibe Unterdruck, und die äußere atmosphärische Luft dringt durch das Papier.

Da die Schwankungen des von einer Wasserstrahlluftpumpe bewirkten Unterdruckes nicht unerheblich sind, muß durch Einschaltung größerer Lufträume (Windkessel w_1, Luftraum von *f* und Windkessel w_2) für einen Ausgleich des Druckes gesorgt werden, Manometer m_1 zeigt annähernd die Pumpleistung an, m_2 den Druck, nachdem der Druckregler *f* seine Wirkung ausgeübt hat. m_1 wird einen etwas höheren Druck anzeigen als m_2, die Anzeige von m_2 wird der Tauchtiefe des Rohres *e* entsprechen. m_3 gibt den Druck an, unter dem die Außenluft durch das Papier dringt, also den für den Versuch maßgebenden.

Zum Messen der Luftmenge wird ein Gasmesser nassen Systems benutzt. Dieser ist zur Verhinderung einer etwaigen Veränderung des normalen Flüssigkeitsstandes infolge des Unterschiedes im Druck vor und hinter dem Messer mit einer besonderen Überlaufvorrichtung versehen.

Geprüft wird bei einem Druck, der einer Wassersäule von 10 cm Höhe entspricht und bei m_3 abgelesen wird.

Die Einstellung auf diesen Druck erfolgt nach dem Einlegen der Papierscheibe durch Höher- oder Tieferstellen des Rohres *e*. Die dem Luftdruck ausgesetzte Fläche des Papiers ist 10 cm² groß. Die Dauer des Einzelversuches beträgt im allgemeinen 5 Minuten. Ausgeführt werden mit jedem Papier 10 Versuche. Als Endergebnis wird angegeben, wieviel Liter Luft bei 10 cm Wasserdruck in einer Minute durch 100 cm² Papier gehen.

Die Ausführung der Versuche geschieht in einem Versuchsraum mit 65% Luftfeuchtigkeit, und da die Luft aus dem Versuchsraum direkt angesaugt wird, so verändert das Papier während des Versuches seinen physikalischen Zustand nicht.

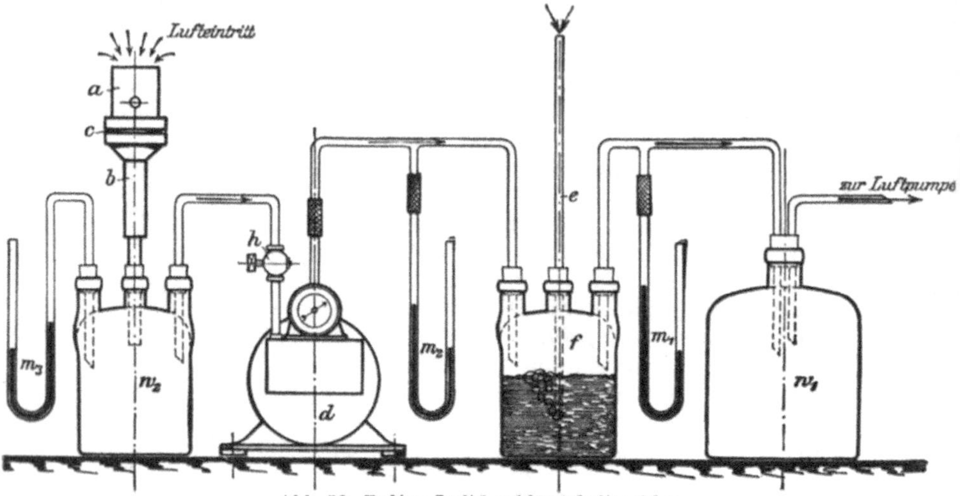

Abb. 73. Daléns Luftdurchlässigkeitsprüfer.

Um eine Vorstellung davon zu geben, um welche Werte es sich hierbei bei Papieren verschiedener Art handelt, seien nachstehend die bei der Prüfung einiger Papiersorten ermittelten Ergebnisse angeführt.

Lfd. Nr.	Art der Papiere	Quadratmetergewicht g	Dicke mm	Luftmenge in Liter[1]
1	Löschpapier	127	0,29	64,3
2	Rotationsdruckpapier	53	0,09	2,9
3	Seidenpapier	12	0,02	1,3
4	Normal 3	92	0,09	0,3
5	Normal 4b	92	0,09	0,6
6	Pergaminpapier	60	0,05	0,1
7	Pergamentersatzpapier (sehr fettdicht)	80	0,09	0,1
8	Desgl. (schwach fettdicht)	56	0,07	0,1
9	Pergamentpapier, dünn	79	0,10	0,1
10	Pergamentpapier, dick	160	0,16	0,1

Bei den letzten 5 Papieren ist so wenig Luft durchgegangen, daß man sie wohl technisch und für praktische Verwendungszwecke, bei denen ja der Druck wegfällt, als luftdicht bezeichnen kann.

Bei 77 im Amt geprüften Sackpapieren[2] wurden Werte von 0,090 bis 7,580 Liter gefunden. Daraus ergibt sich eine mittlere Luftdurchlässigkeit von 1,60 Liter[1].

[1] Zeit: 1 Minute. Druck: 10 cm Wasser. Fläche: 100 cm².
[2] Schulze: W.B. 1928 Nr. 12 S. 318; P.F. 1928 Nr. 13 S. 198.

Schopper hat zur Bestimmung der Luftdurchlässigkeit den durch Abb. 74 gekennzeichneten Apparat gebaut, der die Vorteile der Dalénschen Anordnung mit großer Handlichkeit vereint.

Das Wassergefäß *G* mit dem Saugrohr *S* und dem Einfülltrichter *T* ist zusammen mit der Einspannvorrichtung *E*/*R* und dem Manometer *M* an einem Rohr *F* angebracht, das an der Stativstange St_1 vertikal verschiebbar ist. Damit das Verstellen dieser Apparatenteile leicht vorgenommen werden kann, sind sie durch ein Gegengewicht *A*, das durch die Stativstange St_2 geführt wird, ausgeglichen. Unveränderlich fest sitzt an der Stativstange St_1 in einem Rohrhalter das Überlaufrohr *O*, welches durch einen Gummischlauch mit dem Gefäß *G* in Verbindung steht.

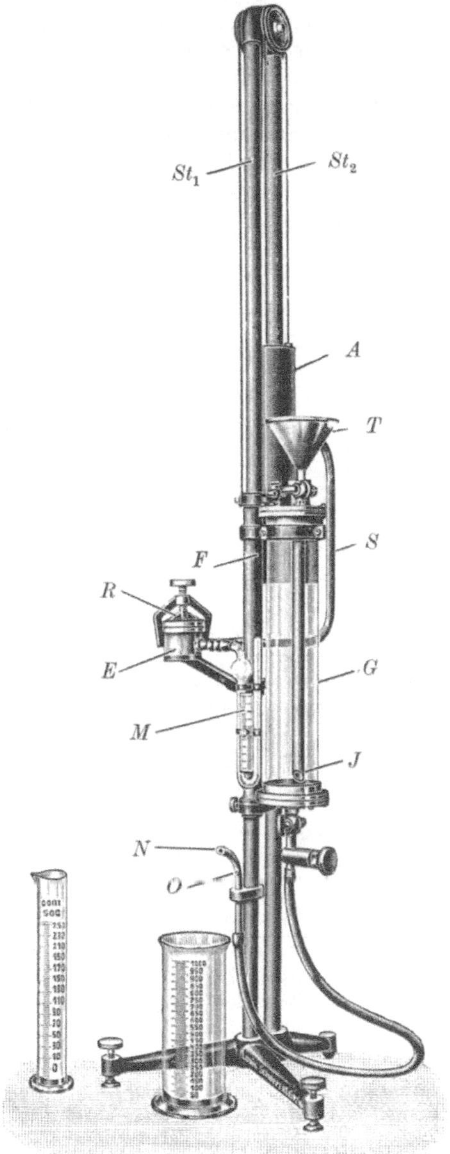

Abb. 74. Luftdurchlässigkeitsprüfer nach Schopper.

Nachdem *G* nach der Gebrauchsanweisung mit Wasser gefüllt ist, geschieht die Ausführung des Versuchs in folgender Weise: Mit einer Schablone wird aus dem Papier eine Probescheibe ausgeschnitten und in die Einspannvorrichtung *E*/*R* sorgfältig eingespannt. Um einen Unterdruck von 10 cm Wassersäule zu erzeugen, wird das Rohr *F* mit allen daran befestigten Teilen unter Beobachtung der beiden Flüssigkeitsspiegel im Manometer *M* allmählich hochgeschoben. Sobald der Höhenunterschied der beiden Wasserspiegel 10 cm beträgt, wird das Rohr *F* mit einer Stellschraube festgelegt. In der Saugrohrleitung *S* und dem Luftkessel *E* unterhalb der eingespannten Papierprobe ist nun ein Unterdruck von 10 cm Wassersäule vorhanden. Dieser Druck wird durch die Mariottesche Flasche *G* konstant gehalten, er ist bedingt durch den Höhenunterschied zwischen *J* und *N*. Dieser Höhenunterschied ist unter Einhaltung des konstanten Unterdruckes bei dichten und fast dichten Papieren klein, bei stark luftdurchlässigen groß. Im ersten Fall braucht man zur Erzielung dieses Druckes das Gefäß *G* nur wenig aus der Nullstellung hochzuschieben, die Luftblasen steigen aus *J* sehr spärlich oder gar nicht in *G* auf und aus *N* tropft ebenso wenig oder gar kein Wasser in den untergestellten Meßzylinder. Im zweiten Fall muß zwecks Einhaltung der gleichen Druckbedingungen das Gefäß *G* sehr hoch gehoben werden. Die Luftblasen steigen in reichlicher Anzahl und mit großer Geschwindigkeit aus *J* in *G* auf und das Wasser fließt in starkem Strahl aus *N* in den Meßzylinder. Die in dem Meßzylinder aufgefangene Wassermenge entspricht der durch die Probe gesaugten Luftmenge.

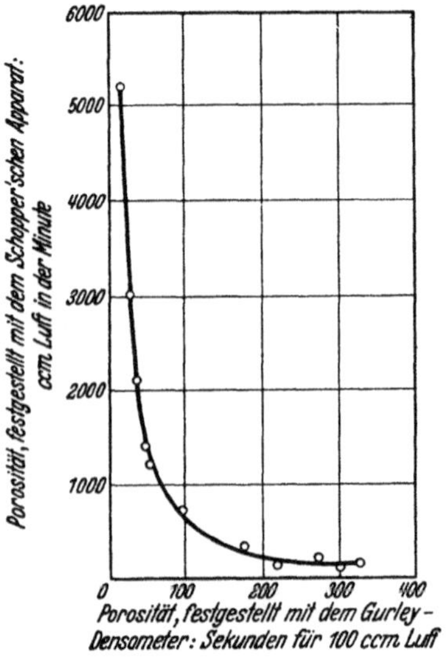

Abb. 75. Kurve von Hall für den Vergleich der mit dem Schopperschen Apparat und dem Gurley-Densometer erhaltenen Werte.

Es ist nun nötig, vom Beginn der konstanten Druckeinstellung an eine bestimmte Zeit für die Versuchsdauer einzuhalten und am besten mit einer Stoppuhr zu beobachten. Bei dichten Papieren wählt man die Versuchsdauer möglichst länger als eine Minute, um ein gut meßbares Wasserquantum zu erhalten, wobei man den engen Meßzylinder (250 cm³) benutzt.

Die luftdurchlässigeren Proben prüft man je nach Wasserverbrauch eine Minute oder auch weniger und verwendet dabei den weiteren Meßzylinder (1000 cm³). Die am Meßzylinder abgelesene Zahl für die aufgefangene Menge Wasser, umgerechnet auf die Zeiteinheit von einer Minute, ist dann der Luftdurchlässigkeitswert, bezogen auf 10 cm² Prüffläche.

Für die Prüfung sehr stark luftdurchlässiger Papiere (Filtrier-, Löschpapier usw.) wäre eine sehr große Höhenstellung des Gefäßes *G* und eine große Wassermenge erforderlich, wenn, selbst bei kurzer Versuchsdauer (¼ Minute), bei einem Normaldruck von 10 cm geprüft würde. Hierfür müßte der Apparat bedeutend länger und das Gefäß *G* entsprechend größer sein. Da aber Proportionalität besteht zwischen den Drucken, Zeiten und Volumina, so kann die Prüfung derartiger Papiere mit dem vorliegenden Apparat ebenfalls genau durchgeführt werden, wenn kleinere Drucke angewendet werden. Die bei dem geringeren Druck im Meßzylinder aufgefangene Wassermenge wird dann auf das Volumen bei 10 cm Druck umgerechnet.

Da das Ablesen der im Meßzylinder aufgefangenen Wassermengen mit Ungenauigkeiten verknüpft sein kann, wird im Amt die Ausflußzeit einer bestimmten, in einem Meßkolben mit engem Hals aufgefangenen

Wassermenge ermittelt. Im allgemeinen werden Meßkolben von 250 cm³, bei wenig durchlässigen Papieren solche von 100 cm³ benutzt. Als Endergebnis wird angegeben, wieviel Liter Luft in einer Minute durch 100 cm² des Papiers gehen, bei einem Luftdruckunterschied, der einer Wassersäule von 10 cm entspricht.

Um die mit dem Schopperschen Apparat erhaltenen Werte mit denen des Densometers vergleichen zu können, hat Hall[1] auf Grund praktischer Versuche die vorstehend wiedergegebene Kurve aufgestellt (Abb. 75). Es dürfte sich jedoch hierbei nur um Annäherungswerte handeln, da man bei verschiedenen Papiersorten nicht völlig gleiche Kurven erhalten wird.

Zur Prüfung von Kabelpapier hat Emanueli ein Instrument konstruiert, dessen Prinzip auf dem Vergleich des Widerstandes beruht, den einerseits das zu prüfende Papier, anderseits ein bekanntes Durchlässigkeitsmuster einem hindurchgeschickten Luftstrom bietet. Als Vergleichsmuster dient eine Kapillare von bestimmten Abmessungen. Der Apparat ist in Nr. 4 der Zeitschrift: Technologie und Chemie der Papier- und Zellstoff-Fabrikation 1928 ausführlich beschrieben.

Lichtdurchlässigkeit.

Die Bestimmung der Lichtdurchlässigkeit (Transparenz) ist von besonderem Wert bei Druckpapieren und solchen Papieren, bei denen es entweder auf besonders hohe Lichtdurchlässigkeit (Pergaminpapiere) oder auf besonders geringe (Briefumschlagpapiere) ankommt. Die für diese Bestimmung bisher gebauten Apparate lassen sich in zwei Gruppen einteilen. Bei den Apparaten der einen Gruppe erfolgt die Beurteilung der Lichtdurchlässigkeit nach der Intensität des durchfallenden Lichtes, bei den der anderen nach dem Verhältnis des reflektierten Lichtes bei weißem Untergrund zu dem bei schwarzem. Letzteren Weg hat Frank Sammet[2] vorgeschlagen, von folgenden Erwägungen ausgehend:

Fällt Licht (L) auf ein Papier, das auf weißer Unterlage ruht, so wird ein Teil (L_1) von der Oberfläche des Papiers zurückgeworfen, ein weiterer Teil dringt durch das Papier und wird von der Unterlage wieder zurückgeworfen (L_2). Liegt das Papier auf schwarzer Unterlage, so wird nur L_1 zurückgeworfen, L_2 aber von der Unterlage verschluckt. Der Unterschied in der zurückgeworfenen Lichtmenge einmal bei weißer und dann bei schwarzer Unterlage ist somit ein Maßstab für das durch das Papierblatt gedrungene Licht, also für seine Lichtdurchlässigkeit.

Nach diesem Prinzip gebaute Apparate sind in Amerika (Opazitätsprüfer des Bureau of Standards[3]) und in England (Transparenzmesser von Cambridge[4]) in Gebrauch.

Nach den Beobachtungen von Riesenfeld und Hamburger[5] eignet sich dieses Verfahren bei stark durchlässigen Papiersorten (Florpapier

[1] Hall: Le Papier 1929 Nr. 11.
[2] Sammet: Lichtdurchlässigkeit von Papier. P.Z. 1912 S. 2687.
[3] Circ. Bur. Stand. Nr. 63, Specification of Paper and Tracing Cloth.
[4] Z. u. P. 1929 Nr. 12 S. 842.
[5] Riesenfeld u. Hamburger: P.F. 1930 Nr. 4 S. 54.

u. dgl.), jedoch nicht bei weniger durchlässigen, wie Druckpapieren, bei denen die eigene Reflexion im Verhältnis zur Reflexion der weißen Unterlage zu groß ist. Ferner stört bei dieser Kontrastbestimmung die Färbung der Probe und zwar auch dann, wenn nur getönte Papiere vorliegen.

Die nachstehend beschriebenen Apparate gehören zur erstgenannten Gruppe, bei der durchfallendes Licht für die Bestimmung der Lichtdurchlässigkeit benutzt wird.

Klemm[1] hat einen Apparat empfohlen, der in Abb. 76 wiedergegeben ist. Er besteht im wesentlichen aus einem Beobachtungsrohr und einem Beleuchtungsrohr, zwischen denen die Vorrichtung zur Aufnahme der Versuchsblättchen liegt. Als Lichtquelle dient eine Hefner-Alteneck-Amylazetatlampe von einer Normalkerzenstärke. Man legt nach und nach so viel Papierblättchen in die hierfür bestimmte Vorrichtung, bis das Licht der Lampe nicht mehr durchscheint.

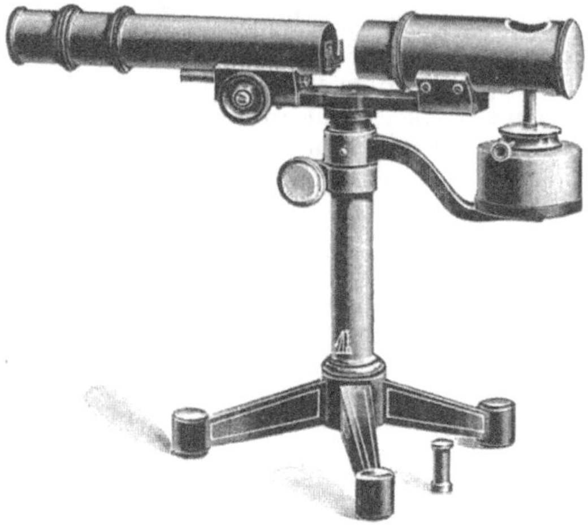

Abb. 76. Klemms Lichtdurchlässigkeitsprüfer der Firma Schopper.

Die Ausführung des Versuches geschieht nach Klemm in folgender Weise.

Nach dem Anzünden der Lampe ist die Flammenhöhe auf 4 cm zu regeln. Dies geschieht durch Visieren gegen die Kanten des Ausschnittes an dem Beleuchtungsrohr. Wenn die Spitze der Flamme eben mit den beim Visieren sich deckenden Kanten abschneidet, ist die richtige Flammenhöhe, die man von Zeit zu Zeit kontrollieren muß, erreicht. 10 Minuten nach dem Einstellen der Flamme beginnt man mit dem Versuch.

Man zieht das Beobachtungsrohr zurück, so daß die aus zwei Haken bestehende Einlegevorrichtung an der von einem Fenster durchbrochenen, dem Licht zugekehrten Endplatte freiliegt; darauf legt man nach und nach Abschnitte des zu prüfenden Papiers so lange ein, bis die Grenze der Lichtdurchlässigkeit erreicht ist.

Der Bruch mit dem Zähler 1 und der Anzahl der Blättchen als Nenner gibt den absoluten Durchlässigkeitswert an, nämlich denjenigen Teil des Lichtes, den ein einzelnes Blatt abblendet.

Zur Berechnung des relativen Durchlässigkeitswertes, den man auf das Quadratmetergewicht oder die Dicke beziehen kann, multipliziert man die bis zur Lichtundurchlässigkeit erforderliche Blattzahl

[1] Klemm: W.B. 1903 S. 2108 und Klemms Papierkunde S. 322.

mit dem Quadratmetergewicht (g) oder mit der Dicke (mm). Man erfährt dann, welches Quadratmetergewicht oder welche Dicke das Papier haben müßte, um für Licht von einer Kerzenstärke undurchlässig zu sein.

Bei sehr dünnen und lichtdurchlässigen Papieren kann nach den bisher vorliegenden Beobachtungen der absolute Lichtdurchlässigkeitswert bis auf $^1/_{66}$ herabgehen. Der Spielraum für die relativen Werte liegt, soweit bisher beobachtet, zwischen rund 300—2300 g Quadratmetergewicht.

Zu bemerken ist noch, daß das Durchscheinen des Druckes bei bedruckten Papieren und der Schrift bei Schreibpapieren nicht allein von der Lichtdurchlässigkeit, sondern auch noch von dem Widerstand abhängt, den das Papier dem Eindringen der Druckfarbe und Tinte entgegensetzt[1].

Ein weiterer Vorschlag rührt von Werner Schmidt[2] her. Er unterscheidet:

1. Lichtdurchlässigkeit (bei senkrechter Bestrahlung des Papiers durchgehende Lichtmenge, ausgedrückt in Prozenten).

2. Klarheit (Möglichkeit, unter das Papier gelegte Schrift zu lesen).

Die Lichtdurchlässigkeit wird bestimmt mit einer für diese Zwecke besonders hergerichteten optischen Bank, auf der das Papier so zwischen zwei aufeinander abgestimmten Lampen eingestellt wird, daß es auf beiden Seiten gleich hell erscheint; dann ist die Lichtdurchlässigkeit gleich dem Quotienten aus den Quadraten der beiden Lampenabstände vom Schirm.

Die so erhaltenen Werte geben für die Lesbarkeit von Schrift durch die Papiere (Pauspapiere, Fensterbriefe usw.) noch kein richtiges Bild, weil das Licht, von der Schrift reflektiert, das durchsichtige Papier nochmals durchdringen muß; hierfür geben die Quadrate der Werte erst eine Unterlage, für die Schmidt den Begriff der „Lesehelligkeit“ vorschlägt.

Bei gefärbten Papieren entstehen Schwierigkeiten, weil sich dann die verschiedene Helligkeit des Papiers auf den beiden Seiten nicht mehr feststellen läßt. Papiere, die auf hohe Durchsicht gearbeitet sind, werden aber selten stark gefärbt.

Die „Klarheit“ wird wie folgt bestimmt. Auf Schreibpapier zieht man mit schwarzer Tusche zwei parallele ein Millimeter breite und ein Millimeter voneinander entfernte Linien. Zwischen das bezogene und das zu prüfende Papier legt man Glasscheiben von stets größerer Dicke, bis man nicht mehr imstande ist, zu erkennen, daß es sich um zwei Linien handelt, sondern beide als eine Linie sieht. Die Dicke der Glasplatte in Millimetern gibt ein Maß für die „Klarheit“ des Papiers. Es ergaben sich für die vorher erwähnten Papiere in derselben Reihenfolge: 1 mm, 1—3 mm, 11—13 mm, 8—10 mm.

Für vergleichende Prüfungen in der Praxis wird diese Methode, die leicht und schnell auszuführen ist, in den meisten Fällen ausreichen.

[1] Klemm: Das Durchschimmern des Druckes. Klimschs Jahrb. 1903 S. 199.
[2] Schmidt, Werner: P.Z. 1908 S. 1951.

Maximowitsch hat zum Messen der Lichtdurchlässigkeit von Papier den Martensschen Apparat zur Bestimmung der Schwärzung photographischer Platten[1] umgebaut[2]. Aus Abb. 77 gehen Bau und Wirkungsweise des Apparates hervor.

Als Lichtquelle dienen zwei fünfkerzige Glühlampen, von denen eine durch eine Milchglasplatte das Papier, die andere das Vergleichsfeld

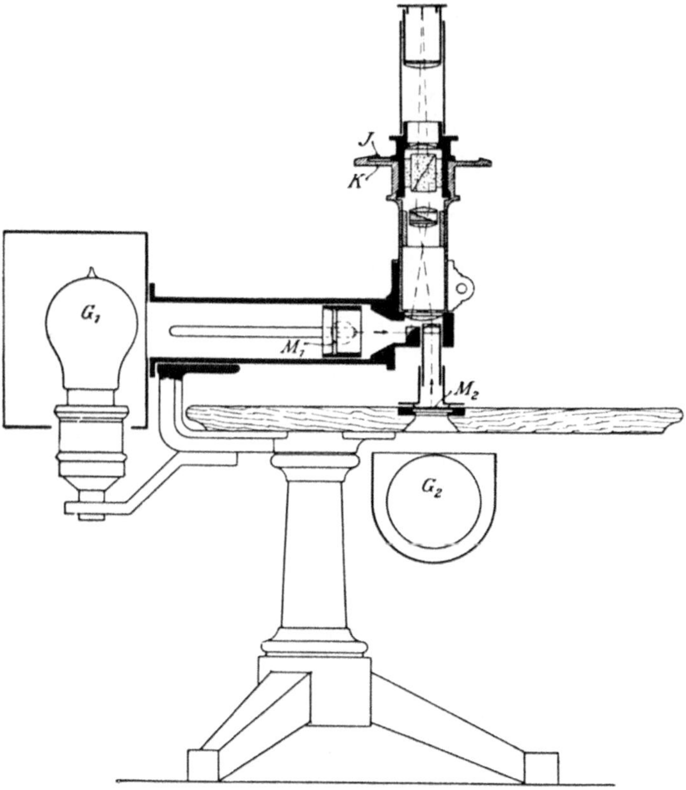

Abb. 77. Lichtdurchlässigkeitsprüfer nach Maximowitsch.

des Photometers erhellt. Als besonderen Vorzug rühmt Maximowitsch dem Apparat nach, daß man selbst noch an Kartons von 1 mm Dicke die Schwächung, die das Licht beim Durchgang durch das Material erfährt, sicher und leicht messen kann. Der Versuch wird wie folgt ausgeführt.

Zuerst wird der Zeiger des Teilkreises K auf 45° eingestellt, das Lampenpaar G_1 und G_2 eingeschaltet und die Milchglasplatte M_2 mittels Triebes solange verschoben, bis die beiden Vergleichsfelder des Photometers gleichmäßig beleuchtet sind. Nun legt man das Papierblatt auf

[1] Photogr. Korresp. 1901 S. 528. [2] P.Z. 1909 S. 2272.

die Milchglasplatte M_2 und stellt die beiden Gesichtsfeldhälften wieder auf gleiche Helligkeit ein. Die Lichtdurchlässigkeit des Papiers wird dann angegeben durch das Quadrat der Tangente des neuen Einstellwinkels (Tabellenablesung). Der Apparat ist in der Versuchsstation der Expedition zur Anfertigung von Staatspapieren in St. Petersburg ausgearbeitet und geprüft worden und soll sich gut bewährt haben.

Das im nächsten Abschnitt ausführlich beschriebene Stufenphotometer ist auch für die Bestimmung der Lichtdurchlässigkeit eingerichtet und gestattet eine exakte Messung des durchgehenden Lichtes. Die Beleuchtung erfolgt bei dieser Apparatur von unten durch einen Spiegel, dessen Träger in Ausbohrungen der Grundplatte gesteckt werden (s. Abb. 81). Bei Verwendung der Stupholampe (vgl. S. 128) ist diese vor das Instrument zu stellen und so zu neigen, daß die beiden Lichtflecke gerade auf den Spiegel fallen. Zur Herstellung diffusen Lichtes werden dann in die beiden Rohrstutzen an der Lampe die Mattscheiben eingesteckt. In das Photometer selbst soll nur Licht gelangen, das durch das zu untersuchende Papier gegangen ist. Um seitlich hereinfallendes, reflektiertes Licht abzuhalten, werden daher über die beiden Objekttischöffnungen zwei innen geschwärzte Metallrohre gestellt und schräg von oben kommendes Streulicht wird durch zwei Lichtschutzkappen abgeschirmt, die auf die Objektivfassungen aufgesteckt und festgeklemmt werden. Die Messung selbst geschieht im allgemeinen unter Benutzung von Spektralfiltern. Nachdem beide Meßtrommeln auf 100 eingestellt sind und der Apparat so ausgerichtet ist, daß beide Gesichtsfelder gleiche Helligkeit aufweisen, wird die Probe über die eine Objekttischöffnung gelegt und durch Drehen der Trommel der anderen Seite auf gleiche Helligkeit eingestellt. Die an einer Trommelteilung abgelesenen Werte sind direkt die Durchlässigkeiten in Prozenten in dem durch das Filter abgegrenzten Spektralbereich, sie stellen absolute Werte dar. Die zur Messung benutzte Objektfläche ist bei dieser Methode etwa $14 \times 14\ mm^2$, erforderlich sind Proben von mindestens 20 mm Durchmesser.

Messung des Weiß- und Schwarzgehaltes, der Vollfarbe und des Farbtons.

Nach Ostwald ist der farbige Eindruck einer Oberfläche definiert einerseits durch den Farbton, andererseits durch den Gehalt an Weiß, Schwarz und Vollfarbe. Zur Bestimmung dieser Farbelemente dienen die nachstehend geschilderten Apparate. Die Ansichten über den Wert der mit ihnen erhaltenen Ergebnisse gehen jedoch noch weit auseinander und die bisherigen Versuchserfahrungen reichen noch nicht aus, um zu einem endgültigen Urteil über den Grad der Vollkommenheit der Meßinstrumente kommen zu können. Die Objektivität ist bei der Bedienung dieser Apparate insofern eingeschränkt, als die auszuführenden Messungen von der individuellen Verschiedenheit des Auges abhängig sind und erfahrungsgemäß leicht eine Ermüdung des Auges eintritt, die die Meßgenauigkeit beeinträchtigt. Die Messungen können daher nur von geeigneten und geübten Beobachtern ausgeführt werden. Diese Mißstände dürften erst dann zu beheben sein, wenn es gelingt, das menschliche Auge durch die objektiv arbeitende photoelektrische Zelle zu ersetzen. Im Ausland sind bereits Apparate nach diesem Prinzip gebaut worden, die aber noch prinzipielle Mängel aufweisen.

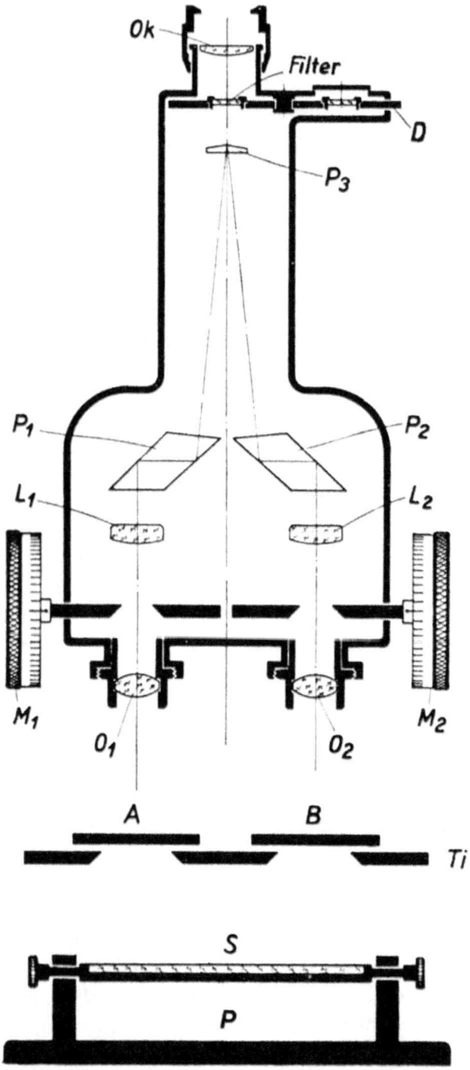

Abb. 78. Zeißsches Stufenphotometer im Schnitt.

In Deutschland werden hauptsächlich von zwei Firmen (Zeiß-Jena und Janke & Kunkel in Köln) Universalapparate für die genannten optischen Messungen hergestellt, und zwar von Zeiß das Stufenphotometer nach Pulfrich und von Janke & Kunkel das Halbschattenphotometer nach Ostwald und ebenfalls ein Stufenphotometer.

Die optischen Teile des Zeißschen Stufenphotometers (Abb. 78) sind die eines auf unendlich eingestellten monokularen Doppelfernrohrs mit einem Achsenabstand von 70 mm. L_1 und L_2 sind die beiden Objektivlinsen, durch die die beiden zu vergleichenden Strahlenbündel eintreten. Durch die Prismen P_1 P_2 und das Biprisma P_3 werden sie im Okular *Ok*, das auf die Trennungslinie eingestellt wird, in einem einzigen Gesichtsfeld vereinigt. Die Justierung ist so erfolgt, daß die optischen Achsen der beiden Fernrohre und damit auch die über dem Okular frei in der Luft schwebenden Bilder der quadratischen Eintrittsöffnungen, die sog. Austrittspupillen, mit ihren Mitten genau zusammenfallen.

Man sieht diese beiden Bilder beim Einblick in die vor das Okular gebrachte Vorschlaglupe als helle quadratische Öffnungen. Beim Blick durch das Okular werden dann diese beiden Bilder in gleicher Weise von der Pupille des Auges aufgenommen und man sieht zwei in einer scharfen

Trennungslinie aneinanderstoßende, von einer kreisförmigen Blende begrenzte Halbkreise, deren Helligkeitsverhältnis — eine gleichmäßige Beleuchtung der beiden Objektive vorausgesetzt — allein abhängt von dem Verhältnis der beiden wirksamen Objektivöffnungen.

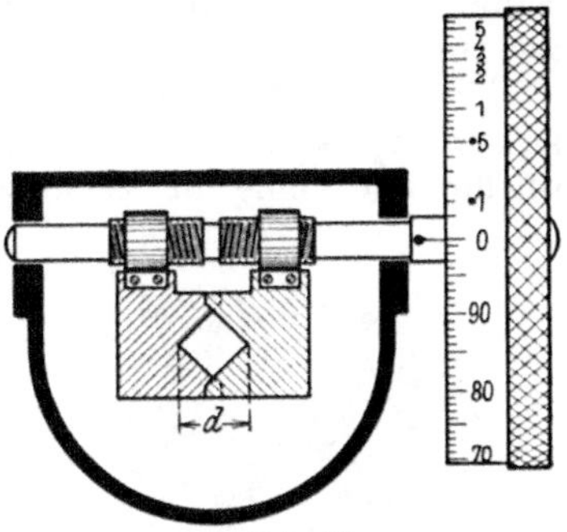

Abb. 79. Mechanismus der quadratischen Blende mit Mikrometerschraube.

Bei photometrischen Messungen ist nun das eine der beiden Strahlenbündel irgendwie geschwächt, z. B. bei der Betrachtung zweier Proben von verschiedenem Weißgehalt, so daß zur Erzielung gleicher Helligkeit in beiden Gesichtsfeldern die beiden wirksamen Objektivöffnungen verschieden groß sein müssen.

Zu diesem Zwecke sind unterhalb L_1 und L_2 vor der Mitte der Objektive quadratische Öffnungen angebracht, deren Diagonale etwas kleiner ist als der Durchmesser der Objektive und deren Größe sich meßbar verändern läßt. Dies geschieht durch zwei rechtwinklig eingekerbte Spaltbacken, die mit einer Mikrometerschraube in der Richtung der Diagonalen des Quadrates (s. Abb. 79) aufeinander zu- oder voneinander fortbewegt werden, derart, daß der Mittelpunkt der quadratischen Öffnung stets in der optischen Achse bleibt.

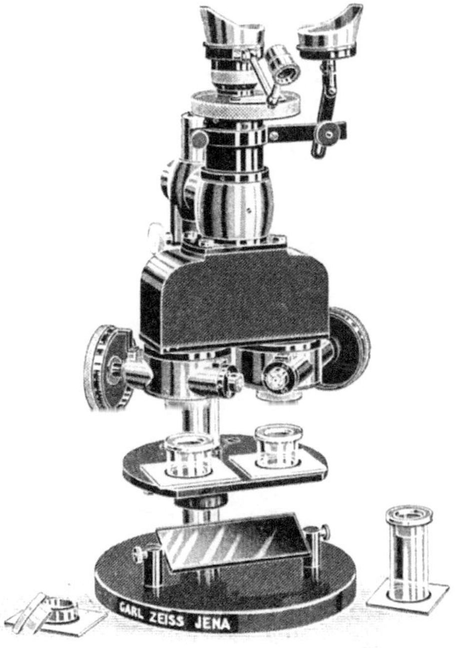

Abb. 80. Zeißsches Stufenphotometer.

Bei der auf der Meßtrommel angebrachten Teilung liegen die Angaben für die kleinen Intensitäten sehr viel weiter auseinander, als die Angaben für die hohen Intensitäten. Hierdurch wird eine weitgehende Anpassung an die Empfindungsstufen des menschlichen Auges erreicht; daher der Name Stufenphotometer. Unmittelbar unter dem Okular befindet sich eine Revolverscheibe D mit 8 Öffnungen, die für die Aufnahme der Farbfilter bestimmt sind.

Das Stupho wird von der auf einer schweren G r u n d p l a t t e stehenden Säule getragen (s. Abb. 80), auf die es sowohl in v e r t i k a l e r als auch in h o r i z o n t a l e r Lage aufgeschoben werden kann. Für die Verwendung in vertikaler Stellung befindet sich an der Säule ein mittels Trieb in der Höhe verstellbarer Tisch mit zwei weiten Öffnungen, der zur Aufnahme der zu untersuchenden Körper bei einigen der Beobachtungsmethoden dient.

Um unter stets gleichen Lichtverhältnissen arbeiten zu können, wird zu dem Apparat eine Lampe (Stupholampe Abb. 81) geliefert. Als Lichtquelle dient eine im Scheitelpunkt des Lampengehäuses angebrachte

Abb. 81. Stupholampe.

Nitralampe 8 Volt 50 HK. Die erzielte Beleuchtung beträgt etwa 4000 Lux. Unumgänglich notwendig ist die Lampe bei Glanzmessungen, bei denen paralleles Licht gebraucht wird. Für Farbtonbestimmungen dürfte jedoch zerstreutes Tageslicht bei Aufstellung des Apparates nach Norden vorzuziehen sein.

Aufstellung des Instrumentes. Das Photometer wird mit den 30 mm-Objektiven versehen. In die Revolverscheibe unter dem Okular werden die 7 K-Filter eingesetzt. Zur Nulleinstellung werden zwei Barytweißplatten benutzt. Das Photometer selbst wird in solche Entfernung von den Barytplatten gebracht, daß der untere Rand der Objektive etwa 12 cm über den Platten steht. Durch Beobachten mit der Vorschlaglupe überzeugt man sich zunächst davon, daß die quadratischen Felder beider Öffnungen ganz von den Barytweißplatten ausgefüllt werden. Hierzu wird nacheinander jeweils eine der Meßtrommeln ganz geschlossen und die andere ganz geöffnet. Dann stellt man beide Meßtrommeln auf 100, schlägt die Vorschlaglupe zurück und reguliert die Beleuchtung solange, bis die Felder des Photometers gleich hell sind.

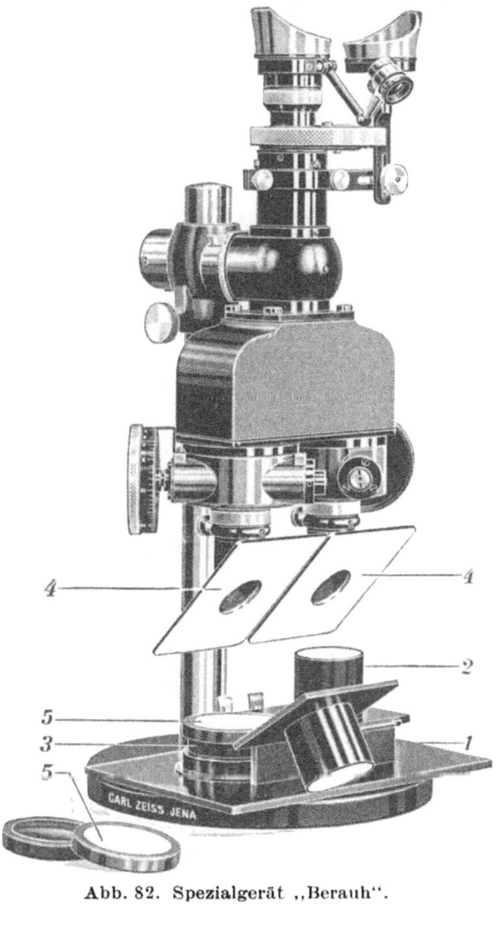

Abb. 82. Spezialgerät „Berauh".

Messung des Weißgehaltes. Man ersetzt die rechte Barytplatte durch ein Stück der zu messenden Probe von 3×3 cm Größe. Durch Drehen an der Filterscheibe bringt man das Filter in den Strahlengang, mit dem sich für die Helligkeit die kleinste Ablesung ergibt (Sperrfilter). Durch Drehen der linken Meßschraube wird auf gleiche Helligkeit eingestellt. An der Trommel kann unmittelbar der Weißgehalt *W* nach Ostwald abgelesen werden. – Um bei rauhen Flächen Schattenwirkung, die die Messung erheblich beeinflußt, auszuschalten, bedient man sich eines Zusatzgerätes, „Berauh" genannt (Abb. 82), bei dem die Beleuchtung symmetrisch zur Beobachtungsrichtung unter einem erheblichen Öffnungswinkel erfolgt. Unbedingt erforderlich ist dieses Instrument bei der Weißgehaltsbestimmung von Zellstoffen und von Papieren, die infolge Prägung u. dgl. eine rauhe Oberfläche besitzen. Nach Wenzl[1], der sich eingehend mit der Weißgehaltsbestimmung von Zellstoffen befaßt hat, ist es angebracht, auch bei der Prüfung von Papieren mit normaler Glätte das Gerät zu benutzen. — Ein weiteres Zusatzgerät für Weißgehaltsmessungen liefert Zeiß unter dem Namen „Farbmultiplikator" (Abb. 83).

[1] Wenzl: Zur Methodik der optischen Weißgehaltsmessung an Papieren und Zellstoffen, T. u. C. 1931 Nr. 1 S. 1; siehe auch P.F. 1929 Nr. 37, 1926 Nr. 24 S. 409 und W.B. 1925 Nr. 56 S. 1122.

Das Licht einer Bogenlampe fällt nahezu gleichgerichtet auf die zu messende Probe und wird von dieser mehrere Male zwischen Stücken der gleichen Probe reflektiert. Ein zweiter Lichtstrahl wird zwischen Barytweißplatten reflektiert und gelangt in die zweite Öffnung des Photometers. Mit diesem Gerät wird die Einstellgenauigkeit etwa vervierfacht; im entsprechenden Verhältnis erscheint auch der Farbton deutlicher im Gesichtsfeld. Nach Wenzl[1] eignet sich dieses Instrument ganz besonders zur Messung von Zellstoffproben, wobei die Oberflächenstruktur keine Rolle

Abb. 83. Farbmultiplikator.

spielt. Proben mit Eigenglanz können indessen nicht gemessen werden, so daß die Verwendung für die Papierindustrie noch beschränkt ist.

Messung des Schwarzgehaltes. Soll der Farbgehalt bestimmt werden, so ist außer der Messung des Weißgehaltes noch die des Schwarzgehaltes erforderlich. Hierbei wird das Filter in den Strahlengang gebracht, mit dem sich für die Helligkeit die höchste Ablesung ergibt; es wird das Filter sein, dessen Färbung derjenigen der Probe am nächsten kommt (Paßfilter). Durch Drehen der linken Meßschraube wird auf gleiche Helligkeit eingestellt, die Ablesung an der Trommel sei *a*. Der Schwarzgehalt ist dann $S = 100 - a$. Der Wert a gibt die „Bezugshelligkeit" (Weißgehalt + Vollfarbe) wieder.

[1] Wenzl: Zur Methodik der optischen Weißgehaltsmessung an Papieren und Zellstoffen, T. u. C. 1931 Nr. 1 S. 1; siehe auch P.E. 1929 Nr. 37, 1926 Nr. 24 S. 409 und W.B. 1925 Nr. 56 S. 1122.

Berechnung des Farbgehaltes. Ostwald kennzeichnet, wie oben erwähnt, den farbigen Eindruck einer Probe durch die drei Größen: Schwarzgehalt (S), Weißgehalt (W) und Vollfarbgehalt (V). Setzt man $V + W + S = 100$, so ist der Vollfarbgehalt $V = 100 - S - W$.

Bestimmung des Farbtones im Ostwaldschen Kreise. Zur Bestimmung des Farbtons wird der auf die Grundplatte des Stuphos aufsetzbare Krügersche Zusatzapparat (Abb. 84) benutzt. Das Gerät besitzt zwei Führungen nebeneinander. In der einen Führung befindet sich einer der von der Deutschen Werkstelle für Farbkunde hergestellten Farbstreifen (*F*), auf denen die einzelnen Felder eines Ostwaldschen Farbkreises angebracht sind. Durch Hin- und Herschieben des Farbstreifens in seiner Längsrichtung kann der Farbton in bequemer Weise geändert werden. In der anderen Führung sitzt eine Barytweißplatte (*B*),

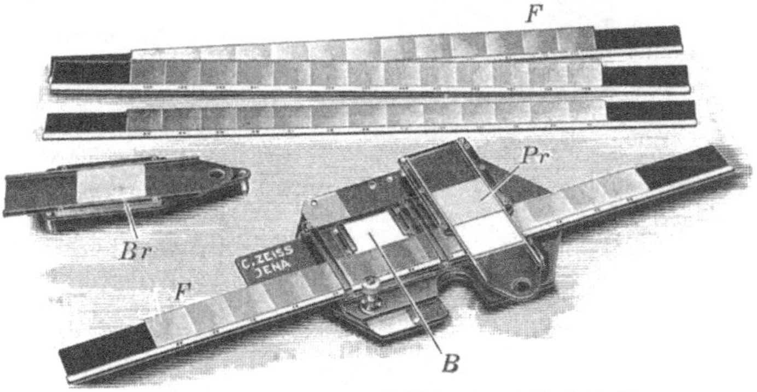

Abb. 84. Zusatzapparat nach Krüger mit Farbstreifen.

die scharf an den Farbstreifen grenzt. Das Instrument ist nun so eingerichtet, daß im Gesichtsfeld eine Mischung des unter der linken Photometeröffnung befindlichen Farbfeldes mit Weiß eintritt. Durch Drehen an einem Triebknopf kann das Mischungsverhältnis beliebig verändert werden. Auf der rechten Seite werden die Führungen überdeckt durch eine niedrige Brücke (*Br*) mit einem Schieber, auf dem die Probe (*Pr*) Platz findet. Diese Anordnung hat folgenden Zweck: Die untersuchten Proben sind im allgemeinen weniger farbkräftig als die Farbfelder auf dem Farbstreifen, so daß ein unmittelbares Aufsuchen der farbtongleichen Vollfarbe auf dem Streifen nur schwer möglich wäre. Um das Aufsuchen zu erleichtern, wird daher der Vollfarbe auf dem Farbstreifen soviel Weiß zugemischt, bis die im rechten Photometerfeld sichtbare Mischung gleich farbkräftig ist mit der zu untersuchenden Probe im linken Feld. Durch Verschieben des Farbstreifens in seiner Längsrichtung wird dann nur noch der Farbton so geändert, bis Farbengleichheit zwischen beiden Feldern herrscht.

Bei dieser Bestimmung wird die Filterscheibe so gedreht, daß sich kein Filter im Strahlengang befindet.

Das Stufenphotometer der Firma Janke & Kunkel beruht auf dem gleichen Prinzip wie der vorher beschriebene Apparat, so daß sich mit ihm die gleichen Messungen ausführen lassen.

Die Konstruktion des ebenfalls schon genannten Ostwaldschen Halbschattenphotometers (Abb. 85) ist folgende:

Durch einen unter 45° aufwärts geneigten Schlot, der durch eine Längswand in zwei gleiche Teile geteilt ist, fällt das Licht einer zugehörigenNormalweißlampe einerseits auf einBarytweißplättchen, andererseits auf die zu messende Probe; beide Flächen sind horizontal gelagert. Die Schlotenden sind je durch einen meßbar verstellbaren Spalt nach der Lichtquelle zu begrenzt. Das von den zu vergleichenden Flächen abgehende Licht wird senkrecht nach oben durch einen Photometerkopf mit Hilfe eines Lummerschen Würfels so gerichtet, daß die zu messenden Teile des Gesichtsfeldes dicht nebeneinander gebracht werden. Durch Verengung des auf der Seite des Barytweißes liegenden Spaltes werden dann die beiden Gesichtsfelder auf gleiche Helligkeit gebracht und aus der Stellung des Spaltes die Helligkeit der zu messenden Fläche als Bruchteil der Helligkeit der Barytplatte abgelesen. Zwischen Lichtquelle und Objekt ist eine Blende, unter dem Okular des Photometerkopfes eine Revolverscheibe mit Spektralfiltern angebracht.

Abb. 85. Halbschattenphotometer nach Ostwald der Firma Janke & Kunkel, Köln.

Um den Apparat zu justieren, wird beiderseits ein Blatt Normalweiß eingelegt. Der linke Spaltkopf wird genau auf 100, der rechte zunächst etwa auf 70 eingestellt. Durch Drehen an der Stellschraube des rechten Spaltkopfes bringt man die beiden Gesichtsfelder auf gleiche Helligkeit. Dies wird 6mal durchgeführt. Der rechte Spaltkopf bleibt dann bei allen nachfolgenden Messungen auf dem gefundenen Mittelwert stehen.

Zur Messung des Weiß- und Schwarzgehaltes sowie des Farbtones kommt das Normalweiß auf die linke, die zu untersuchende Probe auf die rechte Seite zu liegen. Bei unbunten Proben wird einfach durch Drehen der Stellschraube am linken Spaltkopf auf Gesichtsfeldgleichheit eingestellt. Der Mittelwert von 6 Einzelmessungen ergibt direkt den Weißgehalt. Bei bunten Proben muß zunächst der Farbton ungefähr bekannt sein; er kann mit dem Halbschattenphotometer nach der Blochschen Dreifiltermethode[1] gemessen werden. Man benutzt dazu

[1] Z. techn. Physik 1923 Nr. 4 S. 175.

3 bestimmte Farbfilter, Rot, Grün und Blau, und zwar von den vorhandenen 7 Ostwaldschen Filter Nr. 2, 5 und 3a. Nach Einstellung auf Gleichheit unter Benutzung der drei genannten Filter erhält man drei Zahlen. Von diesen sei a die größte, b die mittlere, c die kleinste Zahl; dann bedeutet c den Weißgehalt w, 100 — a den Schwarzgehalt s, nach der Dreifiltermethode gemessen. Der Farbton berechnet sich nach der Formel $f = \frac{\varphi}{3,6}$, wo $\operatorname{tg} \varphi = \frac{\sqrt{3} \cdot (b - c)}{2a - b - c}$ ist und unter f die Abweichung in Farbtonnummern des 100teiligen Ostwaldschen Farbkreises von dem Farbton des Filters, das die Zahl a geliefert hat, verstanden wird. Statt des genannten Ausdruckes für $\operatorname{tg} \varphi$ kann man meist mit genügender Genauigkeit die einfachere Formel $\varphi = 60 \cdot \frac{b - c}{a - c}$ anwenden, wodurch $f = 16,7 \cdot \frac{b - c}{a - c}$ wird. Die Abweichung f von dem Farbton, der der Zahl a entspricht, geht auf nächstem Weg nach dem Farbton zu, der zu der Zahl b gehört. Die Farbtöne der 3 Filter entsprechen den Farbtonnummern Rot Nr. 25, Grün Nr. 91, 7 und Blau Nr. 58,3 des 100teiligen Farbkreises. Ist beispielsweise a = 80 für Rot, b = 65 für Grün, c = 30 für Blau gemessen, so liegt der Farbton in der Nähe des Rot, mit Abweichung nach Grün zu, also zwischen 25 und 91,7 auf dem Wege über 0 100. Die Abweichung f beträgt, nach obigen Formeln berechnet, 12; der gesuchte Farbton ist also 25 — 12 — 13, ein Krep (Orange).

Für den Fall, daß nur der Weiß- und Schwarzgehalt bunter Proben gemessen werden soll, braucht der Farbton nicht genau bekannt zu sein. Die Messungen erfolgen unter Verwendung der entsprechenden Sperr- und Paßfilter nach der dem Apparat beigegebenen Gebrauchsanweisung.

Glanzmessung.

Die zur Kennzeichnung der Oberflächenbeschaffenheit von Papier allgemein üblichen Ausdrücke: rauh, matt, glänzend, hochglänzend usw sind nur unvollkommene Behelfe zur Charakterisierung dieser Eigenschaft; sie sind subjektiv und zeigen daher alle Schwächen, die subjektiven Urteilen anhaften. Das Bedürfnis nach Zahlenwerten zur Festlegung des Glanzes hat sich, namentlich im Handel mit photographischen Papieren, bemerkbar gemacht, da für diese der Glanz eine wichtige Eigenschaft ist. Allgemein sei zunächst folgendes gesagt: Fällt ein Lichtstrahl auf Papier, so wird ein Teil des Lichtes hindurchgelassen, ein Teil vom Papier verschluckt, der übrige strahlt in den Außenraum zurück; ein Teil wird hierbei allseitig in den Raum zerstreut, der andere in bestimmter Richtung reflektiert; ein Körper mit matter Oberfläche zerstreut das Licht allseitig; vollkommen reflektiert wird das Licht beim Spiegel. Glänzende Flächen zerstreuen und reflektieren auffallendes Licht gleichzeitig. Physiker definieren Glanz als eine unvollkommene reguläre Reflexion.

Zur Messung des Glanzes sind eine Reihe von Apparaten, zu denen auch die im vorhergehenden Abschnitt beschriebenen gehören, in Vorschlag gebracht worden. Bevor auf die einzelnen Methoden eingegangen wird, soll vorausgeschickt werden, daß die mit den verschiedenen Apparaten erhaltenen Werte nicht vergleichbar sind, da die Beurteilung des Glanzes in jedem Falle nach anderen Gesichtspunkten erfolgt. Es wäre daher wünschenswert, daß man sich auf eine bestimmte Apparatur und Meßmethode einigte.

Für Glanzmessungen allein eingerichtet sind nachstehende Instrumente: Der Polarisationsglanzmesser von Schmidt und Hänsch[1], der amerikanische Glarimeter von Ingersoll[2], der Goerz-Glanzmesser[3] und der Glanzmesser der Askaniawerke[4].

Abb. 86. Goerz-Glanzmesser.

Bei den beiden erstgenannten Apparaten wird von der Tatsache Gebrauch gemacht, daß das von nichtmetallischen Körpern zurückgeworfene Licht zum Teil geradlinig polarisiert wird. Da mit dem Glanze der reflektierenden Oberfläche der polarisierte Anteil des reflektierten Lichtes wächst, wird dieser als Maß für den Glanz benutzt. Der polarisierte Anteil des im Reflektionswinkel abgehenden Lichtes ist aber bei gleichem Glanze vom Brechungsexponenten des Materials abhängig, ferner ist auch ein Teil des zerstreuten Lichtes polarisiert. Glanzmessungen nach dieser Methode sind demnach nicht einwandfrei; bei stark gefärbten Papieren ist das Verfahren unbrauchbar.

Der Goerzsche Glanzmesser vergleicht das im Reflektionswinkel aufgefangene Licht (Summe von Glanz und zerstreutem Licht) mit dem in einer anderen Richtung abgehenden Licht (dem zerstreuten Licht allein).

Abb. 86 zeigt den Apparat, Abb. 87 veranschaulicht die Wirkungsweise.

[1] Schmidt u. Hänsch: P.F. 1920 S. 573.

[2] Ingersoll: P.Z. 1915 S. 819; Paper Trade Rev. Bd. 87 (1927) S. 60.

[3] P.F. 1925 H. 45.

[4] Z. u. P. 1926 Nr. 10 S. 427 und P.F. 1927 H. 33 S. 509.

Die Lichtquelle des Apparates besteht aus einer kleinen 6-Volt-Lampe *L*, deren Faden sich in der Brennebene eines Kondensators *C* befindet. Die den Kondensor verlassenden parallelen Strahlen durchlaufen zwei Blenden, um Strahlen mit anderer Neigung zu beseitigen. Das Strahlenbündel trifft auf die zu untersuchende Fläche, welche die untere Öffnung der Grundplatte des Apparates abschließt, sobald dieser auf die betreffende Fläche aufgesetzt wird. Durch dieses Aufsetzen wird das zu prüfende Papier eben ausgespannt. Die beiden zu vergleichenden Lichtbündel werden durch die Prismen P_1 und P_2 zu dem Vergleichsprisma P_3 abgelenkt, dessen Trennungslinie mittels eines schwachen Mikroskopes scharf eingestellt wird.

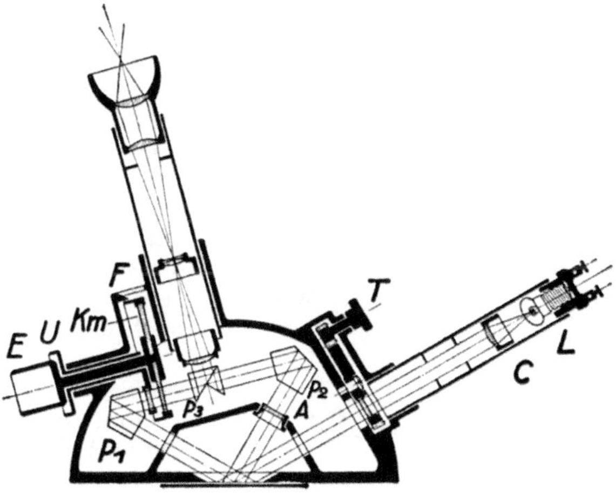

Abb. 87. Optische Anordnung im Goerz-Glanzmesser.

Dann wird durch Drehen des Goldbergkeiles (Drehkeil), dessen Absorption beständig mit dem Drehungswinkel sich ändert, mittels Einstellknopfes *E* auf Intensitätsgleichheit, d. h. auf Verschwinden der Trennungslinie eingestellt. Die im Fenster *F* erscheinende Teilung gestattet den Glanzgrad abzulesen.

Im Vergleich mit einer rauhen Gipsplatte, die mit Magnesiumoxyd bestreut und deren Glanzgrad = 0 angenommen wurde, ergaben Prüfungen im Goerz-Werk bei

Schreibpapier, maschinenglatt,	den Glanzgrad	. . . . .	1,2
„ matt satiniert,	„ „	. . . . .	7,9
„ normal satiniert,	„ „	. . . . .	19,7
„ scharf satiniert,	„ „	. . . . .	21,9
Photographiepapier, matt,	„ „	. . . . .	32,0
„ glänzend,	„ „	. . . . .	56,0

Eine Verbesserung des Goerzschen Apparates stellt der Askaniaglanzmesser (Abb. 88) dar, bei dem sowohl die Lichtquelle als auch der Beobachtungsapparat verschiebbar eingerichtet sind, so daß die

Einstrahlungs- und Beobachtungsrichtung in gewissen Grenzen beliebig geändert werden kann. Auf diese Weise ist es möglich, nicht nur die Intensität des Maximums der Rückstrahlung zu bestimmen, sondern auch den Intensitätsverlauf bei verschiedenen Einfallswinkeln zu verfolgen.

Nach Untersuchungen von Dr. Wolski-Leverkusen versagen jedoch diese Apparate, wenn es sich um Glanzmessungen von dunklen Flächen handelt, weil in diesem Falle das zerstreute Licht so schwach ist, daß das im Reflektionswinkel aufgefangene Licht nicht mehr mit diesem vergleichbar wird. Wolski hat verschiedene Glanzmesser auf ihre Brauchbarkeit unter verschiedenen Umständen untersucht und kommt zu dem Ergebnis, daß eine exakte Glanzmessung nur dann möglich ist, wenn das diffus reflektierte Licht und das im Glanzwinkel reflektierte getrennt bestimmt werden können. Diesem Erfordernis entsprechen die bei der Weißgehaltsmessung beschriebenen Universalapparate.

Abb. 88. Glanzmesser der Askaniawerke.

Mit dem Halbschattenphotometer (vgl. S. 132) wird im Reflektionswinkel die Summe von Glanz und zerstreutem Licht und danach bei gleicher Beleuchtung in einer anderen Richtung das zerstreute Licht allein gemessen, worauf sich durch Subtraktion der gemessenen Werte der Glanz ergibt. Die Messungen werden in nachstehender Weise ausgeführt. Das zu prüfende Papier wird auf der rechten Seite, das Normalweißblättchen auf der linken Seite des Apparates eingelegt. In den Strahlengang zwischen Lichtquelle und die zu messende Fläche wird eine Beleuchtungsblende eingeschoben, die den Zweck hat, alles Licht fernzuhalten, welches in größerer Abweichung von 45° auf die Fläche fällt. Der Photometerkopf, der für Glanzmessungen drehbar ausgestaltet ist, wird aus der senkrechten Stellung in den Reflektionswinkel gedreht. Dann wird durch Drehen der linken Spaltkopfschraube auf Gleichheit der Gesichtsfelder eingestellt. Bei Flächen mit stärkerem Glanz ist dies nur möglich, wenn eins der beigegebenen Graufilter auf der rechten Seite des Apparates dicht unter dem Photometerkopf eingeschoben wird. Hat man die Ablesung in schräger Lage des Photometerkopfes gemacht, so wird dieser in die senkrechte Stellung zurückgedreht und mit gleichem Graufilter und mit der Beleuchtungsblende eine zweite Einstellung auf Gleichheit des Gesichtsfeldes vorgenommen. Die jetzt am Spaltkopf abgelesene Zahl wird von der bei schräger Lage ermittelten abgezogen; diese durch die Nennzahl des Graufilters dividiert gibt ein relatives Maß für den Glanz.

War beispielsweise bei Verwendung des Graufilters mit $^1/_5$ Verdunkelung in schräger Lage 36,4, in senkrechter Stellung 7,8 abgelesen, so ergibt die Rechnung $(36,4—7,8) : \frac{1}{5} = 28,6 \cdot 5 = 143$.

Will man absolute Zahlen, also das Verhältnis des von der Fläche regelmäßig reflektierten Lichtes zum auffallenden haben, so muß man diese Zahl mit einem festen Faktor multiplizieren, der auf folgende Weise gefunden wird. Man legt rechts eine saubere ebene Glasplatte, etwa ein Stückchen gereinigter Photoplatte, deren Glanz 10,3% absolut beträgt, und mißt unter Verwendung des Graufilters $^1/_{25}$ und der Beleuchtungsblende in schräger Lage gegen Normalweiß aus. Die Messung in senkrechter Stellung ist unnötig, weil sie 0 ergibt. Die gemessene Zahl mit 25 multipliziert und in 10,3 dividiert ergibt den gesuchten Faktor. Stellt man etwa auf 48,8 ein, so ist dieser Faktor $\frac{10,3}{48,8 \cdot 25} = 0,00845$. Im obigen Beispiel bei der relativen Glanzzahl 143, wäre dann der absolute Glanz $143 \cdot 0,00845 = 1,21\%$.

Wolski ermittelte an Papieren folgende Glanzzahlen:

Papiersorte	Abgelesene Zahl am Spaltkopf		Differenz 1—2	Benutztes Filter	Faktor	Glanz 3×5
	im Reflexwinkel	senkrecht				
	1	2	3	4	5	6
Käufliche Glanzpapiere						
Schwarz	69,6	0,0	69,6	B	0,062	4,3
Rot	49,0	0,3	48,7	B	0,062	3,0
Grün	20,5	0,5	20,0	B	0,062	1,2
Weiße Papiere						
Photopapier, glänzend	70,2	25,8	44,4	kein	0,0097	0,43
Photopapier, matt	24,9	22,2	2,7	kein	0,0097	0,03
Schreibpapier	42,2	22,6	19,6	kein	0,0097	0,19

Die Verwendung von Farbfiltern ist nach Wolski in den allermeisten Fällen unnötig, nur bei sehr farbkräftigen und gleichzeitig sehr matten Flächen ist eine Steigerung der Meßgenauigkeit dadurch möglich, daß man ein Paßfilter bei beiden Messungen einschiebt.

Bei Flächen mit kompliziertem Glanz ist eine exakte Beschreibung des Glanzes durch Angabe einer Zahl nicht möglich, da sie außer dem „echten" Glanz noch einen Teil „Streuglanz" besitzt. Eine zweite Zahl zur Charakterisierung dieses Glanzes kann man nach der Gebrauchsanweisung des Apparates erhalten, wenn man eine zweite Messung analog der ersten, aber ohne die Beleuchtungsblende, also bei größerem Beleuchtungswinkel vornimmt.

Nach Klughard[1] ist die Charakterisierung des Glanzes einer Oberfläche lediglich durch die Aufhellung im Glanzwinkel unvollkommen. Es ist vielmehr erforderlich, den Verlauf der Aufhellung für verschiedene

[1] Klughard: Z. techn. Physik 1927 S. 109.

Lichteinfallwinkel zu ermitteln, was zur Aufstellung von Glanzkurven führt. Der Stufenphotometer von Zeiß (vgl. S. 126) ist deshalb für Glanzmessungen mit einer auf die Grundplatte des Apparates aufzusetzenden drehbaren Wippe (Abb. 89) ausgerüstet, auf der rechts (vom

Abb. 89. Glanzwippe.

Beobachter aus gesehen) die zu untersuchende Probe, links die als Vergleichshelligkeit dienende Barytweißplatte ruht. Als Lichtquelle ist die Stupholampe (vgl. S. 128) zu benutzen. Zunächst werden Probe und Barytweißplatte in der horizontalen Grundstellung auf gleiche Helligkeit gebracht, sodann in einer Kippstellung. Als Maß für den Glanz dient dann nach Richter[1] die Glanzzahl $\eta = \frac{h'}{h_0} \cdot K(\delta)$, wo h_0 die Helligkeit in der Grundstellung, h' die Helligkeit in einer Kippstellung bezogen auf die mitgedrehte Barytplatte und $K(\delta)$ ein durch den Glanz der Barytplatte bedingter Korrektionsfaktor ist, der aus nebenstehender Tabelle für die einzelnen Kippwinkel (δ) zu entnehmen ist. Die Zahl η gibt also an das Verhältnis der Helligkeit der Probe in einer Kippstellung zur Helligkeit einer mitgedrehten ideal matten Oberfläche, die in der Grundstellung die gleiche Helligkeit besitzt[2].

δ	K	δ	K
0	1,000	40	1,006
5	1,043	45	0,996
10	1,046	50	0,980
15	1,038	55	0,969
20	1,040	60	0,966
25	1,033	65	0,957
30	1,031	70	0,938
35	1,023	75	0,917

[1] Richter: Zentr.-Ztg. Opt. Mech. 1928.

[2] Die Ausführung der Messung für einen Kippwinkel ($= 20^0$) sei an einem Beispiel erläutert:

a) Grundstellung: Die Probe sei dunkler als die Barytplatte, zur Einstellung auf gleiche Helligkeit der Halbfedern muß die linke Meßschraube hineingedreht werden bis auf 80%, die erste Ablesung ergibt also $h_0 = 0{,}80$.

b) Kippstellung nach Drehung um $\delta = 20^0$; die Probe erscheint jetzt beispielsweise heller als die Barytplatte, zur Einstellung auf Gleichheit muß daher die Meßschraube auf der Seite der Probe hereingedreht werden, während die linke Meßschraube (auf der Seite der Barytplatte) auf 100 steht. Die Ablesung ergab 92%; also ist die Helligkeit der Probe bezogen auf die Barytplatte $\frac{100}{92} = 1{,}085$. Der aus der Tabelle für $\delta = 20^0$ zu entnehmende Korrektionsfaktor beträgt 1,040. Demnach ist für $\delta = 20^0$ die Glanzzahl $\eta = \frac{1{,}085}{0{,}80} \cdot 1{,}040 = 1{,}41$.

Der Kippwinkel δ ist von 10 zu 10° innerhalb der Grenzen von 0—50° zu verändern. Besitzt die Probe optisch ausgezeichnete Richtungen, wie es z. B. bei geprägten Papieren der Fall ist, so sind bei gleichem Kippwinkel eine Reihe weiterer Messungen vorzunehmen, wobei jedesmal die Probe um 30° in ihrer Ebene weitergedreht wird. Anderenfalls kann man sich bei Papieren mit Messungen in der Längs- und Querrichtung begnügen. Bunte Flächen erfordern Messungen sowohl mit dem Sperr- als auch mit dem Paßfilter. Mit Hilfe der so ermittelten Zahlen werden Kurven aufgestellt, die den Glanz der Probe charakterisieren.

Nach Klughard ist die oben genannte Richtersche Glanzzahl zwar physikalisch richtig definiert; da sie jedoch das Verhältnis von Helligkeitsreizen darstellt, entspricht sie nicht vollkommen der Wahrnehmung durch das Auge. Auf der Grundlage des psychophysischen Gesetzes von Fechner, das die Beziehung zwischen Reiz und Empfindung wiedergibt, machen Klughard[1] und Sommer[2] neuerdings Vorschläge, die Helligkeitsreize darstellenden Zahlen durch Empfindungswerte zu ersetzen, die der Wahrnehmung durch das menschliche Auge entsprechen. Die so abgeänderte Methode besitzt für technische Bestimmungen noch den Nachteil, daß die Gesamterscheinung des Glanzes nicht durch eine Maßzahl gekennzeichnet wird. Eine solche Kennzahl kann nach einem weiteren Vorschlag von Sommer[2] durch entsprechende Auswertung der Glanzkurven bzw. der Meßwerte erhalten werden.

Wie ersichtlich, ist das Problem der Glanzmessung insofern noch nicht vollkommen gelöst, als ein Teil der vorgeschlagenen Methoden nicht einwandfrei ist, die anderen die Einfachheit der Ausführung vermissen lassen, die für technische Prüfverfahren erforderlich ist.

Glätte.

Die Glätte von Papier wird vielfach nach dem Glanz beurteilt. Dies ist jedoch ohne weiteres nicht zulässig, da der Glanz nur in bedingtem Maße von der Glätte abhängig ist.

Man muß sich eine Oberfläche mosaikartig aus kleinsten Elementarteilchen zusammengesetzt denken. Eine ideal glatte Fläche würde dann vorliegen, wenn sämtliche Elementarteilchen in einer mathematischen Ebene liegen. In diesem Falle würde das auf die Oberfläche fallende Licht nur regelmäßig reflektiert werden. Je größer der Anteil der Elementarteilchen ist, die keine bevorzugte Richtung aufweisen, desto rauher ist die Oberfläche und um so mehr ist neben regelmäßiger auch diffuse Reflektion vorhanden (Streuung des Glanzes). Da nun der Glanz wesentlich von der regelmäßigen Reflektion des Lichtes bedingt wird, steht er mit der Glätte in engem Zusammenhang; er ist jedoch nicht nur von der Reflektion, sondern auch von anderen optischen Einflüssen, wie Absorption und Durchlässigkeit abhängig. Deshalb sind Glanzzahlen für die Beurteilung der Glätte nicht unmittelbar maßgebend.

[1] Klughard: Leipzig. Mschr. Textil-Ind. 1930 S. 409 u. 444.
[2] Sommer: W.B. 1931 Nr. 2 u. 3.

Nach Sommer[1] lassen sich jedoch in gewissem Maße aus den Glanzkurven (vgl. S. 138) Rückschlüsse auf die Glätte der Oberfläche ziehen, und zwar aus dem Verhältnis (K) der mittleren zur größten Glanzzahl, das eine Charakteristik des Glanzes hinsichtlich seiner Streuung darstellt, die wiederum von der Rauhigkeit der Oberfläche abhängig ist. Demnach sind Oberflächen um so glätter, je kleiner K ist. Je rauher die Oberfläche ist, desto mehr nähert sich K dem Werte 1.

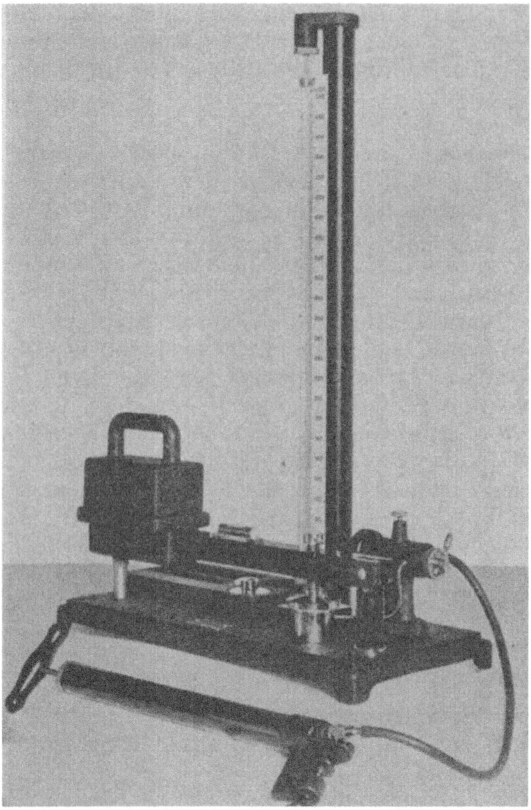

Abb. 90. Glätte und Porositätsprüfer nach Dr. Bekk (Firma R. Fueß, Berlin-Steglitz).

Zur Bestimmung der Glätte auf mechanischem Wege benutzen Rendall und Jones die schiefe Ebene. Rendall[2] beurteilt die Glätte nach dem Neigungswinkel, bei dem ein mit dem zu prüfenden Papier bespannter Holzblock nach Aufsetzen auf die mit dem gleichen Papier belegten Ebene zu gleiten beginnt. Je weniger die Gleitbahn angehoben zu werden braucht, um den Block zum Gleiten zu bringen, desto glatter ist das Papier.

Jones[3] verwendet eine schiefe Ebene, deren Neigungswinkel 27° beträgt. Auf der mit dem Papier belegten Ebene wird ein mit glatter Auflagefläche versehener Schlepper unter dem Zug eines Gewichtes nach aufwärts bewegt. Als Maßstab für die Glätte gilt die Zeit, die der Schlepper braucht, um einen bestimmten Weg zurückzulegen; je glatter das Papier ist, um so schneller wird er die Strecke durchmessen.

In der Ullstein-Druckerei ist von Bekk[4] ein Verfahren zur Glättemessung von Druckpapieren ausgearbeitet worden. Das Prinzip der von

[1] Sommer: W.B. 1931 Nr. 2 u. 3.
[2] Rendall: P.T.J. Bd. 81 (1925) S. 47.
[3] Jones: P.T.J. Bd. 88 (1929) Nr. 4 S. 50; P.Z. 1929 Nr. 17 S. 560.
[4] Bekk: Festausgabe der Z. Dtschld. Buchdr. 1930 Nr. 75 und P.Z. 1930 Nr. 88 S. 2476.

der Firma R. Fueß, Berlin-Steglitz, angefertigten Apparatur (Abb. 90) ist folgendes. Auf einen polierten, durchbohrten Metallstempel wird die Papierprobe gelegt, darauf eine weiche Gummischeibe und auf diese ein Druckteller, der gegen die Unterlage gepreßt wird. Die Bohrung des Stempels steht mit einem evakuierten Luftbehälter in Verbindung, so daß Luft zwischen der Papieroberfläche und dem polierten Metallstempel angesaugt wird; die Abdichtung wird um so vollkommener sein, je glatter erstere ist. Zur Beurteilung der Glätte wird die Zeit gemessen, in welcher ein bestimmtes Luftvolumen bei gleichbleibenden Druckverhältnissen zwischen dem zu prüfenden Papier und dem Metallstempel hindurchtritt[1]. In der Ullstein-Druckerei wurden folgende Zeiten bei Prüfung beider Seiten der Papiere gefunden:

Kunstdruckpapier	2295	und	2341	Sekunden
Zeitungsdruckpapier	156	„	167	„
Alphapapier	14	„	12,5	„

Brecht und Staedel[2] haben die Versuchsgenauigkeit des Bekkschen Apparates nachgeprüft und festgestellt, daß die mit dem Apparat ermittelten Werte mit der subjektiven Beurteilung der Oberfläche verschiedener Papiere gut übereinstimmen. Der mittlere relative Meßfehler bei 10 Einzelmessungen wurde unterhalb 2,5% gefunden. Für die zuverlässige Glättenbestimmung eines Bogens werden mindestens 5, besser 10 Einzelbestimmungen für erforderlich gehalten.

Nach Auswechslung des für die Glätteprüfung benutzten Drucktellers gegen ein durchbohrtes Druckstück, läßt sich der Bekksche Apparat auch als Porositätsprüfer verwenden. Es ist zu erwarten, daß sich dieser Apparat in der Praxis einführen wird.

---

[1] Nach Untersuchungen von Bekk ist die Luftmenge, die zwischen dem Papierfilz selbst hindurchgeht, im Verhältnis zu der Luftmenge, die zwischen Papier und Metallstempel hindurchgesaugt wird, so gering, daß sie vernachlässigt werden kann.

[2] Brecht u. Staedel: Z. u. P. 1931 Nr. 12 S. 679.

Mikroskopischer Teil.

Die Hauptaufgabe der mikroskopischen Papierprüfung besteht in der Ermittlung der Stoffzusammensetzung, d. h. der Art und des Mengenverhältnisses der in einem Papier vorhandenen Faserstoffe. Daneben soll sie Aufschluß darüber geben, in welchem Zustand sich diese Fasern befinden und welche Abmessungen sie haben. Ferner ist die Hilfe des Mikroskopes unentbehrlich bei der Untersuchung von Flecken und fremden Bestandteilen, die die Verwendbarkeit eines Papieres oft sehr beeinträchtigen. Auch zur Bestimmung der Art der Füllstoffe kann das Mikroskop in manchen Fällen benutzt werden. Schließlich ist die mikroskopische Betrachtung im auffallenden Licht wichtig für die Beurteilung der Struktur und der sonstigen Beschaffenheit der Papieroberfläche.

Untersuchungsinstrumente und Methodik.

Für die allgemeinen Zwecke der Papiermikroskopie reicht ein Instrument mittlerer Größe, wie es Abb. 91 wiedergibt, aus[1].

Handelt es sich bei der mikroskopischen Untersuchung nur um die Feststellung der drei Fasergruppen: Hadern, Zellstoffe und verholzte Fasern und um ein annäherndes Urteil über ihr Mengenverhältnis, so genügt eine einfache mikroskopische Einrichtung, wie sie die Firma Schopper für diesen Zweck zusammengestellt hat (Abb. 92)[2].

Für schwierigere Untersuchungen, die Zusatzgeräte, einen drehbaren Objekttisch und besondere Beleuchtungsverhältnisse erfordern, kommt ein großes Mikroskop in Frage. Abb. 93 stellt ein solches Gerät dar und gibt über die Namen der einzelnen Teile Auskunft[3].

---

[1] Die bekanntesten Herstellfirmen für Mikroskope und Nebengeräte sind: Zeiß-Jena, Winkel-Zeiß-Göttingen, Leitz-Wetzlar, Reichert-Wien, Seibert-Wetzlar, Busch-Rathenow.

[2] Die Ausrüstung enthält 1 Handgestell, 1 Okular, 1 Objektiv, 1 Präparierbrücke, 20 Objektträger, 50 Deckgläschen, 1 Paar Präpariernadeln, 1 Pinzette, 1 Vorbereitungssieb, 2 Reagierzylinder, 1 Flasche Natriumhydrat, 1 Flasche Chlorzinkjodlösung, 1 Flasche Malachitgrün, 1 Stück Leder, 1 kurze Beschreibung des Vorbereitens und Mikroskopierens der Papierfasern.

[3] Hinsichtlich der Prinzipien der mikroskopischen Bildentstehung und der Wirkungsweise des Mikroskopes wird auf die folgende Literatur verwiesen: Abbe: Abhandlung über die Theorie des Mikroskopes. Jena 1904. — Abbe: Die Lehre von der Bildentstehung im Mikroskop, von Lummer und Reiche herausgegeben. Braunschweig 1910. — Czapski: Theorie der optischen Instrumente, 2. Aufl. Leipzig 1904. — Hager: Das Mikroskop und seine Anwendung, herausgegeben von Tobler, 13. Aufl. Berlin: Julius Springer 1925. — Metzner: Das Mikroskop, 2. Aufl. des gleichnamigen Werkes von A. Zimmermann. Leipzig u. Wien 1928.

Für die meisten Aufgaben der mikroskopischen Papierprüfung genügen im allgemeinen zwei Vergrößerungen, eine etwa 50fache und eine etwa 200fache. Im Materialprüfungsamt wird hauptsächlich mit Zeißschen Mikroskopen, und zwar gewöhnlich mit Okular 2 in Kombination mit Objektiv A oder D gearbeitet. Will man sich einen Überblick über die Menge der verschiedenen Faserarten verschaffen, so wählt man die 50fache Vergrößerung, für die Unterscheidung der Faserarten die 200fache.

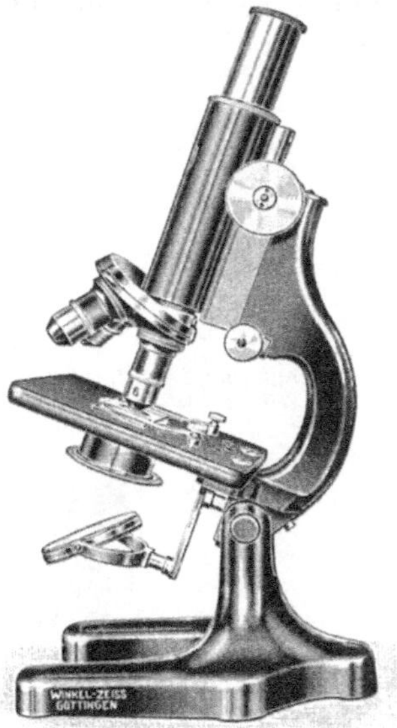

Abb. 91. Mittleres Mikroskop.

Handhabung des Mikroskopes.

Das Mikroskop wird gewöhnlich in einem Holzschränkchen geliefert. Bei häufigem Gebrauch läßt man es auf dem Arbeitsplatz stehen, bedeckt es aber nach erfolgter Benutzung mit einer Glasglocke. Am besten findet das Instrument in einer Entfernung von etwa 1 m von einem nach Norden gerichteten Fenster Aufstellung. Mittels des Rohrauszuges wird nun die Tubuslänge hergestellt, für die die Optik des Mikroskopes berechnet ist (bei Zeiß und Reichert 160 mm, bei Leitz und Seibert 170 mm; sind Nebenapparate, z. B. ein Revolver zwischen Tubus und Objektiv geschaltet, so muß der Tubusauszug um die Dicke der Revolverscheibe verringert werden). Besonders bei starken Objektiven kommt ein fehlerfreies Bild nur bei Einhaltung der richtigen Tubuslänge zustande. Durch Drehen des Spiegels sorgt man für eine gleichmäßige Aufhellung des Gesichtsfeldes bei geöffneter Blende. Beim Mikroskopieren selbst wird nach Bedarf abgeblendet, da die größtmögliche Helligkeit nicht immer die meisten Strukturunterschiede hervortreten läßt. Ist das mit dem Probematerial beschickte Tragglas, der sog. Objektträger, auf den Tisch des Mikroskopes gelegt, so wird der Trieb für grobe Einstellung solange

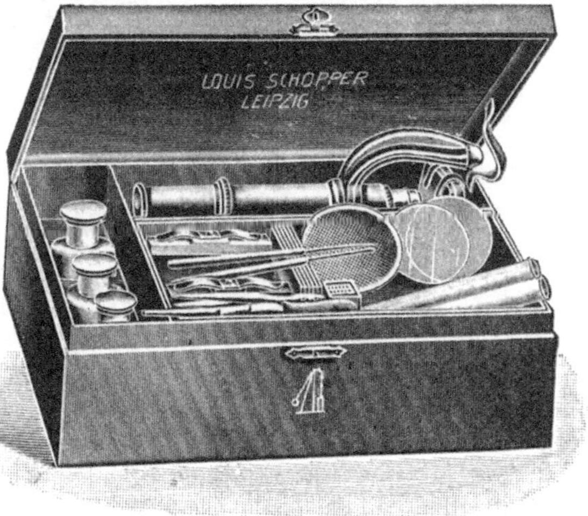

Abb. 92.
Einfache mikroskopische Ausrüstung nach Schopper.

gedreht, bis das Objektiv das Deckglas fast berührt. Dann sieht man ins Mikroskop und dreht den Tubus langsam aufwärts, bis das Bild des Gegenstandes erscheint, hierauf erfolgt die Feineinstellung mit der Mikrometerschraube (der Geübte kennt die erforderlichen Abstände der Objektive vom

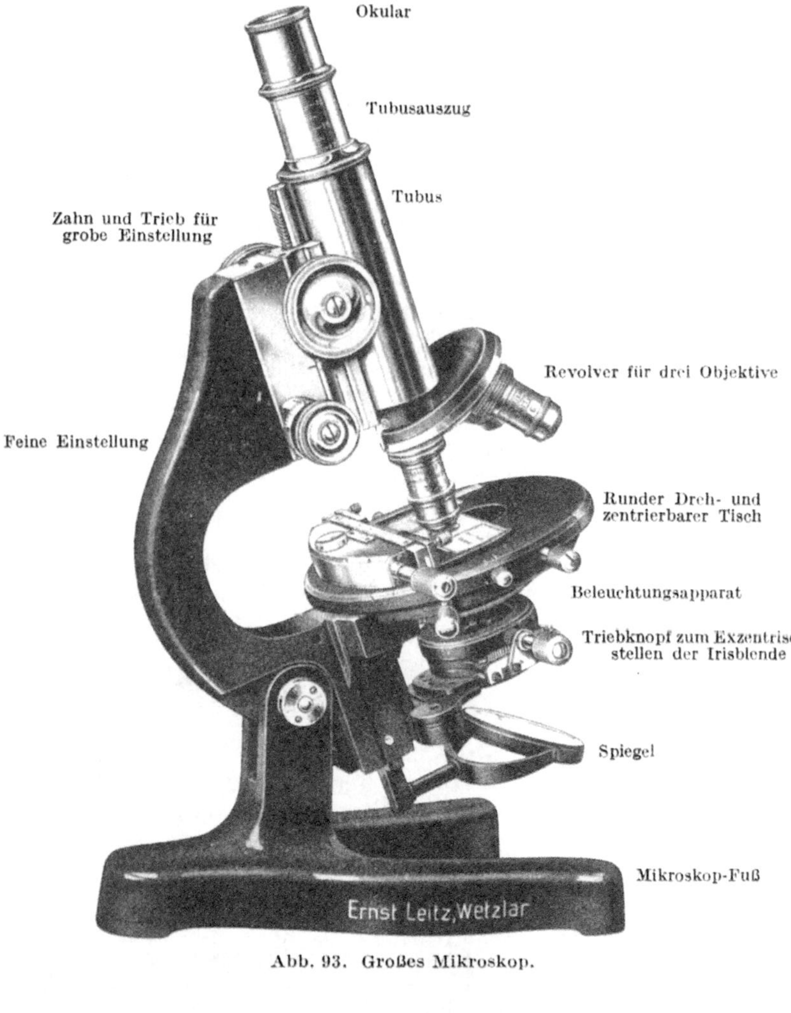

Abb. 93. Großes Mikroskop.

Deckglas und kann daher bei der Einstellung von vornherein abwärts drehen). Da das mikroskopische Bild den Gegenstand nicht in seiner ganzen Tiefe abbildet, muß unter steter Verwendung der Mikrometerschraube gearbeitet werden. Erst die geistige Vereinigung der verschiedenen gesehenen Bildebenen ergibt ein vollständiges Bild des Gegenstandes. Zur Ausbildung des mikroskopischen Sehens und zum Festhalten von Einzelheiten sind möglichst naturgetreue Zeichnungen anzufertigen. Zum

Nachzeichnen der Objektumrisse dienen Zeichenapparate, die mit Hilfe von Prismen und Spiegel das Bild des Objektes gleichzeitig mit der Bleistiftspitze auf dem Zeichenpapier sichtbar machen.

Untersuchung im polarisierten Licht.

Man betrachtet das Licht als einen Schwingungsvorgang, bei dem die einzelnen Ätherteilchen sich senkrecht zur Fortpflanzungsrichtung des Lichtstrahles bewegen. Beim „gewöhnlichen“ Licht erfolgen die Schwingungen nach keiner bevorzugten Richtung, sondern in vielen verschiedenen Ebenen. Wesentlich einfachere Verhältnisse liegen vor, wenn die Schwingung längst des Lichtstrahles nur in einer bestimmten Ebene erfolgt. Man nennt ein solches Licht linear polarisiert. — Zur Herstellung polarisierten Lichtes kann die Kristalldoppelbrechung benutzt werden. Am gebräuchlichsten ist ein von Nikol herrührendes Gerät, das Nikolsche Prisma, daß aus einem Kalkspatprisma gefertigt ist. Man benutzt entweder spezielle Polarisationsmikroskope, oder ein Zusatzgerät, das aus zwei verschieden gefaßten Nikolschen Prismen, dem Analysator, der auf das Okular aufgesetzt wird und dem Polarisator, der unter der Blendenöffnung angebracht wird, besteht. Bei paralleler Stellung der Polarisationsebenen beider Vorrichtungen erscheint das Gesichtsfeld hell; stehen bei gekreuzter Lage der Nikols die Polarisationsebenen senkrecht zueinander, so wird das Gesichtsfeld dunkel. Betrachtet man nun Faserstoffe im polarisierten Licht bei gekreuzten Nikols, so treten sie aufgehellt oft mit spezifisch verschiedener lebhafter Färbung auf schwarzem Grunde hervor. Dieses Verhalten beruht auf der Doppelbrechung des Lichtes durch die Zellmembranen. Schon Behrens-Delft[1] und Höhnel[2] hatten vorgeschlagen, neben der Aufnahmefähigkeit für gewisse Farben auch das optische Verhalten der Fasern für ihre Trennung heranzuziehen und neuerdings hat A. Herzog[3] in eingehenden Untersuchungen die Polarisationsmikroskopie der Textilprüfung nutzbar gemacht. Bei der Prüfung von Papierfasern im polarisierten Licht wird die Unterscheidungsmöglichkeit infolge der Strukturänderung der Fasern beim Bleichen und Mahlen sehr beeinträchtigt, so daß in den Fällen, wo die Unterscheidungsmerkmale auf Grund des Baues der Fasern und der Färbung mit geeigneten Lösungen im Stich lassen, auch die Betrachtung im polarisierten Licht nicht weiter hilft. Immerhin treten viele morphologisch-anatomische Einzelheiten, wie z. B. die wechselnde Wanddicke mancher Faserarten u. dgl. bei der Betrachtung zwischen gekreuzten Nikols besonders deutlich hervor. Auch bei der Untersuchung von Füllstoffen und von kristallinen Bestandteilen von Flecken wird sich die Untersuchung im polarisierten Licht oft als nützlich erweisen.

[1] Behrens: Mikrochemische Analyse 1896.

[2] von Höhnel: Die Mikroskopie der technisch verwendeten Faserstoffe, 2. Aufl. Wien u. Leipzig 1905.

[3] Herzog, A.: Die Unterscheidung der Flachs- und Hanffaser. Berlin: Julius Springer 1926. — Herzog, A. u. P. Heermann: Die mikroskopische Untersuchung der Seide. Berlin: Julius Springer 1924. Mikroskopische und mechanisch-technische Textiluntersuchungen. Berlin: Julius Springer 1931. Kunstseide 1931 Nr. 9 S. 312.

Untersuchung im auffallenden Licht.

Während die zuerst gebauten zusammengesetzten Mikroskope nur für eine Untersuchung im auffallenden Licht eingerichtet waren, hat der weitere Ausbau der Mikroskopie unter Benutzung von durchfallendem Licht solche Erfolge gezeitigt, daß bis vor kurzem der Betrachtung im auffallenden Licht wenig Beachtung geschenkt wurde. Für die mikroskopische Untersuchung und für die photographische Abbildung der Struktur der Papieroberfläche ist aber die Untersuchung im auffallenden Licht nicht zu entbehren. — Bei Benutzung einer schwachen Vergrößerung kann man auf einfache Weise schräg auffallende Beleuchtung mittels einer seitlich aufgestellten Lichtquelle unter Verwendung einer Sammellinse erreichen[1]. Da der Lichteinfall unter einem Winkel von 5—10° fast streifend ist, wird die Schattenbildung verstärkt und der Gegenstand erscheint plastisch. Zur Steigerung der räumlichen Wirkung kann man auch ein binokulares Mikroskop benutzen. Unter Umständen muß die Schattenseite mit Hilfe eines Spiegels oder eines weißen Papiers aufgehellt werden. — Zur Erzielung allseitiger Beleuchtung dient der sog. Lieberkühnsche Spiegel[2], ein im Zentrum durchbohrter Metallhohlspiegel, der über das Objektiv geschoben wird. Der Strahlengang ist aus Abb. 94 ersichtlich. Dieses Gerät ist nach A. Herzog[3] gut brauchbar für die Erkennung von Schriftfälschungen und für die Sichtbarmachung geringer von etwaigen Fremdkörpern herrührenden Farbunterschieden. Der Lieberkühn-Spiegel läßt sich für Objektive bis herab zu 7—8 mm Brennweite verwenden; bei Objektiven mit kürzeren Brennweiten würde die Objektivfassung zuviel Licht abfangen[4]. In diesem Fall muß man den Busch-Dunkelfeldkondensator für Auflicht verwenden, der sehr gute Strukturbilder

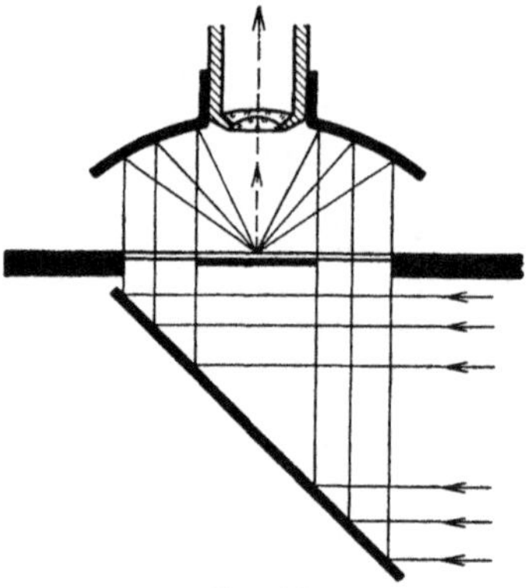

Abb. 94. Strahlengang bei Verwendung des Lieberkühnschen Spiegels.

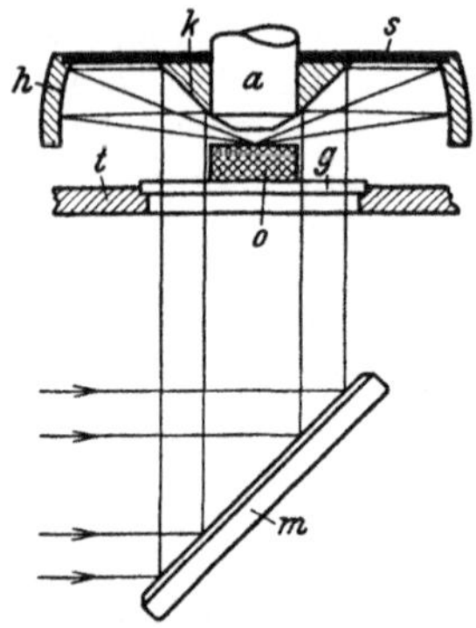

Abb. 95. Strahlengang bei Verwendung des Busch-Dunkelfeldkondensors für Auflicht.

[1] Zu empfehlen sind hierfür wie auch für alle anderen Zwecke mikroskopischer Beleuchtung die Universallampe Nr. 785c der Firma Reichert-Wien und die Universallampe „Monla" von Leitz.

[2] Firma Busch, Rathenow.

[3] Herzog, A.: Über die Verwendung des auffallenden Lichtes bei der mikroskopischen Untersuchung von Textilien und Papieren. W.B. 1930 Nr. 5 S. 144.

[4] Hauser, F.: Hilfsmittel für die mikroskopische Untersuchung von Papieren und Textilien im auffallenden Licht. W.B. 1930 Nr. 6 S. 176.

liefert und die Lage der verfilzten Fasern auch bei stark geleimten und satinierten Papieren deutlich hervortreten läßt (Strahlengang Abb. 95).

Lieberkühn-Spiegel und Dunkelfeldkondensator gestatten nur die Verwendung einer geringen Objektgröße (etwa 16 mm). Unabhängig von der Größe der Objekte und der Stärke der zu verwendenden Objektive ist der sog. Vertikalilluminator. Das Prinzip dieser Beleuchtungseinrichtung besteht darin, daß das Licht durch das Objektiv hindurch senkrecht auf das Objekt geworfen wird und reflektiert in das Mikroskop zurückgelangt (Strahlengang Abb. 96). Erreicht wird dieser Strahlengang dadurch, daß durch einen mit einer Linse versehenen seitlichen Ansatz Licht auf ein unter einem Winkel von 45° angeordnetes Deckgläschen oder ein kleines totalreflektierendes Prisma fällt, das in einem zwischen Tubus und Objektiv geschalteten Zwischenstück angebracht ist. Das Objekt muß unbedeckt bleiben, da sonst eine Verschleierung des Bildes durch störende Reflexe auftritt. Da durch die senkrecht auffallende Beleuchtung keine Schattenwirkung entsteht, ist die Oberflächenstruktur nur wenig erkennbar, dafür treten alle Unterschiede in der Färbung und im Glanze der Fasern stark hervor, so daß sich der Vertikalilluminator besonders für die Untersuchung von beschriebenen und bedruckten Papieren und zur Aufklärung von Schrift- und Druckfälschungen eignet.

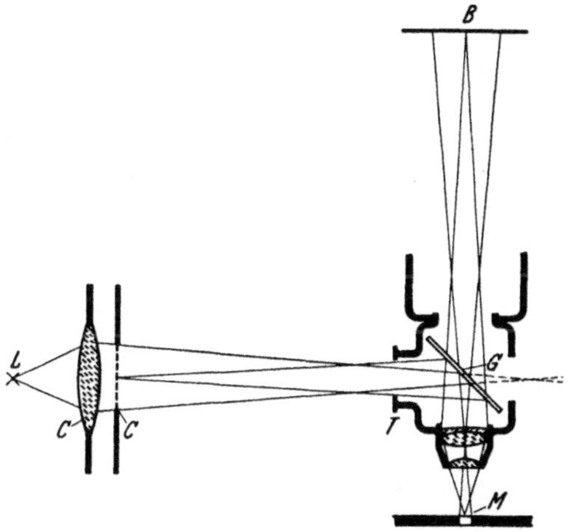

Abb. 96. Strahlengang bei Verwendung des Vertikalilluminators.

Neuerdings hat die Firma Leitz unter dem Namen Ultropak ein neues Gerät herausgebracht, das wesentliche Vorteile zu bieten scheint. Da bei dieser Konstruktion die Lichtführung vollständig außerhalb des Strahlenganges der Beleuchtungsoptik liegt, entstehen keine störenden Reflexe und die Benutzung stärkster Vergrößerungen ist möglich. Je nach der Beschaffenheit des Objektes und je nach der Apertur der Beleuchtung entstehen Bilder, die sehr verschiedenen Charakter besitzen, es können einzelne Strukturen als Hellfeld, andere als Dunkelfeld, manche sogar als kombiniertes Bild in Erscheinung treten[1].

Vorbereitung des Papiers.

Das Papier als solches ist zum Mikroskopieren nicht ohne weiteres geeignet. Stellenweise wird vorgeschlagen, ein kleines Stück auf dem Objektglase in einem Tropfen Wasser, Glyzerin o. a. mit Präparier-

[1] Ähnliche Vorrichtungen brachte die Firma Busch unter dem Namen Univertor, die Firma Zeiss als Epikondensor während der Drucklegung dieses Buches heraus.

nadeln zu zerfasern und diese Fasermasse unter dem Mikroskop zu betrachten; das Verfahren ist unvollkommen, weil die außer den Fasern im Papier vorhandenen Körper, wie Leim, Stärke, Füllstoffe usw., den Bau der Zelle verdecken und ihr Erkennen erschweren. Um diese der Untersuchung hinderlichen Bestandteile zu entfernen, ist es erforderlich, das Papier zunächst in sehr verdünnter, etwa 1%iger, Natronlauge zu kochen.

Zur Erlangung einer guten Durchschnittsprobe entnimmt man, wenn möglich aus verschiedenen Bogen, kleine Stücke des zu untersuchenden Materials, feuchtet mit Wasser an und knetet die Probe zunächst zwischen Daumen und Zeigefinger gut durch. Darauf wird das so vorbehandelte Material zu einer kleinen Kugel zusammengerollt und in ein Reagensglas von etwa 13 cm Länge und 2 cm Durchmesser gebracht. Das Reagensglas wird bis zu etwa einem Drittel mit einer 0,5—1%igen Natronlauge gefüllt, über einem Bunsenbrenner kurze Zeit bis zum

Abb. 97. Spülsieb.

Sieden der Flüssigkeit erhitzt[1] und danach unter der Wasserleitung abgekühlt. Nun verschließt man das Reagensglas mit einem Daumen und schüttelt kräftig durch. Nach dem Abscheiden der Lauge auf einem engmaschigen Drahtsieb (mindestens 900 Maschen pro Quadratzentimeter, bei sehr feinem Holzschliff empfiehlt sich sogar die Verwendung eines 5000 Maschensiebes) von etwa 6 cm Durchmesser (Abb. 97) wird der erhaltene Faserbrei in das Reagensglas zurückgebracht und durch Schütteln mit Wasser gut ausgewaschen. Die Faseraufschwemmung kommt erneut auf das Sieb und wird so von dem überschüssigen Wasser befreit. (Sollte das Probematerial nach dieser Behandlung noch nicht ganz zerfasert sein und noch Klümpchen aufweisen, so wird die ganze Vorbereitung: Kneten mit den Fingern, Aufkochen mit Lauge und nachfolgendes Auswaschen wiederholt.)

Pappen, Preßspäne und ähnliche Erzeugnisse, welche beim Kochen mit Lauge nur schwer erweichen, spaltet man vorher in dünne Blätter und weicht in Wasser auf, um das Material der Einwirkung der Lauge leichter zugänglich zu machen.

Gefärbte Papiere werden im allgemeinen nicht anders behandelt als ungefärbte. Die Farbe wird häufig schon durch den Kochprozeß zerstört oder doch so umgewandelt, daß sie bei der Untersuchung nicht hindert; auch bei widerstandsfähigeren Farben pflegt die mikroskopische

[1] Schon bei dieser Behandlung verrät sich ein Faserstoff, nämlich der Holzschliff. Holzschliffhaltiges Papier färbt sich erbsengelb, holzschliffreies bleibt im Aussehen unverändert.

Untersuchung von gefärbtem Papierbrei im allgemeinen keine größeren Schwierigkeiten zu machen als das Mikroskopieren von ungefärbtem Brei. Eine besondere Behandlung des Papiers oder des Breies zur Entfernung des Farbstoffes ist nur dann erforderlich, wenn die Farbe so dunkel ist, daß sie den Bau der Fasern verdeckt.

Als Oxydationsmittel kommen Salpetersäure und Chlorkalk, als Lösungsmittel Alkohol, Ammoniak, Eisessig und Salzsäure in Frage. Reduzierend wirken Hydrosulfit, Stannochlorid und Salzsäure in Verbindung mit metallischem Zinn.

Ein Verfahren, das in allen Fällen zum Ziele führt, kann nicht angegeben werden, da die Art der Beseitigung in jedem einzelnen Falle von der chemischen Natur des Farbstoffes abhängig ist.

Mit Kautschuk durchtränkte Papiere, wie sie z. B. unter der Bezeichnung „Filzpapier" als Lederersatz u. dgl. in den Handel kommen, werden entweder 24 Stunden in Chloroform belassen, wobei sich der Kautschuk zum größten Teil löst, oder in einem mit langem Steigrohr versehenen Kölbchen mit Annisol ausgezogen und mit Benzolalkohol nachgewaschen. Darauf wird in der besprochenen Weise weiter behandelt. Sollen mit Teer oder mit Bitumen getränkte Dachpappen für die mikroskopische Untersuchung vorbereitet werden, so ist folgende Vorbehandlung erforderlich: die Probeabschnitte werden 1 Stunde auf dem Dampfbad mit Steinkohlenteer-Schweröl behandelt, darauf zwischen Zellstoffpappen abgedrückt, und sodann ebenfalls 1 Stunde auf dem Dampfbad mit Steinkohlenteer-Mittelöl digeriert. Nach erfolgtem Abtrocknen wird in einem Graefe-Apparat solange mit Benzol extrahiert, bis das Destillat klar aus der Filterhülse abläuft. Bei wollhaltigen Papieren (Kalanderpapier, Schrenzpapier, Rohdachpappe, Wollfilzpappe usw.) ist Lauge bei der Vorbehandlung zu vermeiden, da Wolle von Natronlauge gelöst bzw. bei Verwendung schwacher Konzentrationen angegriffen wird. In diesen Fällen wird nur mit Wasser aufgekocht.

Pergamentpapiere zerfasern bei der auf S. 148 beschriebenen Vorbehandlung nicht; das Verfahren läßt sich daher auf sie nicht anwenden. Die mikroskopische Untersuchung von Pergamentpapieren ist überhaupt mit Schwierigkeiten verknüpft, da die Fasern stark gequollen sind.

Bartsch hat aber ein Verfahren ausfindig gemacht, mit Hilfe dessen man auch Pergamentpapier in Brei umwandeln kann[1].

Ungefähr 1 g Papier wird in schmale Streifen geschnitten und in einem Reagensglase mit 50 cm³ gesättigter Kaliumpermanganatlösung (6,5 g Kaliumpermanganat auf 100 g Wasser) übergossen. Die Lösung läßt man bei dünnen oder schwach pergamentierten Papieren 45 bis 60 Minuten, bei dicken oder stark pergamentierten Papieren 60 bis 75 Minuten einwirken, gießt dann ab und wäscht mehrmals mit Wasser aus. Zur Entfernung des auf der Faser niedergeschlagenen wasserunlöslichen braunen Mangansuperoxyds übergießt man das Papier mit etwa 25 cm³ 5%iger Oxalsäure oder Ammoniumoxalat unter Zusatz einiger Kubikzentimeter verdünnter Schwefelsäure und läßt die Lösung so lange einwirken, bis das Papier wieder farblos erscheint, was etwa

[1] Bartsch: Mitt. 1917 S. 276.

5 Minuten in Anspruch nimmt. Die Oxalsäure wird dann abgegossen und das Papier nochmals mit Wasser gewaschen. Äußerlich erscheint es bis dahin unverändert, da es seinen Zusammenhalt noch nicht verloren hat. Durch rollendes Kneten zwischen den inneren Handflächen läßt es sich aber leicht in eine Breikugel verwandeln, die dann durch bloßes Schütteln im Reagensglas mühelos zerfasert wird.

Die Klarheit der mikroskopischen Bilder und die Unterschiede in der Färbung der verschiedenen Fasergruppen können noch dadurch verbessert werden, daß man den durch Kaliumpermanganatlösung gewonnenen Brei 1—2 Minuten mit kalter 43%iger Schwefelsäure im Reagensglas durchschüttelt und den dann abfiltrierten Brei mit Wasser gut auswäscht. Hierdurch werden die letzten auf den Fasern sitzenden Amyloid-Gerinnsel und andere Unreinigkeiten entfernt. Die aus dem so behandelten Brei gewonnenen Präparate sind — was Färbung und Aussehen der Fasern anbetrifft — von solchen aus gewöhnlichem Papier meist kaum noch zu unterscheiden.

Bei Pergamentpapieren, die aus Baumwolle und Holzzellstoff hergestellt wurden, empfiehlt Wisbar[1] auch eine Chlorzinnjodlösung[2] zu benutzen. Die Pergamentierung hat zur Folge, daß die Baumwolle mit Chlorzinkjod (auch selbst in einer mit Wasser verdünnten Lösung) einen mehr bläulichen Farbton annimmt und dadurch der Unterschied zwischen Baumwolle und Holzzellstoff verwischt wird. Außerdem färben sich die durch die Pergamentierung entstandenen Zellulosefetzen intensiv blau und lassen das mikroskopische Bild schmutzig erscheinen. Klarere Bilder erhält man beim Präparieren mit Chlorzinnjod. Mit dieser Lösung färben sich die Lumpenfasern rosa, die Zellstofffasern blau, wobei die Blaufärbung stellenweise besonders stark auftritt, so daß die Fasern ein scheckiges Aussehen bekommen.

Herstellung der Präparate.

Für die mikroskopische Prüfung wird ein Klümpchen des in der angegebenen Weise vorbereiteten Papierstoffes, etwa in der Größe eines Streichholzkopfes, entnommen[3] und nach Bedarf durch Auflegen auf eine poröse Tonplatte von dem mechanisch anhaftenden Wasser befreit. Die Beseitigung des Wassers ist bei Anwendung mancher Lösungen

[1] Wisbar: Jodlösungen in der Papiermikroskopie. Mitt. 1920 H. 4 u. 5.

[2] 0,1 g Jod und 0,5 g Jodkalium werden in wenig dest. Wasser gelöst und mit Zinnchlorid von 50° Beaumé auf 10 cm^3 aufgefüllt.

[3] Nach den Angaben der Literatur ist es in Amerika üblich, die für das Präparat benötigte Fasermenge direkt aus dem geschüttelten Brei zu entnehmen, und zwar kurze Faserstoffe mit der Pipette, lange mit Platinnadeln. Dies wird jedoch nicht für zweckmäßig gehalten, da oft lange und kurze Fasern im Gemisch vorliegen. Würde man in solchen Fällen mit der Pipette entnehmen, so versperren lange Fasern selbst bei verhältnismäßig weiter Öffnung des Glasrohres den Eingang. Verwendet man Nadeln, so entgleiten kurze Fasern und Bruchstücke bei der Entnahme. Calkin: P.T.J. 1930, 28. Aug. Nr. 9 S. 44. — Lofton: Determination of the Fiber Composition of Roofing Felt. P.T.J. 1927, 7. April. Prüfungsmethoden der Technical Association of the Pulp and Paper Industry („Tappi"): W.B. 1926 Nr. 48 S. 1333 nach P.T.J. 1926 Nr. 11 S. 51; P.T.M. 1924.

erforderlich, weil sonst die Färbung nicht mit der nötigen Schärfe auftritt. Bei der Herstellung von Präparaten für Schätzungen ist es erforderlich, stets mit möglichst gleichen Stoffmengen zu arbeiten, um nicht durch verschiedene Dichte der Präparate beeinflußt zu werden.

Abb. 98. Präparierbrücke.

Das ausgedrückte Breiklümpchen bringt man auf einen Objektträger, fügt 2 bis 3 Tropfen der anzuwendenden Lösung (s. unten) hinzu und verteilt die Fasern möglichst gleichmäßig mit Hilfe zweier Präpariernadeln, am besten aus Platin, da andere Materialien von Jodlösungen stark angegriffen werden. Bei der Herrichtung des Präparates liegt der Objektträger über einer weißen Unterlage, da sich die Fasern auf diese Weise am besten vom Untergrund abheben. Abb. 98 zeigt eine Vorrichtung, wie sie zu diesem Zwecke angewendet wird. Das Präparat wird nun mit einem Deckglas bedeckt. Man verfährt dabei so, daß man das zwischen zwei Fingern der linken Hand gehaltene Gläschen vorsichtig mit der einen Kante in der Nähe des Flüssigkeitsrandes schräg aufsetzt, mit der in der rechten Hand gehaltenen Präpariernadel unterstützt und langsam heruntersinken läßt. Auf diese Weise wird Störung der Faserverteilung und Bildung von Luftblasen vermieden. Hierauf wird mit scharfgeschnittenen Stücken eines harten Fließpapiers von zwei gegenüberliegenden Rändern des Deckgläschens aus die überschüssige Lösung abgesaugt. Ein zu weitgehendes Absaugen ist zu vermeiden, da sonst störende Luftblasen entstehen.

Abb. 99. Deckglasbehälter.

Abb. 100. Handmikrotom.

Zur staubfreien Aufbewahrung und bequemen Entnahme der Deckgläschen hat die Firma Schopper Behälter angefertigt, die sich als praktisch erwiesen haben. Aus Abb. 99 ist deren Bau und Wirkungsweise ohne weiteres zu ersehen; die Füllung erfolgt bei abgenommenem Deckel nach dem Herunterklappen der Rückwand, die Entnahme der Gläschen von unten; der zwischen der unteren Platte und der Vorderwand befindliche Schlitz kann mittels einer Schraube so eingestellt werden, daß immer nur das unterste Deckgläschen entnommen werden kann.

Für besondere Zwecke, z. B. bei der Untersuchung von Rohfasern, Hölzern, gestrichenen Papieren o. a., kann es vorkommen, daß man Dünnschnitte herstellen muß. Hierzu ist in den meisten Fällen ein Handmikrotom (Abb. 100) ausreichend, bei dem der Schnitt mit einem Rasiermesser geführt wird.

Das Objekt wird in geeigneter Weise in einer abnehmbaren Klemme befestigt und mit Hilfe einer Mikrometerschraube durch Drehung der Mikrometerscheibe, die in 50 Teile geteilt ist, gehoben. Bei jeder Drehung um einen Teilstrich hebt sich das Präparat um $^1/_{100}$ mm. Das Messer wird aus freier Hand geführt und beim Schnitt durch zwei Glasbahnen gestützt.

Behandlung der Präparate mit färbenden Reagenzien.

Durch Anwendung färbender Lösungen verschiedener Art gelingt es, die Papierfasern in Gruppen zu trennen, die das Auge leicht durch ihre verschiedene Färbung unterscheiden kann. Innerhalb dieser Gruppen wiederum klare Unterschiede durch Färbung hervorzurufen, ist bisher nur in beschränktem Maße gelungen. Eine sichere Kenntnis des Baues der Fasern bleibt daher ein unbedingtes Erfordernis zu ihrer Erkennung. Der Bau der Zelle gibt hierzu Anhaltspunkte, obschon diese nicht immer so sicher sind, daß Verwechslungen einzelner Fasern ganz ausgeschlossen wären[1].

Als färbende Lösungen kommen vorzugsweise Jodlösungen von nachstehend angegebener Zusammensetzung in Betracht.

1. Jod-Jodkaliumlösung:

Wasser	20 cm^3
Jodkalium	2,00 g
Jod	1,15 g
Glyzerin	2 cm^3.

2. Chlorzinkjodlösung[2].

Man stelle zunächst die folgenden beiden Lösungen her:

Lösung A:
20 g trockenes Zinkchlorid, 10 g Wasser.

Lösung B:
2,1 g Jodkalium, 0,1 g Jod, 5 g Wasser.

Man vermische dann A mit B, lasse den entstandenen Niederschlag sich absetzen und gieße die überstehende klare Lösung ab; in diese bringt man ein Blättchen Jod.

3. Kalziumchlorid-Jodlösung nach Sutermeister[3]:

Lösung A:
1,3 g Jod, 1,8 g Jodkalium, 100 g Wasser.

Lösung B:
Kalziumchloridlösung, gesättigt, klar[4].

---

[1] Siehe hierzu auch Klemm: Schwierigkeiten bei der Bestimmung der Papierfasern. P.Z. 1895 Nr. 25 u. 26 und das im vorliegenden Werk über den „Mahlungszustand von Papierfasern" Gesagte.

[2] Die Lösung ist fertig bei der Firma Schopper in Leipzig zu beziehen.

[3] Sutermeister: Chemistry of Pulp and Paper Making, New York 1920 S. 390.

[4] Das feuchte Faserklümpchen wird mit A behandelt; nach einer Minute Entfernung der überschüssigen Lösung mit Filtrierpapier; dann Hinzufügen der Lösung B.

Auf genaue Innehaltung der Mengenverhältnisse der Bestandteile ist bei allen 3 Lösungen zu achten, da schon geringe Abweichungen die Wirkung beeinträchtigen. Die Lösungen, die vor Licht zu schützen sind, füllt man zum Gebrauch am vorteilhaftesten in braune Pipettenflaschen.

Die Art der Färbung der für die Papierfabrikation hauptsächlich in Frage kommenden Fasern bei Anwendung der Lösungen ist aus nachstehender Zusammenstellung ersichtlich.

<table>
<tr><th colspan="2" rowspan="2">Fasern</th><th colspan="3">Färbung in</th></tr>
<tr><th>Jod-Jodkaliumlösung [1]</th><th>Chlorzinkjodlösung [2]</th><th>Kalziumchlorid-Jodlösung</th></tr>
<tr><td rowspan="2">Gruppe I (verholzte Fasern)</td><td>Holzschliff, rohe Jute, nicht ganz aufgeschlossene Zellstoffe</td><td>teils leuchtend gelbbraun, teils gelb, je nach Schichtendicke und Verholzungsgrad</td><td>zitronengelb bis dunkelgelb</td><td rowspan="2">Holzschliff: gelb
Jute, Manilahanf, Sulfitzellstoff ungebleicht, noch teilweise verholzt: grünlich</td></tr>
<tr><td>Strohstoff</td><td>teils gelbbraun, teils gelb, teils grau</td><td>teils gelb, teils blau, teils blauviolett</td></tr>
<tr><td rowspan="4">Gruppe II (Zellstoffe)</td><td>Holzzellstoff und Adansonia</td><td>grau bis braun</td><td>blau bis rotviolett</td><td rowspan="2">völlig aufgeschlossener oder gebleichter Sulfitzellstoff: bläulich oder rötlich violett</td></tr>
<tr><td>Stroh- und Jutezellstoff</td><td>grau</td><td>blau- bis blauviolett</td></tr>
<tr><td>Esparto</td><td>teils grau, teils braun</td><td>teils blau, teils weinrot</td><td rowspan="2">Gebleichter Natronzellstoff von Laubhölzern: dunkelblau [4]</td></tr>
<tr><td>Manilahanf</td><td>teils grau, teils braun, teils gelbbraun</td><td>blau, blauviolett, rotviolett, schmutziggelb, grünlichgelb</td></tr>
<tr><td>Gruppe III (Lumpenfasern)</td><td>Leinen, Hanf, Baumwolle, Ramie</td><td>schwach- bis dunkelbraun, dünne Lamellen fast farblos</td><td>schwach bis stark weinrot [3]</td><td>rot oder bräunlich rot</td></tr>
</table>

[1] Vgl. Tafel XXVII. [2] Vgl. Tafel XXVIII.

[3] Erscheinen die Lumpenfasern bläulich, so ist die Jodlösung zu stark und muß vorsichtig mit Wasser verdünnt werden, bis sich die Lumpen rot färben. Werden die Zellstoffasern nicht blau, sondern rötlich gefärbt, so ist die Lösung zu schwach; sie kann meist durch geringen Zusatz von Zinkchlorid brauchbar gemacht werden; gelingt dies nicht, so ist die Lösung neu anzufertigen.

[4] Angaben über die Färbung von Stroh-, Esparto-, Jute-Zellstoff werden von Sutermeister an der unter 1 angeführten Stelle nicht gemacht. Die im Materialprüfungsamt bisher mit der Sutermeister-Lösung gemachten Erfahrungen gehen dahin, daß sie im allgemeinen nicht so viel leistet wie die Chlorzinkjodlösung; in vereinzelten Fällen aber, bei besonderen Mischungen, z. B. bei der Untersuchung von Wollfilzpappen zum Herausheben der Wolle, ferner bei Gemischen von Lumpen und Zellstoffen, wenn sich die Hadern mit Chlorzinkjodlösung zu stark bläuen, differenzierte sie die Fasern besser als die Chlorzinkjodlösung.

Leider lassen sich die Färbungen der verschiedenen Fasern nicht bei jedem Papier scharf abgrenzen, da die Farbtöne, zumal bei stark zermahlenen Stoffen, zuweilen ineinander übergehen.

Auch auf einige weitere Vorschläge zur Färbung der Fasern sei nachstehend noch hingewiesen.

Jenke[1] hat empfohlen, die Fasern in folgender Lösung zu beobachten:
50 cm^3 gesättigte Chlormagnesiumlösung,
2,5 cm^3 Jod-Jodkaliumlösung (2 g KJ, 1,15 g J, 20 cm^3 H_2O).
Hierin erscheinen:

Lumpen	braun,
Strohzellstoff	blauviolett,
Holzzellstoff	ungefärbt bis schwach rötlich,
Holzschliff, rohe Jute	gelb.

v. Höhnel[2] behandelt den Faserbrei mit Jod-Jodkaliumlösung (eine etwa 3 cm starke Schicht soll rubinrot sein) und nach dem Abdrücken mit Fließpapier mit Schwefelsäure von bestimmter, durch praktische Versuche mit Fasern zu ermittelnder Stärke[3].

Dann färben sich

Lumpen und gebleichte Jute	rotviolett,
Zellstoffe aus Holz und Stroh	rein blau,
Holzschliff und rohe Jute	dunkelgelb.

Selleger[4] empfiehlt eine Kalziumnitratlösung von folgender Zusammensetzung: 100 g Kalziumnitrat (trocken), 90 g Wasser, 3 cm^3 einer Lösung aus 1 g Jod, 5 g Jodkalium, 50 g Wasser; sie färbt zum Teil ähnlich wie die Chlorzinkjodlösung, unterscheidet aber manche Zellstoffarten noch weiter.

Dauerpräparate und Standardmuster.

Es ist gewiß der berechtigte Wunsch eines jeden Mikroskopikers, bei der Untersuchung gute Proben reinen Materials zur Hand zu haben, um diese zum Vergleich benutzen zu können. Namentlich für denjenigen sind solche Vergleichsproben von Wert, der nicht dauernd mit dem Mikroskop arbeitet, dem infolgedessen einmal gewonnene Bilder leicht wieder aus dem Gedächtnis entschwinden, und der so geradezu gezwungen ist, aus dem Vergleich mit bekannten Objekten seine Schlüsse zu ziehen.

Leider sind die durch Behandlung mit Jodlösungen hervorgerufenen Anfärbungen beim Einbetten der Fasern in Gelatine oder andere zur Herstellung von Dauerpräparate benutzte Einschlußmittel nicht haltbar, so daß es ratsam sein dürfte, solche Präparate, die leicht zu Irrtümern einen Anlaß geben können, zu vermeiden.

---

[1] Jenke: P.Z. 1900 Nr. 77.

[2] v. Höhnel: Über eine neue Methode der mikroskopischen Papierprüfung. Mitt. technol. Gew.-Museum. Wien 1889, Sektion für chemisches Gewerbe, Nr. 1, 2, 3, 4.

[3] Klemm gibt in seinem Handbuch der Papierkunde 1910 S. 252 an, daß die Schwefelsäure genau 44,5° B. haben muß; sie wird durch Mischen von 100 cm^3 Wasser mit 67 cm^3 Schwefelsäure vom spez. Gew. 1,85 erhalten.

[4] P.F. 1926 Nr. 4, und August-Heft 1903.

Um nun die Lücke einigermaßen auszufüllen, verfahre man in folgender Weise: Man koche eine geringe Menge verbürgt reinen Leinen-, Baumwoll- usw. Papiers in der oben angegebenen Weise mit Natronlauge zu Brei. Diesen bringe man in eine gut verschließbare Flasche und übergieße ihn mit Alkohol; er ist dann gegen Fäulnis geschützt und unbegrenzt haltbar. Eine Sammlung derartig vorbereiteter Papierfasern ist ein für den weniger Geübten nicht zu entbehrendes Hilfsmittel für die Untersuchung, und selbst der mit dem Bau der Fasern hinlänglich Vertraute wird in schwierigen Fällen gern seine Zuflucht zu ihnen nehmen. Sie sollten daher auch stets den für Papierprüfung zusammengestellten mikroskopischen Ausrüstungen beigegeben werden[1].

Allerdings ist nicht zu verkennen, daß es große Schwierigkeiten macht, Papiere zu erhalten, die wirklich nur aus einem einzigen Rohstoff bestehen; meist finden sich auch bei der sorgfältigsten Auswahl der Rohstoffe und der saubersten Verarbeitung geringe Beimengungen anderer Stoffe, die den Beobachter leicht irreführen können. Besonders aber hüte man sich, aus der handelsüblichen Bezeichnung eines Papiers einen Schluß auf die zur Herstellung verwendeten Fasern zu ziehen und etwa zu glauben, daß Hanfpapier aus Hanf, Leinenpost aus Leinen, Manilapapier aus Manilahanf usw. bestehen müsse. Derartige Bezeichnungen stehen zu dem Papierrohstoff oft in gar keiner Beziehung und verdanken lediglich dem geschäftlichen Verkehr ihre Entstehung.

Wenn man von den durch die Jodlösungen hervorgebrachten Färbungen, die, wie schon erwähnt, nicht dauernd festzuhalten sind, absieht, so bieten die unter Verwendung von Farbstoffen (vgl. S. 193 u. 195) hergestellten Präparate mehr Aussicht für die Gewinnung von Dauerpräparaten. Hierbei werden die gefärbten Fasern in der auf S. 194 geschilderten Weise in Kanadabalsam eingebettet. Das gelinde angedrückte Deckglas wird nach Erstarren des Balsams mit Maskenlack III (von Dr. Grübler & Co., Leipzig C 1) umrandet.

Glyzeringelatine (7 g Gelatine läßt man in 42 cm³ Wasser quellen, erwärmt dann unter Zusatz von 38 cm³ Glyzerin, bis Lösung eingetreten ist, fügt 1 g Karbolsäure hinzu und filtriert warm durch Glaswolle) eignet sich weniger als Einbettmasse, weil die Farben in ihr leicht verblassen.

Wie später erwähnt wird, sind für die mikroskopische Schätzung der Mengenanteile von Fasergemischen ebenfalls Vergleichsmuster erforderlich. Diese stellt man am zweckmäßigsten dadurch her, daß bestimmte Mengen (in Abstufungen von 5 oder 10%) der zur Mischung kommenden Faserarten in einem Versuchsholländer einige Stunden gemischt und nach Bedarf gemahlen werden. Aus dem Stoff werden mit Hilfe eines feinen Siebes Stoffkuchen hergestellt, die man nach Abpressen unter einer Kopierpresse an der Luft trocknen läßt. Im Bedarfsfalle können von diesen Proben Vergleichspräparate hergestellt werden.

---

[1] Die Firma Schopper-Leipzig bringt derartige Proben in Breiform in den Handel. Die Proben sind im Materialprüfungsamt geprüft und die Flaschen mit dem Siegel des Amtes verschlossen.

Fasermessung.

Die Bestimmung der Größenabmessungen von Einzelfasern ist früher meist in der Weise ausgeführt worden, daß die Länge oder Breite der Fasern im mikroskopischen Bild durch Vergleich mit der Okularmikrometerskala, die zugleich mit dem Präparat gesehen werden kann, festgestellt wurde. Das Okularmikrometer ist ein Okular, auf dessen Blende ein gewöhnlich in 50 Teile geteilter, auf Glas geätzter feiner Maßstab liegt. Durch Verschieben der Augenlinse kann die Teilung scharf eingestellt werden. Die Eichung des Okularmikrometers erfolgt mit Hilfe eines Objektmikrometers (1 mm in 100 Teilen) (s. Abb. 101).

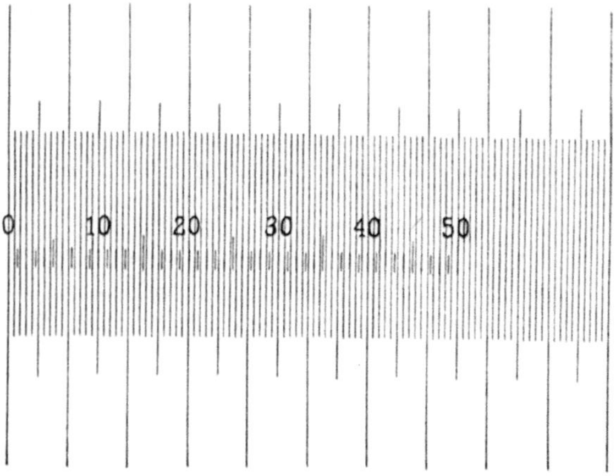

Abb. 101. Eichung des Okularmikrometers (beziffert) mit dem Objektmikrometer (unbeziffert). 50 Teilstriche des Okularmaßstabs decken genau 75 Teilstriche des Objektmaßstabs; mithin beträgt der Teilwert des Okularmikrometers $750:50 = 15\,\mu$. Diese Zahl ist allen späteren Messungen zugrunde zu legen; sie ist selbstverständlich für jedes Objektiv gesondert zu bestimmen. Auf die Einhaltung der bei der Eichung gewählten Tubuslänge ist bei allen späteren Messungen genau zu achten. Vergr. 72. (Nach Heermann u. A. Herzog: Mikroskopische und mechanisch-technische Textiluntersuchungen.)

Daß auf diesem Wege keine genaue Messung möglich ist, geht schon daraus hervor, daß das Fasermaterial fast stets Krümmungen aufweist, deren Ausmaß das Auge des Beobachters selbst bei geeigneter Führung des Objektträgers oft nur abschätzen kann. Eine weitere Schwierigkeit besteht darin, daß selbst bei schwacher Vergrößerung immer ein Teil der Fasern den Durchmesser des Gesichtsfeldes überragt. Man muß nach genügend charakteristischen Punkten an den betreffenden Fasern suchen, um beim Verschieben des Präparates die Strecken abteilen zu können. Weitere Nachteile liegen in dem für die benötigten zahlreichen Messungen erforderlichen Zeitaufwand und der starken Beanspruchung des Auges des Beschauers. Diese Mängel veranlaßten seinerzeit Bergman und Backman[1], zur Projektion des Faserbildes überzugehen.

Im Materialprüfungsamt[2] wird schon seit längerer Zeit die Projektion für die Fasermessung herangezogen, unter Verwendung einer leicht

[1] Bergman u. Backman: Faserlänge von Zellstoff. P.F. 1929 H. 29 S. 449.

[2] Schulze: Beitrag zur Methodik der Fasermessung. P.F. 1931 Nr. 15 S. 231; W.B. 1931 Nr. 4 S. 71; Z. u. P. 1931 Nr. 1 S. 24.

zusammenstellbaren Apparatur (siehe Abb. 102). Im Handel sind mehrere Apparate für Projektionszwecke von Faserbildern erhältlich, wie z. B. Promi und Promar der Firma Seibert, Wetzlar, ferner das Thommelsche Faserkino und der Mikrolyt.

Ein durch Drehen einer Kurbel in vertikaler Richtung verstellbarer Tisch (T) trägt ein waagerecht gelagertes Mikroskop (M), das das benötigte starke Licht von einer Bogenlampe[1] (L) über Küvette (K) und

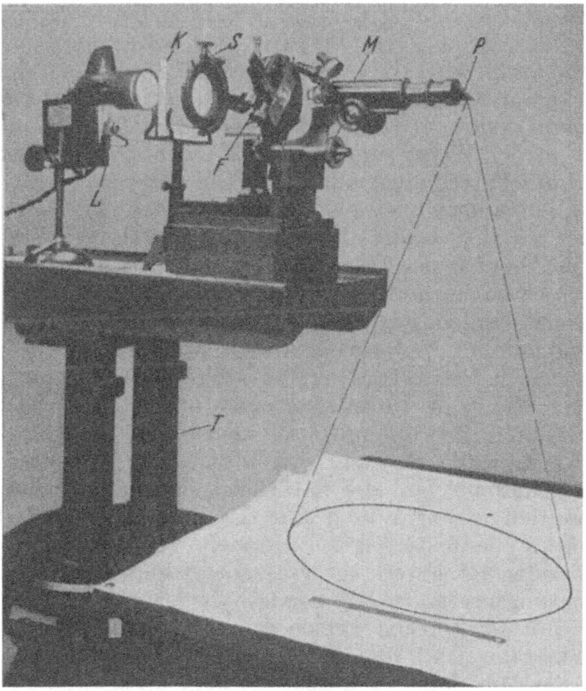

Abb. 102. Projektionseinrichtung für Fasermessungen.

Sammellinse (S) empfängt. Der Objektträger mit dem zu prüfenden Fasermaterial wird von einem Objektführer (F) gehalten, der durch seine zwangsläufige Bewegung eine gleichmäßige Auswertung des Präparates und das Wiederfinden des verlassenen Gesichtsfeldes ermöglicht. Bei der Wahl der Optik wurde darauf geachtet, möglichst viel Fasern in ihrer ganzen Ausdehnung im Gesichtsfeld zu haben, was durch Verwendung des Zeißschen Objektives a_2 erreicht wird. Als Okular dient zur Vermeidung der Bildfeldkrümmung das Leitzsche Periplanokular 8 X. Mit Hilfe eines einfachen Umkehrprismas der Firma Busch (P) wird das entstehende Bild auf einen unter dem Mikroskop stehenden mit

[1] An Stelle der Bogenlampe kann auch eine der auf S. 146 genannten Universallampen benutzt werden.

weißem Papier bedeckten Tisch projiziert. — Bei der Ausführung der Messung selbst verfährt man wie folgt:

Im verdunkelten Zimmer wird die gewünschte Vergrößerung mit Hilfe der Projektion eines Objektmikrometermaßstabes (1 mm/100 Teile) durch Heben oder Senken des die Projektionseinrichtung tragenden Tisches eingestellt. 50fache Vergrößerung, die sich für die Längenmessung von Holzzellstoff bewährt hat, wird demnach erhalten, wenn einem Millimeter des Maßstabes 50 mm der Projektion entsprechen. Nach Einstellung der Vergrößerung befestigt man an Stelle des Mikrometermaßstabes ein Präparat des Fasermaterials im Objektführer. Am besten wird dieser so eingestellt, daß man mit der einen Ecke des Präparates beginnen kann. An der Projektion werden zunächst alle mit beiden Enden im Gesichtsfeld erscheinenden Fasern und Faserbruchstücke in der Weise gemessen, daß ein biegsamer Metallmaßstab dem Verlauf der Fasern angepaßt wird. Die gemessenen Fasern streicht man auf der Papierunterlage aus. Nach erfolgter Ablesung des Objektführerstandes an den beiden Nonien wird durch Weiterbewegen des Präparates die Messung der über die ursprüngliche Bildeinstellung hinausragenden Fasern nachgeholt. Nach jeder Messung kehrt man auf Grund der Nonieneinstellung zu dem ursprünglichen Stand zurück, streicht jede Faser ab und kommt so zu einer vollen Auswertung des ersten Bildabschnittes. Nach Weiterbewegung des Präparates durch Drehen des Objektführers und nach Unterlegen eines neuen Papierblattes beginnt man beim zweiten Bildabschnitt von neuem. — In Übereinstimmung mit Calkin[1] wird die Messung von mindestens 200 Einzelfasern für erforderlich gehalten. Soll die natürliche Faserlänge eines Rohstoffes bestimmt werden, so wird man nur die mit natürlichen Enden versehenen Fasern berücksichtigen. Handelt es sich dagegen um die Charakterisierung der Faserlänge eines Zellstoffes, dessen Fasern durch den Aufbereitungsprozeß in Mitleidenschaft gezogen sind, so sind außer den Fasern mit natürlichen Enden auch die Bruchstücke zu messen. Zellen (Markstrahlzellen) und Bruchstücke unter 0,5 mm Länge sind jedoch von der Mittelbildung auszuschließen, da sie den Stoffcharakter nur unwesentlich beeinflussen, aber die mittlere Faserlänge herabdrücken. Außer Mindest-, Höchst- und Mittelwert sind noch die Häufigkeitswerte der folgenden Längengruppen anzugeben: unter 0,5 mm; 0,5—1,5 mm; 1,51—2,50 mm; 2,51—3,50 mm; 3,51 mm und darüber.

Bei der Vorbereitung der Präparate für die Messung soll jede stärkere Einwirkung auf die Fasern unterbleiben. Man entnimmt an verschiedenen Stellen mehrerer Bogen des zu prüfenden Stoffes kleine Abschnitte zur Erlangung einer guten Durchschnittsprobe, weicht diese lediglich in warmem Wasser ein und zieht darauf vorsichtig mit den Fingern Faserflöckchen von den verschiedenen Probestücken ab, die dann in einem Reagensglas vereinigt und durch Schütteln mit Wasser zerfasert werden. Noch besser ist es, wenn man statt von Zellstoffpappen von noch feuchtem Stoff ausgehen kann.

---

[1] Calkin: P.T.J. 1930, Aug. 28 Nr. 9 S. 44.

Bei Papierprüfungen können Länge und Breite der Fasern im allgemeinen zur Bestimmung der Herkunft der letzteren nicht mit herangezogen werden, weil sie im Papier als ganz erhaltene Elementarfasern nur selten vorhanden sind. Wir haben es überwiegend mit Faserbruchstücken zu tun, die in ihren Abmessungen bei verschiedenen Papieren sehr verschieden sein können, je nach dem Zweck, dem letztere dienen sollen.

Da aber die Abmessungen der unversehrten Elementarfasern immerhin auch für den Papiermikroskopiker von Interesse sind und deren Kenntnis ihm in besonderen Fällen gelegentlich von Nutzen sein kann, so sind nachstehend einige Angaben hierüber gemacht; sie sind teils aus der Literatur entnommen, teils im Materialprüfungsamt durch Ausmessung sehr zahlreicher Einzelfasern ermittelt.

Da sich in der Fachliteratur die Angaben über Faserlängen und Faserbreiten bei einigen Forschern vollständig decken, so kann man sie wohl teilweise als entlehnt ansehen; um Wiederholungen zu vermeiden, sind daher aus den Fachschriften nur die von Vétillart[1],

Faserabmessungen.

Faserart	Länge in mm			Breite in μ (= $^1/_{1000}$ mm)			Beobachter
	Kleinster Wert	Größter Wert	Häufigste Werte	Kleinster Wert	Größter Wert	Häufigste Werte	
Flachs	—	—	20—40	12	26	15—17	Wiesner
	4	66	25—30	15	37	20—25	Vétillart
	4	75	5—25[2]	15	36	19—28	Materialprüfungsamt[3]
Hanf	5	55	15—25	16	50	22	Vétillart
Baumwolle (verschiedene Arten)	—	—	10—40	12—29	22—40	19—38	Wiesner
Ramie	60	250	—	—	80	—	Vétillart
Manila (Musa textilis)	3,0	12	6	16	32	24	Vétillart
Jute (Corchorus capsularis)	1,5	5	2	20	25	22,5	Vétillart
Fichte	0,73	5,36	Mittel 2,5	13	67	Mittel 39	Materialprüfungsamt
Fichte	0,95	4,4	—	15	75	—	Kirchner
Pappel (Populus canadensis)	0,42	1,4	0,84	—	—	27	Materialprüfungsamt
Eucalyptus saligna	0,42	1,4	0,82	—	—	16	Materialprüfungsamt

[1] Vétillart: Etudes sur les Fibres Végétales Textiles. Paris 1876.
[2] Als Mittel aus allen Messungen ergaben sich: 26.
[3] Flachsprüfungen. Von Prof. W. Herzberg. Mitt. 1902 S. 311. (Ergebnis der Messungen von rund 20000 Einzelfasern.)

Wiesner[1], Kirchner[2], Raitt[3] und Hanausek[4] angegebenen Zahlen hier wiedergegeben. Die Tabellen machen keinen Anspruch auf Vollständigkeit.

Gramineenfasern.

Art der Fasern	Art der Zellen	Faserlänge in mm			Faserbreite in μ			Beobachter
		Mittel	Größte	Kleinste	Mittel	Größte	Kleinste	
Roggenstroh	Langgestreckte Fasern (sog. Bastfasern)	1,25[5]	3,1	0,41	19	38	8	Materialprüfungsamt
	Parenchymzellen	—	0,85	0,06	—	113	50	
	Oberhautzellen	—	0,34	0,06	—	76	13	
Maisstroh (Stengel)	Langgestreckte Fasern (sog. Bastfasern)	1,19[5]	5,26	0,41	17	38	8	
	Parenchymzellen	—	0,50	0,06	—	231	29	
	Oberhautzellen	—	0,22	0,06	—	71	17	
Bambus		—	2,6	2,2	—	27	18	Raitt
Zuckerrohr		—	3,0	—	—	25	—	Hanausek
Reisstroh		0,5	2,5	—	4	15	—	Hanausek

Untersuchungsmaterial.

Die eigentlichen Rohstoffe für die Papierherstellung bilden die Faserstoffe und unter ihnen an erster Stelle die Pflanzenfasern, die sich in besonderem Maße zur Papierherstellung eignen. Fasern des Tierreiches (Wolle) und Mineralfasern (Asbest) finden nur bei einigen Sonderprodukten Verwendung.

Morphologie der Pflanzenfasern.

Der Begriff „Faser“ ist nicht eindeutig. Während z. B. die Textil- oder „technischen“ Fasern fast stets aus Zellverbänden (Gefäßbündel oder Gefäßbündelanteile) bestehen, sind die Papierfasern „Elementarfasern“, d. h. einzelne Zellen. Stets handelt es sich jedoch um langgestreckte Gebilde.

Die Papierfasern sind mehr oder weniger dickwandige, nach den Enden zu sich verjüngende „prosenchymatische“, spindelförmige Zellen. Außer ihnen finden sich im Papier mitunter noch Begleitbestandteile (Parenchymzellen, Gefäße, Haare, Epidermis, Markstrahlzellen u. dgl.),

[1] Wiesner: Die Rohstoffe des Pflanzenreiches, Bd. 2. Leipzig 1903.
[2] Kirchner: Das Papier, 2. Aufl. S. 28.
[3] Sutermeister: Chemistry of Pulp and Paper Making, New York 1920 S. 43.
[4] Hanausek: P.F. Fest- u. Auslands-H. 1911 S. 34 u. 35.
[5] Mittel aus je 200 Messungen.

die für die mikroskopische Bestimmung mancher Faserarten von besonderem Wert sind und geradezu als „Leitelemente" bezeichnet werden können. Die Kenntnis der Art und Herkunft dieser Nebenbestandteile ist deshalb ebenfalls unerläßlich.

Das Grundorgan jeder Pflanze ist die Zelle, einer der unzähligen Bausteine, aus denen sich der Pflanzenkörper aufbaut. Wesentlichster Bestandteil einer Zelle und Sitz aller Lebensvorgänge ist das Protoplasma mit dem Zellkern. Aus der äußersten Schicht des Protoplasmas geht die Wandung der jugendlichen Zelle in Form einer dünnen Haut hervor, die im Verlauf des Dickenwachstums durch Neubildung weiterer Schichten von innen aus verstärkt wird. An einer Faserzelle unterscheidet man gewöhnlich drei Lamellen, die das Zellinnere, das Lumen, geschichtet umgeben, und zwar von innen nach außen die dem Lumen anliegende tertiäre, die sekundäre und die Primärlamelle[1]. An diese schließt sich bei der noch im Gewebe befindlichen, nicht isolierten Faser die Mittellamelle an, die zwei Zellen untereinander verbindet. — Eine nicht an allen Fasern ohne weiteres sichtbare, feine Teilung wird als Streifung bezeichnet (Abb. 103).

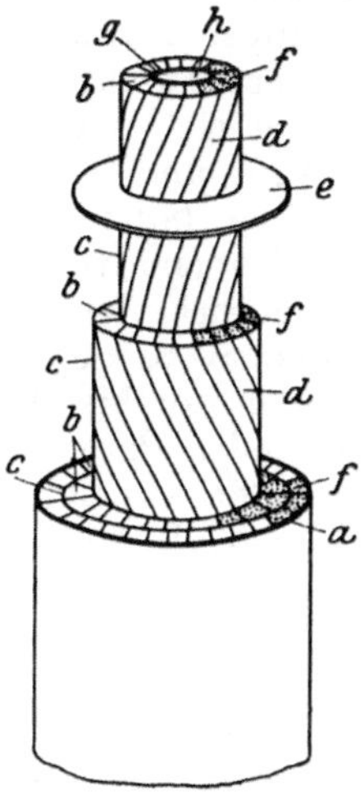

Abb. 103. Aufbauschema einer pflanzlichen Faserzelle nach Lüdtke. *a* Primärlamelle; *b* 4 Schichten der Sekundärlamelle; *c* tangentiale Längshäute zwischen den Schichten, Ursache der „Schichtung"; *d* radiale Längshäute, Ursache der „Streifung"; *e* doppelt ausgebildetes Querelement; *f* Fibrillen oder Primitivfasern; *g* Tertiärlamelle; *h* Lumen.

Die Streifensysteme zweier benachbarter Schichten bilden stets einen Winkel miteinander und haben oft entgegengesetzten Drehungssinn (Reimers[1]), aber auch diese Streifen sind noch nicht als einheitliche Gebilde aufzufassen, sondern sie lassen sich der Länge nach noch in sog. Fibrillen oder Primitivfasern bzw. Bündel zerspalten. Nach A. Herzog[2] besitzen alle Bastfasern Fibrillärstruktur, die aber meist erst nach mechanischer oder chemischer Einwirkung nachgewiesen werden kann.

Die schon von Nägeli aufgestellte Hypothese eines submikroskopischen Aufbaues der Zellmembran aus zu submikroskopischen Reihen angeordneten Mizellen konnte durch die Ergebnisse der röntgenographischen Forschung bestätigt werden, so daß sich nach Herzog[3] für die Faser folgendes Aufbauschema ergibt: Elementarfaser-Primitivfaser(Fibrillen)-Kristallit. Nach Untersuchungen von Lüdtke[4] ist es außerdem wahrscheinlich, daß die Wandung der Faser von einem ganzen System von Zwischenhäuten durchzogen ist, und zwar sind diese aus

[1] Reimers, H.: Mitt. dtsch. Forsch.-Inst. Textilstoffe, Karlsruhe 1911; Lüdtke, Textil-Ber. 1929 S. 445.

[2] Herzog, A.: P.F. 1931 Nr. 51/52 S. 833.

[3] Herzog: P.F. 1925 Nr. 9 S. 121, 1926 Nr. 10 S. 137.

[4] Lüdtke: Textil-Ber. 1929 S. 445; Biochem. Z. Bd. 223 H. 1—3.

einer Fremdsubstanz bestehenden Häute zwischen die einzelnen Lamellen, wahrscheinlich auch zwischen die Streifen und Fibrillen und schließlich auch als Querelemente eingeschaltet. Man wird nicht fehlgehen, wenn man diesen höchst komplizierten Aufbau mit den Festigkeitsaufgaben der Faserwandung in Zusammenhang bringt. — In der Regel durch Zellteilung, in selteneren Fällen durch Fusion, entstehen Komplexe oder Gewebe von Zellen gleicher Art. Diese treten wiederum zu größeren Gruppen zusammen, denen die verschiedenen Aufgaben im Leben der Pflanze zufallen. An einem Querschnitt durch einen Pflanzenstengel lassen sich sofort drei Gewebesorten erkennen: Hautgewebe, Grundgewebe und Gefäßbündel; letztere werden auch als Strang- oder Leitgewebe bezeichnet. Für das Grundgewebe ist die Parenchymzelle bezeichnend, von Gestalt meist rundlich, eiförmig, aber auch gestreckt und undeutlich viereckig. Die Membran ist zart und dünnwandig und besitzt einfache runde oder elliptische Tüpfel, d. h. besonders dünnwandige Stellen der Membran zur Erleichterung des Stoffaustausches von Zelle zu Zelle. Parenchymzellen sind als Nebenbestandteile im Papierstoff keine Seltenheit; sind sie in größerer Menge vorhanden, so wirken sie störend, da sie dem Papier leicht ein nicht erwünschtes transparentes Aussehen geben und die Festigkeit herabsetzen. — Vom Grundgewebe hebt sich das Hautgewebe durch dickere Wände, sowie meist kleineres Lumen ab. Die Epidermis oder Oberhaut schließt als schützende Hülle den Pflanzenkörper nach außen ab, vermittelt aber zugleich durch sog. Spaltöffnungen den Gasaustausch mit der Außenwelt. Bezeichnend für die Epidermiszellen sind die wellig oder zackig geformten Wände, die durch Oberflächenvergrößerung und Verzahnung die Festigkeit des seitlichen Verbandes erhöhen, ferner die meist in Gestalt zweier abgerundeter Schließzellen mit linsenförmiger Spalte erkennbaren Spaltöffnungsapparate. — Durch Wachstum einzelner Epidermiszellen entstehen mitunter Haare als Anhangsgebilde (Samenhaare der Baumwollstaude, die „Zähnchen" des Espartograses und Haare anderer Gramineen). Auf ihrer Außenseite ist die Epidermis von einem zarten Kutinhäutchen, der Kutikula, überzogen.

Mit Ausnahme der Baumwollfaser stammen alle Papierfasern von den Gefäßbündeln her. Für diese sind zwei Gewebegruppen kennzeichnend. Die eine dient dem Transport von Eiweißstoffen und Kohlehydraten und wird nach ihren Hauptgliedern auch Siebröhrenpartie, kurz Siebteil oder Phloem genannt. Der Leitung des Wassers hingegen dient der Gefäßteil oder das Xylem. Wesentliche Elemente des Xylems sind die Tracheen und Tracheiden. Die Tracheen oder Gefäße sind teils weite, teils enge Röhren, die aus vielen übereinanderstehenden Zellen durch Resorption ihrer Querwände entstanden sind; sie haben oft leiter-, treppen- oder netzförmige Verdickungen. Die Tracheiden sind an beiden Enden geschlossen und stets mit Tüpfeln versehen. Diagnostisch wichtig ist, daß die Nadelhölzer keine echten Gefäße (Tracheen) besitzen, bei ihnen haben die Tracheiden außer der Festigkeitsfunktion noch den Wassertransport zu übernehmen. — Sehr charakteristisch für die Tracheiden der Nadelhölzer sind die sog. Hoftüpfel,

d. h. Tüpfel, deren Kanal sich nach der Schließhaut hin trichterartig erweitert (Abb. 104 *C*). In der Flächenansicht sind die Hoftüpfel kreisförmig, in ihrer Mitte sieht man einen zweiten kleineren Kreis (Abb. 104 *A*). Der kleine Kreis ist die Mündungsstelle des Tüpfelkanals in den Zellraum, der große äußere Kreis seine weiteste Stelle. Die Schließhaut ist in der Mitte oft zum sog. Torus verdickt (Abb. 104 *C*), vermag sich vorzuwölben und mit dem Torus die Ausgänge der Tüpfel zu verschließen. — Zu den genannten, für den Stofftransport bestimmten Zellen des Gefäßbündels treten noch „mechanische", der Festigung der Pflanze dienende, dickwandige, prosenchymatisch zugespitzte Zellen, das sog. Sklerenchym[1]. Die Sklerenchympartien des Gefäßbündels können zu einem den Sieb- und Gefäßteil umschließenden Komplex verschmelzen oder mehr oder minder deutlich getrennt dem Phloem oder Xylem anliegen. Besonders im letzteren Falle bezeichnet man die Siebröhren mit dem zugehörenden Sklerenchym als Bast oder Bastteil des Gefäßbündels, die andere Hälfte des Bündels als Holz oder Holzteil. Die mechanischen Elemente des Phloems sind die eigentlichen „Bastzellen", wie sie uns z. B. als Leinen-, Hanf- und Jutefasern entgegentreten. Doch werden auch die mechanischen Zellen des Xylems häufig mit dem Namen Bastfasern belegt (gebräuchliche Bezeichnung für Fasern von Stroh und anderen Gramineen). Die Anordnung der Gefäßbündel im Stamm ist verschieden, bei den Monokotylen[2] sind sie über den ganzen Querschnitt zerstreut in das Grundgewebe eingebettet. Bei Dikotylen und Gymnospermen sind sie im jugendlichen Zustand auf einem Kreise so angeordnet, daß die Bastteile nach außen, die Holzteile nach innen stehen; später verschmelzen diese Teile seitlich so miteinander, daß ein die Hauptmasse des Stammes bildender Holzkörper von einem Bastring umgeben wird. Bei den Monokotylen gehen die Bestandteile der Gefäßbündel in ein Dauergewebe über, d. h. sie nehmen

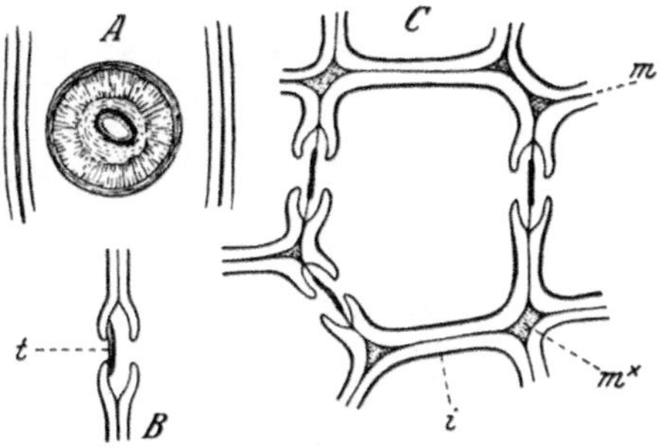

Abb. 104. Tracheïden aus dem Holze der Kiefer (Pinus silvestris). *A* Radialer Längsschnitt mit Hoftüpfel in Flächenansicht; *B* tangentialer Längsschnitt mit Hoftüpfel im Querschnitt, *t* der Torus; *C* Querschnitt durch eine Tracheide, *m* Mittellamelle; *m** ein Zwickel in dieser; *i* das Grenzhäutchen. Vergr. 540. Nach Strasburger.

[1] Unter Sklereiden oder Steinzellen werden unter stärkster Reduktion des Lumens verdickte Zellen von unregelmäßig abgerundeter oder nur wenig gestreckter Form verstanden.

[2] Nach dem natürlichen System werden die Pflanzen in zwei Hauptgruppen, Kryptogamen (Sporenpflanzen) und Phanerogamen (Blütenpflanzen) eingeteilt. Abgesehen von den an der Torfbildung beteiligten Moosen werden sämtliche Papierfasern von Phanerogamen geliefert, die sich ihrerseits in Gymnospermen (Nacktsamige) und Angiospermen (Bedecktsamige) gliedern. Eine Gruppe der Gymnospermen bilden die Koniferen. Die Angiospermen haben als Unterabteilungen die Monokotyledonen (Einsamenlappige), zu denen die Gramineen, und die Dikotyledonen (Zweisamenlappige), zu denen die Laubhölzer, sowie Baumwolle, Leinen, Hanf u. a. m. gehören.

an dem weiteren Dickenwachstum des Stammes durch Neubildung von Zellen nicht mehr teil. Bei den Dikotylen und Gymnospermen folgt aber auf das primäre Dickenwachstum durch Zellvergrößerung noch ein sekundäres durch Zellvermehrung. Bei den Laub- und Nadelhölzern z. B. bleibt zwischen Xylem und Phloem ein Meristem (Teilungsgewebe) erhalten: das Kambium, aus dem sich nach innen neue Holz-, nach außen neue Bastzellen abscheiden.

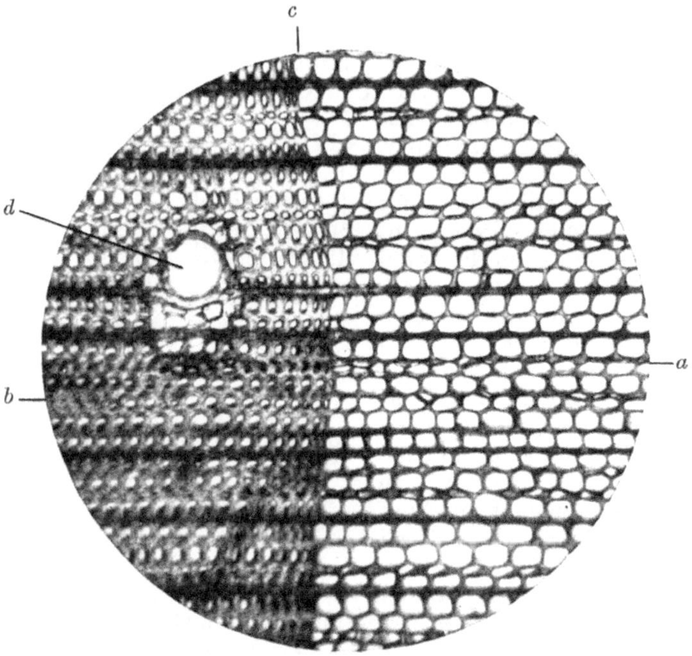

Abb. 105. Querschnitt von Kiefernholz (150fache Vergr.). *a* Frühholz; *b* Spätholz; *c* Jahresring; *d* Harzgang.

Mit Rücksicht auf den großen Wasserbedarf des Vegetationsanfanges ist das im Frühjahr gebildete Holz weitlumig und dünnwandig, während die im Sommer und Herbst folgenden Zellen immer mehr an Wandstärke zu- und an Lumen abnehmen. Infolgedessen zeigt der Querschnitt eines Holzes einen allmählichen Übergang vom weniger dichten und daher heller erscheinenden „Frühholz" zum dichteren, dunkleren „Spätholz". Die Abgrenzung vom Spät- zum Frühholz ist eine sehr scharfe. Auf diese Weise entstehen die sog. Jahresringe (Abb. 105). Erwähnt seien noch die Markstrahlen. Dies sind radial verlaufende Zellstränge aus dünnwandigen, mehr oder minder getüpfelten Parenchymzellen, die durch die Verbindung von Rinde[1] und Mark einen Stoff-

[1] Die eigentliche Rinde besteht aus dem Periderm (Korkteil) und dem darunter befindlichen Rindenparenchym (primäre Rinde); die „technische Rinde" hingegen enthält außerdem noch das Phloem (sekundäre Rinde). Unter Borke versteht man abgestorbene Rinden- und Peridermschichten.

transport in horizontaler Richtung gewährleisten. Außerdem dienen sie auch der Nährstoffspeicherung.

Unterscheidungsmerkmale der verschiedenen Faserarten.

Die Gruppierung der einzelnen Faserarten kann nach verschiedenen Gesichtspunkten erfolgen. Eine Anordnung auf Grund anatomisch-morphologischer Merkmale führt zu der Scheidung zwischen Samenhaaren, Bastfasern und Holzfasern. Nach der chemischen Beschaffenheit der Zellwand unterscheidet man zwischen verholzten und unverholzten Fasern. In technischer Hinsicht ist die Trennung in verholzte Fasern, Zellstoffe und Lumpenfasern üblich[1]. Zu den Lumpenfasern gehören von Natur aus unverholzte Fasern, wie Baumwolle, Leinen, Hanf und Ramie; zu den Zellstoffen diejenigen, die ursprünglich verholzt waren, aber durch chemische Behandlung von den inkrustierenden Bestandteilen befreit wurden, z. B. die Zellstoffe von Holz, Stroh, Jute, Manila, Esparto und andere; unter holzhaltigen Fasern versteht man endlich die Stoffe, die im verholzten Zustand verarbeitet werden, wie Holzschliff, rohe Jute, gelber Strohstoff und sonstige ligninhaltige Fasern.

Gruppe I: Verholzte Fasern.

Holzschliff (Tafeln I und II). Zur Herstellung von weißem und braunem Holzschliff werden vorzugsweise Nadelhölzer (Picea excelsa [Fichte], Pinus silvestris [Kiefer], Abies pectinata [Tanne] und auch wohl Larix [Lärche]) verwendet.

Der anatomische Bau aller zu den Nadelhölzern gehörigen Arten ist sehr gleichartig und deshalb die auf geringe Verschiedenheiten in dem Bau der Markstrahlzellen und auf das Vorkommen gewisser Poren bei den Holzzellen gestützte Unterscheidung oft recht schwierig. Bei der Papierprüfung hat diese Unterscheidung im allgemeinen wenig praktischen Wert, und es soll daher, um den Stoff nicht unnütz zu erschweren und zu erweitern, auf die anatomischen Verschiedenheiten der einzelnen Koniferenarten nicht eingegangen werden. In Wiesners Technischer Mikroskopie und in ähnlichen Werken kann man die Unterscheidungsmerkmale finden.

Die nachstehende Beschreibung bezieht sich zunächst auf den weißen Holzschliff (Tafel I), also auf ausschließlich durch mechanische Zertrümmerung (Schleifen) des Holzes hergestellten. Wir haben es hierbei nicht mit einzelnen, freigelegten Zellen des Rohmaterials zu tun, sondern mit Bruchstücken von Fasern und Faserbündeln, die oft eine Größe erreichen, daß man sie schon mit bloßem Auge im Papier erkennt (Splitter).

Diejenigen Zellen, die dem Beobachter sofort auffallen und die am zahlreichsten vertreten sind, sind die Tracheiden, die durch die Hoftüpfel sehr charakteristisch gekennzeichnet sind.

---

[1] Bezüglich der verschiedenen Anfärbung dieser drei Gruppen bei Behandlung mit Jodlösungen wird auf die Tabelle S. 153 verwiesen.

Wenn auch ein großer Teil der Tracheiden beim Schleifen des Holzes zertrümmert wird (Abb. 106), so kommen doch auch noch so viele gut-erhaltene im Papier vor, daß man an ihnen die Tüpfel deutlich wahrnehmen kann (Abb. 107).

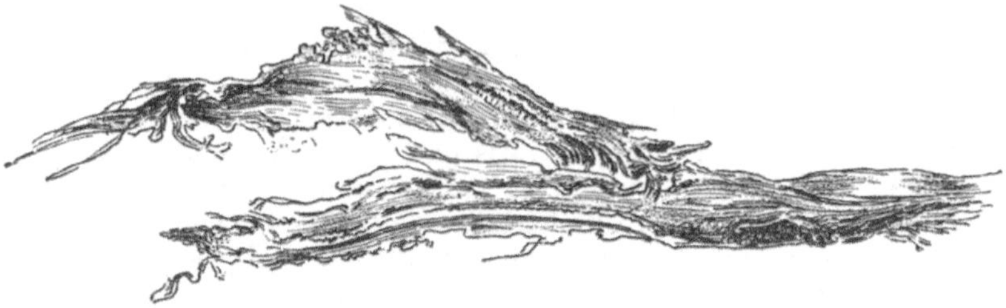

Abb. 106.

Abb. 107.

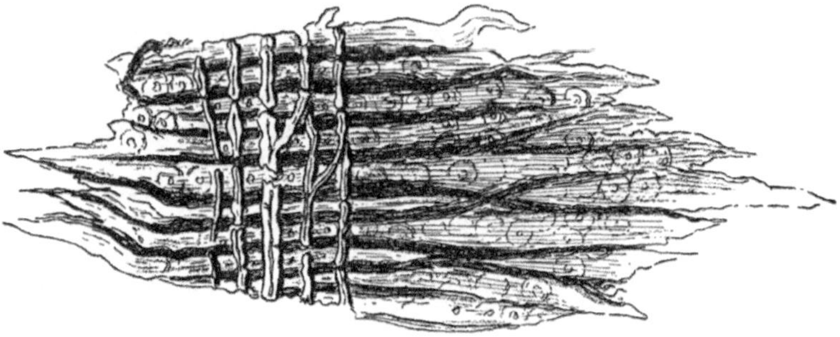

Abb. 108.

Neben diesen Zellen sind jedoch noch andere vorhanden, die sich ebenso vorzüglich zur Erkennung des Holzschliffes eignen, nämlich die Markstrahlzellen, welche durch ihr gitterförmiges Gefüge auffallen.

Abb. 108 zeigt derartige Markstrahlzellen, wie sie über darunterliegenden Tracheiden fortlaufen.

Außer den Nadelhölzern werden in geringem Umfange auch Laubhölzer, wie Pappel, Birke u. a. verschliffen. Zur Erkennung dieser Laubholzschliffe wird auf das S. 170—173 bei Besprechung der Zellstoffe aus diesen Hölzern Gesagte verwiesen.

Der braune Holzschliff (Braunschliff, Tafel II), bei dessen Herstellung das Holz vor dem Schleifen gedämpft wird[1], zeigt unter dem Mikroskop nicht mehr den starren Charakter des Weißschliffes, da die Zellen durch das Dämpfen in ihrem Zusammenhange schon sehr gelockert sind und daher beim Schleifen zum großen Teil schon Einzelfasern ergeben, die vereinzelt durch das Dämpfen auch sogar schon so weit von der Holzsubstanz befreit sind, daß sie Zellstoffcharakter zeigen. Der Braunschliff bildet somit eine Zwischenstufe zwischen dem Weißschliff und dem Zellstoff; er nähert sich im Aussehen teils dem ersteren, mehr aber noch dem letzteren. Die Färbung der Fasern in Jodlösungen ist nicht mehr so rein gelb wie beim weißen Holzschliff.

Jute[2] (Tafel III). Was man unter dem Namen Jute namentlich zur Herstellung von Packpapier, Zuckerpapier, Briefumschlagpapier,

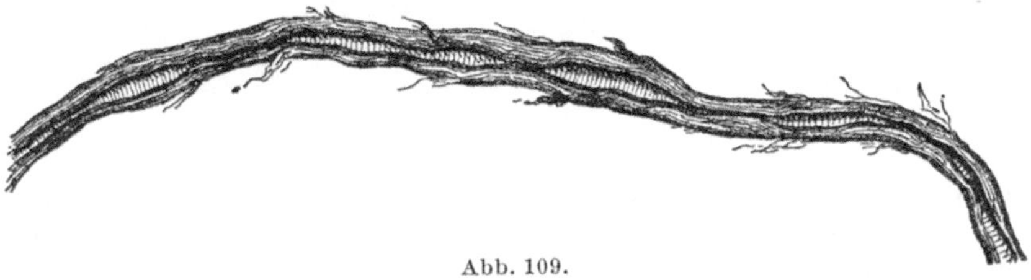

Abb. 109.

sog. Manilapapier usw. verwendet, sind die Bastzellen mehrerer ostindischer Pflanzenarten (Corchorus olitorius, C. capsularis, C. fuscus, C. decemangulatus u. a.).

Die charakteristische Eigentümlichkeit der Bastfasern dieser Pflanzen, die etwa 0,8—4 mm lang und 0,015—0,02 mm dick sind, besteht darin, daß die Wand der Zellen an verschiedenen Stellen verschieden stark ist und oft schon im Bereich des mikroskopischen Bildes stark wechselt. Zuweilen ist die Wand sehr dünn, dann wird sie mehr oder minder plötzlich dicker und verdickt sich oft so sehr, daß die Höhlung der Zelle nur noch als dünne Linie erscheint oder auf kurze Strecken sogar vollständig verschwindet, um dann wieder dieselben Wandlungen von neuem durchzumachen (Abb. 109).

Man darf indessen nicht erwarten, daß jede Zelle diese Merkmale so auffallend zeigt, wie eben geschildert; an mancher sind sie schwer aufzufinden, und man muß sie erst unter dem Mikroskop verfolgen, um Verschiedenheiten in der Wandstärke zu entdecken.

Stellenweise zeigen die Fasern Poren und ganz ähnliche Verdickungen (Knoten), wie wir sie bei der später zu besprechenden Leinenfaser regelmäßig antreffen; diese Knoten heben sich in Jod-Jodkaliumlösung durch ihre in mehr oder weniger gelbes Braun übergehende Färbung deutlich gegen die anderen Teile der Zelle ab.

Häufig kommt es vor, daß man die Jutefasern noch zu ganzen Bündeln vereinigt in dem mikroskopischen Bilde erblickt (Tafel III);

[1] Ein neues Holzdämpfverfahren, das Lignocell-Verfahren ist im P.F. 1927, Heft 39 S. 601 beschrieben. [2] Vgl. auch Jutezellzellstoff S. 177.

zur Erkennung des anatomischen Baues sind solche Bündel wenig geeignet, weil meist eine Zelle die andere verdeckt[1].

Gruppe II: Zellstoffe.

Nadelholzzellstoff[2] (Tafel IV und V). Für das Erkennen des Nadelholzzellstoffes unter dem Mikroskop gilt natürlich im allgemeinen das vorher beim Holzschliff Gesagte; man erkennt ihn an den behöften Poren

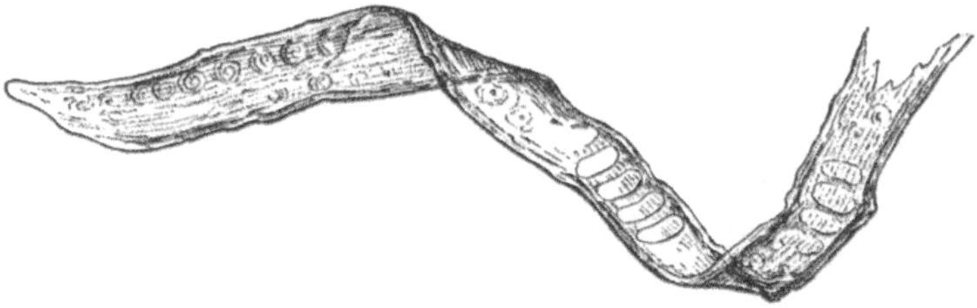

Abb. 110.

oder Tüpfeln der Tracheiden. Jedoch ist zu bemerken, daß das Gefüge der Zellen infolge des voraufgegangenen Kochprozesses weniger deutlich hervortritt als beim Holzschliff. Häufig ist man nicht imstande, die beiden konzentrischen Kreise der Poren genau wahrzunehmen; die Tüpfel erscheinen dann auf den Zellwänden mehr wie kreisförmige oder

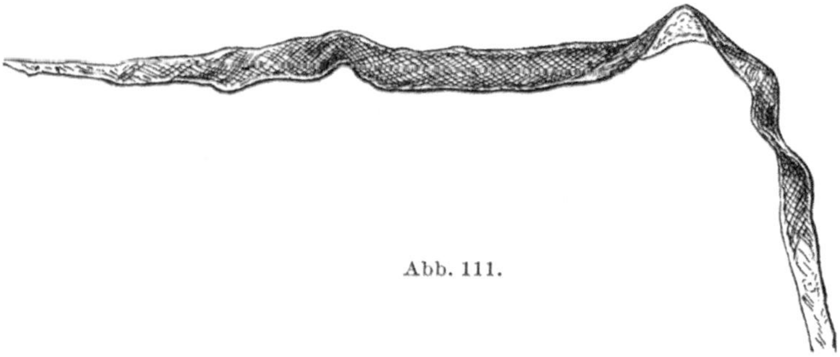

Abb. 111.

elliptisch geformte helle Stellen. Die Markstrahlzellen treten hier gegenüber dem Holzschliff mehr zurück, weil sie nicht mehr in Gruppen, sondern nur noch einzeln vorkommen. Neben den behöften Poren zeigen die Fasern der Kiefer teilweise große, einfache Poren (Abb. 110), die im Gegensatz zu den ersteren durch den Kochprozeß klarer sichtbar werden.

---

[1] Hinsichtlich der charakteristischen Merkmale von Strohstoff und unvollständig aufgeschlossenem Holzzellstoff, die beide wegen ihrer Färbung in Jodlösungen zur Gruppe I gehören, wird auf das bei Strohzellstoff und Nadelholzzellstoff Gesagte verwiesen.

[2] Siehe auch: A. Herzog: Mikroskopische Prüfung des Holzzellstoffes. Kunstseide 1931 H. 6, 7, 8, 9.

Bei nicht völlig aufgeschlossenem Zellstoff kommt es vielfach vor, daß die Fasern schwach gelbliche Färbung aufweisen. Es kann bei einem solchen Material, wenn man es makroskopisch mit Phloroglucin behandelt, vorkommen, daß man infolge der auftretenden Rotfärbung glaubt, es mit Holzschliff zu tun zu haben.

Bemerkt sei noch, daß die Fasern der Fichte an den Kreuzungsstellen mit den Markstrahlen kleine Poren in Gruppen übereinander

Abb. 112.

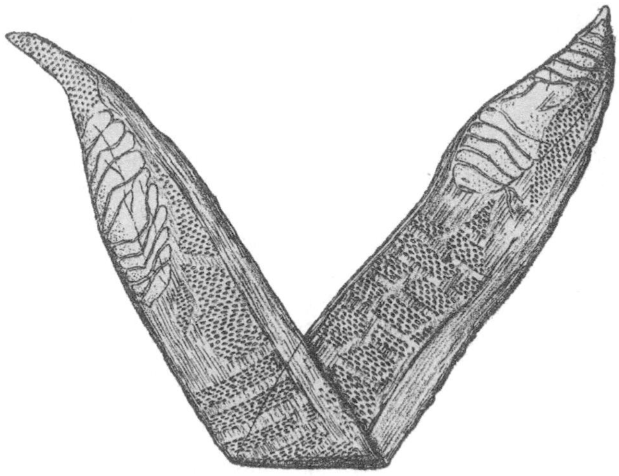

Abb. 113.

angeordnet, die Fasern der Kiefer die bereits vorher erwähnten großen, fensterartigen Poren zeigen.

Die meisten Zellstoffe dürften wohl von der Fichte herrühren, die sich wegen ihres geringen Harzgehaltes am besten zur Fabrikation eignet.

Auf eine Eigentümlichkeit sei noch besonders hingewiesen; es treten bei manchen Holzzellstoffasern Erscheinungen auf, wie sie der Baumwolle eigen sind, nämlich spiralförmige Windungen der Zelle und durch Spaltenbildung in der Zellwand verursachte gitterförmige Streifung der Zellwände (Abb. 111). Verwechslung mit Baumwolle ist indessen bei einiger Übung ausgeschlossen.

Die Länge der Fasern des Nadelholzzellstoffes beträgt etwa 2,5 bis 3,8 mm, die Breite 0,02—0,07 mm.

Richter[1] hat bei der Messung amerikanischer Zellstoffe Längen von 0,05—3,0 mm, bei skandinavischen Zellstoffen solche von 2,44 bis 2,69 gefunden.

Laubholzzellstoff. Die Fasern der Laubhölzer, von denen vorzugsweise Pappelarten, seltener auch Birken, Buchen, echte Kastanien und Eukalyptus zu Papierstoff verarbeitet werden, bieten nicht so charakteristische und leicht auffindbare Merkmale dar wie die der Nadelhölzer.

Die Faserlänge ist geringer als bei den Nadelhölzern; sie beträgt etwa 1 mm bei 0,03 mm Breite.

Bemerkenswert sind bei den Laubhölzern die zahlreichen röhrenartigen Gefäße, die einen größeren Porenreichtum aufweisen und für die Unterscheidung der einzelnen Holzarten einen Anhalt geben.

Abb. 114.

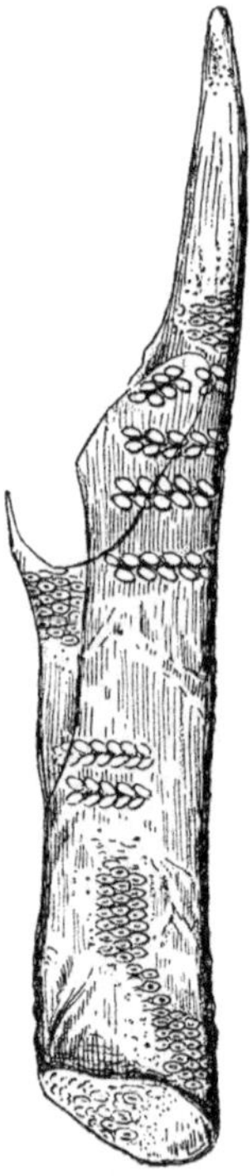

Abb. 115.

Birkenholzzellstoff (Tafel VI). Die Holzzellen der Birke sind oft sehr dünnwandig; die dickwandigen sind den Bastzellen des Strohes nicht unähnlich.

Die dünnwandigen Zellen tragen vielfach einfache mandelförmige Poren, deren Längsachsen teilweise parallel, teilweise schief zur Zellrichtung verlaufen (Abb. 112); zuweilen nehmen die Poren auch eine mehr oder weniger rundliche Gestalt an. Die Enden der Zellen sind sehr mannigfaltig, teilweise sehr spitz, teilweise abgestumpft bis rund.

Die Gefäße, die oft noch vollständig und sehr schön erhalten im Papier vorkommen, sind mit einer großen Anzahl einfacher schlitzförmiger Poren versehen, die senkrecht zur Längsachse des Gefäßes gestellt sind. Diese Poren sind zuweilen über das Gefäß gleichmäßig verteilt (Abb. 113).

An den Enden der Gefäße sieht man deutlich deren gitterförmig durchbrochenen Querwände. Der Gefäßreichtum ist bei der Birke sehr groß.

Der Birkenzellstoff gibt zwar ein sehr schönes weißes, aber wenig festes und dehnbares Papier und wird wohl nur in Ländern hergestellt, wo es an anderen Holzarten, namentlich an Nadelhölzern, fehlt.

[1] Richter: W.B. 1915 S. 2021.

Pappelholzzellstoff (Tafel VII). Zur Herstellung dürfte vorzugsweise das Holz der Zitterpappel (Populus tremula) und der Weißpappel (Populus alba) Verwendung finden. Unter den Laubhölzern liefern diese beiden Hölzer den zur Bereitung von Papier geeignetsten Zellstoff.

Über die Holzzellen der Pappel läßt sich kaum etwas anderes sagen als über die der Birke; sie sind einander zum Verwechseln ähnlich; die breiteren weisen hier nicht so viele und in der Regel kleinere Poren auf als die der Birke. Schmale Zellen mit knotenförmigen Verdickungen kommen ziemlich häufig vor.

An Gefäßen ist die Pappel ärmer als die Birke. Die Poren sind größer als bei dieser und von einem fünf- bis sechseckig rundlichen Hof umgeben (Abb. 114); auch große einfache Poren sind in den Gefäßwänden vorhanden (Abb. 115). Charakteristisch für die Gefäße sind die schwanzartigen Enden, die oft eine beträchtliche Länge erreichen (Abb. 114). Die gitterförmig durchbrochenen Querwände, die bei der Birke so charakteristisch hervortreten, fehlen hier.

Buchenholzzellstoff[1] **(Tafel VIII,** Abb. 116). Die Fasermasse des aus der Buche (Fagus silvatica) gewonnenen Zellstoffes besteht aus dickwandigen Holzfasern mit spärlichen, schief verlaufenden, langen Spaltentüpfeln und aus ebenfalls dickwandigen, mit mehr oder minder deutlich sichtbaren Hoftüpfeln versehenen Fasertracheiden. Die Gefäße erscheinen in zweifacher Ausbildung: weite, einfach durchbrochene Gefäße des Frühholzes und schmale, aus dem Spätholz stammende, mit leiterförmiger Perforation der Enden. Sie sind nur da reichlich getüpfelt, wo sie in der lebenden Pflanze mit anderen Gefäßen oder mit Markstrahlen zusammenstoßen. Parenchymzellen sind reichlich vorhanden.

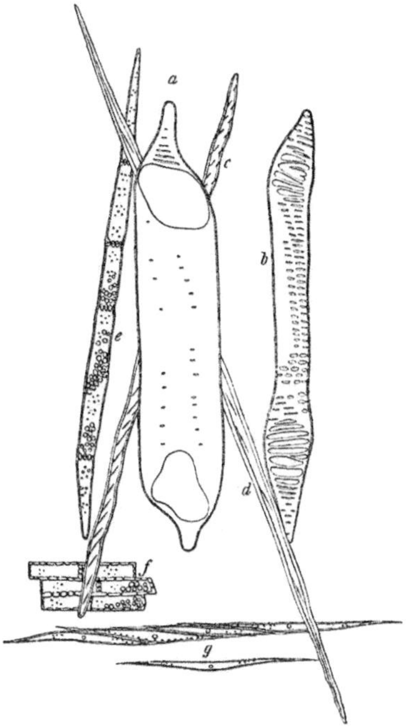

Abb. 116. Formelemente des Holzes der Rotbuche, Fagus silvatica L., durch Mazeration isoliert. *a*, *b*, Gefäßglieder; *a* mit einfacher, *b* mit leiterförmiger Durchbrechung; *c* Tracheide mit den schief spaltenförmigen Poren der (infolge der Mazeration undeutlichen) Hoftüpfel; *d* Sklerenchymfaser („Libriform"); *e* Reihe kurzer Parenchymzellen (Holzparenchym); in den einzelnen Zellen Stärkekörner; *f* Markstrahlzellen; *g* desgleichen aus dem Innern eines breiten Markstrahles. 100 : 1. (Nach R. Hartig.)

Holzzellstoff aus der Edelkastanie (Abb. 117). Die echte Kastanie (Castanea vesca) gehört zur Familie der Buchengewächse (Fagaceen). Entsprechend dieser Verwandtschaft erinnert auch das mikroskopische

[1] Die in neuerer Zeit erzielten Fortschritte beim Aufschluß des Buchenholzes lassen eine zunehmende Verwendung von Buchenholzzellstoff vermuten.

Übersichtsbild des aus Kastanie gewonnenen Zellstoffs an das der Buche. Im Gegensatz zur Buche besitzt jedoch die Kastanie nur eine Sorte von Gefäßen: oft sehr breite, stets mit offenen Gefäßdurchbrechungen

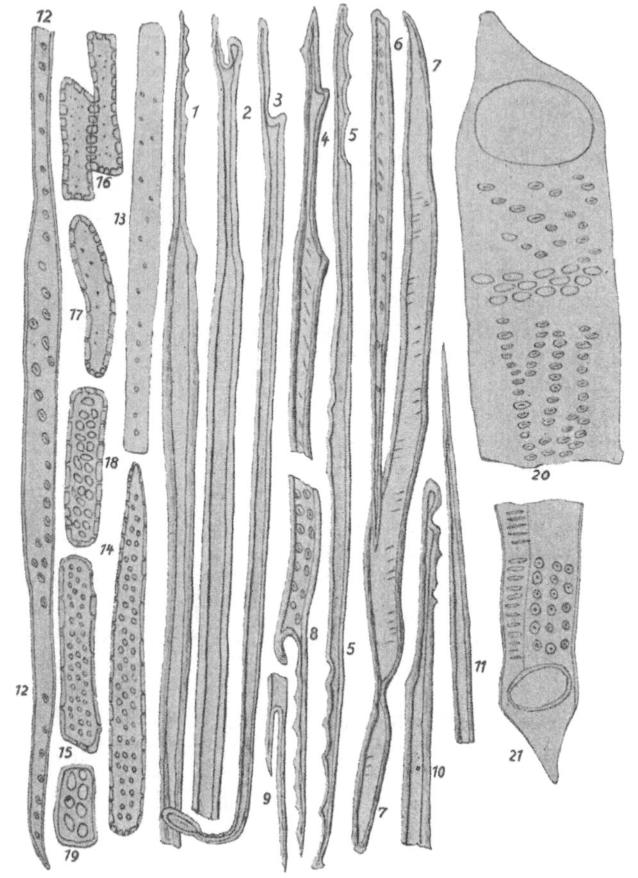

Abb. 117. Elemente aus der Zellulose des Kastanienholzes. *1, 2* Stücke von dickwandigen, nicht getüpfelten Fasern; *3* kurze dickwandige Faser, das eine Ende gegabelt, das andere löffelartig; *4* Faserende mit Spaltentüpfel; *5* kurze dickwandige Faser mit Kerbzähnen an den Enden und in der Mitte; *6* kurze Faser mit Hoftüpfeln; *7* dickwandige breite Faser mit Spaltentüpfeln; *8* dickwandige Faser (Endstück) mit gehöften Tüpfeln; *9—11* Faserendstücke; *12* Fasertracheide; *13—15* Zellen aus dem Strangparenchym; *16—19* Markstrahlzellen; *20* weites; *21* schmales Gefäß. (Nach Hanausek.)

versehene Tracheen mit drei Arten von Tüpfeln[1]. Die großen Gefäße besitzen große einfache und große behöfte Tüpfel; letztere bilden die Mehrzahl und stehen in lockeren Reihen; außerdem kommen noch spaltenförmige Tüpfel vor, an denen kein Hof sichtbar ist. Neben großen Gefäßen der beschriebenen Art sind nach Hanausek[1] für die Erkennung des Kastanienholzzellstoffes noch die eigentümlich gekerbten,

[1] Hanausek: Zur Mikroskopie einiger Papierstoffe. P.F. 1912 Nr. 27 S. 773.

gegabelten und verschmälerten Enden der Fasern, die Verschiedenheit der Tüpfelung und die langen Zellen von Strangparenchym maßgebend (Abb. 117).

Eukalyptuszellstoff (Tafel IX). Die zahlreichen Arten der Gattung Eukalyptus sind in Australien und Tasmanien beheimatet. Die Eukalyptuskultur ist besonders in den Mittelmeerländern und in Südamerika verbreitet. Eukalyptus zeichnet sich durch ein rasches Wachstum aus, trotzdem das Holz hart und von dichtem Gefüge ist. Da die Faser, wie diejenigen der übrigen Laubhölzer, nur kurz ist (bei Eucalyptus saligna wurden 0,42—1,41 mm Länge und 0,016 mm Breite gemessen), soll sich Eukalyptusholz nicht zum Schleifen eignen und nicht für Papiere, die große Festigkeit verlangen, wohl aber als Ersatz für Stroh- und Espartozellstoff. Neben den das mikroskopische Bild beherrschenden Fasertracheiden treten besonders die zahlreichen, meist recht breiten Gefäße hervor. Die Enden dieser Gefäße sind einfach durchbrochen, nicht vollkommen rund, sondern meist viereckig gestaltet und selten in einen kurzen Schwanz ausgezogen. Die Wand der Gefäße bedecken stellenweise in breiten Bändern angeordnete, große einfache Poren und zahlreiche kleine Hoftüpfel.

Andere Laubhölzer wie Linde, Erle, Ahorn usw. dürften wohl auch gelegentlich zu Zellstoff verarbeitet werden, ein weiteres Eingehen hierauf erscheint indessen nicht am Platze.

Strohzellstoff (Tafel X). Zur Herstellung von Strohzellstoff wird das Stroh aller Getreidearten verarbeitet, und es wird hauptsächlich von der Lage einer Strohzellstoffabrik abhängen, ob sie mehr Roggenstroh, Weizenstroh oder andere Strohsorten verwendet. Am meisten dürfte bei uns wohl Roggenstroh zur Verarbeitung kommen.

Es soll hier auf die Beschreibung der geringen anatomischen Unterschiede, welche die verschiedenen Stroharten im Bau der Zellen aufweisen, aus demselben Grunde wie bei dem Holzzellstoff nicht eingegangen werden; unser Urteil über ein Papier, das Strohzellstoff enthält, wird für praktische Zwecke nicht wesentlich vollkommener, wenn wir erfahren, daß letzterer z. B. dem Weizenstroh entstammt.

Aus einem mikroskopischen Bilde von Strohfasern heben sich sofort die sehr charakteristisch geformten Oberhautzellen, dickwandige, mehr oder weniger verkieselte Zellen, deren Ränder wellenförmig gebogen sind, deutlich ab (Abb. 118 und Tafel VII). Mit diesen wellenförmigen Ausrandungen schließen die Zellen dicht aneinander, und in dem Strohstoff findet man noch kleine Kolonien solcher innig miteinander verbundenen Zellen; im Strohzellstoff und aus diesem hergestellten Papier sind Kolonien selten. Diese Oberhautzellen kommen in den mannigfachsten Größen vor; das Verhältnis von Länge zu Breite wechselt von $^1/_1$ bis auf mehr als $^{10}/_1$. Auch die Ausrandungen haben verschiedene Gestalt; bald hat man tiefe Einbuchtungen, bald nur schwache Wellenlinien. Wenn nun auch diese Oberhautzellen ein leichtes Erkennen des Strohzellstoffes ermöglichen, so bilden sie doch nur einen geringen Teil aller aus dem Stroh stammenden Zellen; unter diesen herrschen die Bastzellen bei weitem vor. Diese dünnen, langgestreckten Fasern, etwa 0,5—2 mm lang und 0,01—0,02 mm breit, welche von sehr regelmäßigem Bau sind, werden von einem nach dem Ende zu sich verjüngenden schmalen Hohlkanal durchzogen (Abb. 119). In ziemlich regelmäßigen Abständen zeigt die Wandung knotige Verdikkungen. Diese Verstärkungen erstrecken sich oft auch nach dem Innern der Zelle, so daß der Kanal an diesen Stellen eng zusammengeschnürt erscheint.

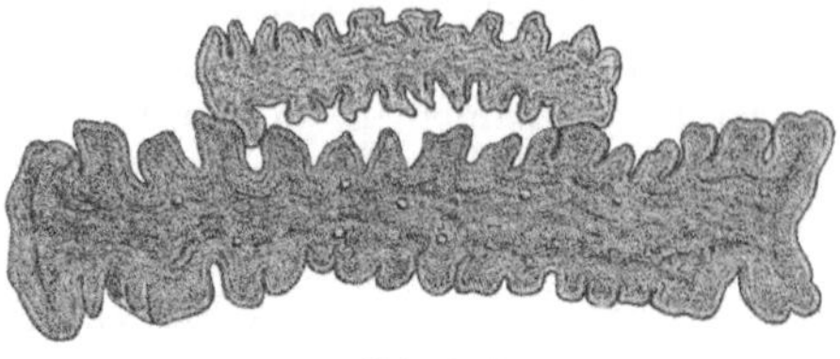

Abb. 118.

Die Bastzellen weisen zahlreiche Poren auf, die als dunkle Linien von der Höhlung aus nach außen zu verlaufen.

Neben diesen beiden Arten von Zellen, den Oberhaut- und Bastzellen, findet sich beim Stroh eine große Anzahl sehr dünnwandiger Parenchymzellen (Abb. 120 und 120 a); diese sind an beiden Enden abgerundet; teilweise erscheinen sie fast kreisförmig, teilweise sehr langgestreckt, mehr oder weniger mit einfachen Poren versehen. Sie sind von Wichtigkeit für die Untersuchung, weil sie, wie wir später sehen werden, ein Mittel an die Hand geben, Strohzellstoff von Alfazellstoff zu unterscheiden.

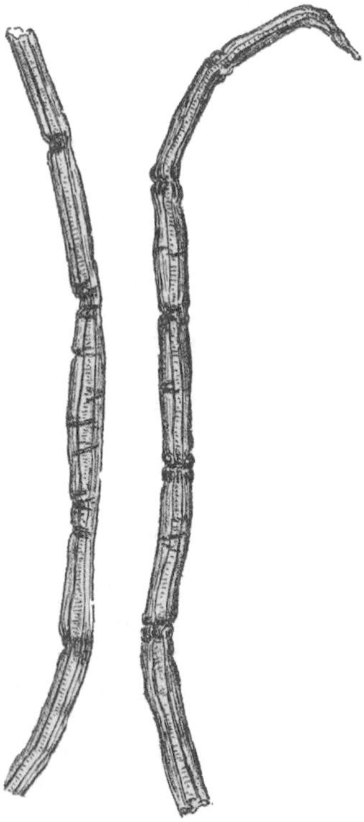

Abb. 119.

In untergeordnetem Maße treten Gefäße auf. Unverletzt trifft man zuweilen Tüpfelgefäße an, dünnwandige, röhrenförmige Zellen, deren Wände von sehr zahlreichen, rundlichen oder schlitzförmigen Poren durchsetzt sind (Abb. 121). Spiralgefäße in unversehrtem Zustande (Abbildung 122 a) sind sehr selten; meist sind die Spiralen durch die Bearbeitung auseinandergezogen und finden sich als wurmartige Gebilde im Bilde (Abb. 122 b). Dasselbe gilt von den Ringgefäßen: die Ringe sind meist aus den Gefäßen herausgetreten und zeigen sich dem Beobachter als solche (Abb. 122 c). Zu erwähnen sind ferner noch die Sklerenchymelemente, sehr stark verdickte und verkieselte Zellen (Abb. 123 und Abb. 136).

Alfa-(Esparto-)Zellstoff (Tafel XI). Die zu den Gramineen gehörigen Ligaeum Spartum und Stipa tenacissima, zwei in Spanien und Nordafrika in großen Mengen vorkommende Pflanzen, liefern das Rohmaterial für den Alfa- oder Espartozellstoff, der dem Strohzellstoff sehr nahesteht, bei uns indessen nur in beschränktem Maße Verwendung findet. Der Bau der

Zellen ist dem der Strohzellen sehr ähnlich, und es dürfte nicht immer möglich sein, zu entscheiden, ob z. B. eine im Papier vorhandene Oberhautzelle von Stroh oder Esparto herrührt.

Im allgemeinen ist der Bau der Alfazellen zierlicher, Länge und Breite der Zellen sind kleiner als beim Stroh; jedoch ist es nicht immer möglich, hieraus eine sichere Unterscheidung zu gründen.

Die Bastzellen sind kurz und häufig in ihrer ganzen Länge im mikroskopischen Gesichtsfelde zu beobachten. Sie sind etwa 0,25 bis 2 mm lang und 0,01—0,015 mm breit, sehr regelmäßig gebaut und haben stark verdickte Zellwände, so daß der Hohlkanal oft nur als Linie erscheint. Unregelmäßigkeiten im Verlauf der Höhlung, wie wir sie beim Stroh kennengelernt haben, sind im Alfa nicht zu bemerken.

Von den Oberhautzellen läßt sich im wesentlichen nichts anderes sagen als von denen des Strohes; sie unterscheiden sich von diesen im Durchschnitt nur durch ihre geringere Größe und ihren zierlicheren Bau.

Die auf der Oberhaut der Alfapflanze sitzenden Zähnchen (Abb. 124) geben ein recht gutes Unterscheidungsmerkmal gegenüber Stroh ab; sie finden sich in Alfapapieren in ziemlicher Menge und in mannigfachster Form vor, bald kurz und gedrungen, bald lang und spitz oder hakenförmig umgebogen; beim Stroh kommen derartige Gebilde im allgemeinen nicht vor.

Anderseits fehlen dem Alfastoff große dünnwandige Parenchymzellen, die beim Stroh ziemlich häufig sind, vollständig, und so liefern namentlich diese beiden Elemente, Zähnchen und Parenchymzellen, ein Mittel, Stroh und Alfa zu unterscheiden; eine weitere Unterscheidungsmöglichkeit bietet die verschiedenartige Färbung der Bastfasern, wie sie S. 153 angegeben ist. Während die Bastfasern von Strohzellstoff sich mit Jod-Jodkalium sämtlich grau, mit Chlorzinkjod sämtlich blau bis blauviolett färben, zeigt mit Jod-Jodkalium ein Teil der Espartobastfasern graue, ein anderer Teil braune Färbung, mit Chlorzinkjod blaue bzw. weinrote.

Abb. 120.

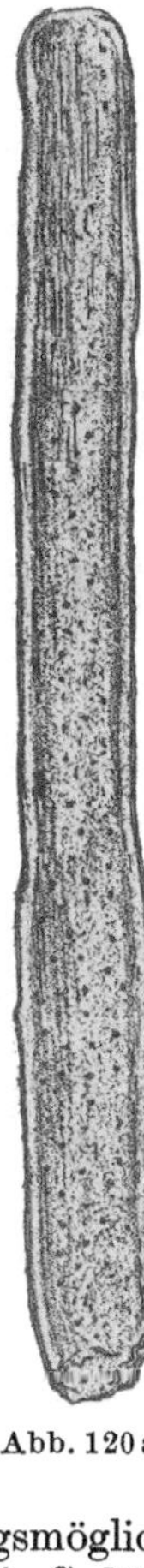

Abb. 120a.

Abb. 121.

Die auch beim Alfastoff vorkommenden Sklerenchymelemente sind ähnlich wie beim Stroh.

Zu bemerken ist noch, daß man bei Papieren, die nur wenig Alfastoff enthalten, die mikroskopischen Präparate oft sehr gründlich durchmustern muß, ehe man Zähnchen entdeckt; dasselbe kann auch bei mehr Alfastoff eintreten, wenn der gekochte Papierbrei beim Auswaschen mechanisch stark durchgearbeitet wird (Spritzen, Rühren o. ä.); die Zähnchen können dann zum Teil mit fortgeschwemmt werden.

Reisstroh (Tafel XII) wird in Ostasien, vor allem in Japan zu Papier verarbeitet[1]. Man unterscheidet zwischen „Padi-Stroh“, das bei der Ernte abgeschnitten wird und die Ähren trägt, und „Feldstroh“, das auf dem Felde zurückbleibt. Papier aus Padistroh soll weit fester sein, als solches aus Feldstroh. Die Länge der Reisstrohfaser schwankt nach Hanausek[2] zwischen 0,5 und 2,5 mm, die Breite zwischen 0,004 und 0,015 mm. Die große Feinheit der Bastzellen, das Vorkommen zarter Netzgefäße und die mit warzenförmigen Erhöhungen versehenen Epidermiszellen geben Anhaltspunkte für die Erkennung des Reisstrohzellstoffes.

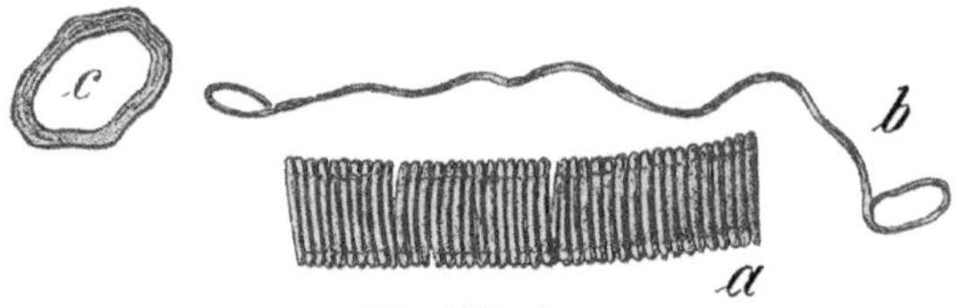

Abb. 122 a, b, c.

Abb. 123.

Bambuszellstoff (Tafel XIII). Schon seit alter Zeit wird die Bambusfaser von den Chinesen zur Papierherstellung verwendet. Die Faserstoffgewinnung erfolgt in China auf sehr primitive Weise durch einen langwierigen Mazerationsprozeß mittels Kalkmilch. Seit einer Reihe von Jahren sind jedoch Bestrebungen im Gange, Bambus nach modernen Verfahren aufzuschließen und im großen Maßstab für die Papierfabrikation zu verwerten. Die Familie der Bambusgräser umfaßt viele Arten, von denen für China hauptsächlich zwei: Bambusa arundinacea und Phyllostachys heteroclada, für Indien aber neben B. arundinacea noch B. polymorpha und pergracile genannt werden[3]. Mit der Mikroskopie der Bambusfaser haben sich Wiesner und Hanausek eingehend beschäftigt. Wiesner[4] unterscheidet zwei Arten von Bastzellen: zylindrische zugespitzte und breite bandförmige; die zylindrischen sind teils kurz (bis 1,6 mm), teils lang (bis 4,5 mm). Hanausek[5] führt noch eine dritte in Papieren aus ostindischem Bambuszellstoff gefundene Art an, die infolge Vorhandenseins von Knoten, Verschiebungen und einer besonderen Hülle sowie ihrem sonstigen Aussehen nach kaum von Kodzu zu unterscheiden ist. Als durchschnittliche Länge der Bastfasern gibt Raitt[6] 2,20—2,60 mm, für die Breite 0,018—0,027 mm an. Die Gefäße von Bambus sind auffallend breit und mit schmalen, quer zur

Abb. 124.

[1] Das sog. „Chinesische Reispapier“ hat mit Reisstroh nichts zu tun; es ist kein echter Faserfilz, sondern wird aus dem Mark von Aralia papyrifera geschnitten.
[2] Hanausek: P.F. Fest-H. 1911 S. 35.
[3] Raitt: Indian Forest Records Bd. 3 T. 3 S. 15.
[4] Wiesner: Die Rohstoffe des Pflanzenreiches. Bd. 3 3. Aufl. S. 380.
[5] Hanausek: P.F. Fest-H. 1911 S. 31.
[6] Sutermeister: Chem. Pulp and Paper Making. New York 1920 S. 43.

Längsachse angeordneten Tüpfeln versehen. Oberhautzellen finden sich nur selten.

Zuckerrohrzellstoff (Tafel XIV). Unter den tropischen und subtropischen Pflanzen, die man als Rohstoffe für die Papierindustrie nutzbar zu machen sucht, spielt auch das Zuckerrohr (Saccharum officinarum) eine große Rolle[1], nicht nur weil es einen guten Faserstoff enthält, sondern auch, weil es in Form von Bagasse oder Megasse — den Rückständen aus der Zuckergewinnung — als ein Abfallprodukt zur Verfügung steht, das einer weit wirtschaftlicheren Bestimmung zugeführt werden könnte, als es seine bisherige Verwendung als Brennmaterial gestattet. Störend wirkt vor allem der große Reichtum des Zuckerrohrs an Parenchym, das sich wegen seiner Größe schwer auswaschen läßt. Hanausek[2] fand wie bei Bambus, so auch im Zuckerrohr Bastfasern von verschiedener Gestalt: 1. stark verdickte, mit stumpfen Enden versehene Fasern von einer Länge bis zu 3 mm und einer Breite bis zu 0,025 mm; 2. kurze, sehr schmale und stark verdickte Zellen mit fein zugespitzten Enden, deren Breite nur 0,010—0,015 mm beträgt, und 3. kurze, bis 0,030 mm und darüber breite, getüpfelte Fasern mit weit dünneren Wänden und breiterem Lumen. Neben Tüpfelgefäßen treten häufig Ringgefäße auf, außerdem sind, wie schon oben erwähnt wurde, große getüpfelte Parenchymzellen reichlich vorhanden, sowie Steinzellen von rundlicher oder langgestreckter Form, während Oberhautzellen in Papier aus Zuckerrohr seltener anzutreffen sind.

Zellstoff aus Jute, Manila und Adansonia. Die Bastfasern dieser drei Pflanzenarten sind zum Teil einander so ähnlich, daß sie, namentlich in Gemischen, nicht immer mit Sicherheit voneinander unterschieden werden können[3]. Ein Umstand, der das Bestimmen der Faserarten erschwert, ist die oft sehr verschiedenartige Färbung bei Behandlung mit mikrochemischen Reagenzien. Die Verschiedenartigkeit wird dadurch veranlaßt, daß die Fasern, welche im Rohzustande alle mehr oder weniger verholzt sind, im Hinblick auf ihre vorzugsweise Verwendung zu Hüllpapieren, selten vollständig und gleichmäßig entholzt werden. Man findet daher oft alle Übergänge von verholzten bis zu völlig aufgeschlossenen Fasern vor.

Dies erschwert die Unterscheidung, und daher erscheint bei Abgabe eines Urteils über die Stoffzusammensetzung eines Papiers, welches die genannten Fasern enthält, besondere Vorsicht am Platze.

Jutezellstoff. Für den anatomischen Bau der Jutefaser gilt natürlich im allgemeinen das S. 177 Gesagte. Hinzuzufügen ist nur, inwieweit das mikroskopische Bild sich durch den Aufschließungsprozeß geändert hat.

In bezug auf die Färbung der Fasern in Jodlösungen wird auf S. 153 verwiesen.

---

[1] Neuerdings werden Zuckerrohrabfälle zur Herstellung von Baupappen (Celotex) verwendet.

[2] Hanausek: P.F. Fest-H. 1911 S. 34 u. 35.

[3] Vgl. Jute, Manila, Adansonia. Von Prof. G. Dalén und Dr. Wisbar. Mitt. 1902 S. 51.

Faserbündel sind bei aufgeschlossener Jute seltener; sie sind dann geschmeidiger als im Rohzustand und lösen sich an den Enden meist in Einzelfasern auf.

Die Einzelfaser ähnelt in ihrem Aussehen der Herbstholzfaser der Nadelhölzer und der Strohbastfaser, mit der sie auch in ihren Abmessungen sehr übereinstimmt.

Nach den Enden zu verjüngt sich die Faser meist ganz allmählich; die Enden selbst sind gewöhnlich abgerundet.

Außer den Zellen mit wechselndem Hohlkanal findet man, wenn auch seltener, solche mit gleichmäßig verlaufendem Kanal und gleichmäßiger Wandstärke; letztere ist oft so gering, daß die Zellwände zusammenklappen und die Faser dann ein baumwollähnliches Aussehen erhält.

In Jodlösungen zeigen die Fasern Querstreifen, die zum Teil von Porengängen herrühren.

Manila (Tafeln XV und XVI). Hierher gehören die Bastfasern verschiedener Musaceen, namentlich von Musa textilis, M. sapientum, M. paradisiaca. Ihre Länge schwankt von 3—12 mm, die Breite von 0,006—0,032 mm. Das über das Aussehen der Jutefaser im Papier Gesagte gilt zum größten Teil auch für die Manilafaser. Auch hier kommen Faserbündel vor, wenn auch nicht so zahlreich wie bei der Jute. Zuweilen fehlen die Bündel auch völlig. Man beobachtet auch hier zweierlei Bastfasern, dickwandige mit unregelmäßigem und dünnwandige, baumwollartige mit gleichmäßig verlaufendem Hohlkanal. Indessen ist der Wechsel weniger ausgeprägt als bei der Jute.

Schlitzförmige Poren durchsetzen die Wand der Bastzellen häufig in schräger Stellung. Die Manilafasern zeigen im Gegensatz zu den Jutefasern meist protoplasmatischen Inhalt, der sich in den Jodlösungen gelb bis gelbbraun färbt. Die Enden der Fasern zeigen häufig bleistiftartige Zuspitzungen; die Spitze ist teils scharf, teils abgestumpft. Die Querstreifung der Faser ist bei Manila noch ausgeprägter als bei Jute, die Streifen sind zahlreicher und kräftiger. Sehr charakteristisch für Manila sind dickwandige Parenchymzellen mit meist schrägen Wänden, die häufig die Form eines Rhombus besitzen und in einem Papier, das größere Mengen Manila enthält, selten fehlen.

Die übrigen Elemente, welche noch ab und zu in Manilapapieren vorkommen, sind verhältnismäßig selten und kommen für das Erkennen wenig in Betracht. Es gehören hierher Spiralgefäße, sowie die von Höhnel erwähnten Stegmata, kleine, stark verkieselte, plattenförmige Gebilde, die man in der Asche des Manilahanfes selbst zahlreich vorfindet (Tafel XI). Bei der Verarbeitung dieses Rohstoffes gehen diese Elemente mehr oder weniger verloren. Im Materialprüfungsamt sind verschiedene Papiere, die ausschließlich aus Manilafasern bestanden, verascht und die Aschen auf Stegmata untersucht worden, ohne daß es gelungen wäre, solche aufzufinden. Bei anderen Manilapapieren waren sie in der Asche vorhanden, aber meist recht spärlich. Bei Papieren, die nicht ausschließlich, sondern nur zum Teil aus Manilahanf hergestellt sind, wird die Wahrscheinlichkeit, Stegmata aufzufinden, naturgemäß immer geringer, je kleiner der Zusatz an Manila ist.

In Zweifelsfällen möge man die Papierasche auf das Vorhandensein von Stegmata untersuchen, vergesse aber hierbei nicht, daß das Fehlen solcher kein Beweis für das Nichtvorhandensein von Manilafasern ist.

Adansonia (Tafel XVII). Die Adansoniafaser stammt aus dem Bast des in Afrika heimischen Affenbrotbaumes (Adansonia digitata). Der

Abb. 125.

Bast kommt in etwa 80 cm langen, 8—10 mm dicken und 40—50 mm breiten Streifen zu uns, ist von brauner Farbe und zeigt große Festigkeit. Die Faser ist kräftig gebaut, walzenförmig und, wie schon erwähnt, der Manila- und Jutefaser teilweise sehr ähnlich. Charakteristisch ist die häufig vorkommende Erscheinung, daß die Fasern in der Breite Unregelmäßigkeiten (Erweiterungen ohne Änderung der Wandstärke) zeigen und sich nach dem Ende zu plötzlich verjüngen. Bei der Verarbeitung lösen sich die äußersten Gewebeschichten vielfach ab, und die sehr fein zerfaserten Strähnchen umgeben die Zellen an manchen Stellen wie mit einem Schleier (Abb. 125). Diese Erscheinung tritt zwar auch bei anderen Fasern auf, aber nicht in solchem Umfange wie bei Adansonia. Die Höhlung verläuft sehr verschieden; sie ist oft nur als dunkle Linie erkennbar, erweitert sich dann plötzlich und nimmt mehr als die Hälfte der Zellbreite ein. Die Enden sind meist abgerundet,

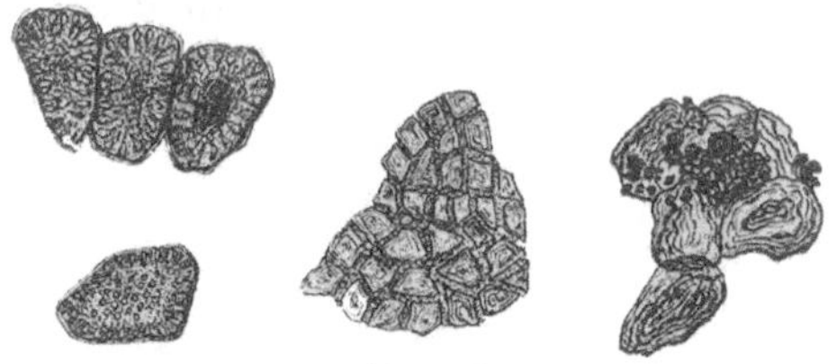

Abb. 126.

Abb. 127.

seltener zugespitzt. Bündel von zusammenhängenden Fasern kommen kaum vor. Sehr häufig begegnet man Gruppen von stark verkalkten parenchymatischen Zellen (Abb. 126), sowie dünnwandigen Parenchymzellen und Bruchstücken von netzartigen Gefäßen (Abb. 127).

Hauptunterscheidungsmerkmale für Jute-, Manila- und Adansoniafasern.

<table>
<tr><th rowspan="2" colspan="2">Faserart</th><th colspan="2">Färbung in</th><th rowspan="2">Hohlkanal</th><th rowspan="2">Enden</th><th rowspan="2">Poren</th><th rowspan="2">Neben-bestandteile</th></tr>
<tr><th>Jod-Jod-kalium-lösung</th><th>Chlor-zinkjod-lösung</th></tr>
<tr><td rowspan="2">Jute</td><td>ver-holzt</td><td>leuchtend gelbbraun oder braun</td><td>gelb oder grüngelb</td><td rowspan="2">in der Weite oft wechselnd</td><td rowspan="2">im allgemeinen abgerundet</td><td rowspan="2">parallel zur Achse gestellte Schlitze</td><td rowspan="2">keine</td></tr>
<tr><td>ent-holzt</td><td>grau, bisweilen braun</td><td>blau, bisweilen rotviolett</td></tr>
<tr><td colspan="2">Manila</td><td>grau, braun, gelblich</td><td>blau, rotviolett und gelb, sowie Zwischenfarben</td><td>bei den dickwandigen Fasern von wechselnder Breite, bei den dünnwandigen gleichmäßig</td><td>oft bleistiftartig zugespitzt</td><td rowspan="2">schräg oder parallel zur Achse gestellte Schlitze</td><td>Gruppen oder einzelne Parenchymzellen mit ziemlich dicken schrägen Wänden</td></tr>
<tr><td colspan="2">Adansonia</td><td>schmutzig grau und braun</td><td>blau bis rotviolett</td><td>die Weite ändert sich mit der Breite der Faser</td><td>meist abgerundet</td><td>verkalkte Parenchymzellen und Gefäßbruchstücke</td></tr>
</table>

Für die Erkennung und das Auseinanderhalten von Jute, Manila und Adansonia bietet der Gesamteindruck, welchen das mikroskopische Bild, als Ganzes betrachtet, auf den Beobachter macht, oft einen Anhalt. Dieser durch die Gesamtwirkung von Streifung, Abmessung, Krümmung,

Starrheit usw. der Fasern auf das Auge hervorgerufene Eindruck läßt sich schwer beschreiben, dagegen geben ihn die photographischen Aufnahmen (Tafel III, X, XII) wieder. Der Beobachter muß sich durch eingehende Betrachtung mikroskopischer Bilder der genannten drei Fasern mit dem Gesamteindruck vertraut machen.

Gampi, Mitsumata und Kodzu. Als Rohmaterial für die Herstellung ihrer eigenartigen, auch bei uns zur Verwendung kommenden Papiere dient den Japanern der Bast der drei Pflanzen:

Wickstroemia canescens (Gampi),
Edgeworthia papyrifera (Mitsumata oder Dsuiko),
Broussonetia papyrifera (Kodzu).

Wenn man daher von Fasern japanischen Ursprungs spricht, sind in den meisten Fällen diese 3 Arten gemeint, welche in China und Japan in bedeutender Menge gebaut werden und in ihrem Baste feine, geschmeidige Fasern von großer Länge und Festigkeit besitzen. Die technisch wichtigste unter den 3 Faserarten ist die Bastfaser des Papiermaulbeerbaumes (Kodzu); sie ist gänzlich unverholzt, hat walzenförmige Gestalt und ähnlich der Leinenfaser knotenartige Verdickungen; ihre Länge beträgt 10—20 mm, ihre Breite 0,014—0,031 mm. Ein Merkmal für die Erkennung der Kodzufaser (Tafel XX) ist die eigenartige Bildung der Membran, die von einer äußeren abstehenden Schicht wie von einer Scheide umschlossen wird. Die leicht verholzte, 0,007—0,020 mm breite Gampifaser (Tafel XVIII) wird für die dünnsten Papiersorten benutzt, da sie jedoch in Japan weniger gut gedeiht als die zwar etwas geringwertigere, aber leicht bleichbare Mitsumata, wird sie von dieser immer mehr verdrängt. Die 0,007—0,024 mm breite Mitsumatafaser (Tafel XIX) ist bandartig geformt und zeigt ähnliche Überschlagungen, wie sie der Baumwolle eigen sind. — In Jod-Jodkaliumlösung färben sich die genannten drei Fasern gelblich bis braun, in Chlorzinkjodlösung blau und bläulichrot. Eine eingehende Schilderung dieser Fasern unter Beigabe von Abbildungen ist in den Mitt. 1888, Sonderheft IV, veröffentlicht.

In der österreichischen botanischen Zeitschrift 1926 Nr. 7—9 berichtet Kametaro Ohara über seine Versuche, auch das Aschenbild der japanischen Fasern zur Unterscheidung der verschiedenen Sorten mit heranzuziehen; das mikroskopische Bild zeigt Kalkoxalatdrüsen bei Edgeworthia und Kriställchen von phosphorsaurem Kalk bei Wickstroemia.

Torf. Die Hauptmasse der Torffaser besteht aus den Bastteilen der Blattgefäßbündel des Wollgrases (Eriophorumarten) und Stämmchen von Torfmoosarten (Sphagnum). Für die Erkennung von Torfpapieren sind Fragmente von Sphagnumblättern, wie sie Tafel XXI zeigt, und die verholzten Oberhautzellen von Eriophorum charakteristisch. Im ungebleichten Zustand läßt sich Torf im Papier nach Wiesner[1] auch makroskopisch nachweisen, wenn eine Probe des Papiers mit konzentrierter Sodalösung gekocht wird; es entsteht dann bei Gegenwart von

[1] Wiesner: Die Rohstoffe des Pflanzenreiches, 3. Aufl. Bd. 3 S. 389. Leipzig 1921.

Torf eine schwarzbraune Lösung, aus der durch Salzsäure Huminsubstanzen in Form eines rotbraunen, flockigen Niederschlages ausfallen. Torf findet als Papierfaser nur sehr wenig Verwendung.

Gruppe III: Lumpenfasern (Hadern).

Baumwolle (Tafel XXII). Mit dem Namen Baumwolle bezeichnet man die Samenhaare zahlreicher Arten der Malvaceengattung Gossypium (G. barbadense, G. herbaceum, G. arboreum usw.). Diese Haare sind bis zu 60 mm lang, 0,02—0,04 mm breit, kegelförmig sich nach dem Ende zu verjüngend, einzellig und ohne Querwände. Die Enden

Abb. 128.

sind stumpf bis rundlich, werden aber im Papier selten angetroffen. Die Zelle ist einem Schlauche ähnlich, dessen Höhlung etwa $^{1}/_{3}$—$^{2}/_{3}$ des ganzen Durchmessers ausmacht. Trocknen diese Samenschläuche aus, so klappen die Wände, da sie wegen ihres schwachen Baues dem Luftdruck nicht widerstehen können, aufeinander, und die gleichzeitig auftretenden Spannungen der Wandung veranlassen eine spiralförmige Drehung der Zelle, eine Erscheinung, die zum leichten Erkennen der Baumwolle wesentlich beiträgt. Abb. 128 gibt ein Bild der rohen Baumwollfaser, an welcher diese Drehung sehr deutlich zu beobachten ist.

Abb. 129.

Bei den aus dem Papier stammenden Fasern oder Faserteilchen tritt diese Erscheinung seltener und weniger deutlich auf, da man es immer nur mit verhältnismäßig kurzen Enden zu tun hat.

Indessen ist die Baumwolle, wenn sie gut erhalten ist, auch ohne diese spiralförmigen Windungen mit keiner der übrigen Lumpenfasern zu verwechseln. Zunächst fehlen der Faser sowohl die dem Leinen und Hanf eigentümlichen Poren, Kanäle, die von der Zellhöhlung aus durch die Wandung nach außen verlaufen, als auch die zahlreichen knotenartigen Auftreibungen. Ferner zeigt die Zellwand vielfach eine höchst charakteristische Streifung, die der ganzen Zelle eine gitterförmige Zeichnung aufprägt (Abb. 129). Allerdings kommen auch bei dem Nadelholzzellstoff derartig gitterförmig gezeichnete Zellen vor, indessen ist eine Verwechslung mit diesen schon infolge der verschiedenen Färbung ausgeschlossen.

Die eigentümliche Streifung in Verbindung mit dem weiten Hohlkanal der Zelle und das Fehlen von Poren und Knötchen, wie sie den folgenden beiden Faserarten eigentümlich sind, bilden demnach sichere

Anhaltspunkte zur Erkennung der Baumwolle. Zudem hat sie von den Lumpenfasern den größten Durchmesser und erscheint durch die Jodlösung meist etwas dunkler gefärbt als die Leinen- und Hanffaser.

Es kommt zuweilen vor, daß durch Drehen oder Zusammendrücken der Faser der Hohlkanal so eng wird, daß er nur als dunkle Linie erscheint (Abb. 130); man hüte sich davor, in solchen Fällen die Faser mit der Leinenfaser zu verwechseln.

Leinen (Tafel XXIII). Die Bastzellen der Flachspflanze (Linum usitatissimum), 4—70 mm lang[1], sind etwa halb so breit wie die Haare

Abb. 130.

der Baumwolle, 0,01—0,03 mm, sehr regelmäßig gebaut und spitz auslaufend. Im Papier allerdings wird man die natürlichen Enden der Fasern sehr selten beobachten, da diese durch den Fabrikationsprozeß meist stark beschädigt werden (Abb. 131).

Charakteristisch für die Leinenfasern sind die sich oft in sehr kurzen Entfernungen wiederholenden Verschiebungen der Wand, welche bei der Verarbeitung der Faser Anlaß zu Knotenbildungen geben. Bei sehr

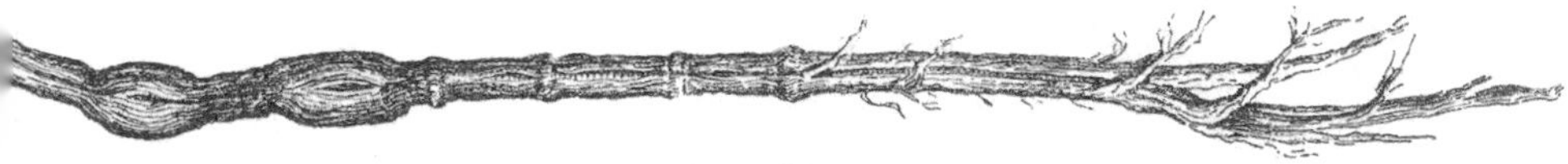

Abb. 131.

starker Verdickung werden diese Knoten durch den Fabrikationsprozeß häufig breitgepreßt, eine Erscheinung, die in manchen Fällen bis zum vollständigen Bruch der Fasern an der verdickten Stelle führen kann.

Neben diesen Knoten ist der enge Hohlkanal der Zelle für deren Erkennung von Wichtigkeit. Da die Wände sehr stark sind, so ist der Kanal meist nur als dunkle Linie zu beobachten. Dabei sind Zellen, bei denen man diesen Hohlkanal von Anfang bis zu Ende verfolgen kann, nicht sehr häufig. Bei vielen, namentlich den schwächeren Fasern, sieht man mit der früher angegebenen Vergrößerung den Kanal überhaupt nicht; bei anderen erscheint er auf einer kurzen Strecke, wird dann so eng, daß er dem Beobachter entschwindet und kommt eine kurze Strecke weiter mit großer Deutlichkeit wieder zum Vorschein.

Zugleich ist die Wand der Zelle von zahlreichen Poren durchsetzt, die von dem Innern aus nach dem Rande zu verlaufen und als dunkle Linien erscheinen (Abb. 132).

[1] Diese Werte weichen sehr wesentlich von denen ab, die man sonst vielfach in Lehrbüchern angegeben findet; sie sind das Ergebnis von rund 20000 Messungen, die gelegentlich einer umfangreichen Arbeit über Flachs (Flachsuntersuchungen von Prof. Herzberg. Mitt. 1902 S. 312) ausgeführt worden sind.

Die Enden der Fasern sind oft sehr fein und lang ausgefasert (Abb. 131 und Tafel XIV), eine Eigentümlichkeit, die aber nicht nur, wie oft angegeben wird, dem Flachs allein eigen ist, sondern auch bei Baumwolle vorkommen kann.

Zur Unterscheidung von Leinen und Baumwolle empfiehlt Wiesner[1] die Behandlung der Fasern mit einer Mischung von verdünnter Chromsäure und Schwefelsäure. Nach kurzer Einwirkungsdauer führt leichter Druck auf das Deckglas zu einem Zerfall der Fasern. Leinen zerfällt in kurze, quer abgetrennte Teile („wie wenn man einen Baumstamm durch die Säge in Klötze zerlegt hätte"), Baumwolle in zahllose kleine Splitter.

Sind Baumwoll- und Leinenfasern durch quetschende Wirkung beim Mahlen bis zu Fibrillen aufgelöst, so ist eine Unterscheidung meist nicht mehr möglich.

Hanf (Cannabis sativa). Der anatomische Bau der Hanffaser ist dem des Flachses ungemein ähnlich, und nur in rohem Zustande

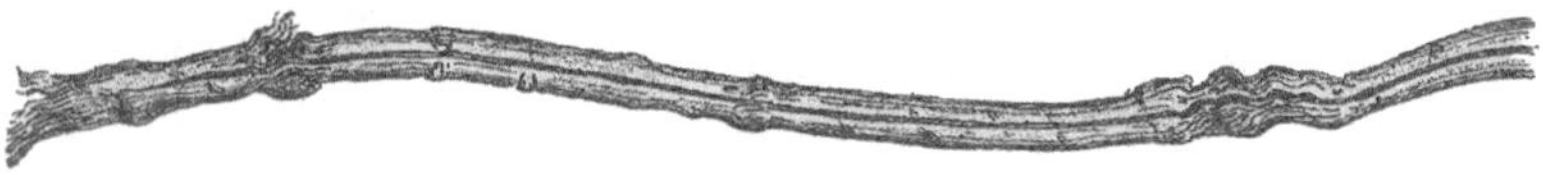

Abb. 132.

oder in groben Garnen kann man die beiden Fasern, namentlich durch die Quellungserscheinungen in Kupferoxydammoniak und die Bruchstücke der Oberhaut, mit Sicherheit voneinander unterscheiden. Im Papier ist die Unterscheidung nicht mehr möglich; die Quellungserscheinungen lassen in Stich, und Oberhautstücke sind nicht mehr vorhanden.

Es treten bei Hanf dieselben knotenartigen Auftreibungen auf wie bei Flachs, dieselben zerquetschten Knoten und dieselben ausgefaserten Enden.

Es bleibt daher, wenn man bei einem Papier von Leinenfasern spricht, die Frage offen, ob es sich nur um Leinen oder um Hanf oder um ein Gemenge beider handelt. Praktisch ist diese Lücke ohne Bedeutung, da die beiden Fasern an sich gleichwertig für die Beurteilung des Papiers sind.

Bei der Verarbeitung grober Leinen- und Hanflumpen gelangen Schäwen in das Papier, die durch das Kochen und Bleichen aufgeschlossen werden und sich in Chlorzinkjodlösung oft rein blau färben. Hierin liegt für den weniger Geübten die Gefahr, sie mit Strohzellstofffasern zu verwechseln, wenn er es unterläßt, nach den gezähnten Epidermiszellen zu suchen. Bei den aus Spinnabfällen hergestellten Halbstoffen erreicht der Gehalt an aufgeschlossenen Schäwen oft eine beträchtliche Höhe (25% und mehr). Derartige Stoffe dürfen wegen ihres Gehaltes an Schäwenzellstoff nicht zur Herstellung von Papieren der Stoffklasse I (Normal 1, 2a, 2b und 8a) verwendet werden.

---

[1] Wiesner: Die mikroskopische Untersuchung des Papiers. Wien 1887.

Nun gibt es zwar Halbstoffe aus Spinnabfällen, die nur noch so wenig Schäwenzellstoff enthalten (Spuren), daß man sie technisch als ausschließlich aus Bastfasern bestehend ansehen kann, und derartige Halbstoffe können selbstverständlich zur Anfertigung der erwähnten Papiere benutzt werden. Halbstoffe von solcher Reinheit kommen aber im Handel selten vor, meist enthalten sie Schäwenzellstoff in mehr oder minder großen Mengen, und im Materialprüfungsamt sind Proben untersucht worden, die hiervon bis zu ⅓ und noch mehr enthielten.

Halbstoffe dieser Art können im Sinne der Papiernormalien nicht kurzweg als „Leinenhalbstoff", wie es meist geschieht, bezeichnet oder mit diesem auf eine Stufe gestellt werden; sie sind ein Gemenge von Bastfasern und Schäwenzellstoff[1].

Der Papiermikroskopiker tut gut, sich solchen Stoff selbst herzustellen und seiner Sammlung von Vergleichsstoffen einzureihen.

Die Möglichkeit, die Schäwen mit anderen Fasern zu verwechseln, hat Selleger im P.F. 1905 S. 265 eingehend besprochen.

Die Zerstörungserscheinungen der Lumpenfasern und ihre Färbung in Chlorzinkjod geben zuweilen Fingerzeige für die Beantwortung der Frage, ob alte oder neue Lumpen verarbeitet worden sind.

Alte und neue Lumpen werden beim Mahlen im Holländer verschieden angegriffen und zeigen daher voneinander abweichende Zerfaserungszustände. Alte, mechanisch und chemisch stark geschwächte Fasern brechen leicht ab und lassen sich auch bei vorsichtigster Mahlung nur schwer der Länge nach spalten; neue Lumpen spalten dagegen, normale Behandlung vorausgesetzt, leicht der Länge nach und geben ohne Schwierigkeit einen schmierigen Stoff.

Im Mikroskop betrachtet, erscheinen bei den aus alten Lumpen herrührenden Fasern einige charakteristische Merkmale (Knoten bei den Leinenfasern, Streifung der Baumwollfasern) deutlicher als bei neuen Fasern; ferner sind die Enden in der Regel quer abgerissen und wenig ausgefasert. Fasern, von kräftigen Lumpen und neuen Abfällen herrührend, sind dagegen oft der Länge nach aufgeteilt und stark ausgefasert; die erwähnten charakteristischen Merkmale treten nur schwach auf, so daß die Unterscheidung der Fasern oft Schwierigkeiten bietet. Auch in bezug auf die Färbung mit Chlorzinkjodlösung zeigen sich oft Unterschiede. Fasern von alten Lumpen sind meist etwas stärker rot gefärbt als die von neuen; neue Leinenfasern sind sogar oft nur schwach bläulich gefärbt.

Da es zwischen neuen Flicken bis zu ganz alten Lumpen natürlich alle möglichen Übergänge gibt, und das Aussehen der Fasern nicht allein von dem ursprünglichen Zustande der Lumpen, sondern auch vom Kochen und Mahlen abhängt, so muß man mit seinen Schlußfolgerungen auf Grund der Zerstörungserscheinungen und der Färbung der Fasern natürlich sehr vorsichtig sein.

---

[1] Ausführlicher ist hierauf unter Beigabe von Abbildungen in den Mitt. 1916, S. 77 (Herzberg) und im W.B. 1914 (Festheft) S. 2294 eingegangen.

Ramie (Chinagras) (Tafel XXIV). Eine der wertvollsten Papierfasern liefert die in China, Japan und auf den Sundainseln wachsende Nesselart Boehmeria nivea, deren Bast unter den Namen Ramie oder Chinagras bekannt ist. In papiertechnischer Hinsicht zeichnet sich die beinahe aus reiner Zellulose bestehende Faser durch ihre Weiße und vor allem durch die Eigenschaft aus, daß sie sich sehr leicht und ohne erheblichen Kraftaufwand in Fibrillen auflösen läßt und infolgedessen ein sehr festes und zähes Papier von feinem Gefüge liefert. Das seltenere Vorkommen der Ramiefasern als Papierrohstoff begünstigt seine Verwendung für Banknoten und Wertpapiere, um Nachahmungen zu erschweren. Die Elementarfasern sind sehr lang, etwa 60—250 mm, und erreichen eine Breite bis zu 0,08 mm[1]; sie besitzen ausgeprägte Längsstreifen und zur Richtung der Längsachse geneigte Poren. Soweit die Fasern durch Mahlung nicht völlig zerstört sind, ist ihre auffallende Breite das deutlichste Erkennungsmerkmal für Ramie.

Wolle (Tafel XXV). Wollhaltige Lumpen oder Abfälle werden in der Papierfabrikation nur zur Herstellung einiger Sondererzeugnisse, wie Kalanderwalzenpapier, Schrenzpapier, geringere Sorten Löschpapier, Rohdach- und Wollfilzpappen u. a., verarbeitet. Auch zum Melieren finden geringe Mengen gefärbter Wollfasern Anwendung.

Die Gegenwart von Wolle in einem Papier verrät sich meist schon durch das Äußere, insbesondere durch die rauhe Oberfläche. Solche Papiere dürfen, wie schon S. 149 erwähnt, nicht mit Natronlauge aufgekocht werden, weil diese die Wolle löst; man kocht in solchen Fällen nur mit Wasser.

Das Erkennen der Wolle unter dem Mikroskop bietet keine Schwierigkeiten; sie weicht in ihrem Bau so sehr von den bisher besprochenen Fasern ab, daß Verwechslungen ausgeschlossen sind. Besonders ins Auge fällt die schuppenförmige Zeichnung der 0,01—0,10 mm dicken Haare, hervorgerufen durch die nebeneinander oder dachziegelförmig übereinanderliegenden Hornschuppen; allerdings werden diese Schuppen bei der Bearbeitung der Lumpen mehr oder weniger entfernt, sie können streckenweise sogar ganz fehlen.

In Jod-Jodkaliumlösung erscheint die Wolle leuchtend gelbbraun, wenn sie ungefärbt in das Papier gelangt ist.

Asbest (faseriger Serpentin). Der aus wasserhaltiger kieselsaurer Magnesia bestehende Asbest dient zur Herstellung feuerbeständiger Pappen, die für Dichtungen von Dampfleitungen, Wärmeisolierung u. dgl. verwendet werden. Das mikroskopische Bild zeigt die sehr dünnen und langen Astbestfäserchen, teilweise isoliert, teilweise zu strähnenartigen Bündeln vereinigt (Tafel XXVI).

Außer den geschilderten Fasern kommen für die Papierfabrikation gelegentlich noch folgende Faserstoffe in Frage: Verschiedene Schilfrohrsorten[2], Maisstroh, mannigfache Gräser, z. B. Sabai (Indien), Papyruszellstoff u. a.

---

[1] Vétillart: Fibres végétales textiles, S. 106. Paris 1876.

[2] Ein neuer Rohstoff für die Papierindustrie (Arundo Donax, Italienisches Pfahlrohr). Mitt. 1895 S. 24.

Beurteilung des Verholzungsgrades der Zellstoffe in Papier[1].

Die in der Papierfabrikation verwendeten Zellstoffe sind teils völlig entholzt, teils enthalten sie noch geringe Mengen der Holzsubstanz; es hängt dies ab von dem Aufschließungs- und Bleichprozeß, den sie durchgemacht haben. Gebleichte Stoffe sind meist frei von Holzsubstanz, ungebleichte oder halbgebleichte zeigen noch mehr oder weniger starke Verholzung. Die Färbung der Fasern in Jodlösung läßt oft schon erkennen, mit welchem Grade der Verholzung man es zu tun hat. Deutlicher noch läßt sich dies durch Behandlung mit gewissen Farbstoffen ermitteln.

Verfahren nach Klemm[2]. Klemm beurteilt den Grad, bis zu welchem die Holzzellen in reine Zellstoffasern übergeführt worden sind, nach dem Farbton und der Stärke der Färbung mit Malachitgrün in essigsaurer Lösung. (Der Farbstoff wird in Wasser mit 2% Essigsäure bis zur Sättigung gelöst.)

Das Reagens ist für mikroskopische Präparate und, wenn Zellstoff als solcher vorliegt, auch makroskopisch anwendbar.

Je reiner ein Zellstoff ist, um so weniger färbt er sich. Die besten gebleichten Stoffe färben sich fast gar nicht, halbgebleichte himmelblau, ungebleichte stark grün.

Unter Zugrundelegung der von Behrens[3] für die Unterscheidung von Gewebefasern vorgeschlagenen Doppelfärbung mit Malachitgrün und Kongorot kann man die verschiedenen Reinheitsgrade der Zellstoffe vielleicht noch deutlicher unterscheiden.

Das zu prüfende Material wird durch Kochen mit verdünnter Natronlauge aufgeschlossen.

Der Faserbrei wird hierauf mit der 15—20fachen Menge einer etwa ½prozentigen Lösung von Malachitgrün in Wasser, die mit einigen Tropfen Essigsäure angesäuert ist, einige Minuten erwärmt, dann, nachdem er gut durchgeschüttelt worden ist, auf ein Sieb gebracht und ausgewaschen, bis das Waschwasser fast farblos abläuft. Schon nach dieser Vorbehandlung kann man sich oft ein Bild von dem Verholzungsgrad der Fasern machen. Sind sie stark verholzt, so erscheinen sie stark grün gefärbt; sind sie nicht oder wenig verholzt, so zeigen sie nur eine schwache grünliche Färbung.

Zur weiteren Behandlung wird der mit Malachitgrün behandelte Stoff in ähnlicher Weise mit einer 15—20fachen Menge wässeriger, etwa ½prozentiger Kongorotlösung, zu der man einige Körnchen Soda fügt, gefärbt und ausgewaschen, bis das Waschwasser fast farblos abläuft.

Aus dem so behandelten Stoff werden geringe Mengen entnommen und in Wasser oder Wasser mit Glyzerin präpariert. Stark verholzte Fasern erscheinen dann im mikroskopischen Bilde deutlich grün gefärbt, weniger verholzte bläulichgrün bis hellgrün und unverholzte Fasern rot.

---

[1] Über die Bestimmung des Aufschlußgrades von unverarbeiteten Zellstoffen siehe Schwalbe-Sieber: Die chemische Betriebskontrolle in der Zellstoff- und Papierindustrie. 3. Aufl. Berlin: Julius Springer 1931.

[2] Papierkunde 1923 S. 250.

[3] Behrens, H.: Mikrochemische Analyse 1896 S. 52.

Verschiedene Mahlungszustände von Papierfasern (Taf. XXIX und XXX).

Es ist bekannt, daß eine Reihe von Fasern, unter den Lumpen besonders die Leinen-, Hanf- und Ramiefasern, je länger sie im Holländer gemahlen werden, um so mehr in feine Fibrillen zerfallen, so daß es unter Umständen nicht mehr möglich ist, mit Sicherheit festzustellen, welchen Rohstoffen die feinsten Teilchen entstammen. Diese weitgehende Mahlung wird vorzugsweise bei Banknotenpapieren, festen Schreibpapieren, Pergaminpapieren, Zigarettenpapieren usw. ausgeübt. Man bezeichnet den so erhaltenen Stoff als „schmierig". Bei anderen Arten von Papier, z. B. Löschpapieren, will man schmierigen Stoff soviel wie möglich vermeiden, und man mahlt daher so, daß die Fasern möglichst nur verkürzt, nicht aber in Fibrillen zerlegt werden, d. h. mit scharfen Messern und bei dünn eingetragenem Stoff; den so erhaltenen Stoff bezeichnet man als „rösch".

Die verschiedenen Mahlungsarten geben naturgemäß den Fasern im mikroskopischen Bilde ein ganz verschiedenartiges Aussehen. Einige Beispiele hierfür sind in Tafel XXII wiedergegeben, nämlich:

1 Zigarettenpapier,
1 holländisches Banknotenpapier,
2 Photographiepapiere,
3 Normalpapiere der Verwendungsklasse 1,
1 Dokumentenpapier aus ungebleichten Lumpen,
1 Löschpapier,
1 Packpapier.

Die Aufnahmen erfolgten bei 25facher Vergrößerung.

Mit 8 der abgebildeten 10 Papiere sind Festigkeitsversuche ausgeführt worden, und es wird interessant sein, die hierbei ermittelten Werte kennenzulernen.

Wenn man den Zustand der Fasern von dem Papier Nr. 1 bis zu Nr. 10 (Tafel XXIX) verfolgt, so wird man die großen Unterschiede, welche sich darbieten, nicht verkennen können. Bei Nr. 1 sind die Fasern derartig vermahlen, daß man kaum noch einzelne gut erhaltene Faserbruchstücke auffinden kann. Von Nr. 2 gilt fast dasselbe, jedoch finden sich hier schon mehrere noch bis zu einem gewissen Grade erhaltene Fasern. Verfolgt man die Papiere weiter, so wird man im großen und ganzen eine Abnahme feinster Fibrillen und eine Zunahme besser erhaltener Fasern beobachten können bis zu den Papieren Nr. 9 und Nr. 10, welche nur noch in äußerst geringem Grade Zerstörungserscheinungen zeigen. Beim Schmierigmahlen von Holzzellstoff findet weniger Fibrillierung als Fetzen und Lappenbildung statt. Den Zustand der Fasern eines ungebleichten Sulfitzellstoffes in verschiedenen Mahlstufen gibt die Tafel XXX wieder. Den Mahlungszustand der Fasern in jedem einzelnen Fall zu beschreiben, ist außerordentlich schwer; das Bild wirkt in diesem Falle besser und ist genügend aufklärend. Wenn daher von dem Untersuchenden verlangt wird, er solle den Mahlungszustand der im Papier enthaltenen Fasern nach dem mikroskopischen Bilde angeben, so dürfte sein Urteil erheblich an Wert gewinnen, wenn der Erklärung eine mikrophotographische Aufnahme der Fasern beigegeben wird.

Papier Nr.	Art des Papiers	Stoffzusammensetzung	Mittlere Reißlänge m	Mittlere Dehnung %	Widerstand gegen Zerknittern[1]
2	Holländisches Banknotenpapier	Wegen starker Zermahlung nicht mit Sicherheit zu ermitteln; wahrscheinlich Leinen	7275	11,1	außerordentlich groß
3	Normal 1[2]	Leinen, Zusatz Baumwolle; ein Teil der Fasern stark zermahlen	6215	4,7	sehr groß
4	Dokumentenpapier aus ungebleichten Lumpen	Leinen, geringe Mengen Baumwolle	8425	5,6	außerordentlich groß
5	Normal 1[2]	Leinen, Baumwolle	6050	4,2	sehr groß
6	Normal 1[2]	Baumwolle, geringe Mengen Leinen	6825	7,2	außerordentlich groß
7	Photographiepapier	Leinen, sehr geringe Mengen Baumwolle	2600	3,8	gering
8	Photographiepapier	Leinen, sehr geringe Mengen Baumwolle	4350	4,5	gering
10	Packpapier	Manilahanf	6750	4,5	außerordentlich groß

Feststellung der Mengenverhältnisse der Fasern.

Man ist hierbei, abgesehen von den verholzten Fasern und von der Wolle, zur Zeit ausschließlich auf das mikroskopische Bild angewiesen; irgendwelche analytische Verfahren zur Trennung der Fasern sind nicht bekannt. Deshalb sind die Angaben über die prozentische Faserzusammensetzung eines Papiers immer nur als annähernd zutreffend anzusehen. Die Ermittlung kann aber doch so weit sicher gestaltet werden, daß sie einen praktischen Wert erhält.

Ein Bruchteil der Fasern ist bei den meisten Papieren infolge mechanischer Einwirkung während des Fabrikationsprozesses unbestimmbar, wenigstens soweit es sich um die Bestimmung des Ursprunges von Lumpenfasern (Leinen, Hanf, Baumwolle, Ramie) handelt. Diese werden durch den Mahlprozeß oft bis zur Unkenntlichkeit entstellt. Der Bruchteil der auf diese Weise unkenntlich gemachten Fasern hängt ab von der Art der Bearbeitung des Rohmaterials; er wird größer sein bei Papieren, welche sehr lange gemahlen sind, und geringer bei Papieren, bei denen dies nicht der Fall ist.

Wesentlich günstiger liegen die Verhältnisse bei den Zellstoffen, da sie selten Neigung zeigen, sich wie die Lumpen, insbesondere die Leinen-

[1] Diese Prüfungen wurden ausgeführt, als der Schoppersche Falzer noch nicht bekannt war. Falzwerte können daher nicht angegeben werden.

[2] Die drei Normalpapiere 1 rühren aus drei Fabriken her.

fasern, der Länge nach in dünne Lamellen zu spalten, sondern bei einer etwaigen Zertrümmerung meist in Querstücke zerfallen, so kann man auch den Ursprung der Bruchstücke besser feststellen als bei den Lumpen.

Die Verhältnisse für die Mengenbestimmung von Fasern im Papier an der Hand des mikroskopischen Bildes liegen also bei Lumpenfasern ungünstiger als bei den Zellstoffen. Es ist erheblich schwerer, bei einem Lumpenpapier den annähernden Gehalt an Leinen- und Baumwollfasern festzustellen, als bei einem anderen Papier zu entscheiden, wieviel Lumpen und Zellstoffasern es enthält.

Die Verwertung des mikroskopischen Bildes zur Ermittelung der ungefähren Mengenverhältnisse der einzelnen Fasersorten kann auf zweierlei Weise geschehen; entweder zählt man die Fasern jeder Gattung unter Beobachtung gewisser noch zu besprechender Umstände zusammen und berechnet dann die Zusammensetzung oder man vergleicht das Präparat mit anderen von bekannter Stoffmischung lediglich nach dem Augenschein.

Mit dem Auszählen eines einzigen Bildes ist natürlich nichts getan; es ist nötig, daß eine große Anzahl von Gesichtsfeldern abgesucht wird, da man nur dann ein annähernd richtiges Durchschnittsergebnis erwarten darf. Wenn auch die Stoffmischung infolge der Vorbereitung als sehr vollkommen angesehen werden kann, so kommt es doch vielfach vor, daß beispielsweise bei einem aus gleichen Teilen Leinen- und Zellstoff bestehenden Papier in einem Bilde vorwiegend Leinen-, in einem anderen vorwiegend Zellstoffasern gefunden werden. Diese Schwankungen werden nur bei Benutzung einer großen Anzahl von Bildern wieder ausgeglichen.

Beim Auszählen der Gesichtsfelder ist es zweckmäßig, den Halbmesser bzw. Durchmesser des Gesichtsfeldes als Längeneinheit zugrunde zu legen, denn einer solchen bedarf es bei der großen Verschiedenheit in den Längen der einzelnen Faserstücke[1]. Die in einem Bilde vorhandenen Bruchstücke von Fasern, welche kürzer als die gewählte Einheit sind, müssen als Bruchteile derselben geschätzt und dann verrechnet werden.

Die durch das Auszählen gewonnenen Zahlen — nehmen wir an, es seien Durchschnittswerte aus 50 Zählungen — können zur prozentualen Berechnung der Fasern ohne weiteres nur dann verwendet werden, wenn die Annahme gerechtfertigt ist, daß gleiche Faserlängen der in Betracht kommenden Stoffe auch gleich schwer sind. Wenn diese Voraussetzung beispielsweise bei Leinen und Baumwolle zuträfe, so bestände ein aus diesen Stoffen gefertigtes Papier, wenn in dem Gesichtsfelde im Durchschnitt gefunden worden sind

Leinenfasern 7,	Baumwollfasern 5,

[1] Um den subjektiven Einfluß beim Schätzen der relativen Größe der Fasern auszuschalten, hat die Technical Association of the Pulp and Paper Industry folgende Zählmethode versuchsweise empfohlen (P. T. J. 55. Jg. Bd. 83 (1926) Nr. 11 S. 51; Ref. W.B. 1926 Nr. 48 S. 1333): Ein rundes Deckglas, in dessen Mittelpunkt ein kleiner schwarzer Punkt oder ein Fadenkreuz angebracht ist, wird in das Okular eingelegt. Dann führt man den Objektträger kreuzweise durch das Gesichtsfeld und zählt jede Faser oder jeden Teil einer Faser, der den Punkt passiert. Wenn lange Fasern vorhanden sind, wird ein und dieselbe Faser mehrmals unter dem Punkt erscheinen, sie ist dann so oft zu zählen, als sie unter dem Punkt vorübergeführt wird.

ohne Berücksichtigung der unbestimmbaren Fasern und der Füllstoffe ungefähr aus

58% Leinenfasern | 42% Baumwollfasern.

Daß die gemachte Voraussetzung aber nicht für alle Fasern zutrifft, zeigt sich an dem anatomischen Bau der Fasern. Ein Beispiel soll dies noch näher erläutern.

Ein Ganzstoff wurde aus genau 50% leinenen Fasern und 50% Holzzellstoff erzeugt, und es wurden in 100 Gesichtsfeldern die einzelnen Fasern gezählt; im Mittel wurden gefunden 43,7% Längen Leinenfasern und 56,3% Längen Holzzellstoff[1].

Um auf die wahren Verhältnisse zu kommen, müßte man daher die gefundenen Werte noch mit Koeffizienten multiplizieren, deren Größe für die einzelnen Faserarten durch Auszählen einer großen Reihe von Stoffmischungen zwar bestimmt werden könnte, die aber immerhin von geringem praktischen Wert bleiben würden, weil das Verfahren allzu umständlich werden würde und trotzdem noch erhebliche Unsicherheiten bestehen blieben. Insbesondere ist für das Auszählen der Präparate ein außerordentlich großer Zeitaufwand erforderlich.

Mit viel größeren Schwierigkeiten ist zu rechnen, wenn Papiere Holzschliff, Strohzellstoff u. dgl. enthalten. Es dürfte unmöglich sein, die im Schliff enthaltenen verschiedenen Bestandteile an Splittern, Einzelfasern, Bruchstücken und Fibrillen, sowie die Elemente des Strohes (Oberhautzellen, Parenchymzellen, Gefäße, Sklerenchymzellen usw.) auf eine Längeneinheit zu bringen.

Diese Erwägungen lassen es zweckmäßig erscheinen, auf eine Auszählung der Fasern des Bildes zu verzichten und den Versuch der Mengenbestimmung der einzelnen Fasersorten auf dem zweiten der oben angegebenen Wege, nämlich dem der Schätzung zu unternehmen.

Man muß sich beim Schätzen klar darüber sein, worauf man die zu machenden prozentischen Angaben beziehen will, ob auf das Papier als solches, d. h. unter Berücksichtigung der etwa vorhandenen Füllstoffe, oder nur auf das Fasermaterial. Die nachfolgenden Angaben beziehen sich nur auf den letzteren Fall[2].

---

[1] Litschauer hat im Z. 1905 S. 5, 37 u. 74 ein umfangreiches Zahlenmaterial über die bei Auszählung des mikroskopischen Bildes gemachten Erfahrungen veröffentlicht. Bei der Auszählung von 150 Gesichtsfeldern von ein und derselben Stoffmischung ergab sich der Beobachtungsfehler zu weniger als 2%.

[2] Sollen die in Prozenten, bezogen auf das Fasermaterial, ermittelten Faseranteile auf das Papiergewicht bezogen werden, so führt nachstehende Formel zu annähernden Werten: $\frac{(100 - A) \cdot F}{100} = F_1$, wobei bedeutet: A = Aschengehalt des Papieres in Prozent; F = Faseranteil in Prozent bezogen auf das Gewicht des Fasermateriales (mikroskopischer Befund); F_1 = Faseranteil in Prozent bezogen auf das Gewicht des Papiers. Unberücksichtigt bleibt hierbei der Gehalt des Papiers an Leim- und Farbstoffen, ferner daß manche Füllstoffe einen Glühverlust erleiden und daß in der Asche auch mineralische Bestandteile der Fasern enthalten sind. Wollte man die hierdurch entstehenden Fehler vermeiden, so wäre eine genaue chemische Untersuchung des Papiers erforderlich, ohne daß man jedoch eine absolute Genauigkeit erreichen würde, da F einen durch Schätzung gewonnenen Annäherungswert darstellt.

Um dem Auge in der Abschätzung des mikroskopischen Bildes Übung zu verschaffen, ist es erforderlich, zunächst mit Stoffen bekannter Zusammensetzung zu arbeiten; da man auch später Vergleichsmischungen stets zur Hand haben muß, um in Zweifelsfällen einen Anhalt zu haben, so ist es zweckmäßig, diese Mischungen ein für allemal anzufertigen und dauernd aufzubewahren (s. S. 155).

Man schätzt zunächst bei schwacher Vergrößerung die Gruppen ab und dann bei stärkerer die einzelnen Faserarten.

Von großem Wert ist es natürlich, wenn die Schätzungen von mehreren Beobachtern vorgenommen und aus den geschätzten Prozentsätzen die Mittel gebildet werden. Die Anteile der verschiedenen Faserarten sind in Prozenten, bezogen auf die Gesamtfasermenge, abgerundet auf 5% anzugeben.

Holzschliffschätzung.

Bei der Schätzung des Holzschliffes im mikroskopischen Bilde ist natürlich, wie bereits erwähnt und hier nochmals ausdrücklich hervorgehoben sein mag, ebensowenig ein genaues Ergebnis zu erwarten wie bei den weiter unten beschriebenen kolorimetrischen und chemischen Verfahren; indessen hat die Erfahrung gezeigt, daß die Schätzungen bei genügender Übung im allgemeinen mit einem Fehler von weniger als 10% behaftet sind.

Bei der Herstellung der Standardmuster (S. 155) achte man darauf, daß man Holzschliff verschiedener Feinheit zur Verfügung hat, damit man in jedem Falle diejenige Sorte zum Vergleich heranziehen kann, die mit dem Schliff der zu untersuchenden Probe am meisten übereinstimmt.

Auf die Herstellung der Präparate, sowohl des zu untersuchenden Papiers als auch der Mischungen, ist große Sorgfalt zu verwenden. Man nehme für die Präparate, soweit dies der Augenschein gestattet, immer möglichst gleich viel Material, breite dies immer auf eine möglichst gleich große Fläche aus und betrachte das Bild stets mit derselben Vergrößerung. Ein Wechsel in den Objektiven und Okularen erzeugt große Unsicherheit im Urteil. Die Abgabe des Urteils erfolgt nach dem Gesamteindruck, den das Auge erhalten hat.

Die zitronengelbe Färbung des Holzschliffs tritt mit Chlorzinkjod häufig nur dann mit der nötigen Klarheit ein, wenn der Papierbrei noch etwas feucht ist, während andererseits der Zellstoff in diesem Falle zu blaß erscheint, so daß man bei Mischungen aus Holzschliff und Holzzellstoff mit den Färbungen Schwierigkeiten hat. Auf die richtige Färbung kommt es aber bei mikroskopischen Schätzungen derartiger Mischungen besonders an. Ist der Holzschliff zu intensiv, der Zellstoff zu schwach gefärbt, so unterschätzt man den letzteren, während bei blasserer Färbung des Holzschliffs und dunklerer des Zellstoffes das Umgekehrte der Fall ist.

Als weiterer Übelstand kommt hinzu, daß die zitronengelbe Färbung oft schon in ganz kurzer Zeit verblaßt oder einen schmutzigen grünlichen Ton annimmt.

Eine Verbesserung der Färbung wird nach Wisbar[1] leicht erzielt durch Präparieren mit anderen, den Holzschliff in der gewünschten Weise färbenden jodreicheren Lösungen und Überfärben mit Chlorzinkjod, wobei der Holzschliff seine Färbung behält, während die Lumpen und die Holzzellulose durch das Chlorzinkjod rotviolett bzw. blau gefärbt werden.

Als solche Lösungen können dienen Chlorzinnjod, Chloraluminiumjod oder Chlorkalziumjod, die ebenso wie Chlorzinkjod in der Botanik als Zellulosereagenzien vorgeschlagen worden sind[2]. Auch Chlorquecksilberjod sowie die in der Papiermikroskopie benutzte Jod-Jodkaliumlösung, letztere in der Verdünnung mit Wasser von 1 auf 4 Volumen, sind zur Verbesserung der Holzschliffärbung geeignet.

Man befeuchtet das Faserklümpchen auf dem Objektträger zunächst mit verdünntem Glyzerin, bringt einen Tropfen einer der genannten Lösungen, z. B. der Jod-Jodkaliumlösung hinzu, den man dann mit Löschpapier wieder absaugt, läßt jetzt einen Tropfen Chlorzinkjodlösung einwirken und bedeckt das Präparat mit dem Deckgläschen. Die Färbung entspricht ungefähr derjenigen mit Chlorzinkjod allein, d. h. man erhält auch hier die bekannten drei Gruppen. Das Gelb der verholzten Fasern ist aber dunkler als das mit Chlorzinkjod allein und außerdem beständiger.

Eine weitaus beständigere Anfärbung wird bei der von Schulze[3] neuerdings im Materialprüfungsamt eingeführten Methode unter Verwendung der beiden substantiven Farbstoffe Brillantkongoblau 2 RW und Baumwollbraun N* erreicht. Man verfährt hierbei wie folgt:

Je 1 g der genannten Farbstoffe wird unter Erwärmung auf dem Wasserbade in 70 cm³ destilliertem Wasser gelöst. Die beiden Farbstofflösungen werden getrennt aufbewahrt und erst bei Bedarf mit einer 6%igen Lösung von kristallisiertem Natriumsulfat im Verhältnis 1 : 1 : 1 gemischt.

Ein etwa erbsengroßes, lockeres Klümpchen des in der üblichen Weise gewonnenen Papierbreies wird im Reagenzglas mit 6—8 cm³ des Farbstoffgemisches bedeckt und etwa 30 Sekunden über einem Bunsenbrenner gekocht. Mittels eines Siebes von mindestens 900 Maschen pro Quadratzentimeter wird das Fasermaterial von der Farblösung getrennt, darauf in das Reagenzglas zurückgebracht und mit Wasser durchgeschüttelt. Bei erneuter Abscheidung auf dem Sieb ist das Fasermaterial genügend ausgewaschen und dient nun zur Anfertigung der Präparate in folgender Weise:

Auf die Mitte eines gut gereinigten Objektträgers werden zwei Tropfen Leitungswasser gebracht und darin eine kleine Probe des Faserbreies möglichst gleichmäßig mit Hilfe zweier Nadeln verteilt. Darauf

---

[1] Wisbar: Jodlösungen in der Papiermikroskopie. Mitt. 1920 H. 4 u. 5.

[2] Strasburger-Koernicke: Das botanische Praktikum, S. 177, 179. Jena: Gustav Fischer 1913.

[3] Schulze: Eine neue Anfärbung für die mikroskopische Bestimmung des Holzschliff- und Zellstoffgehaltes von Papier. P.F. 1932 Nr. 6 S. 65; W. B. 1931 Nr. 52 S. 1218; P.Z. 1931 Nr. 102/103 S. 2250.

* Zu beziehen durch die I. G. Farbenindustrie A.G.

wird vorsichtig vom Rand her mit hartem Fließpapier abgesaugt und das Präparat in einem Trockenschrank bei etwa 60° C getrocknet. Nach dem Aufbringen eines Tropfens Kanadabalsam wird mit einem Deckgläschen bedeckt und dieses gelinde angedrückt. Bei der Betrachtung im Mikroskop, am besten unter Verwendung eines Kondensors, zeigen Zellstoffasern ein leuchtendes Blau, das schwach nach Violett abweicht, Holzschliff erscheint kastanienbraun.

So hergestellte Präparate liefern ein klareres Gesichtsfeld als bei Behandlung mit Chlorzinkjodlösung; etwaige Überlagerungen werden nicht zugedeckt, sondern bleiben durchsichtig, Fibrillen von Schliff oder Zellstoff werden je nach ihrer Herkunft eindeutig angefärbt.

Schätzung von Nadel- und Laubholzschliff in Gemischen.

Nach Klemm[1] wird der in der üblichen Weise zum Mikroskopieren vorbereitete Stoff mit Lösungen von Anilinsulfat und Methylenblau nacheinander oder auch in einem Lösungsgemisch behandelt. Die durch Anilinsulfat entstandene Gelbfärbung wird bei Nadelholzschliff kaum verändert, während Laubholzschliff das Methylenblau stark speichert, so daß eine blaugrüne Tönung entsteht.

Schätzung von Laubholz-, Stroh- und Espartozellstoff in Gemischen mit Nadelholzzellstoff.

In Abänderung und Vereinfachung der Anfärbung nach Alexander[2] wird das von dem anhaftenden Wasser befreite Faserklümpchen auf dem Objektträger in drei Tropfen einer Kalziumnitratlösung (100 g Kalziumnitrat in 50 cm³ dest. Wasser) gut verrührt. Darauf wird ein Tropfen Chlorzinkjodlösung hinzugefügt, das Ganze sorgfältig gemischt und ein größeres Deckgläschen aufgedeckt. Durch diese Behandlung werden Nadelholzzellstoffe rötlich, Laubholz-, Stroh- und Espartozellstoffe hingegen blau angefärbt. Sind Laubholzzellstoff und Strohzellstoff gleichzeitig vertreten, so bietet die Mengenschätzung der beiden Faserarten Schwierigkeiten, da Unterschiede in der Färbung nicht auftreten und oft eine große Ähnlichkeit in der Struktur der Fasern vorhanden ist. Es empfiehlt sich deshalb, in diesem Falle den Anteil beider Faserstoffe gemeinsam zu schätzen und anzugeben.

Schätzung des Wollgehaltes.

Die quantitative Bestimmung von Wolle in Erzeugnissen der Papier- und Pappenindustrie ist auf mikroskopischem Wege nicht leicht auszuführen. Die an sich schon subjektive Bewertung des mikroskopischen Bildes wird in diesem Falle noch dadurch erschwert, daß sich die Wollfasern bei Behandlung mit Chlorzinkjod und anderen Jodlösungen nicht

[1] Klemm: W.B. 1927 Nr. 24 A S. 96.

[2] Alexander: Paper, Magazine of the Paper-Industry Bd. 33 (1924) S. 138. Ursprünglich war das Verfahren nach Alexander zur Unterscheidung von Natron- und Sulfitzellstoff bestimmt; hierfür hat es sich jedoch nicht bewährt; vgl. Korn: Mitt. 1926 H. 2; Z. u. P. 1925 S. 473; P.F. 1925 Nr. 49; W.B. 1925 Nr. 47.

einheitlich färben, sondern meist die vorher für Textilzwecke erhaltenen Farbtöne beibehalten. Um mit Hilfe des Mikroskops zu einem annähernd genauen Resultat zu kommen, ist daher große Erfahrung und Übung des Beobachters erforderlich. Genauere Ergebnisse liefert die Bestimmung des Wollgehaltes auf chemischem Wege (S. 219).

Unterscheidung von Sulfit- und Natronzellstoff.

Im ungebleichten Zustand lassen sich Sulfit- und Natronzellstoff im Papier auf einfache und sichere Weise nach dem Verfahren von Lofton und Merrit[1] nachweisen, das wie folgt ausgeführt wird; Der in gewöhnlicher Weise vorbereitete Faserbrei wird auf dem Objektträger 2 Minuten in einer Mischung von Fuchsin- und Malachitgrünlösung zerzupft und durcheinandergerührt. Die wässerige Fuchsinlösung wird in einer Konzentration von 1 : 100, die Malachitgrünlösung in einer solchen von 2 : 100 hergestellt. Beide Lösungen werden im Verhältnis 2 Vol. Fuchsin auf 1 Vol. Malachitgrün vermischt. Die Lösung bleibt etwa 8 Tage wirksam, dann muß sie wieder neu hergestellt werden. Der gefärbte Brei wird durch Absaugen von der überschüssigen Farblösung befreit, 10—30 Sekunden mit 3—4 Tropfen verdünnter Salzsäure (1 cm^3 konz. Salzsäure auf 1 Liter Wasser) behandelt und schließlich mit Wasser ausgewaschen. Im Mikroskop erscheinen dann Sulfitzellstoffasern purpurrot, Fasern des Natronzellstoffes blau mit schwächerem oder stärkerem Rotstich.

Im Materialprüfungsamt wird die Methode in einer von Wisbar[2] abgeänderten Form angewendet, bei der das Färben unter Verwendung der gleichen Farbstoffmischung, jedoch unter Verdünnung und gleichzeitigem Zusatz von Salzsäure im Reagenzglas[3] ausgeführt wird. Ein Klümpchen des Papierbreies wird 1—2 Minuten in 5—10 cm^3 dieses Gemisches gekocht, auf einem Sieb abgeschieden, ausgewaschen und darauf zum Mikroskopieren benutzt. Die Färbung des Sulfitstoffes ist nach dieser Behandlung rotviolett, die des Natronstoffes grünlichblau. Holzschliff zeigt bei beiden Verfahren die gleiche Färbung wie Natronzellstoff. Es ist deshalb angebracht, sich über einen etwaigen Holzschliffgehalt vorher durch mikroskopische Betrachtung des mit Chlorzinkjod behandelten Faserbreies zu unterrichten.

Beim Vergleich der beiden Verfahren durch Korn[4] hat sich ergeben, daß bei Anwendung der Methode Lofton und Merrit die Rotfärbung des Sulfitstoffes intensiver als die Blaufärbung des Natronstoffes ist;

[1] Lofton u. Merrit: Tests for unbleached Sulphite and Sulphate Fibres Paper Makers Month. Journ. Bd. 51 Nr. 2 (1921). (Referat von Wisbar in den Mitt. 1922 H. 6.)

[2] Wisbar: Die mikroskopische Unterscheidung von ungebleichtem Natron- und Sulfitzellstoff nach Lofton und Merrit. Mitt. 1922 H. 6.

[3] 4,4 cm^3 der 1%igen Fuchsinlösung und 2,2 cm^3 der 2%igen Malachitgrünlösung werden mit 20 cm^3 einer 0,5%igen Salzsäure versetzt und mit Wasser auf 100 cm^3 aufgefüllt. (Die 0,5%ige Salzsäure kann durch Verdünnen von 1,34 g einer 37%igen Salzsäure auf 100 cm^3 erhalten werden.)

[4] Korn: Mitt. 1926 H. 2; Z. u. P. 1925 S. 473; P.F. 1925 Nr. 49; W.B. 1925 Nr. 47.

dies kann leicht zu einer Überschätzung des Sulfitzellstoffes führen. Die Färbungen, die bei der nach Wisbar abgeänderten Form des Verfahrens entstehen, eignen sich für die Abschätzung des mikroskopischen Bildes besser.

Sind die genannten Zellstoffe im gebleichten Zustand im Papier vorhanden, so lassen sie sich schwerer und nicht immer mit Sicherheit unterscheiden. Die vorbeschriebene Methode nach Lofton-Merrit versagt hier, da sich gebleichte Fasern mit dem Farbgemisch nicht anfärben.

Wenn man darauf hinweist, daß die Sulfitzellstoffindustrie Fichte und Tanne, die Natronzellstoffabrikation Kiefer verarbeitet, daß man also durch die Bestimmung der Holzart in der Lage ist, die Unterscheidung vorzunehmen, so ist dem entgegenzuhalten, daß es, wenn auch nur ausnahmsweise, Sulfitzellstoffabriken gibt, die Kiefer verarbeiten und Natronzellstoffabriken, die Fichte und Tanne aufschließen[1]. Es kann sich also bei der Feststellung des Kochverfahrens auf Grund der Holzart immer nur um einen Wahrscheinlichkeitsschluß und nicht um ein sicheres Urteil handeln.

Zuverlässigeren Aufschluß geben die von Klemm gemachten wertvollen Beobachtungen, die er im Wochenblatt für Papierfabrikation 1917 S. 2159 veröffentlicht hat. Sein Verfahren gründet sich darauf, daß bei der sauren Aufschließung durch Sulfitlauge regelmäßig gewisse Substanzreste in den Papierstoffen erhalten bleiben, die bei der alkalischen Kochung nach dem Natron- oder Sulfatverfahren aufgelöst werden. Diese Substanzreste finden sich an gewissen Stellen der Fasern, besonders aber in den Markstrahlzellen vor und sind durch mikrochemische Reagenzien und gewisse Teerfarbstoffe in mikroskopischen Präparaten deutlich erkennbar zu machen. Sie bilden entweder ein Haufwerk von Kügelchen verschiedener Größe oder Ketten von Perlen oder endlich langgestreckte abgerundete Pfropfen und Klumpen bis zum Durchmesser der Zellen, die manchmal durch Stränge miteinander verbunden sind und den größten Teil des Innenraums der Zellen ausfüllen. Diese Zellinhaltsreste bleiben auch in gebleichten Sulfitstoffen noch erhalten und bilden ein sicheres Erkennungszeichen auch dann noch, wenn die übrigen noch zu erwähnenden Merkmale der Unterscheidung versagen oder unsicher sind. Bei Natron- und Sulfatzellstoffen sind die Markstrahlzellen regelmäßig leer von derartigen Inhaltsresten.

Die Ausführung der Prüfung geschieht im Materialprüfungsamt in folgender Weise[2]. Man bereitet das zu prüfende Papier in gewöhnlicher Weise für die mikroskopische Untersuchung (wie S. 148 angegeben) vor und macht zunächst Präparate mit Chlorzinkjod. Schon diese lassen bei genauer Betrachtung Unterschiede zwischen Sulfit- und Natronzellstoff erkennen, und zwar sowohl an den Fasern als auch an den Markstrahlzellen.

---

[1] Kirchner: Das Papier. III B. u. C. S. 153.

[2] Der Prüfungsgang ist von Prof. Dr. Wisbar unter Zugrundelegung der Klemmschen Angaben und Berücksichtigung der bei den Arbeiten im Amt gemachten Erfahrungen ausgearbeitet.

Die Fasern zeigen beim Sulfitzellstoff in den meisten Fällen dunkelblaue netzförmig verlaufende Adern auf hellblauem Grunde. Abb. 133 zeigt diese Äderung, die allerdings nicht bei allen Fasern vorherrscht und nicht immer scharf ausgeprägt ist; anderseits kommen auch, wenn auch selten, Natronzellstoffasern vor, die netzförmige Zeichnung zeigen. In der Färbung der Fasern ist im allgemeinen kein Unterschied zwischen Sulfitzellstoff und Natronzellstoff zu beobachten. Die Tracheiden beider Stoffe färben sich, normale Aufschließung vorausgesetzt, blau mit einem stärkeren oder schwächeren Stich ins rötliche.

Die Markstrahlzellen enthalten aber bei Sulfitzellstoff noch Inhaltsreste, die sich mit Chlorzinkjod gelb färben; bei Natronzellstoff sind derartige Reste nicht mehr vorhanden.

Deutlicher noch als mit Chlorzinkjod färben sich die Reste mit der von Klemm vorgeschlagenen Sudanlösung. (Man löst Sudan III bis zur Sättigung in einem Gemisch von 3 Teilen Alkohol und einem Teil Wasser. Zwei Teile dieser gesättigten Lösung, mit einem Teil Glyzerin versetzt, ergeben die gebrauchsfertige Lösung.) Es tritt eine, zuweilen allerdings recht blasse, Rotfärbung des Markstrahlzellinhaltes ein. Man tut gut, die Fasern beim Präparieren erst in Wasser zu zerteilen, da die alkoholische Farblösung während des Präparierens auf dem Objektträger stark auseinanderläuft. Das Wasser wird wieder abgesaugt, ein Tropfen der Sudanlösung hinzugesetzt und dann sofort das Deckgläschen aufgelegt.

Weitere Unterschiede zwischen Sulfit- und Natronzellstoff ergibt die Anfärbung mit Rosanilinsulfatlösung[1]. Man zerteilt die Fasern auf dem Objektträger in dieser Lösung, saugt die Lösung wieder ab und bettet in Glyzerin ein. Beobachtet man in den Hofporen auftretende rote Färbung (Augenbildung bei den Frühjahrsholzfasern, Pfropfenbildung bei den Herbstholzfasern), letztere tritt aber weniger deutlich hervor und ist auch seltener, so liegt ungebleichter Sulfitzellstoff vor. Natronzellstoff und gebleichter Sulfitzellstoff zeigen diese Augen- und Pfropfenbildung nicht.

Die nachstehende Übersicht zeigt das vorstehend Gesagte kurz und übersichtlich zusammengestellt.

Hat man die mit Chlorzinkjod, Sudan und Rosanilinsulfat hergestellten Präparate eingehend durchgemustert, dann kann man sich bei Gemischen auch ein Urteil bilden über die Menge des vorhandenen Sulfit- bzw. Natronzellstoffes, namentlich dann, wenn man Mischungen von bekanntem Gehalt zum Vergleich heranzieht. Angaben, daß ein

---

[1] 0,25 g kristallisiertes Salz von Bayer werden in 50 cm^3 kochendes Wasser eingerührt und noch weitere 50 cm^3 Wasser heiß zugesetzt. Die trübe Flüssigkeit wird hierauf mit 2% (= 2 g) Alkohol versetzt, einige Zeit stehen gelassen und durch Asbest filtriert. Das Filtrat, welches ein schönes feuriges Rot zeigt, wird mit 14 Tropfen 1/10 n-Schwefelsäure versetzt, wodurch die Lösung den erforderlichen violetten Stich erhält.

Wie Rosanilinsulfat, so werden auch andere basische Farbstoffe bei ungebleichtem Sulfitzellstoff in den Poren stark aufgespeichert. So ist z. B. Methylenblau (Bayer, Elberfeld B.B.) zur Hervorrufung der Augenbildung ebenfalls gut geeignet. Die Anwendung geschieht wie bei Rosanilinsulfat. Die Farblösung läßt sich einfacher als die Rosanilinsulfatlösung herstellen. Man löst den Farbstoff im Verhältnis 1 : 1000 in heißem Wasser und gießt durch ein Faltenfilter.

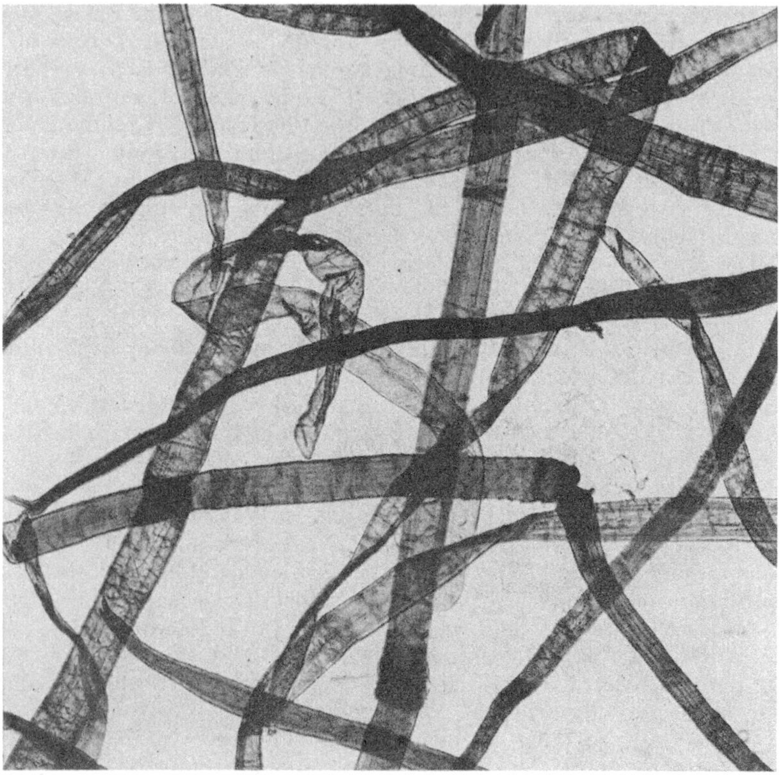

Abb. 133. Netzförmige Äderung auf Sulfitzellstoffasern.

Unterscheidungsmerkmale zwischen Sulfit- und Natronzellstoff in Papier[1].

	Chlorzinkjod		Sudan III	
	Fasern	Markstrahlzellen	Markstrahlzellen	Rosanilinsulfat
Sulfitzellstoff ungebleicht	netzförmige Zeichnung	Inhalt gelb gefärbt	Inhalt rot gefärbt	Augenbildung (rot) in den Hofporen. Inhalt der Markstrahlzellen rot
Sulfitzellstoff gebleicht				Keine Augenbildung Inhalt der Markstrahlzellen rot
Natronzellstoff (gebleicht u. ungebleicht)	Im allgemeinen keine netzförmige Zeichnung der Fasern Keine Augenbildung Markstrahlzellen ohne Inhalt			

[1] Über den Wert der Unterscheidungsmöglichkeit auf Grund der Holzart (Fichte bzw. Kiefer) ist S. 196 das Erforderliche gesagt.

Papier einen bestimmten Prozentsatz der genannten Faserstoffe enthält, sind natürlich ausgeschlossen; es kann sich immer nur um Schätzungen handeln, die nach den jeweiligen Umständen und der Übung des Prüfenden mit einem mehr oder minder großen Fehler behaftet sind; im übrigen wird hierzu auf das S. 189 allgemein über die Feststellung der Mengenverhältnisse von Papierfasern Gesagte verwiesen.

Wenn Zellstoffe als solche vorliegen, wird der Fachmann leicht in der Lage sein, festzustellen, ob es Sulfit- oder Natronstoffe sind. In Zweifelsfällen können die vorgenannten Methoden zur Anwendung kommen. Ferner kann auch der Unterschied im Harzgehalt beider Zellstoffarten zur Entscheidung herangezogen werden.

Bei der im Materialprüfungsamt an 79 Sulfit- und 17 Natronzellstoffen ausgeführten Bestimmung[1] ergab sich folgendes:

1. Der Harzgehalt gebleichter Zellstoffe, ermittelt durch Ausziehen mit alkoholfreiem Äther, ist etwas geringer als der ungebleichter.
2. Der Harzgehalt der Sulfitzellstoffe beträgt rund 0,5%, der der Natronzellstoffe rund 0,05%.
3. Die verschiedenen Herstellungsverfahren für Sulfitzellstoffe haben keinen ausgesprochenen Einfluß auf den Harzgehalt.

Im Materialprüfungsamt werden die Bestimmungen so vorgenommen, daß man etwa 20 g lufttrockenen Zellstoff 5 Stunden lang im Soxhletapparat mit Äther auszieht und nach dem Verdampfen des Äthers den Rückstand bei 98—100° trocknet. An anderen Stellen wird Alkohol oder ein Gemenge von Alkohol-Äther benutzt und hierbei in beiden Fällen ein höherer Gehalt an Harz oder harzähnlichen Körpern gefunden. Die Versuche von Opfermann[2] haben gezeigt, daß Alkohol aus dem Zellstoff mehr auszieht als Äther, wobei jedoch auch Stoffe, die nicht zum Harz-Fettgehalt der Fasern gehören, in Lösung gehen, z. B. zuckerähnliche Stoffe.

Bei 5 verschiedenartigen Mitscherlich-Zellstoffen ergab sich im Mittel der Harzgehalt

mit Alkohol ausgezogen zu . . . 0,94%,
mit Äther ausgezogen zu 0,58%,

bei 4 Ritter-Kellner-Zellstoffen

Alkoholauszug 0,85%,
Ätherauszug . . . . 0,59%.

Dr. Klein hat mit Recht darauf hingewiesen, daß es notwendig sei, eine der verschiedenen Methoden zur Bestimmung des Harzgehaltes in Zellstoffen als maßgebend festzusetzen und Apparatur und Einzelheiten des Versuches zu vereinbaren[3]. Hierzu ist es jedoch bisher noch nicht gekommen[4].

---

[1] Harzgehalt von Zellstoffen. Mitt. 1904 S. 180 u. 1905 S. 306.

[2] Opfermann: Z. angew. Chem. 1909 H. 10; P.F. 1909 S. 290, u. Schriften des Vereins der Zellstoff- und Papier-Chemiker Bd. 13 (1920) S. 10: Harzbestimmung in Zellstoffen.

[3] Klein: Wie bestimmt man den Harzgehalt in Zellstoffen? Z. u. P. 1925 Nr. 6.

[4] Mit der Bestimmung von Harz und Fett in Zellstoffen hat sich eine Arbeitskommission des Vereins der Zellstoff- und Papierchemiker und -Ingenieure befaßt. P.F. 1931 H. 37 S. 598; H. 50 S. 803.

Den Papiermacher interessiert es weniger, wieviel Harz ein Zellstoff enthält, als vielmehr, ob das vorhandene Harz klebrig ist und dadurch Anlaß zu Schwierigkeiten bei der Papierherstellung gibt, Vorschläge zur Bestimmung des eigentlichen klebrigen Harzes sind in Schwalbe-Sieber, Die chemische Betriebskontrolle in der Zellstoff- und Papierindustrie, 3. Aufl., Berlin: Julius Springer, enthalten. Siehe auch S. 205 des vorliegenden Buches, Fußnote 1.

Schwalbe[1] hat auf Grund der Verschiedenheit von Sulfit- und Natronzellstoff im Harzgehalt die sog. Cholesterinreaktion zur Unterscheidung beider vorgeschlagen.

Wird eine Harzlösung mit Essigsäureanhydrid und konzentrierter Schwefelsäure versetzt, so tritt zunächst Rosafärbung, dann Blau-, bzw. Grünfärbung ein. Sulfitzellstoff zeigt wegen seines hohen Harzgehaltes diese Reaktion deutlicher als Natronzellstoff. Bei ersterem ergibt sich deutliche Grünfärbung, bei letzterem höchstens ein schmutziges Gelb.

Unterscheidung von gebleichtem und ungebleichtem Zellstoff.

Handelt es sich nur um die Feststellung, ob in einem Papier gebleichter oder ungebleichter Zellstoff vorhanden ist, so kann man hierfür das oben beschriebene Verfahren nach Lofton und Merrit benutzen, da sich hierbei nur ungebleichte Zellstoffasern anfärben, gebleichte jedoch nicht. Bei nur schwacher Anfärbung kann man auf halbgebleichte Zellstoffe schließen.

Bright[2] benutzt zur Unterscheidung von ungebleichten und gebleichten Zellstoffen die Eisen-Eisencyanidlösung von Cross und Bevan, die erstere grün färbt, letztere ungefärbt läßt; nach weiterer Behandlung mit einem roten substantiven Farbstoff färben sich die ungebleichten Fasern blau, die gebleichten rot. Das Verfahren ist aber recht umständlich und soll daher hier nicht näher geschildert werden.

Schließlich wird noch auf das von Klemm zur Beurteilung des Verholzungsgrades von Zellstoffen ausgearbeitete Färbeverfahren mit Malachitgrün (s. S. 187) hingewiesen, das auch eine Unterscheidung von gebleichtem und ungebleichtem Zellstoff ermöglicht.

Fabrikationszettel und Stoffbücher.

Den Ergebnissen der Prüfung von Papier auf Stoffzusammensetzung werden von den Antragstellern ab und zu Fabrikationsbücher der Fabrik, nach denen das Papier gefertigt wurde, entgegengehalten, sobald nämlich Prüfungsbefund und Fabrikationsvorschrift nicht übereinstimmen. Es ist verständlich, wenn der Fabrikant, nachdem ihm sein Betriebsleiter versichert hat, daß nach Vorschrift gearbeitet wurde, einen Irrtum bei Ausführung der Prüfung vermutet, denn er erwartet, daß

[1] Schwalbe: Unterscheidung von Sulfit- und Natronzellstoff. W.B. 1906 Nr. 34. (Vgl. auch Schwalbe: Chemie der Zellulose, 1911 S. 609.)

[2] Bright: Chem. of Pulp and Paper Making 1920 S. 393; Paper Makers Month. Journ. Bd. 64 Nr. 9 (1926) S. 350; W.B. 1926 Nr. 48 S. 1334; P.T.J. 1930, 16. Okt. S. 49.

sich Herstellungsvorschrift und Prüfbefund decken, so weit dies bei den heutigen Prüfungsverfahren erwartet werden kann. In den meisten Fällen trifft dies, wie die Erfahrung gezeigt hat, zu, aber es gibt Ausnahmen und deren Kenntnis ist für den Papiermacher wertvoll, weil sie den Glauben an die unumstößliche Beweiskraft der Fabrikationsvorschrift einschränkt. Über einige derartige Fälle ist in den Mitt. 1895 berichtet worden, weitere haben sich inzwischen angesammelt und im Zusammenhang sei eine kurze Übersicht der gemachten Feststellungen gegeben.

„Aktendeckel aus reinen Lumpen.“ Die Deckel enthielten neben Leinen- und Baumwollfasern annähernd 25% Holzzellstoff und 10% Holzschliff. Der Fabrikant hatte sich unter Hinweis auf den Stoffzettel bereit erklärt, unter Eid auszusagen, daß die Deckel nur aus Lumpen hergestellt seien.

Eine weitere Probe „Aktendeckel 7a“ enthielt überhaupt keine Lumpenfasern; sie bestand aus etwa 85% Holzzellstoff und 15% Holzschliff.

„Druckpapier aus reinen Lumpen.“ Das Papier enthielt etwa 20% Strohzellstoff. Nach anfänglicher Anfechtung des Prüfungsbefundes auf Grund der Aussagen des technischen Leiters der Fabrik erfolgte später die Mitteilung, daß der Strohzellstoff durch ein Versehen in den Stoff gekommen sei.

„Unbeschwertes Kanzleipapier aus Lumpen.“ Das Papier enthielt neben Leinen und Baumwolle etwa 25% Holzzellstoff und erhebliche Mengen mineralischer Füllstoffe: Aschengehalt 17,5%. Die Fabrik wollte den Beweis erbringen, daß das Papier „nur aus weißleinenen Hadern gefertigt sei, ohne Zellulose und Kreidezusatz“. Schließlich stellte sich heraus, daß seitens der Fabrik eine falsche Probe eingeschickt war.

„Vorschriftsmäßiger Quittungskartenkarton.“ Der Karton enthielt etwa 30% Jute. Die Fabrik erklärte, daß nach Ausweis des Stoffzettels Jute nicht verarbeitet, die Stoffmischung vielmehr vorschriftsmäßig sei; sie habe den Karton auch in einer anderen Prüfanstalt untersuchen lassen, die erklärt habe, der Karton enthalte keine Jute. Das Amt erbat sich von dieser Anstalt eine Probe und stellte ebenfalls fest, daß Jute nicht vorhanden war; daraufhin schickte das Amt der Anstalt eine Probe des ihm vorgelegten Materials und erhielt den Bescheid, daß diese Probe etwa 30% Jute enthalte. Den beiden Prüfstellen sind somit Proben aus verschiedenen Anfertigungen vorgelegt worden.

„Druckpapier verschiedener Fertigungen.“ Für 9 Fertigungen war dieselbe Stoffmischung vorgesehen: 45% Holzzellstoff, 20% Strohzellstoff, 35% Baumwolle. Bei der Prüfung von Proben dieser 9 Fertigungen zeigten sich starke Schwankungen in der Stoffzusammensetzung, der Gehalt an

Holzzellstoff schwankte von 55—90%,
Strohzellstoff schwankte von 15—20%,
Baumwolle schwankte von 0—20%.

Die Aufklärung gab die Mitteilung der Fabrik: „Wie sich nachträglich herausstellt, sind seitens der Betriebsleitung geradezu unverantwortliche Fehler vorgekommen.“

„Zellstoffhaltige Normalpapiere 2a und 2b.“ Normal 2a und 2b dürfen bekanntlich nur aus Hadern hergestellt werden; je eine Probe 2a und 2b aus einer unserer ersten Papierfabriken kam zur Prüfung, und es wurde festgestellt, daß beide etwa 10% Holzzellstoff enthielten, ein Zusatz, der zweifellos auf dem Stoffzettel nicht vermerkt war.

„Normal 3a und 3b“, je eine Probe, waren ausschließlich aus Holzzellstoff hergestellt, obwohl der Stoffzettel sicher auf 75% Hadern und 25% Zellstoff lautete.

„Holzhaltiges Normal 4b.“ Das Papier enthielt etwa 10% Holzschliff; auch dieser Zusatz war in den Fabrikationsbüchern sicher nicht vorgesehen.

„Ia Natronzellstoff-Sackpapier“ sollten zwei Proben sein, die zur Prüfung vorgelegt wurden; die eine enthielt annähernd 75% Natronzellstoff und 25% Sulfitzellstoff, die andere annähernd 65% Sulfitzellstoff, 20% Holzschliff und 15% Esparto, Baumwolle und Leinen.

„Druckpapier“ wurde einer Behörde von einer Papierfabrik geliefert; statt ausschließlich aus Hadern, war es aus rund 60% Holzzellstoff und 40% Holzschliff hergestellt.

„Aktendeckel“, die einer Papiergroßhandlung als „Zellstoffdeckel“ geliefert wurden, enthielten annähernd 55% Holzzellstoff und 45% Holzschliff.

„Normalpapiere 4a“ mußten in mehreren Fällen wegen ihres Gehaltes an Holzschliff (10—25%) beanstandet werden.

Mit vorstehender Aufzählung mag es genug sein; sie ist erfolgt, um Belege dafür beizubringen, daß Fälle vorkommen, in denen sich die Fabrikationsvorschrift mit der durch Prüfung ermittelten Zusammensetzung nicht deckt. Es soll in den geschilderten Fällen den Fabrikanten der gute Glaube bei ihren Einsprüchen gern zugestanden werden, aber bedenken sollten sie auch, daß selbst in den bestorganisierten und bestgeleiteten Werken Fehler vorkommen können und daher Prüfungsbefunde nicht ohne weiteres unrichtig zu sein brauchen, wenn sie mit der Fabrikationsvorschrift nicht übereinstimmen; diese besagt, was verarbeitet werden soll, der Prüfbefund stellt fest, was verarbeitet worden ist.

Noch bedenklicher liegen die Verhältnisse, wenn der Eid der Angestellten die Zusammensetzung des Papiers bestätigen soll, ein Weg, der leider sehr oft in Vorschlag gebracht wird, ohne daß man sich der Tragweite eines solchen Vorgehens bewußt wird. Im Interesse der Betreffenden kann nicht oft und dringend genug vor dem Anerbieten des Eides gewarnt werden. Kein Papierfabrikant und kein Angestellter der Fabrik ist ohne Untersuchung in der Lage, beispielsweise zu beeiden, daß ein Papier, das aus reinen Lumpen hergestellt werden sollte, auch nur Lumpenfasern enthält, weil es ihm unmöglich ist, die gesamte Fabrikation in allen ihren Teilen stetig zu überblicken.

Flecke im Papier[1].

Die Ermittlung der Ursache von Flecken im Papier bietet oft erhebliche Schwierigkeiten und setzt große Sachkenntnis des Beobachters voraus. Prof. Dalén hat seine Erfahrungen auf diesem Gebiete in einer umfangreichen Arbeit[2] niedergelegt und hiermit eine Grundlage für die Untersuchung von Flecken geschaffen. Die nachfolgenden Ausführungen sind dieser Arbeit entnommen.

Auch in dem mit größter Sorgfalt hergestellten Papier treten kleine Flecke auf, die man als unvermeidlich ansehen muß. Praktische Bedeutung hat der Nachweis der Ursache dieser Flecke so lange nicht, als sie entweder unauffällig sind oder so selten vorkommen, daß sie durch Sortieren leicht entfernt werden können.

Zuweilen treten aber Flecke so zahlreich, anhaltend und auffällig auf, daß sie die Verwendbarkeit des Papiers beeinträchtigen, und in solchen Fällen ist der Nachweis der Ursache, die dann in der Regel für die Mehrzahl der Flecke gemeinsam ist, von Bedeutung, weil hierdurch Mittel und Wege für die Abhilfe des Übels gefunden werden können.

Viele Arten dieser massenweise auftretenden Fehler und Flecke sind dem Papiermacher wohl bekannt, so daß er ohne weiteres Abhilfe schaffen kann. Die Ursachen und Möglichkeiten des Entstehens von Flecken sind indessen so zahlreich und das Aussehen von Flecken verschiedener Art oft so gleich, daß es ohne chemische oder mikroskopische Prüfung nicht immer möglich ist, ihren Ursprung festzustellen. Sind die Bestandteile der Flecke ermittelt, so läßt sich oft ein Schluß auf die Entstehungsursache ziehen, in vielen Fällen sind aber genaue Kenntnisse der örtlichen Verhältnisse und der Herstellungsvorgänge nötig, um bestimmen zu können, an welcher Stelle des Betriebes oder in welchem Ausgangsmaterial die Quelle des Übels zu suchen ist.

Nach dem Aussehen kann man die am häufigsten auftretenden Flecke in folgende drei Gruppen einteilen:

a) Flecke, die im auffallenden Licht dunkler, im durchfallenden Licht heller als das umgebende Papier sind.

Harz-, Wachs-, Stearin-, Talg- und Fettflecke, Schaumflecke, Sandflecke, Knoten oder Katzen aus zusammengeballten, stark gepreßten Fasern und Faserteilchen, schlecht aufgeschlossene Papierabfälle, Anhäufungen von verkieselten oder verkalkten Zellen, Stärkekleister.

b) Flecke, die sowohl im auffallenden wie im durchfallenden Licht dunkler oder anders gefärbt sind als das umgebende Papier.

---

[1] Über Art und Entstehungsursachen von Flecken im Papier sind im Laufe der Jahre zahlreiche Mitteilungen durch die Fachpresse gegangen; auf einige sei zur Ergänzung des hier Gesagten hingewiesen. P.F. 1903 S. 316, 1906 Nr. 42, 1907 Nr. 10, 1911 S. 108, 1921 S. 694; P.Z. 1906 Nr. 77–84, 1912 S. 312; W.B. 1903 S. 3255, 1908 Nr. 31; Z. 1913 S. 110.

[2] Dalén: Mitt. 1906 S. 235.

Eisenflecke, Bronzeflecke, Blei-, Kohlen-, Farben-, Siegellack- und Kautschukflecke[1], gefärbte Fasern, Splitter von Holzschliff, Holz- und Strohstoff, Schäwen von Hanf und Flachs, Schalen von Baumwollsamen, Pilz- (Stock-) Flecke.

c) Flecke, die in dem Papier zunächst nicht sichtbar oder wenigstens nicht auffallend sind, aber beim Weiterverarbeiten (Glätten, Streichen, Pergamentieren, Präparieren für Lichtpaus- und Photographiezwecke) auftreten.

Faserknoten, Chlorkalkreste, schwefligsaurer Kalk, Stärke, Eisen, Harz, Fett, Sand, Klümpchen von Füllstoffen, Holzschliff.

Nachweis der Art der Flecke.

Ein allgemein gültiges Vorgehen zum sicheren Nachweis der Bestandteile der Flecke läßt sich nicht angeben, auch wenn man sich auf die oben aufgeführten Fälle beschränkt. Wohl aber ist es möglich, durch planmäßige Ausführung einiger einfacher Proben wichtige Aufschlüsse über die Natur der Flecke zu erhalten, die dann als Richtschnur für die weitere Prüfung dienen können.

Der Gang der Untersuchung muß sich oft nach der Menge des Materials, d. h. in diesem Falle nach der Zahl der zur Verfügung stehenden Flecke richten. Die Aufgabe ist einfacher, wenn so viel Material vorhanden ist, daß für jeden Versuch neue Proben genommen werden können, schwieriger, wenn dieselben Proben für mehrere Versuche dienen müssen. In der Papierfabrik wird es nicht an Material fehlen, so daß dort immer der für die Prüfung bequemste Weg eingeschlagen werden kann.

Im nachstehenden ist die Reihenfolge der in Frage kommenden Versuche so gewählt, daß man mit möglichst wenig Material auskommen kann.

Ehe zur Prüfung der einzelnen Flecke übergegangen wird, kennzeichnet man mittels eines kleinen Bleistiftkreises eine genügende Anzahl derjenigen Flecke, die durch ihr gleichartiges Aussehen und ihre Häufigkeit den Anlaß zur Prüfung gegeben haben. Unterläßt man dies, so kann es vorkommen, daß man im Laufe der Prüfung irregeführt wird, weil andere, unschuldigere Flecke bei der verschiedenartigen Behandlung, die das Papier erfährt, unter Umständen auffallender auftreten können als die eigentlichen Übeltäter.

Hat man die ganze Bahnbreite oder große Bogen vor sich, so ist auch darauf zu achten, ob die Flecke an bestimmten Stellen — in der Mitte oder in den Seitenbahnen — auftreten, sowie ob sie sich in der Laufrichtung in bestimmten Zwischenräumen wiederholen. Auf Grund solcher Beobachtungen läßt sich der Sitz des Übels oft schneller und sicherer als durch genaue Prüfung der einzelnen Flecke feststellen. Hat

[1] Sowohl Lack- wie Kautschukflecke werden am leichtesten durch den charakteristischen Geruch erkannt, den sie verbreiten, wenn sie mit einer glühenden Nadel berührt werden. Die Kautschukflecke haben Ähnlichkeit mit Harzflecken und sind auch zuweilen im durchfallenden Licht etwas heller als das Papier.

man die Flecke gekennzeichnet, so werden sie einzeln so herausgeschnitten, daß sie in der Mitte eines etwa 1 cm² großen Papierstückes zu liegen kommen. Mit diesen Abschnitten werden, wenn nicht das Aussehen des Fleckes anderes Vorgehen ratsam erscheinen läßt, der Reihe nach folgende Versuche ausgeführt.

1. Die Flecke werden ohne Einbettungsmittel unter dem Mikroskop bei 50facher Vergrößerung betrachtet und ihr Aussehen, ihre Form, Größe, Farbe usw. festgestellt. Bronzeflecke, die durch ihre besonders charakteristische Form auffallen (Abb. 134), Holzsplitter, Schäwen, Farbkörnchen u. dgl. werden hierbei sofort erkannt. Bronzeflecke treten fast immer erst längere Zeit nach der Herstellung des Papiers auf. Gewöhnlich werden sie einige Tage oder Wochen nach dem Glätten bemerkt. Weil diese Flecke so spät sichtbar werden, ist es bisher nicht gelungen, völlige Klarheit über die Ursache ihrer Entstehung aus Bronzesplittern zu erhalten.

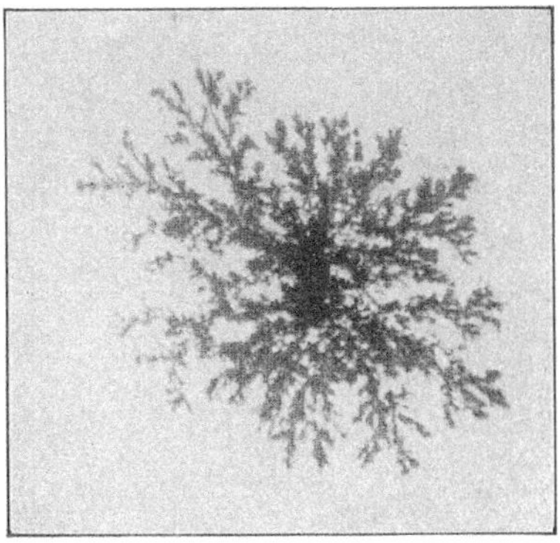

Abb. 134. Bronzefleck.

Als Quelle für die Bronzesplitter sind bisher die Holländermesser, Ventile und Rohrleitungen von Sulfitkochern sowie zufällig in die Holländer hineingefallene Bronzeteile ermittelt worden.

Am häufigsten treten die Flecke in Papieren aus Sulfitzellstoff auf, aber auch in Papieren von anderer Stoffzusammensetzung und auch in Sulfitzellstoffpappe sind sie schon beobachtet worden. Das einzige Mittel, dem Übelstand vorzubeugen, dürfte ein öfteres Beobachten des Zustandes aller Teile sein, von denen die Bronzeteile stammen könnten. In einigen Fällen wurde das zu scharfe Ansetzen der Holländerwalze, in anderen bröckeliges Metall in den Holländermessern als Ursache für das Hineinkommen der Bronzesplitter in den Papierstoff festgestellt.

2. Behandlung erst mit Alkohol, dann mit Äther. Fett und Harz enthaltende Flecke können hierbei entweder vollständig verschwinden oder nur ihre Durchsichtigkeit verlieren. Fettflecke ändern sich durch Behandlung mit kaltem Alkohol kaum, verlieren aber leicht ihre Durchsichtigkeit nach der Behandlung mit Äther. Von Holzzellstoff herrührende Harzflecke lösen sich sowohl in Äther wie in heißem Alkohol ziemlich schwer und hinterlassen oft einen schwach gefärbten, bröckligen Kern, der aus Gips besteht und in einzelnen Fällen auch etwas schweflige Säure enthalten kann. Die vom Leim herrührenden Flecke sind in der Regel leicht löslich und hinterlassen selten deutliche Mengen anorganischer Bestandteile. Teerfarben machen sich bei der Alkoholbehandlung durch Auslaufen der Farbe bemerkbar[1].

[1] Nach Schwalbe neigt das reine Harz weniger zur Bildung von Flecken als das mit Fettstoffen zusammen vorkommende, wie es im Holz und auch im Zellstoff stets vorhanden ist. Um bei Sulfitzellstoffen festzustellen, ob sie

3. Die nach der Alkohol-Ätherbehandlung noch vorhandenen Flecke werden mit Wasser ausgekocht und einige Zeit im Wasser gelassen. Einige Flecke werden dann auf den Objektträger gelegt und im Mikroskop bei schwacher Vergrößerung betrachtet. Hierbei ist darauf zu achten, ob der Fleck im Papier eine Erhöhung oder Vertiefung bildet, sowie darauf, ob er in der Mitte der Papierschicht oder auf der Ober- oder Unterseite (Siebseite) des Papiers liegt. Mit der Präpariernadel sucht man den Fleck möglichst unbeschädigt aus dem Papier zu heben und auf einen zweiten Objektträger zu bringen. Hier wird er mit Hilfe der Präpariernadeln verteilt und mit einem Tropfen einer Einbettflüssigkeit (Glyzerin, Wasser, Jod-Jodkalium- oder Chlorzinkjodlösung usw.) versetzt und nach dem Auflegen des Deckglases mikroskopisch untersucht. Besteht er aus Fasern, so ist auch genau darauf zu achten, ob auf und zwischen diesen Pilzfäden vorhanden sind (Abb. 135).

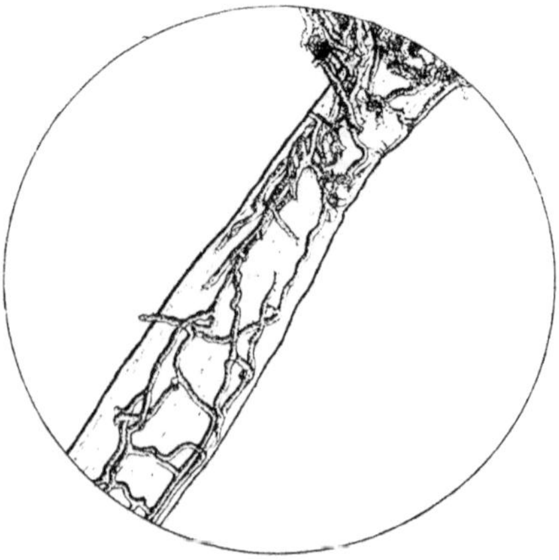

Abb. 135. Holzzellstoffaser aus einem Pilzfleck herauspräpariert.

Große Ähnlichkeit mit den durch Knoten verursachten Flecken haben die durch verkieselte, sklerenchymatische Zellen des Strohzellstoffes bedingten. In Wasser quellen sie nur wenig auf, in Lauge dagegen ziemlich stark. Im mikroskopischen Bilde sind sie leicht zu erkennen (Abb. 136[1]).

3a. Wenn die Flecke nach der Behandlung mit Alkohol-Äther und Wasser nicht herausgelöst werden können oder so hart und fest sind, daß sie auf dem Objektträger nicht zerteilt werden können, so legt man sie einige Stunden in 5—10%ige Natronlauge, wäscht mit heißem Wasser aus und sucht sie dann herauszulösen, zu zerteilen und einzubetten.

3b. Gelingt es auch nach der Behandlung mit Natronlauge nicht, die Flecke zu zerteilen, so werden die herausgelösten Splitter kurze Zeit auf dem Objektträger mit Chromsäurelösung behandelt; sie lassen sich

---

fettarmes oder fettreiches Harz enthalten, schlägt Schwalbe folgendes Verfahren (Prüfung von Sulfitzellstoff auf schädliches Harz. W.B. 1914 S. 2286) vor: 25 g Zellstoff, fein zerzupft, werden mit 300 cm³ Äther übergossen. Nach 12 Stunden wird der Äther abgegossen und bis auf etwa 5 cm³ abdestilliert, die auf ein Uhrglas von annähernd 15 cm Durchmesser gegossen werden. Beim freiwilligen Verdunsten scheidet sich das Harz am Rand des Glases als klarer Ring ab, das Fett in der Mitte in weißlich-trüber kristallinischer Schicht. Gleichzeitig läßt man Ätherextrakt aus einem Vergleichs-Zellstoff, der sich beim Verarbeiten gut bewährt hat, mitverdunsten und vergleicht die Menge der Fettstoffe auf beiden Gläsern. Enthält der zu beurteilende Stoff mehr Fett als der Vergleichs-Zellstoff, so wird er sich voraussichtlich auch schwerer verarbeiten lassen als dieser.

[1] Korn: Sklerenchymflecke in Papier. Z.P. 1927 Nr. 6 S. 237; W.B. 1927 Nr. 23 S. 714 u. P.F. 1927 Nr. 26 S. 411.

dann, wenn es sich um organische Substanzen handelt, leicht in Einzelzellen auflösen. Die Chromsäure wird mit einem porösen Porzellanscherben aufgesaugt und die Fasern in beliebiger Einbettflüssigkeit mikroskopiert.

3c. Um in einem Fleck Gips nachzuweisen, erhitzt man den herausgelösten Kern auf dem Objektträger mit einem Tropfen Salzsäure und

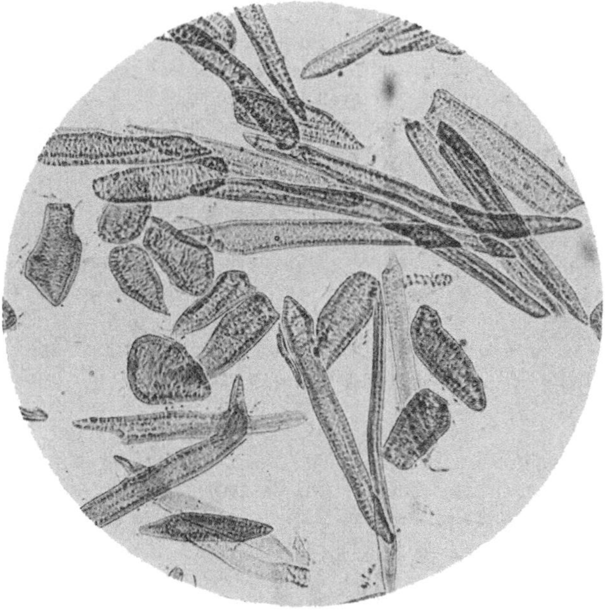

Abb. 136. Fleck aus verkieselten Strohzellen.

sucht nach dem Eintrocknen etwaige Gipskristalle mittels des Mikroskopes nachzuweisen.

4. Einige der ursprünglichen, oder weil Fett und Harz die Reaktion verhindern oder verzögern können, besser einige der mit Alkohol-Äther behandelten Flecke werden in eine mit Salzsäure angesäuerte, verdünnte Lösung von gelbem und rotem Blutlaugensalz gelegt, nach 5—15 Minuten herausgenommen und gewaschen. Eisenflecke aller Art werden hierbei durch die Blaufärbung angezeigt. Durch Herauspräparieren mit einer magnetischen Stahlnadel läßt sich feststellen, ob es sich um metallisches Eisen oder um Eisenverbindungen handelt.

Bei dem Eisennachweis mit Blutlaugensalz ist zu berücksichtigen, daß auch verholzte Fasern bei längerem Liegen in der Lösung starke Blaufärbung zeigen können, ohne daß sie Eisen in nennenswerter Menge enthalten.

5. Behandlung mit verdünnter Jodlösung (stark verdünnte Jod-Jodkaliumlösung). Zum Nachweis von Stärke in Flecken wird zweckmäßig das mit Alkohol behandelte Papier benutzt.

Zum Nachweis von Sulfiten wird das ursprüngliche Papier in mit Stärkelösung versetzte Jodlösung (wenn das zu untersuchende Papier Stärke enthält, so ist der Zusatz von Stärkelösung überflüssig) und dann schnell in verdünnte Säure eingetaucht und herausgezogen. Ist schweflige Säure vorhanden, so entfärbt sich das Papier in und an den Flecken. Da das Entfärben oft nur vorübergehend ist, so muß das Verhalten des Papiers während des Versuches dauernd beobachtet werden.

Um schweflige Säure in den von Holzzellstoff herrührenden Harzflecken nachzuweisen, werden diese nach Behandlung mit Alkohol herausgelöst und in ein Reagenzglas gebracht, worin sich eine mit möglichst wenig Jod blaugefärbte, angesäuerte Stärkelösung befindet. Die Entfärbung der Jodlösung zeigt schweflige Säure an. Durch blinde Probe überzeugt man sich, daß die Entfärbung nicht durch die Einwirkung der Papierfasern auf die Jodlösung erfolgt.

6. Mit Kaliumjodid versetzte dünne Stärkelösung dient zum Nachweis von freiem Chlor. Da die Chlorkalk enthaltenden Stellen meist nicht sichtbar sind, so bepinselt man große Flächen des Papiers mit der Jodstärkelösung und sieht zu, ob hierbei blaue Flecke auftreten. Durch Zusatz einiger Tropfen verdünnter Schwefelsäure zu der Stärkelösung wird die Empfindlichkeit der Reaktion erheblich gesteigert, aber hierbei ist zu bemerken, daß auch Eisenoxydverbindungen Jod freimachen und die Blaufärbung bewirken können. Wenn freies Chlor (Chlorkalk) vorhanden ist, so tritt die Blaufärbung sofort oder nach wenigen Minuten auf; nach längerem Liegen färbt sich das Papier infolge der Einwirkung von Luft und Licht auch ohne Anwesenheit von freiem Chlor oft blau.

7. Dr. Wursters Di-Lösung ist ein äußerst empfindliches Reagenz auf freies Chlor, aber auch gleichzeitig auf Ozon und Wasserstoffsuperoxyd. Zum Nachweis von freiem Chlor wird das Papier mit kaltem, schwach angesäuertem Wasser ausgezogen und zu dem Auszug ein Tropfen Di-Lösung gesetzt. Bei Anwesenheit von freiem Chlor färbt sich die Flüssigkeit rot.

8. Lösungen von Lackmus, Methylorange, Kongorot und Phenolphthalein (letzteres in Alkohol gelöst und so viel Wasser zugesetzt, daß die Lösung anfängt sich zu trüben) werden nur angewandt, um nachzuweisen, ob die Flecke eine von dem Papier abweichende Reaktion zeigen. Die Lösungen werden mittels eines Wattebausches aufgestrichen. In vielen Fällen ist es besser, mit den Indikatoren getränktes angefeuchtetes Filtrierpapier auf die Flecke zu legen und nach einiger Zeit zu beobachten.

9. Silbernitrat dient vorzugsweise dazu, im Papier nicht unmittelbar bemerkbare Fehler nachzuweisen. Das mit Silbernitrat (5 : 100) behandelte Papier wird im Dunkeln getrocknet und dann über eine Schale gelegt, in der sich etwas Jodlösung oder Bromwasser befindet. Wenn sich nach dieser Behandlung keine Flecke bemerkbar machen, so wird das Papier nach vorhergegangener Belichtung in gewöhnlicher Weise entwickelt und fixiert.

10. Dämpfen des Papiers mit Alkohol, Äther, Terpentin, Anilinöl, Salz- und Salpetersäure, Jod, Brom usw. Wenn es sich darum handelt, Fehler nachzuweisen, die in dem Papier nicht sichtbar sind, so verwendet man zweckmäßig gasförmige Reagenzien. Das Papier wird über eine flache Glasschale, auf deren Boden sich eine geringe Menge des flüchtigen Reagenz befindet, gelegt und mit einem Uhrglas bedeckt. Von Zeit zu Zeit wird nachgesehen, ob sich Flecke zeigen.

Auf eine besondere Art von Flecken, die man vielleicht kurz als Sand- oder Quarzflecke bezeichnen könnte, macht Klemm in seiner „Papierkunde", 3. Aufl., S. 282, aufmerksam. Sie entstehen beim Glätten von Papier, wenn Sandkörnchen zerquetscht werden; die zerdrückte Masse bildet weiße Punkte, von denen oft Streifen ausgehen, gebildet durch weitergeführte Teile der Masse. Je dunkler die Farbe des Papiers ist, um so mehr treten diese Flecke in Erscheinung. In konzentrierter Schwefelsäure sind sie unlöslich; unter dem Mikroskop zeigen die zerquetschten Teilchen scharfen muscheligen Bruch und bei starker Vergrößerung oft Einschlüsse von flüssiger Kohlensäure mit Gasbläschen.

Chemischer Teil.

Holzschliff und andere verholzte Fasern.

Bei der Besprechung der mikroskopischen Prüfung wurde darauf hingewiesen, mit Hilfe welcher Merkmale man den Holzschliff durch das Mikroskop nachweisen kann. Einfacher als dort angegeben gestaltet sich der Nachweis, wenn es sich nur darum handelt, das Vorhandensein von verholzten Fasern überhaupt festzustellen. Wir besitzen eine große Anzahl chemischer Verbindungen, die mit denjenigen Bestandteilen des Holzes, die man kurzweg als Holzsubstanz (Lignin) bezeichnet, mehr oder minder starke, leicht und schnell zu erzeugende Färbungen geben.

Da die verholzten Fasern und insbesondere der Holzschliff als Feinde jedes für lange Aufbewahrung bestimmten Papiers betrachtet werden müssen, so ist es von besonderer Wichtigkeit, Mittel zu besitzen, die schnell und leicht Aufschluß über das Vorhandensein dieser Fasern geben.

Von den Reagenzien, die zum Nachweis verholzter Fasern dienen, sollen hier nur diejenigen besprochen werden, die am häufigsten angewendet werden, nämlich:

Phloroglucin-Salzsäure,
Schwefelsaures Anilin (Anilinsulfat) und
Dimethyl-paraphenylen-diamin.

Zahlreiche andere Verbindungen geben mit verholzten Fasern auch mannigfache Färbungen; sie hier alle aufzuzählen, würde zu weit führen[1].

Die Phloroglucin-Reaktion.

Diese von Wiesner[2] entdeckte Reaktion für verholzte Zellen ist wohl die empfindlichste von allen und zugleich sehr farbenprächtig. Man löst 1 g Phloroglucin in 50 cm^3 Alkohol und fügt etwa 25 cm^3 konzentrierte Salzsäure hinzu; es entsteht eine schwach gelb gefärbte Flüssigkeit, welche sich allmählich durch den Einfluß von Luft und Licht zersetzt; man tut daher gut, nicht größere Mengen der fertigen Lösung herzustellen, vielmehr die Salzsäure erst kurz vor dem Gebrauch der alkoholischen Lösung hinzuzufügen, da eine frisch bereitete Lösung schneller und schärfer wirkt als eine schon in Zersetzung übergegangene. Die Lösung färbt holzhaltiges Papier rot.

---

[1] In Müllers Abhandlung „Die Bestimmung des Holzschliffes im Papier“ findet sich S. 10 eine ausführliche Zusammenstellung von Holzschliffreagenzien.
Im P.F. 1910, Festheft, S. 38 bespricht Dr. Renker die Ligninreaktionen bei Benützung von Amin- und Phenollösungen ausführlich.

[2] Dinglers polytechn. J. 1878 S. 397.

Man lasse bei der Untersuchung auf verholzte Fasern mittels Phloroglucin nicht außer acht, daß es gewisse Farbstoffe gibt, welche sich, wie das in der Papierfabrikation vielfach verwendete Metanilgelb, unter dem Einfluß von Säure ebenfalls rot färben und daher möglicherweise zu der Annahme führen können, man hätte es mit verholzten Fasern zu tun.

Die Art und Weise des Auftretens der Reaktion ist aber anders als beim Holzschliff. Bringt man Phloroglucin auf holzschliffhaltiges Papier, so entsteht ganz allmählich eine an Tiefe zunehmende Rotfärbung, wobei einzelne dickere Fasern besonders hervortreten und durch ihre dunklere Färbung auffallen. Ist indessen kein Holzschliff vorhanden, zum Tönen oder Färben aber Metanilgelb benutzt worden, so entsteht der Fleck ziemlich plötzlich; das Papier erscheint gleichmäßig gefärbt, und es sind keine einzelnen Fasern durch besonders hervortretende Färbung sichtbar; der Fleck verblaßt in wenigen Minuten und umgibt sich mit einem violetten Hof, während Holzschliffflecken erst nach längerer Zeit und ganz allmählich verblassen und sich hierbei nicht mit einem Hof umgeben. Sollten trotzdem noch Zweifel auftauchen, so befeuchte man das zu untersuchende Papier mit verdünnter Salzsäure allein; entsteht auch jetzt die Rotfärbung, so ist ein Farbstoff vorhanden, entsteht sie nicht, so handelt es sich um verholzte Fasern.

Die Reaktion mit schwefelsaurem Anilin.

Man löst etwa 0,5 g schwefelsaures Anilin in 50 g destilliertem Wasser und fügt einen Tropfen Schwefelsäure hinzu; das Salz löst sich bei einigem Umschütteln ziemlich leicht, und man erhält eine klare, farblose Flüssigkeit, die jedoch nicht lichtbeständig ist, sondern sich ziemlich leicht zersetzt, wobei sie eine violette Färbung annimmt; trotzdem reagiert sie auch während der Zersetzung noch auf Holzschliff. Die Lösung färbt holzschliffhaltiges Papier hellgelb.

Wursters Reaktion mit Dimethyl-paraphenylen-diamin[1].

Das Reagens gelangt entweder in Lösung oder in Form von Filtrierpapier, das mit der Lösung getränkt ist, zur Anwendung; der Kürze wegen bezeichnet der Entdecker die Mittel mit Di-Lösung und Di-Papier.

Bei Anwendung der Lösung bringt man diese durch Auftropfen oder mit Hilfe eines Pinsels auf das zu untersuchende Papier. Bei Gegenwart von verholzten Fasern entsteht nach einiger Zeit ein orangeroter Fleck. Dieser Fleck wird mit Wasser befeuchtet und erscheint dann karmoisinrot.

Verwendet man statt der Lösung das Papier, so benetzt man es vor dem Versuch mit einigen Tropfen Wasser, faltet es einmal zusammen und bringt es unter Druck zwischen das zusammengelegte zu prüfende Papier. Ist letzteres von dem Reagenzpapier befeuchtet, so wird diese

[1] Dr. C. Wurster: Die neuen Reagenzien auf Holzschliff und verholzte Pflanzenteile, 1900.

Stelle mit Wasser benetzt, und es entsteht dann ebenfalls eine karmoisinrote Färbung.

Angewendet können diese Lösungen aber nur werden bei ungefärbten oder sehr schwach gefärbten Papieren. Bei stark gefärbten Proben, namentlich bei dunklen Farbtönen, tritt die Färbung des Holzschliffes nicht oder nicht deutlich genug hervor. In solchen Fällen greift man zum Mikroskop, da das Entfärben des Papiers auf chemischem Wege, vorausgesetzt, daß es überhaupt zum Ziele führt, meist mühsamer ist als die mikroskopische Feststellung des Holzschliffes.

Bei der Entfernung von Farbstoffen durch Auskochen mit Wasser oder Natronlauge ist noch folgendes zu beachten: Wird unvollkommen aufgeschlossener Zellstoff mit Natronlauge behandelt oder erhitzt oder mit Wasser gekocht, so färbt er sich mit Phloroglucin stark rot. Enthält also gefärbtes Papier derartigen Stoff, aber keinen Holzschliff, so kann man trotzdem leicht zu dem Schluß kommen, das Papier sei stark holzhaltig, wenn man das Mikroskop nicht zu Rate zieht[1].

Die geschilderten drei Färbungen sind nicht als typische Ligninreaktionen anzusehen, da sie offenbar von Beimengungen des Lignins herrühren und nicht von diesem selbst[2]. Dies zu wissen ist für den Papierprüfer von Wert, weil diese Beimengungen z. B. durch Chlor mehr oder weniger leicht zerstört werden können, so daß so behandelter Holzschliff mit den erwähnten Reagenzien keine oder nur noch schwache Färbungen gibt, obwohl er noch beträchtliche Mengen Lignin enthält. In der Praxis kommen denn auch schon Papiere vor, die mit Phloroglucin nur eine sehr schwache Färbung geben, trotzdem aber, wie die mikroskopische Prüfung zeigt, erhebliche Mengen Holzschliff enthalten, dem durch geeignete Behandlung die oben erwähnten Beimengungen entzogen sind.

Als Beispiel hierfür sei angeführt, daß sich der Gehalt an Holzschliff bei mehreren Druckpapieren nach der Phloroglucinreaktion zu 5—8% ergab, nach Abschätzung des mikroskopischen Bildes zu 20—25%.

Bei der Bestimmung der Menge des in einem Papier vorhandenen Holzschliffes muß auf dieses Verhalten der verholzten Fasern naturgemäß Rücksicht genommen werden[3].

---

[1] Siehe Dr. Korn: Phloroglucinreaktion bei unvollständig aufgeschlossenem Sulfitzellstoff. Z. u. P. 1926 Nr. 9 S. 397; P.F. 1926 Heft 34 S. 521; W.B. 1926 Nr. 34 S. 935.

[2] Vgl. auch Heuser-Sieber: Über die Einwirkung von Chlor auf Fichtenholz. Z. angew. Chem. 1913 S. 801.

[3] Die Gelbfärbung des Holzschliffes im mikroskopischen Bilde bei Behandlung mit Chlorzinkjodlösung ist eine typische Ligninreaktion; erst wenn diese Färbung ausbleibt, haben wir es mit ligninfreier Zellulose zu tun, die sich mit Chlorzinkjod blau färbt.

Als makroskopische Ligninreaktion, die noch eintritt, wenn die Phloroglucinreaktion versagt, wird die von Mäule angegeben. Wird nach dieser verholzte Faser mit Permanganat behandelt, gewaschen, der braune Niederschlag mit verdünnter Salzsäure gelöst, die Faser gewaschen und mit konzentriertem Ammoniak behandelt, so färbt sie sich stark rot.

Eine weitere Reaktion dieser Art ist die Rotfärbung der Fasern nach Behandlung mit verdünntem Chlorwasser (10—15 Minuten) und 2%iger Natriumsulfitlösung (P.F. 1913 S. 826).

Art der verholzten Fasern.

Hat man mit Hilfe einer der geschilderten Reaktionen verholzte Fasern nachgewiesen, so kann die weitere Frage, welcher Art die Fasern sind, ob es sich insbesondere um Holzschliff handelt, nur durch die mikroskopische Untersuchung beantwortet werden.

In Frage kommen von anderen verholzten Fasern hauptsächlich nicht völlig aufgeschlossener Zellstoff, ungebleichte Jute und gelber Strohstoff, deren Erkennung auf Grund der bei Besprechung der mikroskopischen Untersuchung gemachten Angaben ermöglicht wird.

Über die Unterscheidung von Holzschliff und nicht völlig aufgeschlossenem Holzzellstoff sei noch kurz folgendes bemerkt.

Holzschliff zeigt infolge des Schleifprozesses nur Bruchstücke von Zellen oder Zellgruppen. Besonders auffallend sind die Holzzellen mit Tüpfeln und die gitterförmigen Gruppen von Markstrahlzellen. Natürliche Enden sind nicht oder nur selten zu beobachten.

Holzzellstoff zeigt infolge des Aufschließens auf chemischem Wege Einzelzellen und Bruchstücke solcher; natürliche Enden der Fasern sind in großer Anzahl vorhanden. Die Markstrahlzellen treten mehr zurück und sind isoliert.

Hiermit sind genug Anhaltspunkte gegeben, um Holzschliff und nicht völlig aufgeschlossenen Holzzellstoff voneinander zu unterscheiden.

Die Bestimmung der Menge des Holzschliffes.

Für die Bestimmung der Holzschliffmenge eines Papiers kennt man bis jetzt drei Bestimmungsarten:

1. Schätzung nach dem mikroskopischen Bilde;
2. kolorimetrische Verfahren;
3. chemische Verfahren.

Das mikroskopische Verfahren ist auf S. 192 beschrieben worden.

Bei den kolorimetrischen Verfahren wird der Holzschliffgehalt nach der Tiefe des Farbtons geschätzt, der beim Behandeln des zu prüfenden Papiers mit Holzschliffreagenzien entsteht. Zum Vergleich dienen Farbtafeln, Farbstofflösungen oder Papiere von bekanntem Holzschliffgehalt, die mit demselben Reagens gleichzeitig behandelt werden. Vorschläge dieser Art sind von Gädicke[1], Wurster[2], Valenta[3] und vom Materialprüfungsamt gemacht worden. (Sämtlich beschrieben in der 6. Aufl. dieses Buches S. 135.)

Gottstein[4] färbt das zu untersuchende Papier mit einem beliebigen Holzschliffreagens und zählt die Anzahl der gefärbten Fasern für eine bestimmte Fläche aus. Zum Vergleich werden Papiere mit bekanntem Holzschliffgehalt herangezogen. Es leuchtet ein, daß dieses Verfahren

---

[1] Gädicke: Sitzungen der Polytechnischen Gesellschaft zu Berlin 1882.
[2] Wurster: P.Z. 1887 Nr. 14f. — Ber. dtsch. chem. Ges. Jg. 20 (1887 Heft 5.
[3] Valenta: Chem.-Ztg. 1904 S. 502. [4] Gottstein: P.Z. 1885 S. 433.

nur beim Vorhandensein ganz geringer Mengen Holzschliff ausführbar ist.

Alle diese kolorimetrischen Verfahren sind unter Umständen mit beträchtlichen Fehlern behaftet, so daß sie keinen sicheren Aufschluß über den Holzschliffgehalt geben können.

Als erste Fehlerquelle kommt die Dicke des Papiers in Betracht. Papiere, aus derselben holzschliffhaltigen Stoffmischung in verschiedenen Dicken hergestellt, zeigen die Farbreaktion um so dunkler, je dicker sie sind. Dieser Einfluß der Dicke kann bei der Verwendung von Vergleichspapieren mit verschiedenem Holzgehalt durch Aufeinanderlegen mehrerer Blätter mehr oder weniger ausgeglichen werden, nicht aber bei der Benutzung von Farbtafeln.

Eine zweite Fehlerquelle bilden die Füllstoffe. Stellt man aus einer Mischung von beispielsweise 50% Holzschliff und 50% Zellstoff Papier her, teils ohne Zusatz von Füllstoffen, teils mit solchen, so ergibt das erstere mit Holzschliffreagenzien eine dunklere Färbung als das letztere; je mehr Füllstoff vorhanden ist, um so heller erscheint die Färbung. Dies ist erklärlich, da durch Zuteilung der Füllstoffe der Gehalt des Papiers an Holzschliff, bezogen auf die Gesamtmasse des Papiers, abnimmt, die Färbung also schwächer werden muß, während der Holzschliffgehalt, bezogen auf das Fasermaterial allein nach wie vor 50% ausmacht. Ferner bewirken die Füllstoffe an sich eine Aufhellung des Farbtons.

Als dritte Fehlerquelle kommt in Betracht, daß sich nicht alle Holzschliffsorten mit Phloroglucin usw. gleich stark färben. Nadelholzschliff färbt sich erheblich stärker als Schliff von Laubhölzern und gebleichter Holzschliff färbt sich weniger als ungebleichter. Ferner scheiden diese Methoden bei gefärbten Papieren von vornherein aus. Hierzu kommt noch, daß die Unterschiede in der durch das Holzreagens erzeugten Färbung mit zunehmendem Holzschliffgehalt immer geringer werden.

Im Materialprüfungsamt wird die kolorimetrische Methode neben der mikroskopischen Prüfung nur noch bei der Abschätzung geringer Mengen Holzschliff bis zu 5% herangezogen, wobei als Vergleich die von Wisbar nach Originalmustern gezeichnete Tafel XXXI dient. Papiere mit 0,5%, 1%, 2%, 3% und 5% Holzschliff, etwa 75 g das Quadratmeter schwer, wurden mit salzsaurer Phloroglucinlösung behandelt und dann im auffallenden Licht gezeichnet.

Chemische Verfahren. Die Verfahren von Dr. A. Müller[1] (Behandlung des Papiers mit Kupferoxydammoniak) und von Godeffroy und Coulon[2] (Behandlung des Papiers mit Goldchloridlösung) haben

[1] Müller, A.: Die qualitative und quantitative Bestimmung des Holzschliffes im Papier. Berlin: Julius Springer.

Der Gedanke, Kupferoxydammoniak zur Bestimmung des Holzes im Papier zu verwenden, ist auch von Merz durchgeführt worden; er hat eine Anzahl von Versuchen angestellt (P.Z. 1886), ist indessen nicht zu befriedigenden Ergebnissen gelangt.

[2] Godeffroy u. Coulon: Über die quantitative Bestimmung des Holzschliffes im Papier. Mitt. des k. k. Technologischen Gewerbemuseums in Wien, N. Fl., Jg. 2 (1888) Nr. 1 u. 2 S. 18f., 67 u. 1889 S. 9f.

sich bei genauer Prüfung durch Prof. Finkener als nicht brauchbar erwiesen[1].

Prof. Rudolf Benedikt und Max Bamberger[2] wiesen an der Hand der S. Zeiselschen Methoxylbestimmungsmethode nach, daß dem Lignin (Holzsubstanz) eine ziemlich hohe Methylzahl zukommt; man versteht unter Methylzahl diejenige Methylmenge in Zehntelprozenten, welche sich beim Kochen der Substanz mit Jodwasserstoffsäure in Form von Jodmethyl abspaltet. Die verschiedenen Holzarten verhalten sich hierbei verschieden; es wurde im Mittel gefunden für Fichte die Methylzahl 22,6, Tanne 24,5, Aspe 22,6. Da man mit Hilfe des Mikroskops feststellen kann, welcher Art das in einem Papier vorhandene Holz ist, so kann man dadurch ermitteln, welche Methylzahl man den Bestimmungen zugrunde legen muß.

Bei der Untersuchung auf diejenigen Bestandteile des Holzes, welche Methoxylgruppen enthalten und demgemäß die Abspaltung des Jodmethyls veranlassen, ergab sich, daß hierbei nur jene Teile in Frage kommen, die man mit dem Namen Lignin bezeichnet.

Reine Zellulose, gereinigte Baumwolle, Filtrierpapier liefern kein Jodmethyl.

Die Ausführung der Bestimmung der Methylzahl muß mit großer Sorgfalt geschehen, da ein Fehler von nur einer Einheit in der Methylzahl den Holzschliffgehalt schon um 5% ändert. Nicht ausführbar ist die Bestimmung in einem Papier, welches Gips und Bariumsulfat enthält, da ein größerer Schwefelgehalt die Methylzahl durch Bildung von Merkaptan herabdrückt.

Cross-Bevan-Briggs[3] bestimmen den Holzschliff quantitativ durch Einbringen des zu prüfenden Materials in Phloroglucinlösung. Das Lignin bindet einen bestimmten Teil des Phloroglucins, der durch Titration der Lösung mit Furfurol oder Formaldehyd bestimmt wird. Näheres wolle man in der Originalarbeit nachsehen.

Teicher[4] hat vorgeschlagen, die Menge des Holzschliffes in Zeitungsdruck- und mittelfeinen Papieren mit Hilfe einer salzsauren Kaliumpermanganatlösung zu bestimmen und beurteilt den Holzschliffgehalt nach der Zeit, die zur Entfärbung der der Probe zugefügten Lösung verbraucht wird. Noll und Hölder[5] lassen eine bestimmte Kaliumpermanganatlösung eine bestimmte Zeit auf das vorbehandelte Papier einwirken und schließen aus dem Verbrauch an Kaliumpermanganat

---

[1] Finkener: Mitt. 1892 S. 54.

[2] Benedikt, Rudolf u. Max Bamberger: Über eine quantitative Reaktion des Lignins. Monatsh. f. Chem. 1890 S. 260.

Zur Bestimmung des Holzschliffes im Papier. Von Prof. Rudolf Benedikt und Max Bamberger. Chem.-Ztg. 1891 Nr. 14 S. 221.

[3] Cross-Bevan-Briggs: Lignin-Phloroglucidbildung ohne Farbenreaktion. Chem.-Ztg. 1907 Nr. 58. (P.Z. 1907 S. 4479 und W.B. 1907 S. 4150.) Vgl. auch Beadle u. Stevens (P.Z. 1907 Nr. 101); Krull u. Mandelkow (P.F. 1922 Nr. 35); Korn (Z. u. P. 1927 Nr. 7 S. 315; W.B. 1927 Nr. 28 S. 867; P.F. 1927 Nr. 28 S. 440).

[4] Teicher: Holzschliffbestimmung im Druckpapier mit Kaliumpermanganat. Z. u. P. 1924 Nr. 6. [5] Noll u. Hölder: P.F. 1930 Nr. 44 S. 700.

auf die Menge des im Papier enthaltenen Holzschliffes. — Halse[1] hat ein Verfahren ausgearbeitet, das auf der Bestimmung des Lignins nach einer abgeänderten Form der Willstätter-Methode beruht. Nach der Menge des gefundenen Lignins wird der Holzschliffgehalt berechnet. Da einige ausländische Zollbehörden dieses Verfahren anwenden, soll die Ausführungsbestimmung der Methode unten wiedergegeben werden[2]. — Mit Ausnahme der von A. Müller und Godeffroy und Coulon angegebenen Verfahren (S. 214), handelt es sich bei den genannten chemischen Holzschliffbestimmungen direkt oder indirekt um Ligninbestimmungen, wobei nicht nur das Lignin des Schliffes, sondern auch das des Zellstoffes erfaßt wird. Da nun verschiedene Holzzellstoffe verschiedene Ligninmengen[3] besitzen, der Ligningehalt des in dem zu prüfenden Papier enthaltenen Zellstoffes jedoch unbekannt ist, muß für letzteren in der Formel, nach der der Holzschliffgehalt zu berechnen ist, ein Durchschnittswert angenommen werden. Dasselbe gilt für den Holzschliff. Genaue Ergebnisse werden deshalb nur dann erhalten, wenn der Ligningehalt des in der Papierprobe vorhandenen Zellstoffes und Schliffes den Durchschnittswerten sehr nahe kommt. Andernfalls ist mit kleinen oder größeren Abweichungen zu rechnen. So fanden Riesenfeld und Hamburger[4] bei der Prüfung der Halse-Methode neben gut übereinstimmenden Werten Abweichungen bis zu 16% des

[1] Halse: Papir-Journalen 1926 S. 121. Ref. P.F. 1926 Nr. 41 S. 631.

[2] 1 g lufttrockenes Zeitungspapier wird in eine 250 cm^3-Glasflasche (weiter Hals, Glasstöpsel) gebracht, mit 50 cm^3 konz. HCl (38%) und nach gutem Durchdringen mit 5 cm^3 konz. H_2SO_4 versetzt. Im Laufe der ersten Stunden wird die Flasche mehrere Male stark geschüttelt und dann bis zum nächsten Tag stehen gelassen. Darauf wird der Inhalt mit Wasser verdünnt, in ein 750 cm^3-Becherglas überführt und auf ein Volumen von 500 cm^3 gebracht. Nach mehreren Minuten Kochzeit läßt man das Lignin absetzen, die überstehende, klare Flüssigkeit abfließen und den Bodensatz durch einen porösen Tiegel (Norton Alundum, R.A. 98) filtrieren, wäscht mit warmem Wasser gut aus und trocknet den Tiegel bei 100° bis zum konstanten Gewicht, das als Maß des Holzstoffanteils im Papier gelten kann (wenn dieses aschenfrei ist). Bei Füllstoffzusatz muß eine Aschenprobe vorgenommen werden. Unter Zugrundelegung der Berechnung: 100 T. tr. Füllstoff = 88 T. Asche erhält man den Gehalt an „reinem“ Lignin. Folgende Tabelle soll die Bestimmung unterstützen:

% Holzstoff	00	30	40	50	60
% Sulfitzellstoff	100	70	60	50	40
g Lignin	0,030	0,101	0,125	0,145	0,166
% Holzstoff	70	80	90	100	—
% Sulfitzellstoff	30	20	10	00	—
g Lignin	0,188	0,215	0,240	0,266	—

Zur rascheren Ablesung bedient man sich zweckmäßig einer graphischen Zusammenstellung (Holzstoff : Lignin). Die Berechnung kann nach der Formel

$$\% \text{ Holzstoff} = \frac{100 \cdot x \cdot (L - C)}{T - C}$$ erfolgen.

L = g reines Lignin in 1 g lufttrockenem Papier.
T = g reines Lignin in 1 g lufttrockenem Holzstoff = 0,266.
C = g reines Lignin in 1 g lufttrockenem Sulfitzellstoff = 0,030.

[3] Krull u. Mandelkow fanden bei 8 zur Erzeugung von Druckpapier verwendeten Zellstoffen Ligninmengen von 3,95—8,50% (P.F. 1922 H. 35 S. 1213).

[4] Riesenfeld u. Hamburger: Cellulosechem. 1929 Nr. 8/9 S. 125.

gefundenen vom tatsächlichen Holzschliffgehalt. Bei der Nachprüfung der Methode von Cross und Bevan durch Korn im Materialprüfungsamt[1] wurden Fehler bis zu 8% festgestellt. Nachprüfungen der Kaliumpermanganatmethode nach Noll und Hölder sind bisher nicht bekannt; die oben aufgeführten Überlegungen dürften jedoch auch für dieses Verfahren in Betracht kommen. Im Hinblick darauf, daß die chemischen Methoden längere Zeit in Anspruch nehmen und unter Umständen zu größeren Fehlern führen, als die von geübten Beobachtern ausgeführte mikroskopische Schätzung, wird der Ermittlung des Holzschliffgehaltes auf mikroskopischem Wege in den meisten Fällen der Vorzug zu geben sein.

Holzfreie Papiere.

Über den Umfang des Begriffes „holzfrei" herrschen in den Fachkreisen verschiedene Ansichten; teils wird „holzfrei" als gleichbedeutend mit „holzschliffrei", teils als übereinstimmend mit „frei von verholzten Fasern" angesehen; im ersten Falle will man also bei „holzfreien Papieren" nur Holzschliff ausschließen, nicht aber andere verholzte Fasern (z. B. rohe Jute), im anderen Falle aber wird nicht nur der Ausschluß von Holzschliff, sondern auch der aller anderen verholzten Fasern verlangt, und diese Forderung dürfte die richtige sein; denn die schädliche Wirkung des Holzschliffes rührt von der Holzsubstanz, dem Lignin, her, und dieses ist in mehr oder minder großer Menge in allen verholzten Fasern vorhanden.

Als „holzfrei" können also nur diejenigen Papiere gelten, die ohne jeden Zusatz von verholzten Fasern hergestellt worden sind.

Wenn nun auch der Fabrikant holzfreier Papiere lediglich holzfreie Rohstoffe verarbeitet, so ist doch in jeder Fabrik die Möglichkeit gegeben, daß das fertige Papier verholzte Fasern, und zwar in erster Linie Holzsplitter, enthält. Während der Verarbeitung kommen die Rohstoffe vielfach mit Holz in Berührung, und hierdurch ist Gelegenheit zu Verunreinigungen mit Holzfasern gegeben.

Ein allgemein anerkannter Handelsbrauch darüber, ob und bis zu welchem Grade als holzfrei gehandelte Papiere verholzte Fasern enthalten dürfen, ohne als holzhaltig angesehen zu werden, besteht zur Zeit nicht.

Die Ansichten der Fachkreise hierüber gehen weit auseinander[2].

Am auffallendsten erscheint die vielfach vertretene Forderung, nach welcher auch nicht einmal ganz vereinzelte Holzfasern in holzfreien Papieren zugelassen werden sollen. Diese Forderung läßt sich mit den bei der Fabrikation von Papier obwaltenden Verhältnissen nicht in Einklang bringen. Die Möglichkeit, daß verholzte Fasern bei der Erzeugung holzfreier Papiere in den Stoff gelangen, ist in jeder Fabrik gegeben und läßt sich im gewöhnlichen Betrieb nicht mit Sicherheit ausschließen.

---

[1] Korn: Z. u. P. 1927 Nr. 7 S. 315; W.B. 1927 Nr. 28 S. 867; P.F. 1927 Nr. 28 S. 440. [2] Herzberg: Holzfreie Papiere. Mitt. 1900 S. 279.

Zunächst bilden die Rohstoffe, welche bei der Herstellung holzfreier Papiere verwendet werden, selbst eine Quelle für die Verunreinigung mit verholzten Fasern (Schäwen und nicht völlig aufgeschlossener Holzzellstoff); eine weitere Quelle sind die Rohrleitungen für die Fortbewegung des Stoffes bis zur Papiermaschine. Es können Stoffreste zurückbleiben und sich mit dem später durchfließenden Stoff vermengen; waren erstere holzschliffhaltig, so werden in dem fertigen Papier vereinzelte Holzschliffasern nachweisbar sein.

Der Stoff kommt ferner verschiedentlich mit Gerätschaften aus Holz in Berührung, die im Laufe der Zeit abgenutzt werden; die losgelösten Splitter gelangen zum großen Teil in den Stoff und somit in das Papier.

Es ist also, erwägt man nur diese Möglichkeiten, durchaus nichts Auffallendes, wenn man selbst in den feinsten Papieren ab und zu Holzfäserchen findet. Wenn man nun bedenkt, daß der Ausdruck „Spuren Holzschliff" schon gerechtfertigt ist, sobald man in dem zu untersuchenden Material auch nur ganz vereinzelte Holzfasern findet, so muß doch wohl zugegeben werden, daß das Verlangen, solche Papiere als holzhaltig anzusehen, nicht aufrecht erhalten werden kann, denn dann gäbe es überhaupt keine holzfreien Papiere.

Um Belege für das Gesagte zu bringen, wurde von 45 Normalpapieren aus 10 Fabriken, und zwar der Klassen 1—4b, je ein halber Bogen (33 × 21 cm) durch salzsaure Phloroglucinlösung gezogen. Keine der 45 Proben war völlig frei von verholzten Fasern.

Man geht also in der Annahme wohl nicht fehl, daß ein unter gewöhnlichen Verhältnissen erzeugtes Papier, welches auch nicht einmal Spuren verholzter Fasern enthält, zu den allergrößten Seltenheiten gehört.

Andererseits kann aber auch nicht verlangt werden, daß ein größerer Gehalt an verholzten Fasern durch die geschilderten Umstände gedeckt und für zulässig erklärt werden soll.

Das Materialprüfungsamt hat von jeher den Standpunkt eingenommen, daß man ein Papier nicht ohne weiteres als holzhaltig ansprechen soll, wenn man verholzte Fasern in ihm nachweisen kann; der Papierfabrikant verlangt mit Recht, daß man den Fabrikationsumständen Rechnung trägt und diese sind, wie geschildert, derart, daß unter den gewöhnlichen Verhältnissen Verunreinigungen durch verholzte Fasern nicht sicher zu vermeiden sind. Die Möglichkeiten solcher Verunreinigungen werden um so mehr in den Hintergrund treten, je besser und wertvoller das erzeugte Papier ist, und man wird um so mehr mit ihnen zu rechnen haben, je geringer dessen Güte ist. Aus diesem Grunde werden auch die Ansprüche, die man an das Papier stellt, verschieden sein, und man wird in jedem einzelnen Falle unter Berücksichtigung der Güte des Materials, der Preislage und des Verwendungszweckes seine Entscheidung abgeben müssen.

Nach den Verkaufsbedingungen des Vereins Deutscher Papierfabrikanten sind bei holzfreien Papieren geringe Mengen verholzter Fasern, Holzschliff usw. bis 5% zulässig. Handelt es sich jedoch um

Hadernpapiere, so wird man nach den Grundsätzen des Materialprüfungsamtes eine engere Grenze ziehen und nur Spuren bis zu 0,5% als zulässig ansehen.

Selbstverständlich schließen diese Festsetzungen nicht aus, daß in besonderen Fällen zwischen dem Hersteller und Käufer von Papier besondere Abmachungen getroffen werden. Bestellt z. B. ein Verleger holzfreies Druckpapier, das höchstens technisch nicht vermeidbare Spuren verholzter Fasern enthalten soll, so darf ihm der Fabrikant kein Papier liefern, das 5% solcher Fasern enthält.

Im allgemeinen aber tragen die angeführten Spielräume den vorher geschilderten Umständen Rechnung, ohne andererseits die Güte der Papiere herabzudrücken; sind diese Grenzen aber überschritten, dann kann man nicht mehr verlangen, daß der Empfänger die „holzfrei" bestellte Ware als solche ansieht und abnimmt.

Bestimmung des Wollgehaltes auf chemischem Wege.

Da, wie auf S. 194 ausgeführt worden ist, die mikroskopische Schätzung von Wolle im Gemisch mit anderen Faserarten erhebliche Schwierigkeiten macht, ist im Materialprüfungsamt ein Verfahren ausgearbeitet worden, den Wollgehalt von Roh-, Wollfilzpappen u. dgl. auf chemischem Wege zu bestimmen[1]. Die Methode beruht darauf, daß die Pflanzenfasern durch Behandlung der Pappe mit 80%iger Schwefelsäure in Lösung gebracht werden, so daß die Wolle als Rückstand annähernd quantitativ bestimmt werden kann. Auf Grund der bisherigen Erfahrungen wird wie folgt verfahren:

Eine lufttrockene Probe der Pappe, deren Gewicht 10 g absolut trockenem, aschenfreiem Stoff entspricht, wird in kleine Stücke zerrissen, etwa 15 Minuten in Wasser gekocht, nach dem Abkühlen mit den Fingern geknetet und in einer Flasche bis zur Zerfaserung geschüttelt. Darauf wird der Stoff auf einem Kupfersieb von 5000 Maschen pro cm^2 abfiltriert, mit der Hand ausgedrückt, mit 96%igem Alkohol versetzt, durchgeschüttelt und nach etwa 10 Minuten wieder gesiebt. Nach gelindem Abdrücken wird das noch feuchte Material in einer 2-Literflasche mit einem geschliffenen Glasstopfen mit 300 cm^3 einer 80%igen Schwefelsäure versetzt und 3 Stunden unter Benutzung einer Schüttelmaschine geschüttelt. Sodann wird das Lösungsmittel zwecks Verdünnung in eine Porzellanschale, die etwa 1 Liter Wasser enthält, gebracht und durch das Kupfersieb filtriert.

Der auf dem Sieb gesammelte Rückstand wird unter häufigem Umrühren mit einem Glasstab ausgewaschen, bis das Wasser klar abläuft; darauf wird mit schwach ammoniakalischem und zuletzt mit reinem

[1] Schulze: Quantitative Bestimmung von Wolle in Roh- und Wollfilzpappen auf chemischem Wege. W.B. 1929 Nr. 18 S. 545; P.F. 1929 Nr. 19 S. 299; Z. u. P. 1929 Nr. 9 S. 610. — Korn u. Schulze: Erfahrungen bei der Bestimmung des Wollgehaltes. W.B. 1931 Nr. 4 S. 71; P.F. 1931 Nr. 5 S. 68; Z. u. P. 1931 Nr. 4 S. 206.

Wasser nachgewaschen. Nach einer Vortrocknung auf dem Sieb wird der Rückstand in ein Wägegläschen überführt, bis zum gleichbleibenden Gewicht bei 100—105° getrocknet, gewogen und in einem Porzellantiegel verascht. Der Wollgehalt wird durch Abziehen der Asche vom Gewicht des absolut trockenen Rückstandes gefunden und abgerundet auf ganze Prozente bezogen auf das Gewicht der absolut trockenen, aschenfreien Einwaage angegeben. Enthält die zu prüfende Pappe Holzschliff, so ist dieser mikroskopisch zu schätzen; für je 10% Holzschliff sind 0,6% (absolut) von dem in Prozenten ermittelten Wollgehalt abzuziehen.

Aschengehalt.

Allgemeines.

Diejenigen Bestandteile des Papiers, welche beim Verbrennen und darauffolgenden Glühen als unverbrennlich zurückbleiben, nennt man Asche; sie enthält die unorganischen Bestandteile des Papiers, während die organischen (Fasern, Leim, Stärke usw.) beim Veraschen verbrennen.

Die unorganischen Rückstände können aus drei verschiedenen Quellen stammen; zunächst aus dem zur Herstellung des Papiers verwendeten Rohmaterial (Lumpen, Zellstoffe, Holzschliff, Altpapier), sodann aus den zum Leimen verwendeten Materialien, und schließlich können sie dem Papier direkt als Füllstoffe zugesetzt sein.

Die Pflanzenzellen enthalten auch im reinsten Zustand (Baumwolle) geringe Mengen unorganischer Verbindungen, und zwar sind Kalk und Kieselerde die am meisten vorkommenden, der Kalk in Verbindung mit Oxalsäure und Kohlensäure, die Kieselsäure als solche.

Der Anschaulichkeit wegen mögen hier einige Angaben über den Aschengehalt verschiedener in der Papierfabrikation verwendeter Roh- und Halbstoffe gemacht werden (S. 221 und 222).

Selbstverständlich können die mitgeteilten Werte nicht als absolute aufgefaßt werden; sie sind beständigen Schwankungen unterworfen, wie auch schon bei einzelnen Rohstoffen, mit denen mehrere Bestimmungen ausgeführt wurden, zu ersehen ist. Schon die Pflanze selbst wird bei einer größeren Anzahl von Bestimmungen der mineralischen Rückstände abweichende Werte ergeben, die man wohl auf klimatische Unterschiede und wechselnde Bodenbeschaffenheit zurückführen kann; hierzu kommen die verschiedenartigsten, stets schwankenden Einflüsse der weiteren Verarbeitung.

Der teilweise sehr hohe Aschengehalt der Lumpen (Tabelle A.) dürfte seine Ursache in mechanischen Verunreinigungen durch Sand, Erde usw. finden, falls nicht künstliche Beschwerungen vorgenommen worden sind. Beide gehen bei der Verarbeitung zu Papier zum größten Teil verloren, wie die Tabelle C. ergibt; die dort aufgeführten Halbzeuge sind meist aus den Lumpen der Tabelle A. erzeugt worden.

Wie aus den Tabellen C. und D. weiter ersichtlich ist, nähert sich der mittlere Aschengehalt der Halbzeuge, Zellstoffe und des Holzschliffes dem Werte 1,0.

A. Lumpen.

Lfd. Nr.	Bezeichnung der Lumpen	Aschengehalt %	Lfd. Nr.	Bezeichnung der Lumpen	Aschengehalt %
1	Hell Baumwolle	1,20	17	Weiß Leinen 4	4,45
2	Reine weiße Baumwolle .	2,60	18	f. leinene Flicken	0,55
3	Reine weiße Baumwolle .	3,50	19	Halbweiß Leinen	3,30
4	Rot Kattun	3,50	20	Halbweiß Leinen 5 . . .	1,70
5	Blaue Strümpfe	4,90	21	Halbweiß Leinen 3 . . .	0,32
6	Weiße Strümpfe	1,03	22	Halbweiß Leinen 3 . . .	3,90
7	Kattun	0,75	23	Halbweiß (Nähte) Leinen	3,30
8	Kattun 2 A	3,00	24	Halbweiß Leinen 1 . . .	0,60
9	Kattun 2 C	5,80	25	Halbweiß Leinen 2 . . .	1,20
10	Schmutzig Barchent . . .	3,70	26	Sack 1	7,00
11	Weiß Barchent	1,85	27	Sack 2	3,55
12	Hellrot Halbleinen . . .	1,50	28	Sack 3	6,40
13	Braun Halbleinen	3,24	29	Sack 4	2,55
14	Gute Halbwolle	9,70	30	Sack 5	4,12
15	Hellblau Leinen	1,10	31	Leinen V 3	3,33
16	Weiß Leinen I	1,20			

Mittlerer Aschengehalt = 3,06%.

B. Anderweitige Rohstoffe.

Lfd. Nr.	Bezeichnung des Rohstoffes	Aschengehalt %	Lfd. Nr.	Bezeichnung des Rohstoffes	Aschengehalt %
1	Ungebleichtes Flachsgarn (Naßgespinst)	1,25	6	Jute (roh)	0,56
2	Hanfgarn (ungebleicht) .	1,35	7	Jute (zu Pappe verarbeitet)	0,85
3	Russischer Hanf	1,41	8	Baumwolle (Louisiana) ungebleicht	0,53–0,85
4	Italienischer Hanf . . .	1,03	9	Espartogras	1,91–2,00
5	Badischer Hanf	0,69			

Mittlerer Aschengehalt = 1,11%.

C. Halbzeuge.

Lfd. Nr.	Bezeichnung des Halbzeuges	Aschengehalt %	Lfd. Nr.	Bezeichnung des Halbzeuges	Aschengehalt %
1	Leinen, gebleicht, Probe A	1,10	13	Leinen, ungebleicht, Nr. 4	0,63
2	Leinen, gebleicht, Probe B	0,36	14	Leinen, ungebleicht, Nr. 5	1,58
3	Leinen, gebleicht, Probe C	1,40	15	Baumwolle, gebleicht, A .	0,79
4	Leinen, gebleicht, Probe D	1,86	16	Baumwolle, gebleicht, B .	0,25
5	Weiß Leinen, mittlere Qualität, gebleicht . .	0,23–0,29	17	Weiße Baumwolle, gebleicht	0,24
6	Blau Leinen, gebleicht .	0,12–0,34	18	Bunte Baumwolle, gebleicht	0,30–0,46
7	Sack, Probe A	0,80			
8	Sack, Probe B	0,70	19	Baumwolle, ungebleicht, 1	1,12
9	Sack, Probe C	0,92	20	Baumwolle, ungebleicht, 2	0,90
10	Leinen, ungebleicht, Nr. 1	0,66	21	Baumwolle, ungebleicht, 3	0,24
11	Leinen, ungebleicht, Nr. 2	0,40	22	Hanfstrick, gebleicht . .	0,30
12	Leinen, ungebleicht, Nr. 3	1,03			

Mittlerer Aschengehalt = 0,74%.

D. Zellstoffe und Holzschliff[1].

Lfd. Nr.	Art des Materials	Aschengehalt %	Lfd. Nr.	Art des Materials	Aschengehalt %
1	Sulfitzellstoff, ungebl., 1.	0,48	8	Strohzellstoff, gebleicht	0,86—1,22
2	Sulfitzellstoff, ungebl., 2.	0,51	9	Birkenzellstoff, ungebleicht	0,65
3	Sulfitzellstoff, gebleicht	0,42	10	Birkenzellstoff, gebleicht	1,57
4	Mitscherlich-Zellstoff, ungebleicht	1,25	11	Fichten-Holzschliff	0,43
5	Natronzellstoff, ungebleicht	1,40	12	Kiefern-Holzschliff	0,70
6	Natronzellstoff, gebleicht	1,34	13	Espen-Holzschliff	0,36—0,44
7	Strohzellstoff, ungebleicht	2,30	14	Linden-Holzschliff	0,40

Mittlerer Aschengehalt = 0,94%.

Man ersieht hieraus, daß die unverbrennlichen Rückstände der Rohmaterialien einen verhältnismäßig geringen Bruchteil ausmachen, und wenn man für sie rund 2% in Anrechnung bringt, so wird dies reichlich genügen.

Ganz anders verhalten sich einige ausländische Fasersorten, welche zur Herstellung von Papier benutzt werden. So weisen die gebleichten Adansoniafasern (Bastfasern des in Afrika heimischen Adansonia digitata, Affenbrotbaums) einen Aschengehalt von 5,70—7,19%, die Fasern, welche in Japan zur Herstellung von Papier dienen, im Durchschnitt einen solchen von 2,5% auf.

Da diese Rohstoffe aber bis jetzt für die deutsche Papierfabrikation von geringer Bedeutung sind, so können sie hier außer acht gelassen werden.

Die zweite der oben angeführten Quellen für die Asche, der der Papiermasse zugesetzte Leim, liefert einen weiteren Prozentsatz an unverbrennlichen Bestandteilen. Bekanntlich wird der größte Teil der bei uns erzeugten Papiere nicht wie früher durch tierischen Leim, sondern durch den billigeren Harzleim beschreibbar gemacht; hierbei wird stets mit einem Überschuß von Alaun gearbeitet, und auf diese Weise gelangen Tonerdeverbindungen in das Papier. Diese bleiben in der Asche als Tonerde (Al_2O_3) zurück und können unter Umständen bis zu 1% des Papiers ausmachen. Ein geleimtes Papier kann demnach, ohne daß ihm Füllstoffe zugefügt sind, sehr wohl einen Aschengehalt von 3,0% aufweisen.

Endlich werden den Papieren aus verschiedenen Gründen, z. B. um ihr Aussehen zu verbessern, um sie schreib- und druckfähiger zu machen, um ihre Undurchsichtigkeit zu erhöhen usw., mineralische Füllstoffe direkt zugesetzt.

Hauptsächlich verwendet werden:

Kaolin, Ton, Bleichererde, Porzellanerde, China Clay (Aluminiumsilikat),

[1] Richter (Einiges über das spezifische Gewicht von Holz- und Zellstoff. W.B. 1915 S. 1529) hat bei der Prüfung von 28 Zellstoffarten Aschenwerte von 0,15—1,29 gefunden.

Gips, Annaline, Lenzin, Blütenweiß (Kalziumsulfat),
Schwerspat (Bariumsulfat),
Permanentweiß, Blanc-fixe, Blanc-Perle (künstlich hergestelltes Bariumsulfat),
Asbestine, Talkum (vorzugsweise Magnesiumsilikat) und andere[1].

Ermittlung des Aschengehaltes.

Wenn es auch für die Zwecke der technischen Papierprüfung als überflüssig erscheinen muß, eine Aschenbestimmung beispielsweise bis auf 0,001 g genau auszuführen, denn ein so genaues Arbeiten ist im Hinblick auf die Ungleichartigkeit des Rohmaterials und die ungleichmäßige Verteilung der etwa vorhandenen Füllstoffe in der Papiermasse[2] sowie im Hinblick auf den Zweck der Prüfung nicht angebracht, so muß man doch darauf Bedacht nehmen, Verfahren und Apparate anzuwenden, bei denen der Fehler 0,25% (absolut) nicht übersteigt.

Veraschung im Tiegel.

1 g Papier[3] wird in einem Porzellantiegel, dessen Gewicht vorher bestimmt ist, über dem Bunsenbrenner verascht[4]. Darauf läßt man den Tiegel mit der Asche in einem Exsikkator erkalten und bringt ihn zur Wägung. Nach Abzug des Gewichtes des leeren Tiegels erhält man das Gewicht der Asche, das mit 100 multipliziert den Aschengehalt des Papiers in Prozenten ergibt. — Die Asche muß vollkommen durchglüht und alles Organische verbrannt sein. Nach vorsichtigem Umrühren mit einer Platinnadel und Entfernung der Flamme darf in dem Rückstand ein Glimmen nicht mehr zu bemerken sein. Nach dieser Behandlung wird die Asche weiß bis weißgrau erscheinen, vorausgesetzt, daß das verwendete Papier nicht mit einem unorganischen Farbstoff gefärbt war. In solchen Fällen zeigt auch die Asche noch eine ausgesprochene Färbung und zwar meist die des angewandten Farbstoffes. Papiere z. B., die gefärbt sind mit

Ocker, hinterlassen eine gelbbraune Asche,
Ultramarin, „ „ bläuliche oder blaue Asche,
Chromgelb, „ „ gelbliche Asche,
Berliner Blau (Kaliblau, Pariserblau, Miloriblau), hinterlassen eine rotbraune Asche (Eisenoxyd).

[1] Über den Wert dieser Füllstoffe für die Zwecke der Papierfabrikation im Vergleich zueinander hat Voraberger im Z. 1913 Nr. 24 berichtet: Chemisch-technologische Studien über Füllstoffe zur Papierfabrikation. Über Prüfung von Füllstoffen s. Schwalbe-Sieber: Die chemische Betriebskontrolle in der Zellstoff- und Papier-Industrie. Berlin: Julius Springer 1931.

[2] Ein Kupferdruckpapier z. B. ergab an verschiedenen Stellen ein und desselben Bogens Aschenmengen von 13,65—14,71%.

[3] Für technische Zwecke ist es üblich, bei der Aschengehaltsbestimmung von Papier von der lufttrockenen Probe auszugehen.

[4] Um die Verbrennung unter möglichst großem Luftzutritt einzuleiten, verfährt man zweckmäßigerweise wie folgt: Das Papier wird, auf eine Platinnadel gespießt oder mit einem Platindraht umwickelt, verbrannt und in den Tiegel überführt.

Wenn trotz Umrührens und weiteren Glühens die Verbrennung unvollkommen bleibt, so feuchtet man die Asche mit etwas Wasserstoffsuperoxyd oder Ammoniumnitratlösung an und glüht erneut, bis alle Kohlenteilchen verschwunden sind.

Bei Aschengehaltsbestimmungen von Filtrierpapier für analytische Zwecke ist ein besonderes Vorgehen notwendig. Wegen der sehr geringen Mengen anorganischer Bestandteile dieser Papiere sind entsprechend große Probemengen erforderlich. Dies bedingt jedoch wiederum größere Veraschungsgefäße, bei denen das Verhältnis ihres Gewichtes zu dem der gefundenen Asche sehr groß ist, so daß die Versuchsfehler sich entsprechend vergrößern. Im Amt wird deshalb wie folgt verfahren: Mindestens 30 g des Papiers werden in kleine Stücke zerrissen und in einer Platinschale im Muffelofen bei einer Temperatur von etwa 600° verascht. Darauf wird die Asche in kleine Porzellantiegel (Gewicht 2—3 g) gebracht. Um die Asche quantitativ überführen zu können und ihr Volumen zu verringern, wird sie zuvor in der Platinschale mit Wasser angefeuchtet. Darauf wird auf dem Wasserbad abgedampft und über einem Bunsenbrenner erneut geglüht. Das Gewicht der Asche wird wie oben beschrieben bestimmt und in Prozenten bezogen auf die Einwaage angegeben. Bei Rundfiltern dividiert man das Aschengewicht durch die Anzahl der veraschten Filter und erhält somit die Aschenmenge eines Filters. Die Ausführung von 2 Parallelbestimmungen ist nicht nur zum Ausgleich der Versuchsfehler erforderlich, sondern auch um eine größere Versuchsprobe zugrunde zu legen.

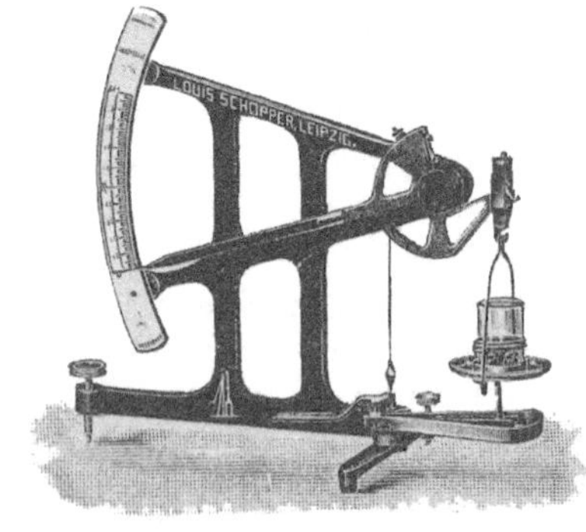

Abb. 137. Schoppers Aschenwaage.

Schoppers Aschenwaage.

Die Abb. 137 stellt eine von Schopper verbesserte Postsche Waage[1] dar, deren Hebel an dem einen Ende als Zeiger ausgebildet ist, am anderen ein Gehänge mit einer Schale trägt. Auf der Schale steht ein kurzes, unten mit einem Metallfuß versehenes, oben offenes Glasrohr; mit diesem ist die Waage auf Null eingestellt. Durch Auflegen von Papier auf die Schale wird 1 g Material abgewogen und dieses in einem der Waage beigegebenen Veraschungsnetz völlig durchglüht; nach dem Erkalten schüttet man die Asche in das Glasrohr und liest an der Waage die Aschenmenge in Zentigrammen ab; diese bedeuten dann den Prozentgehalt des Papiers an Asche. Zum Auflegen des Drahtnetzes während der Veraschung bedient man sich zweckmäßigerweise einer Vorrichtung, wie sie in Abb. 138 dargestellt ist. Während des Versuches ist das Netz öfters zu drehen, so daß die untere Seite auch nach oben zu liegen kommt, um eine vollkommene Veraschung zu erzielen.

[1] Ausführlich beschrieben in der 6. Auflage dieses Buches S. 71.

Reimanns Aschenwaage.

Der eine Arm des Waagebalkens ist mit einem Gewicht aus einem Stück gearbeitet (Abb. 139); der andere trägt zwei Waagschalen, von denen die obere zum Auflegen eines Glasröhrchens (Abb. 140), die untere für Gewichte bestimmt ist. Da sich die Waage ohne Glasrohr bei einer Belastung von 21 g im Gleichgewicht befindet, so wählt man das Röhrchen so aus, daß es dem Gewicht von etwa 19 g nahe kommt, ohne jedoch diese Grenze zu überschreiten. Auf die untere Waagschale bringt man an Gewichten 2 g, und zwar ein Grammgewicht als solches und den Rest in Dezi- und Zentigrammstücken. Eine etwaige Differenz gleicht man auf der unteren Waagschale mit kleinen Metallstückchen sowie mittels der zu diesem Zweck angebrachten Schraube *R* aus.

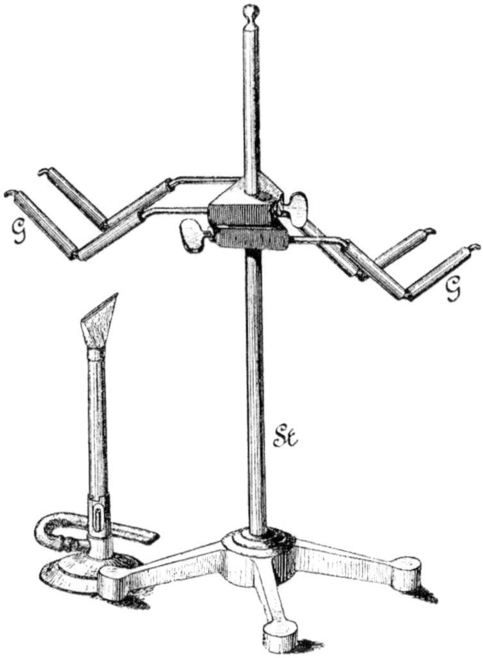

Abb. 138. Veraschungsgestell.

Eine Pinselarretierung, wie sie Abb. 139 zeigt, hat sich beim Auflegen und Abnehmen der Gewichte als sehr praktisch erwiesen.

Der Gang der Aschenbestimmung ist folgender:

Nachdem die Waage mit dem aufgelegten Glasröhrchen so aufgestellt ist, daß die Zunge nach rechts und links um gleich viel Teilstriche ausschlägt, wird das Grammgewicht von der unteren Schale entfernt und statt dessen so viel Papier aufgelegt, daß die Waagenzunge wieder gleichmäßig um den Nullpunkt spielt. Diese Menge Papier, 1 g schwer, wird zusammengerollt, in ein Platinnetz gesteckt, wie es Abb. 140 zeigt, und nun in derselben Weise mit Hilfe des Gestelles Abb. 138 verascht, wie es vorher auseinandergesetzt wurde.

Ist die Veraschung beendet, so steckt man das Platinnetz in das Glasröhrchen und schüttet die Asche hinein; geringes Klopfen mit dem Netz gegen die Wände des Glases genügt, um den Rückstand ohne Verlust in das Röhrchen zu bringen.

Das Röhrchen wird nunmehr auf die obere Waagschale gelegt und das Grammgewicht, welches beim Abwägen des Papiers von der Schale fortgenommen wurde, auf diese zurückgebracht.

Die Zunge der Waage wird nun naturgemäß nach rechts ausschlagen, und zwar um so mehr, je größer das Gewicht der Asche ist. Um dieses zu bestimmen, entfernt man von den kleinen Gewichten allmählich so viel, daß der Ausschlag der Zunge nach beiden Seiten des Nullstriches gleich groß ist. Die Summe dieser Gewichte ergibt das Gewicht der Asche; in Zentigrammen ausgedrückt, den Prozentgehalt des Papiers an unverbrennlichen Bestandteilen.

Bruchteile von Zentigrammen können an dem Ausschlag auf der Teilung abgelesen werden, wobei ein Ausschlag von zwei Teilstrichen einer Belastung von 1 cg entspricht; auf diese Weise läßt sich also der Aschengehalt auf Viertelprozente genau ablesen[1].

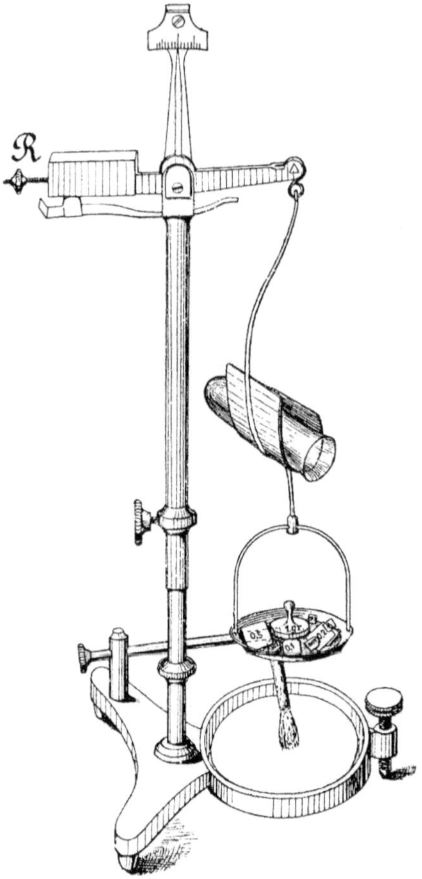

Abb. 139. Reimanns Aschenwaage.

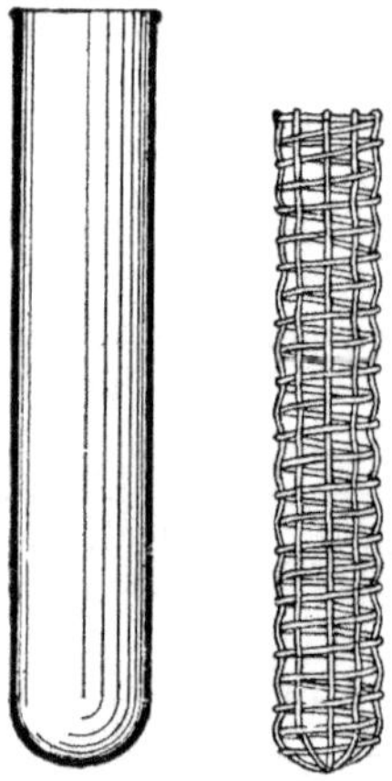

Abb. 140. Platinnetz und Glasröhrchen zum Veraschen.

Elektrische Veraschung.

Zur Veraschung auf elektrischem Wege dient ein kleiner, sehr handlicher von Dr. Scheufelen in Vorschlag gebrachter Apparat, der sich an das Stromnetz anschließen läßt (Abb. 141). Für die Erhaltung der Heizelemente ist es zweckmäßig, einen Rheostaten zur Regelung der Stromstärke einzuschalten.

[1] Über eine neue „Präzisions-Aschen-Schnellwaage" der Firma A. Dresdner, Merseburg, berichtet Krätschmar. W. B. 1932, Nr. 11, S. 207.

Ein Gramm Papier wird zusammengerollt in die mit Platinblech ausgelegte Öffnung des Heizkörpers geschoben und der Strom dann eingeschaltet. Das Platinblech kommt nach kurzer Zeit ins Glühen,

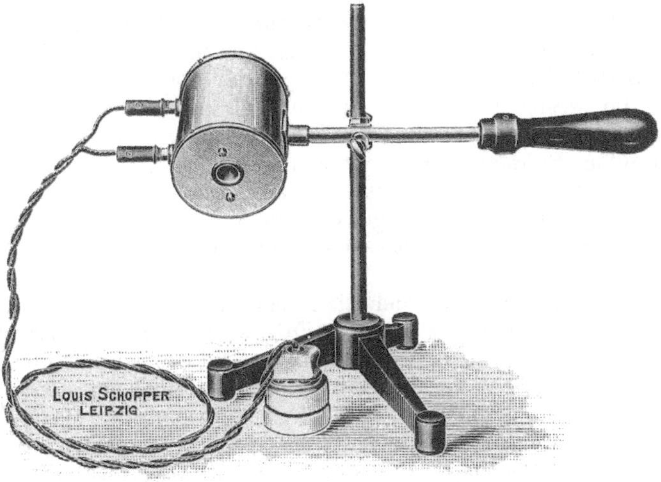

Abb. 141. Elektrische Veraschungsvorrichtung.

das Papier entflammt und verascht sehr bald. Die Asche wird in das Glasröhrchen der Waage geschüttet und gewogen.

Ermittlung des Füllstoffgehaltes.

Der für die Aschenmenge gefundene Wert entspricht selten ohne weiteres dem wahren Gehalt des Papiers an mineralischen Füllstoffen, weil letztere durch das Glühen meist verändert werden. Chloride z. B. werden in der Weißglut ausgetrieben, kohlensaurer Kalk wird in Kalziumoxyd überführt, Kaolin verliert 12—15%, Gips rund 21% Kristallwasser. Außerdem kann bei ungenügendem Luftzutritt während der Veraschung ein Teil des Gipses in Kalziumsulfid übergeführt werden, wodurch ein weiterer Verlust entsteht. Bariumsulfat wird teilweise in Bariumsulfid umgewandelt usw. Dies muß, nachdem die Art des Füllstoffes ermittelt ist, berücksichtigt werden, um aus dem Aschengehalt den wirklichen Füllstoffgehalt des Papiers berechnen zu können. Handelt es sich um Bariumsulfat, so hat man nur einige Tropfen Schwefelsäure zur Asche hinzuzufügen und nochmals zu glühen.

Bestimmung der Art der Füllstoffe.

In den allermeisten Fällen wird der nachfolgend beschriebene kurze Analysengang ausreichen, da man sich für den angegebenen Zweck bei der Untersuchung der Asche weißer[1] Papiere auf nachstehende Bestandteile beschränken kann:

[1] Bei der Prüfung mineralisch gefärbter oder gestrichener Papiere muß man den Analysengang natürlich erweitern; hierauf einzugehen, würde hier zu weit führen.

Tonerde, herrührend von Kaolin,
Magnesium, „ „ Asbestine,
Kalzium, „ „ Gips,
Barium, „ „ Schwerspat,
Kieselsäure, „ „ Kaolin oder Asbestine,
Kohlensäure, „ „ Magnesium- oder Kalziumkarbonat,
Schwefelsäure, „ „ Gips und Schwerspat.

Um die wesentlichen, d. h. absichtlich zugesetzten Füllstoffe von etwaigen unwesentlichen, aus dem Betriebswasser, den Papierspänen o. a. herrührenden Beimengungen unterscheiden zu können, tut man gut, die Analyse bis zu einem gewissen Grade gleich annähernd quantitativ auszuführen, d. h. von einer gewogenen Menge Asche auszugehen und wenigstens einzelne der abgeschiedenen Bestandteile dem Gewichte nach zu bestimmen.

Zunächst prüft man, ob sich die Asche völlig oder fast völlig in verdünnter Salzsäure löst; ist dies der Fall, so hat man es, was Füllstoffe anbelangt, nur mit Gips oder Kalzium- oder Magnesiumkarbonat zu tun.

Man setzt dann zu einem Teil der filtrierten Lösung Bariumchlorid im Überschuß; ein Niederschlag zeigt Schwefelsäure (Gips) an; zu einem zweiten mit Ammoniak neutralisierten Teil setzt man Ammoniumoxalat; ein Niederschlag weist auf Kalzium (Gips, Kalziumkarbonat). Man filtriert und setzt Ammoniumphosphat hinzu; ein Niederschlag zeigt Magnesium an (Magnesiumkarbonat).

Falls sich, was beim Vorhandensein von Silikaten (Ton, Kaolin, Asbestine, Talkum) sowie von Schwerspat der Fall ist, die Asche füllstoffhaltiger Papiere nicht oder nur unvollständig in Salzsäure löst, schmilzt man 0,5 g Asche im Platintiegel mit etwa 2,5 g Kalium-Natriumkarbonat eine Viertelstunde lang über dem Gebläse, kocht die Schmelze mit Wasser aus und filtriert.

Das Filtrat wird mit Salzsäure angesäuert und mit Bariumchlorid im Überschuß versetzt; ein Niederschlag, der eventuell dem Gewicht nach bestimmt wird, rührt von Schwefelsäure (Schwerspat) her; eine gallertige Abscheidung kann von teilweise abgeschiedener Kieselsäure herrühren.

Der im Wasser unlösliche Teil der Schmelze wird in einer Prozellanschale mit Salzsäure behandelt, wobei Kohlensäure ausgetrieben wird und ein Teil der Kieselsäure, der beim Schmelzen nicht aufgeschlossen wurde, sich ausscheidet; um diesen Teil der Kieselsäure vollständig abzuscheiden, wird das Ganze zur Trockene verdampft, der Rückstand mit konzentrierter Salzsäure angefeuchtet, das Ganze mit heißem Wasser versetzt und die ausgeschiedene Kieselsäure abfiltriert[1].

Zum Filtrat, genügend verdünnt und nötigenfalls mit Ammoniumchlorid versetzt, fügt man Ammoniak, um die Tonerde auszufällen[2]; wesentliche Mengen Tonerde deuten auf Kaolin oder Ton.

---

[1] Zu berücksichtigen ist hierbei, daß ein Teil der Kieselsäure in den wässerigen Auszug der Schmelze gegangen ist.

[2] Der Tonerdeniederschlag wird zweckmäßig nach dem Trocknen und Glühen gewogen, da er wegen seines voluminösen Zustandes schwer auf seine Menge zu schätzen ist. — Das Vorhandensein von Kaolin in der Asche soll nach Knösel (W.B. 1910 S. 1786) schon an dem charakteristischen Tongeruch zu erkennen sein, den die Asche ausströmt, wenn man sie anhaucht.

Das Filtrat von der Tonerde wird mit Ammoniumkarbonat versetzt, wodurch Barium, Kalzium und ein Teil des etwa vorhandenen Magnesiums ausfallen.

Der Niederschlag wird in Salzsäure gelöst und die Lösung mittels Flammenreaktion geprüft. Zeigt die Flamme keine grüne Färbung (Bariumreaktion), so ist nur Kalzium vorhanden. Bei grüner Flamme ist Barium vorhanden, eventuell in Gemeinschaft mit Kalzium. Um dies festzustellen, dampft man die salzsaure Lösung zur Trockene ein und nimmt mit absolutem Alkohol auf, wodurch Kalziumchlorid in Lösung geht, während Bariumchlorid zurückbleibt. Anwesenheit von Kalzium würde auf Gips, Barium auf Schwerspat schließen lassen.

Zum Filtrat des Barium-Kalziumniederschlages wird nach reichlichem Zusatz von Ammoniak Ammoniumphosphat gesetzt und dadurch Magnesium ausgefällt. Anwesenheit von Asbestine oder Talkum.

Bei Herstellung von Zigarettenpapier erfolgen bekanntlich vielfach Zusätze besonderer Art zur Erhöhung der Brennbarkeit des Papiers. In Betracht kommen hauptsächlich die Oxyde, Karbonate und Superoxyde von Magnesium und Kalzium; ferner Nitrate (Kaliumnitrat, Zellulosenitrate), sowie Zellulosechlorate[1] und oxalsaurer Kalk. Für die Analyse der Asche von Zigarettenpapieren hat Skark[2] einen Analysengang zur Bestimmung der Art und Menge der gewöhnlich verwendeten Füllstoffe ausgearbeitet; näher hierauf einzugehen, würde zu weit führen.

Hingewiesen sei noch auf den Vorschlag von Adolf Beckh[3], den Nachweis der Art der Füllstoffe durch Anfärben der Asche mit verschiedenen Teerfarbstoffen zu erbringen und auf den Vortrag von Professor von Possanner über das Verhalten der Füllstoffe zu den Farbstoffen[4].

Art der Leimung.

Tierische Leimung.

Die Leimung der Papiere mit Tierleim erfolgt entweder durch Eintauchen des fertigen Papiers (Bogen oder Bahn) in die Leimlösung (Oberflächenleimung) oder durch Eintragen der Leimlösung in den Holländer (Stoffleimung).

Papiere mit starker Oberflächenleimung zeichnen sich durch harten Griff aus. Drückt man das Blatt kräftig mit feuchten Fingern, so fühlt es sich klebrig an und haftet oft an den Fingern. Stark angehaucht und gerieben riecht es nach Tierleim. Beschreibt man es nach dem Zusammenballen und Reiben, so läuft die Tinte aus und schlägt durch (s. S. 237).

Der Nachweis von Tierleim auf chemischem Wege kann auf verschiedene Weise erfolgen.

Kiliani[5] empfiehlt, zur Bestimmung des tierischen Leims dessen Fähigkeit, in der Siedehitze gelbes Quecksilberoxyd zu reduzieren, zu benutzen.

[1] W.B. 1929 Nr. 25 S. 771. [2] Skark: Z. 1910 S. 898.
[3] Beckh, Adolf: W.B. 1914 Nr. 32 u. P.F. 1914 Nr. 8.
[4] Possanner: P.Z. 1914 Nr. 60. [5] Hoyer: Das Papier, 1882 S. 34.

Zuverlässiger und einfacher als diese Quecksilberreaktion ist der Nachweis durch Gerbsäure, der darauf beruht, daß letztere mit Tierleim einen Niederschlag von gerbsaurem Leim (Leder) bildet. Versetzt man eine nicht allzu dünne Leimlösung mit Gerbsäure, so entsteht ein dicker, gallertiger Niederschlag, und selbst bei starker Verdünnung ist noch eine milchigweiße Trübung zu bemerken, aus welcher sich bald Flocken absetzen.

Man kocht zunächst das Papier mit destilliertem Wasser aus; zu diesem Auszug setzt man, wenn das Papier Stärke enthält (Nachweis S. 238), nach dem Erkalten Chlorammonium (als Salz) und nachdem sich dieses gelöst hat, verdünnte Jod-Jodkaliumlösung in geringem Überschuß; hierbei fällt die mitaufgelöste Stärke als blaue Jodstärke aus; sie wird abfiltriert und das Filtrat mit einer Lösung von Gerbsäure in Wasser versetzt. War das Papier tierisch geleimt, so entsteht sogleich oder nach wenigen Minuten ein mehr oder weniger dicker, flockiger Niederschlag, der sich beim Erhitzen zusammenballt. Ein Niederschlag, der sich erst nach mehreren Stunden bildet, deutet nicht auf Tierleim.

Enthält das Papier keine Stärke, so unterbleibt der Chlorammonium- und Jodzusatz, und man fügt die Gerbsäure direkt zu dem wässerigen Auszug, dem man einige Tropfen Alaunlösung zugesetzt hat.

Will man sich mit der Gerbsäurefällung allein nicht begnügen, so filtriert man den Niederschlag ab, wäscht, wenn vorher Chlorammonium zugesetzt war, gut aus, trocknet, und verreibt den Niederschlag im Mörser mit Natronkalk. Das Gemisch wird in ein Reagenzglas gebracht und über einem Bunsenbrenner geglüht. War Tierleim vorhanden, so bildet sich Ammoniak, das man mit Curcuma- oder rotem Lackmuspapier (feucht) nachweisen kann, wenn es sich nicht schon durch den Geruch bemerkbar macht.

Eine weitere Möglichkeit, Tierleim nachzuweisen, bildet die Biuretreaktion[1] (Blau- oder Violettfärbung bei der Behandlung von Eiweißkörpern mit Kupfersalzen in Gegenwart von Ätznatron). Die blaue Färbung geht allmählich in rot über. Zum Prüfen von Papier behandelt man dieses mit 2%iger Kupfersulfatlösung und tropft dann 5%ige Ätznatronlösung auf; wenn Tierleim vorhanden ist, entsteht Violettfärbung, bei Harzstärkeleimung eine schwach gelblichgrüne Färbung. Kasein reagiert wie Tierleim.

Wenn zur Prüfung nur sehr wenig Material verfügbar ist, wie bei der Untersuchung alter Handschriften, dürfte die Biuretreaktion besonders am Platze sein.

Versetzt man nach Schmidt[2] eine wässerige Leimlösung in der Kälte mit Ammoniummolybdat und wenigen Tropfen verdünnter Salpetersäure, so entsteht sofort ein flockiger, weißer Niederschlag, der sich zu Boden setzt. Er ist in überschüssiger Salpetersäure zum größten Teil löslich, vollständig aber nur, wenn man die gesamte Menge der Säure

[1] Levi: Qualitativer Nachweis von tierischem Leim in weißem Papier und Farbreaktionen zur Unterscheidung von Gelatine und Kasein. P.F. 1911 S. 344.

[2] Schmidt: Chem.-Ztg. 1910 Nr. 94, S. 839.

sehr rasch und mit einem Male zusetzt; die vorübergehend auftretende Fällung verschwindet dann sofort wieder, und man erhält eine vollkommen klare Lösung. Der einmal gebildete Niederschlag ist beim Kochen nicht völlig, sondern nur zum größten Teil löslich; beim Erkalten entsteht eine starke Trübung. In konzentrierter Salpetersäure und in konzentrierter Salzsäure ist er leicht, in konzentrierter Schwefelsäure schwerer löslich, sehr schwer löslich in 80%iger Essigsäure. Charakteristisch ist ferner eine beim Niederschlag sowie bei der darüber befindlichen Flüssigkeit auftretende schwach blaugrüne Färbung. Die Reaktion soll sehr empfindlich sein, bei einem Gehalt von nur 0,001 g Leim noch starke Fällung, bei einem Gehalt von nur 0,00001 g noch deutliche Trübung hervorrufen.

Bei der Prüfung von Papier nach diesem Verfahren durch Heuser[1] arbeitete dieser mit wässerigen Auskochungen von etwa 1 g Material, die dann stark eingedampft wurden. Heuser weist besonders darauf hin, daß Kasein, in Lösung gebracht, bei dieser Behandlung ebenfalls einen Niederschlag gibt, da das Eiweiß durch die Einwirkung der Salpetersäure ausgefällt wird. Man muß daher den wässerigen Auszug auch mit Salpetersäure allein prüfen; ergibt sich hierbei kein Niederschlag, so ist beim Auftreten der Schmidtschen Reaktion nur Tierleim vorhanden; ergibt sich ein Niederschlag, so kann sowohl Kasein allein als auch zusammen mit Tierleim vorhanden sein. Fälle, in denen beide Leimstoffe im Papier zusammen vorhanden sind, dürften aber wohl selten vorkommen.

Die quantitative Bestimmung des Tierleims geschieht am besten durch Ermittlung des Stickstoffgehaltes nach einem der hierfür bekannten Verfahren (z. B. Kjeldahl).

In Amerika ist das Verfahren nach Kjeldahl durch die Technical Association of the Pulp and Paper Industry[2] in folgender Weise normiert worden: Eine genau abgewogene Menge von 3—5 g wird in kleine Stücke zerschnitten in einen Kjeldahl-Kolben von 500 cm³ Fassungsvermögen gebracht. Dann werden 10 g gepulvertes wasserfreies Natriumsulfat, ferner ein kleiner Kristall von Kupfersulfat und 25 cm³ konzentrierte Schwefelsäure hinzugefügt. Man erhitzt den Kolben zunächst gelinde, bis das Schäumen aufhört und darauf stärker, bis vollständige Oxydation eingetreten ist, d. h. bis die Mischung klar und farblos geworden ist. Sodann wird abgekühlt und mit destilliertem Wasser auf 200 cm³ aufgefüllt. Zur Verhütung des Schäumens setzt man etwa 2 cm³ Petroleum, zur Vermeidung von Stößen während des Destillierens etwa 2 g granuliertes Zink hinzu. Darauf erfolgt Zugabe einer gesättigten Natriumhydroxydlösung (gewöhnlich 75 cm³) mit einem Überschuß von 5 cm³. Die Lösung soll vorsichtig an der Seite des Kolbens zugegossen werden, damit sie sich nicht mit der Säure mischt. Das Gesamtvolumen der Lösung soll etwa 400 cm³ betragen. Nach der Füllung wird der Kolben sofort mit der Vorlage verbunden, in der sich eine bestimmte Menge

[1] Heuser: Eine neue Reaktion auf tierischen Leim. P.Z. 1910 S. 2670.
[2] W.B. 1927 Nr. 22 S. 667.

1/10 n-Schwefelsäure auf 100 cm³ verdünnt befindet; das Ende des Destillationsrohres soll dicht unter der Oberfläche der Schwefelsäure münden. Gewöhnlich genügen 30 cm³ 1/10 n-Schwefelsäure. Dann mischt man den Inhalt des Kolbens durch Schütteln und erhitzt allmählich steigernd unter Vermeidung von Spritzen bei einer Destillationsdauer von etwa 45 Minuten, bis das Gesamtvolumen des Destillates ungefähr 200 cm³ beträgt. Der Inhalt der Vorlage wird mit 1/10 n-Alkalilösung unter Benutzung von Methylorange als Indikator titriert. Die Anzahl Kubikzentimeter der in der Vorlage befindlichen 1/10 n-Schwefelsäure minus der Anzahl Kubikzentimeter der beim Titrieren verbrauchten 1/10 n-Alkalilösung ist dem vorhandenen Stickstoff äquivalent. Diese Zahl multipliziert mit 0,0014 ergibt die Menge des gefundenen Stickstoffes. Bei Doppelbestimmungen sollen die in Prozenten ausgedrückten Ergebnisse bis auf 0,02% übereinstimmen. Mit allen zur Verwendung gelangten Reagenzien soll ein blinder Versuch gemacht und etwa gefundener Stickstoff in Abzug gebracht werden. — Die gefundene Stickstoffmenge wird in Prozenten, bezogen auf das Gewicht des lufttrockenen Papiers, mit einer Genauigkeit von 0,01% angegeben. Soll der Gehalt an Tierleim oder Kasein angeführt werden, so ist der Prozentsatz des gefundenen Stickstoffes mit 5,6 bzw. 6,3 zu multiplizieren. Diese Faktoren sind Durchschnittswerte, da sie nach der Sorte des Materials schwanken.

Kaseinleimung.

Kasein wird in einigen Fabriken beim Leimen statt des Tierleims mitverwendet, um dem Papier erhöhte Leimfestigkeit und besseren Griff zu verleihen. Schon Illig erwähnt in seiner „Anleitung auf eine sichere, einfache und wohlfeile Art Papier in der Masse zu leimen“ (1807), daß er mit Kaseinleimung gute Erfolge erzielt habe. Vor allem findet Kasein bei der Herstellung gestrichener Papiere zum Binden des Striches Verwendung.

Um Kasein nachzuweisen, was zuweilen schwierig ist und nicht immer gelingt, wird es zunächst durch Behandeln des Papiers mit Boraxlösung oder schwachen Laugen in Lösung gebracht. Einige Tropfen dieser Lösung läßt man in einem Reagenzglas, in dem sich eine Mischung von einem Raumteil konzentrierter Schwefelsäure und zwei Raumteilen Eisessig befindet, am Rande herunterlaufen. Ist Kasein vorhanden, so entsteht eine rotviolette Färbung (Reaktion nach Adamkiewicz). Tierleim gibt diese Färbung nicht.

Diese Reaktion beruht auf der Anwesenheit von Tryptophan im Kasein, das mit der im Eisessig stets vorhandenen Glyoxalsäure und Schwefelsäure die genannte Färbung ergibt.

Ferner enthält Kasein Tyrosin, das beim Kochen mit etwas Nitrit enthaltendem Quecksilbernitrat die sog. Millonsche Reaktion gibt. Diese Reaktion ist nach den Vorschriften der Technical Association of the Pulp and Paper Industry[1] für den Kaseinnachweis in Papier maßgebend und wird folgendermaßen ausgeführt: 0,5 g Papier werden einige

[1] W.B. 1927 Nr. 22 S. 667.

Minuten mit 10 cm³ einer 1%igen Natronlauge gekocht. Der Auszug wird filtriert, auf Zimmertemperatur abgekühlt und unter Verwendung eines geeigneten Indikators, wie Phenolphthalein, mit Salpetersäure genau neutralisiert. Darauf fügt man einige Kubikzentimeter des Millonschen Reagenzes hinzu, das wie folgt hergestellt wird: 20 g chemisch reinen Quecksilbers werden in 40 g konzentrierter chemisch reiner Salpetersäure gelöst und mit destilliertem Wasser auf 180 cm³ aufgefüllt. Beim Erhitzen wird die Gegenwart von Kasein durch das Entstehen einer roten Färbung angezeigt.

Ein weiterer Weg zum Nachweis von Kasein ist der folgende. Der alkalische Auszug des Papiers wird mit Säure versetzt, wobei etwa vorhandenes Kasein ausfällt (Tierleim bleibt in Lösung). Der Niederschlag wird durch Erhitzen mit Natronkalk auf Stickstoff geprüft.

Schließlich empfiehlt Levi zur Prüfung auf Kasein die Xanthoproteinreaktion. Tropft man auf Papier konzentrierte Salpetersäure, so tritt bei Gegenwart von Kasein sofort deutliche Gelbfärbung auf. Tierleim gibt die Reaktion nicht. Holzschliff stört die Reaktion, da die dann entstehende Braunfärbung die Gelbfärbung verdeckt.

Harzleimung.

Eines der ältesten Verfahren zum Nachweis von Harz im Papier beruht darauf, daß sich eine alkoholische Lösung von Harz, sobald sie mit Wasser stark verdünnt wird, durch Ausscheidung von Harz milchig trübt.

Man übergießt einen in kleine Stücke zerrissenen halben Bogen des zu prüfenden Papiers mit Alkohol, setzt zur Lösung des gebundenen Harzes einige Tropfen Essigsäure zu und bringt das Gefäß, in dem das Ausziehen vorgenommen wird, etwa eine Viertelstunde lang in heißes Wasser. Wenn man von diesem Auszug etwas in destilliertes Wasser gießt, so scheidet sich, wenn das Papier harzgeleimt war, das Harz aus und es entsteht eine milchigweiße Trübung. Den größten Teil des Alkoholauszuges dampft man zur Trockene ein. Ist der Rückstand bei Zimmerwärme hart und spröde, erwärmt zäh und klebrig, so handelt es sich um Harz, das aus der Leimung herrührt, also um harzgeleimtes Papier. Rückstände, die bei gewöhnlicher Temperatur nicht hart und spröde, sondern weich und zäh sind, rühren meist von den harzigen Stoffen der Zellstoffe her.

Statt Alkohol kann man auch Eisessig zum Ausziehen des Harzes verwenden.

Morawski[1] schlägt vor, die Storchsche Reaktion zum Nachweis von Harzöl auch bei der Untersuchung von Papier auf Harzleimung anzuwenden. Löst man etwas Kolophonium in einem trockenen Glasröhrchen durch Erwärmen mit Essigsäureanhydrid und läßt nach dem Erkalten vorsichtig einen Tropfen konzentrierte Schwefelsäure in

[1] Morawski: Über eine empfindliche Reaktion zum Nachweise von Fichtenharz. Mitt. aus dem k. k. Technologischen Gewerbemuseum in Wien 1888 Nr. 1 u. 2.

dem Glase hinunterfließen, so entsteht eine rote bis violette Färbung, die aber sogleich wieder verschwindet, um einer braungelben Platz zu machen. Die Reaktion ist sehr empfindlich und zeigt noch sehr geringe Mengen Harz an. Zum Nachweis im Papier verfährt man mit dem Anhydrid-Auszug von etwa 10 cm^2 Papier ebenso. Wegen der ätzenden Eigenschaften der beiden Flüssigkeiten ist Vorsicht geboten.

Wiesner[1] benutzt zum Nachweis von Harzleim im Papier konzentrierte Schwefelsäure und stützt sich hierbei auf die sog. Raspailsche Reaktion.

Nach Raspail nehmen Harze und Fette, ähnlich wie Eiweißkörper, mit Zucker und Schwefelsäure behandelt, eine deutlich rotviolette Farbe an. Da nun durch die Einwirkung von konzentrierter Schwefelsäure auf die im Papier vorhandene Zellulose Zucker entsteht, so läßt man auf das zu untersuchende Papier einen Tropfen Schwefelsäure fallen. Ist das Papier mit Harz geleimt, so entsteht eine rotviolette Färbung, welche ausbleibt, wenn kein Harzleim vorhanden ist.

Beim Eintreten der Reaktion hat man sich nachträglich zu vergewissern, ob im Papier nicht auch Fette und Eiweißkörper vorhanden sind, da diese die Färbung ebenfalls geben. Dieser Umstand beeinträchtigt den praktischen Wert der Reaktion erheblich. Ferner ist sie nicht anwendbar, wenn das Papier verholzte Fasern enthält, da dann eine so stark schmutziggrüne Färbung entsteht, daß die Harzreaktion völlig verdeckt wird.

Wertvoll für den Untersuchenden ist bei Anwendung dieser Reaktion der Umstand, daß man zu ihrer Ausführung sehr wenig Papier braucht.

Ein weiteres Verfahren, das sich durch große Einfachheit in der Versuchsausführung auszeichnet, ist das folgende[2]. Man schneidet aus dem zu prüfenden Material ein etwa handgroßes Stück heraus, legt es auf eine hohle Unterlage (Glasschale, Uhrglas, Trinkglas o. a.) und läßt aus einer Tropfflasche etwa 4—6 Tropfen Äther auf die Mitte des Blattes fallen. Der Äther breitet sich auf dem Blatt aus und ist nach kurzer Zeit verdunstet; die Verdunstung kann durch Zufächeln und Zublasen von Luft noch befördert werden, so daß der ganze Versuch kaum 15 bis 20 Sekunden in Anspruch nimmt. Bei harzgeleimten Papieren zeigt sich dann ein mehr oder weniger deutlicher Harzrand. Bildet sich nach der ersten Verdunstung kein Rand, so tut man gut, noch ein zweites und drittes Mal zu tropfen, da zuweilen bei Papieren mit wenig Harzleim, z. B. bei gleichzeitig harz- und tierischgeleimten, der Rand weniger deutlich erscheint als sonst.

Aus Abb. 142 ist zu ersehen, wie die Reaktion auftritt. Die Abbildung zeigt vier verschiedene Papiere, welche in der eben geschilderten Weise behandelt und dann im durchfallenden Licht photographisch aufgenommen wurden.

Besonders wertvoll dürfte sich dieses Verfahren beim Prüfen von Büchern, Druckwerken, Handschriften, Landkarten usw. erweisen, da

[1] Wiesner: Die mikroskopische Untersuchung des Papiers. Wien 1887.

[2] Über ein neues einfaches Verfahren zum Nachweis von Harzleim in Papier. Herzberg: Mitt. 1892 S. 80.

man diese direkt, ohne Teile davon zu entnehmen, dem Versuch unterwerfen kann. Der zurückbleibende Harzrand wird das Versuchsblatt in den meisten Fällen nicht entwerten; man kann sich in diesen Fällen mit einem Raum begnügen, der für einen einzigen Tropfen ausreicht, da dieser schon, entweder beim ersten Male oder im Wiederholungsfall, das Harz anzeigt. Zu bemerken ist hierbei, daß Papier, welches lange der Einwirkung des Sonnenlichtes ausgesetzt war, die Harzrandbildung mit Äther nicht mehr oder nicht mehr so deutlich zeigt, wie das ursprüngliche Papier. Mit Alkohol geben auch belichtete Papiere zuweilen noch einen Harzrand. Begründet liegt dieses Verhalten in der Umwandlung des Harzes in Oxysäuren.

In den weitaus meisten Fällen wird es dem Ermessen des Untersuchenden freistehen, sich der einen oder anderen der geschilderten

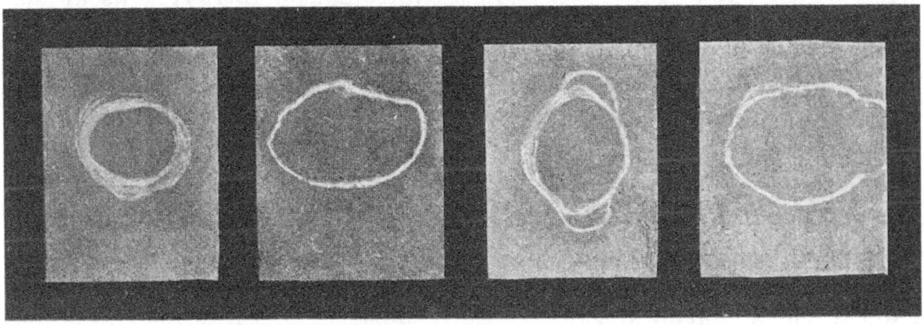

Abb. 142. Ätherreaktion bei harzgeleimten Papieren.

Verfahren zum Nachweis von Harz zu bedienen; er wird sich dabei leiten lassen von äußeren Umständen, etwa von den zur Verfügung stehenden Chemikalien, der Menge des vorhandenen Papiers usw. In einigen besonderen Fällen aber wird er eine Auswahl zu treffen haben. Handelt es sich z. B. um ein gefettetes Papier, so kann man dieses nicht durch Ausziehen mit Alkohol oder Eisessig untersuchen, da dann auch das Fett in Lösung geht und nachher mit Wasser eine Trübung gibt; ebensowenig kann man in diesem Falle die Wiesnersche Reaktion anwenden, da schon das vorhandene Fett Ursache einer Färbung im Verein mit Schwefelsäure werden würde; auch die Äthertropfmethode läßt hier im Stich, da schon durch das Fett allein ein Rand erzeugt wird. Es bleibt also für diesen Fall nur die Morawskische Reaktion übrig, wobei man allerdings die wohl immer zutreffende Voraussetzung machen muß, daß zum Fetten des Papiers keine Harzöle Verwendung gefunden haben, denn diese geben die Morawskische Reaktion ebenfalls. Auch bei gefärbten Papieren wird man nicht immer jede der angeführten Methoden anwenden können; je nach dem Verhalten des Farbstoffes den anzuwendenden Reagenzien gegenüber wird man eine Auswahl vorzunehmen haben. Kurz, man kann zum Nachweis des Harzes im Papier nicht gut eine allgemeine Vorschrift geben, die auch alle besonderen Fälle in sich schließt; der Untersuchende muß vielmehr von Fall zu Fall selbst seine Entscheidung treffen.

Brauer und Ruthsatz[1] haben zum „Nachweis von Harzen, insbesondere in Leinölfirnissen", neue Farbreaktionen ermittelt, und zwar:

1. Eine Gruppenfärbung a) mit Phosphormolybdänsäure und Ammoniak, b) diazotierter Sulfanilsäure und Kalilauge.
2. Spezialreaktionen für die einzelnen Harze mit konzentrierter Schwefelsäure und Ammoniummolybdat.
3. Eine besondere Reaktion auf Kolophonium und Schellack mit Phosphorwolframsäure und Ammoniak.

Ob und in welcher Weise diese Reaktionen für den Nachweis von Harz in Papier anwendbar sind, muß noch festgestellt werden.

Zur Bestimmung der Menge des im Papier vorhandenen Harzes (frei und gebunden) behandelt man das Papier mit Äther oder Alkohol und zieht so den größten Teil des Harzes aus; dann kocht man die ausgezogene Probe mit etwa 5%iger Natronlauge, filtriert, wäscht den Papierbrei mit heißem Wasser aus und setzt zu dem Filtrat Schwefelsäure. Das hierbei ausgeschiedene Harz wird durch Schütteln mit Äther aufgenommen, die Lösung mit dem ersten Harzauszug vereinigt und das in diesem Gemisch vorhandene Harz nach dem Verdampfen des Lösungsmittels bestimmt.

Nachweis von Tierleim und Harzleim auf mechanischem Wege.

Unter Umständen kann man schon auf mechanischem Wege die Art der Leimung eines Papiers feststellen. Man behandelt zu dem Zwecke einen halben Bogen so, wie es auf S. 290 bei Besprechung der Handknitterprüfung geschildert wird, aber ohne Löcher in das Blatt zu reiben. Auf dem zerknitterten und schwach geriebenen Papier zieht man Tintenstriche. Schlagen diese durch, so ist das Papier nur tierisch geleimt (Bogen- oder Bahnleimung), schlagen sie nicht durch, so liegt Harzleimung vor. (Neben dieser kann dann auch noch Tierleim vorhanden sein, der auf chemischem Wege nachgewiesen werden muß.)

Aus Abb. 143 ist das verschiedene Verhalten der Tinte zu sehen.

Die Erklärung der Erscheinung liegt in der verschiedenen Verteilung des Leimmaterials. Der Harzleim ist durch die ganze Masse des Papiers verteilt, während der Tierleim im wesentlichen nur in den äußeren Schichten des Blattes abgelagert und die innere Schicht mehr oder weniger leimfrei ist.

Nach dem Reiben hat sich bei dem harzgeleimten Papier hinsichtlich der Lagerung der Leimteilchen nichts geändert, sie verhindern nach wie vor das Durchschlagen der Tinte (Abb. 143, Proben 1—3).

Bei den tierisch geleimten Papieren aber ist die Leimschicht auf beiden Seiten vielfach durchbrochen und mit zahlreichen Löchern und Rissen durchsetzt. In diese Risse dringt die Tinte ein und durchdringt die Mittelschicht bis zur anderen Seite (Abb. 143, Proben 4—6).

Natürlich wird man diese Prüfung nur als Notbehelf benutzen in Fällen, in denen Mittel zum einwandfreien Nachweis auf chemischem oder physikalischem Wege nicht zur Hand sind.

---

[1] Brauer u. Ruthsatz: Chem.-Ztg. 1926 Nr. 55.

Ein in der Praxis wegen seiner Einfachheit vielfach angewendetes Verfahren zur Unterscheidung von Tierleim und Harzleim besteht darin, daß man mit Hilfe eines brennenden Lichtes Stearin auf das

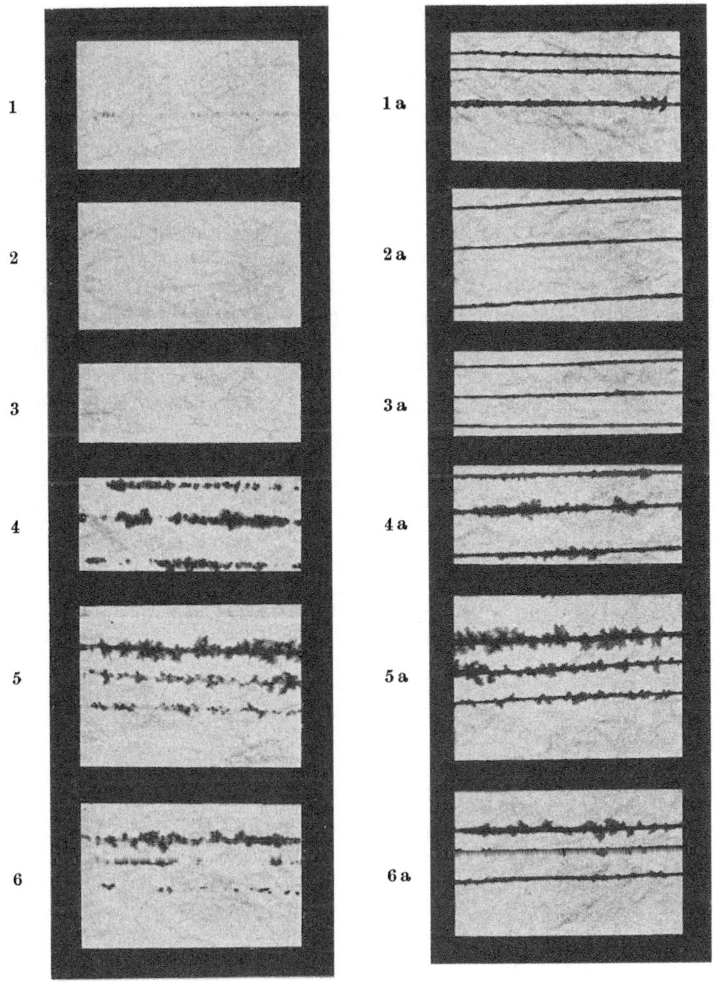

Vorderseite Rückseite

Abb. 143. Tintenstriche auf zerknittertem und geriebenem Papier. Proben 1—3 harzgeleimt. Proben 4—6 tierisch geleimt (Bogenleimung).

Papier tropft. Bei nur mit Harz geleimten Papieren durchdringen die Tropfen das Papier sofort, bei tierisch geleimten nicht. Entfernt man das Stearin nach dem Erkalten, so ist auf dem tierisch geleimten Papier die getroffene Stelle kaum sichtbar, während sie bei dem Papier mit Harzleim glasig durchscheinend wie ein Fettfleck erscheint.

Bei Anwendung dieses Verfahrens darf man aber nicht außer acht lassen, daß sich Papiere, die im Stoff mit Harz und im Bogen mit Tierleim geleimt sind, ebenso verhalten, wie die nur mit Tierleim geleimten. Auch bei diesen dringt der Tropfen nicht durch. Die Untersuchung auf Harzleim geschieht dann in der vorher geschilderten Weise.

Stärke.

Stärke wird dem Papierstoff vielfach zugesetzt zur Verbesserung der Leimung, zum besseren Festhalten der Füllstoffe, direkt als Füllstoff, als Schönungs- und Appreturmittel, zur Erhöhung der Dichte, Steifheit, Härte usw., meist in Form von Kleister, aber auch roh, nur mit Wasser angerührt. Verwendung findet meist Kartoffelstärke als billigste Stärkesorte.

Der Nachweis der Stärke im Papier geschieht mit Hilfe von stark verdünnter Jod-Jodkaliumlösung; bringt man einen Tropfen hiervon auf stärkehaltiges Papier, so entsteht eine Blau- oder Violettfärbung infolge der Bildung von Jodstärke. Die Jodlösung muß sehr verdünnt sein, weil sonst die Blaufärbung des Papiers durch die braune Farbe der Lösung verdeckt wird.

Zur Bestimmung der Menge der vorhandenen Stärke wird letztere durch Behandlung des Papiers mit Diastase oder verdünnter Säure in Zucker übergeführt und dieser mit Hilfe der hierfür bekannten Verfahren bestimmt[1].

Viskose.

Viskose, hergestellt durch Behandlung von Zellstoff mit Alkalien und Schwefelkohlenstoff, ein Zellulosexanthogenat, ist als Zusatz bei der Harzleimung in Vorschlag gebracht worden. Sie gibt dem Papier erhöhte Festigkeit, Härte und besseren Griff. Als eigentliches Leimmittel kommt sie nicht in Frage, da sie, auch in großen Mengen angewendet, kein leimfestes Papier ergibt.

Die Frage des Nachweises von Viskose im Papier bedarf noch gründlicher Durcharbeitung. Nach Klemm[2] erfolgt er am besten auf mikroskopischem Wege. Mit Viskose gearbeitete Papiere zerfasern beim Kochen mit Lauge oft sehr schwer; man schabt daher von dem gekochten Papier etwas ab und benutzt dieses Geschabsel zur Anfertigung der Präparate. Die Fasern sind von dem ausgeschiedenen Zelluloseniederschlag wie mit einem Schleim umgeben, mit einem Gewirr von feinen Fäserchen und Häutchen, die sich mit Jod-Jodkalium grau, mit Chlorzinkjodlösung violett färben.

Wachs, Paraffin, Stearin, Fett, Öl.

Diese Stoffe werden bei der Herstellung von Sondererzeugnissen der Papierindustrie (Pauspapier, Paraffinpapier, Preßspan usw.) benutzt,

[1] Lunge: Chemisch-technische Untersuchungsmethoden. Desgleichen Kamm und Voorheess: Quantitative Bestimmung von Stärke in Papier (Paper Makers Month. J. 1920 S. 47 u. P.F. 1920 S. 307) und Frankenbach: Die Methoden zur Bestimmung der Stärke. P.F. 1922 Nr. 34. Methode der Technical Association of the Pulp and Paper Industry. W.B. 1927 Nr. 22 S. 668.

[2] Klemm: Papierkunde 1910 S. 275.

teils als Zusatz zum Papierstoff, teils zum Tränken der fertigen Bahn.

Zum Nachweis zieht man möglichst große Mengen Papier in einem Extraktionsapparat mit Äther, Chloroform o. a. aus, verdunstet auf dem Wasserbade und untersucht den Rückstand auf sein chemisches Verhalten, seine Jodzahl, Verseifungszahl usw.[1].

Montanwachs.

Um manche Sorten von Papieren wie Tapeten-, Streich- und Druckpapiere weich und geschmeidig zu machen, wird Leimung mit Montanwachs empfohlen. Der Nachweis von Montanwachs neben Harz kann nach Marcusson und Lederer[2] in nachstehender Weise erfolgen. Eine größere Menge Papier (60—100 g) wird dreimal im Kolben mit 100—150 cm^3 Benzol-Alkohol (8 : 2) ausgekocht. Dieses Gemisch löst nicht nur Harz- und Montansäure, sondern auch ihre Tonerde-Salze. Das Lösungsmittel wird nunmehr abdestilliert; der Rückstand liefert ein quantitatives Maß für den verwendeten Leim. Ist der Rückstand harzartig spröde und tritt die Morawskische Reaktion ein, so ist Harz zugegen. Andernfalls liegt Montanleim oder ein Gemisch von Montanleim mit Harz vor, das die Morawskische Reaktion nicht mehr gibt, wenn beim Lagern im Papier Oxydation eingetreten ist.

Man erwärmt nunmehr den Benzolextrakt mit $\frac{n}{2}$ alkoholischer Kalilauge zur Überführung der vorliegenden Tonerde-Salze in die Alkaliverbindungen und schüttelt das Unverseifbare nach Hönig und Spitz[3] aus. Die alkalische Lösung liefert dann die Säuren, welche nach dem Veresterungsverfahren[4] in Wachs und etwa vorhandene Harzsäuren zerlegt werden. Zur näheren Kennzeichnung der Wachssäuren wird noch durch Titration das mittlere Molekulargewicht bestimmt. Es wurde bei Vorliegen eines dunklen Montanleimes zu 399, bei Verwendung eines hellen Leimes zu 405 gefunden. — Das vom Benzolalkoholauszug abgetrennte Papier kann noch in der üblichen Weise auf Tierleim usw. geprüft werden.

Kautschuk.

Kautschuk in Form von Latex ist für die Leimung von Papier vorgeschlagen worden, hat aber für diesen Zweck wenig Anwendung gefunden. Als Imprägniermittel wird er jedoch in Sonderprodukten häufiger angetroffen. Zum Nachweis[5] wird ein Chloroformauszug des Papiers mit einer Lösung von Brom in Chloroform bis zur Sättigung versetzt; darauf

[1] Lunge: Chemisch-technische Untersuchungsmethoden.

[2] Marcusson u. Lederer: Chemische Umschau 1931 Heft 18, S. 253.

[3] Hönig u. Spitz. Vgl. Marcusson: Untersuchung der Öle und Fette, 3. Aufl. S. 71.

[4] Nach Wolff u. Scholze. Vgl. Marcusson: Untersuchung der Öle und Fette, 3. Aufl. S. 77 u. 78.

[5] Bei gleichzeitiger Anwesenheit von verseifbaren Stoffen sind diese zuerst durch Kochen mit alkoholischer Kalilauge zu entfernen. Die unverseifbaren Bestandteile werden dann auf Kautschuk, wie angegeben, geprüft.

wird mit Benzin stark verdünnt, wobei die gebildeten Bromide ausfallen. Man läßt den Niederschlag absetzen, gießt die überstehende Lösung ab und wäscht mit etwas Alkohol nach, um das überschüssige Brom zu entfernen. Nach Absaugung des Alkohols werden die Bromide nochmals in Chloroform gelöst und durch Alkohol erneut gefällt; es entsteht ein flockiger Niederschlag von Kautschuktetrabromid.

Aziditäts- und Alkalitätsbestimmung.

Bestimmung der aktuellen Azidität (bzw. Alkalität) durch Messung der Wasserstoffionenkonzentration.

Die chemisch reine Faser reagiert neutral; kommt im Papier eine saure oder alkalische Reaktion zustande, so ist sie zurückzuführen auf Rückstände, die vom Aufschluß und sonstiger Behandlung der Faserstoffe herrühren oder auf Zusätze, die dem Papier während der Herstellung zugegeben worden sind. Auf diese Stoffe, soweit sie wasserlöslich sind, ist die Reaktion zurückzuführen, die ein Auszug des fertigen Papiers gibt.

Maßgeblich für den Grad der Säurewirkung eines Papiers ist die sog. „aktuelle“ Azidität, die nur den als freies Ion vorhandenen Wasserstoff umfaßt, also identisch ist mit der Wasserstoffionenkonzentration ($[H^{\cdot}]$). Diese gibt an, wieviel Gramm Wasserstoffionen im Liter enthalten sind. Da die $[H^{\cdot}]$ häufig in sehr kleinen Werten erscheint, hat Sörensen den negativen Logarithmus als bequemes Maß für die $[H^{\cdot}]$ eingeführt und ihm die Bezeichnung Wasserstoffexponent gegeben (Symbol p_H). Einer $[H^{\cdot}]$ von 0,000001 oder 1×10^{-6} entspricht also p_H 6, eine positive Zahl. Neutrale Reaktion ist charakterisiert durch p_H 7,07 (rund 7). Bei saurer Reaktion ist p_H kleiner als 7, bei basischer größer als 7*. Die p_H-Bestimmung gibt also im Gegensatz zu der früher allein üblichen Prüfung mit Lackmus- und Kongopapier Zahlenwerte.

Für die Herstellung des Auszuges hat sich im Materialprüfungsamt folgendes Verfahren[1] bewährt: 1 g Papier wird in Schnitzel von etwa 5 mm² geschnitten, in einem mit einem Uhrschälchen bedeckten Erlenmeyerkolben aus Jenaer Glas unter kräftigem Schütteln mit 50 cm³ kochendem destillierten Wasser übergossen und dann auf dem Wasserbad eine Stunde auf 90° gehalten. Das zu verwendende Wasser ist nur brauchbar, wenn es im ausgekochten Zustand einen p_H-Wert von 6,7 bis 7,1 aufweist, also praktisch neutral ist. Nach dem Abkühlen des Kolbens auf Zimmertemperatur kann der p_H-Wert des Auszuges entweder mit Indikatoren oder elektrometrisch bestimmt werden.

---

* Weiteres über die Theorie der p_H-Messung s. Lorenz: Über p_H-Messung und ihre Anwendung in der Papierfabrik. P.F. 1928 Nr. 24 S. 365 u. Nr. 28 S. 427, ferner:

[1] Schulze, B.: p_H-(Wasserstoffionenkonzentrations-)Bestimmung von Papier. W.B. 1928 Nr. 39 S. 1087. P.F. 1928 Nr. 41 S. 625; Z. u. P. 1928 Nr. 12 S. 808.

Kolorimetrische Messung.

Für eine schnelle orientierende Bestimmung an ungefärbten Auszügen, bei der es auf allzu große Genauigkeit nicht ankommt, leistet der Universalindikator der Firma Merck-Darmstadt gute Dienste. Man gibt von der zu untersuchenden Flüssigkeit 8 cm^3 in eine kleine Porzellanschale oder Palette, setzt 2 Tropfen Universalindikator hinzu und vergleicht die dadurch entstandene Farbe mit einer Farbenskala [1]. Die Zahlen unter den einzelnen Farben drücken den p_H-Wert für diese Farbe aus. Die Farben sind nur in Abständen von p_H 0,5 zu 0,5 aufgezeichnet. Zwischenwerte müssen geschätzt werden.

In der p_H-Abstufung genauer ist das Wulffsche Folien-Kolorimeter [2]. Wulff verwendet durchsichtige, quellbare Membranen, die den Indikator in sich adsorbiert enthalten. Die Folien sind auch bei Prüfung von kolloiden und von getrübten Lösungen verwendbar. Es kommen drei Foliensorten [3] mit drei farbigen Vergleichsskalen und einem p_H-Bereich von 2,6—5,0; 5,0—7,2; 7,0—9,0 in Abständen von 0,2 zur Anwendung. Bei Ausführung der Prüfung wird die Folie, in deren p_H-Bereich vermutlich der p_H-Wert der zu untersuchenden Lösung fällt, in die Flüssigkeit eingelegt. Nach 1 Minute wird der der gefärbten Folie ähnlichste Farbton auf der Vergleichsskala gesucht und der p_H-Wert abgelesen. Liegt die p_H-Zahl der Lösung nicht im Bereich der benutzten Folie, so soll sie laut Gebrauchsanweisung eine Färbung zeigen, die ungefähr mit dem am äußersten Ende der Skala befindlichen Farbton übereinstimmt, so daß man auf die hier anschließende Folie verwiesen wird. Leider ist die Feststellung des richtigen Skalenbereiches nicht immer leicht und eindeutig. So kann z. B. der Übergang von der Skala 2,6—5 zur Skala 5,0—7,2 zu Täuschungen führen. Hat eine zu prüfende Flüssigkeit $p_H > 5$, so nimmt die Folie I ein schwach rotstichiges Blau an, das dem Farbton von p_H 4,7 der Vergleichsskala nahekommt und nicht auf die Folie II verweist, die den allein richtigen Wert angeben würde.

Solche Fehlbestimmungen können vermieden werden, wenn man eine Vorprobe mit dem Merckschen Universalindikator oder, wenn es sich um gefärbte Flüssigkeiten handelt, mit dem Indikatorpapier nach Behrens für $p_H = 5$ macht, dessen Herstellung in der auf S. 240 Fußnote 1 angegebenen Arbeit beschrieben worden ist. Die Farbe dieses Papiers erscheint bei $p_H < 5$ gelblich-rosa, bei $p_H > 5$ grünlichblau. Die erwähnten, wie alle Indikatormethoden haben den Nachteil, daß sie bei Lösungen mit starker Eigenfarbe versagen und eine subjektive Beurteilung in sich schließen. Die Standardmethode, nach der alle anderen geeicht werden, ist die elektrometrische p_H-Messung.

---

[1] Für den Universalindikator Merck und für zahlreiche andere Indikatoren liefert die Firma Hellige & Co.-Freiburg Komparatoren mit farbstabilen Indikatorscheiben.

[2] Wulff, P.: Indikatorfolie, ein neues Hilfsmittel zur Bestimmung der Wasserstoffionenkonzentration. Chem.-Ztg. 1926 S. 732. Zu beziehen bei der Firma M. Lautenschläger-München.

[3] Neuerdings ist der Meßbereich der Folien nach oben und unten erweitert worden, er umspannt jetzt p_H 1,4—12,6.

Elektrometrische Messung.

Für die elektrometrische p_H-Bestimmung stehen heute zahlreiche Apparate zur Verfügung, die sich durch einfache Handhabung auszeichnen. Im Materialprüfungsamt wird eine Meßeinrichtung nach Dr. Thrun und Dr. Tödt (Abb. 144) der Firma Ströhlein & Co.-Düsseldorf benutzt. Die p_H-Bestimmung erfolgt hierbei, wie üblich, durch Messung der elektromotorischen Kraft (EMK.) eines Aggregates, das aus einer mit der zu untersuchenden Lösung in Berührung stehenden Meßelektrode (Chinhydron-[1] oder Wasserstoffelektrode) und der konstanten Bezugselektrode (Kalomelelektrode) besteht. Das Potentiometer arbeitet nach dem Prinzip der Kompensationsmethode unter Verwendung

Abb. 144. Elektrometrische p_H-Meßeinrichtung nach Dr. Thrun und Dr. Tödt.

eines hochempfindlichen Galvanometers als Nullinstrument. Ein besonderer Vorzug der Apparatur liegt in der Kombination der Bezugs- und Versuchselektrode in einem gemeinsamen Glasgefäß. Die Ausführung einer Messung geschieht in folgender Weise: Der Akkumulator wird an die mit *A* (Abb. 144), die kombinierten Elektroden werden an die mit *X* bezeichneten Klemmen unter Beachtung der Polarität angeschlossen. In den mit Thermometer versehenen Schenkel des Glasgefäßes der Elektrodenanordnung wird der mit einer Messerspitze Chinhydron versetzte und geschüttelte Auszug eingefüllt. Der Umschalter *U* des Potentiometers befindet sich in Stellung *E*. Die mit „grob" und „fein" bezeichneten Drehwiderstände werden so einreguliert, daß das Galvanometer bei kurzem Drücken der Taste *T* in der Nullstellung verbleibt, dann wird der Umschalter *U* auf *P* gestellt und durch Drehen des elfstufigen Rastenschalters *R* auf den kleinsten Galvanometer-Ausschlag eingestellt (z. B. 500). Bei der Stellung des Umschalters *U* auf *M* wird nun mittels des linken Drehknopfes auf der 100teiligen Skala die Nullstellung

[1] Wegen der schnellen Einstellung des Potentials und der einfachen Handhabung empfiehlt sich die Benutzung der Chinhydronelektrode.

gesucht. Wird diese z. B. bei 17,5 gefunden, so hat die gesuchte EMK. den Wert von $500 + 17,5 = 517,5$ Millivolt. Der gesuchte p_H-Wert ist auf Grund der gefundenen Anzahl Millivolt unter Berücksichtigung der Temperatur einer beigegebenen Tabelle zu entnehmen. — Vor jeder Messung oder Meßreihe ist eine Eichung der Apparatur mit einer Lösung von bekannter p_H-Zahl vorzunehmen. Bewährt hat sich das von Michaelis angegebene Standardazetatgemisch[1], das aus

1 n-NaOH	50 cm^3
1 n-Essigsäure	100 cm^3
dest. Wasser	350 cm^3

besteht und bei 18° $p_H = 4,62$ aufweist. Werden geringe Abweichungen gefunden, so sind sie in Rechnung zu stellen, andernfalls ist den Fehlerquellen nachzugehen. Als solche kommen nach den Erfahrungen des Amtes hauptsächlich Veränderungen der EMK. der Bezugselektrode und Verwendung eines ungeeigneten Chinhydrons[2] in Frage. Nachstehend sind die nach dem elektrometrischen und nach kolorimetrischen Verfahren ermittelten p_H-Wert einiger im Amt geprüften Papiere wiedergegeben:

Vergleichende p_H-Bestimmung.

Nr.	Papiersorten	elektrometrisch	Universalind. Merck	Folienkolorimeter
1	Normal 4b	4,30	4,0—4,5	4,3
2	Orangefarben Packpapier . . .	4,20	Auszug gefärbt	4,2
3	Handgeschöpft Bütten.	4,75	5,0	4,7—5,0
4	Normal 4a	4,95	5,5—5,0	4,7—5,0
5	Packpapier	6,25	6,0	6,2
6	Rohpapier zur Herstellung von Lackmuspapier	6,75	6,5	6,2
	CO_2 freie Extraktion	7,45	7,5	—
7	Strohpappe	8,75	Auszug gefärbt	8,5
8	Pergament[3] stark brüchig . . .	3,05	—	—
9	Pergament stark brüchig . . .	3,40	—	—
10	Pergament brüchig	3,70	—	—

Bestimmung der potentiellen Azidität bzw. Alkalität durch Titration.

Während die aktuelle Azidität, wie im vorigen Abschnitt erläutert, nur den als freies Ion vorhandenen Wasserstoff umfaßt, bezeichnet man die durch Titration gefundene Summe des insgesamt verfügbaren Wasserstoffes (sowohl des als freies Ion vorhandenen, wie des in undissoziiert

[1] Michaelis: Bei Bedarf in Ampullen fertig zu beziehen von der Firma Lautenschläger-München 2 SW 6.

[2] Trénel u. Bischoff: Über die Beziehungen der Darstellung des Chinhydrons zu seiner potentiometrischen Eignung. Z. angew. Chem. 1929 S. 288. — Im Amt wird Chinhydron der Firma Merck-Darmstadt benutzt.

[3] Bei Pergamentpapieren muß die Bestimmung am Papier selbst erfolgen, da der wässerige Auszug zu niedrige [H˙] anzeigt (s. die auf S. 240 Fußnote 1 angegebene Arbeit).

gebliebenen Molekülen gebundenen) als potentielle Azidität. In entsprechender Weise werden bei der Titration einer alkalischen Lösung die insgesamt verfügbaren OH-Ionen erfaßt[1]. Für die Bestimmung des Säuregehaltes von Papier sind verschiedene Methoden angegeben worden, von denen hier nur einige beschrieben werden können.

Nach Köhler und Hall[2] werden 5 g in einer Mühle zerkleinertes Papier in einem 500 cm^3-Erlenmeyerkolben unter starkem Schütteln nach und nach mit 250 cm^3 siedendem Wasser übergossen und nach Verschluß des Kolbens durch einen mit einem Steigrohr von etwa $^3/_4$ m Länge versehenen Korken genau eine Stunde im Wasserbad erhitzt. Während dieser Zeit wird zwei- bis dreimal geschüttelt. Der Extrakt wird unter Verwendung eines Büchner-Trichters kräftig abgesaugt und der im Kolben verbliebene Rest mit 10 cm^3 kaltem Wasser nachgespült. Darauf wird der Stoff noch zweimal in derselben Weise extrahiert. Jeder Auszug wird auf Zimmertemperatur abgekühlt und mit $\frac{n}{100}$ Natronlauge unter Verwendung von Phenolphthalein als Indikator titriert. Als Maßstab für die Beurteilung des Säuregehaltes dient die Säurezahl, unter der man die Anzahl der insgesamt verbrauchten Kubikzentimeter $\frac{n}{100}$ Alkali, bezogen auf 10 g Papier, versteht.

Eine gesonderte Bestimmung der sog. „äußeren" von Oberflächenleimung herrührenden Azidität nimmt Hall[3] in folgender Weise vor: In Abänderung der von Vandevelde[4] angegebenen Extraktionsmethode werden 10 g in Stücke geschnittenes Papier 2 Minuten mit 100 cm^3 kaltem destillierten Wasser unter ständigem Schütteln ausgezogen. Der Auszug wird mittels eines Büchnertrichters ohne Nachwaschen abgezogen und das Filtrat mit $\frac{n}{100}$ Natronlauge und Phenolphthalein als Indikator titriert. Als „äußere Säurezahl" gilt die Anzahl der verbrauchten Kubikzentimeter NaOH, bezogen auf 10 g absolut trockenes Papier. Die inneren, d. h. von der Stoffleimung herrührenden Säureanteile werden nach Hall durch diese Methode nicht erfaßt; man bestimmt sie durch Subtraktion des für die „äußere Säure" gefundenen Wertes von dem auf oben beschriebene Weise ermittelten Gesamtsäuregehalt.

Erwähnt sei noch die versuchsweise eingeführte Methode der American Society for Testing Materials[5] für die Bestimmung der Azidität und Alkalität, die sich in der Art des Auszuges und der Titration von der schwedischen Methode unterscheidet.

---

[1] Der durch Titration ermittelte Wert besagt somit nichts über die Stärke der vorhandenen Säure oder Base, d. h. nichts über den Dissoziationsgrad, von dem jedoch die saure bzw. alkalische Wirkung abhängt.

[2] Köhler u. Hall: Undersökningar över Finpappers Hållbarhet. Stat. Provn.-Anst. Stockh. Medd. 1925 Nr. 28 S. 82.

[3] Hall: Paper Trade J. Bd. 82 (1926) Nr. 14 S. 54, siehe auch: Der Säuregehalt oberflächengeleimter Papiere. Mitt. Bur. Stand. Juni-Dezember 1930.

[4] Vandevelde: Revue des Bibliothèques et Archives de Belgique Bd. 4 (1906) S. 77—85 u. W.B. 1906 S. 2642 u. die 6. Aufl. dieses Buches S. 187. Berlin: Julius Springer 1927.

[5] Paper Trade J. Bd. 92 (1931) Nr. 16 S. 63.

1 g des zermahlenen Papiers wird in einem 250 cm^3-Erlenmeyerkolben mit 100 cm^3 kochendem destillierten Wasser übergossen und in einem Wasserbad 5 Minuten erhitzt, während ein Rührwerk den Kolbeninhalt bei 95° in dauernder Bewegung hält. Falls nach dieser Zeit noch keine völlige Zerfaserung des Stoffes eingetreten ist, wird 5 Minuten länger gerührt. Darauf wird ohne Nachwaschen möglichst schnell durch einen Goochtiegel filtriert, das Filtrat 3 Minuten lang gekocht und unmittelbar darauf titriert. Die Temperatur der Lösung soll zur Vermeidung eines Kohlensäurefehlers[1] nicht unter 80° C sinken. Reagiert der Auszug sauer, so wird mit $\frac{n}{100}$ NaOH und Phenolphthalein als Indikator titriert, reagiert er alkalisch, so wird ein kleiner Überschuß von $\frac{n}{100}$ Schwefelsäure zugesetzt und dann mit $\frac{n}{100}$ NaOH zurücktitriert. Die Ergebnisse werden ausgedrückt in Gewichtsprozenten von SO_3, wenn das Papier sauer und von NaOH, wenn es alkalisch ist. Liegen stark gefärbte Auszüge vor, so ist der Umschlag von Indikatoren nicht oder nur ungenau zu beobachten; für solche Fälle schlagen Clarke und Wooten[2] die potentiometrische Titration vor. Sie fügen dem sauren bzw. mit Säure versetzten Auszug Chinhydron und KCl zu und titrieren im Stickstoffstrom mit NaOH, wobei der Nullpunkt mittels eines Galvanometers festgestellt wird. Die Ergebnisse sollen von der Temperatur wenig, von der KCl-Anwesenheit gar nicht beeinflußt werden und bis auf ± 1% genau sein.

Da Säure vom Papier außerordentlich hartnäckig zurückgehalten wird und die letzten Reste kaum ausziehbar sind, ist die Säurebestimmung im hohen Maße von der Art, in welcher der Auszug vorgenommen wird, abhängig. Für die Gewinnung vergleichbarer Werte ist deshalb die Einhaltung ein und derselben Methode erforderlich. Im Materialprüfungsamt wird im allgemeinen das Verfahren nach Köhler und Hall angewendet.

Metallschädliche Bestandteile.

Von den Papieren, welche zum Umhüllen von Metallen, also zum Verpacken von Nähnadeln, Messern, Blattmetallen usw., Verwendung finden, verlangt der Verbraucher mit Recht, daß sie frei von Stoffen sind, die das in Frage kommende Metall angreifen. Von diesem Gesichtspunkt ausgehend, wird bei Bestellung derartiger Papiere dem Fabrikanten gewöhnlich vorgeschrieben, das Papier „chlor- und säurefrei" zu liefern. Mit dieser Bestimmung im Vertrage glaubt der Bezieher alles getan zu haben, um seine Metallwaren gegen schädliche Einflüsse durch das Papier geschützt zu wissen. Es herrscht eben weit verbreitet die Ansicht,

[1] Nach Wehmhoff: Paper Trade J. Vol. 90 (1930) Nr. 26 S. 63 werden die Ergebnisse bei der Köhler-Hall-Methode durch die Kohlensäure der Luft nicht oder nur unwesentlich beeinflußt.

[2] Clarke u. Wooten: Nullpunktsmethode der potentiometrischen Titration zur Bestimmung von Säure oder Alkali im Papier. Ind. Engng. Chem. Analytical Edition 2 S. 385—387. New York 15. Okt. 1930.

daß Papier, welches frei von Chlor und Säure ist, sich ohne weiteres zum Einschlagen jedweder Metallwaren eignet. Obwohl schon wiederholt, so insbesondere von Stockmeier, auf das Irrtümliche dieser Auffassung hingewiesen worden ist[1], taucht sie immer wieder auf. Beschwerden über das Anlaufen von Metallen durch „chlor- und säurehaltige Papiere" kehren immer wieder.

Zu fest scheint die Annahme gewurzelt, daß es bei der Beurteilung eines Papiers zu dem erwähnten Zweck lediglich darauf ankommt, zu wissen, ob es „chlor- und säurefrei" ist.

Es erscheint daher angebracht, auch an dieser Stelle darauf hinzuweisen, daß die Ursache der Einwirkung auf Metalle ganz verschiedenartig sein kann und daß die Gewährleistung für die Güte des Papiers von einem anderen Gesichtspunkte aus gefordert und gegeben werden sollte, als es zumeist geschieht.

Es handelt sich beim Angriff von Metallen durch Papier um zwei verschiedene Erscheinungen, und zwar einerseits um Bildung von Sauerstoffverbindungen, andererseits von Schwefelverbindungen. Erstere kommen hauptsächlich für Eisen- und Stahlwaren (Rostbildung) und für Aluminium (Bildung von Aluminiumoxyd) in Betracht, letztere für Gegenstände aus Silber, Kupfer und Kupferlegierungen, zu denen auch die sog. leonischen Fabrikate (unechtes Gold) gehören.

Sauerstoffverbindungen können unter Mitwirkung des Sauerstoffes der Luft bei Vorhandensein von Chlor, von Salzen[2], insbesondere von Chloriden, und von Säuren entstehen. Freies Chlor, das stark oxydierend wirkt, wird jedoch fast nie in Papieren gefunden, da überschüssiges Chlor aus dem Halbstoff durch Hinzufügen von Entchlorungsmitteln und durch die großen Wassermengen, mit denen die Faser in Berührung kommt, unschädlich gemacht wird. Eher ist mit Anwesenheit von Chloriden zu rechnen, die in geringen Mengen vom Fabrikationswasser herrühren können, mitunter aber auch, z. B. in Form von Magnesiumchlorid, dem Papier zum Weichmachen zugesetzt werden. Enthält ein Papier gleichzeitig Chloride und Alaun, so sind, worauf Dr. Wurster schon 1888 in der „Papier-Zeitung" hingewiesen hat, bei feuchter Luft die Bedingungen für die Bildung von Salzsäure gegeben; in einem solchen Papier würden Stahlwaren Rost ansetzen, und Stockmeier hat einzelne solcher Fälle in der Papier-Zeitung 1893 Nr. 84, S. 25, bekanntgegeben und durch Analysenergebnisse belegt. Außerdem können Chloride allein auch stark rostbefördernd wirken.

Bei der Prüfung von Papier auf freies Chlor verfährt man am besten in der Weise, daß man es in Stücke zerschneidet, diese durch destilliertes Wasser zieht, sie dann abwechselnd mit Kaliumjodidstärkepapier[3] übereinander schichtet und das Ganze mit einer Glasplatte

[1] Dr. H. Stockmeier: Nähnadelverpackung. P.Z. 1893 Nr. 84.

[2] Friend u. Marshall: Über die rostfördernde Wirkung verschiedener Salze. J. chem. Soc. 1914 S. 2776.

[3] Das Kaliumjodidstärkepapier stellt man her, indem man gewöhnliche Stärke mit kaltem Wasser zu einem Brei anrührt, diesen unter Umrühren in siedendes Wasser gießt, in welchem man eine geringe Menge Jodkalium aufgelöst hat und durch die erkaltete Lösung Filtrierpapier zieht.

beschwert. Ist freies Chlor vorhanden, so zeigt das Stärkepapier infolge Bildung von Jodstärke mehr oder weniger blaue Streifen und Flecke.

Der Nachweis von Chloriden geschieht durch Ausziehen des Papiers mit stark verdünnter Salpetersäure und Versetzen des Auszuges mit Silbernitratlösung. Waren Chloride vorhanden, so entsteht ein weißer, käsiger Niederschlag von Chlorsilber, der im Licht sehr bald violett wird.

Der Grad der Einwirkung von Säure ist von dem Konzentrationsgrad des als freies Ion vorhandenen Wasserstoffes abhängig, gleichgültig, ob die saure Reaktion von einer freien Säure, die als solche in den Papierstoff gelangt ist, oder von einem sauer reagierenden Salz, wie z. B. dem zur Leimung zugesetzten Aluminiumsulfat, herrührt.

Zum Nachweis, ob ein Papier saure Bestandteile enthält, dient im allgemeinen die Prüfung mit blauem Lackmus- und mit Kongorotpapier, das man zwischen zwei mit destilliertem Wasser angefeuchteten Blättern des zu prüfenden Papiers legt; die Packung wird zwischen Glasplatten gebracht und beschwert. Sind saure Bestandteile vorhanden, so rötet sich blaues Lackmuspapier. Das Blau von Lackmus schlägt in Rot um bei einer Wasserstoffionenkonzentration, die nahe bei $p_H = 7$ liegt, Kongorot in Blau bei einem p_H-Wert von etwa 3,5. Tritt eine Reaktion mit Kongopapier ein, so handelt es sich um eine so hohe Wasserstoffionenkonzentration, wie sie erfahrungsgemäß von sauerreagierenden Salzen in Papier nicht zu erwarten ist. Man kann in solchen Fällen auf Vorhandensein von freier Mineralsäure schließen, die jedoch nur äußerst selten in Papier[1] angetroffen wird. Die in dem Stoff etwa vorhandene Säure (es kann sich handeln um Schwefelsäure, Salzsäure, schweflige Säure[2]), sei sie nun beim Bleichen direkt zugesetzt oder durch den Alaun oder Sulfitzellstoff hineingelangt oder durch Umsetzung von Alaun und Chloriden entstanden, wird teils gebunden, teils durch den Waschprozeß entfernt.

Eine Ausnahme bilden mitunter Pergamentpapiere. Dem Materialprüfungsamt sind wiederholt derartige Papiere vorgelegt worden, die infolge ihres Gehaltes an freier Schwefelsäure auf dem Lager so mürbe und brüchig wurden, daß sie nicht mehr zusammengefaltet werden konnten. Bei dem geringsten Versuche, sie zu biegen, brachen sie durch. Begießt man solche Papiere mit Kongorotlösung, so schlägt die Farbe sofort in Blau um. Die Mengen Säure, berechnet als Schwefelsäure (H_2SO_4), die bei dem Titrieren des wässerigen Auszuges derartiger Papiere gefunden wurde, schwankten von 0,17—0,57%.

Gut ausgewaschene Pergamentpapiere sollten höchstens Spuren freier Säure enthalten.

---

[1] Bei der Untersuchung der Normalpapiere sind zur Zeit der Gültigkeit der ersten „Grundsätze für amtliche Papierprüfungen" sehr zahlreiche Prüfungen auf das Vorhandensein freier, mit Kongorot reagierender Säure ausgeführt worden, alle mit negativem Erfolg. — Zu dem gleichen Ergebnis kommt Kollmann bei der Untersuchung von 200 Papieren (Z. 1907 S. 261).

[2] Für den Nachweis freier schwefliger Säure im Papier hat Stockmeier vorgeschlagen, 50 g Papier in einem Destillationsapparat mit Wasser zu kochen, das Destillat in Jod-Jodkaliumlösung zu leiten und die entstandene Schwefelsäure mit Bariumchlorid zu fällen.

Wie schon erwähnt, sind Gegenständen aus Silber, Kupfer und Kupferverbindungen Papiere besonders gefährlich, die Bestandteile enthalten, welche Schwefelverbindungen verursachen können; als solche kommen Schwefel, Sulfide und Sulfite in Frage (herrührend von Zellstoff, Antichlor, Farbstoff usw.). Bei der Auswahl der Rohstoffe[1] sollte man hieraus gebührend Rücksicht nehmen. Schwefelhaltige Farbstoffe, wie z. B. Ultramarin, sollte man natürlich ganz ausschließen[1].

Zur Prüfung auf Schwefel und Sulfide zusammen wird das Papier mit 1%iger Natronlauge ausgezogen, um etwa vorhandenen freien Schwefel in Sulfid zu überführen. Der Auszug wird in ein Becherglas gebracht und mit Salzsäure angesäuert. Gleich darauf wird das Glas mit nassem Bleipapier (Filtrierpapier mit essigsaurer Bleilösung getränkt) bedeckt und gelinde erwärmt, am besten durch Eintauchen in heißes Wasser. Beim Vorhandensein von Sulfiden oder Schwefel färbt sich das Bleipapier infolge des sich entwickelnden Schwefelwasserstoffes allmählich gelbbraun bis braunschwarz.

Freier Schwefel allein wird nach Klemm[2] durch Ausziehen mit Chloroform und Abdampfen des Auszuges nachgewiesen werden. In dem Abdampfrückstand befindet sich dann der Schwefel neben anderen ebenfalls in Chloroform löslichen Körpern in Form charakteristischer Kriställchen.

Das Vorhandensein von Sulfiten in Papier stellt man leicht mit Hilfe eines Reagenzpapiers fest, das man sich wie folgt herstellt. 1—2 g Stärke werden durch Kochen mit Wasser (50—100 cm³) gelöst und zu dieser Aufkochung wird wässerige Lösung von jodsaurem Kalium gesetzt. In diese Mischung taucht man Streifen von Filtrierpapier, die dann zum Trocknen aufgehängt werden.

Bei der Prüfung befeuchtet man Stücke des zu prüfenden Papiers mit 1%iger Salzsäure, legt das Reagenzpapier dazwischen und belastet das Ganze mit einer Glasplatte. Sind schwefligsaure Verbindungen vorhanden, so wird schweflige Säure frei, die dann Jod abspaltet, wobei Blaufärbung des Reagenzpapiers eintritt[3].

Ferner kann man zur Prüfung auf Sulfite auch in der auf S. 208 beschriebenen Weise vorgehen.

Aus dem vorher Gesagten geht hervor, daß man bei der Beurteilung eines Papiers auf Eignung zum Einschlagen von Metallwaren die Art

[1] Der Nachweis von Ultramarin im Papier geschieht in folgender Weise:

1. Betrachten des Papiers bei etwa 50—100facher Vergrößerung; bei Ultramarinfärbung kleine blaue Farbteilchen auf und in dem Papier.
2. Behandlung des Papiers im Reagenzglas mit verdünnter Schwefelsäure; bei Ultramarinfärbung Geruch nach Schwefelwasserstoff, Schwarzfärbung von feuchtem, über das Glas gelegtem Bleipapier.
3. Beobachten der blauen Körperchen unter dem Mikroskop, namentlich bei wenig Ultramarin, und Hinzufügung verdünnter Schwefelsäure; bei Ultramarinfärbung lösen sich die Farbteilchen unter Schwefelwasserstoffentwicklung — Blasenbildung — auf.

[2] Siehe Klemm: Unschädlichkeit von Papier auf Metalle und Prüfung derselben. W.B. 1909 Nr. 21 S. 1675.

[3] Da Sulfide die gleichen Reaktionen geben würden, ist in Zweifelsfällen auf diese Verbindungen gesondert in der oben beschriebenen Weise zu prüfen.

des zu verpackenden Metalls berücksichtigen muß. Wird z. B. Blattsilber von dem zum Verpacken benutzten Papier angegriffen, so werden meist Schwefel oder schädliche Schwefelverbindungen die Ursache sein; dasselbe Papier, zum Umhüllen blanker Stahlwaren benutzt, könnte sich bewähren, weil eine Einwirkung von Schwefel oder Sulfiden auf Stahl nicht so leicht vorkommen dürfte. Man wird also gut tun, dem Fabrikanten bei Bestellung von Papieren zum Umhüllen von Metallen anzugeben, um welche Metalle es sich handelt; er kann dann bei der Herstellung auf diejenigen Verbindungen besonders Rücksicht nehmen, die dem Metall schädlich werden können.

Die reine Faser greift Metalle nicht an; man sollte also dahin streben, Einschlagpapiere für Metalle lediglich aus reinem Fasermaterial herzustellen und alle sonstigen Zusätze nach Möglichkeit zu vermeiden oder doch, soweit es angeht, zu beschränken.

Nicht immer wird übrigens das Papier die Ursache des Rostens der Nadeln sein, auch die Verhältnisse, unter denen die Nadeln verpackt, aufbewahrt und verschickt werden, können Anlaß zur Rostbildung sein. Fälle dieser Art sind in den Fachblättern wiederholt mitgeteilt worden[1].

Die Feststellung, ob ein Papier Stoffe enthält, die Metall angreifen, erfolgt nicht nur auf analytischem Wege, sondern auch auf dem des praktischen Versuches; die chemische Analyse läßt hier häufig im Stich, da die erwähnten Körper meist nur in Spuren vorhanden sind.

Den ersten Vorschlag zur Prüfung von Papier auf metallschädliche Verbindungen machte Stockmeier[2] und hiernach wird im Prinzip heute noch verfahren. Das zu untersuchende Papier wird nach Stockmeier mit dem in Frage kommenden Metall (polierte Stahlplatten, Blattgold, Blattsilber usw.) innig in Berührung gebracht, entweder abwechselnd geschichtet oder fest eingepackt, und das Ganze eine Zeitlang in erwärmter feuchter Luft bei etwa 50° C aufbewahrt; von Zeit zu Zeit wird dann festgestellt, ob das Metall angegriffen ist. Zeigen die Metalle nach mehreren Tagen keine Veränderung, so kann man die Papiere technisch als frei von Stoffen ansehen, die das in Frage kommende Metall angreifen. Um sicher zu sein, daß bei einer Veränderung der Metalle nicht äußere Einflüsse mitgewirkt haben, setzt man gleichzeitig einen blinden Versuch unter Verwendung von reinem Filtrierpapier an.

Nach Klemm[3] ist die Temperaturerhöhung bei der Feststellung von Oxydationswirkungen entbehrlich, wenn nicht flüchtige Bestandteile vorhanden sind; man braucht nur für einen hohen, dem Sättigungspunkt nahen Feuchtigkeitsgehalt der Luft zu sorgen, wie er z. B. unter einer mit feuchtem Filtrierpapier ausgekleideten Glasglocke entsteht. Starke Abkühlung und Bestrahlung der Glocke durch die Sonne ist wegen der damit verbundenen Tropfenbildung zu verhindern. Für die Herstellung der Versuchskörper schlägt Klemm eine neue, durch eine Abbildung veranschaulichte Form vor, bei der Stahldraht und schmales Stahlband in geeigneter Weise durch das Papier gesteckt werden.

[1] P.Z. 1917 S. 1758 u. W.B. 1928 Nr. 26 S. 722; vgl. auch S. 289 dieses Buches.
[2] Stockmeier: P.Z. 1892 Nr. 89. [3] Klemm: W.B. 1909 S. 1675.

Im Materialprüfungsamt wurden die Versuche früher in ähnlicher Weise ausgeführt; jetzt dienen polierte Stahlplatten als Versuchsstücke und es hat sich gezeigt, daß man Rosterscheinungen an diesen Platten wegen der großen Beobachtungsflächen leichter beobachten kann als an Drähten, Nadeln o. a.

Über die im Amt übliche Versuchsausführung selbst sei kurz folgendes mitgeteilt.

I. Versuche mit Stahlplatten.

Polierte Stahlplatten werden teils in das zu prüfende Papier, teils in ein für diese Zwecke stets benutztes Vergleichspapier (reines Filtrierpapier) eingewickelt und bei 90—95% Luftfeuchtigkeit und Zimmerwärme eine Zeitlang aufbewahrt und beobachtet. Auf Vorschlag von Nickel werden hierbei auf beide Seiten der eingewickelten Platten Glasstäbe gelegt und mittels Klemmen fest gegen die Platten gedrückt (Abbildung 145). Unter den Glasstäben kommt das Papier in sehr innige Berührung mit den Platten, so daß Rostflecke hier am ehesten auftreten und früher und sicherer wahrgenommen werden können, als die sonst ungleichmäßig über die ganzen Platten verteilten Flecke.

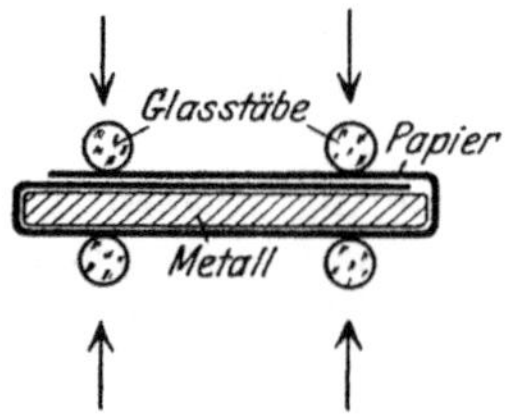

Abb. 145.

Die Versuchsanordnung ist so getroffen, daß die Feuchtigkeit in den Versuchsglocken nicht auf 100% steigen kann, so daß Tropfenbildung ausgeschlossen ist. Erreicht wird dies dadurch, daß die Glocken luftdicht abschließend über einer Kaliumkarbonatlösung von etwa 250 g Salz in 750 g Wasser stehen.

Beobachtet wird, ob die Platten im Laufe von Wochen in dem Versuchspapier stärker anrosten als im Filtrierpapier; ist dies der Fall, so enthält das Papier Stoffe, die Stahl angreifen können und es ist daher zum Umhüllen von Stahlwaren nicht geeignet; zeigen die Platten in beiden Papieren gleiches Verhalten, so ist das Papier verwendbar.

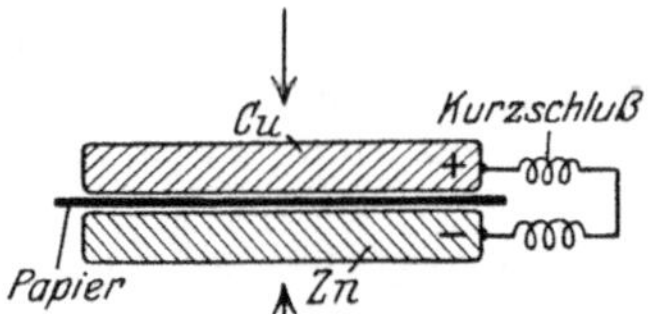

Abb. 146.

Da bei den Wickelversuchen oft Tage und Wochen vergehen, ehe die Rost- oder Anlauferscheinungen auftreten, so hat Prof. Dalén ein Schnellverfahren ausgearbeitet, bei dem ein Stück des Papiers, nachdem es etwa 1 Stunde in absolut feuchter Luft gelegen hat, zwischen eine Kupfer- und eine Zinkplatte fest eingespannt wird. Die Metallplatten müssen vor dem Versuch mit Schmirgelpapier blank gerieben werden, brauchen aber nicht poliert zu werden. Die beiden Metallplatten mit dem zwischenliegenden Papier bilden ein galvanisches Element, welches kurz geschlossen ist (Abb. 146). Statt Kupfer und Zink können auch andere Metalle, die in der elektrischen Spannungsreihe genügend weit auseinander liegen, verwendet werden.

Je nach der Menge der in dem Papier enthaltenen schädlichen Bestandteile tritt das Anlaufen der Kupferplatte nach Minuten oder Stunden auf. Bei einem Nadelpapier z. B. war bereits nach 10 Minuten deutliches Anlaufen zu beobachten. In der Regel jedoch tritt das Anlaufen, wenn überhaupt, erst nach etwa 1 Stunde ein. Reines Papier dagegen veranlaßt auch nach 12 Stunden noch kein Anlaufen.

Für die Praxis dürfte diese einfache Prüfung von Wert sein, weil sie in verhältnismäßig kurzer Zeit Ergebnisse liefert.

Die Versuche, die Reinheit des Papiers durch Messen der Stärke des elektrischen Stromes oder des Widerstandes festzustellen, haben indessen bisher noch zu keinem sicheren Ergebnis geführt, weil die Dicke des Papiers und die Menge des hygroskopischen Wassers einen unberechenbaren Einfluß auf das Ergebnis haben. Außerdem sind für diese Art Messungen sehr empfindliche und teure Instrumente nötig.

II. Versuche mit unechtem Blattgold.

Fünf Blätter unechtes Blattgold werden einzeln zwischen Abschnitte des zu prüfenden Papiers gelegt und diese Packungen in sehr feuchter Luft unter schwachem Druck aufbewahrt. Eine Versuchsreihe wird bei Zimmerwärme ausgeführt, eine zweite bei Zimmerwärme und täglich etwa sechsstündiger Erwärmung auf 45° C.

Zum Vergleich werden Blattgoldproben zwischen reines Filtrierpapier gelegt, mitgeprüft und beobachtet. Die Beobachtung setzt man so lange fort, bis man ein klares Bild über das Verhalten des Papiers erhalten hat. Es gibt Papiere, die bei diesem Versuch unechtes Blattgold schon nach 24 Stunden zum Anlaufen bringen und wiederum andere, in denen es nach Wochen noch unverändert ist. Im letzteren Fall wird der Versuch meist nach 3 Wochen abgebrochen und das Papier für unschädlich angesehen.

Die Prüfung auf das Verhalten des Papiers gegen Silber wird in gleicher Weise unter Verwendung von echtem Blattsilber ausgeführt.

Vergilbung.

Als Vergilbung bezeichnet man die Änderung des Farbtones eines Papiers beim Lagern; sie ist in mehr oder minder hohem Maße und in mehr oder weniger langen Zeiträumen bei allen Papieren zu beobachten[1] und ist vorzugsweise auf die Einwirkung von Licht, Luft und Wärme zurückzuführen. Am schnellsten geht die Vergilbung bei Einwirkung von Licht oder Wärme vonstatten; werden diese beiden Faktoren ausgeschlossen, wird das Papier also unter Abschluß von Licht in ungeheizten Räumen aufbewahrt, so hält es sich lange unverändert.

Am leichtesten vergilben, wie bekannt, Papiere mit verholzten Fasern, also in erster Linie holzschliffhaltige Erzeugnisse; bei diesen bemerkt man schon, wenn sie nur kurze Zeit von der Sonne beschienen wurden, den Beginn der Vergilbung. Je mehr verholzte Fasern sie enthalten, um so stärker vergilben sie. Das gleiche Verhalten zeigen Papiere, die mit Farbstoffen getönt sind, welche nicht lichtecht sind.

[1] Vgl. Prof. Klemm: Über die Farbbeständigkeit der Papiere. Klimsch's Jb. 1901 S. 32.

Aber auch holzfreie Papiere, ohne Zusatz derartiger Farben hergestellt, vergilben oft ziemlich stark.

Der einwandfreieste Weg, sich ein Urteil über die Vergilbungsneigung von Papier zu bilden, ist der, es längere Zeit der Einwirkung des Sonnenlichtes auszusetzen, am besten im Vergleich mit Proben, deren Widerstandsfähigkeit man durch grundlegende Versuche vorher ermittelt hat.

Da diese Versuche mitunter sehr zeitraubend sind, ist als Ersatz für die Sonnenbestrahlung die Bestrahlung mit dem ultravioletten Licht der Quarz-Quecksilberlampe angewendet worden. Nach den Erfahrungen des Materialprüfungsamtes stimmen die Ergebnisse beider Prüfungsarten jedoch nicht immer überein, so daß die Verwendung der Lampe nur als Notbehelf angesehen werden kann.

Die Ursache des Vergilbens holzfreier Papiere fand Klemm vorzugsweise in seifenartigen Verbindungen des Eisens mit Harz- und Fettkörpern[1]. Die Menge dieser Verbindungen gibt ein Maß für die Beurteilung der Vergilbungsneigung. Als bestes Mittel, diese Seifen aus dem Papier herauszulösen, empfiehlt Klemm eine Mischung von zwei Teilen Äther und einem Teil Alkohol[2]. Aus einer abgewogenen Menge Papier (3 g) werden die Eisenseifen in einem Extraktionsapparat (z. B. Thorn, Soxhlet) mit Hilfe des Äther-Alkoholgemisches ausgezogen und dann wird der Gehalt an Eisen analytisch bestimmt. Hierzu wird der Auszug zur Trockene verdampft, geglüht und der Rückstand mit Salpetersäure aufgenommen.

Für die Eisenbestimmung leistet in vielen Fällen auch das auf Farbvergleich beruhende Verfahren mit Hilfe von Rhodanammonium und einer titrierten Lösung von Eisenchlorid oder Ammoniakeisenalaun in der von Lunge und v. Kéler[3] ausgearbeiteten Form gute Dienste. Es erlaubt die Bestimmung auf eine Genauigkeit von ± 0,000001 g Eisen, wenn 5 cm³ des Auszuges zur Untersuchung benutzt werden. Die Gesamtmenge des vorhandenen Eisens darf aber nicht mehr als 0,00002 g betragen. Ist mehr Eisen vorhanden, und hat man den Auszug so hergestellt, daß 5 cm³ 1 g Papier entsprechen, so muß man entweder den Auszug entsprechend verdünnen oder aber das Eisen in anderer Weise bestimmen.

Der in Form von Eisenseifen in Papieren vorhandene Gehalt an Eisen schwankt nach den bisherigen Erfahrungen zwischen 0,0002 und 0,01 g in 100 g Papier oder 0,2—10 g in 100 kg Papier.

Nach Klemms Angaben hat die Firma Schopper-Leipzig ein Eisenkolorimeter in 20 Farbabstufungen hergestellt, durch dessen Benutzung man sich die Titration der Eisenlösung ersparen kann.

In einfacher, wenn auch nicht so einwandfreier Weise, kann man den Versuch ausführen, wenn man die Eisenseifen mit Natronlauge

[1] Nach Mitt. 1929 Nr. 2 der Italienischen Stazione Sperimentale ist die Ursache der Vergilbung weniger auf harzsaures Eisen, als auf das Harz selbst und seine Oxydationsneigung zurückzuführen.

[2] Klemm: P.Z. 1902 S. 961 u. W.B. 1902 S. 810.

[3] Lunge u. v. Kéler: Z. angew. Chem. 1906 S. 3. Lunge: Chemisch-technische Untersuchungsmethoden, Bd. 1.

auszieht. Hierbei treten vielfach Zersetzungen ein und man wird daher dieses Verfahren nur wählen, wenn es sich um eine schnelle Orientierung und annähernde Schätzung handelt. Man kocht 1 g Papier im Reagenzglas mit 5 cm^3 einer 1%igen alkoholischen Natronlauge aus, gießt die mehr oder weniger stark gelbgefärbte Flüssigkeit, welche nunmehr die organischen Eisenverbindungen enthält, in ein anderes, zuvor mit Salzsäure sorgfältig gereinigtes Glas und fügt Salpetersäure bis zur deutlich sauren Reaktion hinzu; dabei fällt das zur Leimung verwendete Harz aus. Hierauf versetzt man die Lösung mit ungefähr 2 cm^3 einer 10%igen Rhodanammoniumlösung, wodurch sie sich bei Gegenwart von Eisen mehr oder weniger rot färbt. Zum Schluß setzt man noch 4 cm^3 Äther hinzu und schüttelt tüchtig durch. Der sich an der Oberfläche ansammelnde Äther nimmt den roten Farbstoff auf und zeigt nun eine der Farbabstufungen von blaßrot bis blutrot. Je dunkler die Farbe, um so mehr ist das Papier des Vergilbens fähig.

Klemm hat nach seinem Verfahren eine große Anzahl holzfreier Papiere geprüft und sie gleichzeitig der Einwirkung des Lichtes ausgesetzt. Hierbei zeigte sich, daß sie durch die infolge der Belichtung erzielte Farbänderung einerseits und durch die Eisenreaktion andererseits in gleicher Weise abgestuft wurden.

Zur Bestimmung des Eisengehaltes von Papieren schlagen Dr. Wittels und Welwart ein Verfahren vor[1], das alle bisher benutzten[2] an Genauigkeit übertreffen und leichter als diese ausführbar sein soll. Der Analysengang ist kurz folgender:

Papierasche mit Kaliumbisulfat aufschließen, Schmelze in Wasser auflösen und mit Schwefelsäure ansäuern, Reduzieren des Eisenoxydsalzes zu Oxydulsalz durch eine in die Lösung gebrachte elektrolytisch mit Wasserstoff geladene Palladiumspirale (Luft absperren), Titrieren des Eisenoxyduls mit $^1/_{100}$ Normalpermanganatlösung. Die Titerstellung der letzteren erfolgt zweckmäßig mit Natriumoxalat (0,6705 g auf 1 l). Zur Ladung der Palladiumspirale mit Wasserstoff wird diese in eine mit verdünnter Schwefelsäure gefüllte Platinschale gehängt (Wände nicht berühren), die Spirale mit dem negativen Pol (Zink) eines Bunsenelementes, die Platinschale mit der Kohle verbunden.

Reduktion des Eisensalzes mit Zink würde zu Fehlern führen, da dieses Metall stets Kohlenstoff enthält und somit zur Bildung von Kohlenwasserstoffen führt, die Permanganat reduzieren. (Ausführlich beschrieben ist dieses von Dr. Gintl erdachte Verfahren in der Zeitschrift für angew. Chemie 1902 S. 398: Studien über die maßanalytische Bestimmung des Eisens und eine neue Methode der Reduktion von Eisenoxydverbindungen.)

---

[1] Wittels u. Welwart: Z. 1909 S. 603—604.

[2] Kolorimetrische Eisenbestimmung nach Lunge und v. Kéler (Z. angew. Chem. 1906 S. 3) und Lunge (Untersuchungsmethoden, Bd. 1 S. 325). Fällen des Eisens mit Nitroso-β-Naphthol (Ilinski u. v. Knorre: Ber. dtsch. chem. Ges. 1885 S. 2728 u. 1887 S. 286). Jodometrisches Verfahren von Schwarzer (J. prakt. Chem. 1871 S. 139). Titrimetrisches Verfahren von Hamburger (Z. physiol. Chem. 1878 S. 195 u. 1880 S. 249).

Die Frage des Vergilbens holzfreier Papiere hat Schoeller zum Gegenstand eingehender Versuche gemacht und er ist bei seinen Arbeiten zu neuen und wertvollen Beobachtungen über diesen für Papiererzeuger und Papierverbraucher wichtigen Gegenstand gekommen[1].

Um für seine Versuche einwandfreies Probematerial von genau bekannter Zusammensetzung zu haben, stellte sich Schoeller die Papiere zum größten Teil selbst her. Außerdem wurden fertige Papiere in den Kreis der Beobachtungen gezogen, aber nur solche, deren Zusammensetzung durchweg sicher bekannt war.

Zur Feststellung der Vergilbungsneigung wurden sie teils dem Sonnenlicht ausgesetzt, teils in einem Trockenschrank auf 95° C erhitzt. In beiden Fällen ergab sich annähernd die gleiche Abstufung der Versuchsproben hinsichtlich der Vergilbung. Da das Erhitzen der Papiere schon nach kurzer Zeit, bei geleimten Proben meist schon nach 3—5 Stunden, den Farbton der Papiere ändert, so gibt es ein schnell und leicht auszuführendes Mittel an die Hand, um die Neigung der Papiere zum Vergilben zu erkennen.

Auf dieselbe Weise prüfte Schoeller die selbsthergestellten Papiere, in allen Stufen der Verarbeitung, zur allgemeinen Orientierung über den Sitz der Vergilbungsursache; er fand sie in der Chlorbleiche und besonders in der Harzleimung. Frisch gebleichter und leicht gewaschener Papierstoff ist beständig, nicht ausgewaschener und gelagerter Stoff neigt zum Vergilben. Harzleim zeigte sich in allen Fällen als wesentlicher Faktor der Vergilbung. Wurde der Leim durch Ätheralkohol aus den vergilbten Proben ausgezogen, so wurden auch die Vergilbungskörper mitentfernt und die Papiere erhielten ihre ursprüngliche Farbe mehr oder weniger wieder, ein Beweis, daß der Harzleim ein Vergilbungsträger ist. Enthält ein Papier harzsaures Eisen, einen sehr lichtempfindlichen Körper, in größeren Mengen, so kann dieser mit zur Vergilbung beitragen; meist enthält das Papier aber nur geringere Mengen dieser Eisenverbindung, als zur Entstehung deutlicher Vergilbung erforderlich ist. Trotzdem empfiehlt Schoeller, möglichst eisenfreien Alaun[2] zu verwenden, um die Bildung von harzsaurem Eisen auf das möglichst geringste Maß zu beschränken.

Bei den weiteren Versuchen zeigte sich, daß die Eigenvergilbung des Harzes kein Oxydationsprozeß ist, denn die Vergilbung ist auch in einer Stickstoffatmosphäre zu beobachten.

Als brauchbares Mittel, die Eigenvergilbung des Harzes zu verhindern, erwies sich die Oxydation mit Chlor (Eintragen von in salzsäurehaltigem Wasser fein suspendiertem Harz in genügend starke Chlorkalklösung). Ungeleimte gebleichte Stoffe vergilben durch die Einwirkung von unterchloriger Säure, die Zellulose stark oxydiert.

Am Schluß seiner interessanten und wertvollen Ausführungen empfiehlt Schoeller, zur Herstellung eines fast unvergilbbaren Papiers

---

[1] Dr.-Ing. Victor Schoeller-Düren: Über Vergilben von Papier. Diss. München 1912.

[2] Nach Ömann sind nur Ferriverbindungen, jedoch nicht Ferrosalze des Alauns von Einfluß auf die Vergilbung. Svensk Pappers Tidn. 1925 S. 483.

Lumpen ohne Zusatz von Zellstoffen zu verarbeiten; die Lumpen können ziemlich stark gebleicht werden, dürfen aber nicht lange in der Bleichflüssigkeit gelagert haben. Geleimt wird mit chloriertem Harz oder Stearinleim, als Fällungsmittel dient möglichst eisenarmes Aluminiumsulfat.

Gleichzeitig mit Schoeller hat sich Zschokke[1] mit Untersuchungen über das Vergilben von Papier beschäftigt und ist hierbei im großen und ganzen zu denselben Schlüssen gekommen wie Schoeller. Auch Zschokke erblickt in dem Harzleim den Haupterreger der Vergilbung bei holzfreien Papieren, und zwar handelt es sich hierbei um eine chemische Veränderung des Harzes. Auch er empfiehlt zur Beurteilung der Vergilbungsneigung holzfreier Papiere als beschleunigtes Verfahren den Erhitzungsversuch; dieser gibt in kurzer Zeit Aufschluß darüber, ob ein Papier zum Vergilben neigt oder nicht.

Hingewiesen sei noch auf ein von Prof. Klemm erstattetes Gutachten[2], in dem über das Vergilben eines holzschliffhaltigen Druckpapiers unter dem Einfluß von Anilindämpfen berichtet wird. Die Quelle der Dämpfe war wahrscheinlich Druckfirnis mit einem Gehalt an Anilin. Derartige Firnisse sind während des Krieges und in der Nachkriegszeit vielfach verwendet worden und haben viel Schaden angerichtet.

Lichtechtheitsprüfung.

Die Prüfung der Lichtechtheit von gefärbten und farbigen Papieren bedarf noch der Vervollkommnung. Es soll vorausgeschickt werden, daß es bisher keine Farbstoffe gibt, die absolut lichtecht sind, das gilt sowohl für Teer- als auch für Erd- und Mineralfarbstoffe. Unter lichtechten Farbstoffen versteht man vielmehr solche, die dem Einfluß von Licht und Luft erheblich höheren Widerstand bieten als nicht lichtechte. Ferner muß man unterscheiden zwischen der Lichtechtheit von Farbstoffen und der von Färbungen. Letztere sind nicht allein von der Lichtbeständigkeit des verwendeten Farbstoffes, sondern auch von der des Farbstoffträgers, des Papiers, abhängig. Wie im vorigen Abschnitt erwähnt wurde, neigen fast alle Papiere, dem Licht ausgesetzt, mehr oder weniger zur Vergilbung, im höchsten Maße holzhaltige Papiere, auf denen deshalb eine lichtechte Färbung überhaupt nicht zu erzielen ist; außerdem können Zusätze von Leim und Alaun oder Bindemittel, die vom Strich oder Druck der Papiere herrühren, die Lichtechtheit der Färbung beeinflussen. Will man daher Farbstoffe auf Lichtechtheit prüfen, so ist das nur in Verbindung mit einem Papier möglich, das an sich während der Belichtung möglichst unverändert bleibt. Lichtechte Farbstoffe und Färbungen können mehrere Stunden direktem Sonnenlicht oder wochenlang dem Tageslicht ausgesetzt werden, ohne daß deutliche Veränderungen der Farbe zu erkennen sind. Im Gegensatz hierzu ändern sich nicht lichtechte Färbungen in der Sonne schon nach einigen Minuten, im zerstreuten Licht nach wenigen Stunden. Innerhalb dieser Grenzen gibt es je nach dem Echtheitsgrad der Färbungen

[1] Zschokke: W.B. 1913 S. 2976. [2] Klemm: P.Z. 1921 S. 1954.

verschiedene Zwischenstufen. Auf Grund dieses Maßstabes ist also nur eine subjektive Beurteilung möglich. Um zu greifbareren Ergebnissen zu kommen, wäre die Einführung von Echtheitstypen in verschiedenen Abstufungen erforderlich, die gleichzeitig mit der zu prüfenden Probe zu belichten wären. Es könnte dann festgestellt werden, welche der festgelegten Typen dem Prüfmuster in bezug auf Lichtechtheit nahekommt.

Die Beurteilung der Lichtechtheit bleibt jedoch auch bei Verwendung von genormten Vergleichsmustern subjektiv; sie gestaltet sich um so schwieriger, je mehr die zu vergleichenden Proben im Farbton und in der Farbtiefe voneinander abweichen. In letzter Zeit hat man deshalb versucht, den Ausbleicheffekt ohne Mitbenutzung von Typfärbungen durch optische Messung zu ermitteln. Das Prinzip dieser Vorschläge beruht im wesentlichen darauf, daß die Probe unter bestimmten Bedingungen belichtet und die dabei tatsächlich zur Wirkung gelangte Lichtenergie gemessen wird; letztere ist für die Bestimmung der Belichtungszeit maßgebend. Der Ausbleichgrad wird durch Vergleich der unbelichteten und der belichteten Probe auf photometrischem Wege festgestellt; die hierbei ermittelten physikalischen Meßwerte werden durch graphische Auswertung im Ostwaldschen psychologischen farbtongleichen Dreieck in Beziehung zu der vom Auge empfundenen Veränderung gebracht. Die Beurteilung der Lichtechtheit selbst erfolgt mit Hilfe des „Ausbleichkoeffizienten", der auf Grund der mathematischen Beziehung zwischen Ausbleichgrad und Belichtungszeit ein Maß für die Ausbleichgeschwindigkeit darstellt[1].

Da die Einwirkung des Sonnen- und Tageslichtes von der Jahres- und Tageszeit, der Reinheit und Feuchtigkeit der Luft sowie von der Höhenlage des Beobachtungsortes abhängig und daher veränderlich ist, und die Belichtung besonders im Winter mitunter lange Zeit beansprucht, sucht man nach einer Lichtquelle, die auf Farbstoffe die gleiche Wirkung wie das Sonnenlicht ausübt und möglichst rasch zu Ergebnissen führt. Im Materialprüfungsamt sind mit der Quarz-Quecksilberlampe von Heraeus, deren Licht reich an chemisch aktiven, ultravioletten Strahlen ist, umfangreiche Versuche[2] ausgeführt worden, die gezeigt haben, daß zwar keine völlig parallel verlaufende Wirkung des Lampen- und Sonnenlichtes besteht, daß die Unterschiede jedoch nicht sehr erheblich sind. Hinsichtlich Belichtungsdauer kommen etwa 1 Stunde Lampenlicht 3 Stunden Sonnen- oder 10 Tage Tageslicht gleich, wenn der Abstand der Proben von den Lampen 16 cm beträgt. Zu beachten ist, daß die Wirkung der Quarzlampe während der ersten 10—20 Stunden erheblich abnimmt, später jedoch nur noch so langsam zurückgeht, daß die Abnahme keine praktische Bedeutung mehr hat.

Eine völlige Übereinstimmung in der Wirkung beider Lichtarten war auch kaum zu erwarten, da die spektrale Energieverteilung im Quecksilber-Bogenlicht eine andere ist als im Sonnenlicht, das ein kontinuierliches Spektrum aufweist, während die Quecksilberlampe

[1] Näheres siehe Sommer: Beiträge zur Lichtechtheitsprüfung von Färbungen. Leipzig. Mschr. Textil-Ind. 1931 H. 1—8.

[2] P.F. 1928 H. 13 S. 199; W.B. 1928. Nr. 13 S. 345; Z. u. P. 1928 Nr. 4 S. 217.

ein Linienspektrum besitzt, in dem die roten Strahlen fast gänzlich fehlen. Die Verwendung der Quecksilberlampe zu Belichtungszwecken kann deshalb nur als Notbehelf angesehen werden.

Weitere im Materialprüfungsamt[1] von Sommer ausgeführte Belichtungsversuche mit Kohlenbogenlicht unter Verwendung von Weißbrandkohlen und Ultrakohlen, ferner mit der Osram-Punktlicht-Lampe und der Osram-Vitalux-Lampe haben zu dem Ergebnis geführt, daß keine von den zur Zeit zur Verfügung stehenden künstlichen Lichtquellen vollen Ersatz für das Sonnenlicht bietet. Entweder weicht die Wirkung dieser Lampen von der des Sonnenlichtes zu weit ab oder ihre Lichtintensität ist zu gering, so daß sehr lange Belichtungszeiten erforderlich und dadurch die Betriebskosten zu hoch werden.

Brecht hat das Eastmann-Kolorimeter zur Bestimmung der Lichtechtheit gefärbter Papiere vorgeschlagen[2], da er bei der Prüfung mit diesem Apparat zufriedenstellende Ergebnisse erhalten hat; nach weiteren Berichten[3] werden aber auch mit dem hierbei verwendeten Fadeometer, einer Kohlebogenlampe, nicht immer der Sonnenbestrahlung entsprechende Ergebnisse erzielt.

---

1 Sommer: Belichtungsversuche mit künstlichen Lichtquellen. Leipz. Monatsschr. f. Text. Ind. 1931 H. 8.

2 Brecht: P.F. 1926, Festheft, S. 72.

3 Cunliffe: J. Soc. of Dyers and Colour. 1929 S. 215. Cady u. Appel: Amer. Dyestuff Reporter 1927 S. 707.

Verschiedenes.

Mahlungsgradprüfer.

Zur Bestimmung des Feinheitsgrades und der Beschaffenheit von Papierstoffen hat Klemm[1] einen „Sedimentierungsprüfer" (Abb. 147) vorgeschlagen, der von der Firma Schopper gebaut wird.

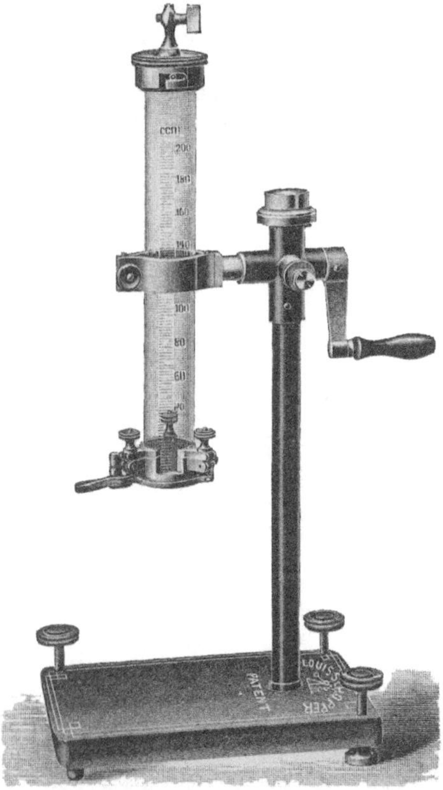

Abb. 147. Klemms Sedimentierungsprüfer.

Den Hauptteil des Apparates bildet ein von 0—200 cm³ geteilter Glaszylinder mit besonders ausgebildetem Boden- und Deckelapparat aus Metall. Der Bodenapparat besteht aus einem Metallsieb und einer an einem Scharnier schwingenden Bodenplatte. Diese wird, so lange der Apparat verschlossen sein soll, durch einen Exzenterhebel festgehalten und öffnet beim Drehen des Hebels durch Abwärtsklappen den Raum unter dem Siebboden. Der Bodenapparat kann nach Lösung dreier Schrauben mit dem auf dem Siebboden sitzenden Papierstoffzylinder abgenommen werden.

Der Deckel ist durch Bajonettverschluß auf dem Zylinder befestigt und besitzt einen Hahn, um den Zylinderraum nach außen abzuschließen oder zu öffnen.

Der Zylinder ist in den waagerechten Arm einsetzbar und kann durch Drehung an der Kurbel, deren Achse den Arm bildet, ebenfalls gedreht werden. Die Einrichtung dient zur gleichmäßigen Verteilung des Stoffbreies im Zylinder.

Der Arm kann bei senkrechter Stellung des Zylinders durch eine Einschnappvorrichtung festgehalten werden. Zur genauen Senkrecht-

[1] Klemm: W.B. 1908 S. 1005.

stellung des Zylinders ist auf der mit der Zylinderachse parallelen Säule eine Wasserwaage angebracht.

Als Maß für die Beschaffenheit des Papierstoffes dient dessen Absitzraum oder das Sedimentierungsvolumen.

Absitzraum ist der Rauminhalt, den der Papierstoff einnimmt, wenn er aus Wasser von Zimmertemperatur (17,5° C) auf einem Siebboden, durch den das Wasser ablaufen kann, sich absetzt.

Beurteilt wird der Stoff nach der Anzahl der Raumteile (in Kubikzentimetern), die ein Gewichtsteil (1 g) lufttrockenen Papierstoffes nach den Messungen mit Hilfe des Apparates einnimmt. Die Angabe: Absitzraum (Sedimentierungsvolumen) 25 bedeutet also, daß 1 g Stoff nach dem Abfluß des Wassers einen Raum von 25 cm^3 einnimmt.

In den mit Teilung versehenen Zylinder bringt man eine bestimmte Menge wässerigen Stoff in bestimmter Verdünnung, schwenkt tüchtig durch, stellt den Zylinder senkrecht und läßt das Wasser unten durch den Siebboden ablaufen. Der Stoff setzt sich als Kuchen auf dem Sieb ab, und die Höhe des Stoffkuchens gibt das Maß für den Feinheitsgrad und die Beschaffenheit des Fasermaterials; röscher Stoff nimmt einen größeren Raum ein als schmierig gemahlener.

Die Ausführung des Versuches bereitet bei lufttrockenen, leicht zerteilbaren Stoffen keine Schwierigkeiten; bei schmierigen Leinenstoffen, Strohstoffen und Holzschliff ist die Zerteilung oft mit Umständen verbunden. Bei feuchten Halbstoffen muß man vor dem Versuch eine Trockenprobe vornehmen, desgleichen bei Stoff, den man aus dem Holländer entnimmt.

Skark[1] geht zur Bestimmung des Mahlungsgrades ebenso vor wie Klemm, mißt aber nicht die Höhe des Stoffkuchens, sondern von 30 zu 30 Sekunden die Menge des ausgeflossenen Wassers; aus den Werten für Zeit und Wassermenge bildet er dann eine „Stoffkurve", die ein Bild von dem Mahlungszustand gibt. Rösche Stoffe ergeben steile, schmierig gemahlene hingegen flache Kurven. Nach Skarks Erfahrungen eignet sich dieses Vorgehen besonders für schmierige Stoffe. Bei sehr langem Stoff (Halbstoff) versagt der Prüfer. Ein weiteres von Skark vorgeschlagenes Verfahren zur Beurteilung des Mahlungsgrades[2] besteht darin, daß man einen Draht von bestimmten Abmessungen im Holländer dem Stoffumlauf entgegenführt; hierbei leistet schmieriger Stoff geringeren Widerstand als röscher. Der Druck gegen den Draht wirkt durch Hebelübertragung auf eine Federwaage und wird an dieser abgelesen.

Schopper hat nach den Angaben von Riegler einen Mahlungsgradprüfer gebaut (Abb. 148 u. 149), der die Ausführung der Prüfung in sehr kurzer Zeit gestattet und in der Praxis weitgehende Verbreitung gefunden hat.

Die Prüfmethode besteht darin, daß eine bestimmte für alle Versuche einheitlich gewählte Probemenge (2 g absolut trocken gedachten

[1] Skark: P.F. 1910, Festheft, S. 49 u. 1911, Festheft, S. 83.
[2] Skark: P.F. 1914, Auslandheft, S. 90.

Stoffes) in 1000 cm³ Wasser von 18—20° C fein verteilt auf ein Filtersieb von 100 cm² gegossen wird. Die durch das Sieb geflossene Wassermenge wird in einem Trichter aufgefangen, der mit einer kleinen und einer großen Ausflußöffnung versehen ist. Der Durchmesser der kleinen Öffnung und die Lage der Öffnungen zueinander sind so gewählt, daß das Wasser des zu prüfenden Papierbreies, solange es mit einer größeren

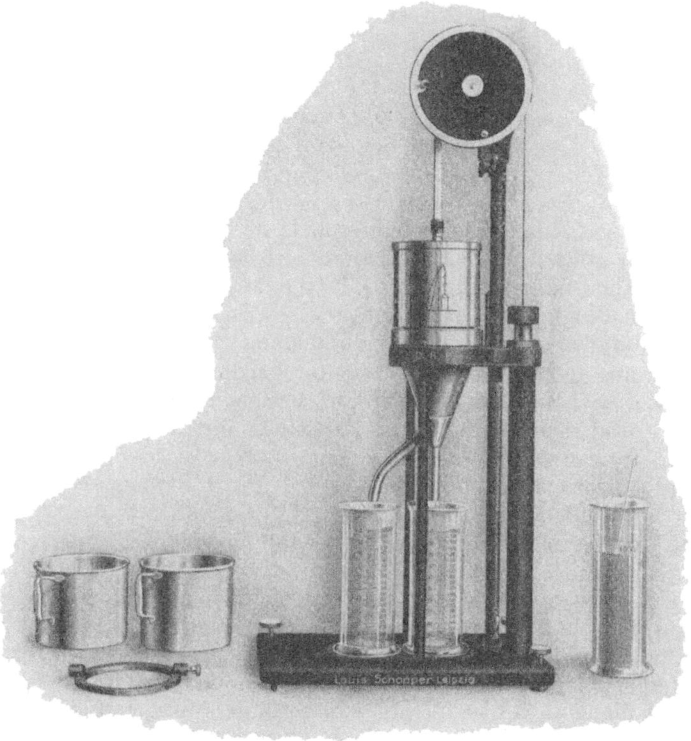

Abb. 148. Schoppers Mahlungsgradprüfer mit Hubvorrichtung.

Geschwindigkeit als $^1/_4$ Liter in der Minute durch das Sieb läuft, vorzugsweise durch die große Öffnung abfließt, aber sobald die Geschwindigkeit geringer wird, nur durch die kleine. In dieser Weise schafft der Apparat selbsttätig eine zwar willkürliche, aber für die verschiedenen Zustände der Fasern charakteristische Trennung des schnell und langsam abfließenden Wassers, das in untergestellten Meßzylindern aufgefangen wird. Die Ablesung des Ergebnisses erfolgt nur an dem Gefäß, in welchem sich das schnell abgeflossene Wasser befindet. Dieses Gefäß trägt zwei Teilungen, wovon die eine, in 100 geteilte und mit dem Nullpunkt oben, den *Mahlungsgrad* angibt; die andere, mit dem Nullpunkt am Boden, gibt in Kubikzentimetern die Menge des schnell abgeflossenen Wassers, die *Wasserdurchlässigkeit* des Stoffes an.

In ein Stativ ist eine trichterförmige Scheidekammer c mit zwei Ausflußöffnungen e und d* und Abflußrohren e_1 und d_1 eingesetzt. Auf der Scheidekammer ist eine Füllkammer a angeordnet, die ein Sieb b von bestimmter Maschenweite und bestimmter Fläche besitzt. In die Füllkammer a kann ein mit Dichtung f_1 versehener Dichtungskegel f eingesetzt werden, der die Füllkammer gegen die Scheidekammer abschließt, damit vor dem Versuch die Einfüllung der Probe erfolgen kann.

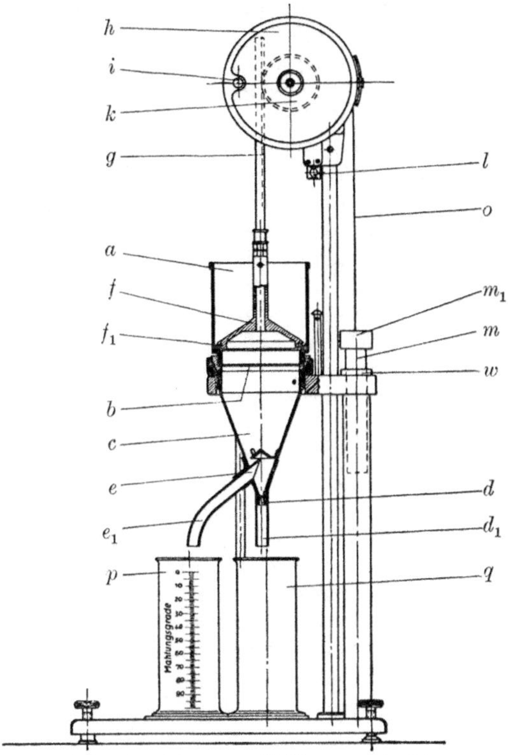

Abb. 149. Schoppers Mahlungsgradprüfer mit Hubvorrichtung.

Zum Ausheben des Dichtungskegels aus der Füllkammer wird die lebendige Kraft eines fallenden Gewichts benutzt. Zu diesem Zweck ist an dem Kegel eine Zahnstange g angebracht, die mit einem Zahnrad k im Eingriff steht. Das Zahnrad ist mit einer Rolle h fest verbunden, über die eine Schnur o gelegt ist. Am freien Ende der Schnur ist das zweiteilige Gegengewicht m, m_1 befestigt. In seiner Anfangslage wird das Gegengewicht durch eine Arretierung am Fallen gehindert. Wird der Arretierhebel l nach unten umgelegt, so bewegt sich das Gewicht abwärts und der Kegel wird ausgehoben. Um eine ständige Zunahme der Geschwindigkeit der Hubbewegung zu verhindern, wird nach einer bestimmten Fallstrecke ein Teil des Gegengewichtes durch einen Gummiring w, auf den sich das Teilgewicht m_1 auflegt, am Weiterfallen gehindert. Das weiterfallende Gewicht m, welches im Ruhezustand dem Dichtungskegel das Gleichgewicht hält, wird nach beendigtem Kegelhub durch ein Pufferstück aufgefangen. Nach beendigtem Versuch wird der Dichtungskegel auf den Kegelsitz der Füllkammer dadurch gebracht, daß die Rolle h am Handgriff i entgegengesetzt dem Uhrzeigerdrehsinn bewegt wird, bis die Arretierung einfällt.

Bevor mit dem Apparat Versuche ausgeführt werden, ist dieser genau auszurichten. Zu diesem Zweck sind an der Grundplatte 3 Stellschrauben x, sowie am Stativ ein Senklot y und eine Gegenschneide z

* e ist die große, d die kleine Ausflußöffnung.

angebracht. Siebbeschaffenheit und Ordnungsmäßigkeit der Ausflußöffnungen können dadurch kontrolliert werden, daß der sog. Wasserwert des Apparates bestimmt wird. Man verfährt hierbei folgendermaßen: Der Apparat wird wie für einen normalen Versuch zusammengesetzt. 1000 cm^3 abgekochtes Leitungswasser von 20^0 C werden in die Füllkammer gebracht. Der Ventilkegel wird gezogen. Das Wasser geht durch das Sieb in die Scheidekammer und sammelt sich teils im Meßgefäß *p* und teils im Meßgefäß *q*. Wenn Sieb und Ausflußöffnungen in normalem Zustande sind, befinden sich 960 cm^3 schnelles Wasser in *p* und 40 cm^3 langsames Wasser in *q*. Die Zeit des Wassersiebens vom Kegelheben bis zum Aufhören des Wasserfließens beträgt 8 sec.

Die Entnahme der für den Versuch erforderlichen Probe von 2 g absolut trocken gedachtem Stoff kann auf verschiedene Weise erfolgen.

Ist die Konzentration des zu untersuchenden Stoffes bekannt, so wird die Probe zweckmäßig mit einem Schöpfgefäß entnommen, dessen Fassungsvermögen der Stoffdichte angepaßt ist, so daß es bei Füllung bis zum Rand die vorgeschriebene Stoffmenge aufnimmt.

Bei Stoffen, deren Konzentration nicht bekannt ist, wird in der Weise verfahren, daß eine kleine Stoffmenge mit einem Trichtersieb geschöpft und mit der Hand ausgedrückt wird. Erfahrungsgemäß läßt sich der Stoff auf diese Art soweit auspressen, daß der absolute Trockengehalt annähernd $^1/_3$ des Stoffgewichtes im feuchten Zustand beträgt. Von dem ausgepreßten Stoff werden daher 6 g abgewogen und für den Versuch verwendet.

Die so gewonnene Probe wird in den Vorbereitungszylinder *s* gebracht, in etwa 200 cm^3 Wasser gut aufgequirlt; darauf wird Wasser von 18—20^0 C bis zur Marke am Vorbereitungszylinder auf genau 1000 cm^3 aufgefüllt. Dann wird die Probe in einen der Mischtöpfe *r* geschüttet und zwischen beiden Mischtöpfen so lange vorsichtig hin und hergegossen, bis die Fasern im Wasser gleichmäßig verteilt sind.

Nach dem Mischen wird die Probe bei eingesetztem Dichtungskegel *f* in die Füllkammer *a* des Mahlungsgradprüfers eingegossen und sofort die Arretierung des Gegengewichtes m, m_1 gelöst, so daß der Dichtungskegel selbsttätig ausgehoben wird. Das Stoffwassergemisch dringt nun in den unteren Raum der Füllkammer, dessen Boden das Sieb *b* bildet. Der Faserstoff setzt sich auf dem Sieb ab, während das Wasser durch die Stoffschicht und das Sieb in die Scheidekammer *c* dringt. Von dort gelangt es durch die Ausflußöffnungen *e* und *d* in die Meßgefäße *p* und *q*. Wieviel durch die eine oder andere Öffnung abfließt, hängt von der Beschaffenheit des geprüften Stoffes ab. Bei „röschem" Stoff fließt das Wasser schnell ab und sammelt sich hauptsächlich im Meßgefäß *p*, bei „schmierigem" Stoff fließt das Wasser langsam ab und läuft vorzugsweise in das Meßgefäß *q*. Für die Ermittlung des Mahlungsgrades wird in allen Fällen nur das schnell abfließende Wasser des Meßgefäßes *p*, an dem sich die rotmarkierte Teilung zum Ablesen der Mahlungsgrade befindet, herangezogen.

Das Sieb des Apparates muß sauber und knitterfrei sein; anderenfalls ist es durch ein neues zu ersetzen. Bei kürzerer Unterbrechung der Versuche wird die Füllkammer in einen der Mischtöpfe gestellt, der bis zu etwa einem Viertel mit Wasser zu füllen ist; bei längerem Nichtgebrauch des Apparates soll das Sieb trocken aufbewahrt und vor weiteren Versuchen mit einem kräftigen Wasserstrahl abgespritzt werden. Ferner ist darauf zu achten, daß die Ausflußöffnungen *e* und *d* stets frei sind. Die Säuberung der Düsen darf nur mit einem weichen Holz erfolgen, damit die Bohrungen nicht erweitert werden.

Berichtigung des Mahlgrades.

Da das Ergebnis der Mahlgradprüfung unter anderem von der für den Versuch verwendeten Stoffmenge abhängig ist, muß diese nachträglich kontrolliert und der am Meßzylinder abgelesene Mahlgrad

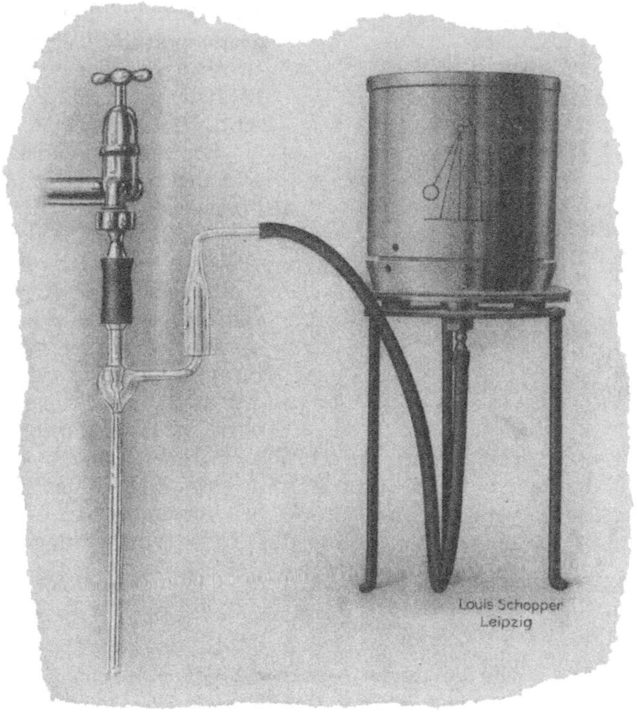

Abb. 150. Absaugevorrichtung.

berichtigt werden, wenn die Probemenge von dem vorgeschriebenen Gewicht von 2 g abweicht. Zu diesem Zwecke wird durch Aufsetzen der Füllkammer auf eine Absaugevorrichtung (Abb. 150) ein Teil des im Stoffkuchen verbleibenden Wassers entfernt, der Stoffkuchen mit dem Sieb aus der Füllkammer herausgenommen, auf einem Filz abgegautscht und zwischen Filzen auf einer Kopierpresse ausgepreßt. Darauf wird der Stoffkuchen bis zum gleichbleibenden Gewicht getrocknet und zweckmäßig auf einer Waage, wie Abb. 151 zeigt, gewogen. Bei Abweichung der Probemenge vom Sollgewicht wird der abgelesene Mahlgrad mit Hilfe der im Materialprüfungsamt von Prof. Dalén aufgestellten Kurventafel (Abbildung 152) korrigiert[1].

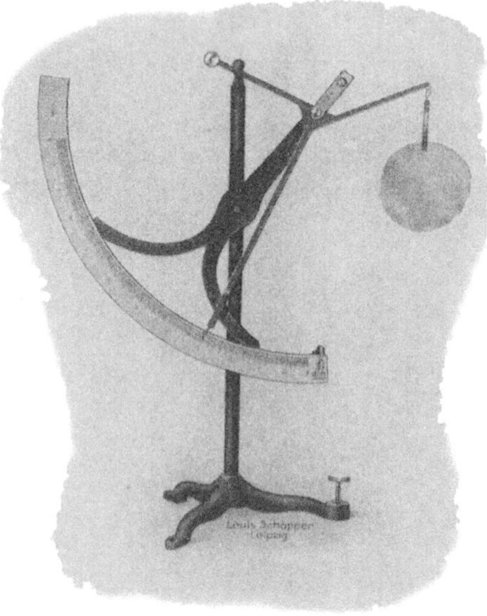

Abb. 151. Waage zur Gewichtsbestimmung des Stoffkuchens.

Wie bereits erwähnt, soll das zum Versuch verwendete Stoffwassergemisch eine Temperatur von 18—20^{0} haben. Über- oder Unterschreitung dieser Temperaturgrenzen führt zu fehlerhaften Bestimmungen. Die Abhängigkeit der Mahlgrade von der Temperatur des Stoffwassers bei verschiedenen Stoffen gibt die Kurventafel Abb. 153 wieder.

Der beschriebene Apparat gibt die Möglichkeit, den Mahlungsgrad eines Stoffes in vergleichbaren Zahlen auszudrücken und die Arbeit im Holländer planmäßig zu überwachen. Durch die oben geschilderte selbsttätige Kegelhubvorrichtung, mit der der Apparat neuerdings geliefert wird, ist die Reproduzierbarkeit der Versuche erhöht worden. Im Materialprüfungsamt wurde der Apparat mit der neuen Einrichtung auf Gleichmäßigkeit der Ergebnisse unter Verwendung verschiedener Stoffe bei verschiedenen Mahlgraden geprüft. Bei 24 Versuchsreihen betrug die größte Abweichung innerhalb

[1] In der Kurventafel sind auf der Ordinate die Mahlgrade und auf der Abszisse die Probengewichte aufgetragen. Die Verwendung der Kurven sei an zwei Beispielen erläutert:

Beispiel 1. Es wird angenommen, daß der am Meßzylinder p abgelesene Mahlgrad 43, das Gewicht des absolut trockenen Stoffkuchens 2,5 g beträgt. Der Schnittpunkt A der Mahlgradordinate 43 mit der 2,5 g Probemengenabszisse liegt auf einer der auf der Tafel aufgestellten Kurven. Die Berichtigung des Mahlgrades erfolgt nun in der Weise, daß die Kurve nach links bis zum Schnittpunkt B mit der 2 g-Abszisse verfolgt wird. An diesem Schnittpunkt, der zwischen den Ordinaten 37 und 38 liegt, ergibt sich der korrigierte Mahlgrad 37,5.

Beispiel 2. Der am Meßzylinder p abgelesene Mahlgrad beträgt 46, das Gewicht des getrockneten Stoffkuchens 2,5 g. Der Schnittpunkt C der zu diesen Werten gehörigen Koordinaten liegt zwischen zwei der dargestellten Kurven. In diesem Fall denkt man sich eine zur nächstliegenden Kurve gezogene Parallele. Der korrigierte Mahlgrad ergibt sich dann aus dem Ordinatenwert des Schnittpunktes D der gedachten Kurve mit der 2 g-Abszisse. Dieser beträgt im angenommenen Fall 40.

10 Mahlgradbestimmungen der gleichen Mahlstufen vom Mittelwert 1 Mahlgrad. Die größte Abweichung der von drei Versuchsausführenden gefundenen Werte (Mittel aus je 10 Einzelbestimmungen) vom Gesamtmittel betrug $^1/_2$ Mahlgrad.

Nach dem Vorbild des Schopper-Riegler-Apparates sind in Amerika die nach Green[1] und nach Williams[2] benannten Freeness-

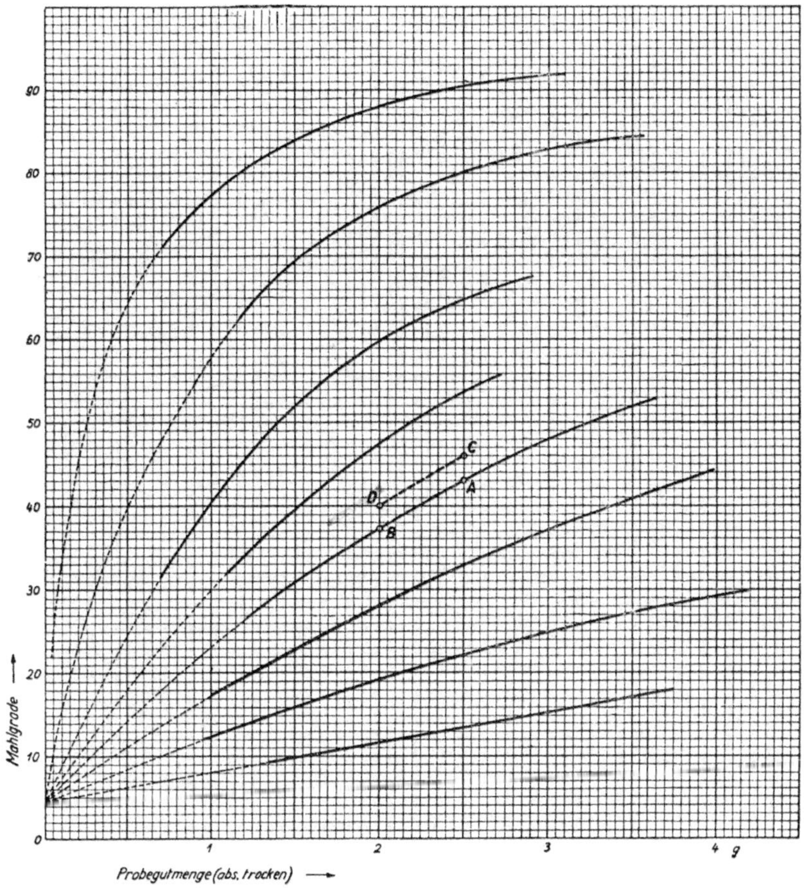

Abb. 152. Abhängigkeit der Mahlgrade „Schopper-Riegler" von der Probegutmenge.

Prüfer entstanden, von denen der erstere in Kanada als Standardapparat eingeführt worden ist. Er unterscheidet sich vom Schopper-Riegler-Apparat im wesentlichen nur dadurch, daß der Zufluß des Stoffwassergemisches zum Scheidetrichter nicht durch Anheben eines Kegels, sondern durch Öffnen eines Hahnes erfolgt. Ferner beträgt die

[1] Green: P.T.J. Bd. 49 (1926). — Clark: P.T.J. Bd. 92 (1931) Nr. 23 S. 42. In dieser Arbeit sind Kurven enthalten, die einen annähernden Vergleich der Schopper-Riegler-Werte mit den Greenschen gestatten.

[2] Williams: P.T.J. Bd. 84 (1927) Nr. 10 S. 46.

Konzentration des Stoffwassergemisches 3 g/l statt 2 g/l. Bei dem Apparat von Williams sind beide Ausflußöffnungen des Trichters vertikal und in gleicher Höhe angeordnet. Zu bemerken ist noch, daß bei den amerikanischen Apparaten der Mahlzustand des Stoffes durch die Anzahl Kubikzentimeter des schnell abfließenden Wassers beurteilt wird, während der am Meßzylinder des Schopper-Riegler-Apparates

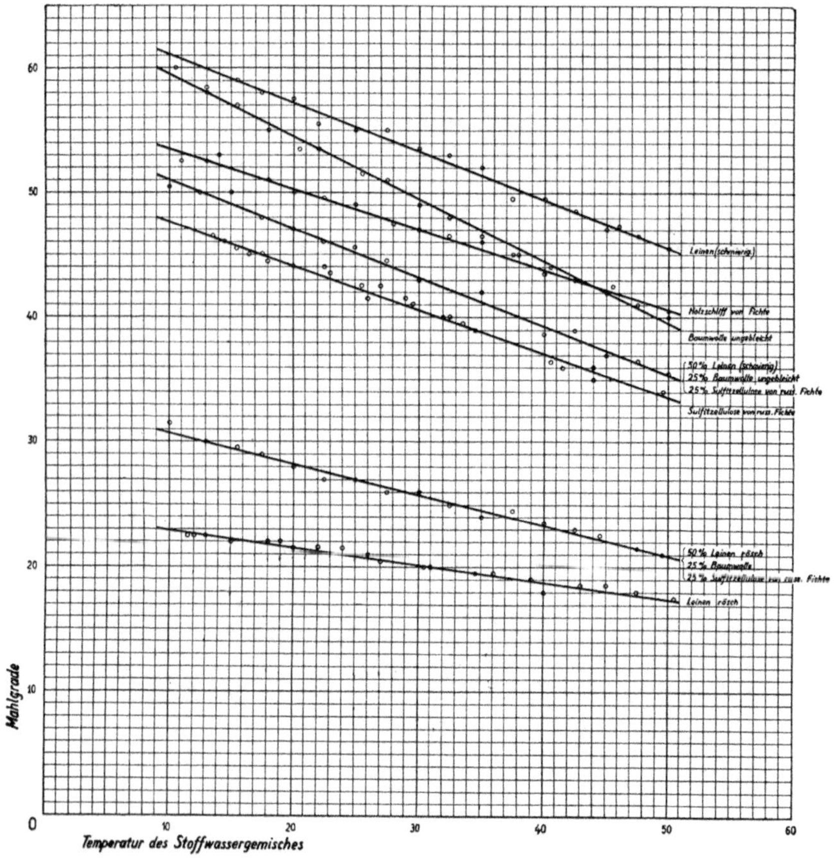

Abb. 153. Abhängigkeit der Mahlgrade von der Temperatur des Stoffwassers.

abgelesene Mahlgrad durch Abzug dieser Wassermenge von 1000 und Division durch 10 definiert ist. Ein schmieriger Stoff wird demnach nach Schopper-Riegler durch eine hohe Mahlgrad-, bei den amerikanischen Apparaten durch eine niedrige „Freeness“-Zahl gekennzeichnet.

Schließlich soll noch ein von Campbell konstruierter und in den Vereinigten Staaten patentierter Apparat Erwähnung finden, dessen Wirkungsweise ebenfalls auf der Beobachtung beruht, daß die Durchflußgeschwindigkeit von Wasser durch eine auf einem Sieb niedergeschlagene Stoffbreischicht vom Mahlungsgrad des Stoffes abhängig ist. Eine Papierbreiprobe bekannten Gehaltes wird in die trichterförmige obere Öffnung einer durchsichtigen, graduierten Röhre eingefüllt, die am unteren Ende erweitert und mit einem Siebabschluß versehen ist. Gleichzeitig fließt aus einem darüber befindlichen Gefäß durch eine Kapillare dauernd ein konstanter Wasserstrom in die Röhre. Wenn alle Fasern auf dem Sieb niedergeschlagen sind, wird sich in der graduierten Röhre das Wasser in einer Höhe einstellen, die nötig ist, um soviel Wasser durch die Stoffschicht abfließen zu lassen, wie durch die Kapillare dauernd hinzufließt. Die Höhe der Wassersäule dient als Maß für den Mahlungsgrad. Der Apparat ist in Paper Trade J. Bd. 85 (1927) Nr 16 S. 52 ausführlich beschrieben[1]; er scheint sich jedoch bisher nur wenig eingeführt zu haben.

Festigkeit von Halbstoffen.

Halbstoffe kommen in Form von Blättern in den Handel, bei deren Herstellung es sich lediglich um die Entwässerung der Stoffbahn handelt, nicht aber um die Erzielung eines möglichst festen Blattes. Die Festigkeit des letzteren kann also, gleichgültig, ob man sie durch Einreißen oder mit Hilfe eines Festigkeitsprüfers beurteilt, keinen sicheren Maßstab für die Festigkeit des Fasermaterials selbst abgeben. Bei der Beurteilung von Halbstoffen, die auf derselben Entwässerungsmaschine und unter Innehaltung möglichst gleicher Bedingungen hergestellt wurden, würden Prüfungen des Stoffes, so wie er vorliegt, noch einen gewissen praktischen Wert haben; in allen anderen Fällen aber sollte man es vermeiden, aus der Festigkeit des Stoffblattes Schlüsse auf die des Papiers, das man aus dem Halbstoff herstellen kann, zu ziehen.

Dalén[2] hat sich mit der Festigkeitsprüfung von Halbstoffen zuerst eingehend befaßt und auf die Notwendigkeit hingewiesen, aus den Halbstoffen zunächst Papier herzustellen und dieses auf Festigkeit zu prüfen. Seine Versuche haben gezeigt, daß es möglich ist, Mahl- und Schöpfversuche im kleinen so zu regeln, daß ihre Ergebnisse mit denen der Praxis gut übereinstimmen. Diese Tatsache ist wichtig, denn man wird um die Herstellung von Papier und Feststellung der Eigenschaften desselben nicht herum kommen. Die Ansicht, daß es möglich sein müßte, die Brauchbarkeit eines Halbstoffes durch mikroskopische Prüfung (Länge, Breite, Wandstärke und Gestalt der Fasern) oder nach seinen chemischen Konstanten allein zu beurteilen, hat sich als hinfällig erwiesen.

Erst das fertige Papier liefert das letzte Glied in der Kette der Beurteilungsunterlagen für einen Papierrohstoff, und daher ist es wichtig, wie Daléns Versuche gezeigt haben, daß das in kleiner Laboratoriumsanlage aus wenig Material gewonnene Papier Eigenschaften besitzt, die dem im Großbetriebe erzeugten sehr nahestehen.

[1] Referat T. u. C. 1928 Nr. 7 S. 106.

[2] Dalén: Beurteilung der Festigkeitseigenschaften des Fasermaterials von Halbstoffen. Mitt. 1905 S. 279 u. 1911 Erg.-Heft 2 S. 12.

Im Anschluß an die Dalénschen Versuche ist auf dem Gebiete der Festigkeitsprüfung von Zellstoffen viel gearbeitet worden. Das Bestreben, alle subjektiven Einflüsse bei der Versuchsanordnung auszuschalten, hat zu zahlreichen Vorschlägen geführt, auf die ausführlich einzugehen den Rahmen dieses Buches weit überschreiten würde. Eine von Moore und Cable mit Referaten versehene Literaturübersicht über Festigkeitsbestimmungen von Zellstoffen ist in Paper Trade J. Bd. 89 (1929) Nr. 12, Bd. 92 (1931) Nr. 9 erschienen[1]. Im nachstehenden können nur die wesentlichen Gesichtspunkte, nach denen Vorschläge gemacht worden sind, Berücksichtigung finden.

Ein Verfahren zur Bestimmung der absoluten Festigkeit der Zellstoffasern hat Rühlemann[2] ausgearbeitet. Er prüft die Einzelfaser mit Hilfe des Festigkeitsprüfers „Deforten“, der nach den Angaben von Prof. Krais gebaut ist. Nach dieser Methode hat Rühlemann an einem Mitscherlich-Zellstoff den Einfluß der fortschreitenden Chlorkalkbleiche und die Einwirkung der Temperatur des Bleichbades auf die Festigkeit der Faser festgestellt. Das Maximum der Festigkeit wurde bei der halben Bleiche mit 13,85 g Reißbelastung und 35,46 km Reißlänge im Mittel gefunden. Mit Zunahme des Bleichgrades und der Bleichtemperatur wurde eine stetige Abnahme der Festigkeit ermittelt.

Hoffmann-Jacobsen[3] beschreitet zur Bestimmung der Festigkeit von Zellstoff den direkten Weg; er zerreißt mit dem Schopperschen Festigkeitsprüfer Zellstoffstreifen in gewöhnlicher Weise bei 180 mm Klemmenabstand und ferner bei aneinanderstoßenden Einspannklemmen, d. h. bei einer freien Einspannlänge = 0 und berechnet die Festigkeitseigenschaften nach zwei von ihm entwickelten Formeln.

Humm[4] zieht mit Hilfe von Stanzversuchen Rückschlüsse auf die Festigkeit der Einzelfaser. Das aus dem Zellstoff hergestellte Papier wird zwischen zwei Platten, in deren Bohrung ein Stanzstempel von 15 mm Umfang[5] genau paßt, eingespannt. In Verbindung mit dem Schopperschen Zugfestigkeitsprüfer (Abb. 154) wird der Druck des Stempels langsam gesteigert, bis das Papier mit einem scharfen Schlag durchgedrückt wird. Die Berechnung der „Stanzreißlänge“ erfolgt nach der Formel $R_s = \frac{P}{g}$ Meter (P = angewendeter Druck in Gramm, g = Gewicht eines 15 mm breiten und 1 m langen Papierstreifens in Gramm).

Die weiteren Vorschläge haben das Dalénsche Prinzip gemeinsam, daß aus dem aufgeschlagenen oder gemahlenen Stoff Blätter gebildet, diese gepreßt, getrocknet und in üblicher Weise auf Festigkeit geprüft werden. In der Art der Mahlung, des zu verwendenden Mahlgerätes,

---

[1] Eine neuere Literatur-Zusammenstellung von Possauner von Ehrenthal ist in P.F. 1932 Heft 13 S. 165 erschienen.

[2] Rühlemann: Über die Festigkeitsbestimmung von Zellstoff. P.F. 1926 Nr. 1.

[3] Hoffmann-Jacobsen: Festigkeitsprüfung von Zellstoffen. W.B. 1925 S. 1454. P.F. 1925 Nr. 45 S. 717.

[4] Humm: Über Zellstoffestigkeit und Papierbildung. P.F. 1930 Nr. 8 S. 116.

[5] Stanzeinsätze liefert die Firma Louis Schopper-Leipzig.

der Blattbildung sowie der Pressung und des Trocknens der Bogen gehen jedoch die Vorschläge weit auseinander. Nach einer in Kanada eingeführten Methode[1] wird der Zellstoff vor der Blattbildung nur zerfasert, bei allen anderen jedoch gemahlen. Für die verschiedenen Mahlstufen sind Mahldauer oder Mahlgrad maßgebend.

Das Mahlen im Versuchsholländer hat entschieden den Vorzug, daß es sich den Fabrikationsverhältnissen am besten anpaßt; dem wird von vielen Seiten entgegengehalten, daß die Mahlarbeit schwer reproduzierbar sei. Um diese Schwierigkeiten zu überwinden benutzt das Bureau of Standards in Washington einen Holländer mit Mikrometerjustierung für den Abstand zwischen Walzen- und Grundwerkmessern und mit einer Einrichtung zur genauen Regulierung des Walzendruckes. Mit einem ähnlichen von der Firma J. M. Voith, Heidenheim, gebauten Holländer haben Jonas und Schlechter Versuche[2] durchgeführt; Porrvik[3] bedient sich einer Plattenstoffmühle nach Geijer, und Rieth bringt einen Holländer mit Mahlscheibe und einstellbarem Mahldruck in Vorschlag[4].

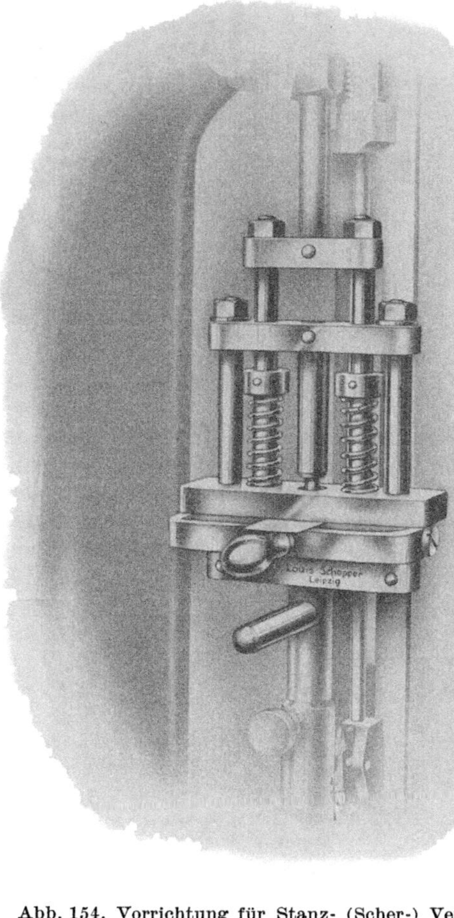

Abb. 154. Vorrichtung für Stanz- (Scher-) Versuche nach Dr. Humm.

Von den Gegnern des Versuchsholländers werden Kugelmühlen benutzt, bei denen der Stoff jedoch nur gequetscht wird, während die gleichzeitig schneidende oder bürstende Wirkung des Holländers fehlt. Es sind in der Hauptsache zwei verschiedene Modelle

[1] Paper Makers Month. J. 1924.
[2] Jonas und Schlechter: W.B. 1932 Sonder-Nr. S. 42.
[3] Porrvik: Z. u. P. 1927 Nr. 10 S. 461.
[4] Possanner: P.F. 1932 Heft 23 S. 354.

in Gebrauch, die aus Finnland stammende Lampén-Mühle[1] (Abb. 155) und die amerikanische Abbé-Mühle (Abb. 156).

Die Lampén-Mühle besteht aus einem drehbar gelagerten kugelförmigen Bronzegehäuse, in dem sich eine Bronzekugel von bestimmtem Durchmesser und Gewicht befindet. Das Gehäuse kann durch einen

Abb. 155. Kugelmühle Bauart Lampén.

Deckel geschlossen werden. An dem Gehäuse befinden sich zwei Fülllöcher, die durch Schraubstopfen verschließbar sind. Um ein schnelles Entleeren der Mühle zu ermöglichen, ist das Gehäuse in einem Bügel schwenkbar angeordnet. Die Mühle faßt 50 g lufttrockenen Stoff, der in 1 l Wasser gequollen und aufgeschlagen ist. Das Füllen erfolgt in der Weise, daß der dicke Stoff nach dem Abnehmen des Deckels eingebracht, die Mühle mit dem Deckel geschlossen und das restliche dünne Gemisch dann nach einigen Umdrehungen der Mühle durch eins der Fülllöcher eingegossen wird. Bei der Mahlung soll die Mühle mit 300—400 Umdrehungen pro Minute laufen[2].

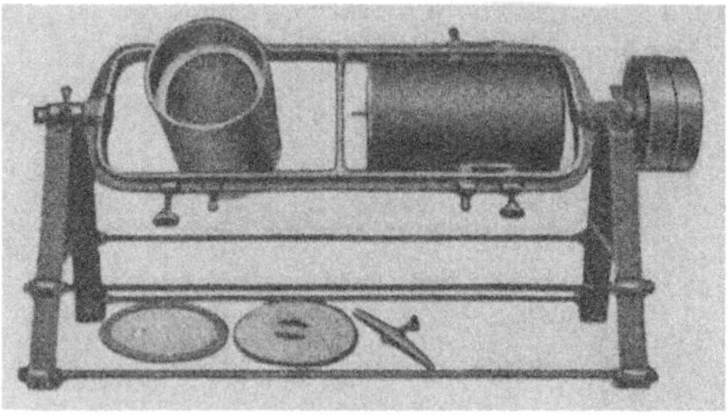

Abb. 156. Kugelmühle nach Abbé.

Die amerikanische Mühle arbeitet mit einer größeren Anzahl Flintsteinen in einem porzellangefütterten Stahlblechzylinder. Nach Hall[3] bietet die Abbé-Mühle bei genügendem Fassungsvermögen bequeme Füll- und Entleerungsmöglichkeit; der Stoff wird jedoch ungleichmäßig gemahlen, sein Aschengehalt erhöht sich während der Mahlung infolge

---

[1] Mit Versuchen mit der Lampén-Mühle hat sich Hellm. Schwalbe eingehend befaßt. Vgl. P.F. 1925 Nr. 14, 1926 Nr. 31 u. 32, 1927 S. 83 u. 545.

[2] Kugelmühlen, Bauart Lampén, sowie Zerfaserer zur Vorbereitung des Stoffes für die Mahlung in der Mühle werden von der Firma Louis Schopper-Leipzig hergestellt.

[3] Hall: Z. u. P. 1927 Nr. 4 S. 142.

des durch Reibung erzeugten Steinmehles. Die Lampén-Mühle weist diese Nachteile nicht auf, sie nimmt jedoch höchstens 50 g statt mindestens 100 g Stoff auf. Hall macht Vorschläge für den Bau einer Mühle, die die Vorteile der beiden genannten vereinigen soll.

Jonas[1] stellt die Forderung, daß gleicher Mahlgrad in gleicher Zeit mit dem gleichen Mahlgerät erreicht wird, daß alle nach einem Modell hergestellten Mahlmaschinen vollkommen gleichartig arbeiten und die Arbeitsweise des Mahlgerätes möglichst der Mahlarbeit des Holländers angepaßt sein soll. Bei der von ihm konstruierten Mahlmaschine (Abb. 157) sind auf einer rotierenden Scheibe symmetrisch zum Drehpunkt Mahlbüchsen angebracht, die durch einen Deckel verschließbar sind. Jeder Deckel trägt einen Zahnkranz, der in einen zentrisch sitzenden, feststehenden Zahnkranz eingreift, so daß beim Gang der Maschine neben der Bewegung um die Hauptachse eine Eigendrehung der Büchsen erzielt wird. In jeder Büchse liegt frei beweglich ein der Holländerwalze entsprechender massiver Zylinder, der 2 mm breite Messer besitzt. Infolge der Rotation der Scheibe und der Eigendrehung der Büchsen läuft der Mahlkörper auf der Innenwand der Büchsen ab und mahlt den eingetragenen Stoff. Durch Änderung der Tourenzahl ist die Einstellung eines beliebigen Mahldruckes möglich. Jede Büchse faßt 11,2 g absolut trocken gedachten Stoffes. Die Mahlung erfolgt in Stufen dadurch, daß alle 10 Minuten eine der sechs Büchsen aus der Maschine entfernt und durch eine Leerbüchse ersetzt wird.

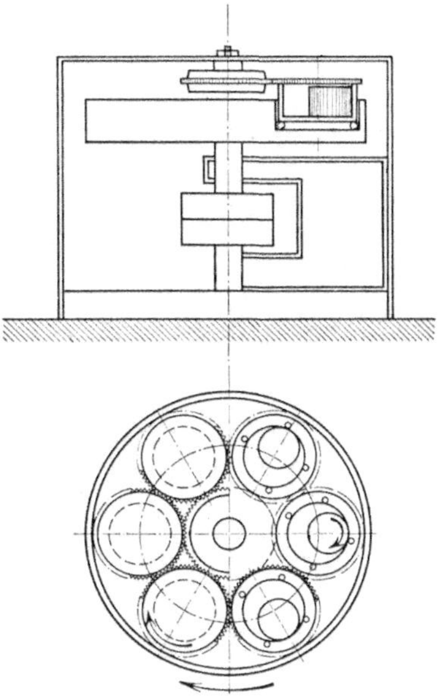

Abb. 157. Mahlmaschine nach Jonas.

Zur Herstellung der Bogen wird teilweise das von Dalén vorgeschlagene Schöpfverfahren angewendet, teilweise werden besondere Blattbildeapparate benutzt. Das Prinzip solcher Papierblattapparate ist aus der Abb. 158 des von Schopper gebauten erkenntlich. Der Behälter *a* läuft unten in ein mit Durchgangshahn *c* versehenes Rohr *b* aus. Unter dem Durchgangshahn befindet sich ein Überlaufsgefäß *d*, dessen Auslaufstutzen mit einer Abwasserleitung in Verbindung steht. In dem Behälter ist ein Rahmen angebracht, auf dem die Siebplatte *e* aufgelegt werden kann. Zum Anpressen der Siebplatte an die Gummidichtung des Rahmens dient ein Beschwerungsrahmen *g*. Zur Blattbildung wird der Durchgangshahn *c* und der Entlüftungshahn *i* geschlossen, der Wasserbehälter *a* bis zur Höhe des Siebrahmens mit Wasser gefüllt, die Siebplatte und der Beschwerungsrahmen eingelegt und

[1] Jonas: P.F. 1930 Heft 48 S. 800.

bis zu einer Strichmarke mit Wasser nachgefüllt. Das Stoffwassergemisch wird aus zwei Gefäßen gleichzeitig eingegossen[1] und danach sofort der Durchgangshahn zum Ablassen des Wassers geöffnet. Dabei wird unter der Siebplatte ein Vakuum erzeugt, das ein weiteres Entwässern der sich bildenden Stoffschicht infolge Durchsaugens von Luft zur Folge hat.

Auch für diese Blattbildungsapparate bestehen zahlreiche Abänderungsvorschläge, von denen nur einige genannt werden können.

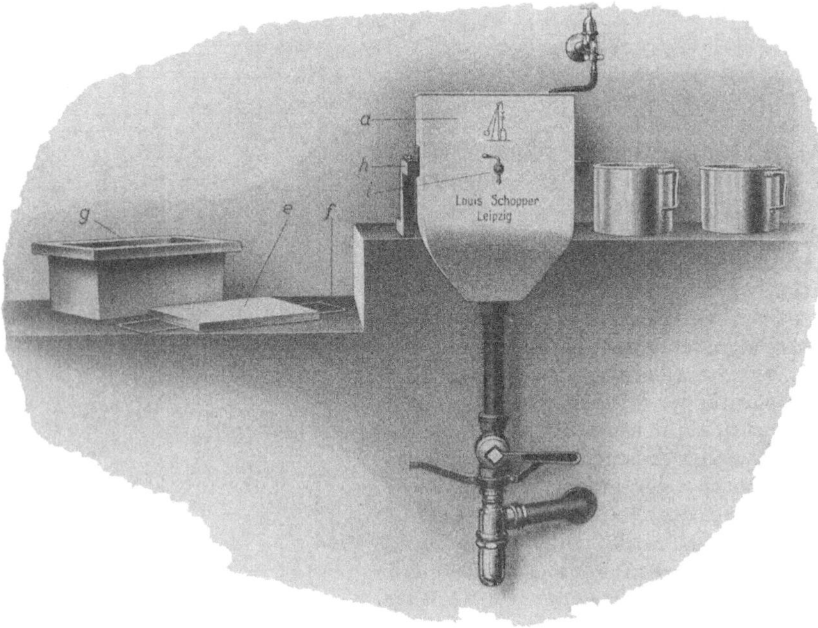

Abb. 158. Blattbildeapparat nach Schopper.

Um gleichmäßige Stoffverteilung auf dem Sieb zu erhalten, bringt Hellm. Schwalbe[2] über dem Siebkasten ein Rührwerk und einen mit Leitbahnen ausgerüstetes Übergangsgefäß an. Nachdem der Stoffbrei fertig gerührt ist, fällt er nach Öffnen eines Schiebers in das mit Wasser gefüllte Übergangsgefäß und gelangt von hier aus auf das Sieb.

Jonas[3] verwirft Rührvorrichtungen, vor allem solche mit vertikaler Welle, da nach seinen Erfahrungen die Gleichmäßigkeit der Faseraufschwemmung infolge der auftretenden Zentrifugalwirkung gestört wird; er behält aber das Auslaufprinzip bei. Zu diesem Zwecke verwendet

[1] Neuerdings hat die Firma Schopper nach Angaben von Possanner von Ehrenthal einen Apparat gebaut, bei dem das Mischen des Stoffwassergemisches in sehr zweckmäßiger Weise durch Druckluft erfolgt. P.F. 1932 Heft 23 S. 354.

[2] Schwalbe, Hellm.: P.F. 1928 Nr. 32 S. 485.

[3] Jonas: P.F. 1930 Nr. 48 S. 800.

er einen auf dem Sieb sitzenden Aufsatzkasten mit einem 3 mm breiten Schlitz, der sich dicht an der unteren Kante längs einer der kürzeren Seite des Kastens befindet. Dieser Schlitz steht mit einem höherstehenden, mit Wasser gefüllten Gefäß in Verbindung. Das Wasser strömt durch den Schlitz in die über dem Sieb befindliche Faseraufschwemmung, wodurch die Fasern in einen vollkommen gleichartigen Schwebezustand versetzt werden sollen.

Während die bisher geschilderten Apparate rechteckige Siebformen verwenden, zieht das schwedische Materialprüfungsamt runde Bogenformen vor, um die bei rechteckigen Bogen auftretenden Festigkeitsunterschiede in Längs- und Querrichtung gänzlich zu vermeiden. Das genannte Amt arbeitet mit einem von Sandberg-Bergman gebauten Apparat[1]; die damit hergestellten Papierblätter besitzen einen Durchmesser von 215 mm. Runde Siebform besitzt ebenfalls der von Kienzl und Nagl im Papier-Fabrikant 1930 Heft 4 beschriebene Apparat.

Das Pressen der vom Sieb abgequetschten Bogen erfolgt in den meisten Fällen mit hydraulischen Pressen; Unterschiede bestehen jedoch im angewendeten Druck. Jonas befürwortet die Anwendung von linearem Druck, da dieser leichter reproduzierbar sei als der statische.

Schließlich werden die Bogen auch in verschiedener Art und bei verschiedenen Temperaturen getrocknet. Neben dem Trockenzylinder und -Schrank werden auch besondere Trockenapparate in Anwendung gebracht. Bei dem Verfahren nach Jonas werden die Musterblätter in einem Haas-Umlufttrockner bei 45° nur bis zu einem 65% relativer Luftfeuchtigkeit entsprechenden Trockengehalt getrocknet[2].

Abgesehen davon, daß die Benutzung verschiedener Apparate zu verschiedenen Festigkeitswerten des zu prüfenden Stoffes führt, werden die Ergebnisse auch von den einzelnen Versuchsbedingungen bei Verwendung der gleichen Apparatur erheblich beeinflußt. Untersuchungen nach dieser Richtung sind in der oben aufgeführten Literatur mehrfach enthalten. Zusammenfassend seien die Ergebnisse genannt, die Grund[3] an Hand zahlreicher Versuchsreihen gefunden hat:

1. Mit wachsendem Quadratmetergewicht steigen die Reißlängenwerte bis zu einem Maximum, das bei 80 g/m² liegt[4], um dann wieder abzufallen.

2. Eine Absitzzeit des in den Papierblattapparat aufgegossenen Faserbreies drückt die Reißlängenwerte bis um 15% herunter.

3. Die mindeste Verdünnung des in den Papierblattapparat zu gießenden Faserbreies, um von dem Einfluß der Verdünnung auf die Festigkeitsergebnisse unabhängig zu sein, beträgt 1 : 750. Geringere Verdünnung bewirkt niedrigere Festigkeitswerte, eine höhere hat keinen Einfluß auf die Festigkeit.

4. Mit steigendem Preßdruck steigt die Reißlänge bis zu einem Maximum, das bei 120—150 kg/cm² Preßdruck liegt, um dann rasch zu fallen.

---

[1] Hall: P.F. 1929 Heft 22 S. 341.

[2] Jonas: P.F. 1930 Heft 48 S. 800.

[3] Grund: Der Einfluß wechselnder Versuchsbedingungen auf die Ergebnisse der Festigkeitsbestimmung von Zellstoffen. P.F. 1930 Heft 20 S. 329.

[4] Jonas hat ein Maximum bei 90—92 g/m² gefunden. P.F. 1930 Heft 48 S. 805.

5. Bis zu einer Preßdauer von 2 Minuten steigen die Reißlängenwerte mit steigender Preßdauer, um dann nahezu konstant zu bleiben.

6. Mit steigender Trockentemperatur fallen die Reißlängenwerte[1].

7. Mit fallender Einspannlänge der Streifen (festgestellt bei Einspannlängen zwischen 100 und 10 mm) im Schopperschen Reißapparat steigen die Reißlängenwerte an.

Wie ersichtlich, können nur bei genauer Einhaltung aller Versuchsbedingungen vergleichbare Werte erhalten werden. Die große Mannigfaltigkeit der vorgeschlagenen Wege macht die Aufstellung von Standardmethoden erforderlich. Bisher bestehen solche in den Vereinigten Staaten[2], in Kanada[3], England[4] und Schweden[5]. In Deutschland befaßt sich eine Kommission des Vereins der Zellstoff- und Papier-Chemiker und -Ingenieure[6] schon seit einigen Jahren mit der Ausarbeitung einer Einheitsmethode. Es ist zu wünschen, daß diese Arbeiten zu einem befriedigenden Ergebnis führen mögen, was bei den ausländischen Standardverfahren in vollem Maße noch nicht erreicht zu sein scheint. Bis dieser Weg gefunden ist, soll im Staatlichen Materialprüfungsamt von dem von Dalén eingeführten Verfahren nicht abgegangen werden, da irgendeine Änderung der Versuchsbedingungen den für viele Antragsteller wichtigen Vergleich mit früher geprüften Zellstoffen zunichte machen würde. Nach diesem Verfahren werden 300 g lufttrockenen Zellstoffes in einem Versuchsholländer bei einer Stoffdichte von 2,5% zunächst eine viertel Stunde aufgeschlagen. Sodann wird der Stoff unter stets gleichen Bedingungen bis zum Mahlungsgrad 36/37 (Schopper-Riegler) gemahlen, sofern nicht Mahlung bei verschiedenen Mahlgraden beantragt ist. Die Mahlung wird alle viertel Stunden mit dem Schopper-Riegler-Apparat kontrolliert und so eingerichtet, daß der genannte Mahlgrad in etwa 2 Stunden erreicht ist. Die Blattbildung erfolgt durch Schöpfen mit der Hand. Von jeder Anfertigung werden zweimal 15 Bogen in der Größe von 20×25 cm geschöpft, auf Filze abgegautscht und der Stoß (Pauscht) unter einer hydraulischen Presse $^1/_2$ Minute lang einem Drucke von etwa 28 kg/cm^2 * ausgesetzt. Das Trocknen der Bogen erfolgt auf einem mit Dampf geheizten Zylinder bei 0,5 Atm. Überdruck, wobei die Bogen zwischen zwei Löschpapierblättern mit einem Filz an den Zylinder angepreßt werden. Von den so erhaltenen 30 Bogen werden fünf mit einem Quadratmetergewicht von 90 g ausgesucht, mehrere Tage bei 65% Luftfeuchtigkeit ausgelegt[7] und in üblicher Weise auf Festigkeit geprüft. Die nachstehende Übersicht gibt die Grenz- und Mittelwerte einer großen Anzahl im Amt geprüfter Zellstoffe wieder.

---

[1] Vgl. Rieht: P.F. 1929 Heft 25 S. 385.

[2] P.T.J. Bd. 82 (1926) Nr. 16 S. 44 und Bd. 44 (1932) S. 35; Ref. Z. u. P. 1932 Nr. 6 S. 240. [3] Paper Makers Month. J. S. 62—105. 1924.

[4] P.T.J. Bd. 89 Nr. 10 S. 61. [5] P.F. 1929 Heft 22 S. 341.

[6] Berichte des Fachausschusses: P.F. 1928 Heft 36, 1929 Heft 1, 1929 Heft 38, 1932 Heft 13, 1932 Heft 23.

* Berechnet auf Filzfläche von 30 × 35 cm.

[7] Es empfiehlt sich, die frisch getrockneten Bogen zunächst bei einer höheren und dann bei 65% Luftfeuchtigkeit auszulegen.

Art des Zellstoffes	Reißlänge Grenzwerte m	Reißlänge Mittel m	Dehnung Grenzwerte %	Dehnung Mittel %	Doppelfalzungen Grenzwerte	Doppelfalzungen Mittel
Sulfitzellstoff, ungebleicht . .	4300—9250	7360	2,3—4,1	3,2	470—11860	3570
Sulfitzellstoff, gebleicht . . .	3875—6850	5470	1,3—4,3	3,2	26—5800	1600
Natronzellstoff, ungebleicht . .	7425—9425	8585	3,3—4,8	4,2	1900—7090	4620

Festigkeitseigenschaften von Pergamentpapier.

Über die Festigkeitseigenschaften von Pergamentpapier sind in der Fachliteratur nur spärliche Angaben zu finden; dies gibt Veranlassung, nachstehend eine Reihe von Werten mitzuteilen, die im Materialprüfungsamt ermittelt wurden[1].

Geprüft wurden 43 Papiere, deren Quadratmetergewicht von rund 30 bis rund 230 g schwankte, auf Reißlänge und Dehnung. Die Werte bewegten sich

für die mittlere Reißlänge zwischen 1100 m und 6100 m,
für die mittlere Dehnung zwischen 1,7% und 12,7%.

Der Feuchtigkeitsgehalt der Papiere bei 65% Luftfeuchtigkeit, bestimmt durch Trocknen bei 100° C, umfaßte den Spielraum von 7,6 bis 16,3%. Der wirkliche Feuchtigkeitsgehalt wird aber durchweg etwas höher gewesen sein wegen des Gehaltes der Papiere an hygroskopischen Stoffen (Glyzerin, Traubenzucker, Chlormagnesium o. a.).

Beziehungen zwischen der Schwere der Papiere und ihrer Festigkeit und Dehnung ließen sich nicht erkennen. Sowohl bei den dicken als auch bei den dünnen Proben waren hohe und niedrige Werte für Reißlänge und Dehnung vertreten.

5 weitere Pergamentpapiere aus Baumwolle und 7 aus Baumwolle mit Holzzellstoffzusatz (10—45%) wurden auf Reißlänge, Dehnung und Falzwiderstand geprüft. Es ergaben sich hierbei in den beiden Gruppen folgende Werte:

	Quadratmetergewicht	Reißlänge	Dehnung	Falzzahl
A. Papiere aus Baumwolle.	119—199 g	3775—6000 m	10,2—12,4%	407—2670
B. Papiere aus Baumwolle u. Holzzellstoff	47—99 g	3850—4750 m	4,1—10,3%	149—6550

Die Gesamtmittel in beiden Gruppen waren folgende:

	Reißlänge	Dehnung	Falzzahl
A:	4655 m	10,8%	987
B:	4300 m	6,1%	1232

Schlußfolgerungen über den Einfluß des Zellstoffgehaltes lassen sich aus den Ergebnissen nicht ziehen, weil es sich bei den Papieren um Erzeugnisse verschiedener Fabriken handelt, also Rohstoffe verschiedener Güte in den Papieren stecken.

[1] Herzberg: Mitt. 1911 S. 248 u. P.F. 1911, Festheft, S. 23.

Haftfestigkeit des Aufstriches gestrichener Papiere.

Zur Beurteilung der Haftfestigkeit des Aufstriches gestrichener Papiere werden in der Praxis vielfach die nachfolgend beschriebenen Verfahren angewendet[1].

1. Abhebeprobe. Man drückt mit angefeuchtetem Daumen fest auf den Strich des Papieres; nach dem Abheben darf am Daumen keine Aufstrichmasse sitzen.

2. Reibeprobe. Wenn man das zusammengelegte Papier, Strich auf Strich, zwischen den Fingern reibt, darf der Farbstrich nur in ganz geringen Mengen loslassen.

3. Tintenprobe. Man zieht mit der Ziehfeder Tintenstriche auf der Strichseite. Bei mangelhafter Leimung laufen die Striche mehr oder weniger aus. Die Zeitdauer des Eindringens gibt ein Maß für den Leimungsgrad.

4. Klebeprobe. Man klebt einen Streifen gut geleimtes Schreibpapier mit Fischleim zur Hälfte auf das gestrichene Papier. Nach dem Trocknen zieht man den Streifen wieder ab. Bei guter Leimung des Striches werden Teile des Rohpapiers mit herausgerissen.

Die Prüfungen 1—3 erscheinen zweckmäßig; bei 4 ist indessen zu bedenken, daß bei schlecht geleimtem Strich der Fischleim in den Strich dringen und diesen so innig mit dem Rohpapier verbinden kann, daß beim Trennen Fasern des Rohpapiers durch den Fischleim mit abgerissen werden.

Unterscheidung handgeschöpfter Papiere von maschinengeschöpften.

Mit der Frage der Unterscheidung von Rauhrandpapieren, die einerseits nach dem alten Handverfahren aus der Bütte geschöpft wurden, andererseits auf maschinellem Wege unter Anwendung von Formen hergestellt waren, hat sich das Materialprüfungsamt auf Veranlassung des Vereins Deutscher Papierfabrikanten beschäftigt[2]. Geprüft wurden zehn aus vier verschiedenen Fabriken stammende Papiere der ersten Art (im nachfolgenden kurz als H-Papiere bezeichnet) und 13 aus drei verschiedenen Fabriken herrührende Papiere der zweiten Art (M-Papiere).

Die Prüfung wurde beschränkt auf die Feststellung derjenigen Eigenschaften, bei denen am ehesten verschiedenes Verhalten der beiden Papierarten zu erwarten war. Zunächst wurden Reißlänge, Dehnung und Falzzahl festgestellt und das Verhältnis der Werte aus den beiden Hauptrichtungen berechnet. Ferner wurden die Längenänderungen der Papiere nach fünftägigem Lagern in absolut feuchter Luft sowie nach darauffolgendem fünftägigen Liegen in Luft von 65% Feuchtigkeit bestimmt und weiter nach dem Vorschlag von Sindall[3] Probestreifen über Nacht zwischen feuchtes Löschpapier gelegt, gemessen, gewogen und auf Feuchtigkeit geprüft.

[1] P.F. 1908 S. 2251.

[2] Handgeschöpftes Büttenpapier von maschinengeschöpftem zu unterscheiden. P.Z. 1909 S. 3634 u. W.B. 1909 S. 3821.

[3] Sindall: Imitierte Handpapiere. P.F. 1909 S. 387.

Die Ergebnisse der Prüfungen sind an den in der Fußnote[2] S. 276 erwähnten Stellen in drei Tabellen niedergelegt; sie zeigen, daß die Werte für Reißlänge, Dehnung und Falzzahl in den beiden Richtungen des Bogens bei den M-Papieren durchschnittlich größere Unterschiede aufweisen als bei den H-Papieren. Betrachtet man aber die Verhältniszahlen der einzelnen Papiere, so findet man, daß die Werte für die beiden Papierarten so durcheinander gehen, daß sie unmöglich zur Feststellung der Herstellungsart der Papiere dienen können.

Die Längenänderung beim Lagern in feuchter Luft ist bei den H-Papieren durchschnittlich etwas größer als bei den M-Papieren; aber auch hier gehen die Einzelwerte so durcheinander, daß eine Trennung der Papiere auf Grund dieser Werte nicht möglich ist.

Die Längenzunahme durch Feuchten ist bei den H-Papieren in der starken Richtung etwas größer als bei den M-Papieren; in der schwachen Richtung ist sie für beide Papierarten fast gleich groß.

In der Reißlänge sind die Verhältniszahlen der beiden Richtungen für M- und H-Papiere im Durchschnitt fast gleich, in der Dehnung ist der Unterschied in den beiden Richtungen bei den M-Papieren durchschnittlich etwas größer als bei den H-Papieren. Aber auch hier gehen die Einzelwerte so durcheinander, daß eine Trennung der Papiere auf Grund dieser Werte nicht möglich ist (vgl. auch S. 30).

Sindall[1] hat an der vorher erwähnten Stelle ausgesprochen, daß, wenn man den bekannten Versuch zur Bestimmung der Längsrichtung im Papier (einseitiges Feuchten kreisrunder Stücke) mit H- und M-Papieren vornimmt, das Verhalten beider Papierarten verschieden ist. H-Papiere sollen sich langsam und wenig aufrollen und bald wieder flach liegen, M-Papiere hingegen sollen schnell einen vollständigen Zylinder bilden.

Bei der Prüfung der 10 H- und 13 M-Papiere nach diesem Verfahren ergab sich, daß die Geschwindigkeit und das Maß des Rollens mehr von der Dicke des Papiers, als von der Herstellungsart abhängt. Die dünnen Papiere, und zwar sowohl die der M- wie auch der H-Sorten, hatten größere Neigung zum Aufrollen als die dicken Proben beider Arten. Die bei der Prüfung der 23 Papiere gemachten Beobachtungen zeigten, daß auch das Verhalten einseitig gefeuchteter kreisförmiger Stücke keinen Anhalt zur Unterscheidung der M- und H-Papiere bietet.

Das Gesamtergebnis der Versuche ist dahin zusammenzufassen, daß es nicht gelungen ist, Unterscheidungsmerkmale zwischen den H- und M-Papieren aufzufinden. Die M-Papiere stimmten in bezug auf die Schwankungen in der Reißlänge, Dehnung, Falzzahl usw. mit den H-Papieren so überein, daß eine Unterscheidung auf Grund ihrer inneren Eigenschaften ausgeschlossen erscheint.

In der Fachpresse ist vereinzelt die Behauptung aufgestellt worden, daß man H- und M-Papiere durch Verschiedenheiten des Randes unterscheiden könne. Dem steht aber eine Äußerung aus der Industrie gegenüber, die diese Möglichkeit glatt verneint.

[1] Sindall: P.F. 1909 S. 387. (Nach Paper Makers Month. J.)

In einer Arbeit über „Imitierte Büttenpapiere“ von Papierfabrikdirektor G. Janata[1], in der sich der Verfasser mit den verschiedenen Arten und Maschinen zur Erzeugung von Rauhrandpapieren befaßt, heißt es nach Anführung der Sembritzkischen Maschine zur Herstellung von geschöpftem Papier:

„Es läßt sich denken, daß eine derartige Arbeitsweise ein Fabrikationsprodukt zeitigen muß, das alle die für echtes, handgeschöpftes Büttenpapier gegebenen Kennzeichen in vollem Maße aufweist.“

Janata führt dies dann noch des weiteren aus unter Bezugnahme auf den rauhen Rand, die Körnung des Blattes, die Festigkeit und das Wasserzeichen; er ist also auch der Ansicht, daß man hand- und maschinengeschöpfte Papiere nicht sicher unterscheiden kann.

Aber selbst wenn die sichere Trennung gelingen sollte, so würde es, sobald die Unterscheidungsmerkmale bekannt gegeben würden, den Herstellern von M-Papieren voraussichtlich bald gelingen, ihren Erzeugnissen dieselben Eigenschaften zu verleihen, wie sie die H-Papiere zeigen.

Unterscheidung natürlicher und künstlicher Wasserzeichen.

Unter Wasserzeichen versteht man bekanntlich diejenigen Zeichen, Buchstaben, Figuren usw. eines Papiers, welche im durchfallenden Licht heller[2] erscheinen als die übrigen Teile des Blattes. Erzeugt werden sie durch Eindrücken der Zeichen in das Papier. Erfolgt dieses Eindrücken auf der Papiermaschine oder auf dem Schöpfsiebe in das noch nasse Papier, so erhält man das „natürliche“ Wasserzeichen, erfolgt es in das fertige Papier, das „künstliche“.

Der Fachmann wird zwar in den meisten Fällen ohne Schwierigkeiten erkennen können, mit welcher Art Zeichen er es zu tun hat, aber auch dem Kundigen werden Fälle vorkommen, in denen er sich nicht mit Sicherheit entscheiden kann.

Ein einfaches Mittel zur Unterscheidung bietet die Behandlung des Papiers mit starker Natronlauge[3].

Wenn man Papier mit natürlichem Wasserzeichen in solche Lauge bringt, so tritt das Wasserzeichen nach kurzer Zeit sehr viel deutlicher hervor und bleibt auch bei längerem Liegen des Papiers in der Lauge stets deutlich sichtbar; behandelt man in derselben Weise Papier mit künstlichem Wasserzeichen, so verschwindet dieses nach kurzer Zeit vollständig aus dem Papier.

Die Ursache des Verschwindens ist in dem Aufquellen der zusammengepreßten Fasern bei Berührung mit Lauge zu suchen; da wir es bei dem natürlichen Wasserzeichen mit einer dünneren, weniger Stoff als die benachbarten Teile enthaltenden Schicht zu tun haben, bei dem künstlichen aber nur mit einer zusammengepreßten, ebensoviel Stoff wie die benachbarten Teile aufweisenden, so ist hiermit die Erklärung der Erscheinung gegeben.

---

[1] Janata, G.: Z. 1912 S. 426.

[2] In manchen Fällen auch teilweise dunkler.

[3] Eine Lauge aus 60 g Ätznatron in 200 g Wasser hat sich gut bewährt, bestimmter Konzentrationsgrad ist nicht erforderlich.

Sogenannte Molette-Wasserzeichen[1], die durch Eindrücken der auf Gummiringe aufgegossenen Zeichen auf der letzten Naßpresse oder auf einer zwischen der letzten Presse und dem ersten Trockenzylinder liegenden Walze aufgebracht werden, sind, je nachdem sie in Natronlauge deutlich sichtbar bleiben oder verschwinden, als echte oder künstliche Wasserzeichen anzusprechen[2]. Im ersten Fall sind die Zeichen durch Stoffverdrängung entstanden, im anderen Falle hat nur ein Einpressen in die relativ trockene Papierbahn stattgefunden.

Schließlich soll noch eine Imitation von Wasserzeichen Erwähnung finden, die durch Aufdruck von sog. Wasserzeichenfarben auf Papier erzeugt wird. Da die in den Druckmitteln enthaltenen Fettstoffe die bedruckten Stellen durchsichtig erscheinen lassen, kann auf diese Weise bei oberflächlicher Betrachtung der Eindruck eines Wasserzeichens erweckt werden, ein Mittel, dessen sich auch Fälscher von Wertpapieren und Banknoten mitunter bedienen. Bei der Behandlung mit Natronlauge gehen diese Zeichen fast gänzlich zurück, um allmählich wieder zum Vorschein zu kommen, sie verhalten sich also hierbei ähnlich wie die natürlichen Wasserzeichen. Der Nachweis solcher Druckzeichen kann jedoch leicht erbracht werden durch Behandlung mit organischen Lösungsmitteln, wie Äther, Alkohol, Benzol, in denen sie fast augenblicklich verschwinden und auch nach dem Trocknen höchstens spurenweise wieder sichtbar werden.

Dauerhaftigkeit von Papier.

Die Lebensdauer eines Papiers hängt neben der Art der Aufbewahrung von dem Widerstand ab, den es mechanischen und chemisch-physikalischen Einwirkungen entgegensetzt. Ersteren (Biegen, Falzen, Kniffen, Rollen usw.) wird es in um so höherem Maße widerstehen, je fester und elastischer es ist, und letzteren (Einfluß von Luft, Licht, Wärme, Feuchtigkeit usw.) um so mehr, je besser und ausdauerfähiger das verarbeitete Rohmaterial ist. Unter sonst gleichen Verhältnissen wird also bei gleichwertiger Stoffzusammensetzung dasjenige Papier das höchste Lebensalter erwarten lassen, das die besten Festigkeitseigenschaften aufweist und bei gleichen Festigkeitswerten dasjenige, dessen Stoffzusammensetzung die größte Ausdauerfähigkeit gewährleistet.

Man kann also die Lebensdauer eines Papiers, abgesehen natürlich von Sonderfällen, gewissermaßen durch folgenden Quotienten zum Ausdruck bringen:

$$\frac{\text{Festigkeitseigenschaften} + \text{Stoffgüte}}{\text{Mechanische Beanspruchung} + \text{atmosphärische Einwirkung}}.$$

Ist ein Papier starken mechanischen Einflüssen ausgesetzt, so kann es, auch wenn es aus Material höchster Güte hergestellt worden ist, unter Umständen sehr bald der Zerstörung anheimfallen. Beispiele hierfür bieten unsere Banknoten. Mit größter Sorgfalt aus den besten

[1] Korn: P.Z. 1928 S. 1826; W.B. 1928 S. 718 P.F. 1928 S. 481.

[2] Nach den „Vorschriften für die Lieferung von Papier an preußische Staatsbehörden“ (S. 297) muß das Wasserzeichen von Normalpapieren auf dem Sieb hergestellt sein.

Rohstoffen erzeugt, bieten sie infolge ihrer Eigenschaften bei schonender Behandlung und sorgsamer Aufbewahrung die Möglichkeit, Jahrhunderte zu überdauern; trotzdem haben sie wegen der mannigfachen mechanischen Beanspruchungen, denen sie fast ununterbrochen ausgesetzt sind, nur eine verhältnismäßig kurze Lebensdauer.

Andererseits können Papiere aus ganz geringwertigem Material lange Zeitabschnitte überdauern, wenn ungünstige äußere Einwirkungen von ihnen ferngehalten werden. Beispiele hierfür sind die Papyrusrollen, die zum Teil in recht gut erhaltenem Zustande aufgefunden worden sind, obwohl ihr Alter nach Jahrtausenden zählt. Nach Rohstoff und Eigenschaften ein Material, das unseren heutigen Anforderungen in bezug auf die Dauerhaftigkeit in keiner Weise entspricht, hat es sich so lange halten können, weil es, unter sehr weitgehendem Abschluß von Luft, Licht und Feuchtigkeit aufbewahrt, zerstörenden Einflüssen entzogen war.

Weitere Beispiele sind die von dem Pastor Schäffer[1] vor mehr als 150 Jahren aus 50 verschiedenen Faserstoffen (verschiedene Hölzer, Rohrstengel, Hopfenranken, Moos, Tannenzapfen, Brennessel, Beifuß, Wassermoos usw.) hergestellten und seinem hierzu verfaßten Werke beigegebenen Papiere. Da nur eine beschränkte Anzahl von Exemplaren des Buches hergestellt wurde, besaß es von vornherein einen besonderen Wert und wurde daher auch besonders sorgfältig behandelt. Die Papiere der beiden im Besitz des Materialprüfungsamtes befindlichen Exemplare (deutsch und holländisch) sind durchweg sehr gut erhalten; sie können zur Zeit ihrer Herstellung nicht wesentlich anders gewesen sein und werden bei sorgfältiger Behandlung und Aufbewahrung sicher noch Jahrhunderte überdauern.

Auch die Tageszeitungen, die häufig bei der Grundsteinlegung öffentlicher Gebäude in Blechkästen verlötet in den Grundstein eingemauert werden, werden voraussichtlich lange Zeiträume in wenig verändertem Zustande überdauern, trotz ihrer geringen Festigkeit und ihres minderwertigen Fasermaterials.

Aus diesen Beispielen ist ersichtlich, daß die Lebensdauer in erheblichem Maße von der Art der Aufbewahrung und dem Grad der mechanischen Beanspruchung der Papiere abhängig ist. Dies sei im Hinblick auf die Unterbringung und Behandlung von Archivalien besonders betont. Da jedoch auch bei sachgemäßer Aufbewahrung von Urkunden, Dokumenten u. dgl. atmosphärische Einflüsse nie gänzlich auszuschalten sind, müssen an diese Papiere um so größere Ansprüche hinsichtlich Stoffgüte und Festigkeit gestellt werden, je längere Zeit sie überdauern sollen. Nach diesem Grundsatz, der sich bis heute bewährt hat, sind im Jahre 1886 die ersten Vorschriften für Normalpapiere[2] aufgestellt worden.

---

[1] Jac. Christ. Schäffers Versuche und Muster, teils ohne alle Lumpen, teils mit geringem Zusatz derselben, Papier zu machen. Regensburg 1765—1772. (Eingehend unter Anführung von Versuchsergebnissen besprochen in den Mitt. 1898 S. 143.) [2] Mitt. 1886 S. 89.

Ausdauerfähigkeit moderner Papiere.

Über die Dauerhaftigkeit unserer modernen Papiere wird man zum Teil erst nach Ablauf langer Zeitperioden ein sicheres und abschließendes Urteil fällen können, teils auf Grund von Beobachtungen bei der praktischen Verwendung, teils durch Ausführung planmäßig angelegter Versuchsreihen. Zu letzteren gehören auch die im Materialprüfungsamt ausgeführten Wiederholungsprüfungen mit Papieren, die seinerzeit im Auftrage von Behörden und Privaten auf Festigkeit und Dehnung geprüft worden sind, und über deren Ergebnisse wiederholt berichtet worden ist[1].

Bisher hat sich bei der Prüfung von

347	Papieren	der	Stoffklasse	I,
361	,,	,,	,,	II,
430	,,	,,	,,	III,

die nach der ersten Prüfung 12—15 Jahre in Aktenschränken und offenen Regalen und nicht verpackt aufbewahrt und dann von neuem geprüft wurden, folgendes ergeben.

Die Festigkeit hatte im Mittel rund 5%, die Dehnung rund 10 bis 12% abgenommen.

Ein Teil der Papiere hat bei der zweiten Prüfung etwas höhere Werte ergeben (Festigkeit rund 4%, Dehnung rund 5%) als bei der ersten; dies dürfte eine Folge der unvermeidlichen Schwankungen sein, die bei wiederholter Prüfung von Papier stets auftreten, und ihre Erklärung in Ungleichmäßigkeiten des Papierblattes, Fehlern der Prüfmaschinen, wechselnden Einflüssen während der Versuche usw. finden. Allerdings ist hierbei auch zu erwähnen, daß es erfahrungsgemäß Papiere gibt, namentlich solche aus Holzzellstoff, deren Festigkeit auf dem Lager zunächst etwas zunimmt; es tritt gewissermaßen ein nachträgliches Erhärten des Papierblattes ein. Genaueres über diesen Vorgang ist zur Zeit noch nicht bekannt.

Bei einigen Papieren lieferte die zweite Prüfung dieselben Ergebnisse wie die erste; dies ist natürlich auf Zufälligkeiten zurückzuführen, die ihre Erklärung in denselben Erscheinungen finden, welche bei den Papieren erwähnt wurden, die bei der zweiten Prüfung höhere Werte gaben als bei der ersten.

Die Papiere der Stoffklasse I haben sich im Durchschnitt etwas günstiger verhalten als die der Klassen II und III. Der Unterschied ist aber nicht derartig, daß man daraufhin einwandfreie Schlüsse auf

---

[1] Herzberg: Mitt. 1907 S. 82, 1911 S. 169.

Dauerversuche größeren Umfanges waren im Jahre 1904 im Materialprüfungsamt geplant. Nach der von einer Sachverständigenkommission ausgearbeiteten Versuchsanordnung sollten rund 300 Papiere verschiedener, jedoch in bezug auf Stoffzusammensetzung, Leim- und Füllstoffe, Mahlung, Reinheit der verwendeten Rohstoffe und sonstiger Herstellungsweise festgelegten Art mechanisch und chemisch eingehend untersucht werden. Um die Veränderungen der Papiere während längeren Lagerns feststellen und deren Ursache ergründen zu können, sollte die Prüfung in einem Zeitraum von 50 Jahren 10mal wiederholt werden. Im Vergleich hierzu sollte der Abfall der Festigkeitseigenschaften ermittelt werden, wenn die Papiere bestimmte Zeit bis 60° erhitzt wurden. Leider konnten die Versuche nicht zur Durchführung kommen, da nur eine ungenügende Anzahl Proben aus der Papierindustrie eingingen. Herzberg: Mitt. 1904 S. 243.

das Verhalten der verschiedenen Papierstoffe beim Lagern ziehen könnte. Die Versuche zeigen aber schon, daß unsere heutigen Zellstoffe Papierrohstoffe sind, die man in bezug auf Ausdauerfähigkeit nicht mehr mit dem Mißtrauen zu betrachten braucht, das man ihnen vor Jahren fast allgemein entgegenbrachte.

Die Versuche haben ferner gezeigt, daß ein Zeitraum von 15 Jahren zu kurz ist, um über die Frage der Ausdauerfähigkeit von Papieren der Stoffklassen I bis III zu endgültigen Schlüssen zu kommen.

Zu annähernd gleichen Ergebnissen kommt das schwedische Materialprüfungsamt[1], das ebenfalls Normalpapiere nach 10—12 Jahren nachgeprüft hat. Außer Reißlänge und Dehnung wurde dort auch die Falzzahl mit herangezogen und im Durchschnitt ein Rückgang des Falzwiderstandes um 60% festgestellt gegenüber einer Einbuße an Reißlänge und Dehnung von 5% bzw. 10%. Man ersieht daraus, daß der Falzwiderstand über die Veränderung der Festigkeit von Papier beim Lagern besseren Aufschluß gibt als Reißlänge und Dehnung.

In den neueren Arbeiten, die sich mit der Frage der Dauerhaftigkeit von Papier befassen, wird diese Eigenschaft hauptsächlich nach der chemischen Reinheit des verwendeten Faserstoffes, dem Säuregrad und dem Unterschied der vor und nach dem Erhitzen des Papiers ermittelten Festigkeitswerte beurteilt.

Als Kriterium für die Reinheit des Fasermaterials dient im allgemeinen der α-Cellulosegehalt, der möglichst hoch, und die Kupferzahl, die möglichst niedrig sein soll[2]. Diese Art der Bewertung dürfte jedoch allein noch keine ausreichenden Anhaltspunkte für die Haltbarkeit der Stoffe bieten und könnte zu falschen Schlußfolgerungen führen, worauf schon Bentzen[3] und Rasch[4] hingewiesen haben, wenn nicht gleichzeitig die Art der Nicht-α-Cellulose-Bestandteile berücksichtigt wird. Soweit es sich dabei um Lignin-, Oxy- und Hydrocellulose handelt, steht die Schädlichkeit außer Zweifel. Pentosane hingegen sollen nach Untersuchungen von Rasch keinen wesentlichen Einfluß auf die Zellulosezerstörung haben. Ähnlich dürften sich Pektinstoffe verhalten. Die Papiere unserer Vorfahren waren hauptsächlich aus Leinenhadern hergestellt, von denen anzunehmen ist, daß sie nur einen geringen Reinigungsprozeß durchgemacht haben und ungebleicht oder infolge Rasenbleiche nur wenig gebleicht verwendet worden sind. Da gehechelter, ungebleichter Flachs 20—25% Pektinstoffe enthält, ist anzunehmen, daß die damals verwendeten Leinenfasern nicht frei von Pektin waren und doch haben sich die daraus hergestellten Papiere bis auf den heutigen Tag gut erhalten.

Daß ein hoher Säuregrad zur Bildung von Hydrocellulose und dadurch zur Zerstörung des Papieres führt, ist bekannt. Weniger wahrscheinlich ist jedoch, daß geringe Säurereste, wie sie durch mäßigen Überschuß

[1] Svensk Pappers Tidn. 1925 Nr. 10, 11, 12.

[2] Über die Bestimmung der α-Cellulose und der Kupferzahl von Papier siehe Burton und Rasch: P.T.J. Bd. 93 (1931) Nr. 4 S. 33. Referat: P.J. 1931 Heft 44 S. 698 und Cellulosechem. 1932 Nr. 4 S. 78.

[3] Bentzen: Pulp and Paper 1928 S. 309.

[4] Rasch: P.T.J. Bd. 88 (1929) Nr. 8 S. 233.

von Alaun bei der Harzleimung im Papier verbleiben, von wesentlicher Bedeutung sind. Nach Hoffmann[1] ist eine Schwächung des Papiers nicht zu befürchten, wenn die nach Köhler und Hall[2] ermittelte Säurezahl weniger als 25 beträgt. Die äußerste zulässige Grenze für den p_H-Wert wird von Hoffmann mit 4,7, vom Bureau of Standards mit 5 angegeben; die Library Association in London schlägt für dauerhafte Werkdruckpapiere die Einhaltung eines p_H-Wertes von 5,5—6 vor.

Den Abfall des Falzwiderstandes bei 72stündiger Erhitzung auf 100^0 hat das Bureau of Standards an einer größeren Anzahl von Papieren festgestellt; der Falzverlust betrug bei 13 geleimten Hadernpapieren 18—78%, im Mittel 39%, bei 3 Papieren aus gereinigtem Holzzellstoff 29—46%, im Mittel 40% und bei 8 Sulfitzellstoffpapieren 85—99%, im Mittel 93%. Die Einbuße an Falzwiderstand ist also bei den geprüften Sulfitzellstoffpapieren erheblich größer als bei den vorgenannten Papieren.

Bei dieser Art der Beurteilung der Dauerhaftigkeit geht man von der Voraussetzung aus, daß die Reaktionen, die die stofflichen Veränderungen und damit einen Zerfall des Papiers während langen Lagerns verursachen, bei der Erhitzung in gleicher, jedoch beschleunigter Weise vor sich gehen. Da jedoch der Beweis, daß künstliche und natürliche Alterungsversuche zu parallel verlaufenden Ergebnissen führen, bisher noch nicht erbracht ist, wird man sich eine gewisse Beschränkung bei der Beurteilung der Dauerhaftigkeit auf Grund von künstlichen Alterungsversuchen auferlegen müssen, vor allem dann, wenn es sich um die wichtige Frage handelt, ob außer Hadern andere Rohstoffe zur Herstellung von dauernd aufzubewahrenden Papieren zuzulassen sind. Diese Frage hat von neuem große Bedeutung erlangt, nachdem im Jahre 1928 in Paris von der Internationalen Gesellschaft für geistige Zusammenarbeit eine Sachverständigenkonferenz im Interesse der Erhaltung der Archive und Bibliotheken einberufen wurde. Nach dem Beschluß dieser Versammlung sollten den Regierungen der einzelnen Länder entsprechende Vorschläge gemacht werden. Soweit aus den bisherigen Veröffentlichungen hervorgeht, werden hinsichtlich der zu verwendenden Faserstoffe zwei Richtungen verfolgt. Nach der einen Ansicht, die auch in Deutschland von den zuständigen Stellen vertreten wird und der sich unter anderem das Government Printing Office in Washington und die Library Association in London angeschlossen haben, verlangt man für dauernd aufzubewahrende Urkunden und Druckwerke Hadernpapiere, weil nur dieses Material sich Jahrhunderte hindurch praktisch bewährt hat, während die aus Zellstoff hergestellten Papiere diesen Beweis infolge der relativ kurzen Zeit, seit der sie verwendet werden, noch nicht erbringen konnten. Die andere Auffassung, die sich hauptsächlich das Bureau of Standards in Washington zu eigen gemacht hat, geht dahin, daß dem Ursprung der Fasern, also ob von Hadern oder Zellstoff herrührend, keine Bedeutung beizumessen ist und nur die chemische Reinheit des Faserstoffes als maßgebend zu erachten ist.

---

[1] Hoffmann: P.T.J. Bd. 86 (1928) Nr. 9 S. 58.

[2] Köhler u. Hall: Svensk Pappers Tidn. 1925 Nr. 10—12.

Die neuesten Vorschläge, die sich in der erstgenannten Richtung bewegen, stammen von der Library Association[1]. Danach werden für Werkdruckpapiere je nach dem Grad der erforderlichen Dauerhaftigkeit zwei Hauptklassen vorgeschlagen. Zur Herstellung der zur Klasse 1 gehörigen Papiere sind nur weiße, gelbliche oder ungebleichte Lumpen von Leinen oder Baumwolle, Rohbaumwolle oder Flachs zu verwenden. Der Stoff ist gut auszuwaschen und von Bleichrückständen zu befreien. Der Zusatz von Alaun ist auf ein Mindestmaß herabzudrücken; der p_H-Wert soll 5,5—6 betragen. Mineralische Füllstoffe sollen nicht zugesetzt werden. Eisensalze dürfen nicht oder nur in Spuren vorhanden sein. Diese Klasse gilt für Papiere, von denen „absolute“ Dauerhaftigkeit gefordert wird; für die besten Bücher, insbesondere für Luxusausgaben, soll handgeschöpftes und oberflächengeleimtes Papier der Klasse 1 verwendet werden.

Papiere der Klasse 2 werden für solche Bücher und Druckschriften empfohlen, die eine „relative“ Dauerhaftigkeit aufweisen sollen und auf die Preisrücksichten genommen werden müssen. Diese Klasse schreibt die Verwendung sorgfältig hergestellten und gut ausgewaschenen Zellstoffes vor. Der Aschengehalt soll nicht mehr als 5%, der Harzgehalt nicht mehr als 2% betragen. Eisensalze dürfen nur in Spuren vorhanden sein. Der Alaunzusatz ist nach Möglichkeit einzuschränken.

Für Papiere, an die hinsichtlich Lebensdauer etwas größere Ansprüche als an die der Klasse 2 gestellt werden, werden Stoffmischungen aus Lumpen und Zellstoff vorgeschlagen. Die Klassen der Papiere sind durch Wasserzeichen kenntlich zu machen.

Klasse	Chemische Eigenschaften				Veränderungen nach 72stünd. Erhitzen bei 100°		
	α-Cellulose % mindestens	Kupferzahl höchstens	Harzgehalt % höchstens	Höchster Säuregehalt pH-Wert	Abnahme der α-Cellulose % höchstens	Abnahme des Falzwiderstandes % höchstens	Zunahme der Kupferzahl höchstens
I. Dauerhafte Papiere von höchstem Reinheitsgrad	90	1,5	1	5	1,5	25	0,5
II. Papiere von hohem Reinheitsgrad mit einer voraussichtlichen Lebensdauer von mindestens 100 Jahren . . .	80	2,5	1,5	5	—	—	—
III. Papiere von gutem Reinheitsgrad mit einer voraussichtlichen Lebensdauer von mindestens 50 Jahren . . .	70	5	2	5	—	—	—

Papiere der Klassen I bis III dürfen weder ungebleichte noch stark ligninhaltige Fasern, wie Holzschliff, enthalten.

[1] The Library Association, 26—27 Bedford Square, London W. C. 1. „The Durability of Paper.“

Im Gegensatz hierzu enthalten die in einer von B. W. Scribner[1] veröffentlichten Arbeit mit dem Titel: „Untersuchungen des Bureau of Standards über die Zerstörung von Papier“ gemachten Vorschläge keine Vorschriften über die Verwendung von Hadern für dauerhaftes Papier. Die Dauerhaftigkeit wird vielmehr beurteilt: 1. nach dem Gehalt der Papiere an α-Cellulose und nach der Kupferzahl; 2. nach dem Abfall des Falzwiderstandes und des α-Cellulosegehaltes sowie nach der Zunahme der Kupferzahl bei Prüfung des Papiers vor und nach 72stündigem Erhitzen auf 100°. Ferner werden für Harz- und Säuregehalt Höchstwerte festgesetzt. Von diesem Standpunkt aus wird die in vorstehender Tabelle zusammengefaßte Klassifizierung vorgeschlagen.

So wertvoll auch alle Arbeiten sind, die uns Aufschlüsse über die Papier zerstörenden Einflüsse bringen, so erscheint es doch gefährlich, von der Verwendung von Hadern für Papiere, an die die höchsten Anforderungen hinsichtlich Dauerhaftigkeit gestellt werden, abzugehen, solange die Bewährung anderer Faserstoffe nicht praktisch erwiesen ist. Dies um so mehr, weil eine Notwendigkeit, die Verwendung von Hadern für die genannten Papiere etwa wegen Mangels an Rohmaterial einzuschränken, nicht vorliegt, da diese Papiere nur einen geringen Bruchteil des Papierbedarfes ausmachen. Ebenso abwegig wäre es, sich von Preisrücksichten leiten zu lassen, wenn es sich um die Erhaltung unserer Archive, also um den Schutz unserer geistigen Güter handelt.

Einfluß der Leimung und der Füllstoffe auf die Dauerhaftigkeit des Papiers.

Die schwedische Chemikergesellschaft in Stockholm hat schon vor Jahren die Frage aufgeworfen, wie die Leimung des Papiers dessen Haltbarkeit und Lebensdauer beeinflußt. Der Verein schwedischer Papier- und Zellstoff-Ingenieure nahm die Sache auf und beauftragte eine Kommission aus seiner Mitte mit der Bearbeitung des Gegenstandes. Der Ausschuß holte die Ansichten in- und ausländischer Sachverständiger ein, arbeitete die Fachliteratur durch und gab dann, auch unter Heranziehung der eigenen Erfahrungen, sein Gutachten ab[2], das die gestellte Frage sehr klar und sachkundig behandelte und nach grundlegenden Ausführungen, auf die hier im einzelnen nicht näher eingegangen werden kann, zu folgenden Schlüssen kam:

1. Sichere Beweise liegen weder dafür vor, daß harzgeleimtes Lumpenpapier dem mit Tierleim behandelten nachsteht, noch dafür, daß es demselben hinsichtlich Lebensdauer und Haltbarkeit ebenbürtig ist.

2. Mit größter Wahrscheinlichkeit ist das gut doppelt geleimte Papier dem nur mit Tierleim behandelten ebenbürtig.

Nach Untersuchungen des Bureau of Standards sind bei künstlichen Alterungsversuchen Papiere mit geringerem Harzgehalt widerstandsfähiger

[1] Scribner, B. W.: Bureau of Standards Studies on the Deterioration of Paper Washington.

[2] Bedeutung der Leimung für die Haltbarkeit des Papiers. P.Z. 1919 S. 1036 (nach „Svensk Pappers Tidn.“).

als solche mit höherem, woraus auf eine schädliche Wirkung des Harzleimes geschlossen wird.

Über den Einfluß der Füllstoffe auf die Haltbarkeit der Papiere bestehen teilweise noch recht verschiedene Ansichten.

Bei der Aufstellung der ersten Papiernormalien im Jahre 1886 „Grundsätze für amtliche Papierprüfungen“[1] ging man von der Annahme aus, daß Füllstoffe die Ausdauerfähigkeit der Papiere ungünstig beeinflussen und demnach bei Papieren für wichtige Zwecke auszuschließen seien. Der Aschengehalt wurde daher für Papiere

Stoffklasse I (Lumpenpapiere) auf höchstens 2%,
„ II (75% Lumpen, 25% Zellstoff) auf höchstens 5%,
„ III (Stoff beliebig, aber ohne Holzschliff) auf höchstens 15%

festgesetzt.

Diese Beschränkungen blieben auch noch bestehen in den „Vorschriften für die Lieferung und Prüfung von Papier zu amtlichen Zwecken“ vom Jahre 1891[2]; erst in den „Bestimmungen über das von den Staatsbehörden zu verwendende Papier“ vom Jahre 1904[3] sind sie gefallen. Seit dieser Zeit können die Normalpapiere mit beliebigem Füllstoffgehalt gearbeitet werden.

In Fachkreisen ist auch heute noch stellenweise die Ansicht vertreten, daß die Füllstoffe an sich die Dauerhaftigkeit der Papiere herabsetzen; eine sachliche Begründung ist aber hierfür schwer zu geben. Weshalb soll von zwei Papieren, von denen das eine Füllstoffe enthält, das andere nicht, das beschwerte weniger dauerhaft sein als das unbeschwerte, wenn sonst alle Eigenschaften, namentlich alle Festigkeitseigenschaften (Reißlänge und Widerstand gegen Falzen) gleich sind?

Unter gleichen äußeren Verhältnissen und Beanspruchungen werden diejenigen Papiere sich am ausdauerfähigsten erweisen, die aus den chemisch widerstandsfähigsten Stoffen hergestellt sind und die besten Festigkeitseigenschaften aufweisen. Nun sind die Füllstoffe, welche die Papierindustrie verarbeitet, in bezug auf Veränderung infolge atmosphärischer und anderer chemischer Einflüsse auch den reinsten Pflanzenfasern, wie sie zur Herstellung unserer besten Papiere benutzt werden, weit überlegen. Es ist also nicht einzusehen, wie sie, wenn an allen Festigkeitseigenschaften der Papiere festgehalten wird, deren Ausdauerfähigkeit ungünstig beeinflussen sollen. Von dieser Annahme ausgehend, hat man schon bei der vorletzten Neubearbeitung der Papiernormalien im Jahre 1904 die für den Aschengehalt der Normalpapiere bis dahin gültigen Grenzen aufgehoben und den Fabrikanten die Verwendung von mineralischen Füllstoffen gänzlich freigegeben. Mit dieser Aufhebung wurden gleichzeitig vielfach geäußerte Wünsche der Papierindustrie erfüllt, die dahin gingen, auch für die Papiere 1—2b zur Erzielung besseren Aussehens, besserer Schreibfähigkeit usw. die Verwendung geringerer Mengen Füllstoffe zuzulassen.

Bei den hohen Festigkeitswerten aber, die für diese Papiere, namentlich für die Klassen 1 und 2a, vorgesehen sind, wird der Papiermacher von dieser Möglichkeit voraussichtlich nur in bescheidenem Maße

[1] Mitt. 1886 S. 89. [2] Mitt. 1892 S. 1. [3] Mitt. 1903 S. 211.

Gebrauch machen können. Sollte es ihm aber gelingen, in dieser Beziehung fortzuschreiten und die erwähnten Papiere auch bei stärkerem Zusatz von mineralischen Beimengungen noch den sonstigen Bedingungen entsprechend herstellen zu können, so wäre dies als ein Fortschritt und nicht, wie vielfach behauptet wird, als ein Rückschritt anzusehen. Von zwei Papieren mit sonst gleichen Eigenschaften, insbesondere gleichen Festigkeitseigenschaften, von denen das eine Füllstoffe enthält, das andere nicht, ist ersteres qualitativ höher einzuschätzen, weil seine Herstellung nur durch Verwendung besserer Rohstoffe und durch bessere Verarbeitung ermöglicht werden konnte.

Warum das Papier?

In der Fachliteratur[1] wurde im Laufe der Jahre wiederholt über Beanstandungen bei der Verwendung von Papier für verschiedene Zwecke berichtet, in denen das Auftreten von Übelständen verschiedenster Art zu Unrecht dem Papier zur Last gelegt wurde.

Merkwürdig fest ist zum Beispiel die Anschauung gewurzelt, daß unbedingt das Papier schuld daran sein muß, wenn beim Schreiben die Tinte ausläuft, wenn in Papier verpackte Stahlwaren rosten, wenn leonische Erzeugnisse anlaufen, Silbersachen schwarz werden, farbige Textilwaren den Farbton ändern, fleckig werden und verschießen usw. Wenn Tinte ausläuft, kann auch diese die Ursache sein, wenn Metalle angegriffen werden, können atmosphärische Einflüsse eingewirkt haben (feuchte Luft, saure Verbrennungsgase, schwefelwasserstoffhaltige Luft), wenn gefärbte Textilwaren verschießen, können unechte Farbstoffe verwendet worden sein. Alle diese Erwägungen liegen nahe, aber nur selten begegnet man ihnen.

Im Interesse der Papierindustrie liegt die Bekanntgabe derartiger Fälle, da sie als Material zur Abwehr unberechtigter Beanstandungen und zur Aufklärung der Papierverbraucher dienen können.

Seitens des Materialprüfungsamtes sind verschiedene derartige Fälle aufgeklärt worden. Einige derselben seien hier zur Erläuterung kurz wiedergegeben.

1. Einer Papierfabrik wurden mehrfache Beschwerden über ungenügende Leimung des Papiers unterbreitet; alle kamen aus einer bestimmten Gegend. Es ergab sich, daß die dort vorzugsweise gebrauchte Tinte schuld an dem Auslaufen der Schrift war, nicht das Papier, das sich bei der Prüfung als einwandfrei leimfest erwies.

2. Aluminiumgeschirre, in Packpapier verpackt, zeigten bei der Ankunft in Südamerika weiße Flecke. Schlußfolgerung: das Papier war chlor- und säurehaltig und hatte die Flecke verursacht. Die Prüfung ergab das Haltlose dieser Beschuldigung. Äußere Einflüsse (Meerwasser usw.) waren schuld.

3. Papier, in das Flaschen mit Riechwasser gewickelt waren, verbreitete üblen Geruch; die Schuld wurde dem Papier als solchem bei-

[1] Herzberg: Mitt. 1905 S. 95, 1910 S. 170, 1912 S. 404, 1927 S. 152; P.Z. 1926 Nr. 57 S. 1650.

gemessen. Es stellte sich heraus, daß es auf dem Bahnwege mit übelriechenden Stoffen in Berührung gekommen war und von diesen den Geruch aufgenommen hatte.

4. Baumwollene Unterhemden waren in Packpapier verpackt auf Lager gelegt worden. Das Papier wies bald zahlreiche Fettflecken auf. Der Hemdenlieferant erklärte, das Papier sei an dem Übelstand schuld, das Fett sei „aus dem Papiere selbst ausgeschlagen". Die Prüfung ergab, daß die Nähte der Hemden stark ölhaltig waren.

5. Gefärbte Baumwollstoffe, in Packpapier auf Lager gelegt, zeigten nach kurzer Zeit fleckiges und strichweises Verblassen und Verschießen der Farbe; die Schuld an dem Übelstand wurde seitens der Stoffhandlung dem Packpapier zugeschrieben, das den Baumwollstoff „durch Säure, Chlor oder Farbstoffe" angreife. Die Prüfung ergab, daß das Papier an dem Vorgang unschuldig war und daß die Färbung so wenig echt war, daß schon Luftzutritt genügte, um sie zu verändern.

6. Eine Druckerei übersandte dem Amt mehrere Druckbogen einer in Schwarz- und Buntdruck erscheinenden Wochenschrift und schrieb dazu:

„Bei näherer Betrachtung werden Sie sehen, daß die Farbe besonders da, wo drei Farbplatten übereinander gedruckt sind, durchschlägt. Dieser Übelstand tritt je länger je mehr in Erscheinung. Wir haben nun schon seit einiger Zeit im Verein mit dem chemischen Laboratorium einer Farbenfabrik Versuche gemacht zur Behebung dieser Erscheinung, jedoch ohne Erfolg. Wir vermuten deshalb, daß nicht die Farben und ihre Zusatzmittel, sondern die etwas zu schwache Leimung des Papiers die Schuld trägt."

Die angeblich durchgeschlagene Farbe fand sich auf der Rückseite bei allen Bogen nicht auf der ganzen von der Druckplatte beanspruchten Fläche des Papiers vor, sondern immer nur an kleinen, meist scharf begrenzten Stellen und stets in gleicher Lage und Anordnung in allen Bogen; die unmittelbar benachbarten Teile waren ohne Farbe. Mit weichem Gummi ließ sich die Farbe von der Rückseite der Bogen leicht und restlos entfernen; es handelte sich somit nicht um ein Durchdringen der Farbe durch das Papier, sondern um Farbabdrücke der frisch gedruckten und aufeinander gestapelten Bogen.

7. Eine Lieferung von Zigaretten in Packungen zu 25 Stück wurde beanstandet, weil die Aluminiumfolie, die die Zigaretten direkt umhüllte, Löcher aufwies; behauptet wurde, „daß das Einlagepapier der Schachteln stark säurehaltig und die Ursache der Beschädigungen sei, indem durch die im Paket enthaltene Feuchtigkeit Säuren frei gemacht werden und die Folien zersetzen; die Folie ist an den Stellen zerfressen, an denen sie in unmittelbarer Berührung mit dem Papier gekommen ist; an dem Papier haften die Teile der Folie".

Wie die Prüfung zeigte, handelte es sich, obwohl das Papier gegen Lackmus sauer reagierte, nicht um eine Säurewirkung, sondern um ein mechanisches Herausreißen kleiner Teile der sehr dünnen und brüchigen Folie. Das Einlagepapier haftete stellenweise an der Folie und nahm beim Öffnen der Schachteln Teile derselben mit, die sich im äußeren, insbesondere im metallischen Glanz, von dem übrigen Teil der Folie nicht unterschieden.

8. Ein Material für einen nicht genannten Verwendungszweck war durch Zusammenkleben von Leder und „Wollpapier“ gefertigt. Auf dem Leder sah man schwarze Flecke, die den Eindruck von Tintenspritzern machten. Behauptet wurde, daß das Papier die Ursache der Flecke sei; es enthalte oxydierte Metallsplitter und dadurch seien die schwarzen Flecke entstanden. Ein Schnitt durch einen der Flecke zeigte die Haltlosigkeit dieser Annahme; geschwärzt war nur die Oberfläche des Leders, der darunterliegende Teil bis zum Papier zeigte die klare Naturfarbe des Leders ohne jede Anfärbung. Von einer Entwicklung der schwarzen Flecke vom Papier aus durch das Leder hindurch, wie sie der Antragsteller annahm, war somit keine Rede.

9. Stahlwaren, in Paraffinpapier verpackt, zeigten nach kurzer Zeit Rostansatz[1]. Die Prüfung des Papieres ergab, daß es einwandfrei war. Nachträglich stellte sich heraus, daß das Papier im Winter in einem kalten Raum gelagert hatte. Aus diesem wurde es riesweise geholt und in den Verpackungsraum gebracht, dort von den Umschlägen befreit und zum Verpacken der Stahlwaren verwendet. Die Feuchtigkeit des Verpackungsraumes schlug sich auf die kalten Papierbogen nieder und die darin eingewickelten Stahlwaren zeigten infolgedessen bald Rostansatz. Kam dasselbe Papier zur Verwendung, nachdem es einige Tage im Verpackungsraum ausgelegen hatte, so blieben die Stahlwaren rostfrei.

---

[1] W.B. 1928 Nr. 26 S. 722.

Anhang.

Einfache Werkstoffprüfung **Papier**	**DIN** **1831**

Die Papierqualitäten sind in DIN 827 „Papier: Stoff, Festigkeit, Verwendung" festgelegt. In diesem Normblatt sind bestimmte Forderungen aufgestellt, deren Erfüllung nur durch genaue Prüfverfahren im Laboratorium festgestellt werden kann.

Die nachstehend beschriebenen einfachen Prüfverfahren sollen dagegen ohne teure Prüfmaschinen und geschulte Fachleute ein Urteil über Güte und Brauchbarkeit von Papier geben, ohne daß dabei große Anforderungen an die Genauigkeit der Ergebnisse gestellt werden. Damit soll besonders den Bedürfnissen mittlerer und kleiner Unternehmungen Rechnung getragen werden, sowie großer Firmen in all den Fällen, wo es sich um den Verbrauch kleiner Mengen handelt. Für Fälle, in denen genaue Laboratoriumsuntersuchungen an Stichproben unentbehrlich sind — besondere Anforderungen aus dem Verwendungszweck, Schwierigkeiten bei der Abnahme — muß auf die einschlägige Literatur verwiesen werden[1].

I. Widerstandsfähigkeit gegen Zerknittern und Reiben (Knitterwiderstand)

(für fast alle Verwendungszwecke: Schreib-, Druck-, Briefumschlag-, Pack-, Sackpapiere usw.).

Ein Stück Papier von etwa halber Briefbogengröße [Format A5 (148 × 210) DIN 476] wird zu einem Ball zusammengedrückt, wieder aufgewickelt, wieder zusammengedrückt usw., bis das Blatt seine ursprüngliche Steifheit verloren hat und weich und lappig geworden ist. Dann faßt man es an zwei gegenüberliegenden Seiten, reibt es, ohne zu zerren, zwischen den Handballen sechsmal hin und her, als ob man es waschen wollte, faßt dann die beiden anderen Seiten und verfährt ebenso. So stets die Richtung wechselnd, reibt man so lange, bis in dem Papier Löcher entstehen. Durch dieses Verfahren werden die Gesamtfestigkeitseigenschaften, also der Widerstand gegen mechanische Einwirkung geprüft. Die meisten Papiere zeigen nach dem Zusammenballen noch keine Löcher, sondern erst nach mehreren Reibungsreihen (sechsmal hin und her). Die Unterschiede in der Zahl der Reibungsreihen bis zum Bruch sind bei den verschiedenen Papiersorten sehr groß.

In den Papierprüfungslaboratorien ist die Stufung nach diesem Handknitterwiderstand sehr weitgehend erfolgt, nämlich nach den Stufen: außerordentlich gering, sehr gering, gering, mittelmäßig, ziemlich groß, groß, sehr groß und außerordentlich groß. Für den gewöhnlichen Werkstattbetrieb, Büro usw. genügen aber meist schon drei Stufen:

[1] Herzberg: „Papierprüfung" Berlin: Julius Springer.

April 1925. Ausschuß für wirtschaftliche Fertigung (AWF) beim Reichskuratorium für Wirtschaftlichkeit.

(Fortsetzung von DIN 1831)

sehr gering,
ziemlich groß,
sehr groß.

Der Maßstab für die Beurteilung läßt sich durch einige Übung leicht aneignen.

Der Stufe „sehr gering" entspricht gewöhnliches Zeitungspapier, das meist schon nach dem Zusammenballen, also vor dem eigentlichen Reiben, Löcher zeigt.

Zur Stufe „ziemlich groß" gehören bessere Kanzlei- und Konzeptpapiere, z. B. Normalpapier 4a oder 4b nach DIN 827.

Beispiele für den Knitterwiderstand „sehr groß" sind feste Urkunden- und Packpapiere, z. B. Normalpapier 2a nach DIN 827. Dieses Papier ist in größeren Papierhandlungen zu bekommen.

Bei einiger Übung ergibt sich von selbst die Möglichkeit weiterer Unterteilung. Soll in der feineren Beurteilung noch weitergegangen werden, so beziehe man Proben von Papieren mit verschiedenem Knitterwiderstand, zur Zeit nur erhältlich bei Louis Schopper, Leipzig.

II. Bestimmung der Längs- (Maschinenlauf-) und Querrichtung.

Für manche Verwendungszwecke ist von Wert zu wissen, wie das Papier aus der Maschine herausgearbeitet wurde, d. h. welche Richtung des Bogens der Laufrichtung der Papierbahn entspricht. Wenn sich z. B. in einem Buch die Papierrichtungen bei den einzelnen Bogen kreuzen, bleibt der Rand nicht glatt.

Man schneidet aus dem Bogen in beiden Hauptrichtungen einen Streifen von 1—$1^1/_2$ cm Breite und etwa 15 cm Länge, kennzeichnet sie und legt sie deckend aufeinander; faßt man sie dann an einem Ende waagerecht zwischen Daumen und Zeigefinger und läßt das andere Ende frei herunterhängen, so liegen die Streifen entweder aufeinander, oder sie klaffen auseinander; im ersten Fall zeigt der untere, im zweiten der obere Streifen die Längsrichtung an. (Erklärung des Verhaltens: Im Längsstreifen liegen mehr Papierfasern parallel zur Streifenrichtung als im Querstreifen; ersterer biegt sich infolgedessen weniger durch als letzterer.)

III. Biegefestigkeit.

Bei der Verarbeitung von dicken Papieren, Kartons und Pappen spielt die Biegefestigkeit, d. h. der Widerstand, den das Material dem Biegen, Kniffen, Falzen, Brechen entgegensetzt, oft eine ausschlaggebende Rolle; dieser Widerstand ist in der Längsrichtung des Papiers (Richtung des Maschinenlaufes) größer als in der Querrichtung. Handversuche geben einen Anhalt zur Beurteilung dieser Eigenschaft; man falzt oder biegt das Material in den beiden Hauptrichtungen des Bogens und beobachtet die Erscheinungen, die sich hierbei im Falz zeigen (keine Beschädigungen, Aufblättern der obersten Schicht, mehr oder weniger starkes Aufbrechen, Bruch). Für die genauere Feststellung der Biegefestigkeit gibt es Apparate.

IV. Dicke.

Zur Bestimmung der Dicke gibt es einfach zu handhabende Dickenmesser, bei denen das Papier zwischen zwei Platten gelegt und die Dicke an einer Millimetereinteilung abgelesen wird. Man kann auch so vorgehen, daß man einen Stoß Papier mäßig belastet, seine Höhe mit einem Millimetermaßstab mißt und den Wert durch die Anzahl der einzelnen Blätter (nicht Bogen) dividiert; für viele Fälle wird ein derartiger Annäherungswert ausreichen.

Die Angabe der Dicke erfolgt in Millimeter; sie wird u. a. gebraucht zur Berechnung des Raumgewichtes.

V. Quadratmetergewicht.

Mit Hilfe einer Platte von 10×10 cm $= 1$ dm^2 Größe schneidet man einige Quadratdezimeter Papier heraus, wiegt sie zusammen, berechnet das Gewicht eines Stückes in Gramm und multipliziert dies mit 100; es gibt auch Waagen, die beim Einhängen eines solchen Stückes (oder auch eines Bogens von bestimmter Größe) das Quadratmetergewicht unmittelbar anzeigen. Da Papier vielfach nach dem

(Fortsetzung von DIN 1831)

Quadratmetergewicht gehandelt wird, ist dessen einfache und schnelle Feststellung von Wert; auch zur Berechnung des Raumgewichtes wird das Gewicht gebraucht.

VI. Raumgewicht.

Das Raumgewicht R eines dm^3 Papier wird berechnet nach der Formel

$$R = \frac{Q}{D \cdot 1000} \text{ kg}$$

(Q = Quadratmetergewicht des Papiers in g; D = Dicke in mm).

Das Raumgewicht unbeschwerter Papiere schwankt von etwa 0,33 kg/dm^3 bei sehr lockeren Papieren (Löschpapieren) bis zu etwa 1,35 kg/dm^3 bei sehr dichten Papieren (Pergaminpapier).

VII. Aschengehalt.

Der nach dem Verbrennen von Papier und Glühen des Rückstandes verbleibende Rest ist die Asche. Die Kenntnis des Aschengehaltes ist für die Beurteilung des Papiers wertvoll, weil Mineralstoffe meist nur Füllmaterial darstellen und die Festigkeit des Papiers herabsetzen.

Zur Bestimmung des Aschengehaltes gibt es einfache, leicht zu handhabende Aschenwaagen; 1 g Papier wird in besonderer Vorrichtung verascht, die Asche auf die Waage gebracht und der Aschengehalt in Prozent direkt abgelesen.

Papiere ohne mineralische Füllstoffe können bis zu 3% Asche haben, beschwerte Papiere bis zu 20% und mehr.

VIII. Nachweis von Holzschliff.

Die Papierindustrie verarbeitet drei Arten von Rohstoffen: Lumpen (für bessere Papiere), Zellstoffe (für Papiere mittlerer Güte) und Holzschliff (als Zusatz bei geringwertigen Papieren). Da Holzschliff[1] der minderwertigste Faserrohstoff ist, ist für den Verbraucher von Papier wertvoll, Mittel an der Hand zu haben, um schnell festzustellen, ob ein Papier Holzschliff enthält, oder ob es „holzfrei" ist. Die Möglichkeit hierzu bietet u. a. eine Lösung von Anilinsulfat in Wasser, die nach folgender Vorschrift hergestellt werden kann: 50 g destilliertes Wasser, 0.5 g Anilinsulfat, 1 Tropfen Schwefelsäure. Tropft man diese Lösung auf holzschliffhaltiges Papier, so färbt es sich gelb, schwach bei wenig, stark bei viel Holzschliff.

Die Anilinlösung zersetzt sich unter dem Einfluß des Lichtes, sie muß daher gegen dessen Einwirkung geschützt werden (Aufbewahren im Dunkeln oder Bekleben der Flasche mit schwarzem Papier); ist sie alt, und gibt sie auf holzfreiem Papier schon an sich eine gelbliche Färbung, so ist sie zu erneuern.

Mehr noch als die Anilinsulfatlösung wird eine salzsaure Phloroglucinlösung zum Nachweis von Holzschliff in Papier benutzt. Man löst 1 g Phloroglucin in 50 cm^3 Alkohol und setzt 25 cm^3 konzentrierte Salzsäure hinzu. Man erhält eine schwach gelb gefärbte Flüssigkeit, die Holzschliff sehr schön rot färbt; sie zersetzt sich ebenfalls im Licht und muß daher wie oben für die Anilinsulfatlösung angegeben aufbewahrt werden. Die Phloroglucinreaktion hat zwei Nachteile:

1. sie ist überaus empfindlich, selbst Stippchen verholzter Fasern, die auch in fast allen holzfreien Papieren vorkommen, treten deutlich rot gefärbt hervor und können den weniger erfahrenen Beobachter leicht zu unberechtigten Beanstandungen führen;

2. zum Tönen von Papier werden u. a. Farbstoffe benutzt, die bei Einwirkung von Säuren in rot umschlagen; ein solcher Farbstoff ist z. B. das viel benutzte Metanilgelb; mit diesem getönte Papiere geben daher mit Phloroglucinlösung eine Rotfärbung, auch wenn sie keinen Holzschliff enthalten. Man muß also, falls die Phloroglucinlösung bei der Prüfung eines Papiers eine Rotfärbung ergibt, dann noch mit Salzsäure allein prüfen, um festzustellen, ob schon mit dieser ein Farb-

[1] Der Holzschliff wird in der Praxis vielfach noch mit „Holzstoff" bezeichnet, eine Bezeichnung, die schon oft zu Irrtümern und Verwechslungen mit Holzzellstoff geführt hat und daher ausgemerzt werden sollte.

(Fortsetzung von DIN 1831)

umschlag eintritt; tritt er ein, so scheidet die Phloroglucinreaktion aus.

Die unter 1. und 2. geschilderten Nachteile sollten namentlich den Anfänger veranlassen, zunächst nur mit der Anilinsulfatlösung zu arbeiten.

Bei gefärbten Papieren kann keines der beiden Verfahren benutzt werden; bei diesen kommt nur die mikroskopische Prüfung in Frage.

IX. Leimfestigkeit.

Schreibpapiere sollen so leimfest sein, daß die Tinte weder ausläuft, noch bei mäßig starker Schrift durchschlägt.

Für die Prüfung wird eine Ziehfeder und ein Fläschchen Eisengallustinte aus einer führenden Tintenfabrik[1] benutzt, das stets gut verkorkt aufbewahrt und nur für die Prüfung, nicht aber auch für Schreibzwecke verwendet wird.

Man stellt die Ziehfeder so ein, daß sie $^3/_4$ mm breite Striche ergibt, füllt sie mit Tinte und zieht eine Anzahl sich nicht kreuzender Linien. Bei gut geleimten Papieren läuft die Tinte nicht aus und schlägt auch nicht durch. Bei sehr dünnen Papieren muß man sich mit $^1/_2$ mm breiten Strichen begnügen.

Im Notfall kann man den Versuch auch mit einer gewöhnlichen Schreibfeder ausführen, wobei man aber darauf zu achten hat, daß das Papier nicht geritzt wird; also keine zu spitze Federn und kein zu starker Druck.

X. Bestimmung der Vergilbungsneigung und Farbechtheit.

Alle Papiere verändern unter der Einwirkung des Lichtes, namentlich des direkten Sonnenlichtes, ihr Aussehen, teils mehr, teils weniger, je nach ihrer Zusammensetzung; bei ungefärbten Papieren spricht man hierbei von „Vergilben", bei gefärbten von „Verschießen".

Das Vergilben macht sich durch gelbliche bis gelbbraune Färbung des Papiers bemerkbar; besonders stark vergilben Papiere, die Holzschliff enthalten, z. B. Zeitungsdruckpapiere.

Das Verschießen der Farbe tritt bei zahlreichen künstlichen Farbstoffen ein und kann zuweilen so weit gehen, daß die Farbe völlig verschwindet.

Zur Bestimmung der Widerstandsfähigkeit gegen Lichtwirkung legt man eine Probe des Papiers unter Glas in einen Kopierrahmen, deckt eine Hälfte durch schwarzes Papier ab und setzt den Rahmen dem Tageslicht so aus, daß er bei Sonnenschein möglichst viel direktes Sonnenlicht erhält. Von Zeit zu Zeit vergleicht man die belichtete Hälfte mit der abgedeckten. Beim Vergleich mehrerer Papiere legt man Streifen nebeneinander in denselben Rahmen.

XI. Fettdichtigkeit.

Papiere, die zum Umhüllen von Fettwaren dienen (echtes Pergamentpapier, Pergamentersatz, Pergamin) sollen fettdicht sein; sie sollen wenigstens während der üblichen Gebrauchsdauer des Papiers nicht durchfetten. Die Prüfung kann erfolgen:

a) mit Terpentinöl (Schnellverfahren). 2—3 Tropfen Öl werden 30 Sekunden auf einer 1 dm² großen Fläche des Papiers mit dem Finger verrieben; unter der Probe liegt gewöhnliches Schreibpapier. Gut fettdichte Papiere lassen das Öl nicht durch, nicht fettdichte mehr oder weniger schnell: das Schreibpapier zeigt dann Fettflecke.

b) mit Schweineschmalz (Dauerversuch). 2 g Schweineschmalz werden auf einer Fläche von 5×5 cm des zu prüfenden Papiers mit einer Blechschablone ausgebreitet und mit einem zweiten Blatt des zu prüfenden Papiers bedeckt; auf und unter diese Packung wird noch je ein Blatt Schreibpapier gelegt, das Ganze zwischen zwei Glasplatten gebracht und beschwert (Gewicht der oberen Glasplatte mit dem aufgesetzten Gewicht etwa 100 g).

Bei gut fettdichten Papieren zeigt das unter- und übergelegte Schreib-

[1] Im Staatlichen Materialprüfungsamt Berlin-Dahlem werden die Versuche mit folgenden vier Tintensorten ausgeführt: Alizarintinte und Eisengallustinte von Aug. Leonhardi in Dresden; Normaltinte von Beyer, Chemnitz; Pelikantinte von Günther Wagner in Hannover.

(Fortsetzung von DIN 1831)

papier auch nach 2—3 Stunden noch keine Fettflecke; sie erscheinen erst später ganz allmählich, denn absolut fettdichte Papiere gibt es, abgesehen von dem echten Pergamentpapier, nicht.

Zeigt bei den Versuchen zu a und b das Schreibpapier nur ganz vereinzelte kleine Fettflecke, so ist das geprüfte Papier nicht zu beanstanden; es handelt sich dann um winzige Löcher oder dünne Stellen im Versuchspapier, die bei der Herstellung nicht immer sicher zu vermeiden sind, aber der praktischen Verwendbarkeit des Papiers keinen Abbruch tun.

c) Durch die Blasenprobe, die in der Praxis viel angewendet wird. Mit einem etwa 20×20 cm großen Stück Papier drückt man die nichtleuchtende Flamme eines Bunsenbrenners, einer kleinen Spirituslampe, im Notfall auch einer Kerze mit kurzem Ruck auf die Hälfte herunter, hält einen Augenblick still und hebt das Blatt wieder ab, ehe es sich entzündet. Bei fettdichten Papieren bilden sich hierbei, oft mit knisterndem Geräusch, Blasen von Stecknadelkopf- bis Bohnengröße; je dichter und dicker das Papier, um so größer die Blasen.

Die Blasenprobe ist aber nicht ganz einwandfrei; ausnahmsweise kommen Fälle vor, in denen Papiere keine Blasen ziehen, aber trotzdem fettdicht sind, und andere, in denen Blasen entstehen, meist allerdings nur kleine, das Papier aber trotzdem nicht fettdicht ist. Wirft das Papier große Blasen, dann ist es meist gut fettdicht.

XII. Unterscheidung zwischen echtem und unechtem Pergamentpapier (Pergamentersatz).

Pergamentersatz ist äußerlich dem echten Pergamentpapier oft so ähnlich, daß selbst erfahrene Sachkundige getäuscht werden können; mit Hilfe der „Kauprobe“ kann man beide sicher unterscheiden. Man kaut ein kleines Stück Papier gründlich durch, als wolle man es verspeisen. Pergamentersatz verliert hierbei bald seinen Zusammenhang und bildet einen klumpigen Faserbrei, den man leicht zerpflücken kann; echtes Pergamentpapier behält seine Blattform unverändert bei, ergibt keine Faserklumpen und läßt sich nicht zerfasern.

XIII. Unterscheidung zwischen geklebtem Karton und Naturkarton.

Man brenne einen Streifen des Kartons an einem Ende an; geklebte Kartons blättern hierbei auf, Naturkartons nicht.

Vorschriften für die Lieferung von Papier an preußische Staatsbehörden[1].

Auf das von den preußischen Staatsbehörden zu verwendende Papier sind die nachstehenden Bestimmungen anzuwenden.

1. Einteilung.

Die Papiere sind unter Zugrundelegung ihrer Stoffzusammensetzung und Festigkeit in Verwendungsklassen eingeteilt.

---

[1] Runderlaß des Preußischen Staatsministeriums vom 10. 1. 1926, abgedruckt im Preußischen Besoldungsblatt 1926 Nr. 4 S. 9—15 mit folgender Einleitung: Die „Bestimmungen über das von den Staatsbehörden zu verwendende Papier“ vom 28. 1. 1904 haben sich im Laufe der Zeit als abänderungsbedürftig erwiesen und sind daher einer Umarbeitung unterzogen worden. Die nachgeordneten Behörden aller Zweige der preußischen Staatsverwaltung werden veranlaßt, künftig nach den nachfolgenden neuen Vorschriften für die Lieferung von Papier an preußische Staatsbehörden vom 10. 1. 1926 und der zugehörigen Dienstanweisung zu verfahren. Alle entgegenstehenden Bestimmungen sind hiermit aufgehoben.

A. Stoff.

I. Papiere nur aus Hadern (Leinen, Hanf, Baumwolle, Ramie).
II. Papiere aus Hadern mit höchstens 50% Zellstoff, aber ohne verholzte Fasern.
III. Papiere von beliebiger Zusammensetzung, aber ohne verholzte Fasern.
IV. Papiere mit verholzten Fasern.

Aschengehalt aller Papiere beliebig.

Jedes Papier muß eine seinem Verwendungszweck entsprechende Leimfestigkeit besitzen.

B. Festigkeit.

Reißlänge und Doppelfalzungen (nach Schopper) werden bei 65% Luftfeuchtigkeit ermittelt. Der Berechnung der Reißlänge wird das Gewicht der Probestreifen bei 65% Luftfeuchtigkeit zugrunde gelegt. Reißlänge und Falzzahl dürfen bis 10% unterschritten werden. Die Reißlänge drückt in Metern diejenige Länge eines freihängend gedachten Papierstreifens aus, bei der er durch sein eigenes Gewicht reißen würde.

Festigkeit	Mittlere Reißlänge m	Mittlere Zahl der Doppelfalzungen
1	6000	400
2	5000	250
3	4000	80
4	3000	40
5	2000	20
6	1000	3

C. Verwendung.

	Klasse	Verwendungszweck	Stoff	Festigkeit		Bogengröße (Formate nach Din 476)		Gewicht[1]			Wasserzeichen[2]
				Reißlänge m	Doppelfalzungen	Kurzzeichen	mm	für 1000 Bogen kg	für 1 Quadratmeter g	Zulässige Abweichung ± vH	
Schreibpapiere	1	Papier für dauernd aufzubewahrende, besonders wichtige Urkunden	I	6 000	400	A 3	297×420	12,5	100	2,5	mit
		Papier für Grundbücher, Standesamtsregister, Geschäftsbücher u. ähnliche wichtige Zwecke[3]									
	2a	erste Sorte	I	5000	250	A 3	297×420	12,5	100	2,5	mit
	2b	zweite Sorte (weiß) . .	I	4000	80	A 3	297×420	11,2	90	2,5	mit

(Fortsetzung der Tabelle siehe nächste Seite.)

[1] Die Riesumhüllung (das zum Verpacken von 1000 Bogen verwendete Umschlagpapier) wird bei der Gewichtsfeststellung mitgerechnet.

[2] Das auf dem Siebe hergestellte Wasserzeichen muß bei einem der staatlichen Materialprüfungsämter (MPA.) in Berlin-Dahlem, München, Karlsruhe, Darmstadt, Nürnberg, Stuttgart eingetragen und im Reichs- und Staatsanzeiger veröffentlicht sein. Es muß die Firma des Herstellers und neben dem Worte „Normal" das Zeichen der Verwendungsklasse enthalten. Die Abkürzung der Firma ist nur insoweit gestattet, als dadurch keine Zweifel an dem Ursprung des Papiers hervorgerufen werden können. Das Wasserzeichen muß auf Bogen der Größe A 3 mindestens einmal, auf kleineren Bogen teilweise zu sehen sein. Prüfungen von Normalpapieren werden von den vorgenannten Prüfungsämtern vorgenommen.

[3] Für Grundbücher, Standesamtsregister usw. können abweichend von den Bestimmungen unter C, nach näherer Anordnung des zuständigen Fachministers andere Bogengrößen in Din-Format (vgl. Pr. Bes. Blatt 1924 S. 57) unter Innehaltung der vorgeschriebenen Stoff- und Festigkeitsklasse sowie des Einheitsgewichts verwendet werden.

(Fortsetzung der Tabelle von S. 295.)

	Klasse	Verwendungszweck	Stoff	Festigkeit: Reißlänge m	Festigkeit: Doppelfalzungen	Bogengröße (Formate nach Din 476): Kurzzeichen	Bogengröße (Formate nach Din 476): mm	Gewicht: für 1000 Bogen kg	Gewicht: für 1 Quadratmeter g	Gewicht: Zulässige Abweichung ± vH	Wasserzeichen
Schreibpapiere	3	Aktenpapier, erste Sorte									
		Kanzleipapier	II	4000	80	A 3	297×420	11,2	90	2,5	mit
		Schreibmaschinenpapier	II	4000	80	A 4	297×210	3,1	50	2,5	mit
		Aktenpapier, zweite Sorte									
	4a	Kanzleipapier	III	3000	40	A 3	297×420	10	80	2,5	mit
		Schreibmaschinendurchschlagpapier.	III	2000	20	A 4	297×210	1,9	30	2,5	—
	4b	Konzeptpapier	III	3000	40	A 3	297×420	10	80	2,5	mit
	6a	Schreibpapier für untergeordnete Zwecke.	—	2000	20	A 3	297×420	10	80	2,5	—
	6b	Papier des täglichen Verbrauchs	—	1000	3	A 3	297×420	8,7	70	2,5	—
	6c	desgleichen	—	1000	3	A 3	297×420	7,5	60	2,5	—
Druckpapiere		Druckpapier									
	8a	für sehr wichtige, länger als 10 Jahre aufzubewahrende Drucksachen	I	3000	40	—	—	—	—	2,5	mit
	8b	für weniger wichtige Drucksachen	III	3000	40	—	—	—	—	2,5	—
	8c	für untergeordnete Zwecke des täglichen Verbrauchs	—	2000	20	—	—	—	—	2,5	—
	8d	desgleichen	—	1000	3	—	—	—	—	2,5	—
Hüllpapiere		Briefumschlag- und Packpapier[1]									
	5a	Briefumschläge, erste Sorte:									
		Kleinere bis zur Größe 125×176 mm (B 6). .	—	3000	40	—	—	—	60	4	—
		Größere und Umschläge für Wertsendungen . .	—	4000	80	—	—	—	110	4	—
		Packpapier, erste Sorte	—	4000	80	—	—	—	130	4	—
	5b	Briefumschläge, zweite Sorte:									
		Kleinere bis zur Größe 125×176 mm (B 6). .	—	2000	20	—	—	—	60	4	—
		Größere	—	2000	20	—	—	—	110	4	—
		Packpapier, zweite Sorte	—	2000	20	—	—	—	110	4	—
		desgleichen dünn . . .	—	2000	20	—	—	—	60	4	—
	5c	Briefumschläge, dritte Sorte:									
		Größe 114 × 162 mm (C 6)	—	2000	10	—	—	—	50	4	—
		Aktendeckel									
	7a	für vielgebrauchte Akten	III	3000	—	C 3	324×458	71,2	480	4	—
	7b	für andere Akten . . .	III	2000	—	C 3	324×458	37,1	250	4	—

[1] Das Packpapier ist möglichst in der Bogengröße 75 × 100 cm und in Rollenform, Breite 75 cm, zu beschaffen.

2. Wasserzeichen.

a) Die Papiere der Verwendungsklassen 1—4b und 8a, mit Ausnahme des Schreibmaschinen-Durchschlagpapiers 4a, sind mit einem auf dem Siebe hergestellten Wasserzeichen zu versehen. Das Wasserzeichen muß die Firma des Herstellers, sowie neben dem Worte „Normal“ das Zeichen der Verwendungsklasse enthalten. Hinzufügen einer Jahreszahl sowie eines Zeichens zur Kennzeichnung der Fertigung ist zulässig. Die Abkürzung der Firma ist nur insoweit gestattet, als dadurch keine Zweifel über den Ursprung des Papiers hervorgerufen werden können. Das Wasserzeichen muß in jedem Bogen der Größe A 3 einmal, in kleineren Bogen teilweise vorhanden sein.

b) Für den amtlichen Gebrauch dürfen nur solche Papiere der Klassen 1—4b und 8a verwendet werden, deren Wasserzeichen bei dem staatlichen MPA. eingetragen sind.

Die eingetragenen Wasserzeichen werden im Reichs- und Staatsanzeiger bekannt gemacht; ein Verzeichnis derselben kann von dem Staatlichen Materialprüfungsamt (MPA.) in Berlin-Dahlem bezogen werden.

3. Prüfung.

a) Vor der Erteilung von Lieferaufträgen ist, sofern es sich nicht um einmalige Lieferungen geringen Umfanges handelt, von jeder Papiersorte eine Probe einzufordern, die für die äußere Beschaffenheit (Aussehen, Glätte, Griff usw.) des zu liefernden Papiers maßgebend ist. Das gelieferte Papier ist auf äußere Beschaffenheit, Gewicht und Bogengröße von der bestellenden Behörde zu prüfen.

b) Zur Prüfung auf Stoffzusammensetzung, Festigkeit und Leimung sind sogleich nach der Lieferung und vor Ingebrauchnahme des Papiers Proben an das MPA. in Berlin-Dahlem einzusenden. Das Bedrucken des Papiers mit Kopfaufdruck oder Formularvordruck ist als „Ingebrauchnahme“ nicht anzusehen. Soweit jedoch das Papier nicht schon bedruckt geliefert wird, ist es vor dem Bedrucken zu prüfen.

Ergibt die Prüfung, daß das Papier den Anforderungen genügt, so hat die Behörde, andernfalls der Lieferer, die Prüfgebühr zu zahlen.

c) Die an das MPA. zur Prüfung zu sendenden Sorten müssen aus je 10 Proben bestehen und einzeln aus verschiedenen Stellen der Lieferung und aus Paketen, die noch nicht geöffnet waren, bei größeren Lieferungen aus mindestens 5 Paketen, entnommen werden; sie sind zwischen steife Deckel zu verpacken und dürfen nur soweit geknifft werden, daß die ungekniffte Fläche mindestens 297×210 mm groß bleibt.

d) Das MPA. bescheinigt, ob das Papier die Bedingungen für die Stoffzusammensetzung, Festigkeit und Leimung erfüllt. Trifft dies nicht zu, so ist anzugeben, inwieweit den Anforderungen nicht genügt ist.

Auf Antrag und gegen Erstattung der Kosten können den Papierfabriken, deren Wasserzeichen eingetragen sind, die Ergebnisse der amtlicherseits veranlaßten Prüfungen ihrer Papiere vom MPA. mitgeteilt werden.

e) Papiere, die nach dem Urteile der Behörden (Abs. 3a) oder nach der Feststellung des MPA. (Abs. 3d) den Bedingungen nicht genügen, sind zurückzuweisen.

Hat das MPA. bei den im Auftrage von Behörden vorgenommenen Prüfungen der Erzeugnisse einer Fabrik im Laufe eines Jahres mehrfach grobe Verstöße gegen die Bestimmungen festgestellt, so ist die Fabrik vom MPA. zu verwarnen.

Als grobe Verstöße gelten Abweichungen gegen die Stoff- und Festigkeitsklasse, die bei achtsamer Fertigung und gewissenhafter Prüfung der Ware vor Abgang aus der Fabrik hätten erkannt werden müssen.

Bleibt die Verwarnung erfolglos, so kann die Fabrik durch Streichung ihres Wasserzeichens im amtlichen Verzeichnis von ferneren Lieferungen für staatliche Behörden ausgeschlossen werden.

Die Löschung des Wasserzeichens wird im Reichs- und Staatsanzeiger bekanntgemacht.

Nach Ablauf von zwei Jahren kann die betreffende Fabrik unter Vorlage von Proben ihres Papiers beim MPA. die Wiedereintragung ihres Wasserzeichens beantragen.

4. Lieferbedingungen.

Die Behörden dürfen in ihren Lieferbedingungen andere als die bei den Verwendungsklassen angegebenen Grenzwerte für Stoff, Festigkeit und Gewicht des Papiers nicht vorschreiben.

In den Verträgen über Papierlieferungen oder bei mündlicher Erteilung des Lieferauftrages ist auszubedingen, daß sich der Lieferer den für ihn aus den „Vorschriften" folgenden Verpflichtungen zu unterwerfen habe. Diese Vorschriften sind jedem Liefervertrag anzuheften und können von dem MPA. Berlin-Dahlem bezogen werden.

Die „Bestimmungen über das von den Staatsbehörden zu verwendende Papier" vom 28. 1. 1904 treten außer Kraft, jedoch sind die Behörden in ihnen geeignet erscheinenden Fällen berechtigt, bis zum 31. 12. 1926 auch noch Angebote in alten Normalpapieren zu berücksichtigen. In solchen Fällen ist dem MPA. bei Einsendung der Proben zur Prüfung mitzuteilen, daß das Papier noch unter Zugrundelegung der „Bestimmungen" vom 28. 1. 1904 geliefert ist.

Berlin, den 10. 1. 1926.

Der Minister für Wissenschaft, Kunst und Volksbildung.

Dienstanweisung zur Ausführung der „Vorschriften für die Lieferung von Papier an preußische Staatsbehörden" vom 10. 1. 1926.

1. Zu 1 Tafel C (Verwendungsklassen).

Die Vorschriften für die Lieferung von Papier an preuß. Staatsbehörden verfolgen den Zweck, durch Verwendung haltbarer Papiersorten den Bestand der Akten zu sichern und die Lieferung minderwertigen Papiers an die Behörden möglichst zu verhindern. Es ist unzulässig, für den einzelnen Zweck Papier einer geringeren als der dafür bestimmten Klasse zu verwenden. Insbesondere darf bei den unter Verwendung von Schreibmaschinendurchschlagpapier und bei den durch Umdruck hergestellten Arbeiten für Schriftstücke, die länger als 10 Jahre in den Akten aufbewahrt werden müssen, kein Papier verwendet werden, das für untergeordnete Zwecke des täglichen Verbrauchs bestimmt ist. Deshalb ist auf den für den Drucker bestimmten Vorlagen stets zu vermerken, welche Papiersorte verwendet werden soll.

Andererseits ist streng darauf zu halten, daß für Schriftstücke, die für untergeordnete Zwecke des täglichen Gebrauchs bestimmt sind, Papiere der dafür bestimmten Klasse verwendet werden.

2. Zu 2b Abs. 1 (Verwendung von Normalpapier).

Die Provinzialbehörden haben von Zeit zu Zeit in geeigneter Weise festzustellen, ob von den nachgeordneten Behörden, Dienststellen und einzelstehenden Beamten dem Verwendungszweck entsprechende Normalpapiere mit eingetragenem Wasserzeichen verwendet werden.

3. Zu 3a (Gemeinsame Papierbeschaffung).

a) Papierbeschaffung für die Groß-Berliner Behörden.

(1) Der Bedarf an folgenden Papiersorten für die Groß-Berliner Behörden, soweit diese sich dem Verfahren angeschlossen haben, wird von einer Stelle (z. Z. der Preuß. Bau- und Finanzdirektion) beschafft:

1. Normal 3, Kanzleipapier, Din A 3 (297 × 420 mm), Gewicht für 1000 Bogen 11,2 kg,
2. Normal 3, Kanzleipapier, Din A 4 (297 × 210 mm), Gewicht für 1000 Blatt 5,6 kg,
3. Normal 3, Schreibmaschinenpapier, Din A 4 (297 × 210 mm), Gewicht für 1000 Blatt 3,1 kg,
4. Normal 4a, Kanzleipapier, Din A 3 (297 × 420 mm), Gewicht für 1000 Bogen 10 kg,
5. Normal 4a, Kanzleipapier, Din A 4 (297 × 210 mm), Gewicht für 1000 Blatt 5 kg,

6. Normal 4b, Konzeptpapier, Din A 3 (297×420 mm), Gewicht für 1000 Bogen 10 kg,

7. Normal 4b, Konzeptpapier, Din A 4 (297×210 mm), Gewicht für 1000 Blatt 5 kg,

8. Normal 4a, Schreibmaschinendurchschlagpapier, schreibfähig, Din A 4, (297×210 mm), Gewicht für 1000 Blatt 1,9 kg,

9. Normal 6a, Schreibpapier für untergeordnete Zwecke, Din A3 (297×420 mm), Gewicht für 1000 Bogen 10 kg,

10. Normal 6a, Schreibpapier für untergeordnete Zwecke, Din A4 (297×210 mm), Gewicht für 1000 Blatt 5 kg,

11. Normal 6b, Papier des täglichen Verbrauchs, auch als Schreibmaschinenpapier verwendbar, Din A 3 (297×420 mm), Gewicht für 1000 Bogen 8,7 kg,

12. Normal 6b, Papier des täglichen Verbrauchs, auch als Schreibmaschinenpapier verwendbar, Din A 4 (297×210 mm), Gewicht für 1000 Blatt 4,35 kg,

13. Normal 6 c, holzhaltiges Entwurfspapier, auch als Schreibmaschinendurchschlagpapier und Umdruckpapier verwendbar, Din A 4 (297×210 mm), Gewicht für 1000 Blatt 3,75 kg,

14. Normal 8c, Durchschlagpapier, nicht schreibfähig, Din A 4 (297×210 mm), Gewicht für 1000 Blatt 1,5 kg.

Die Papiere werden links in der Mitte mit dem Trockenstempel „Staat Preußen" versehen.

(2) Die preuß. Groß-Berliner Behörden bestellen den Bedarf an den vorstehend angegebenen Sorten für je ½ Jahr unmittelbar bei der Beschaffungsstelle, und zwar am 1. 2. für die Zeit vom 1. 4. bis zum 30. 9. jedes Jahres und am 1. 8. für die Zeit vom 1. 10. des einen bis zum 31. 3. des folgenden Jahres.

(3) Die Beschaffungsstelle vergibt die Papierlieferung durch öffentliche Ausschreibungen und erteilt nach Prüfung der Angebote und nach Zustimmung des Preußischen Finanzministeriums den Zuschlag. Bei der Zuschlagserteilung werden den Lieferern die zu liefernden Papiere so genau bezeichnet, daß jeder Zweifel darüber ausgeschlossen ist, also nach Art, Verwendungsklasse, bei Normalpapieren unter Angabe des vollständigen Wasserzeichens (also auch der Firma des Herstellers), bei anderen Papieren unter Angabe der Bezeichnung der eingereichten Probe, der Größe usw. Auch werden ihnen Zusammenstellungen mitgeteilt, aus denen zu ersehen ist, welche Mengen sie an die einzelnen Behörden zu liefern haben. Außerdem wird ihnen noch ausdrücklich mitgeteilt, daß die gelieferten Normalpapiere bei dem Materialprüfungsamt daraufhin würden nachgeprüft werden, ob die Papiere den vorgeschriebenen Anforderungen hinsichtlich Stoff und Festigkeit (Reißlänge und Doppelfalzungen) entsprechen und daß deshalb Papiere, bei denen diese Voraussetzungen nicht zutreffen sollten, zurückgewiesen werden müßten.

(4) Den einzelnen Behörden wird von der Beschaffungsstelle mitgeteilt, wer das von ihnen bestellte Papier liefert, und welche Preise zu zahlen sind. Die Rechnungsbeträge für die einzelnen Lieferungen sind von den empfangenden Behörden unmittelbar an die Lieferer einzusenden.

(5) Nach der Lieferung haben die empfangenden Behörden einige Bogen oder Blatt der verschiedenen Normalpapiersorten (3, 4a, 4b) Größe 297×420 mm oder 297×210 mm, zwischen steife Aktendeckel verpackt, der Beschaffungsstelle zur Prüfung einzusenden. Auf den Bogen oder Blättern ist die einsendende Behörde zu vermerken. Die Beschaffungsstelle veranlaßt sodann die Prüfung des Papiers beim Materialprüfungsamt.

(6) Die Prüfungsgebühren werden, soweit sie der Lieferer zu zahlen hat, von diesem durch die Beschaffungsstelle eingezogen, soweit sie der Staatskasse zur Last fallen, vom Finanzministerium zur Zahlung an das Materialprüfungsamt angewiesen.

b) Papierbeschaffung für die Behörden außerhalb Groß-Berlins durch die Regierungen.

(1) In jedem Regierungsbezirk hat die Regierung für alle Staatsbehörden — ausgenommen die Justizbehörden, auf Wunsch auch für diese — soweit sie sich dem Verfahren anschließen, den Papierbedarf an den verschiedenen Papiersorten vierteljährlich oder halbjährlich in ähnlicher Weise wie die Preuß. Bau- und

Finanzdirektion für die Groß-Berliner Behörden auszuschreiben, zu beschaffen und die Prüfung durch das Materialprüfungsamt zu veranlassen.

(2) Bei der Ausschreibung ist vorzusehen, daß das Papier an die am Orte der Ausschreibung wohnenden beteiligten Behörden frei Behörde, für die auswärts wohnenden Empfänger frei Bahnhof anzuliefern ist, daß dagegen die Frachtkosten der Papiere für die auswärts wohnenden Empfänger diesen zur Last fallen.

(3) Bei der Einsendung der Proben zur Prüfung ist darauf zu achten, daß sie aus verschiedenen Paketen der letzten Lieferung entnommen werden.

(4) Die Prüfungsgebühren werden, soweit sie der Lieferer zu tragen hat, von diesem eingezogen, soweit sie der Staatskasse zur Last fallen, von der Regierung zu Lasten der eigenen Personal- und Bedürfnisfonds zur Zahlung an das Materialprüfungsamt angewiesen.

c) Papierbeschaffung für die Behörden außerhalb Groß-Berlins durch andere Behörden.

(1) Die Provinzialbehörden sind ermächtigt, kleinere Behörden und einzeln stehende Beamte, die sich dem Verfahren zu b nicht anschließen und gleichwohl das Papier von demselben oder einem anderen Lieferer beziehen wollen, ohne Rücksicht auf ihre Verwaltungszugehörigkeit zu Gruppen zu vereinigen.

(2) Das Papier der verschiedenen Teilnehmer kann in der zu a (5) vorgesehenen Weise von einer der beteiligten Behörden an das Materialprüfungsamt zur Prüfung eingesandt werden. Wenn das Papier jedoch zu verschiedenen Zeiten geliefert ist oder von verschiedenen Fabriken herrührt, haben die einzelnen Behörden die Papiere in möglichst unregelmäßiger Folge durch das Materialprüfungsamt prüfen zu lassen.

d) Entnahme von Papier aus den Beständen der Behörde.

(1) Allen den Regierungen usw. nachgeordneten Dienststellen und einzeln stehenden Beamten kann, soweit sie es wünschen, ihr Bedarf an Papier der unter a) bezeichneten Sorten aus den Beständen der Regierung gegen Zahlung der Selbstkosten (in die die Prüfungsgebühr nicht einzurechnen ist) mit einem Preisaufschlag von 10% geliefert werden. Um ein besonderes Abzählen und Verpacken des Papiers zu vermeiden, ist dieses nur in $^1/_2$-Riespaketen von jeder gewünschten Sorte abzugeben. Die Frachtkosten des Papiers für solche Dienststellen und einzeln stehende Beamten, die das Papier aus der ihnen gewährten Dienstaufwandsentschädigung zu bezahlen haben, fallen den Empfängern zur Last.

(2) Die Kosten für das von der Regierung gelieferte Papier sind von den Empfängern ohne besondere Aufforderung alsbald bei der Regierungshauptkasse oder einer ihrer Sonderkassen einzuzahlen. Die eingezahlten Beträge sind am Schlusse jedes Vierteljahrs bei den sonstigen Einnahmen — bei den Regierungen Kap. 27 Tit. 14 — zu verrechnen, also nicht etwa bei den Ausgaben abzusetzen.

e) Mitteilungen an das Materialprüfungsamt über gemeinschaftliche Papierbeschaffung.

In allen Fällen, in denen das Papier gemeinschaftlich beschafft werden soll, ist dies dem Materialprüfungsamt mitzuteilen unter gleichzeitiger Bezeichnung der beschaffenden Behörde und der Empfänger oder (im Falle der Vereinigung zu Gruppen) der zu der Gruppe gehörigen Behörden und derjenigen Stelle, welche die vorgeschriebene Prüfung des Papiers veranlassen wird.

4. Zu 3b (Papierprüfung).

(1) Alle mit einem Büro ausgestatteten Dienststellen einschließlich der einzeln stehenden Beamten haben das Papier der Verwendungsklassen 1—4b und 8a und 8b, soweit es nicht gemeinsam beschafft wird (s. Nr. 3 unter a, b und c) oder soweit es nicht aus den geprüften Beständen einer anderen Behörde geliefert wird (s. Nr. 3 unter d), selbständig prüfen zu lassen.

(2) Auch wenn Papier von einem Lieferer bezogen wird, der solches für andere Behörden geliefert hat und dessen Lieferung im Auftrage dieser Behörde geprüft und für gut befunden worden ist, muß das gelieferte Papier geprüft werden. Bei Ausschreibung und Angebot von Papierlieferungen sind Prüfungszeugnisse, Zeugnis-

abschriften, Angaben über bereits ausgeführte Prüfungen usw. weder zu verlangen noch überhaupt zuzulassen.

(3) Die Papierprüfung hat sich ferner auf Vordrucke usw. zu erstrecken, zu deren Herstellung die Behörde das Papier nicht selbst geliefert hat.

(4) Die Prüfungspflicht der Behörden hängt von dem Umfang der Papierbestellung ab; wenn die jährliche Bestellung den Wert von 500 RM. erreicht oder übersteigt, muß das Papier in jedem Rechnungsjahr, wenn sie diesen Wert nicht erreicht, muß das Papier im Laufe von 2 Rechnungsjahren mindestens einmal geprüft werden.

(5) Inwieweit gelegentlich auch Papiere der Verwendungsklassen 5 und 7 und gegebenenfalls der Klassen 6, 8c und 8d zu prüfen sind, bleibt dem Ermessen der Behörden überlassen.

(6) Die von den Staatsbehörden zu entrichtende ermäßigte Prüfungsgebühr wird auf 24 RM. für jede Probe festgesetzt.

(7) Es ist unstatthaft, die Prüfkosten in den Lieferungsverträgen allgemein und ohne Rücksicht auf den Ausfall der Prüfung dem Lieferer aufzuerlegen, dagegen kann der Lieferer für den Fall der Lieferung ungenügenden und deshalb von ihm zurückzunehmenden Papiers verpflichtet werden, die Kosten der Prüfung des als Ersatz gelieferten Papiers auch dann zu tragen, wenn dieses Papier den Anforderungen genügt.

5. Zu 3e (Behandlung des bei der Prüfung ungenügend befundenen Papiers).

(1) Von der Vorschrift, daß ungenügend befundenes Papier zurückzuweisen ist, darf nur ausnahmsweise in besonderen Fällen abgewichen werden. Das Papier ist alsdann für Zwecke derjenigen Klasse zu verwenden, deren Anforderungen es nach dem Ergebnis der Prüfung entspricht.

(2) Ist einer Behörde wiederholt nicht vorschriftsmäßiges Papier derselben Fabrik geliefert worden, so ist sie berechtigt, Papier dieser Fabrik ihrerseits von weiteren Lieferungen auszuschließen. Die Ausschließung hat sich alsdann auf sämtliche Erzeugnisse der Fabrik zu erstrecken. Eine derartige Ausschließung ist unter näherer Darlegung der Gründe dem Fachminister anzuzeigen, der erforderlichenfalls auch die übrigen Fachminister davon benachrichtigt.

6. Zu 3e Abs. 5 und 6 (Löschung des Wasserzeichens).

(1) In der für den Reichsanzeiger bestimmten Bekanntmachung sind die Gründe für die Löschung des Wasserzeichens nicht anzugeben.

(2) Die Löschung und Wiedereintragung eines Wasserzeichens wird den Behörden auf amtlichem Wege mitgeteilt.

7. (Sparsamkeit im Papierverbrauch).

(1) Größte Sparsamkeit im Verbrauch aller Papiersorten wird den Behörden zur Pflicht gemacht.

(2) Bei Schreibpapier ist die Verwendung gewöhnlicher Bogen (A 3 : 297 ×420 mm, einmal gefalzt) auf die allernotwendigsten Fälle zu beschränken, in denen sie nicht entbehrt werden können; in allen übrigen Fällen sind Blätter zu benutzen (halbe, viertel oder achtel Bogen, als solche vom Lieferer zu beziehen), die für den Umfang des zu schreibenden Textes gerade ausreichen.

(3) Alle Umdrucksachen sind 1- oder $1^1/_2$zeilig und in möglichst kleiner Schriftart herzustellen. Die Randbreite darf nur 2 cm betragen.

(4) Zu Umdrucken darf kein ganzer Bogen Papier verwendet werden, wenn auf der dritten Seite nur einige Zeilen oder gar nur einige Worte stehen, weil sonst mit jedem Umdruck fast ein halber Bogen verschwendet wird. Gegebenenfalls sind solche Sachen neu zu schreiben. Dasselbe gilt für Umdrucksachen, die mehr als 1 Bogen stark sind. Auch ist es nicht zulässig, zu Umdrucksachen, die 5, 9 oder 13 Seiten stark sind, 2, 3 und 4 Bogen (8, 12 und 16 Seiten) zu verwenden; der Drucker hat sich so einzurichten, daß die überschießende Seite auf einem halben Bogen zu stehen kommt.

Berlin, den 10. 1. 1926.

Namens des Preußischen Staatsministeriums:
Der Minister für Wissenschaft, Kunst und Volksbildung.

Verfügung der Oberrechnungskammer vom 21.X.1926 über die Belegung der Papierprüfung (G. 1190).

(Finanzministerialblatt Nr. 21 Teil I vom 13. 11. 1926.)

Im Anschluß an die **Vorschriften des Staatsministeriums für die Lieferung von Papier an preußische Staatsbehörden** vom 10. 1. 1926 (Pr.Bes.Bl. S. 9) wird für die Belegung der Jahresrechnung folgendes bestimmt:

1. Die Behörde, die den eigenen und zugleich den Bedarf an Papier für andere Behörden oder nur den Papierbedarf für andere Behörden unmittelbar beim Lieferer bestellt, hat

a) auf der Kostenrechnung des Lieferers zu bescheinigen, daß die Bestimmungen des Staatsministeriums über die Beschaffung und die Prüfung des Papiers beachtet worden sind,

b) auf der Kostenrechnung des Materialprüfungsamts anzugeben, für wie viele Behörden das Papier geprüft worden ist.

2. Die Behörde, die ihren Bedarf bei einer Vermittlungsstelle bestellt und ihr nach der Lieferung einige Bogen oder Blätter des erhaltenen Papiers zur Prüfung einzusenden hat, hat auf der Kostenrechnung des Lieferers zu bescheinigen, daß von der Lieferung einige Bogen oder Blätter der zu benennenden Vermittlungsstelle zur Prüfung durch das Materialprüfungsamt übersandt worden sind.

3. Die kleinen Behörden und die alleinstehenden Beamten, die im Jahre Papier im Werte von weniger als je 500 RM. unmittelbar vom Lieferer beziehen, haben auf der Kostenrechnung anzugeben, ob eine Papierprüfung innerhalb der verflossenen zwei Rechnungsjahre stattgefunden hat.

4. Die Bestimmungen zu Nr. 2 und 3 finden keine Anwendung, wenn die Kosten über das beschaffte Papier nicht in einer Jahresrechnung nachzuweisen sind, die der Prüfung der Oberrechnungskammer oder der von ihr bestimmten Verwaltungsbehörde unterliegt.

An alle Staatsbehörden

Auf die wichtigsten Abweichungen der neuen „Vorschriften“ von den alten „Bestimmungen“ sei nachfolgend noch besonders hingewiesen.

1. Stoffklasse I. Papiere dieser Stoffklasse dürfen in Zukunft auch Ramiefasern enthalten. (Bisher nur Leinen, Hanf und Baumwolle.)

2. Stoffklasse II. Der höchstzulässige Gehalt an Zellstoff ist von 25% auf 50% erhöht worden.

3. Der Berechnung der Reißlänge wird nicht mehr das absolute Trockengewicht zugrunde gelegt, sondern das Gewicht bei 65% Luftfeuchtigkeit.

4. Dehnung. Nachdem die Bestimmung des Falzwiderstandes als Ersatz für die Handknitterung eingeführt ist, erscheint die Bestimmung der Dehnung für Normalpapiere nicht mehr notwendig. (Bei Papieren für Sonderzwecke, bei denen die Dehnung als solche eine Rolle spielt, kann sie vorgesehen werden.)

5. Falzwiderstand. Bei den Papieren der Verwendungsklasse 1 ist die Falzzahl von 190 auf 400 erhöht worden, bei Klasse 2a von 190 auf 250.

6. Der bisher bei den Papieren 1—4b für Reißlänge, Dehnung und Falzzahl vorgesehene Spielraum von 10% nach unten gilt von jetzt ab auch für die Papiere ohne Wasserzeichen, also für alle Papiere.

7. Die Anzahl der Papiersorten in den Verwendungsklassen 6 und 8 ist um je eine Klasse vermehrt worden (6c und 8d).

8. Für Aktendeckel 7a ist nicht mehr Stoffklasse I (Hadern), sondern III (beliebige Stoffzusammensetzung, aber ohne verholzte Fasern) vorgeschrieben.

9. Das Druckpapier 8a muß jetzt ebenso wie die Papiere 1—4b mit dem vorschriftsmäßigen Wasserzeichen versehen sein.

Papiernormalien in den deutschen Bundesstaaten.

Dem Beispiele Preußens, die Beschaffung des für die Staatsbehörden erforderlichen Papiers auf feste Grundlagen zu stellen und so für den guten Zustand der Aktenbestände und Archive zu sorgen, sind verschiedene Bundesstaaten gefolgt. Die Überzeugung von dem Werte der Papierprüfung bricht sich eben immer mehr Bahn. Die hiermit verbundenen, verhältnismäßig geringen Kosten fallen gegenüber der großen Bedeutung, die die Verwendung zweckmäßiger Papiere für uns und unsere Nachkommen hat, gar nicht ins Gewicht.

Die Bestimmungen der Bundesstaaten schließen sich ganz eng, meist wörtlich, an die preußischen Normalien an, und das ist im Interesse unserer Papierindustrie zu begrüßen.

Nachstehende Zusammenstellung gibt eine Übersicht über die Bundesstaaten, die bis jetzt Normalbestimmungen eingeführt haben, soweit diese öffentlich bekannt geworden sind.

Bundesstaat	Datum des Erlasses der Normalbestimmungen	Prüfungsstelle und Stelle für die Anmeldung des Wasserzeichens
Preußen	26. Januar 1926[1]	Materialprüfungsamt Berlin-Dahlem
Bayern	28. Dezember 1892[2]	Amtliche Papierprüfungsstelle der Technischen Hochschule zu München und Bayerische Landesgewerbeanstalt in Nürnberg
Baden	11. Oktober 1897[3]	Chemisch-technische Prüfungs- und Versuchsanstalt in Karlsruhe und Materialprüfungsamt Berlin-Dahlem
Hessen	17. Januar 1907[4]	Hessische Prüfungsanstalt für Papier in Darmstadt. Technische Hochschule
Württemberg . . .	21. Januar 1907[5]	Landesgewerbemuseum in Stuttgart

[1] Frühere Bestimmungen: Grundsätze für amtliche Papierprüfungen, 5. Juli 1886. Vorschriften für die Lieferung und Prüfung von Papier zu amtlichen Zwecken, 17. November 1891. Bestimmungen über das von den Staatsbehörden zu verwendende Papier. 28. Januar 1904.

[2] Amtsblatt des Königl. Bayr. Staatsministeriums des Innern 1892 Nr. 50.

[3] Gesetzes- und Verordnungsblatt für das Großherzogtum Baden 1897 Nr. 21.

[4] Großherzoglich hessisches Regierungsblatt 1907 Nr. 7.

[5] Regierungsblatt für das Königreich Württemberg Nr. 22 vom 8. August 1928.

Amtlich zugelassene Normal-Wasserzeichen, die beim Staatlichen Materialprüfungsamt in Berlin-Dahlem eingetragen sind.

Normal-Wasserzeichen [1]	Firma
Alfeld-Gronau	Hannoversche Papierfabriken Alfeld-Gronau vormals Gebr. Woge in Alfeld/Leine
Bautzner Papierfabriken	Vereinigte Bautzner Papierfabriken in Bautzen
Beckh Soehne Faurndau	Carl Beckh Söhne in Faurndau bei Göppingen, Württb.
Bohnenberger & Cie. Niefern	Bohnenberger & Cie., G. m. b. H. in Niefern in Baden
Brückner & Co. Calbe a/S	Brückner & Co. in Calbe/Saale
Papierfabrik zum Bruderhaus Dettingen bei Urach	Papierfabrik zum Bruderhaus in Dettingen-Erms bei Urach/Württemberg
Gebr. Buhl A-G Ettlingen	Gebrüder Buhl, Papierfabriken A.-G. in Ettlingen/Baden
Coeslin	Papierfabrik Köslin, Aktiengesellschaft in Köslin
Papierfabrik Croellwitz	Cröllwitzer Actien-Papierfabrik in Halle/Saale
Dalbke	Dalbker Zellstoff- und Papierfabrik, G. m. b. H. in Dalbke bei Bielefeld
Oscar Dietrich Weißenfels	Oscar Dietrich, G. m. b. H. in Weißenfels
Georg Drewsen	Georg Drewsen, Feinpapier-Fabriken Lachendorf u. Celle A.-G. in Lachendorf bei Celle
Gebr. Ebart Spechthausen	Papierfabrik Spechthausen, Aktiengesellschaft in Spechthausen bei Eberswalde
Eichberger Papierfabrik	Eichberger Papierfabrik R. v. Decker, Kommandit-Gesellschaft in Eichberg/Riesengeb.
Elberfelder Papierfabrik	Elberfelder Papierfabrik A.-G. in Wuppertal-Elberfeld
Eppen Winsen	Papierfabrik J. H. Eppen, Aktiengesellschaft in Winsen/Luhe
Ferdinand Flinsch Freiburg	Ferdinand Flinsch in Freiburg i. Br.
Fockendorf Simonius	Simonius'sche Cellulosefabriken Aktiengesellschaft in Fockendorf/Thür.
Papierfabrik Gauting	Papierfabrik Gauting, Dr. Haerlin & Söhne in Gauting, Oberbayern
Papierfabr. Gmund	Maschinen- u. Büttenpapierfabrik Gmund in Gmund am Tegernsee/Oberbayern
H. Gossler Frankeneck	Heinrich Gossler, Papierfabrik G. m. b. H. in Frankeneck, Rheinpfalz
I. I. Gossler 1893 Frankeneck	Papierfabrik Scheufelen in Oberlenningen, Württemb. Werk Frankeneck/Rheinpfalz
Hasseröder Papierfabrik	Heidenauer Papierfabrik Aktiengesellschaft in Heidenau, Bez. Dresden
C. Haug & Cie. Louisenthal	Papierfabrik Louisenthal C. Haug & Co. in Louisenthal, Post Gmund am Tegernsee
Papierfabrik Hegge	Aktiengesellschaft Papierfabrik Hegge in Hegge bei Kempten/Bayern
Hoffmann & Engelmann A.-G. Neustadt Haardt	Hoffmann & Engelmann Aktiengesellschaft in Neustadt a. d. Haardt
Gebr. Hoffsümmer Düren	Gebr. Hoffsümmer, G. m. b. H. in Düren/Rhld.

[1] Außer dem Firmenzeichen des Herstellers enthalten die Wasserzeichen das Wort „Normal“ mit dem Zeichen der Verwendungsklasse.

Normal-Wasserzeichen	Firma
Hohenkrug	Feldmühle, Papier- u. Zellstoffwerke Aktiengesellschaft in Stettin
Patent-Papier-Fabrik Hohenofen	Patent-Papier-Fabrik Hohenofen G. m. b. H. in Hohenofen bei Neustadt a. Dosse
Hugo Hoesch Koenigstein i/S und Hugo Hoesch Koenigstein/Elbe	Hugo Hösch in Königstein/Elbe
Hillegossen	Feldmühle, Papier- und Zellstoffwerke Aktiengesellschaft in Stettin
Illig Papierfabrik Eberstadt	Illig'sche Papierfabrik in Eberstadt bei Darmstadt
Papierfabrik Kieppemuehle	Poensgen & Co. Akt.-Ges. in Berg.-Gladbach
Marggraff Wolfswinkel	Siemens-Schuckertwerke Aktiengesellschaft Papierfabrik Wolfswinkel in Finow-Wolfswinkel bei Eberswalde
Müller & Schimpf Gengenbach	Müller & Schimpf in Gengenbach/Baden
München Dachau	München Dachauer Papierfabriken Aktiengesellschaft in München
Neusser Papierfabrik	Neusser Papier- und Pergamentpapierfabrik A.-G. in Neuss a. Rh.
Papierfabrik Niederkaufungen	Robert Weber Aktiengesellschaft in Drentwede, Bez. Bremen
Nossener Papierfabriken	Nossener Papierfabriken G. m. b. H. in Nossen i. Sa.
Penig	Patentpapierfabrik zu Penig in Penig/Sa.
Gebrüder Rauch Heilbronn und Rauch Heilbronn	Gebrüder Rauch A.-G. in Heilbronn a. N.
Aktienpapierfabrik Regensburg	Aktienpapierfabrik Regensburg in Alling bei Regensburg
Papierfabrik Sacrau	Papierfabrik Sacrau G. m. b. H. in Breslau
Papierfabrik Salach-Süssen	Papierfabrik Salach in Salach/Württbg.
M. Schachenmayr, Kempten und M. Schachenmayr'sche Papierfabrik Kempten	M. Schachenmayr'sche Papierfabrik in Kempten/Allgäu
Papierfabrik Schnabelsmühle B. Gladbach	J. W. Zanders in Berg.-Gladbach
Felix Heinr Schoeller Düren	Felix Heinr. Schoeller in Düren/Rheinld.
Schoeller Gretesch und F. Schoeller Jr. Gretesch	Felix Schoeller Jr. in Burg Gretesch, Post Lüstringen bei Osnabrück
H. A. Schoeller Soehne Dueren	Heinr. Aug. Schoeller Söhne in Düren/Rheinl.
Schoeller & Bausch Neu-Kaliss	Felix Schoeller & Bausch in Neu-Kaliss/Südwestmecklenburg)
Papierfabrik Sebnitz A.G.	Papierfabrik Sebnitz Aktiengesellschaft in Sebnitz/Sa.
Siegel & Haase Grünhainichen	Siegel & Haase in Grünhainichen/Sa.
Sieler & Vogel Papierfabrik Golzern	Schroeder'sche Papierfabrik Gebr. Schroeder in Golzern/Sa.
I. P. Sonntag Emmendingen	I. P. Sonntag G. m. b. H. in Emmendingen, Baden
Louis Staffel Witzenhausen und Louis Staffel Oberschmitten	Louis Staffel in Witzenhausen, Bez. Kassel

Normal-Wasserzeichen	Firma
Paul Steinbock Frankfurt a. O.	Paul Steinbock Papier- und Zellulose-Fabrik Aktiengesellschaft in Frankfurt/Oder
Joh. Sutter Schopfheim	Joh. Sutter Papierfabrik A.-G. Schopfheim, Baden
Temming Glückstadt	Peter Temming Aktiengesellschft in Glückstadt/Holstein
Thode Hainsberg	Thode'sche Papierfabrik Aktiengesellschaft zu Hainsberg in Hainsberg/Sa.
Papierfabrik Unterkochen	Papierfabrik Unterkochen G.m.b.H. in Unterkochen, Württemb.
Varzin	Varziner Papierfabrik in Hammermühle, Reg.-Bez. Köslin
Jul. Vorster Ges. m. b. H.	Jul. Vorster Papierfabrik Ges. m. b. Haftung in Hagen i. Westf.
Papierfabrik Walzmühle bei Düren	Felix Heinr. Schoeller in Düren/Rheinld.
Papierfabrik Weissenborn	Freiberger Papierfabrik zu Weissenborn in Weissenborn Amtsh. Freiberg/Sa.
Papierfabrik Weissenstein	Papierfabrik Weissenstein A.-G. in Pforzheim-Dillweissenstein/Baden
Papierfabrik Wertheim	Robert Weber Aktiengesellschaft in Drentwede Bez. Bremen
Wiede & Söhne Trebsen	Wiede & Söhne in Trebsen/Mulde
Wiedes Papierfabrik Rosenthal	Wiede's Papierfabrik Rosenthal G. m. b. H. in Rosenthal-Reuss
J. W. Zanders B. Gladbach	I. W. Zanders in Berg.-Gladbach

Berlin-Dahlem, am 1. April 1932.

Staatliches Materialprüfungsamt
Otzen.

Verordnung über die Beschaffenheit des zur Herstellung von Frachtbriefen zu verwendenden Papiers[1].

§ 1.

Zu Frachtbriefen ist weißes Normalpapier 4a mit vorschriftsmäßigem Wasserzeichen zu verwenden.

§ 2.

Für Frachtbriefduplikate wird die Beschaffenheit des zu verwendenden Papiers freigegeben, sofern sie durch den Aufdruck „Frachtbrief-Duplikat" zu Originalfrachtbriefen unbenutzbar gemacht sind. Die als Frachtbriefduplikate gekennzeichneten Formulare müssen in Farbe, Größe und Vordruck den in § 55 der Eisenbahn-Verkehrsordnung enthaltenen Vorschriften entsprechen, auch zur Bestätigung dessen mit dem Prüfungsstempel einer inländischen Eisenbahn versehen sein.

§ 3.

Diese Verordnung tritt am 1. 10. 1926 in Kraft. Die Festsetzung des Zeitpunktes, von dem ab Frachtbriefe, deren Beschaffenheit diesen Bestimmungen nicht entspricht, nicht mehr verwendet werden dürfen, bleibt vorbehalten.

Berlin, 10. April 1926.

Der Reichsverkehrsminister.

[1] Reichsministerialblatt (Zentralblatt für das Deutsche Reich) 1926 Nr. 15.

Vorschriften der Deutschen Reichsbahn für Beklebezettel und Anhänger[1] (Juli 1931).

Für die Beklebezettel ist kräftiges, gut beschreibbares Papier, für Anhänger dickgriffiger, vollgeleimter Karton zu verwenden.

Der Karton muß eine Reißlänge von mindestens 5000 m, ein Mindestgewicht von 200 g auf das Quadratmeter und eine Dehnungsfähigkeit von 3% besitzen.

Auszug aus den Vorschriften des Deutschen Eisenbahn-Verkehrsverbandes (R. B. D. Hannover) vom 1. 8. 31 für Pappen zur Herstellung von Kästen[2].

Die verwendete Pappe muß folgende Mindesteigenschaften haben:

Bei einem Bruttohöchstgewicht des Kastens bis kg	Größte Kante bis zu 42 cm				Größte Kante bis zu 42 cm			
	Wellpappe	Glatte Pappe			Wellpappe	Glatte Pappe		
	Berstfestigkeit[3]		Gewicht	Bogenzahl	Berstfestigkeit[3]		Gewicht	Bogenzahl
	kg/cm^2	kg/cm^2	für 1 m^2 g	Größe 70×100 cm auf 50 kg	kg/cm^2	kg/cm^2	für 1 m^2 g	Größe 70×100 cm auf 50 kg
5	2,5	2,5	893	80	3	3,5	1020	70
10	2,5	3,0	893	80	3	3,5	1020	70
15	2,5	4,0			3	4,5	1200	60
20	2,5	4,0	1020 (15–30)	70 (15–30)	3	4,5	1200	60
25	2,5	4,5			3	5,5	1430	50
30	2,5	5,0			3	5,5	1430	50

Vorschriften für den Gebrauch des Berstdruckprüfers Schopper-Dalén für die Prüfung von glatter Pappe und Wellpappe.

1. Die Prüffläche soll 100 cm^2 betragen.
2. Der Druck soll so gesteigert werden, daß der Anstieg je Kilogramm in etwa 5 Sekunden erfolgt. Sollte bei einzelnen Pappen der Apparat bei höherem Druck nicht dicht halten, so muß eine zweite Membrane eingelegt werden.
3. Es sind 10 Prüfungen durchzuführen, deren Mittelwert als Berstdruckfestigkeit maßgebend ist. Die Luftfeuchtigkeit des Prüfraumes in Prozent ist auf dem Prüfungsbeleg zu vermerken.
4. Der vorgeschriebene Mindestberstdruck muß bei Prüfung auf jeder Seite erreicht werden.

Lieferbedingungen der Deutschen Reichspost[4].

Das Reichspostministerium hat die Postdienststellen angewiesen, zum Versand von postdienstlichen Paketen sowie zur Ausbesserung beschädigter Pakete das

[1] Tarif- und Verkehrsanzeiger für den Güterverkehr vom 23. 7. 1931 Nr. 65.

[2] Tarif- und Verkehrsanzeiger für den Güter- und Tierverkehr vom 10. August 1931 Nr. 72.

[3] Berstfestigkeit nach System Schopper-Dalén bei einer Prüffläche von 100 cm^2.

[4] Aus RAL 471 (Reichsausschuß für Lieferbedingungen: „Postpackpapier, Richtlinien für den Einkauf"). Nachdruck erfolgt mit Genehmigung des Reichsausschusses für Lieferbedingungen (RAL), Berlin NW. 6, Luisenstr. 58/59. Maßgebend ist die jeweils neueste Ausgabe der RAL-Blätter, die durch den Beuth-Verlag, Berlin S 14, zu beziehen ist.

Eine Abänderung dieser Lieferbedingungen ist während des Druckes dieses Buches in Bearbeitung.

den nachstehenden Lieferbedingungen entsprechende Postpackpapier zu benutzen, das damit auf seine allgemeine Brauchbarkeit für den Postpaketversand erprobt werden soll:

1. Festigkeit: Mindestens 2,75 kg/cm² Berstdruck im Mittel nach Schopper-Dalén bei einer Einspannfläche von 10 cm².

2. Gewicht: 130 g/m²; $+ 4\%$.

3. Färbung: Beliebig.

4. Aufdruck: Das Postpackpapier ist mit einem wasserfesten Aufdruck „Postpack“ zu versehen, der sich vom Papier hinreichend deutlich abheben muß. Der Aufdruck hat dem der Reichsdruckerei als Warenzeichen geschützten Muster zu entsprechen. Das Recht zur eigenen Verwendung dieses Aufdruckes einschließlich Lieferung eines Originaldruckstockes wird inländischen Papiererzeugern von der Reichsdruckerei gegen eine Gebühr von 25 RM. erteilt. Die Reichsdruckerei kann

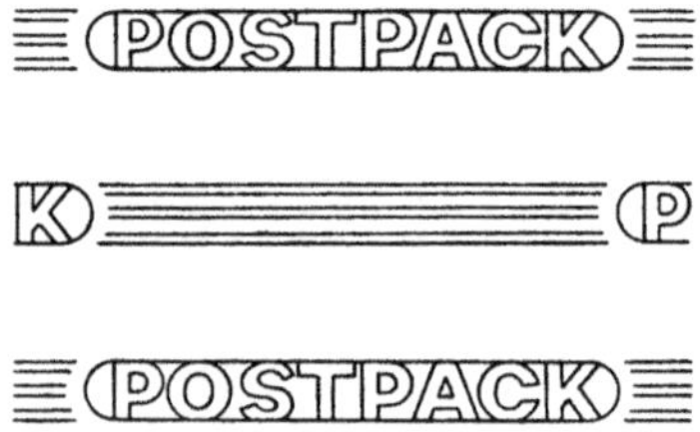

Abb. 159. Schutzzeichen zur Kennzeichnung von Postpackpapieren nach den Lieferbedingungen der Deutschen Reichspost.

das Recht wieder entziehen und den Originaldruckstock zurückverlangen, wenn geliefertes Postpackpapier den Lieferbedingungen nicht entspricht. Außer dem Aufdruck „Postpack“ muß das Papier noch ein mitgedrucktes Kennzeichen aufweisen, aus dem die Herkunft des Papiers einwandfrei zu erkennen ist (Abb. 159).

5. Die Prüfung des an die Deutsche Reichspost gelieferten Postpackpapiers wird vom Reichspostzentralamt vorgenommen. Die Firmen sind verpflichtet, dem Reichspostzentralamt auf Verlangen auch Proben des an Dritte gelieferten Postpackpapiers zur Prüfung einzusenden.

6. Stellt sich bei der Prüfung heraus, daß das Postpackpapier den Lieferbedingungen nicht entspricht, so ist der Lieferer verpflichtet, die Ware zurückzunehmen und kostenlos vollwertigen Ersatz zu liefern. In Streitfällen sind die Staatlichen Materialprüfungsämter maßgebend.

7. Die Deutsche Reichspost behält sich vor, die Lieferbedingungen zu ergänzen oder zu ändern.

Derartig gekennzeichnete Packpapiere sind auch für private Verbraucher im freien Handel erhältlich.

Deutsche Reichspost Reichspostzentralamt	Abnahme- und Prüfvorschriften für Fensterbriefumschläge C 187 b und C 187 c für Telegramme	RPZ 41001

I. Eigenschaften des Papiers.

a) **Stoffzusammensetzung** nach Stoffklasse IV; jedoch mit nicht mehr als 50 v H verholzter Fasern.
b) **Oberfläche** zweiseitig glatt.
c) **Farbe** nach Farbmuster (vergl. Original).
d) **Leimfestigkeit** vollgeleimt (tintenfest).
e) **Gewicht/qm** 50 g $\pm$ 4 v H.
f) **Reißlänge** mindestens 3750 m im Mittel aus Längs- und Querrichtung.
g) **Falzwiderstand** mindestens 40 Doppelfalzungen im Mittel aus Längs- und Querrichtung.

II. Vorschriften für den Druck.

a) **Aufdruck** in deutscher Druckschrift (Fraktur), Größe, Wortlaut und Anordnung nach Muster (RPZ-Zeichnung 797 V 103 und 104). Hinsichtlich der Anordnung des Aufdrucks sind Verschiebungen bis zu $\pm$ 3 mm zulässig.
b) **Werbeaufdruck** darf die Größe 55 $\times$ 110 mm nicht überschreiten; er ist auf der Rückseite der Fensterbriefumschläge in möglichst lichter Schriftart und in derselben Farbe wie der übrige Aufdruck anzubringen. Über dem Werbeaufdruck ist das Wort „Privatanzeige" fett abzudrucken. Der Wortlaut des Werbeaufdrucks wird besonders vereinbart.
c) **Farbe des Aufdrucks** bei Umschlägen C 187 b: rot (nach Farbtafel),
bei Umschlägen C 187 c: schwarz.

III. Vorschriften für die sonstige Beschaffenheit.

a) **Abmessungen** DIN-Format C 6 (114 — 1,5 $\times$ 162 — 1,5 mm).
b) **Kleberand** ist unter Verwendung eines hellen, geruchlosen Dextrins auszuführen, das so ausgiebig aufzubringen ist, daß ein sicheres Kleben der Verschlußklappe gewährleistet ist. Der Klebstoff an den Schrägseiten der Verschlußklappe darf nicht bis zu deren Falzrand reichen, damit ein leichteres Öffnen der Umschläge ermöglicht wird.
c) **Fenster** möglichst hell und durchsichtig; sie dürfen nicht brüchig sein. Der absolute Transparenzwert darf höchstens 1/25 (gemessen mit dem Klemmschen Lichtdurchlässigkeitsprüfer) betragen. Die Entfernungen des Fensters von den Kanten sind genau innezuhalten.

IV. Vorschriften für die Abnahme.

Das RPZ prüft die Lieferungen nach vorstehenden Bedingungen und fordert von den Empfangsstellen zu diesem Zweck Stichproben ein.

Entsprechen die Umschläge nicht den obengenannten Anforderungen, so kann die ganze Lieferung an die Druckerei zurückgesandt werden, die für einwandfreien Ersatz zu sorgen hat.

3. (geänderte) Ausgabe.

Reichspostzentralamt (Telegraphentechnisches Reichsamt)	Abnahme- und Prüfvorschriften für die Gesprächsblätter der Zettelrohrposten	RPZ (TRA) 41001

I. Eigenschaften des Papiers.

a) **Oberfläche:** Gut geglättet.

b) **Gewicht/qm:** 148 g $\begin{matrix}+4{,}0\%\\-2{,}5\%\end{matrix}$. Das Papier muß gleichmäßig in der Dicke sein.

c) **Falzwiderstand:** Das Papier muß mindestens 850 Doppelfalzungen i. M. aushalten. Zulässige Abweichungen — 10,0%.

d) **Stoffzusammensetzung:** Das Papier muß holzfrei sein.

e) **Leimfestigkeit:** Das Papier muß so leimfest sein, daß Tinte weder ausläuft noch bei mäßig starker Schrift durchschlägt.

Die Prüfung des Papiers auf Erfüllung der gegebenen Vorschriften ist nach den Bestimmungen DIN 1831 — RPZ-(TRA-) Normblatt 41001 Blatt 1 — vorzunehmen.

II. Vorschriften für den Druck.

a) **Faserrichtung:** Die Aderrichtung (Laufrichtung) des Papiers muß quer zur Biegerichtung der Gesprächsblätter liegen, d. h. sie hat in der Längsrichtung der Blätter zu verlaufen.

b) **Prüfung der Faserrichtung:** Aus einem Blatt sind zwei Streifen — je einer aus der Längs- und der Querrichtung — von etwa 6,0 cm Länge und 0,5 cm Breite (bei Blättern für Rohrposten mit schmalem Rohr etwa 4,0 × 0,3 cm) zu schneiden und zusammen an einem Ende — mit den langen Kanten nebeneinander — kurz zu fassen, so daß sie frei ausschweben.

Der am freien Ende tiefer herabhängende Streifen zeigt die Querrichtung, der andere die Längsrichtung der Papierbahn an. Eine vorherige Anfeuchtung der Papierstreifen erleichtert die Feststellung der Faserrichtung.

c) **Schnittkanten:** Die Schnittkanten müssen vollständig glatt sein.

d) **Abmessungen der Gesprächsblätter:** $39^{\pm 1} \times 130^{\pm 2}$ mm
$60^{\pm 1} \times 140^{\pm 2}$ mm.

e) **Vorkniff:** Die Blätter erhalten für die Verwendung in Rohrpostanlagen von Zwietusch & Co. 35 mm vom unteren Rande entfernt einen Vorkniff (Nut). Bei den Blättern für Rohrpostanlagen von Mix & Genest ist der Vorkniff 9 mm $\begin{matrix}+0\\-1\end{matrix}$ vom oberen Rande anzubringen, der einzudrückende Vorkniff darf nur so stark geprägt werden, daß keine Verletzung der Papierfaser eintritt.

III. Vorschriften für die Abnahme.

1. Abnahme der rohen Papierlieferungen.

Die Abnahme der rohen Papierlieferungen ist vom RPZ (TRA) im Benehmen mit der Reichsdruckerei — nach Möglichkeit im Zusammenhang mit der bei der Reichsdruckerei üblichen allgemeinen Papierprüfung — auf Grund der vorstehenden Prüfbestimmungen, Punkt I a—e, vorzunehmen. Von jeder Papierlieferung ist je eine Stichprobe auf 20 Rollen zu entnehmen und zu prüfen. Von dem Eingang einer jeden Papierlieferung ist dem RPZ (TRA) Mitteilung zu machen. Die geprüften Stichproben sind als Belegstücke aufzubewahren.

Bei der Abnahme der rohen Papierlieferungen in der Reichsdruckerei hat sich der Abnahmebeamte des RPZ (TRA) an den laufenden Maschinen davon zu überzeugen, daß die vorgeschriebene Faserrichtung beim Druck der Blätter eingehalten wird.

RPZ (TRA) **41 001**, Fortsetzung von S. 310.

Die zur Durchführung der Abnahmeprüfungen erforderlichen Meßinstrumente, Chemikalien usw. sind von der Reichsdruckerei zur Verfügung zu stellen. Die Freigabe einwandfreier Lieferungen erfolgt auf Grund des schriftlich festzulegenden Prüfbefundes durch den Abnahmebeamten.

2. Abnahme der fertigen Blöcke.

Die Abnahme der fertigen Blöcke ist von den Empfangsstellen auf Grund der vorstehenden Prüfbestimmungen, Punkt II a—e, vorzunehmen. Von jeder Lieferung sind an Stichproben je 5 auf 1000 Blöcke zu entnehmen, von denen je 1 Blatt zu prüfen ist. Die geprüften Blätter nebst den dazugehörigen Blöcken dürfen dem Betriebe nicht mehr zugeführt werden und sind als Belegstücke aufzubewahren. Entsprechen die Blätter nicht den vorgeschriebenen Anforderungen, so ist die ganze Lieferung an die Reichsdruckerei zurückzusenden, die gleichzeitig zur Lieferung von einwandfreiem Ersatz zu veranlassen ist. Über das Ergebnis jeder Stichprobenprüfung sind laufend Aufzeichnungen zu führen.

Deutsche Reichspost Reichspostzentralamt	Abnahme- und Prüfvorschriften für das Einheitsformblatt für Ankunfts- und Durchgangstelegramme (C 187 und C 187 a)	**RPZ 41 001**

I. Eigenschaften des Papiers.

a) **Oberfläche:** maschinenglatt.
b) **Farbe:** gelblich.
c) **Gewicht/qm:** 75 g ± 4%.
d) **Falzwiderstand:** Das Papier muß im Mittel (Längs- und Querrichtung) mindestens 8 Doppelfalzungen aushalten.
e) **Leimfestigkeit:** gut leimfest.

II. Vorschriften für den Druck.

a) Aufdruck in deutscher Druckschrift (Fraktur). Größe, Wortlaut und Anordnung nach Muster (RPZ- [TRA-] Zeichnung 790 V 1 und 2). Hinsichtlich der Anordnung des Aufdrucks sind Verschiebungen bis ± 2 mm zulässig.
b) In der linken oberen Ecke ist die laufende Blattnummer 001, 002 usw., in der rechten Ecke auf Verlangen der Oberpostdirektion der Name des Ortes einzudrucken. Hinter dem Ortsnamen soll ein 20 mm breiter Rand frei bleiben, im übrigen sind möglichst große Schriftzeichen zu verwenden. Etwaige Zusätze zum Ortsnamen sind in einer zweiten Zeile darunter zu setzen.

III. Vorschriften für die sonstige Beschaffenheit.

a) **Abmessungen:** DIN-Format A 5 (148 — 1,5 × 210 — 1,5 mm).
b) **Schnittkanten:** allseitig glatt.
c) Die Formblätter C 187 sind in **Blöcken** zu je 100 Blatt mit einem kartonstarken Unterblatt, die Formblätter C 187 a in **Alben** (Fächerfaltung) zu ebenfalls 100 Blatt unter Streifband zu liefern.

IV. Vorschriften für die Abnahme.

Das RPZ prüft die Lieferungen nach vorstehenden Bedingungen und fordert von den Empfangsstellen zu diesem Zweck Stichproben ein.

Entsprechen die Blätter nicht den vorgeschriebenen Anordnungen, so ist die ganze Lieferung an die Druckerei zurückzusenden, die für einwandfreien Ersatz zu sorgen hat.

Deutsche Reichspost Reichspostzentralamt	Abnahme- und Prüfvorschriften für das Formblatt für Aufgabetelegramme (C 183 a)	RPZ 41001

I. Eigenschaften des Papiers.

a) **Oberfläche:** geglättet (matt).
b) **Farbe:** gelblich.
c) **Gewicht/qm:** 75 g ± $2^1/_2$%.
d) **Festigkeit:** 1000 m mittlere Reißlänge. Mindestens 3 Doppelfalzungen (nach DIN 1831 oder mit Schopperschem Prüfgerät).
e) **Leimfestigkeit:** gut geleimt (tintenfest).

II. Vorschriften für den Druck.

Aufdruck in deutscher Druckschrift (Fraktur).
Größe, Wortlaut und Anordnung nach Muster (RPZ-Zeichnung 797 V 105). Hinsichtlich der Anordnung des Aufdrucks sind Verschiebungen bis ± 2 mm zulässig.

III. Vorschriften für die sonstige Beschaffenheit.

a) **Abmessungen:** DIN-Format A 5 (148 — 1,5 × 210 — 1,5 mm).
b) **Schnittkanten:** allseitig glatt.
c) Die Formblätter C 183 a sind in **Bogen** zu je 4 Blatt — nicht verkäufliche Formblätter — und in **Blöcken** zu je 100 Blatt mit einem kartonstarken Unterblatt — verkäufliche Formblätter — zu liefern.

IV. Vorschriften für die Abnahme.

Das RPZ prüft die Lieferungen nach vorstehenden Bedingungen und fordert von den Empfangsstellen zu diesem Zweck Stichproben ein.

Reichspost- zentralamt	Draht- und Kabelpapiere	RPZ (TRA) E 46004

1. Eigenschaften.

a) Allgemeine Eigenschaften.

Das zur Isolierung der Drähte-, Innen- und Außenkabel verwendete Papier muß **vollkommen trocken,** gleichmäßig in Gefüge und Dicke, möglichst langfaserig und fest sein. Das Papier soll möglichst wenig Wasser aufnehmen und festhalten.

Eine Übertrocknung des zur Isolierung der Adern verwendeten Papiers muß vermieden werden. Papierstreifen, die mit den Drähten oder der Kabelseele zusammen dem Trockenprozeß unterworfen und dann 5 Stunden in einem Raum mit der relativen Luftfeuchtigkeit von 65% gelagert wurden, sollen einen Abfall der absoluten Werte von nicht mehr als 25% zeigen.

Zum Färben der Papiere dürfen nur hitzebeständige Farbstoffe verwendet werden. Die Farben der Isolierpapiere dürfen durch die Behandlung der Drähte und Innenkabel mit den gebräuchlichen Tränkmitteln oder durch das Abbrühen der Kabel mit Vergußmasse nicht verändert werden.

b) Stoffzusammensetzung.

Die Draht- und Kabelpapiere dürfen keine Metallteilchen enthalten und müssen praktisch **frei von sauer oder alkalisch reagierenden Stoffen sein.** Die Papiere dürfen keinen schädlichen Harzgehalt besitzen.

RPZ (TRA) **E 46004**, Fortsetzung von S. 312.

Der Gehalt an wasserlöslichen Salzen darf 0,4% nicht übersteigen. Auch dürfen die Papiere keine Stoffe enthalten, die auf die Kupferleiter oder den Bleimantel zersetzend einwirken können.

Der **Aschengehalt darf 2,5%** nicht übersteigen.

Der Gehalt an unaufgeschlossenem Zellstoff muß so gering sein, daß sich bei der Behandlung der Papiere mit Phloroglucinsäure nur ganz geringe Rotfärbung zeigt.

c) **Festigkeitseigenschaften.**

Die aus unverarbeitetem Papier bestehenden Prüfstreifen müssen nachstehende Abmessungen aufweisen:

Breite: **15 mm.**
Einspannlänge: **150—180 mm.**

	Reißlänge	**Bruchdehnung**
	Mittelwert aus je 5 Messungen der Längs- **und Querrichtung** nach 2-stündiger Lagerung in einem Raum mit der relativen Luftfeuchtigkeit von 65%.	
	mindestens km	mindestens %
Isolierpapiere für Drähte und Innenkabel.	5,0 nur Vorschlag	1,5
Isolierpapiere für Außenkabel . .	5,0	1,5

2. Prüfverfahren.

Die Prüfung der Draht- und Kabelpapiere auf Erfüllung der gegebenen Vorschriften ist nach den Bestimmungen DIN 1831 und 827-RPZ (TRA)-Normalblatt 41001, Blatt 1—4 vorzunehmen.

Ausgegeben Juli 28.

Reichspostzentralamt (Telegraphentechnisches Reichsamt) X H 3 6267-0

Berlin-Tempelhof, im November 1930.

Lieferbedingungen der Deutschen Reichspost für Kopierpapiere für Kopiermaschinen der Postscheckämter.

Zur Verwendung bei der DRP gelangen nur weiße Kopierpapiere.

1. **Sorte.**
   Kopierpapier weiß II aus reiner Zellulose mit einem Zusatz von verholzten Fasern bis zu 5%.
2. **Gewicht.**
   Das Gewicht muß 25 g/m² bei einem relativen Feuchtigkeitsgehalt der Luft von 65% bei 20° C betragen. Zulässige Abweichung ± 3%.
3. **Festigkeit.**
   Mindestzerreißfestigkeit kg 2,0.
   Reißlänge m 5335.
   Doppelfalzungen 150.

Die Festigkeitswerte sind Mittelwerte aus je 5 Untersuchungen der Längs- und Querrichtung. Der Berechnung der Reißlänge wird das Gewicht der Probestreifen bei einem relativen Feuchtigkeitsgehalt der Luft von 65% bei 20° C zugrundegelegt. Die Reißlänge drückt in Metern diejenige Länge eines freihängend gedachten Papierstreifens von beliebiger aber gleichbleibender Breite und Dicke aus, bei der er durch sein eigenes Gewicht reißen würde. Abweichungen bei den Festigkeitswerten nach unten 10%.

(Fortsetzung siehe S. 314.)

Lieferbedingungen der Deutschen Reichspost (Fortsetzung von S. 313).

4. **Dicke.**
Die Dicke des Papiers muß durchweg gleichmäßig sein und 0,03 mm betragen.

5. **Saughöhe.**
Das Kopierpapier muß genügend saugfähig sein, um die Tinte oder den Farbstoff anzunehmen. Es darf jedoch auch nicht zu viel saugen, da es sonst unklare, verschwommene Abdrucke liefert. Das Papier soll eine mittlere Saughöhe von 1,5—2,0 mm nach 10 Minuten, gemessen an je 5 Versuchsstreifen der Längs- und Querrichtung von 15 mm Breite im Klemmschen Saughöhenprüfer, aufweisen.

6. **Leimfestigkeit.**
Das Kopierpapier muß voll geleimt sein. Es darf jedoch beim Durchlaufen des Wasserbeckens der Kopiermaschine keinen Leim absetzen.

7. **Kopierfähigkeit.**
Das Papier muß mindestens 6 gut lesbare Kopien von einem mit kopierfähiger Maschinenschrift oder 3 Kopien von einem mit Tintenstift von Hand geschriebenen Original liefern.

8. **Formate.**
Das Kopierpapier soll in Rollen mit einer Breite von 290 mm geliefert werden. Die abgerollte Bahnlänge des Papiers soll 220 m betragen und keine Riß- oder Klebstellen aufweisen. Das Papier ist auf Papphülsen mit einer lichten Weite von 28 mm zu liefern. Die Rolle muß klanghart zur Ablieferung gelangen.

9. **Ausstattung.**
Die Papierrollen sind in ihrer ganzen Breite mit einem Bogen farbigen Papiers zu umhüllen, das mit einem Hinweis auf die Sorte des Papiers gemäß vorliegenden Bestimmungen und mit dem Namen des Herstellers zu versehen ist. Weitere Zusätze sind zu vermeiden. Eingetragene oder gesetzlich geschützte Fabrikmarken sind hiervon ausgenommen.

10. **Probeentnahme.**
Die DRP behält sich vor, nach ihrem Ermessen jeweils Prüfungen aus den laufenden Lieferungen von Kopierpapieren nach diesen Bedingungen beim RPZ im Benehmen mit der Empfangsstelle vorzunehmen.

11. Die Prüfergebnisse des RPZ sind maßgebend. Das RPZ ist berechtigt, die Lieferungen, welche diesen Bedingungen nicht entsprechen, dem Lieferer ohne Schadenersatzansprüche seinerseits zur Verfügung zu stellen und sich für die zurückgewiesenen Mengen anderweitig Ersatz zu beschaffen.

Reichspostzentralamt
(Telegraphentechnisches Reichsamt)

Herstellungsvorschriften für Lohnblätter in Tütenform.

(Formblätter C 257 a und 257 c.)

Papiersorte: Normalklasse 5 a.
Stoffzusammensetzung: beliebig.
Oberfläche: einseitig glatt, tintenfest.
Farbe: weiß.
Gewicht: 75 g/qm.
Festigkeit: 3000 m Reißlänge.
Falzwiderstand: 40 Doppelfalzungen.
Aufdruck: nach Muster.
Abmessungen: 85 × 130 mm.
Verschlußklappe: eckig, 25 mm breit, Kleberand mit gutem Klebstoff versehen.
Lieferung: in Päckchen zu je 100 Tüten.

Vorschriften der Reichsdruckerei für verschiedene im Postverkehr benutzte Papier- und Kartonsorten.

(Dezember 1926.)

Papier bzw. Karton für	Stoffklasse	Mittlere Reißlänge m	Falzwiderstand (Anzahl der Doppelfalzungen)	Leimfestigkeit	Quadratmetergewicht g
Postkarten	IV	3000	40	voll geleimt	190
Postanweisungen .	IV	1000	3	„ „	175
Postpaketadressen .	IV	1000	3	„ „	175
Zahlkarten	IV	2000	20	„ „	70
Briefmarken . . .	gestrichenes Papier	—	—	schwach geleimt	65
Stempelmarken . .	III	—	—	„ „	60
Nachnahmekarten .	IV	1000	3	voll geleimt	150
Postlagerkarten . .	III	2000	20	„ „	250
Nachnahmepaketadressen	IV	1000	3	„ „	150
Posteinlieferungsscheine	IV	1000	3	„ „	60

Auszug aus den von der Zulassungsstelle an der Börse zu Berlin gegebenen Richtlinien, betr. Neudruck von Wertpapieren vom 13. 4. 1927.

a) Maßnahmen gegen Wertpapierfälschungen.

1—3. pp.

4. Die Wertpapierdruckereien dürfen nur ihnen gesetzlich geschützte, unverkäufliche Wasserzeichenpapiere verwenden. Die Festigkeitseigenschaften der zur Herstellung der Wertpapiere verwendeten Wertzeichenpapiere müssen derart sein, daß die Mäntel den Vorschriften unter 2a und die Zins- und Gewinnanteilscheinbogen den Vorschriften unter 2b der bekannten „Papiernormalien (Din 827)“ entsprechen. Diese Vorschriften lauten:

Klasse	Verwendungszweck	Stoff	Reißlänge m	Doppelfalzungen	Gewicht für 1 m^2 g
2a	für Mäntel	I[1]	5000	250	100
2b	für Bogen	I	4000	80	90

Indessen soll der Hadernbestand bis auf 80% herabgehen dürfen. Diese Vorschriften gelten als erfüllt, wenn ein vorgelegtes Zeugnis des Materialprüfungsamtes dies besagt. Die Nachprüfung der Festigkeitseigenschaften behält sich die Zulassungsstelle in jedem Falle vor.

[1] Stoffklasse I besteht aus 100% Hadern (Leinen, Hanf, Baumwolle, Ramie).

Auszug aus den Vorschriften für Quittungskarten-Karton.

Die Quittungskarten sind für die Pflichtversicherung in gelber Farbe und für die Selbstversicherung in grauer Farbe nach den durch die Bekanntmachung vom 10. November 1911 vorgeschriebenen Mustern A und B aus Zellstoff herzustellen. Der Karton muß eine mittlere Reißlänge von 4000 m und eine mittlere Dehnung von 3% haben, darf nur schwach geglättet angefertigt werden und muß im Geviertmeter ein Gewicht von 270—290 g, im Durchschnitt 280 g aufweisen. (Reichsgesetzblatt Nr. 99 vom 7. 10. 1921.)

Auszug aus den Vorschriften für das Papier zu Standesregistern und Registerauszügen[1].

(Ministerium des Innern, 2. April 1892.)

Das Papier für die
Standesregister muß der Stoffklasse II, Festigkeitskl. 3 (Verwendungskl. 3),
Registerauszüge muß der Stoffklasse III, Festigkeitskl. 4 (Verwendungskl. 4b)
angehören.

Normen für Sackpapier[2].

Mittlere Reißlänge	5000 m
Mittlere Doppelfalzzahl	1000 m
Quadratmetergewicht	80 g

Die Sackpapierhersteller gewährleisten durch ihren Firmenaufdruck auf den Sack und den Vermerk „Normalsackpapier" die Verwendung des Normenpapiers (die Normen sollen später ergänzt werden durch Vorschriften über die Stoffzusammensetzung des Papiers).

[1] Ministerialblatt für die preußische innere Verwaltung Nr. 4 vom 23. 1. 1924 S. 91. [2] Beschlossen in der Sitzung der Sackpapierkommission des Deutschen Zement-Bundes vom 24. 2. 1926.

Lieferbedingungen und Prüfverfahren für Kohlepapier

Eingetragen unter
Nr. 476 A
in die Liste des Reichsausschusses für Lieferbedingungen (RAL) beim Reichskuratorium für Wirtschaftlichkeit (R. K. W.)[1]

A. Sorten	**I. Leicht.**	**II. Schwer.**	**III. Besonders schwer.** (In erster Linie für Buchungs- und Spezial-Büromaschinen)
Gewicht des ungefärbten Rohpapieres	10—15 g/m²	16—20 g/m²	über 20 g/m²
B. Stoffzusammensetzung der Rohpapiere.	100% Hadern	Hadern mit einem Zellstoffzusatz von höchstens 25%	Hadern mit einem Zellstoffzusatz von höchstens 50%
C. Mittlere Reißlängen der Rohpapiere.	4000 m	3500 m	3000 m

[1] Nachdruck erfolgt mit Genehmigung des Reichsausschusses für Lieferbedingungen (RAL), Berlin NW. 6, Luisenstr. 58/59 (unter Fortlassung der Körperschaften, die die Bedingungen angenommen haben). Maßgebend ist die jeweils neueste Ausgabe der RAL-Blätter, die durch den Beuth-Verlag, Berlin S. 14 zu beziehen ist.

Der Berechnung der Reißlänge wird das Gewicht der Probestreifen bei 65% Luftfeuchtigkeit zugrunde gelegt. Die Reißlänge drückt in Metern diejenige Länge eines freihängend gedachten Papierstreifens von beliebiger, aber gleichbleibender Breite und Dicke aus, bei der er durch sein eigenes Gewicht reißen würde.

D. Farbe.

Die Einfärbung muß aus schwarzer rußhaltiger Farbe bestehen, die lichtbeständige, nicht kopierende, schwarze Durchschläge liefert[1].

E. Ergiebigkeit.	**I. Leichte Sorte**	**II. Schwere Sorte**	**III. Besonders schwere Sorte**
Zahl der ersten Durchschläge hintereinander an derselben Stelle	12	12	6—8
Zahl der Durchschläge auf einmal	12	6	4

Sämtliche Durchschläge müssen sauber, klar und gut lesbar sein; die kleinen Buchstaben c, e und o abwechselnd hintereinander geschrieben, sollen einwandfrei zu unterscheiden sein.

Für die Urschrift ist 80 g/m² schweres, holzfreies Schreibpapier, für die Durchschläge 30 g/m² schweres Schreibmaschinen-Durchschlagpapier (entsprechend DIN 827)[2] zu verwenden.

F. Lagerfähigkeit.

Die Erfüllung der unter E. gekennzeichneten Anforderungen ist an eine Lagerdauer bis zu 12 Monaten beim Verbraucher gebunden, wobei kühle und trockene Aufbewahrung Voraussetzung ist. Der Hersteller muß den Nachweis des Herstellungszeitpunktes führen können.

G. Formate.

Din A 4 = 21 × 29,7 cm
(Folio = 21 × 33 cm)[3]

Andere Formate gelten als Sonderanfertigung.

H. Handelsübliche Verpackung.

100 Blatt, eingeschlagen, in Pappschachteln des entsprechenden Formates.

J. Kennzeichnung.

Auf jeder Pappschachtel ist das Quadratmetergewicht des ungefärbten Rohpapiers (Toleranz ± 10%) und zum Zeichen der Übereinstimmung des Inhaltes mit den RAL-Lieferbedingungen Nr. 476 A die RAL-Sorten-Nummer deutlich anzugeben,

z. B. RAL I, 11 g.

Außerdem müssen Herkunftsbezeichnung, Größe, Menge und Farbe des Kohlepapiers durch Beschriftung äußerlich feststellbar sein.

Prüfverfahren

K. Ergiebigkeit.

Bei der Prüfung ist für die Urschrift 80 g/m² schweres, holzfreies Schreibpapier und für die Durchschläge 30 g/m² schweres Schreibmaschinen-Durchschlagpapier (entsprechend DIN 827) zu verwenden.

Für die Prüfung auf „erste Durchschläge hintereinander" ist maßgebend, daß der Typenanschlag der Buchstaben oder Zahlen stets an derselben Stelle des Schreibpapiers (bzw. des dahintergeklebten Kohlepapiers) erfolgt. In

[1] Andere Farben sind möglichst zu vermeiden.

[2] Normblatt, zu beziehen vom Beuth-Verlag, G. m. b. H., Berlin S 14.

[3] Da sämtliche Reichs-, Länder- und Kommunal-Behörden das Din-Format einführen und Eingaben an Behörden auf solchem erfolgen sollen, ist damit zu rechnen, daß in absehbarer Zeit das Folioformat verschwindet.

Lieferbedingungen und Prüfverfahren für Kohlepapier (Fortsetzung von S. 317).

Anwendung zu bringen sind u. a. wahlweise folgende Verfahren:

a) Das Kohlepapier wird in ungefährer Größe von 4 × 4 cm mit der ungefärbten Seite, und zwar mit den Ecken oder Rändern, an die Rückseite des Schreibpapiers geklebt, so daß die gefärbte Seite auf dem Durchschlagbogen aufliegt.

Der Schreibpapierbogen wird mit Klammern oder in irgendeiner anderen Weise am Wagen der Schreibmaschine gehalten, so daß er sich beim Weiterdrehen der Walze nicht mitbewegen kann, während der Durchschlagbogen beim Drehen der Walze mitgeht. (Faßt die Walze das Durchschlagpapier nicht genügend, so kann der Transport durch festes Andrücken des Durchschlagpapiers an die Walze unterstützt werden.)

Es werden nun in einer Zeile Buchstaben oder Zahlen geschrieben. Danach wird die Walze gedreht, wobei der Durchschlagbogen eine Zeile weiter rückt, während der Schreibpapierbogen in seiner Lage verbleibt. Der Wagen wird jetzt durch Bewegung nach rechts wieder in die Anfangsstellung gebracht, und die gleichen Buchstaben oder Zahlen werden an der gleichen Stelle des oberen Bogens geschrieben. Dieses wird so oft wiederholt, wie man Durchschläge zu erhalten wünscht.

Auf dem herausgenommenen Durchschlagbogen erkennt man die der Ergiebigkeit entsprechende Zeilen- bzw. Durchschlagszahl für „erste Durchschläge hintereinander“.

b) Ein ähnliches Verfahren besteht darin, das Schreibpapier über und unter dem aufgeklebten Kohlepapier mit etwa 5 cm breiten Schlitzen zu versehen, durch die ein etwa 4 cm breiter und entsprechend langer Streifen Durchschlagpapier von vorn nach hinten — über das Kohlepapier hinweg — geführt wird. Das Schreibpapier erhält eine Markierung oberhalb des oberen Schlitzes (etwa durch Bleistiftstrich), der Durchschlagpapierstreifen mehrere gleiche Marken in Zeilenabstand entsprechend der gewünschten Durchschlagszahl. Wird nun das Schreibpapier am Wagen befestigt und der Streifen Durchschlagpapier nach jedesmaliger Beschriftung unter Bedienung des Entspannungshebels Marke für Marke — korrespondierend mit der auf dem Schreibpapier angebrachten Markierung — unter dem Kohlepapier vorbeigezogen, so sieht man die der Ergiebigkeit entsprechende Zeilen- bzw. Durchschlagszahl für „erste Durchschläge hintereinander“ auf dem Streifen. Die Beschriftung selbst erfolgt in gleicher Weise wie bei dem erstangegebenen Verfahren.

Die Durchschläge sollen an Deutlichkeit nur ganz allmählich verlieren. Ein Maßstab ist die klare Unterscheidungsmöglichkeit der kleinen Buchstaben c, e und o.

Voraussetzung für die vorbezeichneten Prüfungen wie auch für die Prüfung auf „Durchschläge auf einmal“ ist eine einwandfrei arbeitende Standardmaschine mit mittelharter Walze bei mittlerer Anschlagstärke. In Streitfällen ist die Prüfung auf einer elektrisch angetriebenen Schreibmaschine vorzunehmen.

L. Lichtbeständigkeit.

Die Schrift ist, zur Hälfte mit schwarzem Papier abgedeckt, unter Glas dem Tageslicht an einer möglichst nach Süden zu gelegenen Stelle auszusetzen. In den Monaten März bis September einschl. darf die Schrift nach 4 Wochen, in den übrigen Monaten nach 6 Wochen nicht nennenswert verblaßt sein.

M. Widerstandsfähigkeit.

Die Schrift des ersten Durchschlags soll sich nicht entfernen lassen, ohne daß sichtbare Spuren der Behandlung zurückbleiben, auch wenn die behandelten Stellen geglättet und von neuem überschrieben werden.

Lieferbedingungen und Prüfverfahren für Kofferhartplatten

Eingetragen unter
Nr. 478 A
in die Liste des Reichsausschusses für Lieferbedingungen (RAL) beim Reichskuratorium für Wirtschaftlichkeit (R. K. W.) [1]

A. Begriffsbestimmung.

Kofferhartplatten sind zur Kofferanfertigung bestimmte, aus Papierrohstoff hergestellte und folgende Bedingungen erfüllende Hartpappen.

B. Eigenschaften.

1. Dicke . . . . 1,3—1,5 mm
2. Mindestraumgewicht . . . . 1,1 kg/dm^3
3. Mindestberstfestigkeit . . . . 9 kg/cm^2
4. Wasseraufnahme: Nicht mehr als 15% Gewichtszunahme nach $^1/_2$stündigem Auslegen in Leitungswasser von 15—20° C.

C. Beschaffenheit.

Die Platten müssen satiniert und im Stoff durchgefärbt sein. Ihre Oberfläche kann lackiert oder unlackiert und geprägt oder ungeprägt sein.

D. Handelsübliche Formate.

90 × 130 cm
110 × 160 cm

E. Kennzeichnung.

Die Kennzeichnung der den Lieferbedingungen RAL Nr. 478A entsprechenden Kofferhartplatten kann durch Stempelaufdruck — als „RAL-Kofferhartplatte“ in Verbindung mit der Firmenangabe oder dem Firmenzeichen — erfolgen [2].

Die gleiche Kennzeichnung dürfen die aus diesem Werkstoff hergestellten Koffer in Gestalt eines Blechschildes oder dgl. führen.

Durch diese Kennzeichnung übernimmt der Lieferer die Gewähr dafür, daß Eigenschaften und Beschaffenheit den Lieferbedingungen entsprechen.

F. Prüfverfahren.

1. Dicke.

Für die Dickenmessung werden bei glatten und einseitig geprägten Pappen die üblichen Dickenmesser verwendet, bei zweiseitig geprägten Pappen Mikrometerschrauben mit einer Tastfläche von 3 mm Durchmesser; die Dicke wird in der Narbe (Vertiefung) gemessen.

Es sind 20 Messungen an verschiedenen Stellen vorzunehmen; maßgebend ist das Mittel aus den erhaltenen Einzelwerten, das auf $^1/_{10}$ mm abgerundet wird.

2. Raumgewicht.

Das Raumgewicht wird berechnet nach der Formel $\frac{Qu}{D \cdot 1000 \text{ kg}}$, wobei Qu das Quadratmetergewicht in Gramm und D die Dicke in Millimetern bedeutet. Es wird auf $^1/_{10}$ kg abgerundet.

[1] Nachdruck erfolgt mit Genehmigung des Reichsausschusses für Lieferbedingungen (RAL), Berlin NW 6, Luisenstraße 58/59 (unter Fortlassung der Körperschaften, die die Bedingungen angenommen haben). Maßgebend ist die jeweils neueste Ausgabe der RAL-Blätter, die durch den Beuth-Verlag, Berlin S 14 zu beziehen ist.

[2] Die Vereinigung Deutscher Kofferhartplattenfabriken, G. m. b. H., hat sich ein Zeichen: „VDK-Hartplatte“ schützen lassen, dessen Führung neben dem RAL- und dem Firmenzeichen den Mitgliedsfirmen für Eigenerzeugnisse, die den Lieferbedingungen RAL Nr. 478A entsprechen, gestattet ist.

3. Berstfestigkeit.

Die Prüfung auf Berstfestigkeit erfolgt nach Schopper-Dalén (Prüffläche 100 cm²). Es sind von der Ober- und Unterseite der Hartplatte je 5 Versuche vorzunehmen; maßgebend ist das Mittel aus den erhaltenen Einzelwerten.

4. Wasseraufnahme.

Ein Versuchsstück in der Größe von 5×5 cm wird gewogen und danach in eine flache Schale mit Leitungswasser von 15—20° C gelegt. Das Wasser muß an allen Stellen mindestens 1 cm über dem zu prüfenden Stück stehen.

Nach Ablauf einer halben Stunde wird das Stück herausgenommen, ganz leicht mit der Ober-, der Unterseite und den 4 Schnittkanten je 1 Sekunde lang gegen ein gut saugendes Löschblatt gedrückt und unmittelbar darauf wiederum gewogen.

Die Differenz beider Wägungen ergibt die Gewichtszunahme, die in Prozenten, bezogen auf das Ursprungsgewicht, anzugeben ist.

Es sind 3 Versuche vorzunehmen; maßgebend ist das Mittel aus den erhaltenen Einzelwerten.

Normen für Bucheinbände.

Die Bibliotheken haben mit den Einbänden ihrer Bücher zum Teil üble Erfahrungen gemacht, die dazu geführt haben, Richtlinien für alle beim Einbinden benutzte Materialien (Leder, Pergament, Webstoffe, Bezug- und Vorsatzpapiere, Leim, Zwirn, Pappe) und auch für die Buchbindertechnik aufzustellen[1]. In der Kommission, die die Normen bearbeitet hat, saßen Vertreter von Bibliotheken, des Buchgewerbes, des Materialprüfungsamtes, der Lederindustrie, Textilindustrie, Papierindustrie, der öffentlichen chemischen Laboratorien, des Buchbinderhandwerks usw., so daß man wohl annehmen kann, daß alle Gesichtspunkte, die bei der Aufstellung dieser Normen in Frage kommen konnten, berücksichtigt worden sind. Die Erfahrung wird zeigen, wo sie noch ergänzungsbedürftig sind.

Die für Papier und Pappe getroffenen Bestimmungen sind folgende:

Bezug- und Vorsatzpapiere.

1. Stoffzusammensetzung, Stärke und Glätte der Bezugspapiere.

Bezugspapiere müssen der Stoffklasse III und der Festigkeitsklasse 3 angehören. Es ist gestattet, zum Mustern und zum Erzielen besonderer Wirkungen Jutefasern im Höchstbetrage von 10% zu verwenden.

Bezugpapiere für kleinere Bände müssen mindestens 100 g pro Quadratmeter wiegen, für größere Bände mindestens 140 g.

Alle Bezugspapiere sollen eine gewisse Glätte haben.

2. Einfarbige Bezugpapiere.

Die Papiere müssen durch und durch gefärbt sein. Gestrichene Papiere müssen auf ein durch und durch gefärbtes Grundpapier gestrichen sein. Die Farbe des Aufstrichs muß der des Grundpapiers entsprechen.

[1] Vorschriften für Bibliothekseinbände. Beschlossen vom Verein Deutscher Bibliothekare. Zbl. Bibliothekswesen 1911 Heft 7—8 u. 1912 S. 170.

Das Papier muß mit lichtechten Farben gefärbt sein. Die Musterung einfarbiger Papiere durch Wasserzeichen ist zulässig.

3. Gemusterte bunte Bezugpapiere.

Die gemusterten Buntpapiere, die zum Beziehen verwendet werden, wie Tunkpapiere, Sprengpapiere, Kleisterpapiere, Modelldruck- und Walzenpapiere, Steindruckpapiere müssen auf durchgefärbtem Grundpapier von entsprechender Farbe gearbeitet sein.

Sie müssen mit lichtechten Farben und ohne Anwendung schädlicher Säuren und Beizen hergestellt sein.

Sie dürfen im Gebrauch nicht abfärben.

4. Vorsatzpapiere.

Als Vorsatzpapier ist weißes oder schwach getöntes vollgeleimtes Papier der Stoffklasse III und der Festigkeitsklasse 2 im Gewicht von mindestens 100 g pro Quadratmeter für kleinere Bände, von mindestens 140 g für größere Bände zu verwenden.

5. Benennung und Garantie.

Für Bezug- und Vorsatzpapiere, die den vorstehenden Anforderungen entsprechen, werden folgende Benennungen festgesetzt:

a) Normal-Bezugpapier, leicht,
b) Normal-Bezugpapier, schwer,
c) Normal-Vorsatzpapier, leicht,
d) Normal-Vorsatzpapier, schwer,

jedesmal mit dem Zusatz:

„Hergestellt gemäß den Vorschriften des Vereins Deutscher Bibliothekare vom 8. Juni 1911."

Eine Garantie für die Befolgung der vorstehenden Vorschriften ist durch die Möglichkeit der wissenschaftlichen Nachprüfung gegeben.

Pappe. Es ist beste graue Pappe, frei von groben Verunreinigungen, gut ausgetrocknet und gut gewalzt, zu verwenden. Pappe aus Strohstoff oder Holzschliff ist ausgeschlossen.

Rückeneinlage. Für Rückeneinlagen ist Normalaktendeckel oder Hanfschrenz zu nehmen.

Für die Klebstoffe, die zum Zusammenkleben von Gewebe, Papier und Pappe zu benutzen sind, ist folgendes festgesetzt:

Leim. Es soll nur bester, säurefreier Lederleim verarbeitet werden, der nicht zu dick und nicht zu heiß aufzutragen ist.

Kleister. Es ist ausschließlich Kleister aus Weizenstärke zu verwenden, der gut gekocht sein muß und nicht in Fäulnis übergegangen sein darf. Zur Verhinderung der Fäulnis ist ein Alaunzusatz erforderlich.

Die Kommission tritt in Verbindung mit Fabrikanten aus den oben erwähnten Industrien und veröffentlicht die Namen derjenigen Firmen im Zentralblatt für Bibliothekswesen, die sich bereit erklärt haben, Material zu liefern, das den Normen entspricht.

Es ist zu erwarten, daß sich nach Einführung dieser Normen die Haltbarkeit der Bucheinbände ganz erheblich steigern wird und daß Zustände, wie sie jetzt beklagt werden, in Zukunft nicht mehr auftreten.

Normen für Rohdachpappe[1].

1. Zur Herstellung von Rohpappe dürfen lediglich folgende Arten von Rohstoffen verwendet werden:

a) Lumpen,

b) Abfälle aus der Textilindustrie, soweit sie faseriger Art sind,

c) Altpapier.

Auswahl und Mischungsverhältnis der Rohstoffe bleiben den Fabrikanten überlassen. Direkter Zusatz von Holzschliff, Strohstoff, Torf, Sägemehl und mineralischem Füllstoff ist verboten.

2. Der Aschengehalt darf nicht mehr als 12% betragen.

3. Lufttrockene Pappe darf nicht mehr als 12% Wassergehalt führen.

4. Alle Pappen, die geringere Aufnahmefähigkeit von Anthrazenöl als 120% nach dem Eintauchen aufweisen, gelten für mangelhaft.

5. Rohpappen von normaler Dicke (333 g für das Quadratmeter und mehr) müssen ein Reißgewicht (für 15 mm breite Streifen) von mindestens 4 kg in der Längsrichtung haben.

6. Als oberste technische Instanz für die Frage der Erfüllung der Normen gilt das Materialprüfungsamt in Berlin-Dahlem.

Bestimmungen über die Ausführung der Prüfungen von Rohdachpappen[1].

Die Untersuchung von Rohpappen auf das Vorhandensein der durch die Normen festgelegten Eigenschaften muß in folgender Weise ausgeführt werden:

Probeentnahme.

Aus fünf Rollen bzw. Ballen einer jeden Sorte werden, einige Meter vom Ende entfernt, Stücke von 25 cm Länge über die ganze Breite der Bahn entnommen und einmal zusammengeknifft (Rand auf Rand). Bei ungünstigem Ausfall der Prüfung sollen auf Antrag des Lieferanten weitere fünf Rollen bzw. Ballen in gleicher Weise zur Prüfung herangezogen werden können. Ausschlaggebend ist dann das Mittel aus den Werten aller 10 Proben.

Bestimmung der Festigkeit.

Aus jedem der fünf Probestücke wird neben dem Kniff und parallel zu diesem ein Streifen von 15 mm Breite in ganzer Länge (25 cm) entnommen, am besten mit Hilfe einer für derartige Zwecke besonders gebauten Schneidevorrichtung (S. 33). Diese fünf Streifen werden einzeln auf einem Festigkeitsprüfer zerrissen, der allen Ansprüchen, die die Materialprüfung an derartige Apparate stellt, entsprechen muß. (Im Materialprüfungsamt werden zur Zeit Festigkeitsprüfungen mit Papier,

[1] Ausgearbeitet unter Mitwirkung des Materialprüfungsamtes in Berlin-Dahlem und im Mai 1913 angenommen von dem Verband Deutscher Dachpappenfabrikanten, Verein Deutscher Rohpappenfabrikanten und dem Verein Westdeutscher Rohpappenfabrikanten. Die Normen gelten nur für Rohpappe in der Stärke bis einschließlich Nr. 150, d. h. 333 g für das Quadratmeter und mehr. Die Normen werden gegenwärtig unter Einbeziehung von Wollfilzpappen einer Neubearbeitung unterzogen. Hierfür sind die Blätter DIN DVM 2117, 2118 und 2119 vorgesehen.

Pappe usw. ausschließlich mit Schopperschen Festigkeitsprüfern ausgeführt.) Das aus den fünf Werten für die Bruchlast gebildete Mittel ist für die Festigkeit maßgebend.

Streifen, die in oder ganz nahe den Einspannklemmen des Apparates reißen, werden nicht berücksichtigt; an ihre Stelle sind andere aus demselben Probestück entnommene Streifen zu prüfen. Bei der Vornahme der Prüfung ist darauf zu achten, daß die Luftfeuchtigkeit im Versuchsraume annähernd 65% beträgt.

Bestimmung des Aschengehaltes.

Aus zwei der fünf Probestücke wird je 1 g Material entnommen und mit Hilfe der hierfür üblichen Vorrichtungen verascht. Das Mittel aus beiden Bestimmungen ist maßgebend. (Auf Veranlassung des Materialprüfungsamtes hat die Firma Schopper-Leipzig eine besondere Zeigerwaage gebaut, die nach dem Veraschen der Pappe den Aschengehalt direkt anzeigt.)

Bestimmung der Feuchtigkeit (Wassergehalt).

Aus zwei der fünf Probestücke wird unmittelbar nach dem Aufrollen und Abschneiden je ein 10 mm breiter Streifen über die ganze Breite der Bahn entnommen. Beide Streifen werden zusammen in ein Wägeglas gebracht (geknifft, zerschnitten o. a.), gewogen, bei 100—105° C völlig getrocknet und wieder gewogen. Der Gewichtsverlust ergibt den Feuchtigkeitsgehalt der Probe.

Aufnahme von Anthrazenöl.

Aus zwei der fünf Probestücke wird je ein Pappstreifen von 1 g entnommen. Die Streifen werden in aufrechter Stellung langsam in das Öl (Zimmerwärme) gesenkt, völlig untergetaucht, nach fünf Minuten herausgenommen und, sobald sie nicht mehr tropfen, gewogen. Die Gewichtszunahme gibt die Menge des aufgenommenen Öls an, in Zentigramm ausgedrückt also direkt die Prozente.

Stoffzusammensetzung.

Aus den fünf Probestücken werden je etwa 10 cm² Pappe entnommen. Die Proben werden zusammen in Wasser gekocht und dabei durch kräftiges Rühren mit einem Glasstab in Brei verwandelt. Dieser wird auf ein feines Sieb gebracht, ausgewaschen und dann in üblicher Weise für die mikroskopische Prüfung weiter behandelt (S. 150).

Entscheidung durch das Materialprüfungsamt.

Wird die Entscheidung des Materialprüfungsamtes über das Vorhandensein der Normen-Eigenschaften beantragt, so sind die bei der Probeentnahme erwähnten fünf Stücke zwischen steifen Deckeln verpackt an das Amt (Berlin-Dahlem) zu senden. In Streitfällen ist anzugeben, welche Eigenschaften der Pappe beanstandet worden sind. Wird der Feuchtigkeitsgehalt bemängelt, so sind in Gegenwart einer unparteiischen Person oder eines Vertreters der liefernden Fabrik aus dem Innern von fünf verschiedenen Rollen zusammen etwa 5 kg Pappe in Streifen über die ganze Breite der Bahn zu entnehmen und sofort genau zu wiegen. Die Proben werden dann in festes, glattes Packpapier verpackt, versiegelt und dem Amt zugeschickt.

Die Normen haben sich gut bewährt und für den Handel mit Rohpappen eine brauchbare Unterlage abgegeben. Über die Ergebnisse der Prüfung einer größeren Anzahl von Rohpappen im Materialprüfungsamt Dahlem wurde 1925 berichtet: P.F. S. 806; P.Z. S. 3542; W.B. S. 1452.

Teerdachpappen[1] beiderseitig besandet — DIN DVM 2121

Vorbemerkung. Die Normen geben die Vorschriften für die technischen Anforderungen an handelsübliche Teerdachpappen. Die Eigenschaften gelten nur zur Zeit der Lieferung und beziehen sich nur auf Teerdachpappen, zu deren Herstellung Rohpappen mit einem Gewicht von

0,625 kg/m²
0,500 kg/m²
0,333 kg/m²

verarbeitet sind.

Begriff. Beiderseitig besandete Teerdachpappen sind Erzeugnisse, gewonnen durch Tränkung normengerechter Rohpappe (DIN ...) mit normengerechter Tränkmasse (DIN DVM 2122). Sie müssen mit Tränkmasse durchtränkt und auf beiden Seiten überzogen, sowie auf jeder Seite gleichmäßig mit Sand bedeckt sein.

Bezeichnung. Die Teerdachpappen werden nach dem Quadratmetergewicht ihrer Rohpappeneinlagen als 625er, 500er und 333er bezeichnet.

Gehalt an Tränkmasse mindestens das 1,8fache des Gewichtes der Rohpappe.

Wasserundurchlässigkeit. Teerdachpappen müssen unter dem Druck einer 3 cm hohen Wassersäule während einer Prüfzeit von 72 Stunden wasserundurchlässig sein.

Bruchlast 625er Teerdachpappe mindestens 25 kg,
500er Teerdachpappe mindestens 20 kg,
333er Teerdachpappe mindestens 15 kg.

Dehnung mindestens 2%.

Biegsamkeit. Teerdachpappen dürfen beim Biegen um einen zylindrischen Dorn von 3 cm Durchmesser nicht rissig werden.

Prüfung nach DIN DVM 2123.

April 1928 Deutscher Verband für die Materialprüfungen der Technik

[1] Wiedergabe erfolgt mit Genehmigung des Deutschen Normenausschusses. Verbindlich ist die jeweils neueste Ausgabe des Normblattes im Dinformat A4, das durch den Beuth-Verlag, G. m. b. H., Berlin S 14, zu beziehen ist.

Teerdachpappen einseitig besandet	DIN DVM 2125

Vorbemerkung. Die Normen geben die Vorschriften für die technischen Anforderungen an handelsübliche einseitig besandete Teerdachpappen. Die Eigenschaften gelten nur zur Zeit der Lieferung und beziehen sich nur auf Teerdachpappen, zu deren Herstellung Rohpappen mit einem Gewicht von

0,625 kg/m²
0,500 kg/m²
0,333 kg/m²

verarbeitet sind.

Begriff. Einseitig besandete Teerdachpappen sind Erzeugnisse, gewonnen durch Tränkung normengerechter Rohpappe (DIN DVM ....) mit normengerechter Tränkmasse (DIN DVM 2122); sie müssen mit Tränkmasse durchtränkt und auf einer Seite mit Tränkmasse überzogen, sowie auf dieser gleichmäßig mit Sand bedeckt sein.

Bezeichnung. Die Teerdachpappen werden nach dem Quadratmetergewicht ihrer Rohpappeneinlage als 625er, 500er und 333er bezeichnet.

Gehalt an Tränkmasse mindestens das 1,5fache des Gewichtes der Rohpappe.

Wasserundurchlässigkeit. Die Teerdachpappen müssen unter dem Druck einer 3 cm hohen Wassersäule während einer Prüfzeit von 72 Stunden wasserundurchlässig sein.

Bruchlast 625er Teerdachpappe mindestens 25 kg,
500er Teerdachpappe mindestens 20 kg,
333er Teerdachpappe mindestens 15 kg.

Dehnung mindestens 2%.

Biegsamkeit. Die Teerdachpappen dürfen beim Biegen um einen zylindrischen Dorn von 3 cm Durchmesser nicht rissig werden.

Prüfung nach DIN DVM 2123.

Teerdachpappen beiderseitig besandet siehe DIN DVM 2121.
Nackte Teerpappen siehe DIN DVM 2126.

Juli 1929 Deutscher Verband für die Materialprüfungen der Technik.

Nackte Teerpappen	DIN DVM 2126

Vorbemerkung. Die Normen geben die Vorschriften für die technischen Anforderungen an handelsübliche nackte Teerpappen. Die Eigenschaften gelten nur zur Zeit der Lieferung und beziehen sich nur auf Teerpappen, zu deren Herstellung Rohpappen mit einem Gewicht von

0,025 und 0,500 kg/m²

verarbeitet sind.

Begriff. Nackte Teerpappen sind Erzeugnisse, gewonnen durch Tränkung normengerechter Rohpappe (DIN DVM ...) mit normengerechter Tränkmasse (DIN DVM 2127). Sie müssen mit Tränkmasse durchtränkt sein.

Bezeichnung. Die Teerpappen werden nach dem Quadratmetergewicht ihrer Rohpappeneinlage als 625er und 500er bezeichnet.

Gehalt an Tränkmasse mindestens das 1,2fache des Gewichtes der Rohpappe.

Bruchlast 625er Teerpappe mindestens 20 kg,
500er Teerpappe mindestens 15 kg.

Dehnung mindestens 2%.

Prüfung nach DIN DVM 2123.

Teerdachpappen beiderseitig besandet siehe DIN DVM 2121.
Teerdachpappen einseitig besandet siehe DIN DVM 2125.

Juli 1929 Deutscher Verband für die Materialprüfungen der Technik

Prüfung von Teerdachpappe

DIN DVM 2123

Probeentnahme. Die Anzahl der zu prüfenden Rollen richtet sich nach dem Umfang der Lieferung. Sie soll im allgemeinen 2—5 Rollen betragen. Die Proben sind aus dem mittleren Teile der Rolle zu entnehmen.

Beschaffenheit. Mindestens je drei aus jeder Proberolle herausgeschnittene Proben von 15 cm Länge und 5 cm Breite werden der Dicke nach aufgespaltet und die freigelegten Innenflächen auf Vorhandensein von undurchtränkten Stellen geprüft.

Gewicht der Rohpappeneinlage. Eine 100 cm² große Probe der Dachpappe wird gewogen und in einem Kolben mit etwa 300 cm³ Steinkohlenteerschweröl auf dem Wasserbade eine Stunde erwärmt. Die Lösung wird durch ein Filter gegossen, und zu dem Rückstand werden im Kolben wieder 300 cm³ Steinkohlenteermittelöl gegeben; dann wird wieder 1 Stunde wie oben erhitzt und die abgegossene Lösung filtriert. Der im Kolben verbleibende Rückstand von Pappe und Sand wird im Graefeschen Extraktionsapparat mit Chloroform oder Benzol erschöpfend extrahiert, die zurückbleibende Pappe vom Sand getrennt, bei 105° C bis zur Gewichtskonstanz getrocknet und gewogen. Das so unter Vernachlässigung des in der Probe verbleibenden freien Kohlenstoffes ermittelte Rohpappengewicht ergibt mit 100 multipliziert das Quadratmetergewicht der Rohpappeneinlage.

Gehalt an Tränkmasse. Das Verfahren ist zunächst das gleiche wie bei der Feststellung des Gewichtes der Rohpappeneinlage. Dann wird der in der Extraktionshülse und auf dem Filter verbliebene Sand vereinigt, im Tiegel geglüht und gewogen. Das Gewicht der Probe, vermindert um die Summe aus Rohpappen- und Sandgewicht, ergibt das Gewicht der Tränkmasse.

Wasserundurchlässigkeit. Mindestens zwei aus jeder Proberolle herausgeschnittene quadratische Proben von 20 cm Seitenlänge werden mit einem etwa 5 cm hohen, aufgeklebten, wasserundurchlässigen Rand versehen. Die so entstandenen Behälter werden 3 cm hoch mit Wasser gefüllt und die Proben dieser Beanspruchung 72 Stunden ausgesetzt.

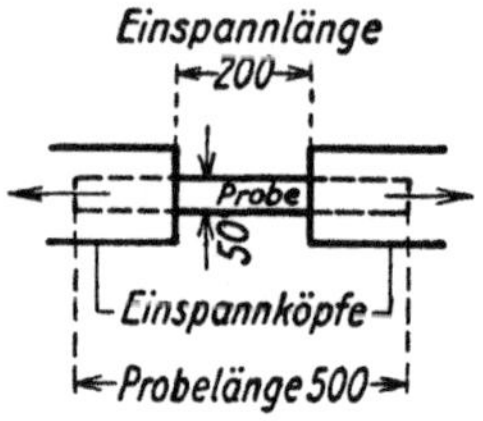

Abb. 160.

Bruchlast und Dehnung. Mindestens je drei in der Längs- und Querrichtung aus jeder Proberolle herausgeschnittene Proben von 50 cm Länge und 5 cm Breite werden bei Zimmerwärme (etwa 20° C) und 65% Luftfeuchtigkeit bei 20 cm Einspannlänge zerrissen (Abb. 160). Hierbei wird die Dehnung der Proben über die ganze Einspannlänge festgestellt. Die gesamten Einzelwerte sowohl der Bruchlast als auch der Dehnung werden gemittelt.

Biegsamkeit. Mindestens je drei in der Längs- und Querrichtung aus jeder Proberolle herausgeschnittene Proben von 200 mm Länge und 50 mm Breite werden der Länge nach um einen zylindrischen Dorn von 30 mm Durchmesser in 3 Sekunden gebogen, derart, daß die Pappe am Dorn auf dessen halber Mantelfläche zur Anlage kommt, ohne daß dabei ein Zug auf die Probe ausgeübt wird. Längs- und Querproben werden teils nach innen (Innenseite der Dachpappe in der Rolle), teils nach außen (Außenseite der Dachpappe in der Rolle), gebogen. Zu jedem neuen Versuch wird eine neue Probe benutzt. Es wird festgestellt, ob an der konvex gekrümmten Seite der Probe Risse auftreten. Die Versuche werden bei Zimmerwärme (etwa 20° C) und 65% Luftfeuchtigkeit ausgeführt.

April 1928 Deutscher Verband für die Materialprüfungen der Technik

Literatur[1].

Behrens: Anleitung zur mikrochemischen Analyse. Hamburg 1896.
Beveridge: Papermakers' Pocket Book. London 1901.
Clapperton: Practical Paper Making. London 1894.
Cross & Bevan: Cellulose. London 1895.
Cross & Bevan: Researches on Cellulose I und II. London 1895—1905.
Cross & Bevan: Paper-Testing 1903.
Cross & Bevan: Paper-Making 1907.
Dalén: Chemische Technologie des Papiers. Leipzig 1921.
Erdmann-König: Warenkunde. Leipzig 1895.
Exner: Untersuchungen der Eigenschaften des Papiers. Wien 1864.
Griffin & Little: The Chemistry of Paper Making. New York 1894.
Groß: An Essay of Paper-Testing. London 1903.
Grünewald: Herstellung und Verarbeitung von Druckpapieren. Berlin 1923.
Grünewald-Sensenhausen: Papierhandel, 2. Aufl. Berlin.
Hanausek: Lehrbuch der technischen Mikroskopie. Stuttgart 1901.
Herzberg: Papier-Prüfung, 7. Aufl. 1932.
Herzberg-Marteau: Analyse et Essais des Papiers. Paris 1894.
Herzberg: Il Saggio delle Carte. Übersetzt und herausgegeben vom Königl. Ital. Handelsministerium in Rom, 1897.
Herzberg: Paper-Testing, 1897 u. 1924.
Hess: Praxis der Pappenverarbeitung, 1922.
Herzog, Alois: Die Unterscheidung der Flachs- und Hanffasern. Berlin 1926.
Herzog, Alois: Mikrophotographischer Atlas der technisch wichtigen Faserstoffe. München 1908.
Hinrichsen: Das Materialprüfungswesen am Königlichen Materialprüfungsamt Berlin-Lichterfelde. (Das Kapitel Papier hat Prof. Dalén bearbeitet.)
Hofmann: Handbuch der Papierfabrikation. Berlin 1891.
Hofmann: Normalpapier. Berlin 1892.
v. Höhnel: Die Mikroskopie der technisch verwendeten Faserstoffe, 2. Aufl. Wien 1896.
v. Hoyer: Das Papier, seine Beschaffenheit und deren Prüfung. München 1882
v. Hoyer: Die Fabrikation des Papiers. Braunschweig 1887.
v. Hoyer: Über die Entstehung und Bedeutung der Papiernormalien sowie deren Einfluß auf die Fabrikation. München 1888.
Kirchner: Das Papier. Biberach.
Klemm: Papier-Industrie-Kalender. Leipzig.
Klemm: Handbuch der Papierkunde. Leipzig 1923.
Lohnes: Papier-Kalender. Dresden.
Lunge: Chemisch-technische Untersuchungsmethoden, Bd. 4. Berlin. Artikel „Papier“ von W. Herzberg.
Mierzinski: Handbuch der praktischen Papierfabrikation. Wien 1880.
Mitteilungen aus dem staatlichen Materialprüfungsamt von 1884 ab. Berlin. Julius Springer.
Müller: Qualitative und quantitative Bestimmung des Holzschliffes im Papier. Berlin 1887.
Müller-Haußner: Die Herstellung und Prüfung des Papiers. Berlin 1905.
Muspratts Chemie, Bd. 6. Braunschweig 1898. Artikel „Papierprüfung“ von Dr. Klemm.
Muth: Jahrbuch der Papierindustrie. Leipzig 1890.
Paper Testing Methods, published by Technical Association of the Pulp and Paper Industry. New York 1928.
Possanner von Ehrenthal: Lehrbuch der chemischen Technologie des Papiers. Leipzig 1923.
Reimann, Rob.: Papierprüfungen. Berlin.
Rejtö: Anleitung für Private zur Durchführung der Papierprüfung. Budapest 1893.

[1] Selbständige Werke, die sich in mehr oder minder umfangreichem Maße mit der Papierprüfung befassen.

Rossel: Papiere und Papierprüfung mit Berücksichtigung der in der Schweiz verwendeten Schreib- und Druckpapiere. Biel 1895.
Rostaing, L., M. Rostaing et Fleury Perce du Sert: Végétaux propres à la fabrication de la cellulose et du papier. Paris 1899.
Schacht: Prüfung der im Handel vorkommenden Gewebe. Berlin 1853.
Schubert: Praxis der Papierfabrikation, 2. Aufl. 1919, bearbeitet von Prof. Ernst Müller in Dresden.
Schwalbe-Sieber: Die chemische Betriebskontrolle in der Zellstoff- und Papierindustrie, 3. Aufl. Berlin 1931.
Sindall: Paper Technology. London 1906.
Sutermeister: Chemistry of Pulp- and Paper-Making. New York 1920.
Technik und Praxis der Papierfabrikation. Berlin 1929. Bd. 1, II. Kap.: „Die Pflanzenfasern als Papierrohstoffe", bearbeitet von Korn.
Valenta: Das Papier. Halle 1922.
Vétillart: Etudes sur les fibres végétales textiles. Paris 1876.
Weichelt: Buntpapierfabrikation. Berlin 1903.
Weirich, Hans: Wie beurteile ich Papier. Berlin.
West: Classifications and Definitions of Papers. New York 1924.
Wiesner: Die Rohstoffe des Pflanzenreiches, 4. Aufl. Leipzig 1928. Bd. 1, Artikel: Papierfasern.
Wiesner: Einleitung in die Technische Mikroskopie. Wien 1867.
Wiesner: Die mikroskopische Untersuchung des Papiers. Wien 1887.
Wiesner: Mikroskopische Untersuchung alter ostturkestanischer und anderer asiatischer Papiere. Wien 1902.
Winkler: Der Papierkenner. Leipzig 1887.
Winkler: Die Trockengehaltsbestimmung der Papierfaserstoffe (Ermittelung des Wassergehaltes). Leipzig 1892.
Winkler-Karstens: Papieruntersuchung. Leipzig 1902.
Witham: Modern Pulp- and Paper-Making. New York 1920.
Wurster: Collage et Nature du Papier. Paris 1901.

Die aus dem Materialprüfungsamt herausgegangenen Mitteilungen über Papierprüfung.

Wiederholt ist von Vertretern der Papierindustrie der Wunsch ausgesprochen worden, man möge eine Zusammenstellung schaffen, aus der man sich leicht und schnell über die zahlreichen Mitteilungen über Papierprüfung, die seit 1885 aus dem Materialprüfungsamt hervorgegangen sind, unterrichten kann. Es wurde darauf hingewiesen, daß die Arbeiten zur Zeit in den vielen Jahrgängen der „Mitteilungen aus dem Materialprüfungsamt" verteilt sind und das Aufsuchen bestimmter Arbeiten mit Schwierigkeiten und Zeitverlust verbunden sei. Auch in der vom Verein Deutscher Papierfabrikanten eingesetzten Normalpapierkommission wurde über diese Schwierigkeiten gesprochen und gleichzeitig angeregt, wenigstens ein alle Arbeiten umfassendes Inhaltsverzeichnis herauszugeben, um auf diese Weise dem Papiermacher den Zugang zu diesem umfangreichen Teil der Papierprüfungsliteratur zu erleichtern. Diesen vielfachen Wünschen entsprechend ist zunächst ein Inhaltsverzeichnis angefertigt worden, das die Titel aller von 1885—1914 erschienenen Arbeiten, nach Jahren geordnet und mit Seitenangaben versehen, enthält. Dieses Verzeichnis ist in der 4. Auflage der „Papier-Prüfung" S. 261—273 abgedruckt; es findet sich ferner in den Mitt. 1914 S. 1—22; an letztgenannter Stelle sind die Arbeiten außer nach Jahren auch noch nach dem Stoff geordnet. Sonderabdrucke von dieser

Zusammenstellung werden vom Materialprüfungsamt in Dahlem so lange der Vorrat reicht gegen Einsendung von 3 RM. in Briefmarken abgegeben.

Um dieses Verzeichnis auch für weitere Fachkreise verwendbar zu machen, sind in ihm ferner diejenigen Stellen angeführt, an denen die Arbeiten in den gelesensten Papierfachzeitungen (Papier-Zeitung, Wochenblatt für Papierfabrikation, Papier-Fabrikant) abgedruckt worden sind. Dies ist in früheren Jahren seltener geschehen, später häufiger, und geschieht nunmehr seit Jahren fast regelmäßig. Die Zusammenstellung für die Jahre 1915—1919 findet sich in der 5. Auflage der „Papier-Prüfung" S. 237—238 (Mitt. 1920 S. 219); die für 1920—1926 in der 6. Auflage der „Papier-Prüfung" S. 263—265. Als Ergänzung hierzu folgt nachstehend die für 1927—1931.

Verfasser[1]	Titel	Mitteilungen aus dem Materialprüfungsamt		Papier-zeitung		Zellstoff und Papier		Wochenblatt für Papierfabrikation		Papier-Fabrikant	
		Jahr	Seite	Jahr	Seite	Jahr	Seite	Jahr	Seite	Jahr	Seite
	Festigkeit										
Bö.	Einfluß der Luftfeuchtigkeit auf die Berstfestigkeit von Papier	1929	60	1928	2069	—	—	1928	910	1928	521
W.	Über einige Versuche mit dem Berstdruckprüfer Schopper-Dalén bei 8,04 cm² und 100 cm² Einspannfläche	Sonderheft VI 1929	6	—	—	—	—	—	—	—	—
K.	Gleichmäßigkeitsprüfung von Papier in bezug auf Festigkeit	1930	126	—	—	1929	612	1929	1107	1929	558
S.	Berstdruckprüfung von Papier unter besonderer Berücksichtigung des Berstdruckprüfers Schopper-Dalén	1931	138	—	—	1930	247	1930	277	1930	267
		1931	139	—		1030	402	1030	767	1930	377
K.	Festigkeitseigenschaften von Natronpapieren . .	1931	168	1930	1346	—	—	1930	640	1930	533
Bi. u. S.	Lassen sich bei Kenntnis des Berstdruckes für eine Prüffläche die Berstdrucke für andere Prüfflächen durch Rechnung annähernd bestimmen .	im Druck		—	—	—	—	1931	1652	1931	231
	Mikroskopie										
K.	Sklerenchymflecke in Papier	1928	14	—	—	1927	237	1927	714	1927	411
	und Sonderheft VI	1929	15	—	—	—	—	—	—	—	—

[1] Bi. = Bierett, Bö. = Börner, D. = Dalén, F. = Frederking, H. = Herzberg, Kl. = Klein, K. = Korn, S. = Schulze, So. = Sommer, W. = Wilke.

Verfasser	Titel	Mitteilungen aus dem Materialprüfungsamt		Papier-zeitung		Zellstoff und Papier		Wochenblatt für Papierfabrikation		Papier-Fabrikant	
		Jahr	Seite	Jahr	Seite	Jahr	Seite	Jahr	Seite	Jahr	Seite
K.	Die Sutermeisterlösung in der Papiermikroskopie .	1928	12	—	—	1927	196	1927	446	1927	246
	und Sonderheft VI	1929	17	—	—	—	—	—	—	—	—
K.	Sklerenchym in Strohzellstoffen	1929	74	—	—	1929	363	1929	614	1929	311
	und Sonderheft VI	1929	13	—	—	—	—	—	—	—	—
S.	Beitrag zur Methodik der Fasermessung	—	—	—	—	1931	24	1931	3	1931	4
S.	Eine neue Anfärbung für die mikroskopische Bestimmung des Holzschliff- und Zellstoffgehaltes von Papier . .	im Druck		1931	2250	—	—	1931	1218	1932	65
	Normalpapiere										
H.	Normalpapierkontrolle 1913—1926	1927	110	1927	686	—	—	1927	220	1927	135
K.	Prüfung von Schreibmaschinenpapieren-Normal 3	1929	63	1928	1854	—	—	1928	771	1928	462
	Wertzeichenpapiere										
K.	Prüfung von Wertzeichenpapieren	1929	62	1928	1461	—	—	1928	613	1928	370
		1930	127	1929	1501	—	—	1929	710	1929	362
	Roh- und Wollfilzpappen										
S.	Quantitative Bestimmung von Wolle in Roh- und Wollfilzpappen auf chemischem Wege	Sonderheft VI 1929	23	—	—	1929	610	1929	545	1929	299
K.	Prüfung von Rohpappen auf Anthrazenölaufnahme	1931	140	1929	2934	—	—	1929	1497	1929	765
K. u. S.	Erfahrungen bei der Wollgehaltsbestimmung von Roh- und Wollfilzpappen auf chemischem Wege .	1932	187	—	—	1931	206	1931	71	1931	68
	Mahlungsgrad										
K.	Korrektionskurven für die Bestimmung des Mahlungsgrades mit dem Schopper-Riegler-Apparat	—	—	—	—	1929	154	1929	199	1929	123
K.	Prüfung des Mahlungsgradprüfers mit selbsttätiger Kegelhubvorrichtung Schopper-Riegler auf Gleichmäßigkeit der Ergebnisse	1931	168	—	—	1930	867	1930	1336	1930	683

Verfasser	Titel	Mitteilungen aus dem Materialprüfungsamt		Papierzeitung		Zellstoff und Papier		Wochenblatt für Papierfabrikation		Papierfabrikant	
		Jahr	Seite	Jahr	Seite	Jahr	Seite	Jahr	Seite	Jahr	Seite
	Holzschliffgehalt										
K.	Quantitative Bestimmung von Holzschliff in Papier auf chemischem Wege nach Cross, Bevan und Briggs	1927	154	—	—	1927	315	1927	867	1927	440
	und Sonderheft VI	1929	19	—	—	—	—	—	—	—	—
K.	Kann der Holzschliffgehalt in Papier auf Bruchteile von Prozenten genau ermittelt werden	—	—	1929	472	—	—	1929	236	1929	142
	Verschiedenes										
H.	Metallschädliche Bestandteile in Papier	1928	13	1927	1606	—	—	1927	739	1927	459
	und Sonderheft VI	1929	18	—	—	—	—	—	—	—	—
S.	Beitrag zur ältesten Geschichte der Papiererzeugung	1929	57	1928	876	—	—	1928	257	1928	162
	und Sonderheft VI	1929	1	—	—	—	—	—	—	—	—
S.	Luftdurchlässigkeit von Papier	1929	60	—	—	—	—	1928	318	1928	198
D. u. W.	Die Ermittlung der Lichtechtheit farbiger Papiere durch Belichtung mit der Quarzquecksilberlampe.	1929	59	—	—	1928	217	1928	345	1928	199
	und Sonderheft VI	1929	9	—	—	—	—	—	—	—	—
S.	p_H-(Wasserstoffionenkonzentrations)-Bestimmung von Papier . . .	1929	75	—	—	1928	808	1928	1087	1928	625
K.	Prüfung von Molette-Wasserzeichen	1929	62	1928	1826	—	—	1928	718	1928	481
W.	Tintenstift als Tintenersatz	—	—	1930	1526	—	—	—	—	—	—
So.	Die Beurteilung des Glanzes auf Grund der Glanzmessung mit dem Stufenphotometer	1931	159	—	—	1931	77	1931	24 u. 44	1931	20
Kl.	Die Untersuchung von Halbstoffen und Papier mit der Analysenquarzlampe	—	—	—	—	1931	81	1930	1248	1930	477
K.	Dauerhaftigkeit von Papier	1932	186	1931	77 3	—	—	1931	198	1931	155
F.	Über Archivalienkonservierung.	1932	188	—	—	—	—	—	—	1931	117
K.	„Büttenpapier“	im Druck		1931	1839	—	—	1931	949	1931	643

Namenverzeichnis.

Sachverzeichnis.

Druck der Universitätsdruckerei H. Stürtz A.G., Würzburg.

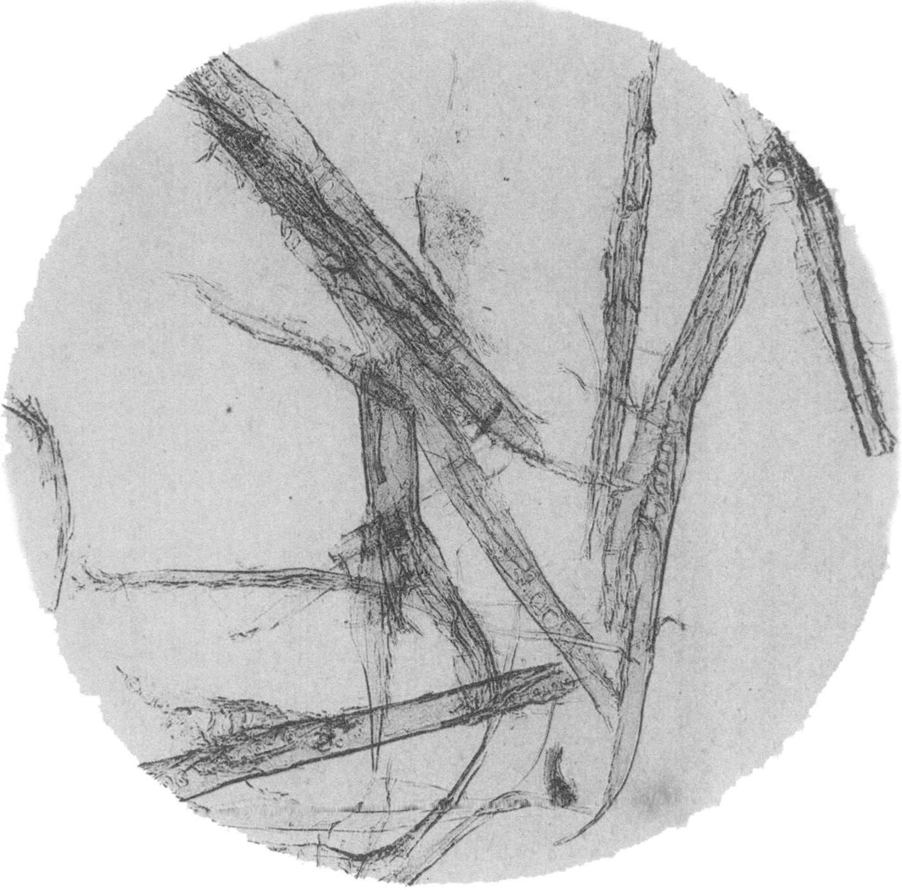

Weißer Holzschliff von Nadelholz

Vergr. 125

Braunschliff von Nadelholz

Vergr. 125

Verlag von Julius Springer in Berlin

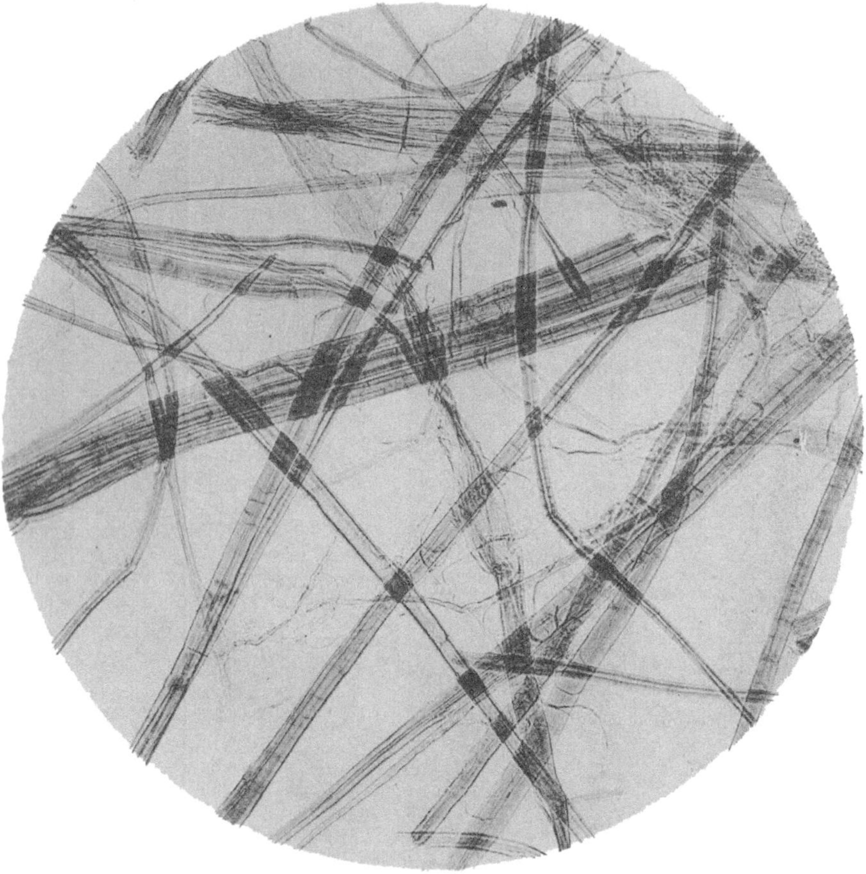

Jute

Vergr. 125

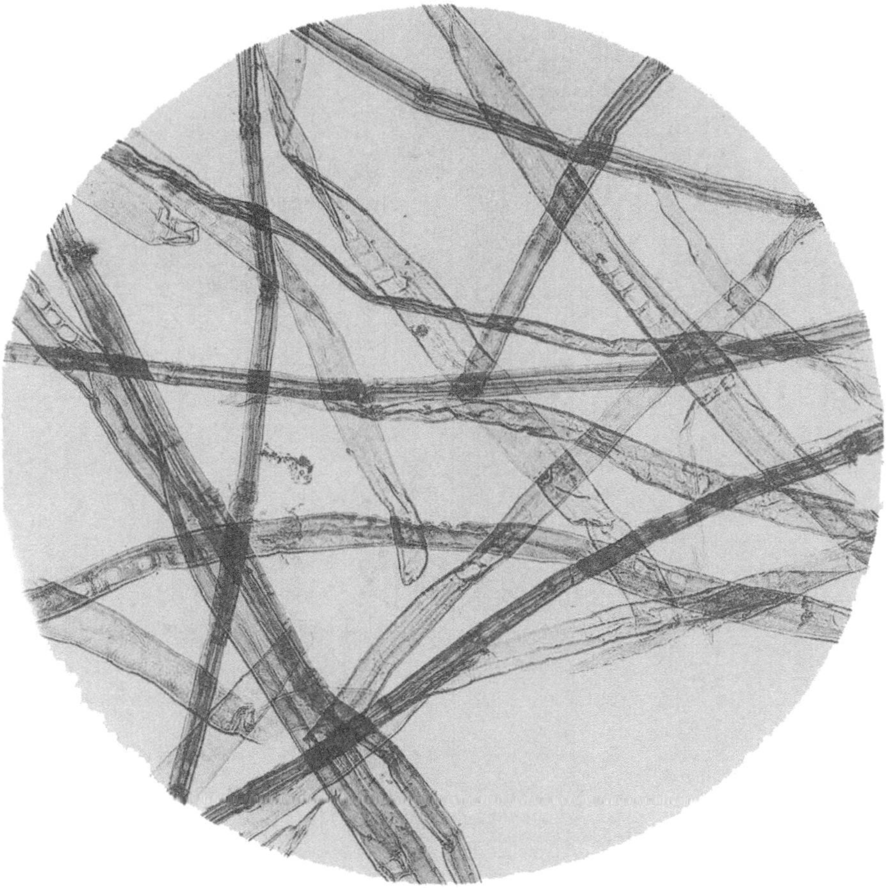

Nadelholzzellstoff (Natronzellstoff)

Vergr. 125

Verlag von Julius Springer in Berlin

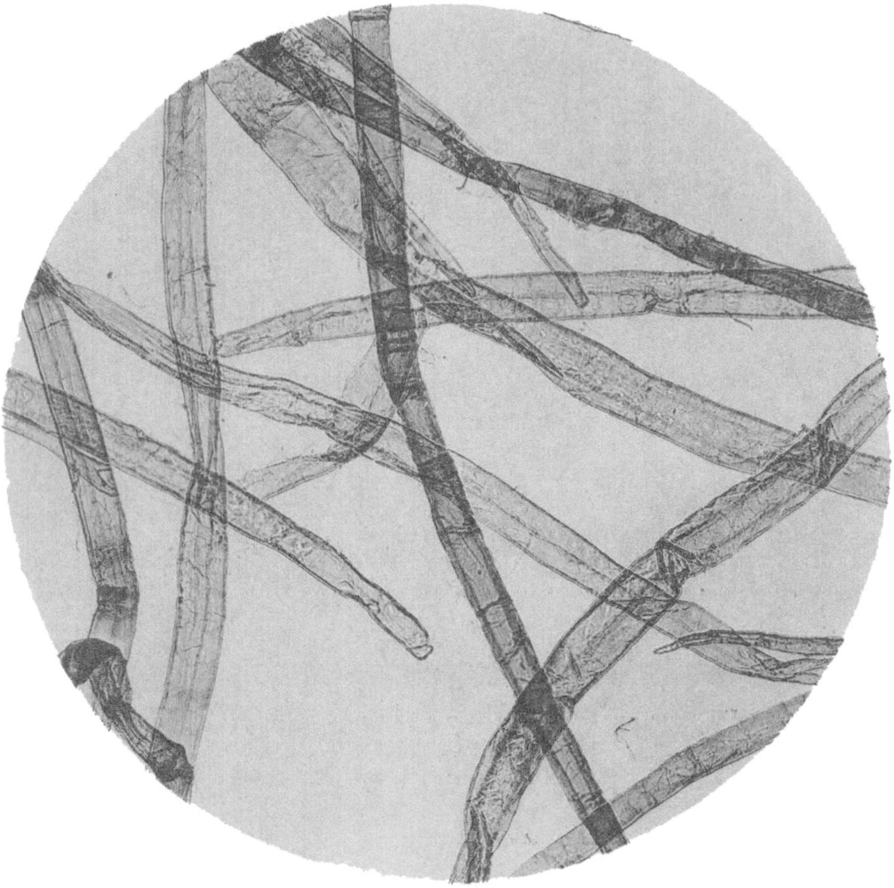

Nadelholzzellstoff (Sulfitzellstoff)

Vergr. 125

Verlag von Julius Springer in Berlin

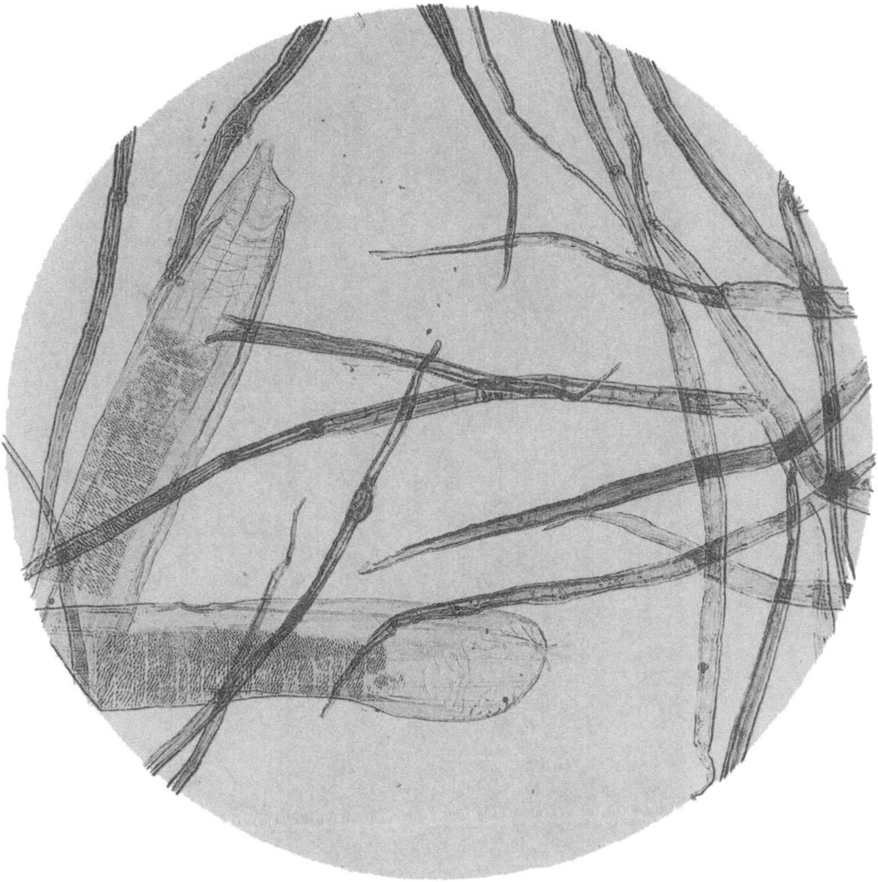

Birkenholzzellstoff

Vergr. 125

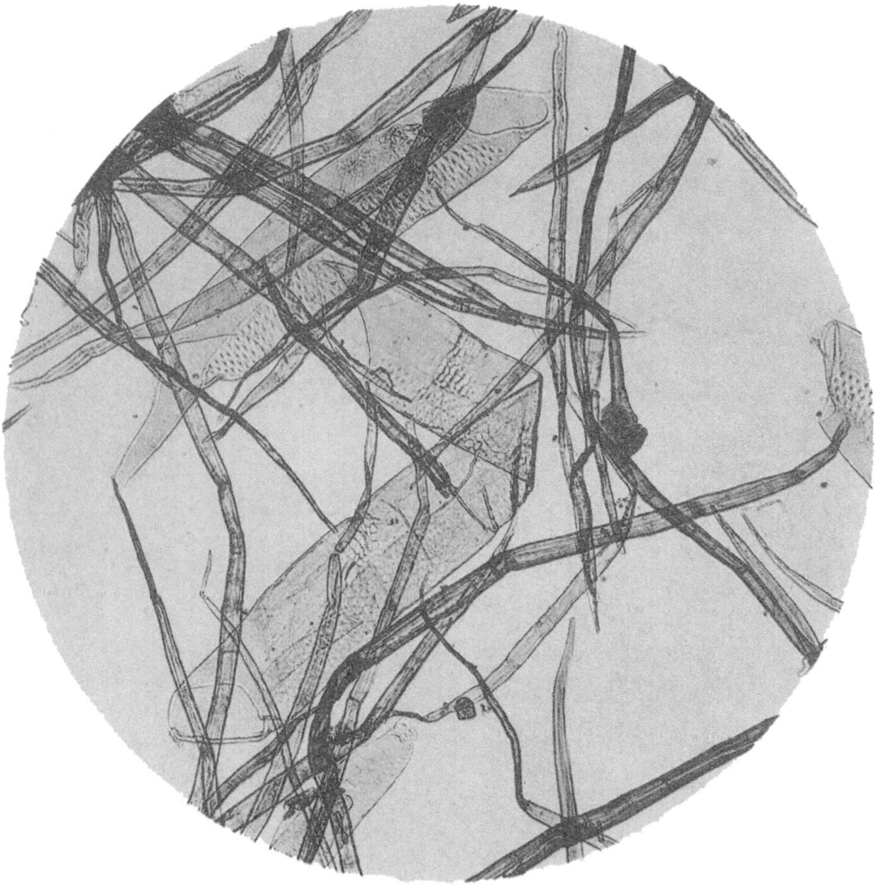

Pappelholzzellstoff

Vergr. 125

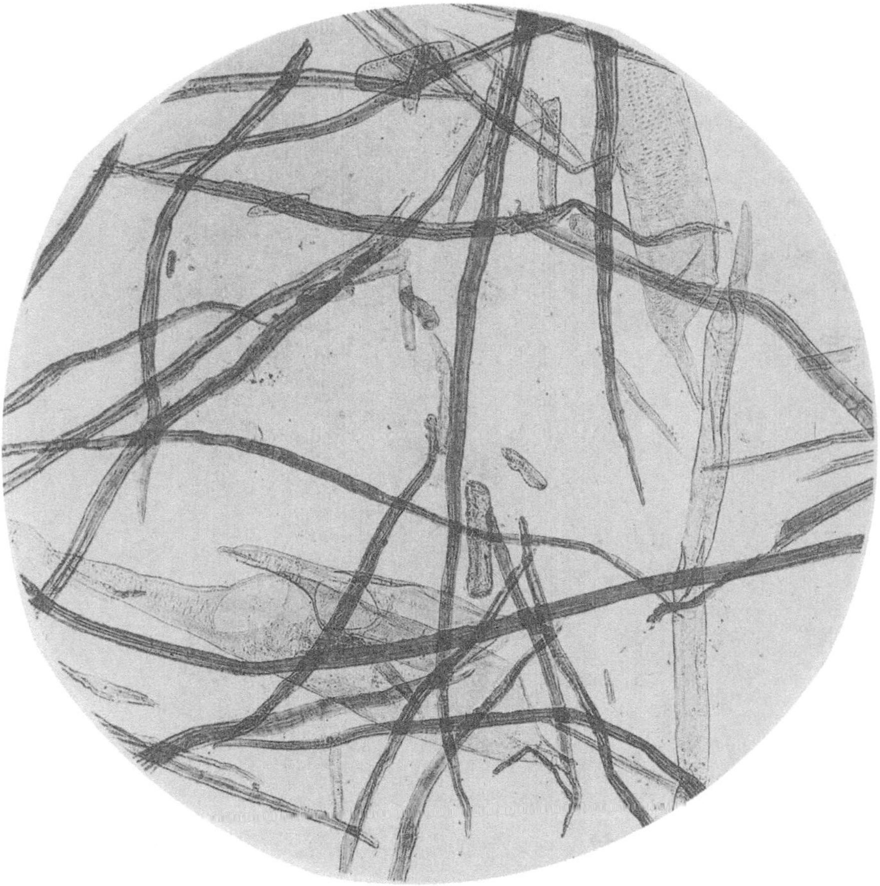

Buchenholzzellstoff

Vergr. 125

Eucalyptuszellstoff

Vergr. 125

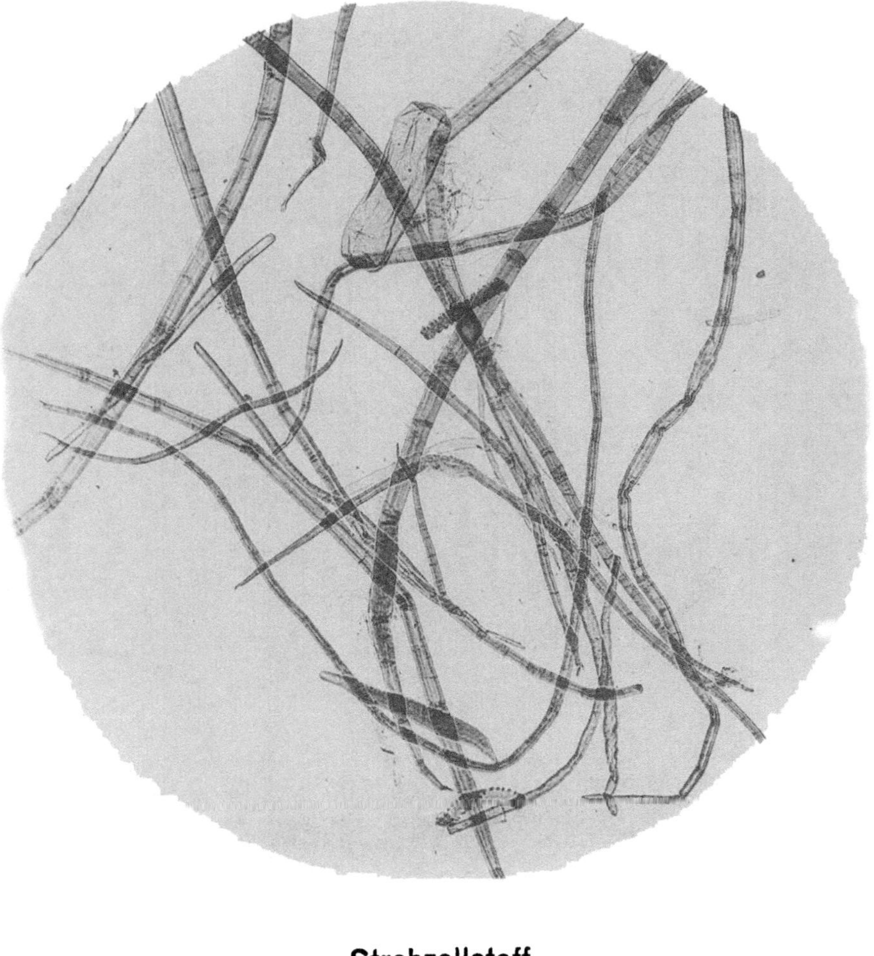

Strohzellstoff

Vergr. 125

Alfa- (Esparto-) Zellstoff

Vergr. 125

Verlag von Julius Springer in Berlin

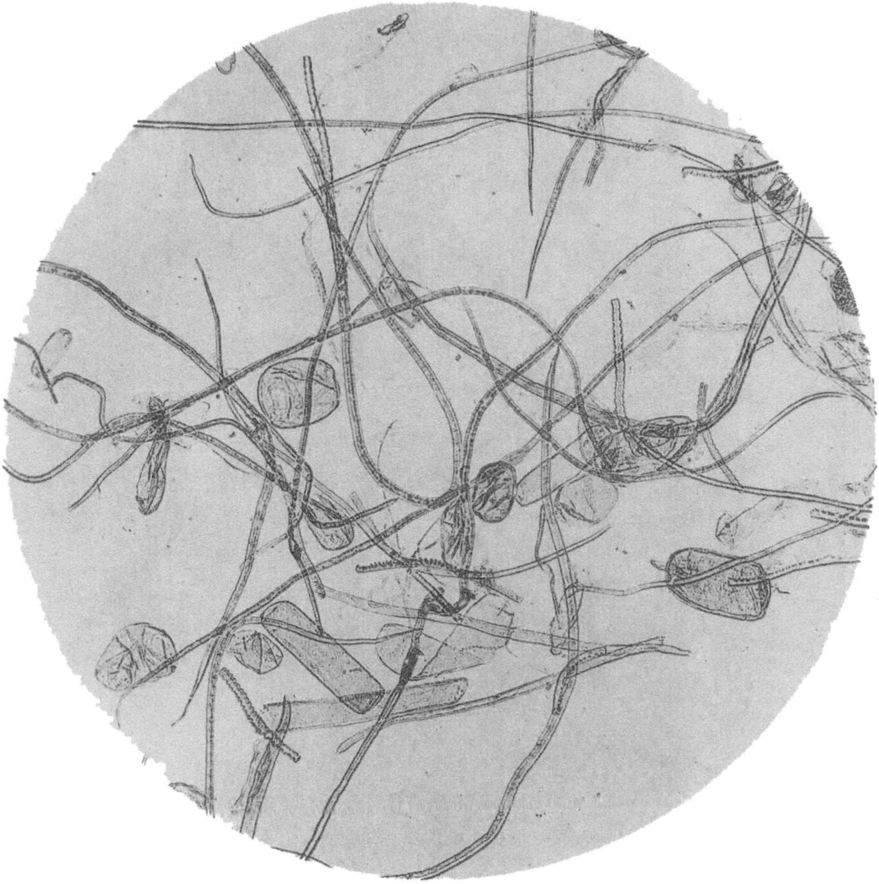

Reisstrohzellstoff

Vergr. 125

 Verlag von Julius Springer in Berlin

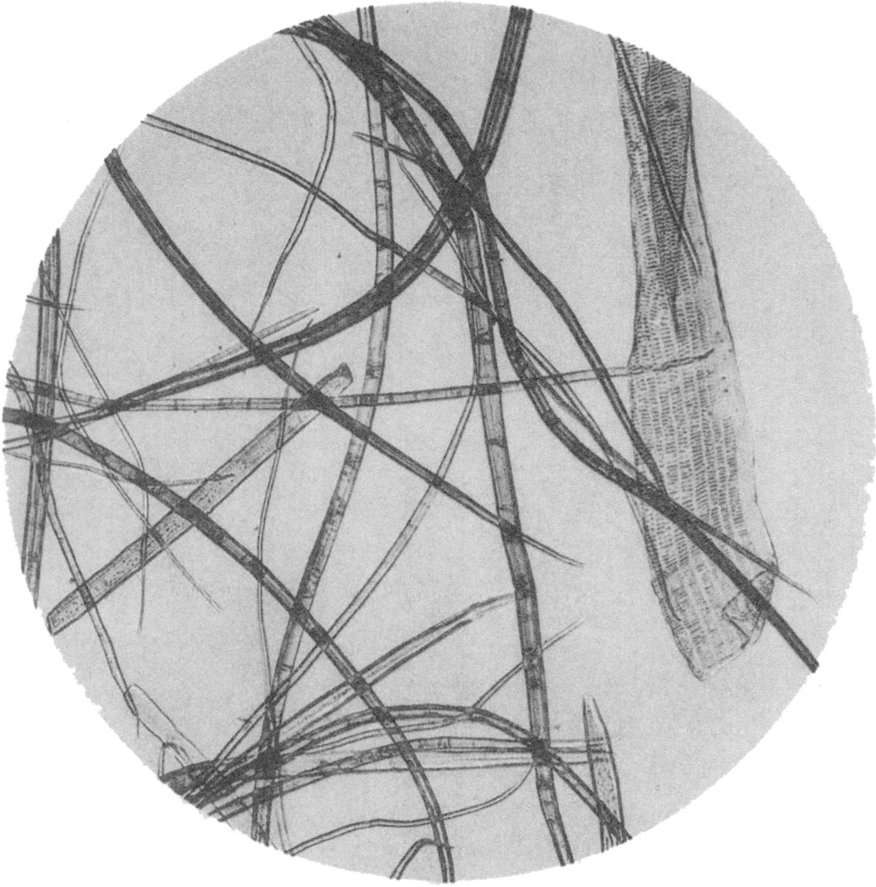

Bambuszellstoff

Vergr. 125

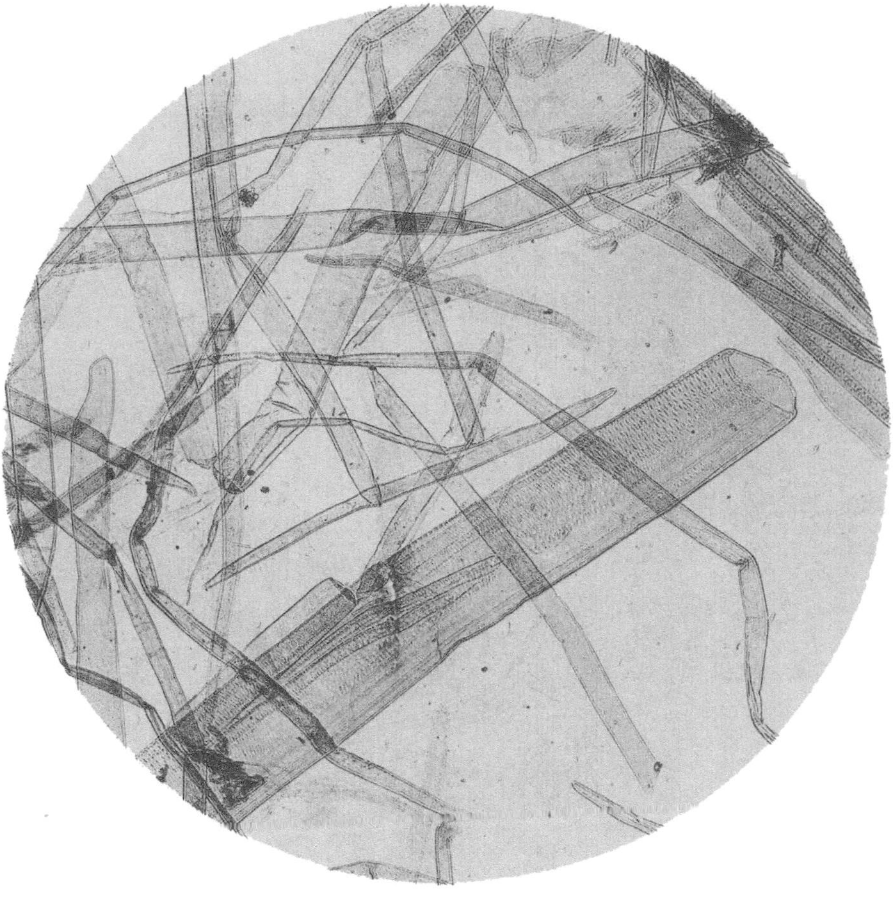

Zuckerrohrzellstoff

Vergr. 125

Verlag von Julius Springer in Berlin

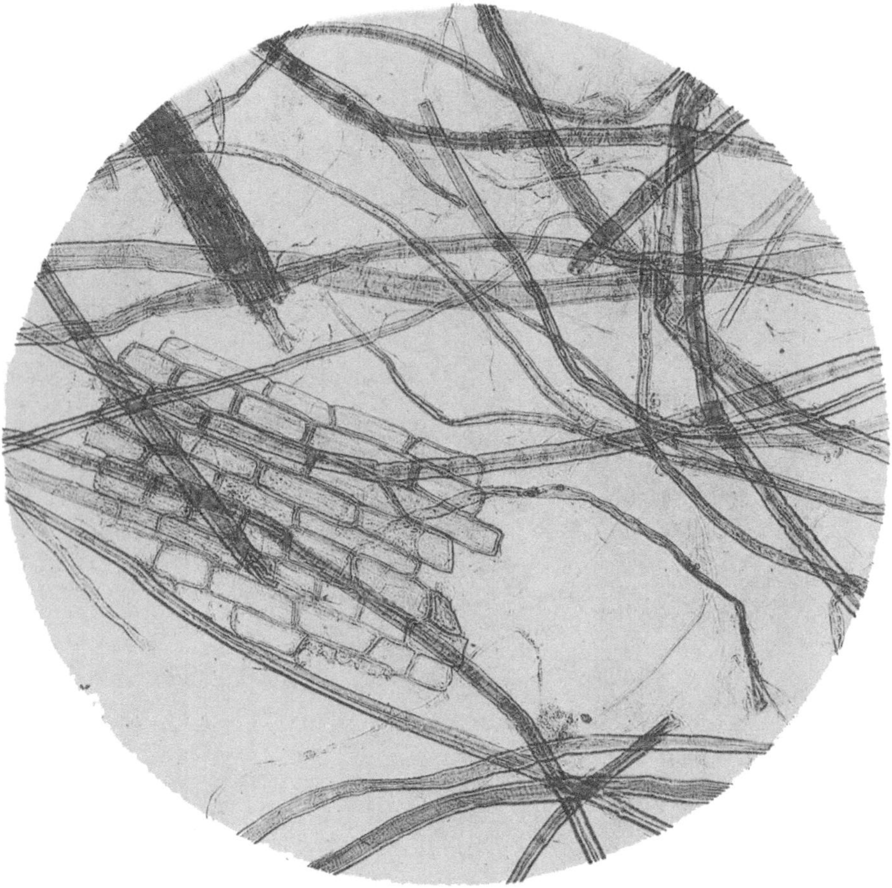

Manilazellstoff

Vergr. 125

Verlag von Julius Springer in Berlin

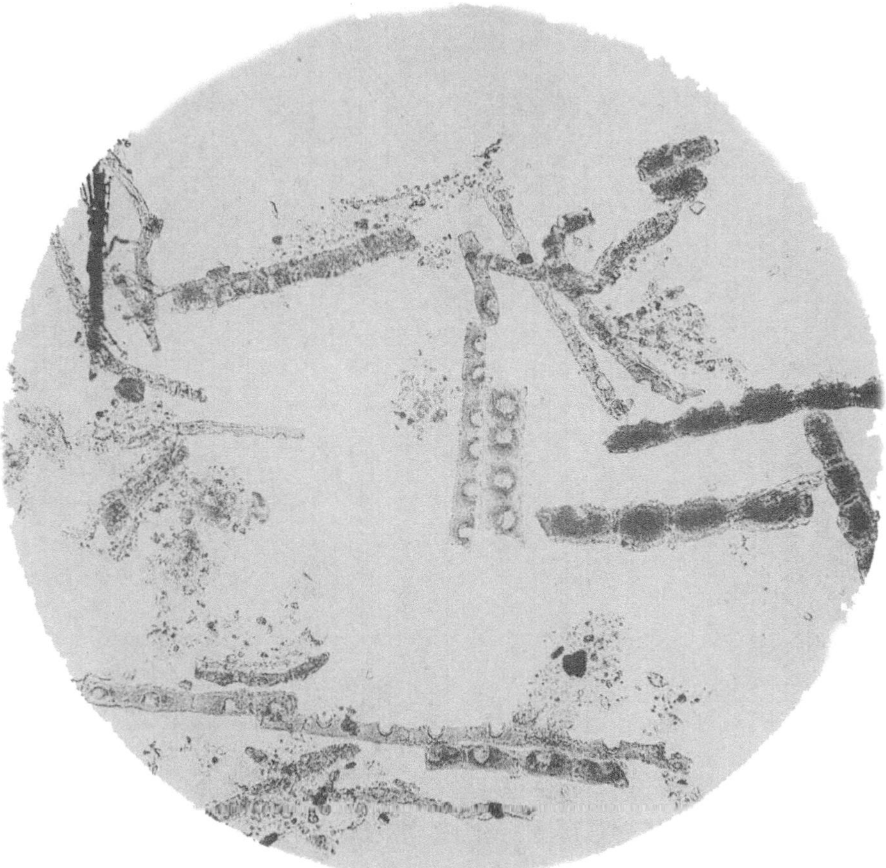

Stegmata aus der Asche von Manilahanf

Vergr. 250

Verlag von Julius Springer in Berlin

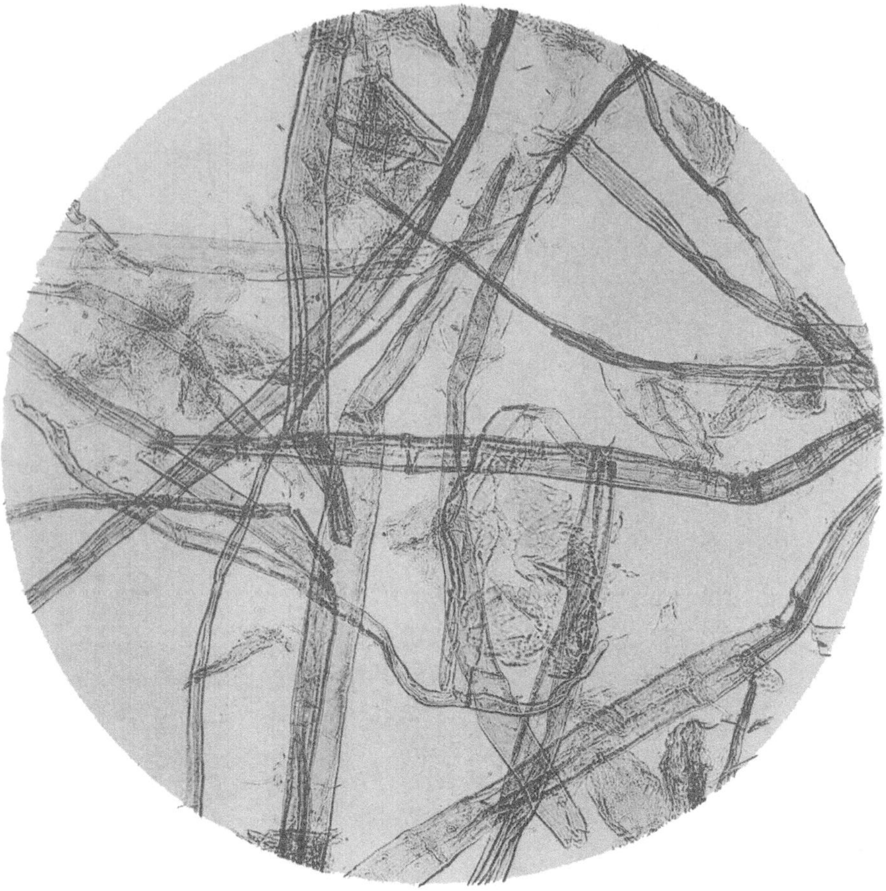

Adansonia

Vergr. 125

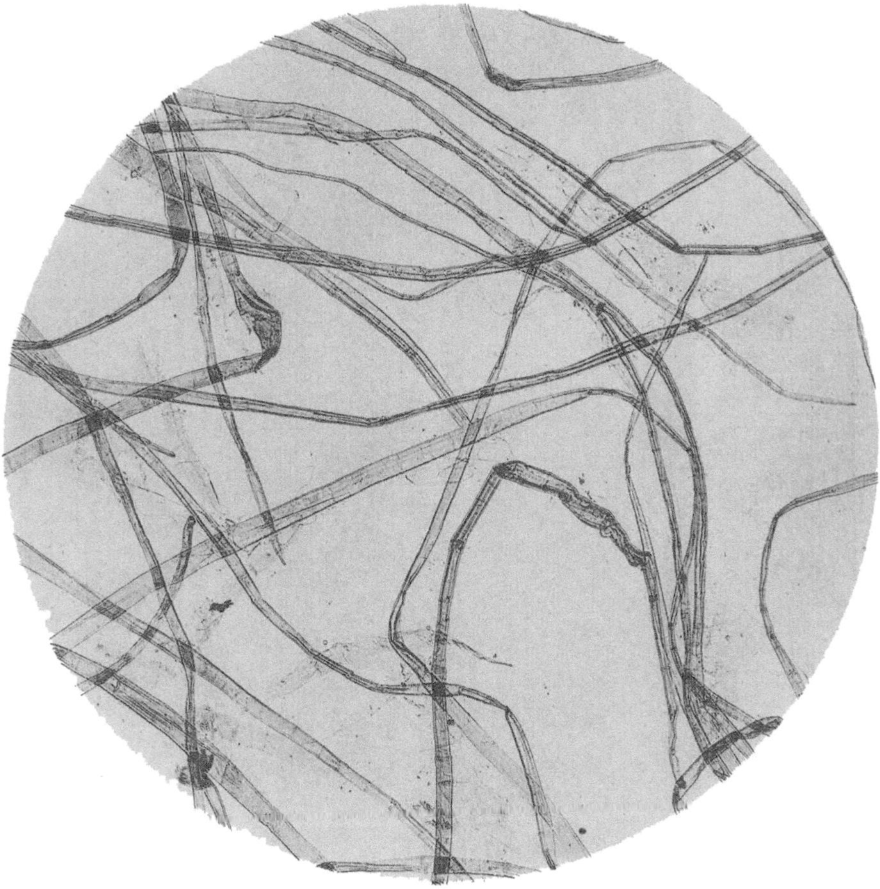

Gampi

Vergr. 125

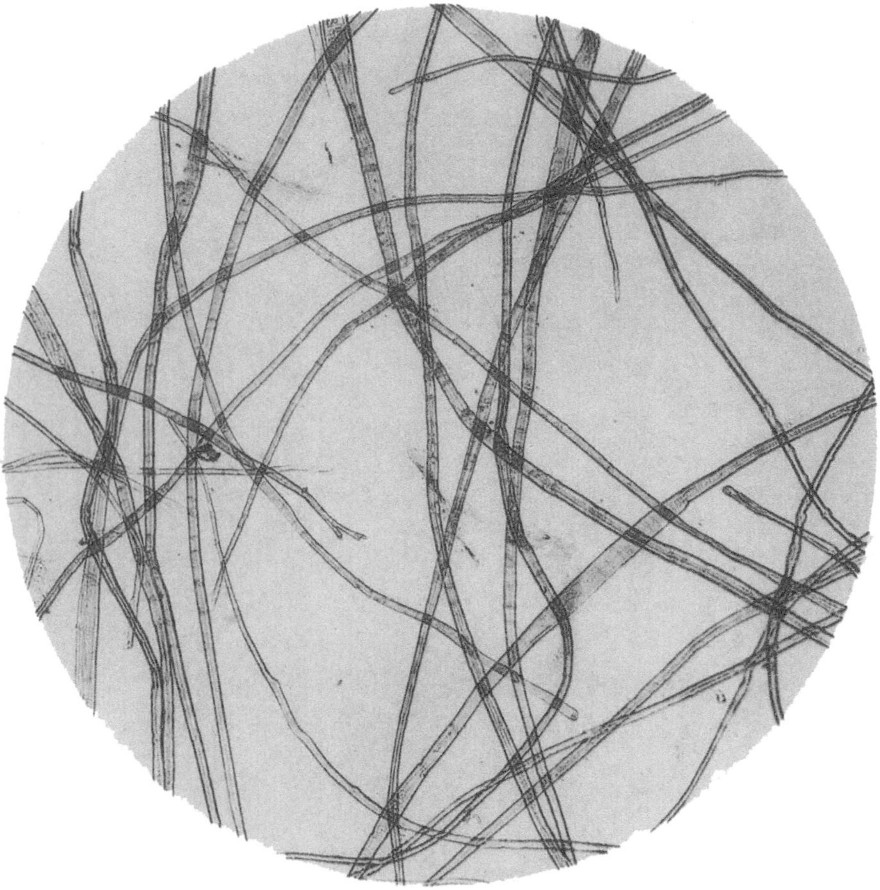

Mitsumata

Vergr. 125

Kodzu

Vergr. 125

 Verlag von Julius Springer in Berlin

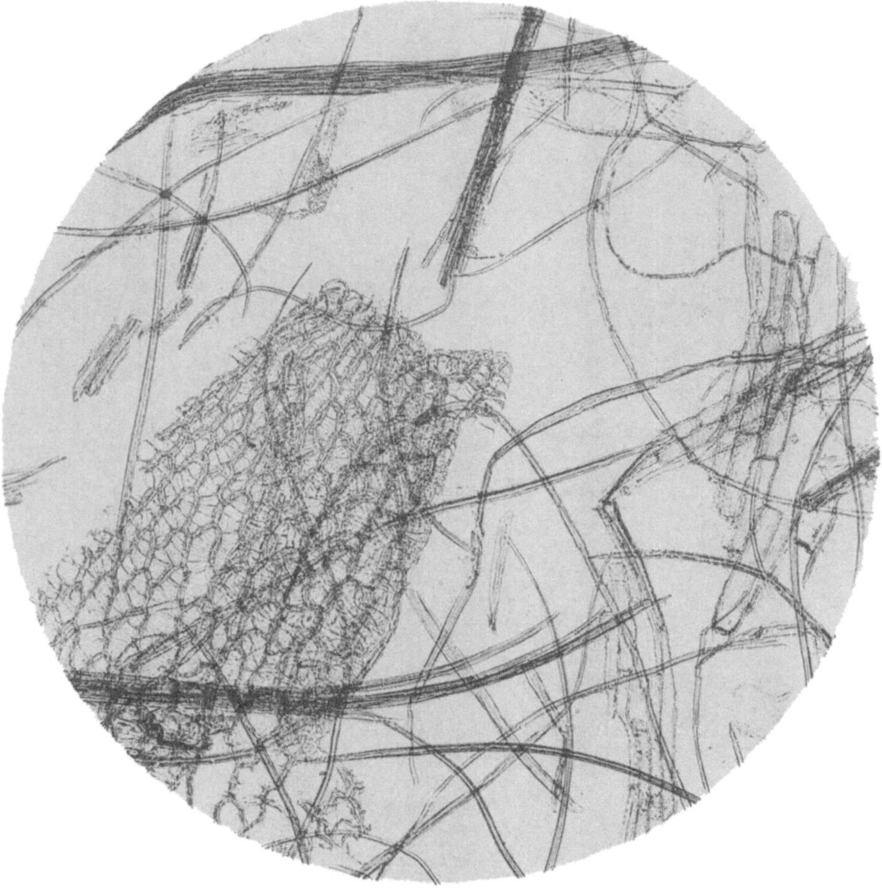

Papierstoff aus Torf

Vergr. 125

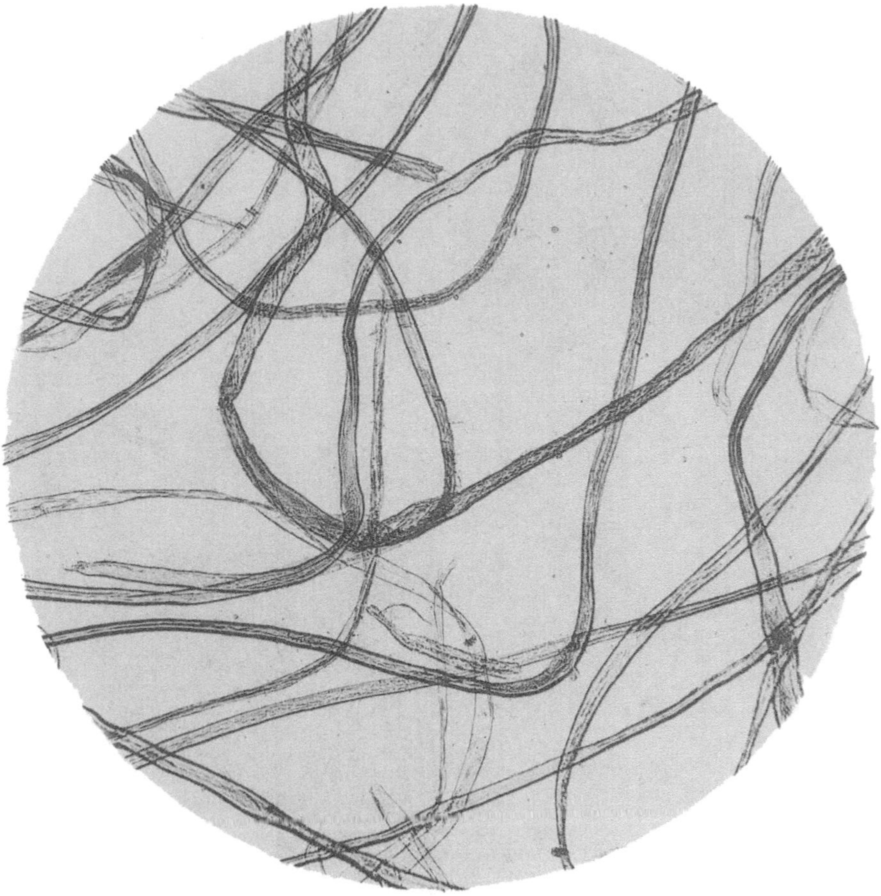

Baumwolle

Vergr. 125

Verlag von Julius Springer in Berlin

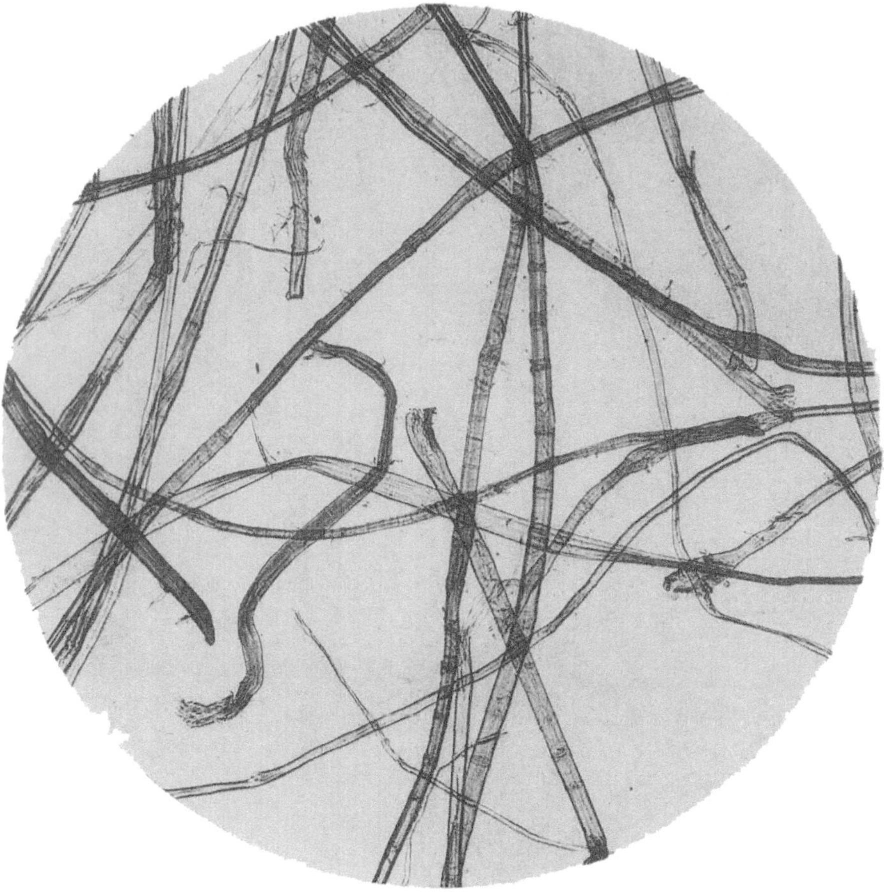

Leinen

Vergr. 125

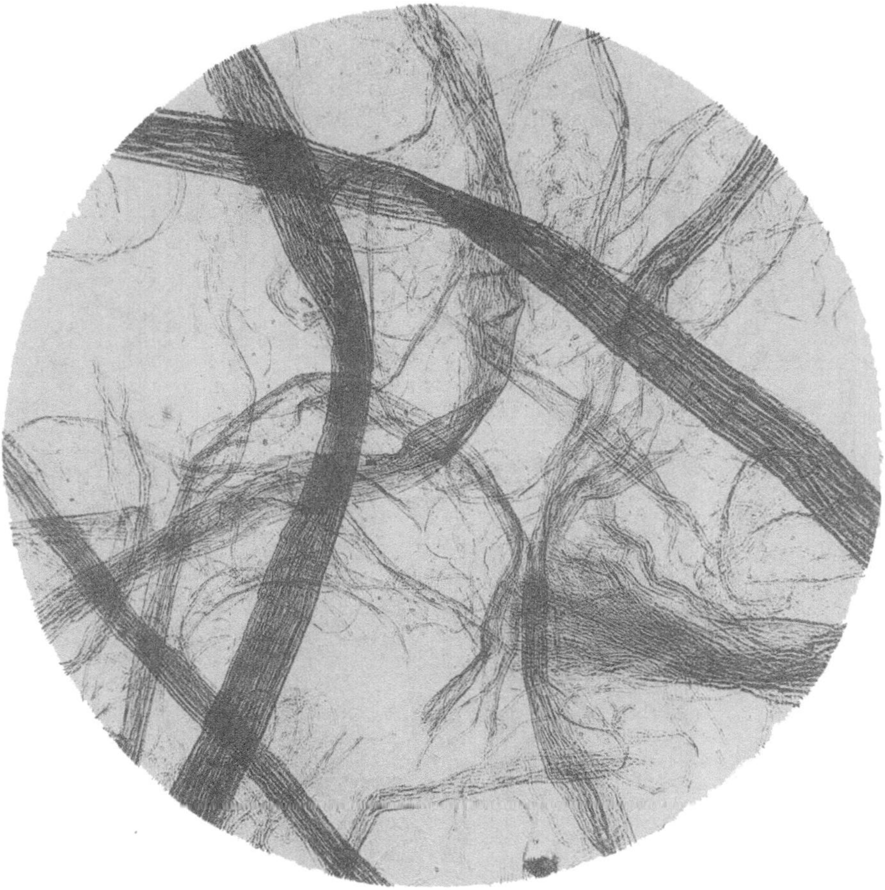

Ramie

Vergr. 125

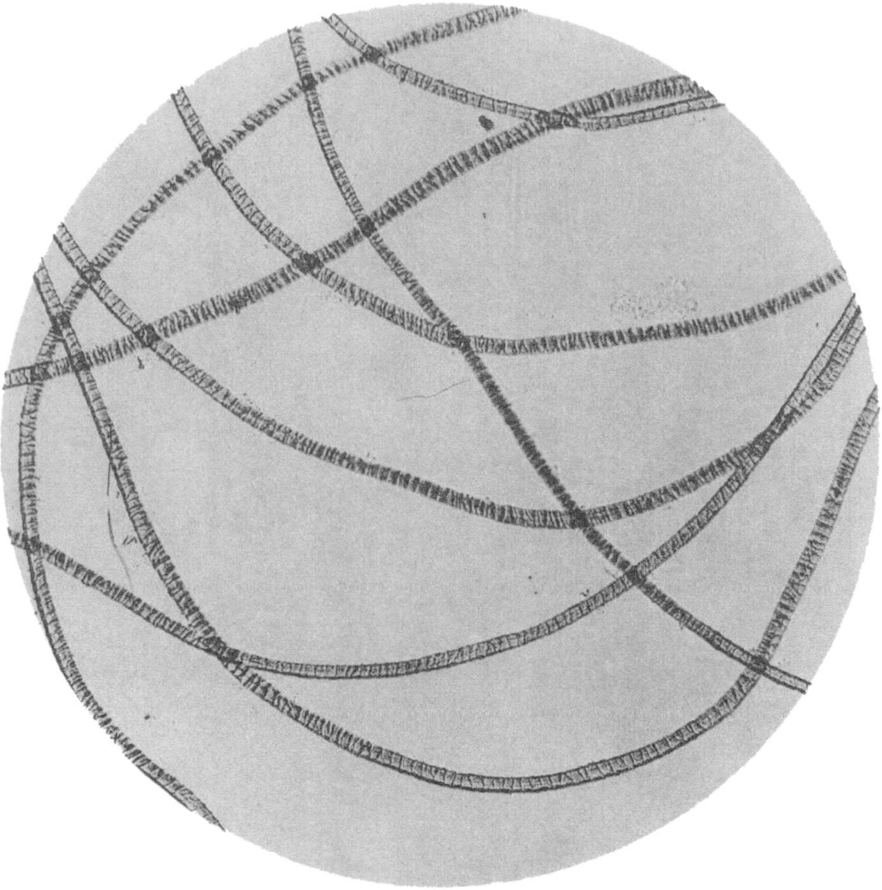

Wolle

Vergr. 125

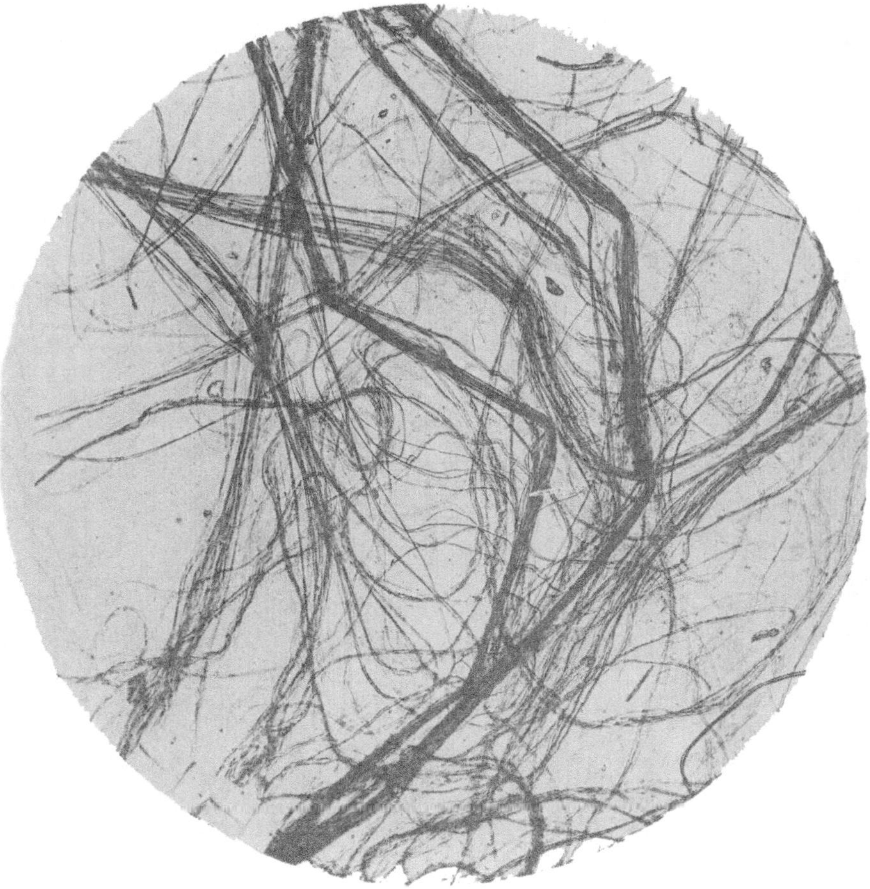

Asbest

Vergr. 125

Färbung der Fasern in Jod-Jodkaliumlösung

Leinen, Baumwolle	braun
Holz- und Strohzellstoff	grau
Holzschliff	gelbbraun

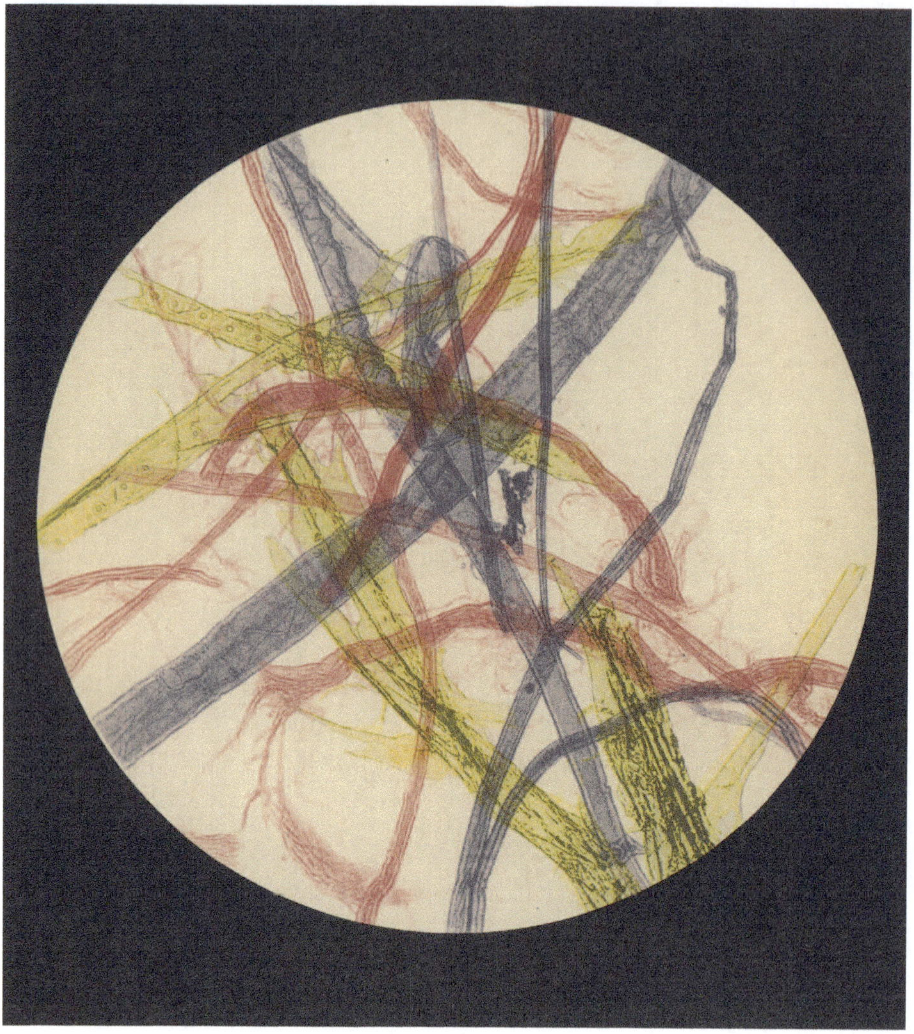

Färbung der Fasern in Chlorzinkjodlösung

Leinen, Baumwolle	weinrot
Holz- und Strohzellstoff	violett
Holzschliff	gelb

Verlag von Julius Springer in Berlin

Additional material from *Papierprüfung,*
978-3-662-31933-8 (978-3-662-31933-8_OSFO1),
is available at http://extras.springer.com

EXTRA
MATERIALS
extras.springer.com

Additional material from *Papierprüfung*,
978-3-662-31933-8 (978-3-662-31933-8_OSFO2),
is available at http://extras.springer.com

Phloroglucinreaktion

bei Papieren mit geringem Holzschliffgehalt

0,5%

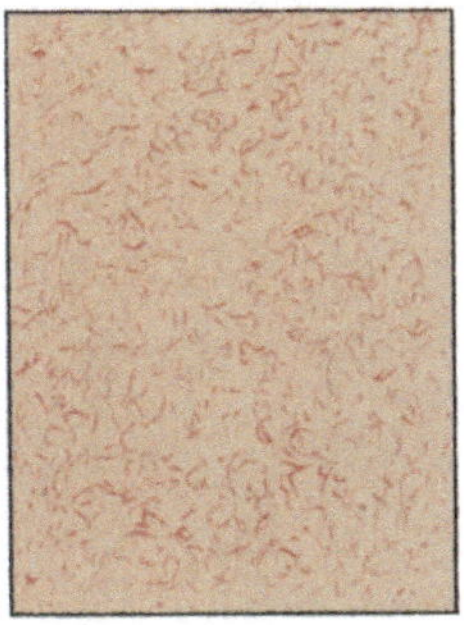

1%

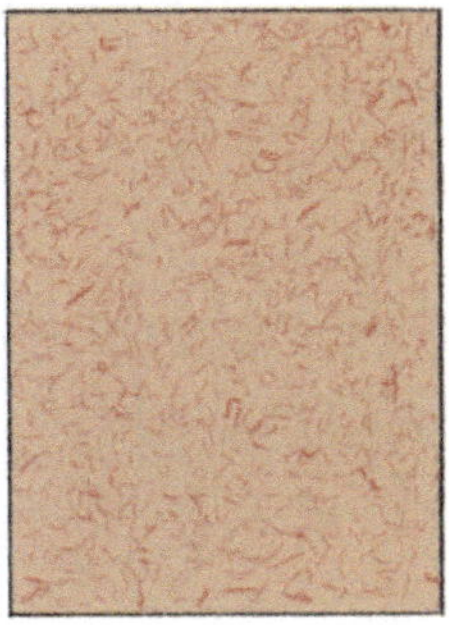

2%

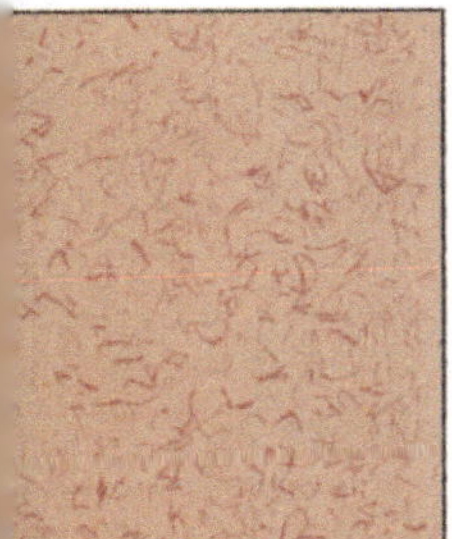

2,5%

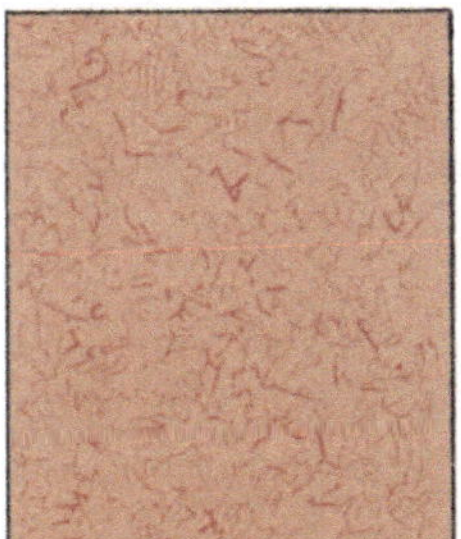

3%

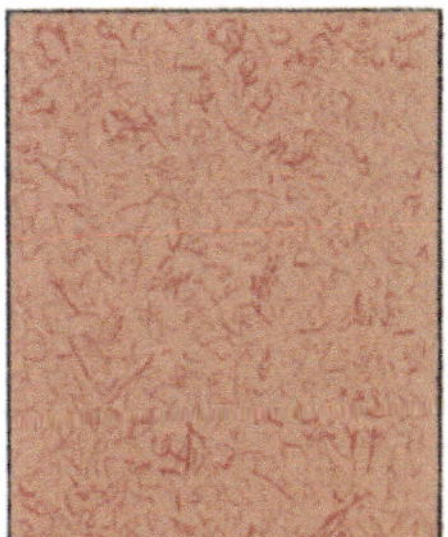

5%

Verlag von Julius Springer in Berlin

Die chemische Betriebskontrolle in der Zellstoff- und Papierindustrie und anderen Zellstoff verarbeitenden Industrien. Von Dr. phil. **Carl G. Schwalbe**, Professor der Chemie und Vorsteher des Holzforschungs-Institutes der Forstl. Hochschule Eberswalde, und Dr.-Ing. **Rudolf Sieber**, Direktor der Holzzellstoffabrik Gröditz bei Riesa a. d. Elbe der Firma Kübler & Niethammer. Dritte, vollständig umgearbeitete Auflage. Mit 71 Textabbildungen. XIV, 547 Seiten. 1931. Gebunden RM 33.—

Die dritte Auflage des in der ganzen Welt bekannten und verbreiteten „Schwalbe-Sieber" ist freudig aufgenommen worden, um so mehr, da sie dank der sorgfältigen Überarbeitung durch die bewährten und berufenen Verfasser eine wesentliche Erweiterung und Verbesserung darstellt... Seit dem Erscheinen der zweiten Auflage (1922) hat die Untersuchungstechnik in unserer Industrie große Fortschritte gemacht, die in der neuen Auflage weitgehend berücksichtigt worden sind. Die Darstellung des recht spröden Stoffes ist viel übersichtlicher und klarer geworden. Es gibt kaum ein Kapitel in dem Buch, das nicht dem Umfang und Inhalt nach wesentlich erweitert worden wäre, so daß der Wert des Buches noch beträchtlich verbessert erscheint. Sehr zu begrüßen ist es, daß auch verschiedentlich abgekürzte Untersuchungsverfahren besprochen wurden, da den Schnellmethoden im Betriebe ja besondere Bedeutung zukommt. Die zahlreichen Quellenangaben ermöglichen das Studium der Originalliteratur. Alles in allem bedeutet die Neuauflage einen Erfolg, der die Verbreitung des „Schwalbe-Sieber" noch vergrößern wird. *„Der Papier-Fabrikant"*

***Die Wärmewirtschaft in der Zellstoff- und Papierindustrie.** Von Dr.-Ing. **J. Freiherr von Lassberg.** Zweite, völlig neubearbeitete Auflage. Mit 68 Textabbildungen. VI, 282 Seiten. 1926. Gebunden RM 24.—

In dem Buch sind alle jene Arbeitsprozesse besprochen, bei denen beträchtliche Wärmemengen aufgewandt werden müssen und die daher wärmewirtschaftlich von Bedeutung sind. Diese Arbeitsprozesse sind die Kochvorgänge, die Trocknung von Zellstoff und Papier, verschiedene Nebenbetriebe wie Bleicherei, Sulfitspriterzeugung und Ablaugenverwertung, und endlich die Kraftanlagen und der Kraftverbrauch. Das Buch ist für jeden Zellstoff- und Papierfachmann, der sich mit wärmetechnischen Fragen befassen muß, unentbehrlich. *„Chemiker-Zeitung"*

Physik und Chemie der Cellulose. Von Professor Dr. **H. Mark**, Ludwigshafen. („Technologie der Textilfasern", Band I, erster Teil, herausgegeben von Prof. Dr. R. O. Herzog, Berlin-Dahlem.) Mit 145 Textabbildungen. XV, 330 Seiten. 1932. Gebunden RM 45.—

***Die Zellulose.** Die Zelluloseverbindungen und ihre technische Anwendung. Plastische Massen. Von **L. Clément** und **C. Rivière**, Ingenieur-Chemiker. Deutsche Bearbeitung von Dr. Kurt Bratring. Mit 65 Textabbildungen. XVI, 275 Seiten. 1923. Gebunden RM 13.50

Das Kasein. Chemie und technische Verwertung. Von **Edwin Sutermeister.** Deutsche Bearbeitung von Dr. Ernst Brühl, Chemiker und öffentlich bestellter Wirtschaftsprüfer. Mit 40 Textabbildungen. VIII, 278 Seiten. 1932. Gebunden RM 22.—

---

* *Auf alle vor dem 1. Juli 1931 erschienenen Bücher wird ein Notnachlaß von 10% gewährt.*

GPSR Compliance

The European Union's (EU) General Product Safety Regulation (GPSR) is a set of rules that requires consumer products to be safe and our obligations to ensure this.

If you have any concerns about our products, you can contact us on ProductSafety@springernature.com

In case Publisher is established outside the EU, the EU authorized representative is:

Springer Nature Customer Service Center GmbH
Europaplatz 3
69115 Heidelberg, Germany

Batch number: 10844669

Printed by Printforce, the Netherlands